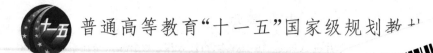普通高等教育"十一五"国家级规划教材

# AVR 单片机嵌入式系统原理与应用实践(第 3 版)

马　潮　编著

北京航空航天大学出版社

# 内 容 简 介

本书以 ATMEL 公司 AVR 单片机 ATmega16 为蓝本,由浅入深,软硬结合,全面系统地介绍基于单片机的嵌入式系统的原理与结构、开发环境与工具、各种接口与功能单元应用的硬件设计思想和软件编写方法。

本书采用 C 语言作为系统软件开发平台,在讲解原理和设计方法的同时,还穿插介绍相关的经验、技巧与注意事项,有很强的实用性和指导性。各章还配有问题思考、实践练习及相关参考文献和资料,供课后复习、实践、开拓知识面及进一步深入研究、提高用。

作者 AVR 专栏中共享了相关的资料,包括:书中所有例程源代码、芯片技术资料、相关技术规范和协议、大量参考文献和应用设计参考。书中还介绍了适合初、中级水平学习人员使用,具有模块独立化、简单、开放、灵活等特点的"AVR-51 多功能实验开发板",既配合本书的教学实践,又适用于产品的前期开发。

本书可作为高等院校电子、自动化、仪器仪表和计算机等相关专业基于单片机的嵌入式系统课程的教材,也可作为 AVR 单片机的培训教材,供相关技术人员学习和参考。

**图书在版编目(CIP)数据**

AVR 单片机嵌入式系统原理与应用实践 / 马潮编著
. —3 版. —北京 : 北京航空航天大学出版社,2021.1
ISBN 978 - 7 - 5124 - 3266 - 6

Ⅰ. ①A… Ⅱ. ①马… Ⅲ. ①单片微型计算机 Ⅳ.
①TP368.1

中国版本图书馆 CIP 数据核字(2020)第 005351 号

**AVR 单片机嵌入式系统原理与应用实践(第 3 版)**
马 潮 编著
策划编辑 胡晓柏 责任编辑 胡晓柏 张 楠
\*
北京航空航天大学出版社出版发行
北京市海淀区学院路 37 号(邮编 100191) http://www.buaapress.com.cn
发行部电话:(010)82317024 传真:(010)82328026
读者信箱:emsbook@buaacm.com.cn 邮购电话:(010)82316936
涿州市新华印刷有限公司印装 各地书店经销
\*
开本:710×1 000 1/16 印张:36.75 字数:783 千字
2021 年 1 月第 3 版 2021 年 1 月第 1 次印刷 印数:3 000 册
ISBN 978 - 7 - 5124 - 3266 - 6 定价:89.00 元

# 第 3 版前言

被列入普通高等教育"十一五"国家级规划教材的《AVR 单片机嵌入式系统原理与应用实践》一书,自 2007 年 10 月由北京航空航天大学出版社出版后,于 2011 年 8 月修订,截止到 2020 年 11 月,两版的总印数达到 24 000 册,在此类专业教材中表现相当突出。2010 年 9 月,美国 ATMEL 公司在华东师范大学 AVR 实验室举办了"ATMEL 2010 全国大学教师年会",国内清华大学、交通大学等 20 多所著名高校的教师参加了会议和培训,预计会有更多的学校将采用 AVR 作为 8 位嵌入式系统教学的硬件平台,未来对此类教材的需求量还会增加。2015 年,本书第 2 版获得了"上海普通高校优秀教材奖"。

作者非常感谢购买过本书的读者,尤其是那些能够通过网络,在作者的 AVR 专栏组(http://www.ourdev.cn/bbs/bbs_list.jsp? xcfrom=302&bbs_id=1003)中提出问题讨论并给出建议或指出错误的网友读者。也正是在他们的帮助与支持下,作者在加印过程中做了 100 多处的笔误修正和印刷勘误。由于半导体器件和电子产品的开发应用是发展、变化和更新最快的技术领域,因此作者根据最近几年 ATMEL 公司 AVR 的发展变化、开发平台软件和开发工具的更新等相关资料,以及近几年作者本人在学校、公司从事教学与培训中的经验和积累,决定对本书进行修订推出第 3 版。

第 3 版中主要对 AVR 的开发平台和工具的介绍及使用进行了更新,并将书中全部例程代码在新版 CVAVR 开发平台下进行了测试和整理。另外还根据部分读者的建议,增加了一个基于 AVR 实际应用实例的设计与实现的介绍(第 19 章)。尽管作者本人设计和开发过许多实际的应用项目和产品,但考虑到本书主要面对的读者还是初学者,通常不可能具备和掌握开发各种实际项目或产品所涉及的相关知识和基础,故增加应用实例的选择还是局限于以 AVR 本身的功能使用上,充分发挥其本身的最大效率,以及体现以软件为显著特点的"简易 WAVE 播放器"。尽管这还是一个 8 位系统的应用实例,但其所涉及的 SD/MMC 卡读/写操作、FAT 文件系统的实现等相关协议与技术,已经与使用 32 位系统没有任何的区别。

本书的修订过程中增加了大量与实践操作相关的内容,如编程工具的制作与使用、系统代码的仿真调试、AVR"锁死"的解救等。这部分的编写与修改,主要是由作者的学生、目前在华东师范大学通信工程系就读硕士、同时也是 INTEL 亚太研发中心的优秀实习生周万程同学负责完成。所有配合本书的电子文档和软件平台资料,读者可以访问中国电子开发网(http://www.ourdev.cn),在作者的专栏组中免费下载,也可以与作者进行交流。

　　虽然作者多年从事单片机与嵌入式系统应用的教学和实际产品的研发工作,也力求从适合教学、面向应用、强化实践等方面写好本书,但鉴于技术的不断发展更新和个人水平的局限,书中难免存在不足和错误之处,敬请读者批评指正。

　　最后,真诚地感谢北京航空航天大学出版社以及中国电子开发网(www.ourdev.cn),还有众多不知名的网友读者对本书再版工作的支持和帮助。

作　者

2021 年 1 月

# 第 1 版前言

国内高等院校的单片机教学与研究已经走过了 20 多年的历程：从最早的 Z80 单板机到 MCS－51 的流行，从 8 位 AVR 到 32 位 ARM 的推广演变，从人工编译到用紫外线擦除 EPROM，从 ISP 在线编程到计算机模拟仿真。作者有幸亲身经历并充分体验了 20 多年来单片机技术飞速发展的过程，同时也深感高校的教学内容和教材已跟不上技术的发展和市场的需求。

目前大部分学校开设的"单片机原理及嵌入式应用"一类的课程还是以 20 世纪 80 年代开始流行的 MCS－51 系列单片机为蓝本，以汇编语言（或 C 语言）为编程工具，以并行扩展为核心，讲述单片机的接口技术及应用。尽管 MCS－51 在实际应用中还占据着相当大的市场，但随着微电子技术和信息技术的迅猛发展，以及各种新型数据传输接口技术的出现和新器件的推出，传统的 MCS－51 由于自身结构原因，在数据通信和系统扩展的能力方面开始显得捉襟见肘，与各种新技术的发展和应用产生脱节。

AVR 是最近 10 年间发展起来的新型的、基于增强型 RISC 结构的单片机。AVR 在运行速度、内存容量、内部功能模块的集成化（SOC）、以串行接口为主的外围扩展、适合使用高级语言编程、以及在开发技术和仿真调试技术的应用等诸多方面都比 MCS－51 先进，比较充分和全面地代表了当前 8 位单片机和嵌入式应用技术的发展方向。AVR 单片机由 ATMEL 公司于 1997 年强势推出后，很快就得到了市场的认可，并迅速推广开来，成为 MSC－51 强有力的竞争者。与此同时，国外的许多高校，如美国的麻省理工学院、斯坦福电子工程系、加州大学伯克利分校工程学院、普林斯顿大学计算机学院、耶鲁大学工程系、康乃尔大学、卡内基梅隆大学、加拿大的多伦多计算机工程系等，也纷纷跟进市场需求，更新课程内容体系，在开设的相关课程中选择和使用 AVR。

AVR 从最早的 AT90S1200 发展到现在的 megaAVR 和 tinyAVR，构成了一个完整的产品系列，在技术和性能方面已经相当完美和成熟。1999 年，ATMEL公司与华东师范大学电子系合作，建立了国内第一个 AVR 实验室，并首次在高校中开设了 AVR 课程。作为实验室的技术负责人，作者一直从事 AVR 教学课程的建设，编辑、翻译、出版过 AVR 的器件手册和应用参考书，参与并负责 AVR Studio 开发平台的英文汉化工作，同时也在多年的电子系统和产品的设计研发过程中，积累了丰富的 AVR 应用经验。

2002 年，作者申请获得了华东师范大学教务处教学建设基金的资助，开始对单片机课程的全面改革和建设。在参考大量国外同类课程的基础上，结合国内实际情况，编写了 AVR 的教学讲义，设计制作了配合教学并能有效提高学生的动手实践能力及性价比极高的教学实验（实践）板，并在多年的教学实践中，不断改进和完善它们。

本书是作者在多年教学实践与改革及大量实际应用经验积累的基础上，作为"单片机原理及嵌入式应用课程"的教材而编写的。本书已经通过国家教育部评审，被列

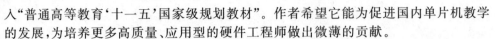

入"普通高等教育'十一五'国家级规划教材"。作者希望它能为促进国内单片机教学的发展,为培养更多高质量、应用型的硬件工程师做出微薄的贡献。

本书以 ATMEL 公司新一代 AVR 系列单片机中的 ATmega16 为蓝本,由浅入深,软硬结合,全面系统地介绍了以 AVR 为核心构成的单片机嵌入式系统的原理与结构、开发环境与工具、各种接口与功能单元应用的硬件设计思想和软件编写方法,以及系统调试与仿真等内容。本书在结构编排和内容选择方面与一般传统单片机教材有所不同。全书以夯实基础,面向应用,理论与实践、方法与实现紧密结合为主线展开,在充分发挥 AVR 的运行速度快、内部资源丰富、功能强大等显著特点的基础上,结合最新嵌入式系统开发和应用技术的发展,遵照单片机嵌入式系统研发的基本步骤和思路,采用从简单到复杂、循序渐进、螺旋式上升的方式进行编排。

全书共分 4 篇。第 1 篇为基础入门篇,着重介绍了与单片机相关的基础知识、AVR 的基本结构、指令系统和基本工作原理,以及开发环境的建立、工具的使用。在本篇的最后,安排一个简单的实例,指导读者进入动手实践,让 AVR 先"动"起来,为下一步的学习和实践做好准备。第 2 篇为基本接口单元的应用设计,将重点放在 AVR 基本接口和功能模块的介绍和应用设计上,主要是 I/O 口的应用、中断、定时器、A/D 等。这些内容也是所有单片机应用的基础。第 3 篇充分体现了外部扩展以串行总线接口为主的技术发展趋势,用了 5 章的篇幅,对串行通信和串行接口进行了详细的介绍,包括 USART、SPI、I²C 等。尽管这些串行接口的硬件连接非常简单,但重要的是通过对串行通信基础的学习,加深对各种协议的了解,建立程序设计思想并在编程能力上得到提高。第 4 篇中对 AVR 本身所具备的特点及使用做了介绍,这些特点实际上也代表了新技术的发展方向,在实际应用中是不可缺少的环节。本篇最后的"迎奥运倒计时时钟设计实例"是对全书的总结和实战演练。说实话,绝大部分本科生并不具备研发"产品"的能力,能够通过教材的指导,独立完成这样的设计,已经是圆满地完成了本课程的学习任务了。

本书在仔细讲解各章主要内容和基本应用设计方法的同时,还穿插介绍了相关的应用经验、技巧与注意事项,有很强的实用性和指导性。书中主要采用 C 语言作为系统软件开发平台,并把外部扩展技术的重点放在了介绍 SPI、I²C 等串行接口的原理和应用方面,这不仅符合 AVR 本身的特点,也是紧跟技术的发展方向,同时也更加贴近实际应用。本书配有较多面向系统的实例,例程代码多数取自实际的应用系统。各章都配有一些思考、实践练习题及相关的参考文献,供课后复习、实践、开拓知识面及进一步深入研究和提高用。

本书作者的 AVR 专栏组收录了书中所有例程的源代码,所使用芯片的技术资料,相关的技术规范和协议,以及大量参考文献和应用设计参考资料。

本着能够使读者在硬件设计和软件编程方面得到真正的训练和提高的目的,作者还设计了一套适合初中级水平人员学习使用的,具有简单、独特、模块独立化、开放、灵活等特点的"AVR-51 多功能实验开发板"。它不仅适用于本书教学实验,而且也适用于设计开发人员作为产品开发前期使用的开发板。该实验板由国内的"我们的 AVR"网站批量生产,读者可以从该网站(http://www.ourdev.com)邮购完整产品,也可购买配套散件自行焊接制作。从动手能力的培养和提高角度出发,作者极力推荐后一种方式。本书共享资料中提供了制作该板的资料和图纸。

目前,我们(包括作者)都面临一个非常现实的问题:如何才能上好"单片机原理及嵌入式应用"课程?该课程最终应该达到什么样的效果?

作者从多年教学经验和应用实践中体会到,"单片机原理及嵌入式应用"课程应该朝着承前、注重动手实践能力培养和启后 3 个方向发展。

承前是本课程内容所决定的。本课程内容涵盖了模拟电路、数字电路、计算机原理、汇编(8086)、C 语言程序设计、计算机应用、专业英语能力等多项知识点和能力,尽管学生在一、二年级已经学习过这些课程,但往往只局限在对基础理论知识的掌握上,基本上不具备实际应用的能力,而且各个知识点也是相互独立的。因此,在课程中需要指导学生对前面的基础知识进行复习和回顾,更重要的是通过课程的学习,培养学生能把各方面的基础知识进行综合,并在实际中应用的能力。

注重动手实践能力的培养是由本课程的性质所决定的。单片机嵌入式系统的教学绝不能纸上谈兵,不动手是学不会的。让学生用不动手的办法去学,用纸上谈兵的办法去学,就会越学越觉得枯燥,越学越觉得没有信心。因此,教学中要让学生始终有一种奋发向上的精神,要让学生愿学、爱学。这里的关键就是强化实践。有的人把强化实践理解歪了,看低了,好像实践就是随便动动手,简单操作一下,甚至是给个程序下载就完事了。其实不然,特别是对电子工程师来讲,动手和动脑应该是联系在一起的。当一个电子工程师是很不容易的,既要有理论,又要有实践,而且理论要紧密联系实践。实践是非常重要的,一个学生的能力和水平最后都要通过实践表现出来,让实践来说话。只有学生对基础知识有了更深的认识,同时具备了相应的实际应用能力,才能达到和满足社会的用人需求。

电子技术是一门快速发展的学科,因此"单片机原理及嵌入式应用"课程还应该为向更高层次的嵌入式(32 位 ARM、DSP)系统学习和应用打好基础,这就是该课程的启后功能。目前在一些高校中已经尝试直接对本科学生开设基于 32 位 ARM 的嵌入式系统课程,对于以偏硬件为主的相关专业来讲,作者认为这是一种操之过急和拔苗助长的行为。学习、掌握 32 位嵌入式系统的应用,不能局限于利用现成的 ARM 板,在别人移植的 OS 上编写一些用户应用程序,这与在 PC 机上学习编程没有太大的区别。要真正掌握 32 位嵌入式系统的应用,不仅对硬件和软件的要求非常高,同时也需要掌握大量相关的其他专业方面的知识,如数字信号处理、数字语音图像处理、USB 以及各种网络协议等,这些知识对于本科学生来讲一般是不具备的,更适合研究生阶段的学习。因此在本科阶段,开设基于新型 8 位单片机嵌入式系统的课程更为合适,能够比较好地起到承前、应用能力培养和启后的作用,符合循序渐进、螺旋式上升的教育规律。

作者非常欣赏和推崇康乃尔大学的"微控制器设计"(Designing with Microcontrollers)课程的设置理念和教学方法(http://instruct1.cit.cornell.edu/courses/ee476/),修读该课程的学生每年都会推出几十项课程设计作品(Course Project),很多作品不是简单的芯片应用,而是充满创意,连学生的设计报告都非常生动和可爱。这些课程设计作品并不比现在国内两年一次的全国大学生电子设计竞赛的作品逊色,而且它是真实的学生能力和水平的体现,同时也反映了国内大学生和国外大学生在动手实践能力方面的差距。

对比康乃尔大学的课程,从一个侧面看到了国内在教学上的差距,更重要的是在教学理念、教学方法上的落后,而且这还不仅仅是发生在某一门课程上的问题。作者在 AVR 的教学实践中,一直以康乃尔大学的《微处理器设计》作为努力的方向,尝试使用与传统教学不同的理念和方法对单片机课程的教学进行改革,但到目前为止,效果并不令人十分满意。因为仅仅通过一门课程,是那么的无能为力,根本不能改变目前国内教学的应试教育现状的。

最后要指出的是,开设"单片机原理及嵌入式应用"一类的课程,对教师的要求比较高,教师不仅要具备书本的理论知识,而且必须有一定的实践应用经验,了解目前嵌入式系统技术的发展。只是仅仅在课堂上介绍 AVR 根本不行,必须要能够随时回答和解决学生提出的问题,例如:C 语言的语法和程序调试的问题,外部上拉电阻的作用与阻值计算问题,英文器件手册上的一段说明解释,甚至计算机环境本身的设置和使用的问题。学生在实践中发生的问题 80% 不在 AVR 的本身,而是硬件连接错误、程序不会编写、环境没有设置等。这对教师是一个挑战,也是上好本课程比较特殊和困难的重要原因之一。

从编写讲义到正式成为教材出版,本书前前后后、断断续续地花费了 3 年多的时间。尽管作者在这期间也编写出版过其他的 AVR 参考书,但对于出版教材还是力求精益求精,不敢马虎。从开始使用 AT90S8515 到最后确定采用 ATmega16 为蓝本;从 AVR 汇编到 BASCOM - AVR,最后选择 CVAVR;从以并行总线为主的扩展转到以串行接口为主的扩展,讲义经过了多次大的改动。就是简单的 AVR - 51 多功能实验板也进行了 3 次修改。要感谢 ATMEL 公司北京代表处总经理施膺先生和 ATMEL 上海联络处贾必有、尹恩龙先生,他们及时地提供了 AVR 的最新技术资料和芯片,并给予了 AVR 实验室大力的帮助。感谢北京航空航天大学出版社,在申请"普通高等教育"十一五"国家级规划教材"和本书的出版过程中的大力支持。感谢华东师范大学电子系实验中心主任刘中元和工程师陈慧产先生,他们和作者共同参与了华东师范大学电子系 & ATMEL 联合实验室的建设和发展,并在技术、管理及课程建设上给予支持。还要感谢我的夫人和女儿,夫人在繁忙的工作期间,承担了更多的家务;而我的女儿则依靠自己的努力,在 2007 年高考中以优异的成绩被华东师范大学录取。正是由于这些无形的支持,才使我有了更充裕的时间和精力投入工作。

最后,尤其要感谢美国 ATMEL 公司副总裁、华东师范大学顾问教授爱新觉罗·任启先生。正是由于任启先生的无私和鼎力赞助,才促成了华东师范大学电子系 & ATMEL 联合实验室的建立。从实验室 1999 年底规划动工到今天 7 年多的时间里,每一个发展环节都得到了任启先生的关心和指导。ATMEL 公司和任启先生不仅为实验室提供了上百万元人民币的实验仪器设备和建设经费,还非常重视大学生的动手能力和实践能力的培养,在电子系设立了"创新研究奖学金",以鼓励和资助大学生更多的参加实践和 Course Project 的设计制作活动,树立创新精神。

虽然作者多年从事单片机嵌入式系统应用的教学和实际产品的研发工作,也力求从适合教学、面向应用、强化实践等方面写好本书,但鉴于技术的不断发展更新和个人水平有限,书中难免存在不足和错误之处,敬请读者批评指正。

作 者
2007 年 8 月

# 目　录

<h1 style="text-align:center">第 2 篇　基本功能单元的应用</h1>

AVR 单片机嵌入式系统原理与应用实践（第 3 版）

14.3.3 多机通信的通用实现方式 ·········································· 417

思考与练习 ··························································· 422

## 第15章 串行 SPI 接口应用 ·········································· 424

15.1 SPI 串行总线介绍 ··············································· 424

15.1.1 SPI 总线的组成 ·············································· 424

15.1.2 SPI 通信的工作模式和时序 ··································· 425

15.1.3 多机 SPI 通信 ·············································· 427

15.2 AVR 的 SPI 接口原理与使用 ··································· 428

15.2.1 SPI 接口的结构和功能 ······································· 428

15.2.2 与 SPI 相关的寄存器 ········································· 431

15.2.3 SPI 接口的设计应用要点 ····································· 433

15.3 SPI 接口应用实例 ·············································· 435

15.3.1 SPI 接口基本方式的应用 ····································· 435

15.3.2 典型 SPI 底层驱动＋中间层软件结构示例 ····················· 442

思考与练习 ··························································· 445

## 第16章 串行 TWI(I²C)接口应用 ··································· 447

16.1 I²C 串行总线介绍 ·············································· 447

16.1.1 I²C 总线结构和基本特性 ······································ 447

16.1.2 I²C 总线时序与数据传输 ····································· 448

16.1.3 I²C 总线寻址与通信过程 ····································· 450

16.2 AVR 的 TWI(I²C)接口与使用 ································· 452

16.2.1 TWI 模块概述 ·············································· 452

16.2.2 TWI 寄存器 ················································ 455

16.2.3 使用 TWI 总线 ············································· 458

16.2.4 TWI(I²C)接口设计应用要点 ································· 465

16.3 TWI 接口应用实例 ············································· 466

16.3.1 24C256 的结构特点 ········································· 467

16.3.2 AVR 读/写 24C256 应用设计 ································· 471

16.4 专用键盘/ LED 驱动器 ZLG7290 的应用 ······················ 483

16.4.1 ZLG7290 简介 ············································· 484

16.4.2 AVR 与 ZLG7290 的连接 ···································· 485

思考与练习 ··························································· 487

## 第4篇 进入实战

## 第17章 AVR 片内资源应用补遗 ···································· 490

17.1 AVR 熔丝位的功能与配置 ······································ 490

17.1.1 AVR 熔丝位的正确配置 ······································ 491

17.1.2 ATmega16 中重要熔丝位的配置 ······························ 492

# 第1篇 基础与入门

# 第 *1* 章

# 单片机嵌入式系统概述

在各种不同类型的嵌入式系统中,以微控制器(Microcontroller)作为系统的主要控制核心所构成的单片机嵌入式系统(国内通常称为单片机系统)占据着非常重要的地位。本书将介绍以 AVR 系列微控制器为核心的单片机嵌入式系统的原理与结构、开发环境与工具、各种接口与功能单元应用的硬软件设计以及系统调试与仿真等内容。

单片机嵌入式系统的硬件基本构成可分成两大部分:单片微控制器芯片和外围的接口与控制电路。其中,微控制器是构成单片机嵌入式系统的核心。

微控制器早期又被称为嵌入式微控制器(Embedded Microcontroller),而在国内普遍采用的名字为"单片机"。尽管单片机的"机"的含义并不十分恰当,比较模糊,但考虑到多年来国内习惯了单片机的叫法,为了符合我国的实际情况,本书仍采用单片机的名称。

所谓的单片机,其外表通常只是一片大规模集成电路芯片,但在芯片内部却集成了中央处理器单元(CPU)、各种存储器(RAM、ROM、EPROM、EEPROM 和 Flash ROM 等)、各种输入/输出接口(定时/计数器、并行 I/O、串行 I/O 和 A/D 转换接口等)等众多的功能部件。因此,一片芯片就构成了一个基本的微型计算机系统。

单片机芯片的微小体积、极低的成本和面向控制的设计,使得它作为智能控制的核心器件被广泛地嵌入到工业控制、智能仪器仪表、家用电器、电子通信产品等各个领域的电子设备和电子产品中。可以说,以单片机为核心构成的单片机嵌入式系统已成为现代电子系统中最重要的组成部分。

## 1.1 嵌入式系统简介

### 1.1.1 嵌入式计算机系统

计算机首先应用于数值计算。随着计算机技术的不断发展,计算机的处理速度越来越快,存储容量越来越大,外围设备的性能越来越好,满足了高速数值计算和海量数据处理的需要,形成了高性能的通用计算机系统。

## 1. 什么是嵌入式系统

以往我们按照计算机的体系结构、运算速度、结构规模、适用领域,将其分为大型机、中型机、小型机和微型机,并以此来组织学科和产业分工,这种分类沿袭了约 40 年。近 40 年来,随着计算机技术的迅速发展,以及计算机技术和产品对其他行业的广泛渗透,使得以应用为中心的分类方法变得更为切合实际。具体地说,就是按计算机的非嵌入式应用和嵌入式应用将其分为通用计算机系统和嵌入式计算机系统。

通用计算机具有计算机的标准形式,通过装配不同的应用软件,以类同面目出现,并应用在社会的各个方面。现在,在办公室、家庭中最广泛使用的 PC 机就是通用计算机最典型的代表。

而嵌入式计算机则是以嵌入式系统的形式隐藏在各种装置、产品和系统中的。在许多应用领域中,如工业控制、智能仪器仪表、家用电器、电子通信设备等电子系统和电子产品中,对计算机的应用有着不同的要求。这些要求的主要特征如下:

(1) 面对控制对象。面对物理量传感器变换的信号输入,面对人机交互的操作控制,面对对象的伺服驱动和控制。

(2) 嵌入到应用系统。体积小,低功耗,价格低廉,可方便地嵌入到应用系统和电子产品中。

(3) 能在工业现场环境中可靠运行。

(4) 优良的控制功能。对外部的各种模拟和数字信号能及时地捕捉,对多种不同的控制对象能灵活地进行实时控制。

可以看出,满足上述要求的计算机系统与通用计算机系统是不同的。换句话讲,能够满足和适合以上这些应用的计算机系统与通用计算机系统在应用目标上有巨大的差异。

我们将具备高速计算能力和海量存储,用于高速数值计算和海量数据处理的计算机称为通用计算机系统。而将面对工控领域对象,嵌入到各种控制应用系统、各类电子系统和电子产品中,实现嵌入式应用的计算机系统称之为嵌入式计算机系统,简称嵌入式系统(Embedded Systems)。

特定的环境、特定的功能,要求计算机系统与所嵌入的应用环境成为一个统一的整体,并且往往要满足紧凑、可靠性高、实时性好、功耗低等技术要求。对于这样一种面向具体专用应用目标的计算机系统的应用,以及系统的设计方法和开发技术,构成了今天嵌入式系统的重要内涵,也是嵌入式系统发展成为一个相对独立的计算机研究和学习领域的原因。

## 2. 嵌入式系统的特点与应用

嵌入式系统就是指用于实现独立功能的专用计算机系统。它由包括微处理器、微控制器、定时器、传感器等一系列微电子芯片与器件,以及嵌入在存储器中的微型操作系统或控制系统软件组成,完成诸如实时控制、监测管理、移动计算、数据处理等各种自动化处理任务。

嵌入式系统是以应用为核心,以计算机技术为基础,软硬件可裁减,适应应用系统对功能、可靠性、安全性、成本、体积、重量、功耗、环境等方面有严格要求的专用计算机系统。嵌入式系统将应用程序和操作系统与计算机硬件集成在一起,简单地讲就是系统的应用软件与系统的硬件一体化。这种系统具有软件代码小、高度自动化、响应速度快等特点,特别适应于面向对象的要求实时和多任务的应用。

嵌入式计算机系统在应用数量上远远超过了各种通用计算机系统,一台通用计算机系统,如 PC 机的外部设备中就包含 5～10 个嵌入式系统:键盘、鼠标、软驱、硬盘、显示卡、显示器、Modem、网卡、声卡、打印机、扫描仪、数字相机、USB 集线器等均是由嵌入式处理器控制的。在制造工业、过程控制、通信、仪器、仪表、汽车、船舶、航空、航天、军事装备、消费类产品等方面均是嵌入式计算机的应用领域。

通用计算机系统和嵌入式计算机系统形成了计算机技术的两大分支。与通用计算机系统相比,嵌入式系统最显著的特性是面对工控领域的测控对象。工控领域的测量对象都是一些物理量,如压力、温度、速度、位移等;控制对象则包括电机、电磁开关等。嵌入式计算机系统对这些参量的采集、处理、控制速度是有限的,而对控制方式和能力的要求则是多种多样的。显然,这一特性形成并决定了嵌入式计算机系统与通用计算机系统在系统结构、技术、学习、开发和应用等诸多方面的差别,也使得嵌入式系统成为计算机技术发展中的一个重要分支。

嵌入式计算机系统以其独特的结构和性能,越来越多地应用到国民经济的各个领域。

## 1.1.2　单片机嵌入式系统

嵌入式计算机系统的构成,根据其核心控制部分的不同可分为以下几种不同的类型:
- 各种类型的工控机;
- 可编程逻辑控制器 PLC;
- 以通用微处理器或数字信号处理器构成的嵌入式系统;
- 单片机嵌入式系统。

采用上述不同类型的核心控制部件所构成的系统都实现了嵌入式的应用,成为嵌入式系统应用的庞大家族。

以单片机作为控制核心的单片机嵌入式系统大部分应用于专业性极强的工业控制系统中。其主要特点是:结构和功能相对单一,存储容量较小,计算能力和效率较低,具有简单的用户接口。由于这种嵌入式系统功能专一、可靠、价格便宜,因此在工业控制、电子智能仪器设备等领域有着广泛的应用。

作为单片机嵌入式系统的核心控制部件单片机,它从体系结构到指令系统都是按照嵌入式系统的应用特点专门设计的,能最好地满足面对控制对象、应用系统的嵌入、现场的可靠运行和优良的控制功能要求。因此,单片机嵌入式应用是发展最快、品种最多、数量最大的嵌入式系统,有着广泛的应用前景。由于单片机具有嵌入式系统应用的专用体系结构和指令系统,因此在其基本体系结构上可衍生出能满足各种不同应用系统要求的系统和产品。用户可根据应用系统的各种不同要求和功能,选择最佳型号的单片机。

作为一个典型的嵌入式系统——单片机嵌入式系统,在我国大规模应用已有几十年的历史。它是中小型工控领域、智能仪器仪表、家用电器、电子通信设备和电子系统中最重要的工具和最普遍的应用手段。同时,正是由于单片机嵌入式系统的广泛应用和不断发展,大大推动了嵌入式系统技术的快速发展。因此,对于电子、通信、工业控制、智能仪器仪表等相关专业的学生来讲,深入学习和掌握单片机嵌入式系统的原理与应用,不仅能对自己所学的基础知识进行检验,而且能够培养和锻炼自己的问题分析、综合应用和动手实践的能力,掌握真正的专业技能和应用技术。

另外,很好地掌握单片机嵌入式系统的应用,也是学习其他嵌入式控制器如 32 位 ARM、DSP 的基础。任何嵌入式控制器都离不开单片机中所涵盖的如中央处理器、定时器、中断控制器、I/O 口线控制器、串行通信控制器、$I^2C$ 总线控制器、片内外存储控制器,以及汇编语言、C 语言和操作系统的概念。由此看来,学好单片机再去学习其他嵌入式系统就比较简单了。因此,我们强调初学嵌入式控制器的朋友,一定要从单片机嵌入式系统学起。

## 1.1.3　单片机的发展历史

1970 年微型计算机研制成功后,随后就出现了单片机。美国 Intel 公司在 1971 年推出了 4 位单片机 4004;1972 年推出了雏形 8 位单片机 8008。特别是在 1976 年推出 MCS - 48 单片机以后的 40 多年中,单片机及其相关技术的发展经历了数次的更新换代。其发展速度大约每三四年要更新一代,集成度增加一倍,功能翻一番。

尽管单片机出现的历史并不长,但以 8 位单片机的推出为起点,单片机的发展已经历了 4 个阶段。

**第一阶段(1976—1978 年)**:初级单片机阶段。这个阶段的单片机以 Intel 公司的 MCS - 48 为代表。这个系列的单片机内集成有 8 位 CPU、I/O 接口、8 位定时/计数器,寻址范围不大于 4 KB,具有简单的中断功能,无串行接口。

**第二阶段(1978—1982 年)**:单片机完善阶段。在这一阶段推出的单片机其功能有较大的增强,能够应用于更多的场合。这个阶段的单片机普遍带有串行 I/O 口、多级中断处理系统、16 位定时/计数器,片内集成的 RAM、ROM 容量加大,寻址范围可达 64 KB。一些单片机片内还集成了 A/D 转换接口。这类单片机的典型代表有 Intel 公司的 MCS - 51、Motorola 公司的 6801 和 Zilog 公司的 Z8 等。

**第三阶段(1982—1992 年)**:8 位单片机巩固发展及 16 位高级单片机发展阶段。在此阶段,尽管 8 位单片机的应用已广泛普及,但为了更好地满足测控系统嵌入式应用的要求,单片机集成的外围接口电路有了更大的扩充。这个阶段单片机的代表为 8051 系列。许多半导体公司和生产厂以 MCS - 51 的 8051 为内核,推出了满足各种嵌入式应用的多种类型和型号的单片机。其主要技术发展如下:

（1）外围功能集成。满足模拟量直接输入的 ADC 接口；满足伺服驱动输出的 PWM；保证程序可靠运行的程序监控定时器 WDT（俗称看门狗）。

（2）出现了为满足串行外围扩展要求的串行扩展总线和接口，如 SPI、I²C 总线、单总线（1‐Wire）等。

（3）出现了为满足分布式系统并突出控制功能的现场总线接口，如 CAN 总线等。

（4）在程序存储器方面广泛使用了片内程序存储器技术，出现了片内集成 EPROM、EEPROM、Flash ROM、Mask ROM、OTP ROM 等各种类型的单片机，以满足不同产品开发和生产的需要，也为最终取消外部程序存储器扩展奠定了良好的基础。

与此同时，一些公司面向更高层次的应用，推出了 16 位单片机，典型代表有 Intel 公司的 MCS‐96 系列单片机。

**第四阶段（1993 年—现在）**：百花齐放阶段。现阶段单片机发展的显著特点是百花齐放、技术创新，以满足日益增长的广泛需求。其主要方面如下：

（1）单片机嵌入式系统的应用是面对最底层的电子技术应用，从简单的玩具、小家电到复杂的工业控制系统、智能仪表、电器控制，以及发展到机器人、个人通信信息终端、机顶盒等。因此，面对不同的应用对象，不断推出适合不同领域要求的、从简易性能到多全功能的单片机系列。

（2）大力发展专用型单片机。早期的单片机以通用型为主。由于单片机设计、生产技术的提高，周期的缩短，成本的下降，以及许多特定类型电子产品，如家电类产品的巨大市场需求能力，推动了专用单片机的发展。在这类产品中采用专用单片机，具有成本低、资源利用率高、系统外围电路少、可靠性高的优点。因此，专用单片机也是单片机发展的一个主要方向。

（3）致力于提高单片机的综合品质。采用更先进的技术来提高单片机的综合品质，如提高 I/O 口的驱动能力、增强抗静电和抗干扰措施、加宽（降低）工作电压、降低功耗等。

# 1.1.4　单片机的发展趋势

综观 40 多年的发展过程，作为单片机嵌入式系统的核心——单片机，正朝着多功能、多选择、高速度、低功耗、低价格、大容量及加强 I/O 功能等方向发展。其进一步的发展趋势是多方面的。

## 1) 全盘 CMOS 化

CMOS 电路具有许多优点，如极宽的工作电压范围、极佳的低功耗及功耗管理特性等。CMOS 化已成为目前单片机及其外围器件流行的半导体工艺。

## 2) 采用 RISC 体系结构

早期的单片机大多采用 CISC 体系结构，指令复杂，指令代码、周期数不统一；指令运行很难实现流水线操作，大大阻碍了运行速度的提高。例如，MCS‐51 系列单片机，当外部时钟频率为 12 MHz 时，其单周期指令运行速度仅为 1 MIPS。采用

RISC 体系结构和精简指令后，单片机的指令绝大部分成为单周期指令，而且通过增加程序存储器的宽度（如从 8 位增加到 16 位）实现了一个地址单元存放一条指令。在这种体系结构中，很容易实现并行流水线操作，大大提高了指令运行速度。目前一些 RISC 结构的单片机，如美国 ATMEL 公司的 AVR 系列单片机已实现了一个时钟周期执行一条指令。与 MCS-51 相比，在相同的 12 MHz 外部时钟下，单周期指令运行速度可达 12 MIPS。这样，一方面可获得很高的指令运行速度；另一方面，在相同的运行速度下，可大大降低时钟频率，有利于获得良好的电磁兼容效果。

### 3) 多功能集成化

单片机在内部已集成了越来越多的部件，这些部件不仅包括一般常用的电路，例如定时/计数器、模拟比较器、A/D 转换器、D/A 转换器、串行通信接口、WDT 电路、LCD 控制器等，有的单片机为了构成控制网络或形成局部网，内部还含有局部网络控制模块 CAN 总线，以方便地构成一个控制网络。为了能在变频控制中方便使用单片机，形成最具经济效益的嵌入式控制系统，有的单片机内部还设置了专门用于变频控制的脉宽调制控制电路 PWM。

### 4) 片内存储器的改进与发展

目前新型的单片机一般在片内集成两种类型的存储器：随机读/写存储器 SRAM，作为临时数据存储器用于存放工作数据；只读存储器 ROM，作为程序存储器用于存放系统控制程序和固定不变的数据。片内存储器的改进与发展方向是扩大容量，以及提高 ROM 数据的易写和保密性等。

> 片内存储容量的增加。新型单片机一般在片内集成的 SRAM 容量为 128 字节～1 KB，ROM 的容量一般为 4～8 KB。为了适应网络、音视频等高端产品的需要，高档单片机在片内集成了更大容量的 RAM 和 ROM 存储器。例如 ATMEL 公司的 ATmega16，片内的 SRAM 为 1 KB，Flash ROM 为 16 KB。而该系列的高端产品 ATmega256，片内集成了 8 KB 的 SRAM、256 KB 的 Flash ROM 和 4 KB 的 EEPROM。

> 片内程序存储器由 EPROM 向 Flash ROM 发展。早期单片机在片内往往没有程序存储器或片内集成 EPROM 型的程序存储器。将程序存储器集成在单片机内，可以大大提高单片机的抗干扰能力，提高程序的保密性，减少硬件设计的复杂性和空间需求等许多优点，因此片内集成程序存储器已成为新型单片机的标准方式。但 EPROM 具有须用 12 V 高电压编程写入、紫外线光照擦除以及重写入次数有限等缺点，这给使用带来了不便。新型单片机则采用 Flash ROM、Mask ROM、OTP ROM 作为片内程序存储器。Flash ROM 在通常电压（如 5 V/3 V）下就可以实现编程写入和擦除操作，重写次数在 10000 次以上，并可实现在线编程写入 ISP 技术的优点，为使用带来了极大的方便。采用 Mask ROM 的微控制器称为掩膜芯片，它在芯片制造过程中就将程序"写入"其中，并永远不能改写。采用 OTP ROM 的微控制器，其芯片出

厂时片内程序存储器是"空的",它允许用户将自己编写好的程序一次性地编程写入,之后便再也无法修改了。Mask ROM 和 OTP ROM 适用于大批量产品的生产,而 EPROM 和 Flash ROM 则适用于产品的设计开发及学习培训用。

➤ 程序保密化。一个单片机嵌入式系统的系统程序是系统最重要的部分,是知识产权保护的核心。为了防止片内程序被非法读出复制,新型单片机往往对片内程序存储器进行加锁加密。当系统程序写入片内程序存储器后,可以再对加密保护单元编程,使芯片加锁。加锁加密后,从芯片的外部则无法读取片内的系统程序代码。若将加密单元擦除,则片内程序也同时被擦除掉,这样便达到了程序保密的目的。

**5) ISP、IAP 及基于 ISP、IAP 技术的开发和应用**

ISP(In System Programmable)称为在线系统可编程技术。随着微控制器在片内集成 EEPROM、Flash ROM 的发展,推动了 ISP 技术在单片机中的应用。在 ISP 技术基础上,首先实现了系统程序的串行编程写入(下载),使得不必将焊接在 PCB 印刷电路板上的芯片取下,就可直接将程序下载到单片机的程序存储器中,淘汰了专用的程序下载写入设备。其次,基于 ISP 技术的实现,使模拟仿真开发技术重新兴起。在单时钟、单指令运行的 RISC 结构的单片机中,可实现 PC 机通过串行电缆对目标系统的在线仿真调试。在 ISP 技术应用的基础上,又发展了 IAP(In Application Programmable)技术,也称在应用可编程技术。利用 IAP 技术,实现了用户可随时根据需要对原有系统方便地在线更新软件、修改软件,还能实现对系统软件的远程诊断、远程调试和远程更新。

**6) 实现全面功耗管理**

采用 CMOS 工艺后,单片机具有极佳的低功耗和功耗管理功能。它包括:

➤ 传统 CMOS 单片机的低功耗运行方式,即休闲方式(Idle Mode)、掉电方式(Power Down Mode)。

➤ 双时钟技术。配置高速(主时钟)和低速(子时钟)两个时钟系统。当不需要高速运行时,转入子时钟控制下,以降低功耗。

➤ 片内外围电路的电源管理。对集成在片内的外围接口电路实行供电管理,当该外围电路不运行时,关闭其供电。

➤ 低电压节能技术。CMOS 电路的功耗与电源电压有关,降低系统的供电电压,能大幅度降低器件的功耗。新型单片机往往具有宽电压(3~5 V)或低电压(3 V)运行的特点。低电压、低功耗是手持便携式系统重要的追求目标,也是绿色电子的发展方向。

**7) 以串行总线方式为主的外围扩展**

目前,单片机与外围器件接口技术发展的一个重要方面是由并行外围总线接口向串行外围总线接口的发展。采用串行总线方式为主的外围扩展技术具有方便、灵活、电路系统简单及占用I/O资源少等特点。采用串行接口虽然比采用并行接口数据传输速度慢,但随着半导体集成电路技术的发展,大批采用标准串行总线通信协议（如SPI、$I^2C$、1-Wire等）的外围芯片器件的出现,使串行传输速度也在不断提高（可达到1~10 Mb/s）。采用片内集成程序存储器而不必外部并行扩展程序存储器,加之单片机嵌入式系统有限速度的要求,使得以串行总线方式为主的外围扩展方式能够满足大多数系统的需求,成为流行的扩展方式,而采用并行接口的扩展技术则成为辅助方式。

**8）单片机向片上系统 SoC 的发展**

SoC(System on Chip)是一种高度集成化、固件化的芯片级集成技术,其核心思想是把除了无法集成的某些外部电路和机械部分之外的所有电子系统电路全部集成在一片芯片中。现在一些新型单片机(如 AVR 系列单片机)已经是 SOC 的雏形,在一片芯片中集成了各种类型和更大容量的存储器,以及更多性能、更加完善、更强大的功能电路接口,这使得原来需要几片甚至十几片芯片组成的系统,现在只用一片就可以实现。其优点是不仅减小了系统的体积,降低了成本,而且也大大提高了系统硬件的可靠性和稳定性。

# 1.2　单片机嵌入式系统的结构与应用领域

## 1.2.1　单片机嵌入式系统的结构

仅由一片单片机芯片是不能构成一个应用系统的。系统的核心控制芯片往往还需要与一些外围芯片、器件和控制电路机构有机地连接在一起,才能构成一个实际的单片机系统,进而再嵌入到应用对象的环境体系中,作为其中的核心智能化控制单元而构成典型的单片机嵌入式应用系统,如洗衣机、电视机、空调、智能仪器、智能仪表等。

单片机嵌入式系统的结构如图1-1所示,通常包括三大部分:能实现嵌入式对象各种应用要求的单片机、硬件电路和应用软件。

### 1. 单片机

单片机是单片机嵌入式系统的核心控制芯片,由它实现对控制对象的测控、系统运行管理控制和数据运算处理等功能。

### 2. 系统硬件电路

系统硬件电路是根据系统所采用单片机的

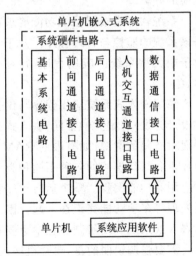

图1-1　单片机嵌入式系统结构

特性以及嵌入对象要实现的功能要求而配备的外围芯片、器件所构成的全部硬件电路。通常包括以下几部分：

> 基本系统电路。它包括满足单片机系统运行所需要的时钟电路、复位电路、系统供电电路、驱动电路、扩展的存储器等。

> 前向通道接口电路。这是应用系统面向对象的输入接口，通常是各种物理量的测量传感器、变换器输入通道。根据现实世界物理量转换成电量输出信号的类型（如模拟电压电流、开关信号、数字脉冲信号等）不同，接口电路也不同。常见的有传感器、信号调理器、模/数转换器 ADC、开关输入、频率测量接口等。

> 后向通道接口电路。这是应用系统面向对象的输出控制电路接口。根据应用对象伺服和控制要求，通常有数/模转换器 DAC、开关量输出、功率驱动接口、PWM 输出控制等。

> 人机交互通道接口电路。这是满足应用系统人机交互需要的电路，有键盘、拨动开关、LED 发光二极管、数码管、LCD 液晶显示器、打印机等多种输入/输出接口电路。

> 数据通信接口电路。这是满足远程数据通信或构成多机网络应用系统的接口，通常有 RS - 232、SPI、I$^2$C、CAN 总线、USB 总线等通信接口电路。

## 3. 系统应用软件

系统应用软件的核心就是下载到单片机中的系统运行程序。整个嵌入式系统全部硬件的相互协调工作、智能管理和控制都由系统运行程序决定。它可认为是单片机嵌入式系统核心的核心。一个系统应用软件设计的好坏，往往也决定了整个系统性能的好坏。

系统软件是根据系统功能要求而设计的，一个嵌入式系统的运行程序实际上就是该系统的监控与管理程序。对于小型系统的应用程序，一般采用汇编语言编写；而对于中大型系统的应用程序，往往采用高级程序设计语言编写，如 C 语言、BASIC 语言。

编写嵌入式系统应用程序与编写其他类型的软件程序（如基于 PC 机的应用软件设计开发）有很大的不同，嵌入式系统应用程序更加面向硬件底层和控制，而且还要面对有限的资源（如有限的 RAM）。因为嵌入式系统的应用软件不仅要直接面对单片机和与其连接的各种不同种类和设计的外围硬件电路编程，还要面对系统的具体应用和功能编程。整个运行程序常常是输入/输出接口设计、存储器、外围芯片、中断处理等多项功能交织在一起。因此，除了硬件系统的设计，系统应用软件的设计也是嵌入式系统开发研制过程中重要和困难的任务。

需要强调说明的是，单片机嵌入式系统的硬件设计和软件设计两者之间的关系十分紧密，且互相依赖和制约。因此，通常要求嵌入式系统的开发人员既要具备扎实的硬件设计能力，同时也要具备相当优秀的软件程序设计能力。

## 1.2.2 单片机嵌入式系统的应用领域

以单片机为核心构成的单片机嵌入式系统已成为现代电子系统中最重要的组成部分。在现代的数字化世界中,单片机嵌入式系统已经大量地渗透到我们生活的各个领域,几乎很难找到哪个领域没有单片机的踪迹。导弹的导航装置,飞机上各种仪表的控制,计算机的网络通信与数据传输,工业自动化过程的实时控制和数据处理,生产流水线上的机器人,医院里先进的医疗器械和仪器,广泛使用的各种智能IC卡,小朋友的程控玩具和电子宠物,都是典型的单片机嵌入式系统应用。

由于单片机芯片的微小体积、极低的成本和面向控制的设计,使得它作为智能控制的核心器件被广泛地嵌入到工业控制、智能仪器仪表、家用电器、电子通信产品等各个领域中的电子设备和电子产品中。其主要应用领域有以下几方面:

(1)智能家用电器(俗称带"电脑"的家用电器)。例如,电冰箱、空调、微波炉、电饭锅、电视机、洗衣机等,都是智能家用电器。传统的家用电器中嵌入了单片机系统后,使其性能特点都得到很大的改善,可实现运行智能化、温度的自动控制和调节、节约电能等。

(2)智能机电一体化产品。单片机嵌入式系统与传统的机械产品相结合,使传统的机械产品结构简化,控制智能化,构成了新一代机电一体化产品。这些产品已在纺织、机械、化工、食品等工业生产中发挥出巨大的作用。

(3)智能仪表仪器。用单片机嵌入式系统改造原有的测量、控制仪表和仪器,能促使仪表仪器向数字化、智能化、多功能化、综合化、柔性化发展。由单片机系统构成的智能仪器仪表可以集测量、处理、控制功能于一体,赋予传统的仪器仪表以崭新的面貌。

(4)测控系统。用单片机嵌入式系统可以构成各种工业控制系统、自适应控制系统、数据采集系统等。例如,温室人工气候控制、汽车数据采集与自动控制系统。

# 1.3 AVR 单片机简介

## 1.3.1 ATMEL 公司的单片机简介

ATMEL 公司是世界上著名的生产高性能、低功耗、非易失性存储器和各种数字模拟 IC 芯片的半导体制造公司。在微控制器方面,ATMEL 公司有基于 8051 内核、AVR 内核和 ARM 内核的三大系列单片机产品(确切地讲,最后一款应称为嵌入式微处理器)。ATMEL 公司在其单片机产品中融入了先进的 EEPROM 电可擦除和Flash ROM 存储器技术,使其单片机产品具备了优秀的品质,在结构、性能和功能等方面都有明显的优势。2016 年,ATMEL 公司被美国微芯科技(Microchip Technology)收购。

ATMEL 公司把 8051 内核与其擅长的 Flash 存储器技术相结合,是国际上最早推出片内集成可重复擦写 1000 次以上 Flash 程序存储器,以及采用低功耗 CMOS 工艺的 8051 兼容单片机的生产商之一。市场上家喻户晓的 AT89C51、AT89C52、AT89C1051 和 AT89C2051 就是 ATMEL 公司生产的基于 8051 内核系列单片机中的典型产品(现在已升级换代为 AT89Sxx 系列,采用 ISP 在线编程技术)。该系列单片机在我国的单片机市场上一直占有相当大的份额。

8051 结构的单片机采用复杂指令系统 CISC(Complex Instruction Set Computer)体系。由于 CISC 结构存在指令系统不等长、指令数多、CPU 利用效率低和执行速度慢等缺陷,已不能满足和适应设计中高档电子产品和嵌入式系统应用的需要。ATMEL 公司发挥其 Flash 存储器技术的特长,于 1997 年研发和推出了全新配置、采用精简指令集 RISC(Reduced Instruction Set CPU)结构的新型单片机,简称 AVR 单片机。

精简指令集 RISC 结构是 20 世纪 90 年代开发出来的一种综合了半导体集成技术和提高软件性能的新结构,是为了提高 CPU 运行速度而设计的芯片体系。其关键技术在于采用流水线操作(Pipelining)和等长指令体系结构,使一条指令可以在一个单独操作中完成,从而实现在一个时钟周期里完成一条或多条指令。同时,RISC 体系还采用了通用快速寄存器组的结构,大量使用寄存器之间的操作,简化了 CPU 中运算器、控制器和其他功能单元的设计。因此,RISC 的特点就是通过简化 CPU 的指令功能,使指令的平均执行时间减少,从而提高 CPU 的性能和速度。在使用相同的晶片技术和相同的运行时钟下,RISC 系统的运行速度是 CISC 的 2~4 倍。正由于 RISC 体系所具有的优势,使得它在高端系统得到了广泛的应用。例如,ARM 以及大多数 32 位处理器都采用 RISC 体系结构。

ATMEL 公司的 AVR 是 8 位单片机中第一个真正采用 RISC 结构的单片机。它采用了大型快速存取寄存器组、快速单周期指令系统以及单级流水线等先进技术,因此具有高达 1 MIPS/MHz 的高速运行处理能力。

AVR 采用流水线技术,在前一条指令执行时,就取出现行指令,然后以一个周期执行指令,大大提高了 CPU 的运行速度。而在其他 CISC 以及类似的 RISC 结构的单片机中,外部振荡器的时钟被分频降低到传统的内部指令执行周期,这种分频最大达 12 倍(8051)。

另外一点,传统的基于累加器结构的单片机(如 8051),需要大量的程序代码来实现累加器与存储器之间的数据传送。而在 AVR 单片机中,由于采用 32 个通用工作寄存器构成快速存取寄存器组,用 32 个通用工作寄存器代替了累加器,所以避免了在传统结构中累加器与存储器之间数据传送造成的瓶颈现象,进一步提高了指令的运行效率和速度。

随着电子产品更新换代周期的缩短以及不断向高端发展,为了加快产品进入市场的时间和简化系统的设计、开发、维护和支持,对于以单片机为核心所组成的高端嵌入式系统来说,用高级语言编程已成为一种标准设计方法。AVR 单片机采用 RISC 结构,其目的就在于能够更好地采用高级语言(例如 C 语言、BASIC 语言)来编写嵌入式系统的系统程序,从而能高效地开发出目标代码。

AVR 单片机采用低功耗、非易失的 CMOS 工艺制造,内部分别集成 Flash、EE-PROM 和 SRAM 3 种不同性能和用途的存储器。除了可以通过使用一般的编程器(并行高压方式)对 AVR 单片机的 Flash 程序存储器和 EEPROM 数据存储器进行编程外,大多数 AVR 单片机还具有 ISP 在线编程和 IAP 在应用编程的特点。这些优点为使用 AVR 单片机开发设计和生产产品提供了极大的方便。在产品的设计生产中,可以"先装配后编程",从而缩短了研发周期、工艺流程,并且还可以节约购买开发仿真编程器的费用。同样,对于学习和使用 AVR 单片机的用户来说,也不必购买昂贵的开发仿真硬件设备,只要拥有一套好的 AVR 开发软件平台,即可从事 AVR单片机系统的学习、设计和开发工作。

## 1.3.2 AVR 单片机的主要特点

AVR 单片机吸取了 PIC 及 8051 等单片机的优点,同时在内部结构上还做了一些重大改进。其主要的优点如下:

➤ 程序存储器为价格低廉、可擦写 1 万次以上、指令长度单元为 16 位(字)的 Flash ROM(即程序存储器宽度为 16 位,按 8 位字节计算时应乘以 2),而数据存储器为 8 位。因此,AVR 还是属于 8 位单片机。

➤ 采用 CMOS 技术和 RISC 架构,实现了高速(50 ns)、低功耗(μA 级)、Sleep(休眠)功能。AVR 一条指令的执行速度可达 50 ns(20 MHz),而耗电则在 1 μA~2.5 mA。由于 AVR 采用 Harvard 结构,具有一级流水线的预取指令功能,即对程序的读取和数据的操作使用不同的数据总线,因此,当执行某一指令时,下一指令被预先从程序存储器中取出,这使得指令可以在每一个时钟周期内被执行。

➤ 高度保密。采用可多次烧写的 Flash 存储器,且具有多重密码保护锁定(Lock)功能,因此可低价、快速完成产品的商品化,且可多次更改程序(产品升级),方便了系统调试,而且不必浪费 IC 或电路板,大大提高了产品的质量及竞争力。

➤ 工业级产品。具有大电流 10~20 mA(输出电流)或 40 mA(吸电流)的特点,可直接驱动 LED、SSR 或继电器。具有看门狗定时器(WDT)安全保护功能,可防止程序走飞,以提高产品的抗干扰能力。

➤ 超功能精简指令。具有 32 个通用工作寄存器(相当于 8051 中的 32 个累加器),克服了单一累加器数据处理造成的瓶颈现象。片内含有 128 B~8 KB SRAM,可灵活使用指令运算,适合使用功能很强的 C 语言编程,易学、易写、易移植。

➤ 程序写入器件时,可以使用并行方式写入(用编程器写入),也可使用串行在线下载(ISP)、在应用下载(IAP)方式写入。也就是说,不必将单片机芯片从系统板上拆下拿到万用编程器上烧录,而可直接在电路板上进行程序的修改、烧录等操作,方便产品升级,更利于使用 SMD 表贴封装器件,使产品微型化。

➤ 通用数字 I/O 口的输入/输出特性与 PIC 的 HI/LOW 输出及三态高阻抗 HI－Z 输入类同,同时可设定类似于 8051 结构内部有上拉电阻的输入端功能,便于作为各种应用特性所需(多功能 I/O 口)。AVR 的 I/O 口是真正的 I/O 口,能正确反映 I/O 口输入/输出的真实情况。

➤ 单片机内集成有模拟比较器,可组成廉价的 A/D 转换器。

➤ 像 8051 一样,有多个固定中断向量入口地址,可快速响应中断;而不像 PIC 那样,所有中断都在同一向量地址上,需要程序判别后才可响应,这会失去控制时机的最佳机会。

➤ 同 PIC 一样,带有可设置的启动复位延时计数器。AVR 单片机内部有电源上电启动计数器,当系统 RESET 复位上电后,利用内部的 RC 看门狗定时器,可延迟 MCU 正式开始读取指令执行程序的时间。这种延时启动的特性,可使 MCU 在系统电源、外部电路达到稳定后,再正式开始执行程序,提高了系统工作的可靠性,同时也可省去外加的复位延时电路。

➤ 具有多种不同方式的休眠节电功能和低功耗的工作方式。

➤ 许多 AVR 单片机具有内部 RC 振荡器,可提供 1/2/4/8 MHz 的工作时钟,使该类单片机无须外加时钟电路元器件即可工作,非常简单和方便。

➤ 有多个带预分频器的、功能强大的 8 位和 16 位计数/定时器(C/T),除了可以实现普通的定时和计数功能外,还具有输入捕获及产生 PWM 输出等更多的功能。

➤ 性能优良的串行同/异步通信 USART 口,不占用定时器,可实现高速同/异步通信。

➤ mega8515 及 mega128 等芯片具有可并行扩展的外部接口,扩展能力达 64 KB。

➤ 工作电压范围宽(1.8～6.0 V),具有系统电源低电压检测功能,电源抗干扰性能强。

➤ 有多通道的 10 位 A/D 及实时时钟 RTC。许多 AVR 芯片(如 mega8、mega16、mega8535 等)内部都集成了 8 路 10 位 A/D 接口。

➤ AVR 单片机还在片内集成了可擦写 10 万次的 EEPROM 数据存储器,等于又增加了一个芯片,可用于保存系统的设定参数、固定表格和掉电后的数据,既方便了使用,减小了系统的空间,又大大提高了系统的保密性。

## 1.3.3　AVR 系列单片机简介

为了满足市场和产品的不同需求,ATMEL 公司对 AVR 单片机进行过两次大的调整和改进,在对内部资源进行相应的扩展或删减的基础上,形成了以 tinyAVR、 megaAVR 和 XMEGA（见图1-2)3大系列为主的10个品种、近百种型号的产品，以满足和适应各种层次的应用。

　　3大系列所有型号的 AVR 单片机都采用相同的 AVR CPU 内核架构，指令系统兼容，只是在内部资源的配备、存储器容量大小以及片内集成功能接口部件的数量和性能上有所不同。不同型号的 AVR 单片机封装形式也不一样，引脚数最少的只有6脚，最多达到100脚，价格也从几元到几十元不等，可以满足不同场合、不同应用的需求，用户可以根据需要选择。表1-1给出了3大系列基本资源配置。

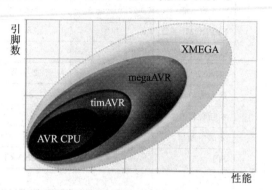

图1-2　AVR 单片机3大系列产品线

表1-1　AVR 单片机3大系列基本资源配置表

| 8位 AVR CPU(RISC 架构) | | 存储器配备 | | |
|---|---|---|---|---|
| 系　列 | 封　装 | Flash | SRAM | EEPROM |
| tinyAVR | 6～32 脚 | 512 字节～8 KB | 32～512 字节 | 0～512 字节 |
| megaAVR | 28～100 脚 | 4～256 KB | 512 字节～16 KB | 256 字节～4 KB |
| XMEGA | 44～100 脚 | 16～384 KB | 8～32 KB | 2～4 KB |

　　从表1-1中可以看出，tinyAVR 系列的内部资源相对少一些，引脚也少，适合于家用电器、简单控制方面的应用，如：空调、冰箱、微波炉、烟雾报警器等。

　　megaAVR 系列单片机则属于中档产品，其性能不仅优越，同时也有非常好的性价比。例如，引脚数最少(28脚)的 ATmega8，在市场上的价格大约10元人民币，却具备了1 KB 的 SRAM、8 KB 的 Flash、512 字节的 EEPROM，2个8位和1个16位共3个超强功能的定时/计数器，以及 USART、SPI、8路10位 ADC、WDT、RTC、ISP、IAP、TWI($I^2C$)、片内高精度 RC 振荡器等多种功能的接口和特性(见表1-2)。

　　XMEGA 系列是 AVR 中配置最全、功能最强的一款。它的引脚数多，片内集成了高达32 KB 的 SRAM、384 KB 的 Flash、4 KB 的 EEPROM，支持外部并行扩展，具备数个超强功能的定时/计数器，多路 USART、SPI、高速12位的 ADC/DAC、WDT、RTC、ISP、IAP、TWI($I^2C$)、DMA、片内事件驱动系统、片内高精度 RC 振荡器等多种功能的接口和特性，适合高档电子产品的应用。

表1-2　megaAVR 系列配置表(部分低配置型号)

| 功　能 | ATmega8A | ATmega48A | ATmega88A | ATmega168A |
|---|---|---|---|---|
| Flash/KB | 8 | 4 | 8 | 16 |

AVR 单片机嵌入式系统原理与应用实践(第3版)

| 功　能 | | ATmega8A | ATmega48A | ATmega88A | ATmega168A |
|---|---|---|---|---|---|
| EEPROM/字节 | | 512 | 256 | 512 | 512 |
| 快速寄存器 | | 32 | 32 | 32 | 32 |
| SRAM | | 1 KB | 512 字节 | 1 KB | 1 KB |
| 最大 I/O 引脚 | | 23 | 23 | 23 | 23 |
| 中断数目 | | 18 | 26 | 26 | 26 |
| 外部中断口 | | 2 | 26 | 26 | 26 |
| SPI | | 1 | 1+USART | 1+USART | 1+USART |
| UART | | 1 | 1 | 1 | 1 |
| TWI | | 1 | 1 | 1 | 1 |
| 硬件乘法器 | | Y | Y | Y | Y |
| 8 位定时器 | | 2 | 2 | 2 | 2 |
| 16 位定时器 | | 1 | 1 | 1 | 1 |
| PWM 通道 | | 3 | 3 | 3 | 3 |
| 实时时钟 RTC | | Y | Y | Y | Y |
| 10 位 A/D 通道 | | 8 | 8 | 8 | 8 |
| 模拟比较器 | | Y | Y | Y | Y |
| 掉电检测 BOD | | Y | Y | Y | Y |
| 看门狗 | | Y | Y | Y | Y |
| 片内系统时钟 | | Y | Y | Y | Y |
| debugWIRE | | — | Y | Y | Y |
| 在线编程 ISP | | Y | Y | Y | Y |
| 自编程 SPM | | Y | Y | Y | Y |
| $V_{\mathrm{CC}}$/V | 最低 | 2.7 | 1.8 | 1.8 | 1.8 |
| | 最高 | 5.5 | 5.5 | 5.5 | 5.5 |
| 系统时钟/MHz | | 0～16 | 0～20 | 0～20 | 0～20 |
| 封装形式 | | PDIP28<br>MLF32<br>TQFP32 | PDIP28<br>MLF32<br>TQFP32 | PDIP28<br>MLF32<br>TQFP32 | PDIP28<br>MLF32<br>TQFP32 |

　　在 AVR 系列单片机中，ATmega16 是一款中档功能的 AVR 芯片，它的引脚数为 40 脚(44 TQFP)，在片内集成了 1 KB 的 SRAM、16 KB 的 Flash、512 字节的 EE-PROM，2 个 8 位、1 个 16 位共 3 个超强功能的定时/计数器，以及 USART、SPI、多路 10 位 ADC、WDT、RTC、ISP、IAP、TWI($I^2$C)、片内高精度 RC 振荡器等多种功能的接口和特性(见表 1 - 3)，较全面地体现了 AVR 的特点，不仅适合对 AVR 了解和

AVR 单片机嵌入式系统原理与应用实践(第 3 版)

使用的入门学习,同时也满足一般应用,已在产品中广泛使用。

表 1 - 3　megaAVR 系列配置表(部分中高配置型号)

| 功　能 | | ATmega 8515A | ATmega 8535A | ATmega 16A | ATmega 32A | ATmega 64A | ATmega 162A | ATmega 165A | ATmega 169A | ATmega 128A | ATmega 2560 |
|---|---|---|---|---|---|---|---|---|---|---|---|
| Flash/KB | | 8 | 8 | 16 | 32 | 64 | 16 | 16 | 16 | 128 | 256 |
| EEPROM | | 512 字节 | 512 字节 | 512 字节 | 1 KB | 2 KB | 512 字节 | 512 字节 | 512 字节 | 4 KB | 4 KB |
| 快速寄存器 | | 32 | 32 | 32 | 32 | 32 | 32 | 32 | 32 | 32 | 32 |
| SRAM | | 512 字节 | 512 字节 | 1 KB | 2 KB | 4 KB | 1 KB | 1 KB | 1 KB | 4 KB | 8 KB |
| I/O 引脚 | | 35 | 32 | 32 | 32 | 53 | 35 | 54 | 54 | 53 | 86 |
| 中断数目 | | 16 | 20 | 20 | 19 | 34 | 28 | 23 | 23 | 34 | 57 |
| 外部中断口 | | 3 | 3 | 2 | 3 | 8 | 3 | 17 | 17 | 8 | 32 |
| SPI | | 1 | 1 | 1 | 1 | 1 | 1 | 1+USI | 1+USI | 1 | 1+USART |
| SUART | | 1 | 1 | 1 | 2 | 2 | 2 | 1 | 1 | 2 | 4 |
| TWI | | — | Y | Y | Y | Y | — | Y | Y | Y | Y |
| 硬件乘法器 | | Y | Y | Y | Y | Y | Y | Y | Y | Y | Y |
| 8 位定时器 | | 1 | 2 | 2 | 2 | 2 | 2 | 2 | 2 | 2 | 2 |
| 16 位定时器 | | 1 | 1 | 1 | 1 | 2 | 2 | 1 | 1 | 2 | 4 |
| PWM 通道 | | 3 | 4 | 3 | 4 | 8 | 4 | 4 | 4 | 8 | 16 |
| 实时时钟 RTC | | — | Y | Y | Y | Y | Y | Y | Y | Y | Y |
| 10 位 A/D 通道 | | — | 8 | 8 | 8 | 8 | — | 8 | 8 | 8 | 16 |
| 模拟比较器 | | — | Y | Y | Y | Y | Y | Y | Y | Y | Y |
| 掉电检测 BOD | | Y | Y | Y | Y | Y | Y | Y | Y | Y | Y |
| 看门狗 | | Y | Y | Y | Y | Y | Y | Y | Y | Y | Y |
| 片内系统时钟 | | Y | Y | Y | Y | Y | Y | Y | Y | Y | Y |
| JTAG 接口 | | — | — | Y | Y | Y | — | Y | Y | Y | Y |
| 在线编程 ISP | | Y | Y | Y | Y | Y | Y | Y | Y | Y | Y |
| 自编程 SPM | | Y | Y | Y | Y | Y | Y | Y | Y | Y | Y |
| $V_{CC}$/V | 最低 | 2.7 | 2.7 | 2.7 | 2.7 | 2.7 | 2.7 | 2.7 | 2.7 | 2.7 | 1.8 |
| | 最高 | 5.5 | 5.5 | 5.5 | 5.5 | 5.5 | 5.5 | 5.5 | 5.5 | 5.5 | 5.5 |
| 系统时钟/MHz | | 0~16 | 0~16 | 0~16 | 0~16 | 0~16 | 0~16 | 0~16 | 0~16 | 0~16 | 0~16 |
| 封装形式 | | TQFP44 PDIP40 MLF44 PLCC44 | TQFP44 PDIP40 MLF44 PLCC44 | PDIP40 MLF44 TQFP44 | PDIP40 MLF44 TQFP44 | | PDIP40 MLF44 TQFP44 | | | TQFP64 MLF64 | TQFP100 |

　　在本书中,将以 ATmega16 为主线,逐步介绍 AVR 单片机的内部结构,以及各功能部件的使用方法。同时我们与 www.ourdev.cn 网站合作,共同研制开发了"AVR - 51 多功能实验开发板"与本书配套。书中的实验均可在该板上实现。该实验板具有非常高的性价比,不仅能配合 AVR 单片机的使用,同时也能完全适合于

AVR 单片机嵌入式系统原理与应用实践(第 3 版)

8051 单片机,非常适合初学者动手学习和实践。读者可以通过访问 http://www.mailshop.cn/来购买。

除了 AVR 单片机,ATMEL 公司同时还拥有多种其他内核架构,诸如 8 位 MCS-51、32 位 ARM 等 MCU/MPU 产品。其中该公司的 AVR32 系列产品是一款 32 位的 MCU/MPU,它尽管也使用 AVR 冠名,但其内核与本书讲述的 AVR 单片机内核完全不相同,所以 AVR 和 AVR32 是属于不同类型的两种产品。请读者注意不要混淆。

## 1.3.4　AVR 与 51 单片机

在单片机发展的历程中,51 单片机做出了非常重要的贡献。

今天所谓的 51 单片机实际上是一个总概念,泛指所有采用 Intel 公司的 MCS-51 内核结构,或称为与 MCS-51 兼容的那些单片机。其典型代表为 Intel 公司生产的 8051 系列单片机。目前国际上仍有许多半导体公司和生产厂以 MCS-51 为内核,推出了经过改进和扩展的满足各种嵌入式应用的多种类型和型号的 51 兼容单片机。因此,51 单片机在单片机嵌入式系统的应用中还是占有非常主要的地位。

国内高校中单片机系统的课程与教学,20 多年来基本上都是以 51 单片机作为构成单片机系统的典型控制芯片来介绍,培养出大批熟悉、了解以及掌握 51 单片机的工程师和技术人员,出版了大批与 51 单片机相关的教材和应用参考书。因此,直到现在,国内 51 单片机还是具有相当大的用户,在大部分学校的教学中,还是采用 51 单片机作为学习的典型芯片。

从应用和市场的角度看,51 单片机仍旧能够满足许多应用系统的需求,并且具有价格最低廉、参考资料和例程最多等许多优点。除此之外,现在许多半导体公司和生产厂商也在不断地继续推出多种类型和型号、以 MCS-51 为内核、经过较大改进和扩展的 51 兼容 SoC 单片机,其性能比标准 8051 单片机要高得多,能够满足许多更高需求应用。

但是由于 MCS-51 本身内核结构的局限性,51 单片机,尤其是标准 51 架构的单片机,在性能、技术和硬软件设计理念等多方面已经落后,从技术角度看,已经跟不上单片机流行和发展的趋势。

随着单片机系统技术的发展,目前市场上出现了许多新型的 8 位芯片。其中 ATMEL 公司 AVR 单片机的发展尤为引人注目。AVR 单片机采用了 RISC 结构,其速度、内存容量、外围接口的集成度、向串行扩展和更适合使用高级语言编程等众多特性,以及其所使用的开发技术和仿真调试技术等方面,都充分体现和代表了当前单片机嵌入式系统发展的趋势。也正是由于这些显著特点,再加上其极高的性价比,使得 AVR 得到广泛的应用,在短时间内成为市场上的主流芯片之一。

因此,从教育的长远和发展眼光出发,我们的教学与学习的目标应该更高些,要相应地改变教学内容、教学方式和学习方式,充分体现和融入新的技术、新的硬软件系统设计理念和方法,为培养适应当今技术发展的嵌入式系统工程师打好坚实的基础,以满足社会对高水平人才的需求。

# 思考与练习

1. 什么是通用计算机系统?什么是嵌入式计算机系统?两种系统在应用领域和技术构成等方面有哪些相同点和区别?

2. 嵌入式计算机系统有哪几种类型?通过网络、杂志与广告了解各种可以构成嵌入式系统的核心部件的性能、价格与应用领域。

3. 为什么说单片机系统是典型的嵌入式系统?列举几个你所知道的单片机嵌入式系统的产品和应用。

4. 通过网络、杂志与广告了解国内外主要的单片机生产厂商和它们的产品型号、主要性能和特点,以及相应的开发系统和工具。

5. 什么是单片机?单片机有何特点?

6. 单片机的主要技术发展方向是什么?

7. 简述单片机嵌入式系统的系统结构,并以具体实例(产品)为例,说明系统结构中各部分的具体构成与功能。

8. ATmega 系列单片机有那些特点?这些特点是否符合单片机的主要发展方向?

9. 将程序存储器集成到单片机内有哪些优点和不足?片内集成 EEPROM、Flash ROM 以及 Mask ROM、OTP ROM 的单片机各有什么特点?

10. 大多数的 AVR 单片机内部都含有 RAM、Flash ROM、EEPROM,请说出它们的用途、性能和特点,并举例说明如何使用。

11. 什么是 ISP 技术?采用 ISP 技术的单片机有什么优点?

12. 什么是 IAP 技术?IAP 与 ISP 的本质区别是什么?说明其主要用途。

13. 以串行总线方式为主的外围扩展方式有什么优点?

14. 在单片机中集成了哪些常用的硬件接口电路?简单举例说明其功能和作用。

**本章参考文献:**

ATMEL. AVR 快速导引(英文,共享资料). www. atmel. com.

AVR 单片机嵌入式系统原理与应用实践(第 3 版)

# 第 2 章

# AVR 单片机的基本结构

单片机是构成单片机嵌入式系统的核心器件。本章首先介绍一般单片机的基本结构和组成,使大家对单片机芯片的内部硬件有一个基本的了解和认识。掌握单片机的基本结构和组成,对学习任何一种类型单片机的工作原理、编写单片机的系统软件以及设计外围电路都是非常重要的。

AVR 单片机是美国 ATMEL 公司推出的一款采用 RISC 指令的 8 位高速单片机。本章将以 ATmega16 为主线,介绍 AVR 单片机内核的基本结构、引脚功能、工作方式等。深入理解和掌握 AVR 单片机的基本结构,对后续章节的学习及实际应用 AVR 单片机都是非常重要的。

## 2.1 单片机的基本组成

### 2.1.1 单片机的基本组成结构

单片机嵌入式系统的核心部件是单片机,其结构特征是将组成计算机的基本部件集成在一块晶体芯片上,构成一片具有特定功能的单芯片计算机。一片典型单片机芯片的内部基本组成结构如图 2-1 所示。

从单片机的基本组成可以看出,在一片(单片机)芯片中,集成了构成一个计算机系统的最基本的单元,如 CPU、程序(指令)存储器、数据存储器、各种类型的输入/输出接口等。CPU 与各基本单元通过芯片内的内部总线(包括数据总线、地址总线和控制总线)连接。

一般情况下,内部总线中的数据总线宽度(或指 CPU 的字长)也是标定该单片机等级的一个重要指标。一般讲,低档单片机的内部数据总线宽度为 4 位(4 位机),普通和中档单片机的内部数据总线宽度一般为 8 位(8 位机),高档单片机内部数据总线宽度为 16 或 32 位。内部数据总线宽度越宽,单片机的处理速度也越快,功能也越强。

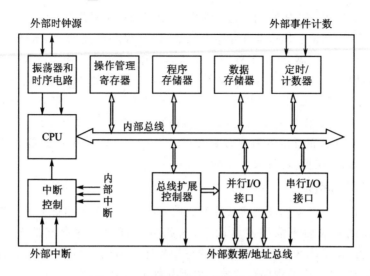

**图 2-1　典型单片机的基本组成结构**

## 2.1.2　单片机的基本单元与作用

下面分别对单片机芯片中所集成的各个组成部分予以简要介绍。

### 1. MCU 单元(MicroController Unit)

MCU 单元部分包括 CPU、时钟系统、复位、总线控制逻辑等电路。CPU 是按照面向测控对象、嵌入式应用的要求而设计的,其功能有进行算术、逻辑、比较等运算和操作,并将结果和状态信息与存储器和状态寄存器进行交换(读/写)。时钟和复位电路实现上电复位、信号控制复位,产生片内各种时钟及功耗管理等。总线控制电路则产生各类控制逻辑信号,满足 MCU 对内部和外部总线的控制。其中,内部总线控制用于实现片内各单元电路的协调操作和数据传输,而外部总线控制则用于单片机外围扩展的操作管理。

### 2. 片内存储器

单片机的存储器一般分成程序存储器和数据存储器,它们往往构成相互独立的两个存储空间,分别寻址,互不干扰。在这一点上,与通用计算机系统的结构是不同的。通用计算机系统通常采用 Von-Neumann 结构,在这种结构体系中采用了单一的数据总线用于指令和数据的存取,因此数据和指令是存放在同一个存储空间中的,CPU 使用同一条数据总线与数据和程序进行交换,如在"计算机原理"课程中介绍的 8086/8088。而单片机的内部结构通常使用 Harvard 体系结构,在这种体系中采用分开的指令和数据总线以及分开的指令和数据空间。单片机采用 Harvard 双(多)总线结构的优点是,指令与数据空间完全分开,分别通过专用的总线与 CPU 交换,可以实现对程序和数据的同时访问,提高了 CPU 的执行速度和数据的吞吐率。

早期的单片机,如典型的 8031 单片机,在片内只集成了少量的数据存储器 RAM(128 字节/256 字节),没有程序存储器,因此程序存储器和大容量的数据存储器需要进行片外的扩展,增加了外围的存储芯片和电路,这给构成嵌入式系统带来了麻烦。后期的单片机则在片内集成了相当数量的程序存储器,如与 8031 兼容的 AT89S51、AT89S52 在片内集成了 4 KB/8 KB 的 Flash 程序存储器。而新型的单片机,则在片内集成了更多数量、更多类型的存储器,如 AVR 系列的 ATmega16 在片内就集成了 16 KB 的 Flash 程序存储器、1 KB 的 RAM 数据存储器和 512 字节的 EEPROM 数据存储器,这就大大方便了应用。

### 3. 程序存储器

程序存储器用于存放嵌入式系统的应用程序。由于单片机嵌入式系统的应用程序在开发调试完成后不需要经常改变,因此单片机的程序存储器多采用只读型 ROM 存储器,用于永久性地存储系统的应用程序。为适应不同产品、不同用户和不同场合的需要,单片机的程序存储器有以下几种不同形式:

(1) ROMLess 型。这种类型的单片机片内没有集成程序存储器,使用时必须在单片机外部扩展一定容量的 EPROM 器件。因此,使用这种类型的单片机就必须使用并行扩展总线,这样就增加了芯片,增加了硬件设计的工作量。

(2) EPROM 型。这种类型的单片机片内集成了一定数量的 EPROM 存储器,用于存放系统的应用程序。这类单片机芯片的上部开有透明窗口,可通过约 15 min 的紫外线照射来擦除存储器中的程序,再使用专用的写入装置写入程序代码和数据,写入次数一般为几十次。

(3) Mask ROM 型。使用这种类型的单片机时,用户要将调试好的应用程序代码交给单片机的生产厂商,生产厂商在单片机芯片制造过程的掩膜工艺阶段将程序代码掩膜到程序存储器中。这种单片机便成为永久性专用的芯片,系统程序无法改动,适用于大批量产品的生产。

(4) OTP ROM 型。这种类型的单片机与 Mask ROM 型的单片机有相似的特点。生产厂商提供新的单片机芯片中的程序存储器可由用户使用专用的写入装置一次性编程写入程序代码,写入后也无法改动了。这种类型的单片机也适用于大批量产品的生产。

(5) Flash ROM 型。这种类型的单片机可供用户多次擦除和写入程序代码。它的程序存储器采用 Flash 存储器,现在可实现大于 1 万次的写入操作。

内部集成 Flash ROM 型单片机的出现,以及随着 Flash 存储器价格的下降,使得使用 Flash ROM 的单片机正在逐步淘汰使用其他类型程序存储器的单片机。由于 Flash ROM 可多次擦除(电擦除)和写入的特性,加上新型的单片机又采用了在线下载 ISP 技术(即无须将芯片从系统板上取下,直接在线将新的程序代码写入单片机的程序存储器中),不仅为用户在嵌入式系统的设计、开发和调试带来了极大的方便,而且也适用于大批量产品的生产,并为产品的更新换代提供了更广阔的空间。

### 4. 数据存储器

单片机在片内集成的数据存储器一般有两类：随机存储器 RAM 和电可擦除存储器EEPROM。

（1）随机存储器 RAM。在单片机中，随机存储器 RAM 是用来存储系统程序在运行期间的工作变量和临时数据的。一般在单片机内部集成一定容量（32～512 字节或更多）的 RAM。这些小容量的数据存储器以高速 RAM 的形式集成在单片机芯片内部，作为临时的工作存储器使用，可以提高单片机的运行速度。

在单片机中，常把内部寄存器（如工作寄存器、I/O 寄存器等）在逻辑上也划分在 RAM 空间中，这样既可以使用专用的寄存器指令对寄存器进行操作，也可将寄存器当作 RAM 使用，为程序设计提供了方便和灵活性。

对一些需要使用大容量数据存储器的系统，就需要在外部扩展数据存储器。这时，单片机就必须具备并行扩展总线的功能，同时外围也要增加 RAM 芯片和相应的地址锁存、地址译码等电路。这不仅增加了硬件设计的工作量及产品的成本，同时也降低了系统的可靠性。

目前许多新型单片机片内集成的 RAM 容量越来越大。片内集成的 RAM 容量增加，不仅减少了在片外扩展 RAM 的必要性，同时也提高了系统的可靠性，而且更重要的是，使得单片机嵌入式系统的软件设计思想和方法有了许多的改变和发展，给编写系统程序带来很大的方便，更加有利于结构化、模块化的程序设计。

（2）电可擦除存储器 EEPROM。一些新型的单片机，在芯片中还集成了电可擦除存储器型 EEPROM 的数据存储器。这类数据存储器用于存放一些永久或比较固定的系统参数，如放大倍率、电话号码、时间常数等。EEPROM 的擦写次数大于 10 万次，具有掉电后不丢失数据的特点，并且通过系统程序可以随时修改，这些特性都给用户设计开发产品带来极大的方便和想象空间。

### 5. 输入／输出(I/O)端口

为了满足嵌入式系统“面向控制”的实际应用需要，单片机提供了数量众多、功能强、使用灵活的输入／输出端口，简称 I/O 口。端口的类型可分为以下几种类型：

（1）并行总线输入/输出端口（并行 I/O 口）。用于外部扩展和扩充并行存储器芯片或并行 I/O 芯片等使用，包括数据总线、地址总线和读/写控制信号等。

（2）通用数字 I/O 端口。用于外部电路逻辑信号的输入和输出控制。

（3）片内功能单元的输入/输出端口。例如定时/计数器的计数脉冲输入、外部中断源信号的输入等。

（4）串行 I/O 通信口。用于系统之间或与采用专用串行协议的外围芯片之间的连接和交换数据。例如 UART 串行接口（RS‑232）、I²C 串行接口、SPI 串行接口、USB 串行口等。

（5）其他专用接口。一些新型的单片机还在片内集成了某些专用功能的模拟或

AVR 单片机嵌入式系统原理与应用实践（第 3 版）

数字 I/O 端口,如 A/D 输入接口、D/A 输出接口、模拟比较输入端口、脉宽调制(PWM)输出端口等。更有的单片机还将 LCD 液晶显示器的接口也集成到单片机芯片中了。

为了减少芯片引脚的数量,又能提供更多性能的 I/O 端口给用户使用,大多数单片机都采用了 I/O 端口复用技术,即某一端口既可作为一般通用的数字 I/O 端口使用,也可作为某个特殊功能的端口使用,用户可根据系统的实际需要来定义使用。这样就为设计开发提供了方便,大大拓宽了单片机的应用范围。

### 6. 操作管理寄存器

操作管理寄存器也是单片机芯片中的重要组成部分之一。它的功能是管理、协调、控制、操作单片机芯片中各功能单元的使用和运行。这类寄存器的种类有:状态寄存器、控制寄存器、方式寄存器、数据寄存器等。各种寄存器的定义、功能、状态、相互之间的关系和应用相对比较复杂,而且往往与相应的功能单元的使用紧密相关,因此,用户应非常熟悉各寄存器的作用以及如何与不同功能单元的配合使用。这样才能通过程序指令对其编程操作,以实现对单片机芯片中各种功能的正确使用,充分发挥单片机的所有特点和性能,设计和开发出高性能、低成本的电子产品。可以这样讲,当你对某个单片机芯片中各个操作管理寄存器的作用、功能、定义非常透彻地了解了,那说明你已经可以熟练使用该单片机了。

## 2.2　ATmega16 单片机的组成

ATMEL 公司的 AVR 单片机是一种基于增强型 RISC 结构、低功耗、CMOS 技术的 8 位微控制器,目前有 tiny AVR、低功耗 AVR 和 mega AVR 3 个系列 50 多种型号。它们的功能和外部的引脚各有不同,少到 8～12 个引脚,多到 100 个引脚,但它们内核的基本结构相同,指令系统相容。本书将以性能适中的 ATmega16 为主线,介绍 AVR 单片机的组成,以及如何应用在嵌入式系统中。在正式的产品开发与设计时,设计者可根据系统的实际需要选择合适型号的 AVR 单片机。

### 2.2.1　AVR 单片机的内核结构

图 2-2 为典型的 AVR 单片机的内核结构图。

为了提高 MCU 并行处理的运行效率,AVR 单片机采用了程序存储器和数据存储器使用不同存储空间和存取总线的 Harvard 结构。算术逻辑单元(ALU)使用单级流水线操作方式对程序存储器进行访问,在执行当前一条指令的同时,也完成了从程序存储器中取出下一条将要执行指令的操作,因此执行一条指令的时间仅需要一个时钟周期。

在 AVR 的内核中,由 32 个访问操作只需要一个时钟周期的 8 位通用工作寄存器组成了"快速访问寄存器组"。"快速访问"意味着在一个时钟周期内执行一个完整

AVR 单片机嵌入式系统原理与应用实践(第 3 版)

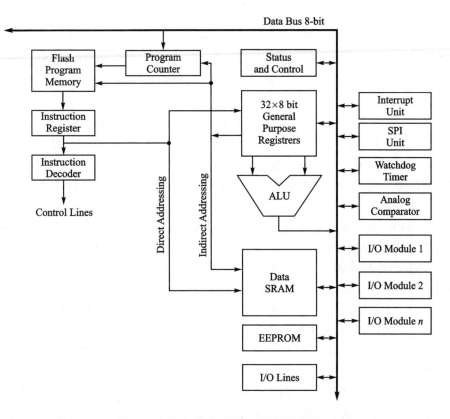

**图 2-2　AVR 单片机的内核结构示意图**

的 ALU 操作。这个 ALU 操作中包含 3 个过程：从寄存器组中取出两个操作数；操作数被执行；将执行结果写回目的寄存器中。这 3 个过程是在一个时钟周期内完成的，构成一个完整的 ALU 操作。

在 32 个通用工作寄存器中，有 6 个寄存器可以合并成为 3 个 16 位的寄存器，用于对数据存储器空间进行间接寻址（存放地址指针），以实现高效的地址计算。这 3 个16 位的间接地址寄存器称为 X 寄存器、Y 寄存器和 Z 寄存器。其中 Z 寄存器还能作为间接寻址程序存储器空间的地址寄存器，用于在 Flash 程序存储器空间进行查表等操作。

AVR 的算术逻辑单元（ALU）支持寄存器之间、立即数与寄存器之间的算术与逻辑运算功能，以及单一寄存器操作。每一次运算操作的结果将影响和改变状态寄存器（SREG）的值。

使用条件转移、无条件转移和调用指令，可以直接访问全部 Flash 程序存储器空间以及控制程序的执行顺序。大部分 AVR 指令为单一 16 位格式，只有少数指令为 32 位格式。因此，AVR 的程序存储器单元为 16 位，即每个程序地址（两字节地址）单元存放一条单一的 16 位指令字。而一条 32 位的指令字，则要占据 2 个程序存储器单元。

ATmega16 单片机的 Flash 程序存储器空间可以分成两段：引导程序段（Boot Program Section）和应用程序段（Application Program Section）。两个段的读/写保护可以分别通过设置对应的锁定位（Lock Bit）来实现。在引导程序段内驻留的引导程序中，可以使用 SPM 指令，实现对应用程序段的写操作（实现在应用自编程 IAP 功能，使系统能够自己更新系统程序）。

在响应中断服务和子程序调用过程时，程序计数器 PC 中的返回地址将被存储于堆栈之中。堆栈空间将占用数据存储器（SRAM）中一段连续的地址。因此，堆栈空间的大小仅受到系统总的数据存储器（SRAM）的大小以及系统程序对 SRAM 使用量的限制。用户程序应在系统上电复位后，对一个 16 位的堆栈指针寄存器 SP 进行初始化设置（或在子程序和中断程序被执行之前）。

在 AVR 中，所有的存储器空间都是线性的。数据存储器（SRAM）可以通过5种不同的寻址方式进行访问。

AVR 的中断控制由 I/O 寄存器空间的中断控制寄存器和状态寄存器中的全局中断使能位组成。每个中断都分别对应一个中断向量（中断入口地址）。所有的中断向量构成了中断向量表，该中断向量表位于 Flash 程序存储器空间的最前面。中断的中断向量地址越小，其中断的优先级越高。

I/O 空间为连续的 64 个 I/O 寄存器空间，它们分别对应 MCU 各个外围功能的控制和数据寄存器地址，如控制寄存器、定时/计数器、A/D 转换器及其他的 I/O 功能等。I/O 寄存器空间可使用 I/O 寄存器访问指令直接访问，也可将其映射为通用工作寄存器组后的数据存储器空间，使用数据存储器访问指令进行操作。I/O 寄存器空间在数据存储器空间的映射地址为 $020～$05F。

AVR 单片机的性能非常强大，所以它的内部结构相对 8031 结构的单片机要复杂。对于刚开始接触和学习单片机的人员，以及了解 8051 结构单片机的人来讲，在这里尽管不会马上理解 AVR 内核的全部特点，但通过以后的逐步学习，应逐渐深入领会和掌握它的原理，这对于熟练应用 AVR 单片机设计开发产品，以及将来学习使用更新的单片机都会有很大的帮助。

## 2.2.2　ATmega16 的特点

AVR 系列单片机中比较典型的芯片是 ATmega16。这款芯片具备了 AVR 系列单片机的主要的特点和功能，不仅适用于产品设计，同时也方便初学入门。其主要特点如下：

**1) 采用先进 RISC 结构的 AVR 内核**

➢ 131 条机器指令，且大多数指令的执行时间为单个系统时钟周期；
➢ 32 个 8 位通用工作寄存器；
➢ 工作在 16 MHz 时具有 16 MIPS 的性能；
➢ 配备只需要 2 个时钟周期的硬件乘法器。

**2) 片内含有较大容量、非易失性的程序和数据存储器**

➤ 16 KB 在线可编程(ISP)Flash 程序存储器(擦除次数大于 1 万次),采用 Boot Load 技术支持 IAP 功能;

➤ 1 KB 的片内 SRAM 数据存储器,可实现 3 级锁定的程序加密;

➤ 512 字节片内在线可编程 EEPROM 数据存储器(擦写次数大于 10 万次)。

**3) 片内含 JTAG 接口**

➤ 支持符合 JTAG 标准的边界扫描功能用于芯片检测;

➤ 支持扩展的片内在线调试功能;

➤ 可通过 JTAG 口对片内的 Flash、EEPROM、配置熔丝位和锁定加密位实现下载编程。

**4) 外围接口**

➤ 2 个带有分别独立并可设置预分频器的 8 位定时/计数器;

➤ 1 个带有可设置预分频器,具有比较、捕捉功能的 16 位定时/计数器;

➤ 片内含独立振荡器的实时时钟 RTC;

➤ 4 路 PWM 通道;

➤ 8 路 10 位 ADC;

➤ 面向字节的两线接口 TWI(兼容 $I^2C$ 硬件接口);

➤ 1 个可编程、增强型全双工,支持同步/异步通信的串行接口 USART;

➤ 1 个可工作于主机/从机模式的 SPI 串行接口(支持 ISP 程序下载);

➤ 片内模拟比较器;

➤ 内含可编程的具有独立片内振荡器的看门狗定时器 WDT。

**5) 其他特点**

➤ 片内含上电复位电路以及可编程的掉电检测复位电路 BOD;

➤ 片内含有 1/2/4/8 MHz 经过标定的、可校正的 RC 振荡器,可作为系统时钟使用;

➤ 多达 21 个各种类型的内外部中断源;

➤ 有 6 种休眠模式支持节电方式工作。

**6) 宽电压、高速度、低功耗**

➤ 工作电压范围宽:ATmega16L 为 2.7～5.5 V,ATmega16 为 4.5～5.5 V;

➤ 运行速度:ATmega16L 为 0～8 MHz,ATmega16 为 0～16 MHz;

➤ 低功耗:ATmega16L 工作在 1 MHz、3 V、25 ℃时的典型功耗:正常工作模式为 1.1 mA,空闲工作模式为 0.35 mA,掉电工作模式为<1 $\mu$A。

**7) 芯片引脚和封装形式**

ATmega 16 共有 32 个可编程的 I/O 口(脚),芯片封装形式有 PDIP - 40、TQFP - 44 和 MLF - 44 封装。

## 2.2.3　ATmega16 的外部引脚与封装

ATmega16 单片机有 3 种形式的封装：PDIP-40（双列直插）、TQFP-44（方形）和 MLF-44（贴片形式）。其外部引脚封装如图 2-3 所示。

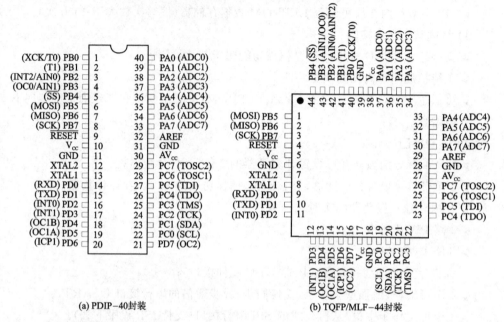

(a) PDIP-40封装　　　(b) TQFP/MLF-44封装

**图 2-3　ATmega16 的引脚与封装示意图**

各引脚的功能如下：

**1）电源、系统晶振、芯片复位引脚**

$V_{CC}$　　　芯片供电（片内数字电路电源）输入引脚，使用时连接到电源正极。

$AV_{CC}$　　端口 A 和片内 ADC 模拟电路电源输入引脚。不使用 ADC 时，直接连接到电源正极；使用 ADC 时，应通过一个低通电源滤波器与 $V_{CC}$ 连接。

AREF　　使用 ADC 时，可作为外部 ADC 参考源的输入引脚。

GND　　芯片接地引脚，使用时接地。

XTAL2　片内反相振荡放大器的输出端。

XTAL1　片内反相振荡放大器和内部时钟操作电路的输入端。

$\overline{RESET}$　芯片复位输入引脚。在该引脚上施加（拉低）一个最小脉冲宽度为 1.5 $\mu$s 的低电平，将引起芯片的硬件复位（外部复位）。

**2）I/O 引脚**

I/O 引脚共 32 只，分成 PA、PB、PC 和 PD 4 个 8 位端口，它们全部是可编程控制的双（多）功能复用的 I/O 引脚（口）。

4 个端口的第一功能是通用双向数字输入/输出（I/O）口，其中每一位都可以由指令设置为独立的输入口或输出口。当 I/O 口设置为输入方式时,引脚内部还配置有上拉电阻,这个内部的上拉电阻可通过编程设置为上拉有效或上拉无效。

如果 AVR 的 I/O 口设置为输出方式工作,则当其输出高电平时,能够输出 20 mA 的电流;而当其输出低电平时,可以吸收 40 mA 的电流。因此 AVR 单片机的 I/O 口驱动能力非常强,能够直接驱动 LED 发光二极管、数码管等。而早期单片机 I/O 口的驱动能力只有 5 mA,驱动 LED 时,还需要增加外部的驱动电路和器件。

芯片 RESET 复位后,所有 I/O 口的默认状态为输入方式,上拉电阻无效,即 I/O 为输入高阻的三态状态。

以上简单介绍了 ATmega16 单片机的主要特性及引脚封装。可以看出,小小的一块芯片,其内部的组成结构却是相当复杂的。也正是由于这种复杂,再加上多样的程序,才使得单片机在实际应用中变化无穷。

下面,从 ATmega16 的内部结构出发,逐步介绍它的工作原理和使用方法。

# 2.3　ATmega16 单片机的内部结构

图 2-4 是 ATmega16 的结构框图。它是在 AVR 内核(见图 2-2)的基础上,具体化的一个实例。

从图中可以看出,ATmega16 内部的主要构成部分如下:

➢ AVR CPU 部分;
➢ 程序存储器 Flash;
➢ 数据存储器 RAM 和 EEPROM;
➢ 各种功能的外围接口、I/O 口,以及与它们相关的数据、控制、状态寄存器等。

## 2.3.1　中央处理器 CPU

AVR CPU 是单片机的核心部分,它由算术逻辑单元 ALU、程序计数器 PC、指令寄存器、指令译码器和 32 个 8 位快速访问通用寄存器组组成。

### 1. 运算逻辑单元 ALU

运算逻辑单元 ALU 的功能是进行算术运算和逻辑运算,可对半字节(4 位)、单字节等数据进行操作。例如能完成加、减、自动加 1、自动减 1、比较等算术运算和"与"、"或"、"异或"、求补、循环移位等逻辑操作。操作结果的状态,例如产生进位、结果为零等状态信息将影响到状态寄存器 SREG 相应的标志位。

运算逻辑单元 ALU 还包含一个布尔处理器,用来处理位操作。它可执行置位、清 0、取反等操作。

ATmega16 的 ALU 还能实现无符号数、有符号数以及浮点数的硬件乘法操作。一次硬件乘法操作的时间为 2 个时钟周期。

AVR 单片机嵌入式系统原理与应用实践(第 3 版)

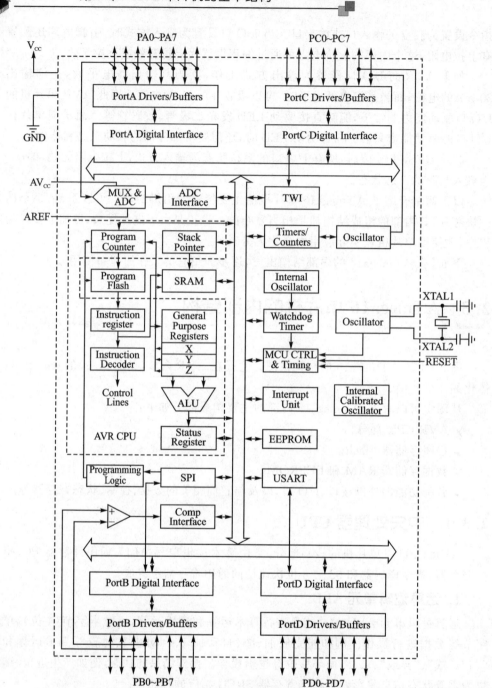

图 2 - 4　ATmega16 的结构框图

## 2. 程序计数器 PC、指令寄存器和指令译码器

程序计数器 PC 用来存放下一条需要执行指令在程序存储器空间的地址（指向

Flash 空间)。取出的指令存放在指令寄存器中,然后送入指令译码器产生各种控制信号,控制 CPU 的运行(执行指令)。

AVR 一条指令的长度大多数为 16 位,还有少部分为 32 位,因此 AVR 单片机的程序存储器结构实际上是以字(16 位)为一个存储单元的。ATmega16 的程序计数器为 13 位,正好满足了对片内 8K 字(即手册上的 16 KB)的 Flash 程序存储器空间直接寻址的需要,因此就不能(不支持)在外部扩展更多的程序存储器。

AVR CPU 在译码执行一条指令的同时,就将 PC 中指定的 Flash 单元中的指令取出,放入指令寄存器(图 2-4 中的 Instruction Register)中,构成了一级流水线运行方式。AVR 采用一级流水线技术,在当前指令执行时,就取出下一条将要执行的指令,加上大多数 AVR 指令的长度是 1 字,就使得 AVR CPU 实现了一个时钟周期执行一条指令。采用这种结构,减少了取指令的次数,大大提高了 CPU 的运行速度,同时也提高了取指令操作的(系统的)可靠性。而在其他的 CISC 以及类似的 RISC 结构的单片机中,外部振荡器的时钟被分频降低到传统的内部指令执行周期,这种分频最大达 12 倍(例如,标准 8031 结构的单片机)。

### 3. 通用工作寄存器组

在 AVR 中,由命名为 R0～R31 的 32 个 8 位通用工作寄存器构成一个“通用快速工作寄存器组”,图 2-5 为通用快速工作寄存器组的结构图。

AVR CPU 中的 ALU 与这 32 个通用工作寄存器组直接相连,为了使 ALU 能够高效、灵活地对寄存器组进行访问操作,通用寄存器组提供和支持 ALU 使用以下 4 种不同的数据输入/输出的操作方式:

| 寄存器名 | RAM空间地址 | |
|---|---|---|
| R0 | $0000 | |
| R1 | $0001 | |
| R2 | $0002 | |
| ⋮ | ⋮ | |
| R14 | $000E | |
| R15 | $000F | |
| R16 | $0010 | |
| ⋮ | ⋮ | |
| R26 | $001A | X 寄存器低位字节 |
| R27 | $001B | X 寄存器高位字节 |
| R28 | $001C | Y 寄存器低位字节 |
| R29 | $001D | Y 寄存器高位字节 |
| R30 | $001E | Z 寄存器低位字节 |
| R31 | $001F | Z 寄存器高位字节 |

> 提供一个 8 位源操作数,并保存一个 8 位结果;

> 提供两个 8 位源操作数,并保存一个 8 位结果;

> 提供两个 8 位源操作数,并保存一个 16 位结果;

图 2-5　通用工作寄存器组
在 RAM 空间的地址分配图

> 提供一个 16 位源操作数,并保存一个 16 位结果。

因此,AVR 大多数操作工作寄存器组的指令都可以直接访问所有的寄存器,而且多数这样指令的执行时间是一个时钟周期。例如,从寄存器组中取出两个操作数,对操作数实施处理,处理结果回写到目的寄存器中。这 3 个过程是在一个时钟周期内完成的,构成一个完整的 ALU 指令操作。

在传统的基于累加器结构的单片机中(如 8051),则需要大量的程序代码来完成和实现累加器与存储器之间的数据传送。例如上面所介绍的操作过程就需要 3 条指令来实现:第 1 条完成从寄存器中取出源操作数;第 2 条完成对操作数实施处理;第 3 条将处理结果回写。这样就构成了累加器与存储器之间数据传送的瓶颈,影响了指令运行效率。

而在 AVR 单片机中,由于采用了 32 个通用工作寄存器构成快速存取寄存器组,相当于用 32 个通用工作寄存器代替了累加器,所以避免了在传统结构中的那种由于累加器与存储器之间频繁的数据传送交换而形成的瓶颈现象,并进一步提高了指令的运行效率和速度。

在 AVR 中,通用寄存器组与片内数据存储器 SRAM 处在相同的空间,32 个通用寄存器被直接映射到用数据空间的前 32 个地址,如图 2-5 所示。虽然寄存器组的物理结构与 SRAM 不同,但是这种内存空间的组织方式为访问工作寄存器提供了极大的灵活性,如可以利用地址指针寄存器 X、Y 或 Z 实现对通用寄存器组的间接寻址操作。

## 2.3.2　系统时钟部件

### 1. 系统时钟

ATmega16 的片内含有 4 种频率(1/2/4/8 MHz)的 RC 振荡源,可直接作为系统的工作时钟使用。同时片内还设有一个由反向放大器所构成的 OSC(Oscillator)振荡电路,外围引脚 XTAL1 和 XTAL2 分别为 OSC 振荡电路的输入端和输出端,用于外接石英晶体等,构成高精度的或其他标称频率的系统时钟系统。

系统时钟为控制器提供时钟脉冲,是控制器的心脏。系统时钟的频率是单片机的重要性能指标之一。系统时钟频率越高,单片机的执行节拍就越快,处理速度也越快。ATmega16 最高的工作频率为 16 MHz(16 MIPS),在 8 位单片机中算是佼佼者。但并不是系统时钟频率越高就越好,当时钟频率越高时,其耗电量也越大,也容易受到干扰(或干扰别人)。因此,在具体设计时,应根据实际产品的需要,尽量采用较低的系统时钟频率。这样不仅能降低了功耗,同时也提高了系统的可靠性和稳定性。

为 ATmega16 提供系统时钟源时,有以下 3 种主要的选择方式:

(1) 直接使用片内的 1/2/4/8 MHz 的 RC 振荡源;

(2) 在引脚 XTAL1 和 XTAL2 上外接由石英晶体和电容组成的谐振回路,配合片内的 OSC 振荡电路构成的振荡源;

(3) 直接使用外部的时钟源输出的脉冲信号。

方式(2)和方式(3)的电路连接分别如图 2-6(a)和图 2-6(b)所示。

方式(2)是比较常用的方法,由于采用了外接石英晶体作为振荡的谐振回路,因此可以提供比较灵活的频率(由使用晶体的谐振频率决定)和稳定精确的振荡。在 XTAL1 和 XTAL2 引脚上加上由石英晶体和电容组成的谐振回路,并与内部振荡电路配合就能产生系统所需要的时钟信号。最常采用的为一个石英晶体和两个电容组成谐振电路。晶体频率可在 0～16 MHz 之间选择,电容值在 20～30 pF 之间(最好与所选用的晶体相匹配)。

当对系统时钟电路的精度要求不高时,可以采用方式(1),即使用片内可选择的 1/2/4/8 MHz 的 RC

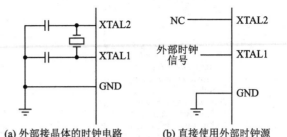

(a) 外部接晶体的时钟电路　(b) 直接使用外部时钟源

图 2-6　系统时钟源的选择

振荡源作为系统时钟源,这样可以节省外接器件。此时 XTAL1 和 XTAL2 引脚应悬空。

系统时钟电路产生的振荡脉冲不经过分频将直接作为系统的主工作时钟,同时它还作为芯片内部的各种计数脉冲,以及各种串口定时时钟等使用(可由程序设定分频比例)。

使用 AVR 时要特别注意:AVR 单片机有一组专用的与芯片功能、特性、参数配置相关的可编程熔丝位。其中,有几个专门的熔丝位(CKSEL[3:0])用于配置芯片所要使用的系统时钟源的类型。

新芯片的默认配置设定为使用内部 1 MHz 的 RC 振荡源作为系统的时钟源。因此当第一次使用前,必须先正确配置熔丝位,使其与使用的系统时钟源类型相匹配。另外,在配置其他熔丝位或进行程序下载时,千万不要对 CKSEL[3:0]这几个熔丝位误操作;否则会造成芯片表面现象上的"坏死"。这是因为没有系统时钟源,芯片是不会工作的。

关于 ATmega16 重要熔丝位的配置、使用方式以及注意事项请参考附录 A。

### 2. 内部看门狗时钟

在 AVR 片内还集成了一个 1 MHz 独立的时钟电路,它仅供片内的看门狗定时器(WDT)使用。因此,AVR 片内的 WDT 是独立硬件形式的看门狗,使用 AVR 可以省掉外部的 WDT 芯片。使用 WDT 可以有效地提高系统运行的可靠性。

## 2.3.3　CPU 的工作时序

AVR CPU 的工作是由系统时钟直接驱动的,在片内不再进行分频。图 2-7 所示为 Harvard 结构和快速访问寄存器组的并行指令存取和指令执行时序。CPU 在启动后第一个时钟周期 $T_1$ 取出第 1 条指令,在 $T_2$ 周期便执行取出的指令,同时又取出第 2 条指令,依次进行。这种基于流水线形式的取指方式,使 AVR 单片机可以以非常高的速度执行指令,获得高达 1 MIPS/MHz 的效率。

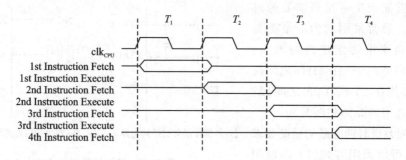

**图 2-7　并行指令存取和指令执行**

图 2-8 所示为 ALU 与寄存器组操作单周期指令的执行时序。在单一时钟周期内,由 2 个寄存器提供操作数,ALU 执行相应的操作,最后将操作结果回送到目的寄存器中。

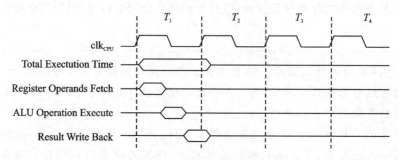

**图 2-8　单周期 ALU 操作**

AVR 对片内 SRAM 存储器的访问需要 2 个时钟周期。图 2-9 所示为在 2 个系统时钟周期内,ALU 完成对内部数据存储器 SRAM 访问的操作时序。

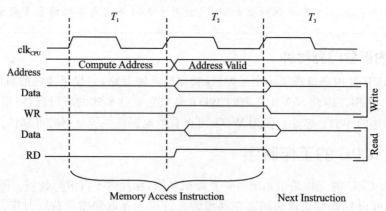

**图 2-9　片内数据 SRAM 访问时序**

### 2.3.4　存储器

　　AVR 单片机在片内集成了 Flash 程序存储器、SRAM 数据存储器和 EEPROM 数据存储器。这 3 个存储器空间互相独立,物理结构也不同。程序存储器为 Flash 存储器,以 16 位(字)为一个存储单元,作为数据读取时,以字节为单位,而擦除、写入则以页为单位(不同型号的 AVR 单片机,1 页的大小也不同)。SRAM 数据存储器是以 8 位(字节)为一个存储单元,编址方式采用与工作寄存器组、I/O 寄存器和 SRAM 统一寻址的方式。EEPROM 数据存储器也是以 8 位(字节)为一个存储单元,对其的读/写操作都以字节为单位。有关存储器结构的详细介绍将在 2.4 节叙述。

### 2.3.5　I/O 端口

　　ATmega16 有 4 个 8 位的双向 I/O 端口 PA、PB、PC、PD,它们对外对应 32 个 I/O 引脚,每一位都可以独立地用于逻辑信号的输入和输出。在 5 V 工作电压下,输出高电平时,每个引脚可输出达 20 mA 的驱动电流;而输出低电平时,每个引脚可吸收最大为 40 mA 的电流,可直接驱动发光二极管 LED(一般 LED 的驱动电流为 10 mA 左右)和小型继电器。

　　AVR 大部分的 I/O 端口都具备双重功能,可分别与片内的各种不同功能的外围接口电路组合成一些可以完成特殊功能的 I/O 口,如定时器、计数器、串行接口、模拟比较器、捕捉器等。实际上,学习单片机的主要任务,就是了解、掌握单片机 I/O 端口的功能,以及如何正确设计这些端口与外围电路的连接,构成一个嵌入式系统,并编程、管理和运用它们完成各种各样的任务。这些内容将在后面的章节中逐步学习。

## 2.4　存储器结构和地址空间

### 2.4.1　支持 ISP 的 Flash 程序存储器

　　AVR 单片机包括 1～256 KB 的片内支持 ISP 的 Flash 程序存储器。由于 AVR 所有指令为 16 位(字)或 32 位(双字),故 Flash 程序存储器的结构为(512～128K)×16 位。Flash 存储器的使用寿命最少为 1 万次写/擦循环。

　　ATmega16 单片机的程序存储器为 8K×16(16K×8),程序计数器 PC 宽为 13 位,以此来对 8K 字程序存储器地址进行寻址。

　　程序存储器的地址空间与数据存储器的地址空间是分开的,地址空间从 $0000 开始。如果要在程序存储器中使用常量表,则常量表可以被设定在整个 Flash 地址空间中。

AVR 单片机嵌入式系统原理与应用实践(第 3 版)

AVR 单片机嵌入式系统原理与应用实践(第 3 版)

## 2.4.2　数据存储器 SRAM 空间

图 2-10 所示为 ATmega16 单片机 SRAM 数据存储器的组织结构。全部共 1120 个数据存储器地址为线性编址,前 96 个地址为寄存器组(32 个 8 位通用寄存器)和 I/O 寄存器(64 个 8 位 I/O 寄存器),分别分配在 SRAM 数据地址空间的 \$0000～\$001F 和 \$0020～\$005F。接下来的 1024 个地址是片内数据 SRAM,地址空间为 \$0060～\$045F。

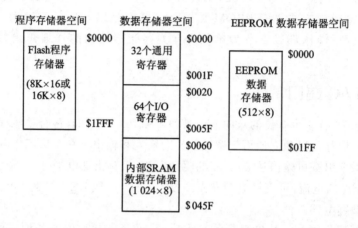

图 2-10　ATmeag16 存储器结构

CPU 对 SRAM 数据存储器的寻址方式分为 5 种:直接寻址、带偏移量的间接寻址、间接寻址、带预减量的间接寻址和带后增量的间接寻址。在寄存器组中,寄存器 R26～R31 具有间接寻址指针寄存器的特性。ALU 可使用直接寻址的方式对整个存储器空间寻址操作。带偏移量的间接寻址方式可以寻址由寄存器 Y 和 Z 给出的基本地址附近的 63 个地址。当使用自动预减量和后增量的间接寻址方式时,3 个 16 位的地址寄存器 X、Y 和 Z 都可作为间接寻址的地址指针寄存器,寄存器中的地址指针值将根据操作指令的不同,自动被增加或减小。

32 个通用工作寄存器、64 个 I/O 寄存器和 ATmega16 单片机中 1024 字节的数据 SRAM,都可通过上述的寻址方式进行访问操作。

ATmega16 单片机不支持外部 SRAM 扩展。

## 2.4.3　内部 EEPROM 存储器

AVR 系列单片机还包括 64 B～4 KB 的 EEPROM 数据存储器。它们被组织在一个独立的数据空间中。这个数据空间采用单字节读/写方式。EEPROM 的使用寿命至少为 10 万次写/擦循环。ATmega16 的 EEPROM 容量是 512 字节,地址范围为 \$0000～\$01FF。EEPROM 数据存储器可用于存放一些需要掉电保护且比较固定的系统参数、表格等。

## 2.5　通用寄存器组与 I/O 寄存器

全面熟练地理解、掌握 AVR 单片机的通用寄存器组与 I/O 寄存器的性能、特点、功能、设置和使用,是精通和熟练使用 AVR 单片机的关键。由于 AVR 有 32 个通用寄存器和 64 个 I/O 寄存器,其功能、特点及使用方法涉及整个 AVR 单片机的全部功能和特性,因此相对复杂,学习者不可能很快全部掌握它们的应用,只有通过边学习、边实践,逐步深入,才能加深理解。本节仅给一个总体的介绍,各个不同寄存器具体的使用将在以后相关的章节中加以详细描述。

### 2.5.1　通用寄存器组

图 2-11 所示为 AVR 单片机中 32 个通用寄存器的结构图。在 AVR 指令集中,所有的通用寄存器操作指令均带有方向,并能在单一时钟周期中访问所有的寄存器。

用户在使用汇编语言编写程序时,应注意正确使用 AVR 单片机中的 32 个通用寄存器。这 32 个通用寄存器的功能还是有一定的区别。尤其是 R16~R31 这 16 个寄存器能实现的操作比 R0~R15 要多,如 SBCI、SUBI、CPI、ANDI、ORI 及直接装入常数到寄存器 LDI,而且乘法指令仅适用于寄存器组中后半部分的寄存器(R16~R31)。另外,R26~R31 还构成了 3 个 16 位地址指针寄存器 X、Y、Z,所以一般情况下不要作为它用。具体指令的介绍见第 3 章。

如图 2-11 所示,每个通用寄存器还被分配在 AVR 单片机的数据存储器空间中,它们直接映射到数据空间的前 32 个地址,因此也可以使用访问 SRAM 的指令对这些寄存器进行访问,但此时在指令中应使用该寄存器在 SRAM 空间的映射地址。

通常情况下,最好是使用专用的寄存器访问指令对通用寄存器组进行操作,因为这类寄存器专用操作指令不仅功能强大,而且执行周期也短。

| 寄存器名称 | 对应SRAM地址 | 附加功能 |
|---|---|---|
| R0 | $0000 | |
| R1 | $0001 | |
| R2 | $0002 | |
| ⋮ | ⋮ | |
| R13 | $000D | |
| R14 | $000E | |
| R15 | $000F | |
| ⋮ | ⋮ | |
| R26 | $001A | X 寄存器低字节 |
| R27 | $001B | X 寄存器高字节 |
| R28 | $001C | Y 寄存器低字节 |
| R29 | $001D | Y 寄存器高字节 |
| R30 | $001E | Z 寄存器低字节 |
| R31 | $001F | Z 寄存器高字节 |

图 2-11　通用寄存器组结构图

AVR 寄存器组最后的 6 个寄存器 R26~R31 具有特殊的功能,这些寄存器每两个合并成一个 16 位的寄存器,作为对数据存储器空间(使用 X、Y、Z 寄存器)以及程序存储器空间(仅使用 Z 寄存器)间接寻址的地址指针寄存器。这 3 个间接寄存器 X、Y、Z 由图 2-12 定义。在不同指令的寻址模式下,利用地址寄存器可实现地址指针的偏移、自动增量和减量(参考不同的指令)等不同形式的间址寻址操作。

```
                    15                              0
X寄存器    7              0   7              0
          R27($001B)          R26($001A)

                    15                              0
Y寄存器    7              0   7              0
          R29($001D)          R28($001C)

                    15                              0
Z寄存器    7              0   7              0
          R31($001F)          R30($001E)
```

图 2-12　X、Y、Z 寄存器

## 2.5.2　I/O 寄存器

表 2-1 列出了 ATmega16 单片机的 I/O 寄存器的地址空间分配、名称和功能。

表 2-1　ATmega16 I/O 寄存器空间分配表

| 十六进制地址* | 名　称 | 功　能 |
|---|---|---|
| $00（$0020） | TWBR | TWI 波特率寄存器 |
| $01（$0021） | TWSR | TWI 状态寄存器 |
| $02（$0022） | TWAR | TWI 从机地址寄存器 |
| $03（$0023） | TWDR | TWI 数据寄存器 |
| $04（$0024） | ADCL | ADC 数据寄存器低字节 |
| $05（$0025） | ADCH | ADC 数据寄存器高字节 |
| $06（$0026） | ADCSRA | ADC 控制和状态寄存器 |
| $07（$0027） | ADMUX | ADC 多路选择器 |
| $08（$0028） | ACSR | 模拟比较控制和状态寄存器 |
| $09（$0029） | UBRRL | USART 波特率寄存器低 8 位 |
| $0A（$002A） | UCSRB | USART 控制状态寄存器 B |
| $0B（$002B） | UCSRA | USART 控制状态寄存器 A |
| $0C（$002C） | UDR | USART I/O 数据寄存器 |
| $0D（$002D） | SPCR | SPI 控制寄存器 |
| $0E（$002E） | SPSR | SPI 状态寄存器 |
| $0F（$002F） | SPDR | SPI I/O 数据寄存器 |
| $10（$0030） | PIND | D 口外部输入引脚 |
| $11（$0031） | DDRD | D 口数据方向寄存器 |
| $12（$0032） | PORTD | D 口数据寄存器 |
| $13（$0033） | PINC | C 口外部输入引脚 |

续表 2 - 1

| 十六进制地址 * | 名　称 | 功　能 |
|---|---|---|
| $14（$0034） | DDRC | C 口数据方向寄存器 |
| $15（$0035） | PORTC | C 口数据寄存器 |
| $16（$0036） | PINB | B 口外部输入引脚 |
| $17（$0037） | DDRB | B 口数据方向寄存器 |
| $18（$0038） | PORTB | B 口数据寄存器 |
| $19（$0039） | PINA | A 口外部输入引脚 |
| $1A（$003A） | DDRA | A 口数据方向寄存器 |
| $1B（$003B） | PORTA | A 口数据寄存器 |
| $1C（$003C） | EECR | EEPROM 控制寄存器 |
| $1D（$003D） | EEDR | EEPROM 数据寄存器 |
| $1E（$003E） | EEARL | EEPROM 地址寄存器低 8 位 |
| $1F（$003F） | EEARH | EEPROM 地址寄存器高 8 位 |
| $20（$0040） | UBRRH | USART 波特率寄存器高 4 位 |
| | UCSRC | USART 状态寄存器 C |
| $21（$0041） | WDTCR | 看门狗定时控制寄存器 |
| $22（$0042） | ASSR | 异步模式状态寄存器 |
| $23（$0043） | OCR2 | 定时/计数器 2 输出比较寄存器 |
| $24（$0044） | TCNT2 | 定时/计数器 2(8 位) |
| $25（$0045） | TCCR2 | 定时/计数器 2 控制寄存器 |
| $26（$0046） | ICR1L | 定时/计数器 1 输入捕捉寄存器低 8 位 |
| $27（$0047） | ICR1H | 定时/计数器 1 输入捕捉寄存器高 8 位 |
| $28（$0048） | OCR1BL | 定时/计数器 1 输出比较寄存器 B 低 8 位 |
| $29（$0049） | OCR1BH | 定时/计数器 1 输出比较寄存器 B 高 8 位 |
| $2A（$004A） | OCR1AL | 定时/计数器 1 输出比较寄存器 A 低 8 位 |
| $2B（$004B） | OCR1AH | 定时/计数器 1 输出比较寄存器 A 高 8 位 |
| $2C（$004C） | TCNT1L | 定时/计数器 1 寄存器低 8 位 |
| $2D（$004D） | TCNT1H | 定时/计数器 1 寄存器高 8 位 |
| $2E（$004E） | TCCR1B | 定时/计数器 1 控制寄存器 B |
| $2F（$004F） | TCCR1A | 定时/计数器 1 控制寄存器 A |
| $30（$0050） | SFIOR | 特殊功能 I/O 寄存器 |
| $31（$0051） | OSCCAL | 内部 RC 振荡器校准值寄存器 |
| | OCDR | 在线调试寄存器 |
| $32（$0052） | TCNT0 | 定时/计数器 0(8 位) |

AVR 单片机嵌入式系统原理与应用实践(第 3 版)

续表 2 - 1

| 十六进制地址* | 名　称 | 功　能 |
|---|---|---|
| ＄33（＄0053） | TCCR0 | 定时/计数器 0 控制寄存器 |
| ＄34（＄0054） | MCUCSR | MCU 控制和状态寄存器 |
| ＄35（＄0055） | MCUCR | MCU 控制寄存器 |
| ＄36（＄0056） | TWCR | TWI 控制寄存器 |
| ＄37（＄0057） | SPMCR | 程序存储器写控制寄存器 |
| ＄38（＄0058） | TIFR | 定时/计数器中断标志寄存器 |
| ＄39（＄0059） | TIMSK | 定时/计数器中断屏蔽寄存器 |
| ＄3A（＄005A） | GIFR | 通用中断标志寄存器 |
| ＄3B（＄005B） | GICR | 通用中断控制寄存器 |
| ＄3C（＄005C） | OCR0 | T/C0 计数器输出比较寄存器 |
| ＄3D（＄005D） | SPL | 堆栈指针寄存器低 8 位 |
| ＄3E（＄005E） | SPH | 堆栈指针寄存器高 8 位 |
| ＄3F（＄005F） | SREG | 状态寄存器 |

\* 括号外为 I/O 寄存器空间地址,括号内为在数据存储器空间的映射地址。

AVR 系列单片机所有 I/O 口及外围接口的功能和配置均通过 I/O 寄存器进行设置和使用。CPU 访问 I/O 寄存器可以使用两种不同的方法:使用对 I/O 寄存器访问的 IN、OUT 专用指令和使用对 SRAM 访问的指令。

所有的 I/O 寄存器可以通过 IN(I/O 口输入)和 OUT(输出到 I/O 口)指令访问,这些指令是在 32 个通用寄存器与 I/O 寄存器空间之间传输交换数据,指令周期为 1 个时钟周期。此外,I/O 寄存器地址范围在 ＄00～＄1F 之间的寄存器(前 32 个)还可通过指令实现位操作和位判断跳转。SBI(I/O 寄存器中指定位置 1)和 CBI(I/O 寄存器中指定位清 0)指令可直接对 I/O 寄存器中的每一位进行位操作。使用 SBIS(I/O 寄存器中指定位为 1 跳行)和 SBIC(I/O寄存器中指定位为"0"跳行)指令能够对这些 I/O 寄存器中每一位的值进行检验判断,实现跳过一条指令执行下一条指令的跳转。

在 I/O 寄存器专用指令 IN、OUT、SBI、CBI、SBIS 和 SBIC 中使用 I/O 寄存器地址 ＄00～＄3F。

当以 SRAM 方式寻址 I/O 寄存器时,必须将该寄存器在 I/O 空间地址加上 ＄0020,映射成在数据存储器空间的地址。本书中的 I/O 寄存器地址均给出了两种地址表示:I/O 寄存器空间地址以及在数据存储器空间中的映射地址(在圆括号中)。

## 2.5.3　状态寄存器和堆栈指针寄存器

以下首先介绍 2 个在 AVR 单片机中起着非常重要作用的 I/O 寄存器:状态寄

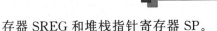

存器 SREG 和堆栈指针寄存器 SP。

## 1. 状态寄存器 SREG

状态寄存器 SREG 是一个 8 位标志寄存器,用来存放指令执行后的有关状态和结果的标志。SREG 中各位状态通常是在指令的执行过程中自动形成,但也可以由用户根据需要用专用指令加以改变。

状态标志位的作用很大,每一位都代表着不同含义。许多指令的运行将对寄存器中的某些位置位或清 0,它反映了 CPU 运算、操作结果的状态。与 SREG 中位操作有关的指令有置位、清 0、为“1”转移、为“0”转移等,共 36 条指令与状态寄存器 SREG 相关联,由此可见它的重要性。

AVR 的状态寄存器 SREG 在 I/O 空间的地址为 $3F( $005F),其各标志位的意义如下:

| 位 | 7 | 6 | 5 | 4 | 3 | 2 | 1 | 0 | |
|---|---|---|---|---|---|---|---|---|---|
| $3F( $005F) | I | T | H | S | V | N | Z | C | SREG |
| 读/写 | R/W | R/W | R/W | R/W | R/W | R/W | R/W | R/W | |
| 初始化值 | 0 | 0 | 0 | 0 | 0 | 0 | 0 | 0 | |

➤ 位 7——I:全局中断使能位。该标志位为 AVR 中断总控制开关,当 I 位置位时,表示 CPU 可以响应中断请求;而当 I 位清 0 时,表示所有的中断禁止,CPU 不响应任何中断请求。除了该标志位用于 AVR 中断的总控制,各个单独的中断触发控制还可由其所在的中断屏蔽寄存器(如 GICR、TIMSK 等)控制。如果全局中断使能位清 0,则全局(所有的)中断禁止,但单独的中断触发控制(如在 GICR 和 TIMSK 中)的值保持不变。当响应中断后,I 位由硬件清 0,并由 RETI(中断返回)指令置位,从而允许子序列的中断响应。

➤ 位 6——T:位复制存储。位复制指令 BLD 和 BST 使用 T 标志位作为源和目标。通用寄存器组中任何一个寄存器中的一位可通过 BST 指令复制到 T 中,而用 BLD 指令则可将 T 中的位值复制到通用寄存器组中的任何一个寄存器的一位中。

➤ 位 5——H:半进位标志位。半进位标志位 H 表示在一些运算操作过程中有无半进位(低 4 位向高 4 位进、借位)的产生,该标志对于 BCD 码的运算和处理非常有用。

➤ 位 4——S:符号标志位,S = N ⊕ V。S 位是负数标志位 N 和 2 的补码溢出标志位 V 两者“异或”值。在正常运算条件下(V=0,不溢出),S=N,即运算结果最高位作为符号是正确的。而当产生溢出时,V=1,此时 N 已不能正确指示运算结果的正负,但 S=N ⊕ V 还是正确的。对于单(或多)字节有符号数据,执行减法或比较操作后,S 标志能正确指示参与相减或比较的两个数的大小。

➤ 位 3——V:2 的补码溢出标志位。2 的补码溢出标志位 V 支持 2 的补码运算,为模 2 补码加、减运算溢出标志。溢出表示运算结果超过了正数(或负数)所能表示的范围。加法溢出表现为正＋正＝负,或负＋负＝正;减法溢出表现为正－负＝负,或负－正＝正。溢出时,运算结果最高位(N)取反才是真正的结果符号。

> 位 2——N：负数标志位。负数标志位直接取自运算结果的最高位,N＝1 时,表示运算结果为负;否则为正。但发生溢出时不能表示真实的结果(见上面对溢出标志位的说明)。

> 位 1——Z：零值标志位。零值标志位表明在 CPU 运算和逻辑操作后,其结果是否为零。当 Z＝1 时,表示结果为零。

> 位 0——C：进/借位标志。进位标志位表明在 CPU 的运算和逻辑操作过程中有无发生进/借位。

以上这些标志位非常重要,对运算结果的判断处理要以相应的标志位为依据。标志位也是分支、循环控制的依据。采用汇编编写程序时,要注意指令对标志位的影响,并正确使用判断指令。

### 2. 堆栈指针寄存器 SP

堆栈是数据结构中所使用的专用名词,它由一块连续的 SRAM 空间和一个堆栈指针寄存器组成,主要应用于快速、便捷地保存临时数据、局部变量和中断调用或子程序调用的返回地址。堆栈在系统程序设计和运行中起着非常重要的作用,只要程序中使用了中断和子程序调用,就必须正确地设置堆栈指针寄存器 SP,并在 SRAM 空间建立堆栈区。

堆栈是一种特殊的线性数据结构,数据的进出在堆栈的顶部进行,并遵循后进先出(LIFO)的原则。堆栈指针实际上就是堆栈顶部的地址,它随堆栈中数据的进出而变化。堆栈指针寄存器 SP 中保存着堆栈指针,即堆栈顶部的地址。

处在 I/O 地址空间的 $3E( $005E) 和 $3D( $005D) 的两个 8 位寄存器 SPH 和 SPL 构成了 AVR 单片机的 16 位堆栈指针寄存器 SP。AVR 单片机复位后,堆栈寄存器的初始值为 SPH＝ $00,SPL＝ $00,因此,建议用户程序必须首先对堆栈指针寄存器 SP 进行初始化设置。

| 位 | 15 | 14 | 13 | 12 | 11 | 10 | 9 | 8 | |
|---|---|---|---|---|---|---|---|---|---|
| $3E( $005E) | SP15 | SP14 | SP13 | SP12 | SP11 | SP10 | SP9 | SP8 | SPH |
| $3D( $005D) | SP7 | SP6 | SP5 | SP4 | SP3 | SP2 | SP1 | SP0 | SPL |
| 位 | 7 | 6 | 5 | 4 | 3 | 2 | 1 | 0 | |
| 读/写 | R/W | R/W | R/W | R/W | R/W | R/W | R/W | R/W | |
| 读/写 | R/W | R/W | R/W | R/W | R/W | R/W | R/W | R/W | |
| 初始化值 | 0 | 0 | 0 | 0 | 0 | 0 | 0 | 0 | |
| 初始化值 | 0 | 0 | 0 | 0 | 0 | 0 | 0 | 0 | |

AVR 单片机的堆栈区建立在 SRAM 空间,16 位 SP 寄存器可以寻址的空间为 64 KB。但在实际应用中,还必须考虑所使用 AVR 单片机 SRAM 空间的实际情况和所配备的 SRAM 容量的大小。首先,堆栈区应避开寄存器区域所对应的 SRAM 空间,防止堆栈操作时改变寄存器的设置。由于 AVR 的堆栈是向下增长的,即新数据进入堆栈时栈顶指针的数据将减小(注意:这里与 51 单片机不同,51 单片机的堆栈是向上增长的,即进栈操作时栈顶指针的数据将增加),所以尽管原则上堆栈可以在 SRAM 的任何区域中,但通常初始化时将 SP 的指针设在 SRAM 最高处。

　　对于具体的 ATmega16 芯片,堆栈指针必须指向高于 $0060 的 SRAM 地址空间(因为低于 $0060 的区域为寄存器空间)。ATmega16 片内集成有 1 KB 的 SRAM,不支持外部扩展 SRAM,所以堆栈指针寄存器 SP 的初始值应设在 SRAM 的最高端,即 $045F 处(见图 2 - 10)。

　　AVR 的堆栈有自动硬件进栈(执行调用指令、响应中断)、自动硬件出栈(执行调用返回指令 RET 和中断返回指令 RETI)和人工进/出栈(进栈指令 PUSH 和出栈 POP 指令)等指令。AVR 单片机堆栈采用 SP - 1 或 SP - 2 的进栈操作,具体见第 3 章中有关指令部分介绍。

　　综上所述,AVR 的 SP 堆栈指针寄存器指示了在数据 SRAM 中堆栈区域的栈顶地址,一些临时数据、局部变量,以及子程序返回地址和中断返回地址将被放置在堆栈区域中。在数据 SRAM 中,该堆栈空间的顶部地址必须在系统程序初始化时由初始化程序定义和设置。

　　当执行 PUSH 指令时,1 字节的数据被压入堆栈,堆栈指针(SP 中的数据)将自动减 1;当执行子程序调用指令 CALL 或 CPU 响应中断时,硬件会自动把返回地址(16 位数据)压入堆栈中,同时将堆栈指针自动减 2。反之,当执行 POP 指令,从堆栈顶部弹出 1 字节的数据,堆栈指针将自动加 1;当执行从子程序 RET 返回或从中断 RETI 返回指令时,返回地址将从堆栈顶部弹出,堆栈指针自动加 2。

# 2.6　ATmega16 单片机的工作状态

　　对于采用单片机所构成的嵌入式系统,单片机芯片是嵌入式系统的心脏,整个系统的正常工作都是由单片机来控制、指挥和协调的。可以这样简单地理解:将一块单片机,加上必要的外围电路(如发光二极管、显示器、继电器、按键键盘等),以及根据一定功能要求和硬件电路编写的系统运行程序,三者有机地结合,就能组成各种类型、各种功能、千姿百态的电子系统和产品。如果把电子产品比喻为人,那么单片机就是人的大脑和心脏,外围电路就如同人的五官和四肢,电路板上的路线就如同人的神经系统,而系统运行程序就代表人的知识、思维、判断和反应。外围电路通过各种不同的传感器,测量和获取到现实世界的状态(如温度、转速、压力),这些状态值经过线路传送到单片机中,由单片机中的程序进行计算和判断,然后再发出控制信号到外围电路,外围的控制机构产生正确的动作,这样,一个新的电子产品就诞生了。

AVR 单片机的工作状态通常包括:复位状态、正常程序执行工作状态、休眠节电工作状态、程序运行代码下载以及熔丝位配置的被编程状态。用户必须非常熟悉和了解 AVR 单片机的这些工作状态及其它们之间的转换关系。

## 2.6.1　AVR 单片机最小系统

一个单片机嵌入式系统的核心,其实就是一个单片机最小系统。它仅仅由一片单片机芯片、两个电阻、一个石英晶体和两个电容构成,如图 2-13 所示。

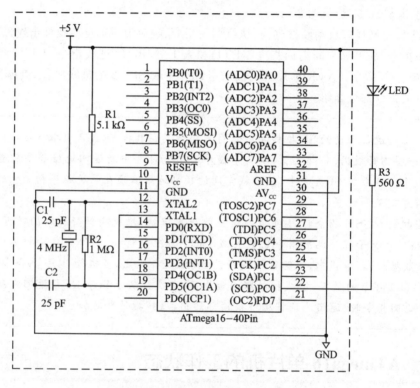

图 2-13　ATmega16 最小系统电路图

图 2-13 虚线框中的几个器件就构成了单片机的最小系统。当然,没有相应的外围电路,还是不能直观地了解它的工作情况。因此图中还有一个简单的外围电路:一个发光二极管和一个限流保护电阻。可以编写一个简单的程序,其功能是让发光二极管每间隔 1 s 闪烁一次,循环往复。把程序的运行代码下载到 ATmega16 的程序存储器中,一个秒节拍输出显示装置就诞生了。只要一接通电源,ATmega16 就以 4 MHz 的工作频率运行,驱动发光二极管每间隔 1 s 闪烁一次(具体实现见第 5 章)。

在图 2-13 中,采用了在 ATmega16 引脚 XTAL1 和 XTAL2 上外接石英晶体和电容组成的谐振回路,并配合片内的 OSC(Oscillator)振荡电路构成的振荡源作为系统时钟源。更简单的电路是直接使用片内的 4 MHz 的 RC 振荡源,这样就可以将 C1、C2、R2 和 4 MHz 晶体省掉,引脚 XTAL1 和 XTAL2 悬空。当然,此时系统时钟频率精确度不如采用外部晶体的方式,而且也易受到温度变化的影响。对于图中电阻 R1、R2、R3 的作用和阻值的选取将在第 5 章中详细分析。

## 2.6.2　AVR 的复位源和复位方式

复位是单片机芯片本身的硬件初始化操作,例如,单片机在上电开机时都需要复位,以便 CPU 以及其他内部功能部件都处于一个确定的初始状态,并从这个初始状态开始工作。

AVR 单片机复位操作的主要功能是把程序计数器 PC 初始化为 $0000(指非 BOOTLOAD 方式启动),使单片机从 $0000 单元开始执行程序。同时绝大部分的寄存器(通用寄存器和 I/O 寄存器)也被复位操作清 0。有关各个寄存器的复位初始化值请注意书中对各寄存器的详细说明。

除了系统上电的正常复位初始化外,当系统程序在运行中出现错误或受到电源的干扰出现错误时,也可通过外部引脚$\overline{\text{RESET}}$进行人工复位,或由芯片内部看门狗定时器 WDT 自动复位,或通过芯片内部掉电检测 BOD 来使系统自动进入复位初始化操作。

图 2-14 所示电路给出了 ATmega16 系统的复位逻辑,表 2-2 列出了复位电特性的参考值。

ATmega16 单片机共有 5 个复位源,它们是:

➤ 上电复位。当系统电源电压低于上电复位门限 $V_{\text{POT}}$ 时,MCU 复位。

➤ 外部复位。当外部引脚$\overline{\text{RESET}}$为低电平且低电平持续时间大于 1.5 $\mu$s 时,MCU 复位。

➤ 掉电检测(BOD)复位。当 BOD 使能时,且电源电压低于掉电检测复位门限(4.0 V 或 2.7 V)时,MCU 复位。

➤ 看门狗复位。当 WDT 使能且 WDT 超时溢出时,MCU 复位。

➤ JTAG AVR 复位。当使用 JTAG 接口时,可由 JTAG 口控制 MCU 复位。

表 2-2　系统复位电参数

| 符　号 | 参　数 | 条　件 | 最小值 | 典型值 | 最大值 | 单　位 |
|---|---|---|---|---|---|---|
| $V_{\text{POT}}$ | 上电复位门限电压(电源电压上升时) | | | 1.4 | 2.3 | V |
| | 上电复位门限电压(电源电压下降时) | | | 1.3 | 2.3 | V |

续表 2－2

| 符　号 | 参　数 | 条　件 | 最小值 | 典型值 | 最大值 | 单　位 |
|---|---|---|---|---|---|---|
| $V_{RST}$ | RESET 门限电压 | | $0.1V_{CC}$ | | $0.9V_{CC}$ | |
| $t_{RST}$ | RESET 最小复位脉冲宽度 | | | | 1.5 | $\mu s$ |
| $V_{BOT}$ | BOD 复位门限电压 | BODLEVEL＝1 | 2.5 | 2.7 | 3.2 | V |
| | | BODLEVEL＝0 | 3.6 | 4.0 | 4.5 | |
| $t_{BOD}$ | BOD 检测的低电压最小宽度 | BODLEVEL＝1 | | 2 | | $\mu s$ |
| | | BODLEVEL＝0 | | 2 | | |
| $V_{HYST}$ | BOD 检测迟滞电压 | | | 50 | | mV |

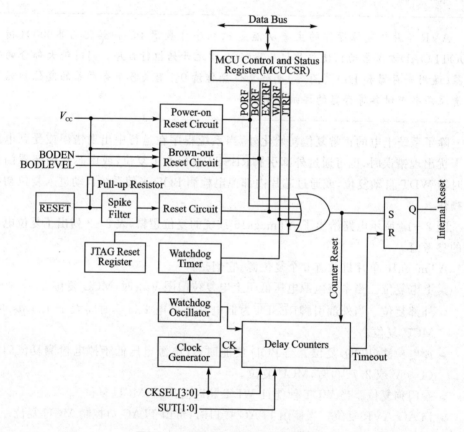

图 2－14　ATmega16 系统复位逻辑图

　　当任何一个复位信号产生时,AVR 将进行复位操作。复位操作过程并不需要时钟源处于运行工作状态(AVR 采用异步复位方式,提高了可靠性)。在 MCU 复位过程中,所有的 I/O 寄存器都设为初始值,程序计数器 PC 置 0。当系统电压高于上电

复位门限 $V_{POT}$(或 BOD 复位门限电压)时,复位信号撤消,硬件系统中的延时计数器(图 2 - 14 中的 Delay Counters)将启动一个可设置的计数延时过程(延时时间为 $t_{TOUT}$,由一组熔丝位 SUT、CKSEL 确定)。经过一定的延时后,AVR 才进行系统内部真正的复位启动(Internal Reset)。采用这种形式的复位启动过程,能够保证电源电压在达到稳定后单片机才进入正常的指令操作。

AVR 复位启动后,由于程序计数器 PC 置为 \$0000,因此,CPU 取出的第一条指令就是在 Flash 空间的 \$0000 处,即复位后系统程序从地址 \$0000 处开始执行(指非 BOOTLOAD 方式启动)。通常在 \$0000 地址中放置的指令为一条相对转移指令 RJMP 或 JMP 指令,跳到主程序的开始处。这样,系统复位启动后,首先执行 \$0000 处的跳转指令,然后转到执行主程序的指令。

由此可见,AVR 的复位过程考虑的非常周到,也非常可靠。AVR 单片机采用 5 个复位源,异步复位操作,以及内部可设置的延时启动,大大提高了芯片的抗干扰能力和整个系统的可靠性。这在工业控制中非常重要,同时也是 AVR 单片机的优点之一。与此同时,AVR 内部的 MCU 控制和状态寄存器 MCUCSR 还将引起复位的复位源进行了记录,用户程序启动后,可以读取 MCUCSR 中的标记,查看复位是由于何种情况造成的,是正常复位还是异常复位,从而根据实际情况执行不同的程序,实现不同的处理。这对于实现高可靠的系统控制及掉电保护处理、故障处理等应用非常有用。具体请参考 AVR 的器件手册说明。

### 1. 上电复位

AVR 内部含有上电复位 POR(Power_on Reset)电路。POR 确保了只有当 $V_{CC}$ 超过一个安全电平时,器件才开始工作,如图 2 - 15 和图 2 - 16 所示。

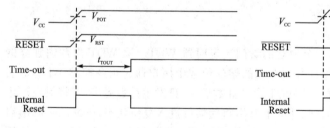

图 2 - 15　MCU 上电
复位启动,$\overline{\text{RESET}}$连到 $V_{CC}$

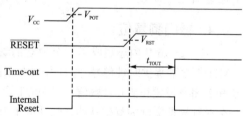

图 2 - 16　MCU 上电复位启动,
$\overline{\text{RESET}}$由外部控制

无论何时,只要 $V_{CC}$ 低于检测电平 $V_{POT}$,器件就进入复位状态。一旦 $V_{CC}$ 超过门限电压 $V_{POT}$,而$\overline{\text{RESET}}$引脚上的电压也达到 $V_{RST}$ 时,将启动芯片内部的一个可设置的延时计数器(图 2 - 14 中的 Delay Counters)。在延时计数器溢出之前,器件一直保持复位状态(Internal Reset 保持高电平)。经过 $t_{TOUT}$ 时间后,延时计数器溢出,将内部复位信号(Internal Reset)拉低,CPU 才开始正式工作。

---

**AVR 单片机嵌入式系统原理与应用实践(第 3 版)**

### 2. 外部复位

外部复位是由外加在 $\overline{\text{RESET}}$ 引脚上的低电平产生的。当 $\overline{\text{RESET}}$ 引脚被拉低至 $V_{\text{RST}}$ 的时间大于 1.5 $\mu$s 时,即触发复位过程,如图 2 - 17 所示。当 $\overline{\text{RESET}}$ 引脚电平高于 $V_{\text{RST}}$ 时,将启动内部可设置的延时计数器。在延时计数器溢

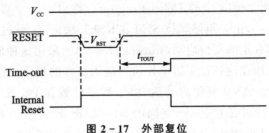

图 2 - 17　外部复位

出之前,器件一直保持复位状态(Internal Reset 保持高电平)。经过 $T_{\text{TOUT}}$ 时间后,延时计数器溢出,将内部复位信号(Internal Reset)拉低,CPU 才开始正式工作。

### 3. 掉电检测(BOD)复位

ATmega16 有一个片内的 BOD(Brown-out Detection)电源检测电路,用于在系统运行时对系统电压 $V_{\text{CC}}$ 的检测,并与一个固定的阈值电压相比较。BOD 检测阈值电压可通过 BODLEVEL 熔丝位设定为 2.7 V 或 4.0 V。BOD 检测阈值电压有迟滞效应,以避免系统电源的尖峰毛刺误触发 BOD 检测器。阈值电平的迟滞效应可以理解为:上阈值电压 $V_{\text{BOT+}} = V_{\text{BOT}} + V_{\text{HYST}}/2$,下阈值电压 $V_{\text{BOT-}} = V_{\text{BOT}} - V_{\text{HYST}}/2$。

BOD 检测电路可通过编程 BODEN 熔丝位来设置成有效或者无效。当 BOD 被设置成有效且 $V_{\text{CC}}$ 电压跌到下阈值电压 $V_{\text{BOT-}}$(见图 2 - 18)以下时,即触发复位过程,CPU 进入复位状态。当 $V_{\text{CC}}$ 电压回升且超过上阈值电压 $V_{\text{BOT+}}$ 后,再经过设定的启动延时时间,CPU 重新启动运行。

**注意:**只有当 $V_{\text{CC}}$ 电压低于阈值电压并且持续 $t_{\text{BOD}}$ 后,BOD 电路才能启动延时计数器计数。

### 4. 看门狗复位

ATmega 16 片内还集成了一个独立的看门狗定时器 WDT。该 WDT 由片内独立的 1 MHz 振荡器提供时钟信号,并且可用专用的熔丝位或由用户通过指令控制 WDT 的启动和关闭及设置和清 0 计数值。当 WDT 启动计数后,一旦发生计数溢出,它将触发产生一个时钟周期宽度的复位脉冲。脉冲的上升沿将使器件进入复位状态,脉冲的下降沿启动延时计数器计数,经过设定的启动延时时间,CPU 重新开始运行(见图 2 - 19)。使用 WDT 功能,可以防止系统受到干扰而引起的程序运行紊乱和跑飞,提高了系统的可靠性。

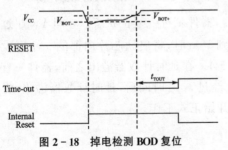

图 2 - 18　掉电检测 BOD 复位

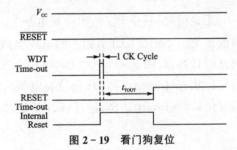

图 2 - 19　看门狗复位

AVR 单片机嵌入式系统原理与应用实践(第 3 版)

## 2.6.3　对 AVR 的编程下载

现在,单片机系统程序的编写、开发和调试都是借助于通用计算机 PC 完成的。用户首先在 PC 机上通过使用专用单片机开发软件平台,编写由汇编语言或高级语言构成的系统程序(源程序),再由编译系统将源程序编译成单片机能够识别和执行的运行代码(目标代码)。运行代码的本身是一组二进制的数据,在 PC 机中对于纯二进制码的数据文件一般是采用 BIN 格式保存的,以 bin 作为文件的扩展名。但在实际使用中,通常使用的是一种带定位格式的二进制文件:HEX 格式的文件,一般以 hex 作为文件的扩展名(HEX 文件格式说明见共享资料中的参考文献)。

对单片机的编程操作,通常也称为程序下载,是指以特殊手段和软硬件工具对单片机进行特殊的操作,以实现如下的 3 种功能:

> 将在 PC 机上生成的该单片机系统程序的运行代码写入单片机的程序存储器中。

> 用于对片内的 Flash、EEPROM 进行擦除、数据的写入(包括运行代码)和数据的读出。

> 实现对 AVR 配置熔丝位的设置,芯片型号的读取,加密位的锁定等。

AVR 单片机支持如下多种形式的编程下载方式:

### 1) 高压并行编程方式

对于外围引脚数大于 20 的 AVR 芯片,一般都支持这种高压并行编程方式。这种编程方式也是最传统的单片机的程序下载方式,其优点是编程速度快。但使用这种编程方式需要占用芯片众多的引脚和 12 V 的电压,所以必须采用专用的编程器单独对芯片操作。这样,AVR 芯片必须从 PCB 板上取下来。不能实现芯片在线(板)的编程操作,因此这种方式不适合系统调试过程以及产品的批量生产需要。

### 2) 串行编程方式(ISP)

串行编程方式是通过 AVR 芯片本身的 SPI 或 JTAG 串行口来实现的,由于编程时只需要占用比较少的外围引脚,所以可以实现芯片的在线编程(In System Pro-grammable),不需要将芯片从 PCB 板上取下来。因此串行编程方式也是最方便和最常用的编程方式。

串行编程方式还可细分成 SPI、JTAG 方式,前者表示通过芯片的 SPI 串口实现对 AVR 芯片的编程操作,后者则通过 JTAG 串口来实现。AVR 的许多芯片都同时集成有 SPI 和 JTAG 两种串口,因此可以同时支持 SPI 和 JTAG 的编程。使用 JTAG 方式编程,优点是通过 JTAG 口还可以实现系统的在片实时仿真调试(On Chip Debug);缺点是需要占用 AVR 的 4 个 I/O 引脚。而采用 SPI 方式编程,只需要一根简单的编程电缆,同时可以方便地实现 I/O 口的共用,因此是最常使用的方式;其不足之处是不能实现系统的在片实时仿真调试。

### 3) 其他编程方式

一些型号的 AVR 还支持串行高压编程方式和 IAP(In Application Programmable)在运行编程方式。串行高压编程是替代并行高压编程的一种方式,主要针对 8 个引脚的 tinyAVR 系列使用。IAP 在运行编程方式则是采用了 ATMEL 公司称为自引导加载(BOOTLOAD)技术实现的,往往在一些需要进行远程修改、更新系统程序,或动态改变系统程序的应用中才采用。

ATmega16 片内集成了 16 KB 的支持系统在线可编程(ISP)和在应用可编程(IAP)的 Flash 程序存储器,以及 512 字节的 EEPROM 数据存储器。另外,在它的内部还有一些专用的可编程单元——熔丝位,用于加密锁定和对芯片的配置等。对 ATmega16 编程下载操作,就是在片外对上述的存储器和熔丝单元进行读/写(烧入)以及擦除的操作。

由于 ATmega16 片内含有 SPI 和 JTAG 口,所以对 ATmega16 能使用 3 种编程的方式:高压并行编程、串行 SPI 编程和串行 JTAG 编程。在本书中将主要介绍和采用串行 SPI 编程方式。

## 2.6.4　ATmega16 的熔丝位

在 AVR 内部有多组与器件配置和运行环境相关的熔丝位,这些熔丝位非常重要,用户可以通过设定和配置熔丝位,使 AVR 具备不同的特性,以更加适合实际的应用。下面只介绍在开始学习和使用 ATmega16 时需要特别注意和关心的重要熔丝位的使用配置,全部熔丝位的定义和使用配置见附录 A。

---

ATmega16 单片机在售出时,片内的 Flash 存储器和 EEPROM 存储器阵列是处在擦除的状态(即内容 = \$FF),且可被编程。同时其器件配置熔丝位的默认值为使用内部 1 MHz 的 RC 振荡源作为系统时钟。

---

### 1. 存储器加密锁定位

ATmage16 有 2 个加密锁定位 LB1 和 LB2,用于设定对片内存储器的加密方式,用户可在编程方式下,对 LB1 和 LB2 不编程(1)或编程(0),从而获得对片内存储器不同的加密保护方式,如表 2 - 3 所列。

表 2 - 3　加密锁定位保护方式

| 加密锁定位 | | | 保护方式 |
| --- | --- | --- | --- |
| 模　式 | LB2 | LB1 | |
| 1 | 1 | 1 | 无锁定方式(无加密),出厂状态 |
| 2 | 1 | 0 | 禁止对 Flash、EEPROM、熔丝位的再编程 |
| 3 | 0 | 0 | 禁止对 Flash、EEPROM、加密锁定位、熔丝位的再编程和校验 |

需要进一步说明是:

➤ 在 AVR 的器件手册中,使用已编程(Programmed)和未编程(Unpro-grammed)定义加密位和熔丝位的状态。Unprogrammed 表示熔丝状态为"1"(禁止),Programmed 表示熔丝状态为"0"(使能),即 1:未编程;0:编程。

➤ AVR 的加密位和熔丝位可多次编程,其熔丝不是 OTP 熔丝。

➤ AVR 芯片加密锁定后(LB2/LB1 = 1/0,0/0),在外部不能通过任何方式读取芯片内部 Flash 和 EEPROM 中的数据,但熔丝位的状态仍然可以读取,不能修改配置。

➤ 需要重新下载程序时,或芯片被加密锁定后,或发现熔丝位配置不对,都必须先在编程状态使用芯片擦除命令,清除芯片内部存储器中的数据,同时解除加密锁定;然后重新下载运行代码和数据,修改和配置相关的熔丝位;最后再次配置芯片的加密锁定位。

➤ 编程状态的芯片擦除命令是将 Flash 和 EEPROM 中的数据清除,并同时将两位锁定位状态配置成无锁定状态(LB2/LB1=1/1)。但芯片擦除命令并不改变其他熔丝位的状态。

➤ 下载编程的正确的操作程序是:在芯片无锁定状态下,下载运行代码和数据,配置相关的熔丝位,最后配置芯片的加密锁定位。

## 2. 系统时钟类型的配置

ATmega16 可以使用多种类型的系统时钟源,最常用的为 2 种:使用内部的 RC 振荡源(1/2/4/8 MHz)和外接晶体(晶体可在 0~16 MHz 之间选择)配合内部振荡放大器构成的振荡源。具体系统时钟类型的配置由 CKOPT 和 CKSEL[3:0]共 5 个熔丝设定,表 2-4 和表 2-5 给出了具体的配置值。在使用中,用户首先要根据实际使用情况进行正确设置,而且千万注意不要对这些熔丝位误操作。

AVR 单片机为用户提供了更多的灵活选择系统时钟的可能性,以满足和适应实际产品的需要。

ATmega16 在片内集成有内部可校准的 RC 振荡器,能提供固定的 1/2/4/8 MHz 的系统时钟,这些频率是在 5 V、25 ℃时的标称数值。CKOPT 和 CKSEL 熔丝按表 2-4 编程配置时,可以选择 4 种内部 RC 振荡源之一作为系统时钟使用,此时将不需要外部元件。

当产品对系统时钟的精度要求比较高,或需要使用一些特殊频率的系统时钟场合时,例如使用了 USART 通信接口,系统时钟频率需要使用 4.6080/7.3728/11.0592 MHz 时,就要使用外接晶体(晶体可在 0~16 MHz 之间选择)配合内部振荡放大器构成振荡源,具体连接电路如图 2-6(a)所示。此时需要将 CKOPT 和 CKSEL 熔丝按表 2-5 编程配置。

表 2 – 4    系统时钟类型为使用内部 RC 振荡源

| CKOPT | CKSEL[3：0] | 工作频率范围/MHz |
|---|---|---|
| 1 | 0001 | 1.0（出厂设定） |
| 1 | 0010 | 2.0 |
| 1 | 0011 | 4.0 |
| 1 | 0100 | 8.0 |

表 2 – 5    使用外部晶体与片内振荡放大器构成的振荡源

| 熔丝位 | | 工作频率 | C1、C2 容量/pF |
|---|---|---|---|
| CKOPT | CKSEL[3：0] | 范围/MHz | （仅适用石英晶振） |
| 1 | 101x | 0.4～0.9 | 仅适用陶瓷振荡器 |
| 1 | 110x | 0.9～3.0 | 12～22（应与使用晶体配合） |
| 1 | 111x | 3.0～8.0 | 12～22（应与使用晶体配合） |
| 0 | 101x,110x,111x | ≥1.0 | 12～22（应与使用晶体配合） |

在表 2 – 5 中，当 CKOPT ＝ 0 时，振荡器的输出振幅较大，容易起振，适合在干扰大的场合以及使用的晶体超过 8 MHz 时的情况下使用；而当 CKOPT ＝ 1 时，振荡器的输出振幅较小，这样可以减小对电源的消耗，对外的电磁辐射也较小。

## 2.6.5   AVR 单片机的工作状态

当 AVR 芯片的 $V_{cc}$ 与系统电源接通后，根据 $\overline{RESET}$ 引脚电平值的不同，单片机将进入不同的状态：复位状态、常规工作状态和编程状态。

### 1. $\overline{RESET}$ 引脚电平为高

通常情况下，$\overline{RESET}$ 引脚通过一个上拉电阻接系统电源，为高电平"1"（见图 2 - 13）。在此条件下，一旦接通电源，AVR 将进入上电复位状态。经过短暂的内部复位操作后，芯片便进入了常规工作状态（BOD 和 WDT 引起的复位类同）。

AVR 处在常规工作状态时，有两种工作方式：正常程序执行工作方式和休眠节电工作方式。

### 1）正常程序执行工作方式

正常程序执行工作方式是单片机的基本工作方式。由于硬件的复位操作将程序计数器置为零（PC＝＄0000），因此程序的执行总是从 Flash 地址的 ＄0000 开始的（指非 BOOTLOAD 方式启动）。

对于 ATmega16，Flash 地址空间的 ＄0002～＄0028 是中断向量区（详见第 7 章），所以真正实际要开始运行的程序代码一般放在从 ＄002A 以后的程序地址空间中。标准的做法是在 Flash 的 ＄0000 单元中放置一条转移指令 JMP 或 RJMP，使得 CPU 在复位重新启动后，首先执行该转移指令，跳过中断向量区，转到执行实际程序的开始处。典型的程序结构如下：

AVR 单片机嵌入式系统原理与应用实践(第 3 版)

| Flash 空间地址 | 指令字 | 说　明 |
|---|---|---|
| $ 0000 | jmp RESET | ;复位中断向量 |
| ⋮ | ⋮ | ;向量区 |
| $ 002A | RESET：ldi r16,high(RAMEND) | ;主程序开始 |
| ⋮ | ⋮ | ⋮ |

#### 2) 休眠节电工作方式

休眠节电工作方式是使单片机处于低功耗节电的一种工作方式。当单片机需要处于长时间等待外部触发信号,待有外部触发后才做相应的处理,或每隔一段时间才需要做处理时,可使用休眠节电工作方式,以降低对电源的消耗。CPU 处于等待的时候(待机状态)可进入休眠节电工作方式,此时 CPU 暂停工作,不执行任何指令。在休眠节电工作方式中,只有部分单片机的电路处于工作状态,而其他的电路停止工作,这样就可降低单片机的对电源的消耗,形成系统的省电待机状态。一旦有外部的触发信号,或等待时间到,CPU 从休眠状态中被唤醒,重新进入正常程序执行工作方式。

ATmega16 有 6 种不同的休眠模式,每一种模式对应的电源消耗也不同,被唤醒的方式也有多种类型,用户可以根据实际的需要进行选择。

休眠节电工作方式对使用电池供电的系统非常重要,AVR 提供了更多的休眠模式,更加符合和适应实际的需要。例如 ATmega16 处在掉电休眠模式状态时,其本身的耗电量小于 $1\ \mu A$。

### 2. $\overline{\text{RESET}}$引脚电平为低

AVR 通电后,如果$\overline{\text{RESET}}$引脚的电平被外部拉为低电平"0",则芯片将进入和处在复位状态,如图 2 - 16 和图 2 - 17 所示。通常情况下,该复位状态一直延续到$\overline{\text{RESET}}$引脚的低电平被撤消。一旦$\overline{\text{RESET}}$引脚恢复了高电平,AVR 将重新启动,进入常规工作状态。利用该特点可实现对 AVR 系统的人工复位或外部强制复位操作。

尤其需要说明的是,一旦$\overline{\text{RESET}}$引脚的电平被外部拉低,当满足某些特殊条件后,芯片将进入编程状态。例如,如果芯片带有 SPI 接口,支持 SPI 串行编程,则通过以下方式将使芯片进入 SPI 编程状态:

➢ 外部将 SPI 口的 SCK 引脚拉低,然后在$\overline{\text{RESET}}$引脚上施加一个至少为 2 个系统周期以上的低电平脉冲;

➢ 延时等待 20 ms 后,由外部通过 AVR 的 SPI 口向芯片下发允许 SPI 编程的指令。

在《AVR 的器件手册》"存储器编程(Memory Programming)"一章的"串行下载(Serial Downloading)"一节中,详细介绍了利用 AVR 的 SPI 接口实现 ISP 编程的硬件连接、编程方式状态的进入过程和串行编程的命令等。

一旦芯片进入编程状态,就可以通过 SPI 口将运行代码写入 AVR 的程序存储器,对片内的 Flash 和 EEPROM 进行擦除、数据的写入(包括运行代码)和数据的读出,以及实现对 AVR 配置溶丝位的设置、芯片型号的读取和加密位的锁定等操作了。

## 2.6.6　支持 ISP 编程的最小系统设计

本小节将给出一个最基本、典型的支持 ISP 编程的 AVR 最小系统硬件图（见图 2-20）。尽管 ATmega16 的 SPI 和 JTAG 口都可以实现 ISP 在线编程，但采用 SPI 口实现 ISP 在线编程是最常用的方式，因为这样不会造成 AVR 的 I/O 口浪费。

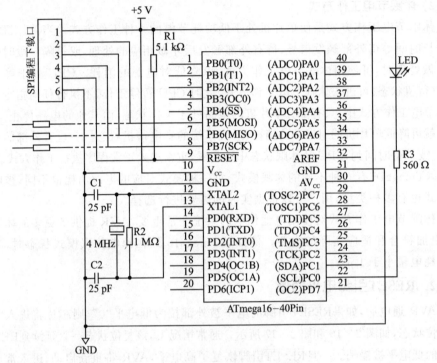

图 2-20　支持 ISP 编程的最小系统设计

作为以 ATmega16 芯片构成的 AVR 最小系统中（见图 2-13），并没有考虑如何实现对 AVR 的编程。如果完全按图 2-13 完成硬件系统后要对 AVR 编程时，就必须将芯片从 PCB 板上取下，放到专用的编程设备上才能将系统的执行代码下载到芯片中，然后再将芯片插回到 PCB 板上，这对于系统调试和生产都非常不方便。

图 2-20 在图 2-13 的基础上增加了一个 ISP 编程下载口，该口的 2、3、4、5 脚与芯片 SPI 接口的 MOSI(PB5)、MISO(PB6)、SCK(PB7) 和 RESET 引脚连接。当需要改动 AVR 的熔丝位配置，或将编译好的运行代码烧入到 AVR 的 Flash ROM 中时，就不需要将芯片从 PCB 板上取下，只要将一根简单的编程线插在该编程下载口上，利用 PC 机就可以方便地实现上面的操作。

如 2.6.5 小节所介绍，当 PC 机对 AVR 编程时，需要先将 SCK 和 RESET 引脚拉低，使 AVR 芯片进入 SPI 编程状态，然后通过 SPI 口进行下载操作。因此，在设计 AVR 系统硬件时，如果考虑使用 SPI 口实现 ISP 的功能，则图中的 R1 电阻不可省略。此时 R1 起到了上拉隔离作用，正是有了 R1，才能使用户在外部对 RESET 脚施加低电平(0 V)。当编程下载完成后,外部一旦释放掉 $\overline{\text{RESET}}$,该引脚通过 R1 又被拉成高电平,AVR 就直接进入了正常运行工作状态。R1 的阻值为 5~10 kΩ,太大和太小都不合适。如果系统不需要支持 ISP 功能,则可将 R1 省掉,把 $\overline{\text{RESET}}$ 引脚与 $V_{cc}$ 连接。

AVR 的 PB5、PB6 和 PB7 与编程下载口连接,在编程状态时这 3 个引脚用于下载操作。编程完成后拔掉下载线,芯片进入正常工作后,PB5、PB6、PB7 仍可作为普通的 I/O 口或 AVR 的 SPI 口使用,受 AVR 的控制,这是使用 SPI 口实现 ISP 功能的优点之一。需要注意的是,如果系统中使用了这 3 个引脚,并且 PCB 板上这 3 个引脚已经与外围器件连接在一起,则需要对外围的连接情况进行分析。如果外围连接在上电情况时表现为强上拉或强下拉(最极端情况为接高电平或 GND),那么为了保证 AVR 的 SPI 功能的正常工作,应该如图 2-20 中所示,串入 3 个隔离电阻,阻值在 2 kΩ 左右。

对于不同的 AVR 芯片,使用 SPI 方式进行下载编程的硬件接口、操作命令和时序会有所变化(如 ATmega128),但基本方式相同。详情请参考相关的器件手册。与使用其他类型的单片机(如 8051)一样,可以采用专用的写入设备对进行编程下载,但 AVR 提供了更方便的在线(ISP)串行下载的方法,用户只要制作一条简单的带隔离电路的下载线,就可直接使用 PC 机的打印机口实现 AVR 的 Flash、EEPROM 以及熔丝配置位的编程操作。在第 5 章中将给出利用 ISP 功能的编程下载具体操作实际过程与相关的资料等。

## 2.7　AVR 单片机内部资源的扩展和剪裁

以上以 ATmega16 为典型介绍了 AVR 单片机的基本结构、性能和特点。AT-MEL 公司为满足不同的需求,在 AVR 基本内核的基础上,对芯片的内部资源进行了相应的扩展和剪裁,形成了 AVR 单片机几十种型号的芯片。尽管它们的功能和外部的引脚定义和封装各有不同,但它们的内核结构相同,指令相容,用户可根据实际需要进行选择。

## 思考与练习

1. 典型单片机由哪几部分组成? 每部分的基本功能和作用是什么?
2. 了解 AVR 单片机的主要特点和性能。
3. 熟悉 ATmega16 的引脚名称和基本作用。
4. AVR 系列单片机内部有哪些主要的逻辑部件?
5. AVR 系列单片机的 CPU 是由哪些部件组成的? 它们的具体作用是什么? 如何协同工作?
6. AVR 单片机系统的 2 个常用时钟系统是如何构成的? 其作用如何?
7. AVR 单片机是如何实现高达 1 MIPS/MHz 的处理能力的?
8. 说明 AVR 单片机通用寄存器组的作用和功能。
9. 说明 AVR 单片机 I/O 寄存器的作用和功能。

10. ATmega16 单片机的存储器有哪几种类型？它们是如何构成和组织的？有何作用？

11. ATmega16 单片机的数据存储器的地址空间是如何分布的？

12. AVR 单片机的 SRAM 存储器和 EEPROM 存储器有何区别？其用途各是什么？

13. AVR 单片机熔丝位的作用和用途是什么？本章中所介绍的哪些熔丝位非常重要，请说明原因。

14. AVR 单片机的 I/O 寄存器空间是如何寻址的？

15. 简述状态寄存器（SREG）各控制位的作用。

16. 熟悉堆栈指针寄存器（SP）和堆栈的作用，并说明 AVR 单片机堆栈是如何工作的。

17. 使用电子电路板图设计软件（如 Protel）画出用 ATmega16 构成最小系统的电路图，并说明各个元器件的作用。

18. AVR 单片机有哪几种复位方式？它们是如何复位的？这些复位方式有何区别，在实际应用中应该如何使用这些复位方式？复位以后 AVR 单片机怎样开始工作？

19. 在设计 AVR 系统程序时，程序存储器的最低几个存储单元一般应放置什么指令？为什么？

20. AVR 有几种复位方式？仔细理解和分析它们的复位条件，并说明 AVR 复位系统所具备的优点。

21. AVR 系统上电后，一旦外部把 AVR 的 $\overline{\text{RESET}}$ 引脚拉低，使 AVR 进入复位状态后，接下来的变化将如何？

22. 对 AVR 编程下载的主要目的是什么？对 AVR 的编程下载的方式有哪些？各有何优点和缺点？各适合在哪些情况下使用？

23. 阅读 ATmega16 的英文版器件手册，找到其中与本章所介绍内容相关的部分，更仔细地进行学习和理解。

24. 在图 2-20 所示的支持 ISP 功能的最小系统中，R1 的值取 10 Ω 或 10 MΩ 可以吗？请分析原因并说明理由。

25. 对于图 2-20 所示的支持 ISP 功能的最小系统，可使用外部晶体构成系统时钟，也可使用芯片内部 4 MHz 的 RC 振荡源。这两种方式各有何优点和缺点？熔丝位应该如何配置？

26. 对于图 2-20 所示的支持 ISP 功能的最小系统，如果 AVR 的熔丝位配置为使用外部晶体，但图中的晶体、C1、C2、R2 并没有使用，那么会产生什么情况？如何解决？

27. 对于图 2-20 所示的支持 ISP 功能的最小系统，如果 PB5、PB6、PB7 这 3 个引脚与外围器件连接，且为强上拉或强下拉，那么为何要串入 3 个隔离电阻？请分析 3 个电阻的作用，并说明阻值在 2 kΩ 左右为合适。

28. 用 ATmega16 构成一个简单的系统，该系统可以分别控制 8 个半导体发光二极管 LED 闪烁，设计、画出系统的电原理图，并说明所使用元器件的作用。

29. 用 ATmega16 构成一个简单的嵌入式系统，该系统可以控制一个 LED 七段数码管，设计、画出系统的电原理图，并讲述设计思路。

30. 一般嵌入式系统经常采用 6~8 个 LED 数码管作为显示输出，如时钟显示、温度显示等。用 ATmega16 构成一个系统，该系统可以控制 8 个 LED 七段数码管，设计、画出系统的电原理图，并说明所使用芯片各引脚的作用和各元器件的数值、作用和设计思路。

**本章参考文献：**

［1］ ATMEL. ATmega16 数据手册（英文，共享资料），www. atmel. com.

［2］ ATMEL. AVR 硬件设计要点（英文，共享资料），www. atmel. com.

［3］ ATMEL. EMC 设计要点（英文，共享资料），www. atmel. com.

# 第 3 章

## AVR 的指令与汇编系统

传统的 8 位单片机(如最典型的 8051 结构的单片机)大都采用复杂指令 CISC (Complex Instruction Set Computer)体系结构。由于 CISC 结构存在指令系统不等长、指令数多、CPU 利用效率低、执行速度慢等缺陷,已不能满足和适应设计高档电子产品和嵌入式系统应用的需要。

作为 8 位的 AVR 单片机,除了其具备比较完善和功能强大的硬件结构和组成外,更重要的是它的内核和指令系统为先进的 RISC 体系结构,采用了大型快速存取寄存器组(32 个通用工作寄存器)、快速的单周期指令系统以及单级流水线等先进技术。因此,AVR 内核指令系统具有以下显著特点:

➤ 16/32 位定长指令。AVR 的一个指令字为 16 位或 32 位,其中大部分的指令为 16 位。采用定长指令,不仅使取指操作简单,提高了取指令的速度;同时也降低了在取指操作过程中的错误,提高了系统的可靠性。

➤ 流水线操作。AVR 采用流水线技术,在前一条指令执行时,就取出现行的指令,然后以一个周期执行指令,大大提高了 CPU 的运行速度。

➤ 大型快速存取寄存器组。传统的基于累加器的结构单片机(如 8051),需要大量的程序代码来完成和实现在累加器与存储器之间的数据传送。而在 AVR 单片机中,采用 32 个通用工作寄存器构成大型快速存取寄存器组,用 32 个通用工作寄存器代替累加器(相当有 32 个累加器),从而避免了传统结构中累加器与存储器之间数据传送造成的瓶颈现象。

由于 AVR 单片机采用 RISC 结构,使得它具有高达 1 MIPS/MHz 的高速运行处理能力。同时也更适合采用高级语言(例如 C 语言、BASIC 语言)来编写系统程序,高效地开发出目标代码,以加快产品进入市场的时间和简化系统的设计、开发、维护和支持。

## 3.1  ATmega16 指令综述

指令是 CPU 用于控制各功能部件完成某一指定动作或操作的指示和命令。指令不同,CPU 和各个功能部件完成的动作也不一样,指令的功能也不同。程序员根据系统的要求,选用不同功能指令的有序组合就构成了程序。CPU 执行不同的程序,就能完成不同的任务。

CPU 指令的集合或全体称为指令系统。指令系统是 CPU 的重要性能指标之一,也是学习和使用单片机的重要内容。由于 CPU 结构的不同,每一种 CPU 的指令和功能也不同,因此学习 AVR 就必须要了解它的指令结构、功能和特点。只有在此基础上,才能更清楚地了解 AVR 的硬件使用,编写出好的系统程序。

AVR 单片机指令系统是 RISC 结构的精简指令集,是一种简明、易掌握、效率高的指令系统。ATmega16 单片机完全兼容 AVR 的指令系统,具有高性能的数据处理能力,能对位、半字节、字节和双字节数据进行各种操作,包括算术和逻辑运算、数据传送、布尔处理、控制转移和硬件乘法等操作。

ATmega16 共有 131 条指令,按功能可分为 5 大类,它们是:

➤ 算术、逻辑运算和比较指令(31 条);

➤ 跳转指令(33 条);

➤ 数据传送指令(35 条);

➤ 位操作和位测试指令(28 条);

➤ MCU 控制指令(4 条,其中指令 BREAK 仅用于芯片内部测试)。

本章将对 ATmega16 的全部 131 条指令,包括字节数、功能、对标志位的影响以及执行周期数等进行简单描述。

## 3.1.1 指令格式及 3 种表示方式

指令格式是指指令码的结构形式。通常,指令可分为操作码和操作数两部分。其中操作码部分比较简单,操作数部分则比较复杂,而且随 CPU 类型和寻址方式的不同有较大的变化。

AVR 指令的一般格式为:

| 操作码 | 第 1 操作数或操作数地址 | 第 2 操作数或操作数地址 |
|---|---|---|

其中,操作码用于指示 CPU 执行何种操作,是加法操作还是减法操作,是数据传送还是数据移位等。第 1 操作数或操作数地址用于表示参与操作的第 1 个操作数,或该操作数在内存的地址,同时该地址也将作为操作结果存放的地址。第 2 操作数或操作数地址(如果有的话)用于表示参与操作的第 2 个操作数,或该操作数在内存的地址。

**注意:**在 AVR 的指令中,有相当一部分只有操作码,或只有操作码和第 1 操作数或操作数地址,前者在操作码中隐含了操作数或操作数的地址。

指令的表示方式是指采用何种形式描述指令,也是人们用于编写和阅读程序的基础。通常指令采用二进制、十六进制和助记符 3 种表示方式。

指令的二进制表示方式,是一种可以直接为 CPU 识别和执行的方式,故称为指令的机器码或汇编语言的目标代码。下载到 AVR 中的代码必须是可执行的目标代码。但二进制表示方式的代码具有难读、难写、难记忆和难修改等缺点,因此人们通常不用它来编写程序。

指令的十六进制表示方式是二进制表示方式的变型,只是将二进制代码 4 位一组用十六进制的形式描述。十六进制表示方式虽然比二进制表示方式读/写方便些,但还是不易被人们识别和修改,所以通常也不被用于编写程序,只是在某些场合,如调试环境中指令字的显示,或调试程序、修改调整个别指令代码时作为输入程序的辅助手段。

指令的助记符表示方式又称为指令的汇编形式或汇编语句,是一种用英文单词或缩写字母以及数字来表征指令功能的形式。这种方式不仅容易为人们识别和读/写,也方便记忆和交流,因此也是人们用于进行程序设计的一种常用的方式。

由于 CPU 可以直接识别和执行的指令形式必须是二进制表示方式的,因此不管使用十六进制表示方式还是汇编形式构成的程序,都需要通过人工或机器把它们翻译成二进制机器码的形式,才能下载到芯片中被 CPU 执行。

现在绝大多数单片机都提供相应的、能够在 PC 机上工作的开发平台,其最基本的功能就是提供用户编写汇编代码的源程序,并能将汇编源程序翻译成二进制的机器码,生成可下载的目标代码文件。

# 3.1.2　AVR 指令系统中使用的符号

在本章所列出的 ATmega16 所有 131 条指令中,给出了全部指令的汇编助记符、操作数、操作说明、相应的操作、操作数的范围、对标志位的影响以及指令的执行周期。

在指令描述中,除了操作码采用助记符表示外,还在指令操作数的描述说明中采用了一些符号代码。下面对所使用符号的意义进行简单说明。

## 1. 状态寄存器与标志位

状态寄存器 SREG 为 8 位,其中每一位的定义如下:

C　　　　进位标志位。

Z　　　　结果为零标志位。

N　　　　结果为负数标志位。

V　　　　2 的补码溢出标志位。

S　　　　$N \oplus V$,用于符号测试的标志位。

H　　　　操作中产生半进位的标志位。

T　　　　用于与 BLD、BST 指令进行位数据交换的位。

I　　　　全局中断使能/禁止标志位。

## 2. 寄存器和操作码

Rd　　　　目的(或源)寄存器,取值为 R0～R31 或 R16～R31(取决于指令)。

Rr　　　　源寄存器,取值为 R0～R31。

P　　　　I/O 寄存器,取值为 0～63 或 0～31(取决于指令)。

b　　　　I/O 寄存器中的指定位,常数(0～7)。

s　　　　状态寄存器 SREG 中的指定位,常数(0～7)。

K　　　　立即数,常数(0～255)。

k　　　　地址常数,取值范围取决于指令。

q　　　　地址偏移量常数(0～63)。

X、Y、Z　地址指针寄存器(X＝R27∶R26,Y＝R29∶R28,Z＝R31∶R30)。

## 3. 堆　栈

STACK　　作为返回地址和压栈寄存器的堆栈。

SP　　　　堆栈 STACK 的指针。

# 3.1.3　AVR 指令的寻址方式和寻址空间

指令的一个重要组成部分是操作数。指令给出参与运算数据的方式称为寻址方式。CPU 执行指令时,首先要根据地址获取参加操作的操作数,然后才能对操作数进行操作,操作的结果还要根据地址保存在相应的存储器或寄存器中。因此 CPU 执行程序实际上是不断地寻找操作数并进行操作的过程。通常,指令的寻址方式有多种,寻址方式越多,指令的功能也就越强。

AVR 单片机指令操作数的寻址方式有以下 15 种。

## 1. 单寄存器直接寻址(见图 3-1)

由指令指定一个寄存器的内容作为操作数,在指令中给出寄存器的直接地址,这种寻址方式称为单寄存器直接寻址。单寄存器寻址的地址范围限制为通用工作寄存器组中的 32 个寄存器 R0～R31,或后 16 个寄存器 R16～R31(取决于不同指令)。例如:

| | |
|---|---|
| INC Rd | ;操作:Rd←Rd + 1 |
| INC R5 | ;将寄存器 R5 内容加 1 回放 |

## 2. 双寄存器直接寻址(见图 3-2)

双寄存器直接寻址方式与单寄存器直接寻址方式相似。它是将指令指出的两个寄存器 Rd 和 Rr 的内容作为操作数,而结果存放在 Rd 寄存器中,指令中同时给出两个寄存器的直接地址,这种寻址方式称为双寄存器直接寻址。双寄存器寻址的地址范围限制为通用工作寄存器组中的 32 个寄存器 R0～R31,或后 16 个寄存器 R16～R31,或后 8 个寄存器 R16～R23(取决于不同指令)。例如:

| ADD Rd,Rr | ;操作: Rd←Rd + Rr |
|---|---|
| ADD R0,R1 | ;将 R0 和 R1 寄存器内容相加,结果回放 R0 |

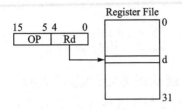

图 3-1　单寄存器直接寻址

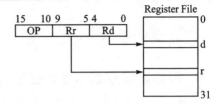

图 3-2　双寄存器直接寻址

### 3. I/O 寄存器直接寻址(见图 3-3)

由指令指定一个 I/O 寄存器的内容作为操作数,在指令中直接给出 I/O 寄存器的地址,这种寻址方式称为 I/O 寄存器直接寻址。I/O 寄存器直接寻址的地址使用 I/O 寄存器空间的地址 $00～$3F,共 64 个,取值为 0～63 或 0～31(取决于指令)。例如:

| IN Rd,P | ;操作: Rd←P |
|---|---|
| IN R5,$3E | ;读 I/O 空间地址为 $3E 寄存器(SPH)的内容,放入寄存器 R5 中 |

### 4. 数据存储器空间直接寻址(见图 3-4)

数据存储器空间直接寻址方式用于 CPU 直接从 SRAM 存储器中存取数据。数据存储器空间直接寻址为双字指令,在指令的低字中指出一个 16 位 SRAM 地址。例如:

| LDS Rd,k | ;操作:Rd←(k) |
|---|---|
| LDS R18,$100 | ;读地址为 $100 的 SRAM 中内容,传送到 R18 中 |

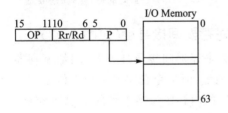

图 3-3　I/O 寄存器直接寻址

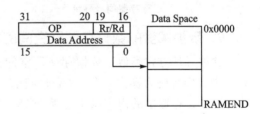

图 3-4　数据存储器空间直接寻址

指令中 16 位 SRAM 的地址字长度限定了 SRAM 的地址空间为 64 KB,该地址空间实际包含了 32 个通用寄存器和 64 个 I/O 寄存器。因此,也可使用数据存储器空间直接寻址的方式读取通用寄存器或 I/O 寄存器中的内容,此时应使用这些寄存器在 SRAM 空间的映射地址,但其效率比使用寄存器直接寻址的方式要低。原因在于数据存储器空间直接寻址的指令为双字指令,指令周期为 2 个系统时钟。

### 5. 数据存储器空间的寄存器间接寻址(见图 3-5)

由指令指定某一个 16 位寄存器的内容作为操作数在 SRAM 中的地址,这种寻址方式称为数据存储器空间的寄存器间接寻址。AVR 单片机中使用 16 位寄存器 X、Y 或 Z 作为规定的地址指针寄存器,因此操作数的 SRAM 地址在间址寄存器 X、Y 或 Z 中。例如:

```
LD Rd,Y        ;操作:Rd ←(Y),把以 Y 为指针的 SRAM 的内容送 Rd
LD R16,Y       ;设 Y = $0567,即把 SRAM 地址为 $0567 的内容传送到 R16 中
```

### 6. 带后增量的数据存储器空间的寄存器间接寻址(见图 3 - 6)

这种寻址方式类似于数据存储器空间的寄存器间接寻址方式,间址寄存器 X、Y、Z 中的内容仍为操作数在 SRAM 空间的地址,但指令在间接寻址操作后,再自动把间址寄存器中的内容加 1。这种寻址方式特别适用于访问矩阵、查表等应用。例如:

```
LD Rd,Y +      ;操作:Rd←(Y),Y = Y + 1,先把以 Y 为指针的 SRAM 的内容送
               ;Rd,再把 Y 增 1
LD R16,Y +     ;设原 Y = $0567,指令把 SRAM 地址为 $0567 的内容传送到 R16
               ;中,再将 Y 的值加 1,操作完成后 Y = $0568
```

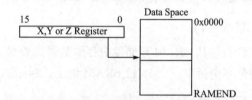

图 3 - 5　数据存储器空间的
寄存器间接寻址

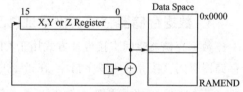

图 3 - 6　带后增量的数据存储器
空间的寄存器间接寻址

### 7. 带预减量的数据存储器空间的寄存器间接寻址(见图 3 - 7)

这种寻址方式类似于数据存储器空间的寄存器间接寻址方式,间址寄存器 X、Y、Z 中的内容仍为操作数在 SRAM 空间的地址,但指令在间接寻址操作之前,先自动将间址寄存器中的内容减 1,然后把减 1 后的内容作为操作数在 SRAM 空间的地址。这种寻址方式也特别适用于访问矩阵、查表等应用。例如:

```
LD Rd,- Y      ;操作:Y = Y - 1,Rd←(Y),先把 Y 减 1,再把以 Y 为指针的 SRAM
               ;的内容送 Rd
LD R16,- Y     ;设原 Y = $0567,指令即先把 Y 减 1,Y = $0566,再把 SRAM 地
               ;址为 $0566 的内容传送到 R16 中
```

### 8. 带位移的数据存储器空间的寄存器间接寻址(见图 3 - 8)

带位移的数据存储器空间的寄存器间接寻址方式是:由间址寄存器(Y 或 Z)中的内容和指令字中给出的地址偏移量共同决定操作数在 SRAM 空间的地址,偏移量的范围为 0~63。例如:

AVR 单片机嵌入式系统原理与应用实践(第 3 版)

| LDD Rd,Y + q | ;操作：Rd←(Y + q),其中 0≤q≤63,即把以 Y + q 为地址的 SRAM 的内容送到 |
| | ;Rd 中,而 Y 寄存器的内容不变 |
| LDD R16,Y + $ 31; | 设 Y = $ 0567,把 SRAM 地址为 $ 0598 的内容传送到 |
| | ;R16 中,Y 寄存器的内容不变 |

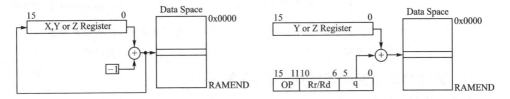

图 3 - 7　带预减量的数据存储器　　　　图 3 - 8　带位移的数据存储器
　　　　空间寄存器间接寻址　　　　　　　　空间的寄存器间接寻址

### 9. 程序存储器空间取常量寻址(见图 3 - 9)

程序存储器空间取常量寻址方式主要是从程序存储器 Flash 中读取常量。此种寻址方式只用于指令 LPM。

程序存储器中常量字节的地址由地址寄存器 Z 的内容确定。Z 寄存器的高 15 位用于选择字地址(程序存储器的存储单元为字),而 Z 寄存器的最低位 Z(d0)用于确定字地址的高/低字节。若 d0 = 0,则选择字的低字节;若 d0 = 1,则选择字的高字节。例如：

| LPM | ;操作：R0←(Z),即把以 Z 为指针的程序存储器的内容送 R0。若 Z = $ 0100, |
| | ;即把地址为 $ 0080 的程序存储器的低字节内容送 R0。若 Z = $ 0101,即把 |
| | ;地址为 $ 0080 的程序存储器的高字节内容送 R0 |
| LPM R16,Z | ;操作:R16←(Z),即把以 Z 为指针的程序存储器的内容送 R16。若 Z = |
| | ;$ 0100,即把地址为 $ 0080 的程序存储器的低字节内容送 R16。若 Z = |
| | ;$ 0101,即把地址为 $ 0080 的程序存储器的高字节内容送 R16 |

### 10. 带后增量的程序存储器空间取常量寻址(见图 3 - 10)

带后增量的程序存储器空间取常量寻址方式主要是从程序存储器 Flash 中取常量。此种寻址方式只用于指令"LPM Rd,Z+"。程序存储器中常量字节的地址由地址寄存器 Z 的内容确定。Z 寄存器的高 15 位用于选择字地址(程序存储器的存储单元为字),而 Z 寄存器的最低位 Z(d0)用于确定字地址的高/低字节。若 d0 = 0,则选择字的低字节;若 d0 = 1,则选择字的高字节。寻址操作后,Z 寄存器的内容加 1。例如：

| LPM R16,Z + | ;操作：R16←(Z);Z←Z+1,即把以 Z 为指针的程序存储器的内容送 R16, |
| | ;然后 Z 的内容加 1。若 Z = $ 0100,即把地址为 $ 0080 的程序存储器的 |
| | ;低字节内容送 R16,完成后 Z = $ 0101。若 Z = $ 0101,即把地址为 |
| | ;$ 0080 的程序存储器的高字节内容送 R16,完成后 Z = $ 0102 |

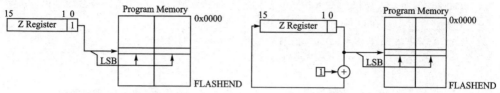

图 3 - 9　程序存储器空间
　　　　取常量寻址

图 3 - 10　带后增量的程序存储器
　　　　　空间取常量寻址

### 11. 程序存储器空间写数据寻址(见图 3 - 9)

程序存储器空间写数据寻址方式主要用于可进行在系统自编程的 AVR 单片机。此种寻址方式只用于指令 SPM。该指令将寄存器 R1 和 R0 中的内容组成一个字 R1：R0，然后写入由 Z 寄存器的内容作为地址(Z 寄存器的最低位必须为 0)的程序存储器单元中(注意：实际是写入到 Flash 的页缓冲区中)。例如：

```
SPM            ;操作:(Z)←R1：R0,把 R1：R0 内容写入以 Z 为指针的程序存储器单元中
```

### 12. 程序存储器空间直接寻址(见图 3 - 11)

程序存储器空间直接寻址方式用于程序的无条件跳转指令 JMP、CALL。指令中含有一个 16 位的操作数,指令将操作数存入程序计数器 PC 中,作为下一条要执行指令在程序存储器空间的地址。JMP 类指令和 CALL 类指令的寻址方式相同,但 CALL 类的指令还包括了返回地址的压进堆栈和堆栈指针寄存器 SP 内容减 2 的操作。例如：

```
JMP $ 0100     ;操作:PC← $ 0100。程序计数器 PC 的值设置为 $ 0100,接下来执行程序
               ;存储器 $ 0100 单元的指令代码

CALL $ 0100    ;操作: STACK←PC + 2;SP←SP - 2;PC← $ 0100。先将程序计数器 PC 的当
               ;前值加 2 后压进堆栈(CALL 指令为 2 字长),堆栈指针计数器 SP 内容减
               ;2,然后 PC 的值为 $ 0100,接下来执行程序存储器 $ 0100 单元的指令代码
```

### 13. 程序存储器空间 Z 寄存器间接寻址(见图 3 - 12)

程序存储器空间 Z 寄存器间接寻址方式是使用 Z 寄存器存放下一步要执行的指令代码程序地址,程序转到 Z 寄存器内容所指定程序存储器的地址处继续执行,即用寄存器 Z 的内容代替 PC 的值。此寻址方式用于 IJMP、ICALL 指令。例如：

```
IJMP           ;操作:PC←Z,即把 Z 的内容送程序计数器 PC。若 Z = $ 0100,即把 $ 0100
               ;送程序计数器 PC,接下来执行程序存储器 $ 0100 单元的指令代码

ICALL          ;操作:STACK←PC + 1;SP←SP - 2;PC←Z。若 Z = $ 0100,先将程序计数器 PC
               ;的当前值加 1 后压进堆栈,然后堆栈指针计数器 SP 内容减 2,PC 的值为
               ;$ 0100,接下来执行程序存储器 $ 0100 单元的指令代码
```

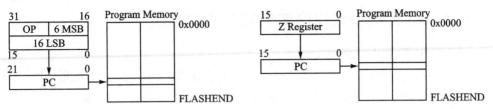

图 3 - 11　程序存储器空间直接寻址　　　图 3 - 12　程序存储器空间 Z 寄存器间接寻址

## 14. 程序存储器空间相对寻址(见图 3 - 13)

在程序存储器空间相对寻址方式中,指令中包含一个相对偏移量 k,指令执行时,首先将当前程序计数器 PC 值加 1,然后再与偏移量 k 相加,作为程序下一条要执行指令的地址。此寻址方式用于 RJMP、RCALL 指令。例如:

> RJMP $ 0100　;操作: PC←PC + 1 + $ 0100。若当前指令地址为 $ 0200(PC = $ 0200),即把
> 　　　　　　　;$ 0301 送程序计数器 PC,接下来执行程序存储器 $ 0301 单元的指令代码
>
> RCALL $ 0100　;操作: STACK←PC + 1;SP←SP - 2;PC←PC + 1 + $ 0100。若当前指令地址
> 　　　　　　　;为 $ 0200(PC = $ 0200),则先将程序计数器 PC 的当前值加 1 后压进堆栈
> 　　　　　　　;然后将堆栈指针计数器 SP 内容减 2,PC 的值为 $ 0301,接下来执行程序存
> 　　　　　　　;储器 $ 0301 单元的指令代码

## 15. 数据存储器空间堆栈寄存器 SP 间接寻址(见图 3 - 14)

数据存储器空间堆栈寄存器 SP 间接寻址方式是将 16 位的堆栈寄存器 SP 的内容作为操作数在 SRAM 空间的地址。此寻址方式用于 PUSH、POP 指令。例如:

> PUSH R0　;操作: STACK←R0;SP←SP - 1。若当前 SP = 10FF,先把寄存器 R0 的内容
> 　　　　　;送到 SRAM 的 $ 10FF 单元中,再将 SP 内容减 1,即 SP = $ 10FE
>
> POP R1　;操作: SP←SP + 1;R1←STACK。若当前 SP = $ 10FE,先将 SP 内容加 1,再把
> 　　　　　;SRAM 的 $ 10FF 单元内容送到寄存器 R1 中,此时 SP = $ 10FF

此外,在 CPU 响应中断和执行 CALL 一类的子程序调用指令(SP = SP−2)及执行中断返回 RETI 和子程序返回 RET 一类的子程序返回指令中(SP = SP+2),都隐含着使用堆栈寄存器 SP 间接寻址的方式。

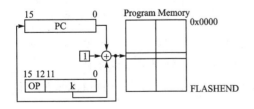

图 3 - 13　程序存储器空间相对寻址

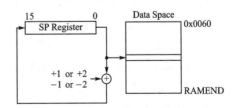

图 3 - 14　数据存储器空间堆栈寄存器 SP 间接寻址

## 3.1.4　AVR 指令操作结果对标志位的影响

在 AVR 指令中：

一类指令执行后要影响到状态寄存器中某些标志位的状态,即不论指令执行前标志位状态如何,指令执行后总是根据执行结果的定义形成新的状态标志；

而另一类指令在执行后不会影响标志位,标志位原来什么状态,指令执行后标志状态保持不变。

由于 AVR 的 CPU 响应中断时硬件不保护状态寄存器,所以在编写中断服务处理程序时应注意将状态寄存器进行保护(如用 PUSH 指令压入到堆栈),在中断返回前还要恢复状态寄存器在进入中断前时的标志状态(如用 POP 指令从堆栈中弹出),具体应用示例见 212 页。

# 3.2　算术和逻辑指令

AVR 的算术运算指令有加法、减法、乘法、取反码、取补码、比较、增量和减量指令,逻辑运算指令有"与"、"或"和"异或"指令等。

## 3.2.1　加法指令

**1) 不带进位位加法**

ADD　Rd,Rr　　　　　　$0 \leqslant d \leqslant 31, 0 \leqslant r \leqslant 31$

说明：两个寄存器不带进位 C 标志相加,结果送目的寄存器 Rd 中。

操作：$Rd \leftarrow Rd + Rr$　　$PC \leftarrow PC + 1$　　　　　机器码：0000 11rd dddd rrrr

对标志位的影响：H、S、V、N、Z 和 C。

**2) 带进位位加法**

ADC　Rd,Rr　　　　　　$0 \leqslant d \leqslant 31, 0 \leqslant r \leqslant 31$

说明：两个寄存器和 C 标志的内容相加,结果送目的寄存器 Rd 中。

操作：$Rd \leftarrow Rd + Rr + C$　　$PC \leftarrow PC + 1$　　　　机器码：0001 11rd dddd rrrr

对标志位的影响：H、S、V、N、Z 和 C。

**3) 字加立即数**

ADIW　Rdl,K　　　　　dl 为 24、26、28、30, $0 \leqslant K \leqslant 63$

说明：寄存器对(1 字)与立即数(0~63)相加,结果放到寄存器对中。

操作：$Rdh:Rdl \leftarrow Rdh:Rdl + K$　$PC \leftarrow PC + 1$　机器码：1001 0110 KKdd KKKK

对标志位的影响：S、V、N、Z 和 C。

**注意**：dl 只能取 24、26、28 和 30,即仅用于最后 4 个寄存器对。K 为 6 位二进制无符号数(0~63)。

**4) 增 1 指令**

INC　Rd　　　　　　　　　0≤d≤31

说明：寄存器 Rd 的内容加 1,结果送目的寄存器 Rd 中。该操作不改变 SREG
　　　中的 C 标志,所以 INC 指令允许在多倍字长计算中用作循环计数。当对
　　　无符号数操作时,仅有 BREQ(相等跳转,即 Z 标志位为 1)和 BRNE(不为
　　　零跳转,即 Z 标志位为 0)指令有效;当对二进制补码值操作时,所有的带
　　　符号跳转指令都有效。

操作：Rd←Rd+1　　　　PC←PC+1　　　　　　　机器码：1001 010d dddd 0011

对标志位的影响：S、V、N 和 Z。

# 3.2.2　减法指令

**1) 不带进位位减法**

SUB　Rd,Rr　　　　　　　0≤d≤31, 0≤r≤31

说明：两个寄存器相减,结果送目的寄存器 Rd 中。

操作：Rd←Rd−Rr　　　　PC←PC+1　　　　　机器码：0001 10rd dddd rrrr

对标志位的影响：H、S、V、N、Z 和 C。

**2) 减立即数(字节)**

SUBI　Rd,K　　　　　　　16≤d≤31, 0≤K≤255

说明：一个寄存器和常数相减,结果送目的寄存器 Rd。该指令工作在寄存器
　　　R16～R31 之间,非常适合 X、Y 和 Z 指针的操作。

操作：Rd←Rd−K　　　　PC←PC+1　　　　　机器码：0101 KKKK dddd KKKK

对标志位的影响：H、S、V、N、Z 和 C。

**3) 带进位位减法**

SBC　Rd,Rr　　　　　　　0≤d≤31, 0≤r≤31

说明：两个寄存器带着 C 标志相减,结果放到目的寄存器 Rd 中。

操作：Rd←Rd−Rr−C　　　PC←PC+1　　　　　机器码：0000 10rd dddd rrrr

对标志位的影响：H、S、V、N、Z 和 C。

**4) 带进位位减立即数(字节)**

SBCI　Rd,K　　　　　　　16≤d≤31, 0≤K≤255

说明：寄存器和立即数带着 C 标志相减,结果放到目的寄存器 Rd 中。

操作：Rd←Rd−K−C　　　PC←PC+1　　　机器码：0100 KKKK dddd KKKK

对标志位的影响：H、S、V、N、Z 和 C。

**5) 减立即数(字)**

SBIW　Rdl,K　　　　　　dl 为 24、26、28、30,0≤K≤63

说明：寄存器对(字)与立即数 0～63 相减,结果放到寄存器对中。

操作：Rdh：Rdl←Rdh：Rdl−K　PC←PC+1 机器码：1001 0111 KKdd KKKK

注意：dl 只能取 24、26、28、30，即仅用于最后 4 个寄存器对。K 为 6 位二进制无符号数(0～63)。

对标志位的影响：S、V、N、Z 和 C。

**6）减 1 指令**

DEC　Rd　　　　　　　　　0≤d≤31

说明：寄存器 Rd 的内容减 1，结果送目的寄存器 Rd 中。该操作不改变 SREG 中的 C 标志，所以 DEC 指令允许在多倍字长计算中用作循环计数。当对无符号值操作时，仅有 BREQ(相等跳转，即 Z 标志位为 1)和 BRNE(不为零跳转，即 Z 标志位为 0)指令有效；当对二进制补码值操作时，所有的带符号跳转指令都有效。

操作：Rd←Rd−1　　　PC←PC+1　　　　　　机器码：1001 010d dddd 1010
对标志位的影响：S、V、N 和 Z。

## 3.2.3　取反码指令

COM　Rd　　　　　　　　　0≤d≤31

说明：该指令完成对寄存器 Rd 的二进制反码操作。

操作：Rd← $FF−Rd　　　PC←PC+1　　　　机器码：1001 010d dddd 0000
对标志位的影响：S、N、Z、V(0)和 C(1)。

## 3.2.4　取补码指令

NEG　Rd　　　　　　　　　0≤d≤31

说明：寄存器 Rd 的内容转换成二进制补码值。

操作：Rd← $00−Rd　　　PC←PC+1　　　　机器码：1001 010d dddd 0001
对标志位的影响：H、S、V、N、Z 和 C。

## 3.2.5　比较指令

**1）寄存器比较**

CP　Rd,Rr　　　　　　　　0≤d≤31, 0≤r≤31

说明：该指令完成两个寄存器 Rd 与 Rr 的相比较操作，而寄存器的内容不改变。该指令后能使用所有条件跳转指令。

操作：Rd−Rr　　　　　　PC←PC+1　　　　机器码：0001 01rd dddd rrrr
对标志位的影响：H、S、V、N、Z 和 C。

**2）带进位比较**

CPC　Rd,Rr　　　　　　　0≤d≤31, 0≤r≤31

说明：该指令完成寄存器 Rd 的值与寄存器 Rr 加 C 相比较操作，而寄存器的内容不改变。该指令后能使用所有条件跳转指令。

操作：Rd－Rr－C　　　PC←PC+1　　　　机器码：0000 01rd dddd rrrr

对标志位的影响：H、S、V、N、Z 和 C。

### 3) 与立即数(字节)比较

CPI　Rd,K　　　　　16≤d≤31，0≤K≤255

说明：该指令完成寄存器 Rd 与常数的比较操作,寄存器的内容不改变。该指令后能使用所有条件跳转指令。

操作：Rd－K　　　　PC←PC+1　　　　机器码：0011 KKKK dddd KKKK

对标志位的影响：H、S、V、N、Z 和 C。

## 3.2.6　逻辑"与"指令

### 1) 寄存器逻辑"与"

AND　Rd,Rr　　　　0≤d≤31，0≤r≤31

说明：寄存器 Rd 和寄存器 Rr 的内容逻辑"与",结果送目的寄存器 Rd 中。

应用：清 0 某位,用"0"去与该位逻辑"与";保留某位值,用"1"去逻辑"与";代替硬件"与"门。

操作：Rd←Rd·Rr　　　PC←PC+1　　　　机器码：0010 00rd dddd rrrr

对标志位的影响：S、V(0)、N 和 Z。

### 2) "与"立即数(字节)

ANDI　Rd,K　　　　16≤d≤31，0≤K≤255

说明：寄存器 Rd 的内容与常数逻辑"与",结果送目的寄存器 Rd。

应用：清 0 某位时,用"0"去与该位逻辑"与";保留某位的值,用"1"去逻辑"与";代替硬件"与"门。

操作：Rd←Rd·K　　　PC←PC+1　　　　机器码：0111 KKKK dddd KKKK

对标志位的影响：S、V(0)、N 和 Z。

### 3) 寄存器位清 0

CBR　Rd,K　　　　16≤d≤31，0≤K≤255

说明：清除寄存器 Rd 中的指定位,利用寄存器 Rd 的内容与常数表征码 K 的反码相"与",其结果放在寄存器 Rd 中。

操作：Rd←Rd·($FF－K)　　PC←PC+1　机器码：0111 ~~KKKK~~ dddd ~~KKKK~~（~~KKKK~~ 为 KKKK 的补码）

对标志位的影响：S、V(0)、N 和 Z。

### 4) 测试寄存器为零或负

TST　Rd　　　　　0≤d≤31

说明：测试寄存器为零或负,实现寄存器内容自己与自己的逻辑"与"操作,而寄存器内容不改变。

AVR 单片机嵌入式系统原理与应用实践(第 3 版)

操作：Rd←Rd · Rd　　PC←PC+1　　　　　机器码：0010　00dd dddd dddd

对标志位的影响：S、V(0)、N 和 Z。

### 3.2.7　逻辑"或"指令

**1) 寄存器逻辑"或"**

OR　Rd,Rr　　　　　　0≤d≤31, 0≤r≤31

说明：完成寄存器 Rd 与寄存器 Rr 的内容逻辑"或"操作,结果送目的寄存器 Rd 中。

应用：置数,使某位为"1",用"1"去逻辑"或";保留,用"0"去逻辑"或";代替硬件"或"门。

操作：Rd←Rd∨Rr　　　PC←PC+1　　　　机器码：0010 10rd dddd rrrr

对标志位的影响：S、V(0)、N 和 Z。

**2) "或"立即数(字节)**

ORI　Rd,K　　　　　　16≤d≤31, 0≤K≤255

说明：完成寄存器 Rd 的内容与常量 K 逻辑"或"操作,结果送目的寄存器 Rd 中。

操作：Rd←Rd∨K　　　PC←PC+1　　　　机器码：0110 KKKK dddd KKKK

对标志位的影响：S、V(0)、N 和 Z。

**3) 置寄存器位**

SBR　Rd,K　　　　　　16≤d≤31, 0≤K≤255

说明：用于对寄存器 Rd 中指定位置位。完成寄存器 Rd 与常数表征码 K 之间的逻辑"或"操作,结果送目的寄存器 Rd 中。

操作：Rd←Rd∨K　　　PC←PC+1　　　　机器码：0110 KKKK dddd KKKK

对标志位的影响：S、V(0)、N 和 Z。

**4) 置寄存器为 $ FF**

SER　Rd　　　　　　　16≤d≤31

说明：直接装入 $ FF 到寄存器 Rd 中。

操作：Rd←$ FF　　　PC←PC+1　　　　机器码：1110 1111 dddd 1111

对标志位的影响：无。

### 3.2.8　逻辑"异或"指令

**1) 寄存器"异或"**

EOR　Rd,Rr　　　　　　0≤d≤31, 0≤r≤31

说明：完成寄存器 Rd 与寄存器 Rr 的内容逻辑"异或"操作,结果送目的寄存器 Rd 中。

操作：Rd←Rd⊕Rr　　　PC←PC+1　　　　机器码：0010 01rd dddd rrrr

对标志位的影响：S、V(0)、N 和 Z。

**2) 寄存器清 0**

CLR　Rd　　　　　　　0≤d≤31

AVR单片机嵌入式系统原理与应用实践(第 3 版)

说明：寄存器清 0。该指令采用寄存器 Rd 与自己的内容相"异或"实现的寄存器的所有位都清 0。

操作：Rd←Rd ⊕ Rd　　PC←PC+1　　　　　　机器码：0010 01dd dddd dddd

对标志位的影响：S(0)、V(0)、N(0) 和 Z(1)。

## 3.2.9　乘法指令

### 1) 无符号数乘法

MUL　Rd,Rr　　　　　0≤d≤31, 0≤r≤31

说明：该指令完成将寄存器 Rd 和寄存器 Rr 的内容作为两个无符号 8 位数的乘法操作，结果为 16 位的无符号数，保存在 R1：R0 中，R1 为高 8 位，R0 为低 8 位。如果操作数为寄存器 R1 或 R0，则结果会将原操作数覆盖。

操作：R1：R0=Rd×Rr　　　PC←PC+1　　　　机器码：1001 11rd dddd rrrr

对标志位的影响：Z 和 C。

### 2) 有符号数乘法

MULS　Rd,Rr　　　　　16≤d≤31, 16≤r≤31

说明：该指令完成寄存器 Rd 和寄存器 Rr 的内容作为两个 8 位有符号数的乘法操作，结果为 16 位的有符号数，保存在 R1：R0 中，R1 为高 8 位，R0 为低 8 位。源操作数为寄存器 R16～R31。

操作：R1：R0=Rd×Rr　　　PC←PC+1　　　　机器码：0000 0010 dddd rrrr

对标志位的影响：Z 和 C。

### 3) 有符号数与无符号数乘法

MULSU　Rd,Rr　　　　　16≤d≤23, 16≤r≤23

说明：该指令完成寄存器 Rd(8 位,有符号数) 和寄存器 Rr(8 位,无符号数) 的内容相乘操作，结果为 16 位的有符号数，保存在 R1：R0 中，R1 为高 8 位，R0 为低 8 位。源操作数为寄存器 R16～R23。

操作：R1：R0=Rd×Rr　　　PC←PC+1　　　　机器码：0000 0011 0ddd 0rrr

对标志位的影响：Z 和 C。

### 4) 无符号定点小数乘法

FMUL　Rd,Rr　　　　　16≤d≤23, 16≤r≤23

说明：该指令完成寄存器 Rd(8 位无符号数) 和寄存器 Rr(8 位无符号数) 的内容相乘操作，结果为 16 位的无符号数，并将结果左移 1 位后保存在 R1：R0 中，R1 为高 8 位，R0 为低 8 位。源操作数为寄存器 R16～R23。

操作：R1：R0=Rd×Rr

(unsigned(1.15)=unsigened(1.7)×unsigened(1.7))

PC←PC+1　　　　　　　　机器码：0000 0011 0ddd 1rrr

对标志位的影响：Z 和 C。

注：(n.q)表示一个小数点左边有 n 个二进制数位,右边有 q 个二进制数位的小数。以(n1.q1)和(n2.q2)为格式的两个小数相乘,产生格式为((n1＋n2).(q1＋q2))的结果。

对于要有效保留小数位的处理应用,输入的数据通常采用(1.7)的格式,产生的结果为(2.14)格式。因此将结果左移 1 位,以使高字节的格式与输入的相一致。FMUL 指令的执行周期与 MUL 指令相同,但比 MUL 指令增加了左移操作。

被乘数 Rd 和乘数 Rr 是两个包含无符号定点小数的寄存器,小数点固定在第 7 位和第 6 位之间。结果为 16 位无符号定点小数,其小数点固定在第 15 位和第 14 位之间。

### 5) 有符号定点小数乘法

FMULS　Rd,Rr　　　　16≤d≤23 , 16≤r≤23

说明：该指令完成寄存器 Rd(8 位带符号数)和寄存器 Rr(8 位带符号数)的内容相乘操作,结果为 16 位的带符号数,并将结果左移 1 位后保存在 R1：R0 中,R1 为高 8 位,R0 为低 8 位。源操作数为寄存器 R16～R23。

操作：R1：R0＝Rd×Rr　　　(signed(1.15)＝sigened(1.7)×sigened(1.7))

　　　PC←PC＋1　　　　　机器码：0000 0011 1ddd 0rrr

对标志位的影响：Z 和 C。

注：(n.q)表示一个小数点左边有 n 个二进制数位,右边有 q 个二进制数位的小数。以(n1.q1)和(n2.q2)为格式的两个小数相乘,产生格式为((n1＋n2).(q1＋q2))的结果。

对于要有效保留小数位的处理应用,输入的数据通常采用(1.7)的格式,产生的结果为(2.14)格式。因此将结果左移 1 位,以使高字节的格式与输入的相一致。FMULS 指令的执行周期与 MULS 指令相同,但比 MULS 指令增加了左移操作。

被乘数 Rd 和乘数 Rr 是两个包含带符号定点小数的寄存器,小数点固定在第 7 位和第 6 位之间。结果为 16 位带符号的定点小数,其小数点固定在第 15 位和第 14 位之间。

### 6) 有符号定点小数和无符号定点小数乘法

FMULSU　Rd,Rr　　　16≤d≤23 , 16≤r≤23

说明：该指令完成寄存器 Rd(8 位带符号数)和寄存器 Rr(8 位无符号数)的内容相乘操作,结果为 16 位的带符号数,并将结果左移 1 位后保存在 R1：R0 中,R1 为高 8 位,R0 为低 8 位。源操作数为寄存器 R16～R23。

操作：R1：R0＝Rd×Rr　　　(signed(1.15)＝sigened(1.7)×unsigened(1.7))

　　　PC←PC＋1　　　　　　　机器码：0000 0011 1ddd 1rrr

对标志位的影响：Z 和 C。

注：(n.q)表示一个小数点左边有 n 个二进制数位,右边有 q 个二进制数位的小数。以(n1.q1)和(n2.q2)为格式的两个小数相乘,产生格式为((n1＋n2).(q1＋q2))的结果。

对于要有效保留小数位的处理应用,输入的数据通常采用(1.7)的格式,产生的结果为(2.14)格式。因此将结果左移 1 位,以使高字节的格式与输入的相一致。FMULSU 指令的执行周期与 MULSU 指令相同,但比 MULSU 指令增加了左移操作。

被乘数 Rd 为一个包含带符号定点小数的寄存器,乘数 Rr 是一个包含无符号定点小数的寄存器,小数点固定在第 7 位和第 6 位之间。结果为 16 位带符号的定点小数,其小数点固定在第 15 位和第 14 位之间。

# 3.3　跳转指令

## 3.3.1　无条件跳转指令

### 1) 相对跳转

RJMP　k　　　　　　　$-2048 \leqslant k \leqslant 2047$

说明:相对跳转到(PC−2048)～(PC+2047)字范围内的地址,在汇编程序中,用目的地址的标号替代相对跳转字 k。

操作:PC←(PC+1)+ k　　　　　　机器码:1100 kkkk kkkk kkkk

对标志位的影响:无。

在汇编语言中,只要使用欲转向的标号即可。例如:

```
RJMP ABC
     ⋮
     ⋮
     ⋮
ABC:   …
```

### 2) 间接跳转

IJMP

说明:间接跳转到 Z 指针寄存器指向的 16 位地址。Z 指针寄存器是 16 位宽,允许在当前程序存储器空间 64K 字(128 KB)内跳转。

IJMP 间接跳转优点:跳转范围大;缺点:作为子程序模块,移植时需修改跳转地址,所以一般在子程序中不要使用。

操作:PC←Z(15～0)　　　　　　机器码:1001 0100 0000 1001

对标志位的影响:无。

### 3) 直接跳转

JMP　k　　　　　　　$0 \leqslant k \leqslant 4194303$

说明:直接跳转到 k 地址处,在汇编程序中,用目的地址的标号替代跳转字 k。

操作:PC←k　　　　　　机器码:1001 010k kkkk 110k kkkk

　　　　　　　　　　　　　　　　　kkkk kkkk kkkk

对标志位的影响:无。

AVR 单片机嵌入式系统原理与应用实践(第 3 版)

在汇编语言中,只要使用欲转向的标号即可。例如:

```
        JMP ABC
        ⋮
ABC: ⋮
```

### 3.3.2 条件跳转指令

条件跳转指令是依照某种特定的条件跳转的指令,条件满足时,则跳转;条件不满足时,则顺序执行下面的指令。

#### 1. 测试条件符合跳转指令

**1) 状态寄存器中位为"1"跳转**

BRBS   s,k                  $0 \leqslant s \leqslant 7$,$-64 \leqslant k \leqslant 63$

说明:执行该指令时,PC 先加 1,再测试 SREG 的 s 位,如果该位置位,则跳转 k 个字,k 为 7 位带符号数,最多可向前跳 63 个字,向后跳 64 个字;否则顺序执行。在汇编程序中,用目的地址的标号替代相对跳转字 k。

操作:if SREG(s)=1,then PC←(PC+1)+k;else PC←PC+1

机器码:1111 00kk kkkk ksss

对标志位的影响:无。

**2) 状态寄存器中位为"0"跳转**

BRBC   s,k                  $0 \leqslant s \leqslant 7$,$-64 \leqslant k \leqslant 63$

说明:执行该指令时,PC 先加 1,再测试 SREG 的 s 位。如果该位清 0,则跳转 k 个字,k 为 7 位带符号数,最多可向前跳 63 个字,向后跳 64 个字;否则顺序执行。在汇编程序中,用目的地址的标号替代相对跳转字 k。

操作:if SREG(s)=0,then PC←(PC+1)+k;else PC←PC+1

机器码:1111 01kk kkkk ksss

对标志位的影响:无。

**3) 相等跳转**

BREQ   k                  $-64 \leqslant k \leqslant 63$

说明:条件相对跳转,测试零标志位 Z。如果 Z 位置位,则相对 PC 值跳转 k 个字。如果在执行 CP、CPI、SUB 或 SUBI 指令后立即执行该指令,且当寄存器 Rd 中数与寄存器 Rr 中数相等时,将发生跳转。这条指令相当于指令"BRBS 1,k"。

操作:if Rd=Rr(Z=1),then PC←(PC+1)+k;else PC←PC+1

机器码:1111 00kk kkkk k001

对标志位的影响:无。

**4) 不相等跳转**

BRNE　k　　　　　　　−64≤k≤63

说明：条件相对跳转,测试零标志位 Z。如果 Z 位清 0,则相对 PC 值跳转 k 个
　　　字。这条指令相当于指令"BRBC　1,k"。

操作：if Rd≠Rr(Z=0),then PC←(PC+1)+k;else PC←PC+1

机器码：1111 01kk kkkk k001

对标志位的影响：无。

**5) 进位标志位 C 为"1"跳转**

BRCS　k　　　　　　　−64≤k≤63

说明：条件相对跳转,测试进位标志 C。如果 C 位置位,则相对 PC 值跳转 k 个
　　　字。这条指令相当于指令"BRBS 0,k"。

操作：if C=l, then PC←(PC+1)+k;else PC←PC+1

机器码：1111 00kk kkkk k000

对标志位的影响：无。

**6) 进位标志位 C 为"0"跳转**

BRCC　k　　　　　　　−64≤k≤63

说明：条件相对跳转,测试进位标志 C。如果 C 位清 0,则相对 PC 值跳转 k 个
　　　字。这条指令相当于指令"BRBC 0,k"。

操作：if C=0, then PC←(PC+1)+k; else PC←PC+1

机器码：1111 01kk kkkk k000

对标志位的影响：无。

**7) 大于或等于跳转(对无符号数)**

BRSH　k　　　　　　　−64≤k≤63

说明：条件相对跳转,测试进位标志 C。如果 C 位清 0,则相对 PC 值跳转 k 个
　　　字。如果在执行 CP、CPI、SUB 或 SUBI 指令后立即执行该指令,且当寄
　　　存器 Rd 中无符号二进制数大于或等于寄存器 Rr 中无符号二进制数时,
　　　将发生跳转。该指令相当于指令"BRBC 0,k"。

操作：if Rd≥Rr(C=0), then PC←(PC+1)+k; else PC←PC+1

机器码：1111 01kk kkkk k000

对标志位的影响：无。

**8) 小于跳转(对无符号数)**

BRLO　k　　　　　　　−64≤k≤63

说明：条件相对跳转,测试进位标志 C。如果 C 位置位,则相对 PC 值跳转 k 个
　　　字。如果在执行 CP、CPI、SUB 或 SUBI 指令后立即执行该指令,且当寄
　　　存器 Rd 中无符号二进制数小于寄存器 Rr 中无符号二进制数时,将发生
　　　跳转。该指令相当于指令"BRBS 0,k"。

操作：if Rd＜Rr(C＝1)，then PC←(PC＋1)＋k；else PC←PC＋1

机器码：1111 00kk kkkk k000

对标志位的影响：无。

### 9) 结果为负跳转

BRMI　k　　　　　　　−64≤k≤63

说明：条件相对跳转,测试负号标志 N。如果 N 位置位,则相对 PC 值跳转 k 个
　　　字。该指令相当于指令"BRBS 2,k"。

操作：if N＝1，then PC←(PC＋1)＋k；else PC←PC＋1

机器码：1111 00kk kkkk k010

对标志位的影响：无。

### 10) 结果为正跳转

BRPL　k　　　　　　　−64≤k≤63

说明：条件相对跳转,测试负号标志 N。如果 N 位清 0,则相对 PC 值跳转 k 个
　　　字。该指令相当于指令"BRBC 2,k"。

操作：if N＝0，then PC←(PC＋1)＋k；else PC←PC＋1

机器码：1111 01kk kkkk k010

对标志位的影响：无。

### 11) 大于或等于跳转(带符号数)

BRGE　k　　　　　　　−64≤k≤63

说明：条件相对跳转,测试符号标志 S。如果 S 位清 0,则相对 PC 值跳转 k 个
　　　字。如果在执行 CP、CPI、SUB 或 SUBI 指令后立即执行该指令,且当寄
　　　存器 Rd 中带符号二进制数大于或等于寄存器 Rr 中带符号二进制数时,
　　　将发生跳转。该指令相当于指令"BRBC 4,k"。

操作：if Rd≥Rr （N $\oplus$ V＝0），then PC←(PC＋1)＋k；else PC←PC＋1

机器码：1111 01kk kkkk k100

对标志位的影响：无。

### 12) 小于跳转(带符号数)

BRLT　k　　　　　　　−64≤k≤63

说明：条件相对跳转,测试符号标志 S。如果 S 位置位,则相对 PC 值跳转 k 个
　　　字。如果在执行 CP、CPI、SUB 或 SUBI 指令后立即执行该指令,且当寄
　　　存器 Rd 中带符号二进制数小于寄存器 Rr 中带符号二进制数时,将发生
　　　跳转。该指令相当于指令"BRBS 4,k"。

操作：if Rd＜Rf （N $\oplus$ V＝1），then PC←(PC＋1)＋k；else PC←PC＋1

机器码：1111 00kk kkkk k100

对标志位的影响：无。

AVR 单片机嵌入式系统原理与应用实践(第 3 版)

**13) 半进位标志为"1"跳转**

BRHS　k　　　　　　　　−64≤k≤63

说明：条件相对跳转,测试半进位标志 H。如果 H 位置位,则相对 PC 值跳转 k

　　　个字。该指令相当于指令"BRBS 5,k"。

操作：if H=1, then PC←(PC+l)+k; else PC←PC+1

机器码：1111 00kk kkkk k101

对标志位的影响：无。

**14) 半进位标志为"0"跳转**

BRHC　k　　　　　　　　−64≤k≤63

说明：条件相对跳转,测试半进位标志 H。如果 H 位清 0,则相对 PC 值跳转 k

　　　个字。该指令相当于指令"BRBC 5,k"。

操作：if H=0, then PC←(PC+1)+k;else PC←PC+1

机器码：1111 01kk kkkk k101

对标志位的影响：无。

**15) T 标志为"1"跳转**

BRTS　k　　　　　　　　−64≤k≤63

说明：条件相对跳转,测试标志位 T。如果标志位 T 置位,则相对 PC 值跳转 k

　　　个字。该指令相当于指令"BRBS 6,k"。

操作：if T=l, then PC←(PC+1)+k; else PC←PC+1

机器码：1111 00kk kkkk k110

对标志位的影响：无。

**16) T 标志为"0"跳转**

BRTC　k　　　　　　　　−64≤k≤63

说明：条件相对跳转,测试 T 标志位。如果标志位 T 清 0,则相对 PC 值跳转 k

　　　个字。该指令相当于指令"BRBC 6,k"。

操作：if T=0, then PC←(PC+1)+k; else PC←PC+1

机器码：1111 01kk kkkk k110

对标志位的影响：无。

**17) 溢出标志为"1"跳转**

BRVS　k　　　　　　　　−64≤k≤63

说明：条件相对跳转,测试溢出标志 V。如果 V 位置位,则相对 PC 值跳转 k 个

　　　字。该指令相当于指令"BRBS 3,k"。

操作：if V=1, then PC←(PC+l)+k; else PC←PC+1

机器码：1111 00kk kkkk k011

对标志位的影响：无。

**18）溢出标志为"0"跳转**

BRVC　　k　　　　　　　−64≤k≤63

说明：条件相对跳转，测试溢出标志 V。如果 V 位清 0，则相对 PC 值跳转 k 个字。该指令相当于指令"BRBC 3,k"。

操作：if V＝0, then PC←(PC+1)+k; else PC←PC+1

机器码：1111 01kk kkkk k011

对标志位的影响：无。

**19）中断标志为"1"跳转**

BRIE　　k　　　　　　　−64≤k≤63

说明：条件相对跳转，测试全局中断允许标志 I。如果 I 位置位，则相对 PC 值跳转 k 个字。该指令相当于指令"BRBS 7,k"。

操作：if I＝1, then PC←(PC+1)+k; else PC←PC+1

机器码：1111 00kk kkkk k111

对标志位的影响：无。

**20）中断标志为"0"跳转**

BRID　　k　　　　　　　−64≤k≤63

说明：条件相对跳转，测试全局中断允许标志 I。如果 I 位清 0，则相对 PC 值跳转 k 个字。该指令相当于指令"BRBC 7,k"。

操作：if I＝0, then PC←(PC+1)+k; else PC←PC+1

机器码：1111 01kk kkkk k111

对标志位的影响：无。

## 2. 测试条件符合跳行跳转指令

**1）相等跳行**

CPSE　　Rd,Rr　　　　　　0≤d≤31, 0≤r≤31

说明：该指令完成两个寄存器 Rd 与 Rr 的比较。如果 Rd＝Rr，则跳一行执行指令。

操作：if Rd＝Rr, then PC←PC+2(or 3); else PC←PC+1

机器码：0001 00rd dddd rrrr

对标志位的影响：无。

**2）寄存器位为"0"跳行**

SBRC　　Rr,b　　　　　　0≤r≤31, 0≤b≤7

说明：该指令测试寄存器第 b 位。如果该位清 0，则跳一行执行指令。

操作：if Rd(b)＝0, then PC←PC+2(or 3); else PC←PC+1

机器码：1111 110r rrrr 0bbb

对标志位的影响：无。

**3) 寄存器位为"1"跳行**

SBRS　Rr,b　　　　　　　0≤r≤31,0≤b≤7

说明：该指令测试寄存器第 b 位。如果该位置位,则跳下一行执行指令。

操作：if Rr(b)=1, then PC←PC+2(or 3); else PC←PC+1

机器码：1111 111r rrrr 0bbb

对标志位的影响：无。

**4) I/O 寄存器位为"0"跳行**

SBIC　P,b　　　　　　　0≤P≤31, 0≤b≤7

说明：该指令测试 I/O 寄存器第 b 位。如果该位清 0,则跳一行执行指令。该指令只在低 32 个 I/O 寄存器内操作,地址为 I/O 寄存器空间的 0~31。

操作：if P(b)=0, then PC←PC+2(or 3); else PC←PC+1

机器码：1001 1001 PPPP Pbbb

对标志位的影响：无。

**5) I/O 寄存器位为"1"跳行**

SBIS　P,b　　　　　　　0≤P≤31, 0≤b≤7

说明：该指令测试 I/O 寄存器第 b 位。如果该位置位,则跳一行执行指令。该指令只在低 32 个 I/O 寄存器内操作,地址为 I/O 寄存器空间的 0~31。

操作：if P(b)=1, then PC←PC+2(or 3); else PC←PC+1

机器码：1001 1011 PPPP Pbbb

对标志位的影响：无。

## 3.3.3　子程序调用和返回指令

在程序设计中,通常把具有一定功能模块的公用程序段定义为子程序。为了实现调用子程序的功能,指令系统中都有调用子程序指令。调用子程序指令与跳转指令的区别如下：执行调用子程序时,把下一条指令地址 PC 值保留到堆栈中,即断点保护,然后把子程序的起始地址置入 PC,子程序执行完毕返回时,将断点由堆栈弹出到 PC,然后从断点处继续执行原程序;而跳转指令既不保护断点,也不返回原程序。在每个子程序中,都必须有返回指令,返回指令的功能就是把调用前压入堆栈的断点弹出置入 PC,恢复执行调用子程序前的原程序。

在一个程序中,子程序中还会调用别的子程序,这称为子程序嵌套。每次调用子程序时,必须将下条指令地址保存起来,返回时,按后进先出原则依次取出相应的 PC 值。堆栈就是按后进先出规则存取数据的,调用指令和返回指令具有自动保存和恢复 PC 内容的功能,即自动进栈和自动出栈。

**1) 相对调用**

RCALL　k　　　　　　　−2048≤k≤2047

说明：将 PC+1 后的值(RCALL 指令后的下一条指令地址)压入堆栈,然后调用在当前 PC 前或后 k+1 处地址的子程序。

操作：STACK←PC＋1，SP←SP－2，PC←(PC＋1)＋k

机器码：1101 kkkk kkkk kkkk

对标志位的影响：无。

**2) 间接调用**

ICALL

说明：间接调用由 Z 寄存器(16 位指针寄存器)指向的子程序。地址指针寄存器 Z 为 16 位，允许调用在当前程序存储空间 64K 字(128 KB)内的子程序。

操作：STACK←PC＋1，SP←SP－2，PC←Z　　机器码：1001 0101 0000 1001

对标志位的影响：无。

**3) 直接调用**

CALL　k　　　　　　　　0≤k≤65 535

说明：将 PC＋2 后的值(CALL 指令后的下一条指令地址)压入堆栈，然后直接调用 k 处地址的子程序。

操作：STACK←PC＋2，SP←SP－2，PC←k　　机器码：1001 010k kkkk 111k

kkkk kkkk

kkkk kkkk

对标志位的影响：无。

**4) 从子程序返回**

RET

说明：从子程序返回，返回地址从堆栈中弹出。

操作：SP←SP＋2，PC←STACK　　　　　机器码：1001 0101 0000 1000

对标志位的影响：无。

**5) 从中断程序返回**

RETI

说明：从中断程序中返回，返回地址从堆栈中弹出，且全局中断标志置位。

操作：SP←SP＋2，PC←STACK　　　　　机器码：1001 0101 0001 1000

对标志位的影响：I(1)。

**注意：**

(1) 主程序应跳过中断向量区，防止给修改、补充中断程序带来麻烦。

(2) 应在中断向量区中不用的中断入口地址写上 RETI(中断返回指令)，有抗干扰作用。

# 3.4　数据传送指令

数据传送指令是编程中使用最频繁的一类指令，数据传送指令是否灵活、快速对程序的执行速度有很大的影响。数据传送指令包括寄存器与寄存器、寄存器与数据

存储器 SRAM、寄存器与 I/O 端口之间的数据传送指令,从程序存储器取数装入寄存器指令 LPM(ELPM)以及进栈指令 PUSH 和出栈指令 POP 等。

所有的传送指令的操作对标志位均无影响。

## 3.4.1　直接寻址数据传送指令

### 1) 工作寄存器间传送数据

MOV　Rd,Rr　　　　　　　　$0 \leqslant d \leqslant 31, 0 \leqslant r \leqslant 31$

说明:该指令将一个寄存器内容传送到另一个寄存器中,源寄存器 Rr 的内容不改变,而目的寄存器 Rd 复制了 Rr 的内容。

操作:Rd←Rr　　　　PC←PC+1　　　　机器码:0010 11rd dddd rrrr

### 2) SRAM 数据直接送寄存器

LDS　Rd,k　　　　　　$0 \leqslant d \leqslant 31, 0 \leqslant k \leqslant 65535$

说明:把 SRAM 中一个存储单元的内容(字节)装入到寄存器中,其中 k 为该存储单元的 16 位地址。

操作:Rd←(k)　　　　PC←PC+2　　　机器码:1001 000d dddd 0000 kkkk

kkkk kkkk kkkk

### 3) 寄存器数据直接送 SRAM

STS　k,Rr　　　　　　$0 \leqslant r \leqslant 31, 0 \leqslant k \leqslant 65535$

说明:将寄存器的内容直接存储到 SRAM 中,其中 k 为存储单元的 16 位地址。

操作:(k)←Rr　　　　PC←PC+1　　　机器码:1001 001d dddd 0000 kkkk

kkkk kkkk kkkk

### 4) 立即数送寄存器

LDI　Rd,K　　　　　　$16 \leqslant d \leqslant 31, 0 \leqslant K \leqslant 255$

说明:将一个 8 位立即数传送到寄存器 R16~R31 中。

操作:Rd←K　　　　PC←PC+1　　　机器码:1110 KKKK dddd KKKK

### 5)寄存器字复制(扩展指令,仅部分 AVR 芯片支持,ATmega16 支持该指令)

MOVM　Rd+1:Rd, Rr+1:Rr　　　　　Rd∈{0,2,…,30},Rr∈{0,2,…,30}

说明:将一个寄存器对的内容复制到另外一个寄存器对中(16 位传送)

操作:Rd+1:Rd←Rr+1:Rr　　PC←PC+1　　　机器码:0000 0001 dddd rrrr

## 3.4.2　间接寻址数据传送指令

### 1. 使用 X 指针寄存器间接寻址传送数据

#### 1) 使用地址指针寄存器 X 间接寻址将 SRAM 内容装入到指定寄存器

(1) LD　Rd,X　　　　$0 \leqslant d \leqslant 31$

说明:将指针为 X 的 SRAM 中的数送寄存器,指针不变。

操作:Rd←(X)　　　　PC←PC+1　　　机器码:1001 000d dddd 1100

(2) LD　Rd,X+　　　　$0 \leqslant d \leqslant 31$

说明:先将指针为 X 的 SRAM 中的数送寄存器,然后 X 指针加 1。

操作:Rd←(X),X←X+1　PC←PC+1　　　　　机器码:1001 000d dddd 1101

(3) LD　Rd,−X　　　　　0≤d≤31

说明:X 指针减 1,将指针为 X 的 SRAM 中的数送寄存器。

操作:X←X−1,Rd←(X)　　　PC←PC+1　　　机器码:1001 000d dddd 1110

**2) 使用地址指针寄存器 X 间接寻址将寄存器内容存储到 SRAM**

(1) ST　X,Rr　　　　　0≤d≤31

说明:将寄存器内容送 X 为指针的 SRAM 中,X 指针不改变。

操作:(X)←Rr　　　　　PC←PC+1　　　　机器码:1001 001r rrrr 1100

(2) ST　X+,Rr　　　　　0≤d≤31

说明:先将寄存器内容送 X 为指针的 SRAM 中,然后 X 指针加 1。

操作:(X)←Rr,X←X+1　　　PC←PC+1　　　机器码:1001 001r rrrr 1101

(3) ST　−X,Rr　　　　　0≤d≤31

说明:先将 X 指针减 1,然后将寄存器内容送指针为 X 的 SRAM 中。

操作:X←X−1,(X)←Rr　　　PC←PC+1　　　机器码:1001 001r rrrr 1110

## 2. 使用 Y 指针寄存器间接寻址传送数据

**1) 使用地址指针寄存器 Y 间接寻址将 SRAM 中的内容装入寄存器**

(1) LD　Rd,Y　　　　　0≤d≤31

说明:将指针为 Y 的 SRAM 中的数送寄存器,Y 指针不变。

操作:Rd←(Y)　　　　　PC←PC+1　　　　机器码:1000 000d dddd 1000

(2) LD　Rd,Y+　　　　　0≤d≤31

说明:先将指针为 Y 的 SRAM 中的数送寄存器,然后 Y 指针加 1。

操作:Rd←(Y),Y←Y+1　　　PC←PC+1　　　机器码:1001 000d dddd 1001

(3) LD　Rd,−Y　　　　　0≤d≤31

说明:先将 Y 指针减 1,然后将指针为 Y 的 SRAM 中的数送寄存器。

操作:Y←Y−1,Rd←(Y)　　　PC←PC+1　　　机器码:1001 000d dddd 1010

(4) LDD　Rd,Y+q　　0≤d≤31, 0≤q≤63

说明:将指针为 Y+q 的 SRAM 中的数送寄存器,Y 指针不变。

操作:Rd←(Y+q)　　　　　PC←PC+1　　　　机器码:10q0 qq0d dddd 1qqq

**2) 使用地址指针寄存器 Y 间接寻址将寄存器内容存储到 SRAM**

(1) ST　Y,Rr　　　　　0≤d≤31

说明:将寄存器内容送指针为 Y 的 SRAM 中,Y 指针不变。

操作:(Y)←Rr　　　　　PC←PC+1　　　　机器码:1000 001r rrrr 1000

(2) ST　Y+,Rr　　　　　0≤d≤31

说明:先将寄存器内容送指针为 Y 的 SRAM 中,然后 Y 指针加 1。

操作:(Y)←Rr,Y←Y+1　　　PC←PC+1　　　机器码:1001 001r rrrr 1001

（3）ST 　─Y,Rr　　　　0≤d≤31

说明：先将 Y 指针减 1，然后将寄存器内容送指针为 Y 的 SRAM 中。

操作：Y←Y−1,(Y)←Rr　　　PC←PC+1　　　机器码：1001 001r rrrr 1010

（4）STD 　Y+q,Rr　　　0≤d≤31，0≤q≤63

说明：将寄存器内容送指针为 Y+q 的 SRAM 中。

操作：(Y+q)←Rr　　　PC←PC+1　　　机器码：10q0 qq1r rrrr 1qqqq

### 3. 使用 Z 指针寄存器间接寻址传送数据

**1）使用地址指针寄存器 Z 间接寻址将 SRAM 中的内容装入到指定寄存器**

（1）LD 　Rd,Z　　　　0≤d≤31

说明：将指针为 Z 的 SRAM 中的数送寄存器，Z 指针不变。

操作：Rd←(Z)　　　PC←PC+1　　　机器码：1000 000d dddd 0000

（2）LD 　Rd,Z+　　　0≤d≤31

说明：先将指针为 Z 的 SRAM 中的数送寄存器，然后 Z 指针加 1。

操作：Rd←(Z),Z←Z+1　　　PC←PC+1　　　机器码：1001 000d dddd 0001

（3）LD 　Rd,−Z　　　0≤d≤31

说明：先将 Z 指针减 1，然后将指针为 Z 的 SRAM 中的数送寄存器。

操作：Z←Z−1,Rd←(Z)　　　PC←PC+1　　　机器码：1001 000d dddd 0010

（4）LDD 　Rd,Z+q　　0≤d≤31，0≤q≤63

说明：将指针为 Z+q 的 SRAM 中的数送寄存器，Z 指针不变。

操作：Rd←(Z+q)　　　PC←PC+1　　　机器码：10q0 qq0d dddd 0qqq

**2）使用地址指针寄存器 Z 间接寻址将寄存器内容存储到 SRAM**

（1）ST 　Z,Rr　　　　0≤d≤31

说明：将寄存器内容送指针为 Z 的 SRAM 中，Z 指针不变。

操作：(Z)←Rr　　　PC←PC+1　　　机器码：1000 001r rrrr 0000

（2）ST 　Z+,Rr　　　0≤d≤31

说明：先将寄存器内容送指针为 Z 的 SRAM 中，然后 Z 指针加 1。

操作：(Z)←Rr,Z←Z+1　　　PC←PC+1　　　机器码：1001 001r rrrr 0001

（3）ST 　─Z,Rr　　　0≤d≤31

说明：先将 Z 指针减 1，然后将寄存器内容送指针为 Z 的 SRAM 中。

操作：Z←Z−1,(Z)←Rr　　　PC←PC+1　　　机器码：1001 001r rrrr 0010

（4）STD Z+q,Rr　　　0≤d≤31，0≤q≤63

说明：将寄存器内容送指针为 Z+q 的 SRAM 中。

操作：(Z+q)←Rr　　　PC←PC+1　　　机器码：10q0 qq1r rrrr 0qqq

以上 22 条指令操作之后，X、Y、Z 指针寄存器要么不改变，要么是加 1 或减 1。

使用 X、Y、Z 指针寄存器的这些特性特别适用于访问矩阵表和堆栈指针等。

AVR 单片机嵌入式系统原理与应用实践（第 3 版）

### 3.4.3　从程序存储器中取数装入寄存器指令

**1) 从程序存储器中取数装入寄存器 R0**

LPM

说明：将 Z 指向的程序存储器空间的 1 字节装入寄存器 R0。

操作：R0←(Z)　　　　　PC←PC+1　　　　机器码：1001 0101 1100 1000

注释：由于程序存储器的地址是以字（双字节）为单位的，因此，16 位地址指针寄存器 Z 的高 15 位为程序存储器的字地址。最低位 LSB 为"0"时，指字的低字节；为"1"时，指字的高字节。该指令能寻址程序存储器空间为一个 64 KB 的页（32K 字）。

**2) 从程序存储器中取数装入寄存器 Rd**

LPM　Rd,Z　　　　　0≤d≤31

说明：将 Z 指向的程序存储器空间的 1 字节装入寄存器 Rd。

操作：Rd←(Z)　　　　　PC←PC+1　　　　机器码：1001 000d dddd 0100

注释：由于程序存储器的地址是以字（双字节）为单位的，因此，16 位地址指针寄存器 Z 的高 15 位为程序存储器的字地址。最低位 LSB 为"0"时，指字的低字节；为"1"时，指字的高字节。该指令能寻址程序存储器空间为一个 64 KB 的页（32K 字）。

**3) 带后增量的从程序存储器中取数装入寄存器 Rd**

LPM　Rd,Z+

说明：先将 Z 指向的程序存储器空间的 1 字节装入 Rd，然后 Z 指针加 1。

操作：Rd←(Z),Z←Z+1　　　PC←PC+1　　　机器码：1001 000d dddd 0101

注释：由于程序存储器的地址是以字（双字节）为单位的，因此，16 位地址指针寄存器 Z 的高 15 位为程序存储器的字地址。最低位 LSB 为"0"时，指字的低字节；为"1"时，指字的高字节。该指令能寻址程序存储器空间为一个 64 KB 的页（32K 字）。

**4) 从程序存储器中取数装入寄存器 R0（扩展指令，仅部分 AVR 芯片支持，ATmega16 不支持该指令）**

ELPM

说明：将 RAMPZ：Z 指向的程序存储器空间的 1 字节装入寄存器 R0。

操作：R0←(RAMPZ：Z)　　　PC←PC+1　　　机器码：1001 0101 1101 1000

注释：由于程序存储器的地址是以字（双字节）为单位的，因此，RAMPZ 寄存器的最低位，加上 16 位地址指针寄存器 Z 的高 15 位，组成 16 位的程序存储器字寻址地址。而 Z 寄存器的最低位 LSB 为"0"时，指字的低字节；为"1"时，指字的高字节。该指令能寻址整个 128 KB（64K 字）的程序存储器空间。

**5) 从程序存储器中取数装入寄存器(扩展指令,仅部分 AVR 芯片支持, ATmega16 不支持该指令)**

ELPM　Rd,Z　　　0≤d≤31

说明:将 RAMPZ:Z 指向的程序存储器空间的 1 字节装入寄存器 Rd。

操作:Rd←(RAMPZ:Z)　　　PC←PC+1　　　机器码:1001 000d dddd 0110

注释:由于程序存储器的地址是以字(双字节)为单位的,因此,RAMPZ 寄存器的最低位,加上 16 位地址指针寄存器 Z 的高 15 位,组成 16 位的程序存储器字寻址地址。而 Z 寄存器的最低位 LSB 为"0"时,指字的低字节;为"1"时,指字的高字节。该指令能寻址整个 128 KB(64K 字)的程序存储器空间。

**6) 带后增量的从程序存储器中取数装入寄存器 Rd(扩展指令,仅部分 AVR 芯片支持,ATmega16 不支持该指令)**

ELPM　Rd,Z+

说明:将 RAMPZ:Z 指向的程序存储器空间的 1 字节装入 Rd,然后 RAMPZ :Z 指针加 1。

操作:Rd←(RAMPZ:Z)　　　RAMPZ:Z←RAMPZ:Z+1　　　PC←PC+1

机器码:1001 000d dddd 0111

注释:由于程序存储器的地址是以字(双字节)为单位的,因此,RAMPZ 寄存器的最低位,加上 16 位地址指针寄存器 Z 的高 15 位,组成 16 位的程序存储器字寻址地址。而 Z 寄存器的最低位 LSB 为"0"时,指字的低字节;为"1"时,指字的高字节。该指令能寻址整个 128 KB(64K 字)的程序存储器空间。

## 3.4.4　写程序存储器指令

### 写程序存储器

SPM

说明:将寄存器对 R1:R0 的内容(16 位字)写入 Z 指向的程序存储器空间。

操作:(Z)←R1:R0　　　PC←PC+1　　　机器码:1001 0101 1110 1000

注释:该指令用于具有在应用自编程性能的 AVR 单片机。应用这一特性,单片机系统程序可以在运行中更改程序存储器中的程序,实现动态修改系统程序的功能。由于程序存储器的地址是以字(双字节)为单位的,因此,寄存器 R1:R0 的内容组成一个 16 位的字,其中 R1 为字的高位字节,R0 为字的低位字节。该指令能寻址程序存储器空间为一个 64 KB 的页(32K 字)。

## 3.4.5　I/O 口数据传送指令

### 1) I/O 口数据装入寄存器

IN　Rd,P　　　　　　0≤d≤31, 0≤P≤63

说明：将 I/O 空间（口、定时器、配置寄存器等）的数据传送到寄存器区中的寄存器 Rd 中。

操作：Rd←P　　　　　　　PC←PC＋1　　　　　　　机器码：1011 0PPd dddd PPPP

**2）寄存器数据送 I/O 口**

OUT　P,Rr　　　　　　　　0≤r≤31，0≤P≤63

说明：将寄存器区中 Rr 的数据传送到 I/O 空间（端口、定时器、配置寄存器等）。

操作：P←Rr　　　PC←PC＋1　　　　　　　机器码：1011 1PPr rrrr PPPP

## 3.4.6　堆栈操作指令

AVR 单片机的特殊功能寄存器中有一个 16 位堆栈指针寄存器 SP，它指出栈顶的位置。在指令系统中，有两条用于数据传送的栈操作指令。

**1）进栈指令**

PUSH　Rr　　　　　　　　0≤d≤31

说明：该指令存储寄存器 Rr 的内容到堆栈。

操作：STACK←Rr,SP←SP−1　　　　PC←PC＋1

机器码：1001 001d dddd 1111

**2）出栈指令**

POP　Rd　　　　　　　　0≤d≤31

说明：该指令将堆栈中的字节装入到寄存器 Rd 中。

操作：SP←SP＋1,Rd←STACK　　　PC←PC＋1

机器码：1001 000d dddd 1111

# 3.5　位操作和位测试指令

AVR 单片机指令系统中有 1/4 的指令为位操作和位测试指令，这些指令的灵活应用极大地提高了系统的逻辑控制和处理能力。

## 3.5.1　带进位逻辑操作指令

**1）寄存器逻辑左移**

LSL　Rd　　　　　　　　0≤d≤31

说明：寄存器 Rd 中所有位左移 1 位，第 0 位清 0，第 7 位移到 SREG 中的 C 标志位。该指令完成一个无符号数乘以 2 的操作。

操作：C←$b_7 b_6 b_5 b_4 b_3 b_2 b_1 b_0$←0　　　　PC←PC＋1 机器码：0000 11dd dddd dddd

对标志位的影响：H、S、V、N、Z 和 C。

**2）寄存器逻辑右移**

LSR　Rd　　　　　　　　0≤d≤31

说明：寄存器 Rd 中所有位右移 1 位，第 7 位清 0，第 0 位移到 SREG 中的 C 标
志位。该指令完成一个无符号数除以 2 的操作，C 标志用于结果舍入。

操作：$0 \to b_7 b_6 b_5 b_4 b_3 b_2 b_1 b_0 \to C$    $PC \gets PC+1$    机器码：1001 010d dddd 0110

对标志位的影响：S、V、N(0)、Z 和 C。

### 3）带进位位的寄存器逻辑循环左移

ROL    Rd                0≤d≤31

说明：寄存器 Rd 的所有位左移 1 位，C 标志被移到 Rd 的第 0 位，Rd 的第 7 位
移到 C 标志位。

操作：$C \gets b_7 b_6 b_5 b_4 b_3 b_2 b_1 b_0 \gets C$    $PC \gets PC+1$    机器码：0001 11dd dddd
dddd（参见 ADC
指令）

对标志位的影响：H、S、V、N、Z 和 C。

### 4）带进位位的寄存器逻辑循环右移

ROR    Rd                0≤d≤31

说明：寄存器 Rd 的所有位右移 1 位，C 标志移到 Rd 的第 7 位，Rd 的第 0 位移到 C
标志位。

操作：$C \to b_7 b_6 b_5 b_4 b_3 b_2 b_1 b_0 \to C$    $PC \gets PC+1$ 机器码：1001 010d dddd 0111

对标志位的影响：S、V、N、Z 和 C。

### 5）寄存器算术右移

ASR    Rd                0≤d≤31

说明：寄存器 Rd 中的所有位右移 1 位，而第 7 位保持原逻辑值，第 0 位装入
SREG 的 C 标志位。这个操作实现 2 的补码值除以 2，而不改变符号，进
位标志用于结果的舍入。

操作：$b_7 \to b_7 b_6 b_5 b_4 b_3 b_2 b_1 b_0 \to C$    $PC \gets PC+1$ 机器码：1001 010d dddd 0101

对标志位的影响：S、V、N、Z 和 C。

### 6）寄存器半字节交换

SWAP    Rd              0≤d≤31

说明：寄存器中的高半字节与低半字节交换。

操作：$b_7 b_6 b_5 b_4 \longleftrightarrow b_3 b_2 b_1 b_0$    $PC \gets PC+1$    机器码：1001 010d dddd 0010

对标志位的影响：无。

## 3.5.2    位变量传送指令

### 1）寄存器中的位存储到 SREG 中的 T 标志

BST    Rr,b              0≤d≤31, 0≤b≤7

说明：把寄存器 Rr 中的位 b 存储到 SREG 状态寄存器中的 T 标志位。

操作：$T \gets Rr(b)$    $PC \gets PC+1$              机器码：1111 101d dddd 0bbb

对标志位的影响：T。

**2) SREG 中的 T 标志位值装入寄存器 Rd 中的某一位**

BLD　Rd,b　　　　　　　　$0 \leqslant d \leqslant 31$，$0 \leqslant b \leqslant 7$

说明：复制 SREG 状态寄存器的 T 标志到寄存器 Rd 中的位 b。

操作：Rd(b)←T　　　　PC←PC+1　　　　机器码：1111 100d dddd 0bbb

对标志位的影响：无。

## 3.5.3　位变量修改指令

**1) 状态寄存器 SREG 的指定位置位**

BSET　s　　　　　　　　$0 \leqslant s \leqslant 7$

说明：置位状态寄存器 SREG 的某一标志位。

操作：SREG(s)←1　　　PC←PC+1　　　　机器码：1001 0100 0sss 1000

对标志位的影响：I、T、H、S、V、N、Z 和 C。

**2) 状态寄存器 SREG 的指定位清 0**

BCLR　s　　　　　　　　$0 \leqslant s \leqslant 7$

说明：清 0 SREG 状态寄存器 SREG 中的一个标志位。

操作：SREG(s)←0　　　PC←PC+1　　　　机器码：1001 0100 1sss 1000

对标志位的影响：I、T、H、S、V、N、Z 和 C。

**3) I/O 寄存器的指定位置位**

SBI　P,b　　　　　　　　$0 \leqslant P \leqslant 31$，$0 \leqslant b \leqslant 7$

说明：对 P 指定的 I/O 寄存器的指定位置位。该指令只在低 32 个 I/O 寄存器
　　　内操作，I/O 寄存器地址为 0～31。

操作：I/O(P,b)←1　　　PC←PC+1　　　　机器码：1001 1010 PPPP Pbbb

对标志位的影响：无。

**4) I/O 寄存器的指定位清 0**

CBI　P,b　　　　　　　　$0 \leqslant P \leqslant 31$，$0 \leqslant b \leqslant 7$

说明：清 0 指定 I/O 寄存器中的指定位。该指令只在低 32 个 I/O 寄存器内操
　　　作，I/O 寄存器地址为 0～31。

操作：I/O(P,b)←0　　　PC←PC+1　　　　机器码：1001 1000 PPPP Pbbb

对标志位的影响：无。

**5) 置进位位**

SEC

说明：置位 SREG 状态寄存器中的进位标志 C。

操作：C←1　　　　　　PC←PC+1　　　　机器码：1001 0100 0000 1000

对标志位的影响：C(1)。

**6）清进位位**

CLC

说明：清 0 SREG 状态寄存器中的进位标志 C。

操作：C←0　　　　　　PC←PC＋1　　　　　机器码：1001 0100 1000 1000

对标志位的影响：C(0)。

**7）置负标志位**

SEN

说明：置位 SREG 状态寄存器中的负数标志 N。

操作：N←1　　　　　　PC←PC＋1　　　　　机器码：1001 0100 0010 1000

对标志位的影响：N(1)。

**8）清负标志位**

CLN

说明：清 0 SREG 状态寄存器中的负数标志 N。

操作：N←0　　　　　　PC←PC＋1　　　　　机器码：1001 0100 1010 1000

对标志位的影响：N(0)。

**9）置零标志位**

SEZ

说明：置位 SREG 状态寄存器中的零标志 Z。

操作：Z←1　　　　　　PC←PC＋1　　　　　机器码：1001 0100 0001 1000

对标志位的影响：Z(1)。

**10）清 0 标志位**

CLZ

说明：清 0 SREG 状态寄存器中的零标志 Z。

操作：Z←0　　　　　　PC←PC＋1　　　　　机器码：1001 0100 1001 1000

对标志位的影响：Z(0)。

**11）使能全局中断位**

SEI

说明：置位 SREG 状态寄存器中的全局中断标志 I。

操作：I←1　　　　　　PC←PC＋1　　　　　机器码：1001 0100 0111 1000

对标志位的影响：I(1)。

**12）禁止全局中断位**

CLI

说明：清 0 SREG 状态寄存器中的全局中断标志 I。

操作：I←0　　　　　　PC←PC＋1　　　　　机器码：1001 0100 1111 1000

对标志位的影响：I(0)。

**13) 置 S 标志位**

SES

说明：置位 SREG 状态寄存器中的符号标志 S。

操作：S←1　　　　　　PC←PC+1　　　　　机器码：1001 0100 0100 1000

对标志位的影响：S(1)。

**14) 清 S 标志位**

CLS

说明：清 0 SREG 状态寄存器中的符号标志 S。

操作：S←0　　　　　　PC←PC+1　　　　　机器码：1001 0100 1100 1000

对标志位的影响：S(0)。

**15) 置溢出标志位**

SEV

说明：置位 SREG 状态寄存器中的溢出标志 V。

操作：V←1　　　　　　PC←PC+1　　　　　机器码：1001 0100 0011 1000

对标志位的影响：V(1)。

**16) 清溢出标志位**

CLV

说明：清 0 SREG 状态寄存器中的溢出标志 V。

操作：V←0　　　　　　PC←PC+1　　　　　机器码：1001 0100 1011 1000

对标志位的影响：V(0)。

**17) 置 T 标志位**

SET

说明：置位 SREG 状态寄存器中的 T 标志。

操作：T←1　　　　　　PC←PC+1　　　　　机器码：1001 0100 0110 1000

对标志位的影响：T(1)。

**18) 清 T 标志位**

CLT

说明：清 0 SREG 状态寄存器中的 T 标志。

操作：T←0　　　　　　PC←PC+1　　　　　机器码：1001 0100 1110 1000

对标志位的影响：T(0)。

**19) 置半进位标志**

SEH

说明：置位 SREG 状态寄存器中的半进位标志 H。

操作：H←1　　　　　　PC←PC+1　　　　　机器码：1001 0100 0101 1000

对标志位的影响：H(1)。

**20) 清半进位标志**

CLH

说明：清 0 SREG 状态寄存器中的半进位标志 H。

操作：H←0　　　　　　　PC←PC＋1　　　机器码：1001 0100 1101 1000

对标志位的影响：H(0)。

# 3.6　MCU 控制指令

MCU 控制指令有 3 条，主要用于控制 MCU 的运行方式及清 0 看门狗定时器。

**1) 空操作指令**

NOP

说明：该指令完成一个单周期空操作。

操作：无。　　　　　　PC←PC＋1　　　机器码：0000 0000 0000 0000

对标志位的影响：无。

应用：抗干扰，延时等待，产生方波。其中，抗干扰处理：在空的程序存储器单
　　　元中写上空操作，空操作指令最后加一跳转指令，转到 $0000。

**2) 进入休眠方式指令**

SLEEP

说明：该指令使 MCU 进入休眠方式运行。休眠模式由 MCU 控制寄存器定义。
　　　当 MCU 在休眠状态下由一个中断唤醒时，在中断程序执行后，紧跟在休
　　　眠指令后的指令将被执行。

操作：PC←PC＋1　　　　　　　　　　机器码：1001 0101 1000 1000

应用：省电，尤其对"绿色"、便携式仪器特别有用。

对标志位的影响：无。

**3) 清 0 看门狗计数器**

WDR

说明：该指令清 0 看门狗定时器。在允许使用看门狗定时器情况下，系统程序
　　　在正常运行中必须在 WD 预定比例器给出的限定时间内执行一次该指
　　　令，以防止看门狗定时器溢出，造成系统复位。参见看门狗定时器硬件
　　　部分。

操作：PC←PC＋1　　　　　　　　　　机器码：1001 0101 1010 1000

对标志位的影响：无。

应用：抗干扰，延时，提高系统的稳定性。

AVR 单片机嵌入式系统原理与应用实践（第 3 版）

AVR单片机嵌入式系统原理与应用实践(第 3 版)

## 3.7　AVR 汇编语言系统

用汇编语言编写的程序称为汇编语言程序,或称汇编源程序。显然汇编语言程序比二进制的机器语言更容易学习和掌握。但是,单片机不能直接识别和执行汇编语言程序,因此需要使用一个专用的软件系统,将汇编语言的源程序"翻译"成二进制的机器语言程序——目标程序(执行代码)。这个专用软件系统就是汇编语言编译软件。

ATMEL 公司提供免费的 AVR 开发平台——AVR Studio 集成开发环境(IDE),其中就包括 AVR Assembler 汇编编译器(http://www.atmel.com)。

用汇编语言编写程序必须按汇编工具软件所规定的语法和规则进行;否则会发生错误。在由汇编语言编译软件所构成的汇编语言系统中,除了允许用户使用规定的汇编指令,还定义了一些用于编写汇编程序的伪指令及使用表达式等,以方便用户编写汇编程序。

### 3.7.1　汇编语言语句格式

汇编语言程序是由一系列汇编语句组成的。AVR 的汇编语句的标准格式有以下 4 种:

(1) [标号:] 伪指令 [操作数][;注释]

(2) [标号:] 指令 [操作数][;注释]

(3) [;注释]

(4) 空行

**注意**:在汇编语句中是不使用中括号的,格式中的中括号内容表示其可以缺省。

(1) 标号。标号是语句地址的标记符号,用于引导对该语句的访问和定位。使用标号的目的是为了跳转和分支指令,以及在程序存储器、数据存储器 SRAM 和 EEPROM 中定义变量名。有关标号的一些规定如下:

① 标号一般由 ASCII 字符组成,第一个字符为字母;

② 同一标号在一个独立的程序中只能定义一次;

③ 不能使用汇编语言中已定义的符号(保留字),如指令字、寄存器名、伪指令字等。

(2) 伪指令。在汇编语言程序中,可以使用一些伪指令。伪指令不属于 CPU 指令集,编译时并不产生实际的目标机器操作代码,只是用于在汇编程序中对地址、寄存器、数据、常量等进行定义说明,以及对编译过程进行某种控制等。AVR 的指令系统不包括伪指令,伪指令通常由汇编编译系统给出。

(3) 指令。指令是汇编程序中主要的部分,汇编程序中使用 AVR 指令集中给出的全部指令。

（4）操作数。操作数是指令操作时所需要的数据或地址。汇编程序完全支持指令系统所定义的操作数格式。但指令系统采用的操作数格式通常为数字形式,在编写程序时使用起来不太方便,因此,在编译器的支持下,可以使用多种形式的操作数,如数字、标识符、表达式等。

（5）注释。注释部分仅用于对程序和语句进行说明,帮助程序设计人员阅读、理解和修改程序。只要有";"符号,后面即为注释内容,注释内容长度不限,注释内容换行时,开头部分还要使用符号";"。编译系统对注释内容不予理会,不产生任何代码。

（6）其他字符。在汇编语句中,":"用于标号之后;空格用于指令字和操作数的分隔;指令有两个操作数时用","分隔两个操作数;";"用于注释之前;"[　]"中的内容表示可选项。

## 3.7.2　汇编器伪指令

AVR 的汇编器还使用了一些伪指令。伪指令并不直接转换生成操作执行代码。它只是用于指示编译生成目标程序的起始地址或常数表格的起始地址,或为工作寄存器定义符号名称,定义外设口地址,规定 SRAM 工作区,规定编译器的工作内容等。因此伪指令有间接产生机码,控制机器代码空间的分配,对编译器工作过程进行控制等作用。AVR 汇编系统使用的伪指令共 18 条,如表 3-1 所列。

表 3-1　伪指令表

| 序　号 | 伪指令 | 说　明 | 序　号 | 伪指令 | 说　明 |
|---|---|---|---|---|---|
| 1 | BYTE | 在 RAM 中定义预留存储单元 | 10 | EXIT | 退出文件 |
| 2 | CSEG | 声明代码段 | 11 | INCLUDE | 包含指定的文件 |
| 3 | DB | 定义字节常数 | 12 | MACRO | 宏定义开始 |
| 4 | DEF | 定义寄存器符号名 | 13 | ENDMACRO | 宏定义结束 |
| 5 | DEVICE | 指定为何器件生成汇编代码 | 14 | LISTMAC | 列表宏表达式 |
| 6 | DSEG | 声明数据段 | 15 | LIST | 列表文件生成允许器 |
| 7 | DW | 定义字常数 | 16 | NOLIST | 关闭列表文件生成 |
| 8 | EQU | 定义标识符常量 | 17 | ORG | 设置程序起始位置 |
| 9 | ESEG | 声明 EEPROM 段 | 18 | SET | 赋值给标识符 |

### 1. BYTE——为变量预留字节型存储单元

BYTE 伪指令是从指定的地址开始,在 SRAM 中预留若干字节的存储空间备用。备用存储空间以字节计算,个数由 BYTE 伪指令的参数或表达式的值确定。BYTE 伪指令前应使用一个标号,该标号既作为变量的名称,又作为符号地址,以标记备用存储空间在 SRAM 中的起始位置。该伪指令有一个参数,表示保留存储空间的字节数,但并不能给这些 RAM 单元赋值。BYTE 伪指令仅能用在数据段内(见伪指令 CSEG、DSEG 和 ESEG)。

语法:LABEL:.BYTE 表达式

示例:

```
.DSEG                      ;RAM 数据段(SRAM)
var1: .BYTE 1              ;保留 1 字节的存储单元,用 var1 标识
table: .BYTE tab_size      ;保留 tab_size 字节的存储空间
.CSEG                      ;代码段开始(Flash)
    ldi  r30,low(var1)     ;将保留存储单元 var1 起始地址的低 8 位装入 Z
    ldi  r31,high(var1)    ;将保留存储单元 var1 起始地址的高 8 位装入 Z
    ld   r1,Z              ;将保留存储单元的内容读到寄存器 R1
```

### 2. CSEG——声明代码段(Flash)

CSEG 伪指令用于声明代码段的起始(在 Flash 中),即 CSEG 之后是要写入程序存储器中的指令代码、常数表格等。一个汇编程序可包含几个代码段,程序中默认的段为代码段,这些代码段在编译过程中被连接成一个代码段。每个代码段内部都有自己的字定位计数器。可使用 ORG 伪指令定义该字定位计数器的初始值,作为代码段在程序存储器中的起始位置。CSEG 伪指令不带参数。在代码段中不能使用 BYTE 伪指令。

语法:.CSEG

### 3. DB——在程序存储器或 EEPROM 存储器中定义字节常数

DB 伪指令是从程序存储器或 EEPROM 存储器的某个地址单元开始,存入一组规定的 8 位二进制常数(字节常数)。DB 伪指令只能出现在代码段或 EEPROM 段中。DB 伪指令前应使用一个标号,以标记所定义的字节常数区域的起始位置。DB 伪指令为一个表达式列表,表达式列表由多个表达式组成,但至少要含有一个表达式,表达式之间用逗号分隔。每个表达式值的范围必须在 -128~255 之间。如果表达式的值是负数,则用 8 位 2 的补码表示,存入程序存储器或 EEPROM 存储器中。如果 DB 伪指令用在代码段,并且表达式表中多于一个表达式,则以 2 字节组合成 1 字放在程序存储器中。如果表达式的个数是奇数,那么不管下一行汇编代码是否仍是 DB 伪指令,最后一个表达式的值将单独以字的格式放在程序存储器中。

语法:LABEL:.DB 表达式表

### 4. DEF——定义寄存器符号名

DEF 伪指令给寄存器定义一个替代的符号名。在后续程序中可以使用的符号名来表示被定义的寄存器。可以给一个寄存器定义多个符号名。符号名在后续程序中可以重新定义指定。编译时,凡遇到符号名,都以相应被定义的寄存器替代。

语法:.DEF 符号名 = 寄存器

### 5．DEVICE——指定为何器件生成汇编代码

DEVICE 伪指令告知汇编器为何器件编译产生执行代码。如果在程序中使用该伪指令指定了器件型号,那么在编译过程中,若存在指定器件所不支持的指令,编译器则给出一个警告。如果代码段或 EEPROM 段所使用的存储器空间大于指定器件本身所能提供的存储器容量,则编译器也会给出警告。如果不使用 DEVICE 伪指令,则假定器件支持所有的指令,也不限制存储器容量的大小。

**语法:**．DEVICE Atmega16

### 6．DSEG——声明数据段(SRAM)

DSEG 伪指令声明数据段的起始。一个汇编程序文件可以包含几个数据段,这些数据段在汇编过程中被连接成一个数据段。在数据段中,通常仅由 BYTE 伪指令(和标号)组成。每个数据段内部都有自己的字节定位计数器。可使用 ORG 伪指令定义该字节定位计数器的初始值,作为数据段在 SRAM 中的起始位置。DSEG 伪指令不带参数。

**语法:**．DSEG

### 7．DW——在程序存储器或 EEPROM 存储器中定义字常数

DW 伪指令是从程序存储器或 EEPROM 存储器的某个地址单元开始,存入一组规定的 16 位二进制常数(字常数)。DW 伪指令只能出现在代码段或 EEPROM 段。DW 伪指令前应使用一个标号,以标记所定义的字常数区域的起始位置。DW 伪指令为一个表达式列表,表达式列表由多个表达式组成,但至少要含有一个表达式,表达式之间用逗号分隔。每个表达式值的范围必须为 $-32\,768\sim65\,535$。如果表达式的值是负数,则用 16 位 2 的补码表示。

**语法:**LABEL:．DW 表达式表

### 8．EQU——定义标识符常量

EQU 伪指令将表达式的值赋给一个标识符,该标识符为一个常量标识符,可以用于后面的指令表达式中,在汇编时凡遇到该标识符都以其等值表达式替代。在编写程序中,只要修改此表达式,就修改了程序中多处涉及该表达式的地方,减少了程序的修改量。但该标识符的值不能改变或重新定义。

**语法:**．EQU 标号 ＝ 表达式

### 9．ESEG——声明 EEPROM 段

ESEG 伪指令声明 EEPROM 段的开始。一个汇编文件可以包含几个 EEPROM 段,这些 EEPROM 段在汇编编译过程中被连接成一个 EEPROM 段。在 EEPROM 段中不能使用 BYTE 伪指令。每个 EEPROM 段内部都有自己的字节定位计数器。可使用 ORG 伪指令定义该字节定位计数器的初始值,作为数据段在 EEPROM 中的起始位置。ESEG 伪指令不带参数。

语法：. ESEG

### 10. EXIT——退出文件

EXIT 伪指令告诉汇编编译器停止汇编该文件。在正常情况下,汇编编译器的编译过程一直到文件的结束,如果中间出现 EXIT,则编译器放弃对其后边语句的编译。

如果 EXIT 出现在所包含文件中,则汇编编译器将结束对包含文件的编译,然后从本文件当前 INCLUDE 伪指令的下一行语句处开始继续编译。

语法：. EXIT

### 11. INCLUDE——包含指定的文件

INCLUDE 伪指令告诉汇编编译器开始从一个指定的文件中读入程序语句,并对读入的语句进行编译,直到该包含文件结束或遇到该文件中的 EXIT 伪指令,然后再从本文件当前 INCLUDE 伪指令的下一行语句处继续开始编译。在一个包含文件中,也可以使用INCLUDE伪指令来包含另外一个指定的文件。

语法：. INCLUDE"文件名"

### 12. MACRO——宏开始

MACRO 伪指令告诉汇编器一个宏程序的开始。MACRO 伪指令将宏程序名作为参数。当后面的程序中使用宏程序名时,表示在该处调用宏程序。宏有些像子程序或公式,它是一段含形式参数(亚元)的程序。一个宏程序中可带 10 个形式参数,这些形式参数在宏定义中用@0~@9 代表,参数之间用逗号分隔。当调用一个宏程序时,必须以实参替代形参。伪指令 ENDMACRO 定义宏程序的结束。

默认情况下,在汇编编译器生成的列表文件中仅给出宏的调用。如果要在列表文件中给出宏的表达式,则必须使用 LISTMAC 伪指令。在列表文件的操作码域中,宏带有"a+"的记号。

语法：. MACRO 宏名

### 13. ENDMACRO——宏结束

ENDMACRO 伪指令定义宏定义的结束。该伪指令并不带参数,参见 MACRO 宏定义伪指令。

语法：. ENDMACRO

示例：

```
.MACRO SUBI16              ;宏定义开始,定义一个16位的减法
    subi @1,low(@0)        ;减低8位字节
    sbci @2,high(@0)       ;带借位减高8位字节
.ENDMACRO                  ;宏定义结束
    :
.CSEG                      ;代码段开始
    SUBI16 0x1234,r16,r17  ;调用宏完成 r17:r16 = r17:r16 - 0x1234
```

### 14. LISTMAC——列表时输出宏表达式

LISTMAC 伪指令告诉汇编编译器,在生成的列表清单文件中,显示所调用宏的内容。默认情况下,仅在列表清单文件中显示所调用的宏名和参数。

**语法**：. LISTMAC

### 15. LIST——启动生成列表清单文件功能

LIST 伪指令告诉汇编编译器在对源文件编译后,产生一个机器语言与源文件相对照的列表清单文件。正常情况下,汇编编译器在编译过程中将生成一个由汇编源代码、地址和机器操作码组成的列表文件。默认时为允许生成列表清单文件。该伪指令可以与 NOLIST 伪指令配合使用,以选择仅使某一部分的汇编源文件产生列表清单文件。

**语法**：. LIST

### 16. NOLIST——关闭列表清单文件生成功能

NOLIST 伪指令告诉汇编编译器关闭列表清单文件生成的功能。正常情况下,汇编编译器在编译过程中将生成一个由汇编源代码、地址和机器操作码组成的列表文件,默认情况下为允许生成列表清单文件。当使用该伪指令时,将禁止列表清单文件的产生。该伪指令与 LIST 伪指令配合使用,可以选择使某一部分的汇编源文件产生列表清单文件。

**语法**：. NOLIST

### 17. ORG——定义代码起始位置

ORG 伪指令设置定位计数器为一个绝对数值,该数值为表达式的值,作为代码的起始位置。如果该伪指令出现在数据段中,则设定 SRAM 定位计数器;如果该伪指令出现在代码段中,则设定程序存储器计数器;如果该伪指令出现在 EEPROM 段中,则设定 EEPROM 定位计数器。如果该伪指令前带标号(在相同的语句行),则标号的定位由 ORG 的参数值定义。代码段和 EEPROM 段定位计数器的默认值是 0;而当汇编器启动时,SRAM 定位计数器的默认值是 32(因为寄存器占有地址为 0～31)。文件中可以出现多处 ORG 伪指令,但后面 ORG 所带的地址不能小于前一个 ORG 所带的地址,也不能落在由前一个 ORG 定位的代码段空间(指同一个存储器空间)。

**注意**：EEPROM 和 SRAM 定位计数器按字节计数,而程序存储器定位计数器按字计数。

**语法**：. ORG 表达式

### 18. SET——设置标识符与一个表达式值相等

与 EQU 作用类似,SET 伪指令将表达式的值赋值给一个标识符。该标识符为一个常量标识符,可以用于后面的指令表达式中,在汇编时,凡遇到该标识符都以其等值表达式替代。与 EQU 不同的是,用 SET 伪指令赋值的标识符能在后面使用 SET 伪指令重新设置改变。在 SET 改变之后的代码使用新的等值表达式值,直到遇到下一个重新的 SET 定义为止。

　　语法:.SET 标号 ＝ 表达式

## 3.7.3　表达式

　　在标准指令系统中,操作数通常只能使用纯数字格式,这给程序的编写带来了许多不便。但是在编译系统的支持下,在编写汇编程序时允许使用表达式,以方便程序的编写。AVR 编译器支持的表达式由操作数、函数和运算符组成,所有的表达式内部都是 32 位的。

### 1. 操作数

AVR 汇编器使用的操作数有以下几种形式:
- 用户定义的标号,该标号给出了放置标号位置的定位计数器的值。
- 用户用 SET 伪指令定义的变量。
- 用户用 EQU 伪指令定义的常数。
- 整数常数,包括下列几种形式:
  - 十进制数(默认),如 10、255;
  - 十六进制数,如 0x0A、$0A、0xFF、$FF;
  - 二进制数,如 0b00001010、0b11111111。
- PC——程序存储器定位计数器的当前值。

### 2. 函　数

AVR 汇编器定义了下列函数:

| | |
|---|---|
| LOW(表达式) | 返回一个表达式值的最低字节。 |
| HIGH(表达式) | 返回一个表达式值的第 2 个字节。 |
| BYTE2(表达式) | 与 HIGH 函数相同。 |
| BYTE3(表达式) | 返回一个表达式值的第 3 个字节。 |
| BYTE4(表达式) | 返回一个表达式值的第 4 个字节。 |
| LWRD(表达式) | 返回一个表达式值的 0～15 位。 |
| HWRD(表达式) | 返回一个表达式值的 16～31 位。 |
| PAGE(表达式) | 返回一个表达式值的 16～21 位。 |
| EXP2(表达式) | 返回(表达式值)2 次幂的值。 |
| LOG2(表达式) | 返回 $\log_2$(表达式值)的整数部分。 |

### 3. 运算符

　　汇编器提供的部分运算符如表 3-2 所列。优先级数越高的运算符,其优先级也越高。表达式可以用小括号括起来,并且与括号外其他任意的表达式再组合成表达式。

表 3 - 2　部分运算符表

| 序　号 | 运算符 | 名　称 | 优先级 | 说　明 |
|---|---|---|---|---|
| 1 | ! | 逻辑非 | 14 | 一元运算符,表达式是 0 返回 1;表达式是 1 返回 0 |
| 2 | ~ | 逐位非 | 14 | 一元运算符,将表达式的值按位取反 |
| 3 | - | 负号 | 14 | 一元运算符,使表达式为算术负 |
| 4 | * | 乘法 | 13 | 二进制运算符,两个表达式相乘 |
| 5 | / | 除法 | 13 | 二进制运算符,左边表达式除以右边表达式,得整数的商值 |
| 6 | + | 加法 | 12 | 二进制运算符,两个表达式相加 |
| 7 | - | 减法 | 12 | 二进制运算符,左边表达式减去右边表达式 |
| 8 | << | 左移 | 11 | 二进制运算符,左边表达式值左移右边表达式给出的次数 |
| 9 | >> | 右移 | 11 | 二进制运算符,左边表达式值右移右边表达式给出的次数 |
| 10 | < | 小于 | 10 | 二进制运算符,左边带符号表达式值小于右边带符号表达式值,则为 "1";否则为"0" |
| 11 | <= | 小于或等于 | 10 | 二进制运算符,左边带符号表达式值小于或等于右边带符号表达式值,则为"1";否则为"0" |
| 12 | > | 大于 | 10 | 二进制运算符,左边带符号表达式值大于右边带符号表达式值,则为 "1";否则为"0" |
| 13 | >= | 大于或等于 | 10 | 二进制运算符,左边带符号表达式值大于或等于右边带符号表达式值,则为"1";否则为"0" |
| 14 | == | 等于 | 9 | 二进制运算符,左边带符号表达式值等于右边带符号表达式值,则为 "1";否则为"0" |
| 15 | != | 不等于 | 9 | 二进制运算符,左边带符号表达式值不等于右边带符号表达式值,则为"1";否则为"0" |
| 16 | & | 逐位"与" | 8 | 二进制运算符,两个表达式值之间逐位"与" |
| 17 | ^ | 逐位"异或" | 7 | 二进制运算符,两个表达式值之间逐位"异或" |
| 18 | \| | 逐位"或" | 6 | 二进制运算符,两个表达式值之间逐位"或" |
| 19 | && | 逻辑"与" | 5 | 二进制运算符,两个表达式值之间逻辑"与",全非 0 则为"1";否则为"0" |
| 20 | \|\| | 逻辑"或" | 4 | 二进制运算符,两个表达式值之间逻辑"或",非 0 则为"1";全 0 为"0" |

## 3.7.4　器件定义头文件 m16def.inc

在 AVR 的器件手册中,对所有的内部寄存器进行了标称化的定义,如 32 个通用寄存器组用 R0～R31 表示,系统状态寄存器用 SREG 表示,A 口输出 I/O 寄存器用 PORTA 表示等,这样便于记忆、理解和使用。而当编写程序时,在指令中实际出

AVR 单片机嵌入式系统原理与应用实践(第 3 版)

现的应该是这些寄存器的空间地址,这就给编写程序造成了麻烦。

为了能让程序员编写程序时不去使用那些不易记忆的寄存器地址,而是直接使用这些寄存器的标称名称,在 AVR 的开发软件平台中都含有各个 AVR 器件的标称定义头文件。在 ATMEL 公司提供的 AVR 开发平台 AVR Studio 中,含有很多的"器件型号.inc"文件,这些 inc 文件已将该器件所有的 I/O 寄存器、标志位、中断向量地址等进行了标称化的定义。这些定义的标称化符号与硬件结构中寄存器的命名是相同的,同时定义了它们所代表的地址值,这样在程序中就可直接使用标称化的符号,而不必去记住它的实际地址。例如,使用 PORTA 来代替 A 口 I/O 输出寄存器的地址 $1b。读者可具体查看相关器件的定义文件(在安装 AVR Studio 系统目录的下一级子目录 Appnotes 中)。

作为一个实际的例子,下面讲述 ATmega16 器件定义头文件 m16def.inc 中的部分内容:

```
; * * * * * Specify Device
.device ATmega16

; * * * * * I/O Register Definitions
.equ    SREG      = $ 3f
.equ    SPH       = $ 3e
.equ    SPL       = $ 3d
  ⋮
.equ    PORTA     = $ 1b
.equ    DDRA      = $ 1a
.equ    PINA      = $ 19
  ⋮
.def    XL        = r26
.def    XH        = r27
.def    YL        = r28
.def    YH        = r29
.def    ZL        = r30
.def    ZH        = r31


.equ    RAMEND    = $ 45F
  ⋮
```

可以看出,在器件定义文件中,大量使用了汇编伪指令 EQU、DEF 等,并定义了各个寄存器标称名所对应的地址值。因此,当编写 AVR 汇编程序时,在程序的开始处,需要先使用伪指令.INCLUDE,调用编译系统中的器件标识定义文件"* * * * def.inc"。由于该文件已将该器件所有的 I/O 寄存器、标志位等进行了标称化的符号定义,这样在程序中就可直接使用标称化的符号,而不必去使用它的实际地址了。下面是一个标准的汇编程序的开始部分:

```
.INCLUDE "m16def.inc"              ;引用器件 I/O 标称定义文件
.DEF TEMP1 = r20                   ;定义标识符 TEMP1 代表工作寄存器 R20
      ⋮
.ORG    $ 0000                     ;代码段起始定位
        jmp      RESET             ;系统上电复位,跳转到主程序
.ORG    $ 002A                     ;代码段定位,跳过中断向量区
;程序先对器件进行初始化
;设置 ATmega16 的堆栈指针为 $ 045F,RAMEND 在配置文件 m16def.inc 中已定义为 $ 045F
;设置 A 口为输出方式工作
RESET:  ldi      r16,high(RAMEND)  ;取 RAMEND 的高位字节
        out      SPH,r16           ;将 RAMEND 的高位送堆栈寄存器 SP 高位字节中
        ldi      r16,low(RAMEND)   ;取 RAMEND 的低位字节
        out      SPL,r16           ;将 RAMEND 的低位送堆栈寄存器 SP 低位字节中
        ser      temp1             ;将 temp1 即寄存器 R20 置为 $ FF
        out      DDRA,temp1        ;R20 值送 DDRA,A 口方向寄存器为 $ FF,设定为
                                   ;输出
      ⋮                            ;DDRA 在配置文件 m16def.inc 中已定义为 $ 1A
```

　　以上对 AVR 单片机的指令结构和汇编系统做了基本介绍,在本书的第 5 章将会结合汇编开发平台 AVR Studio 的使用,给出一些采用汇编编写的程序示例。

　　如果从具体应用的角度出发,并结合 AVR 单片机的特点,那么在产品设计开发过程中最好使用高级语言来编写系统程序。同时,使用高级语言也便于从系统的角度描述介绍、学习和掌握开发设计单片机系统程序的思想、方法和技巧。因此,本书将以高级语言 C 作为主要的工具(使用 CVAVR 软件平台)进行讲述。也由于篇幅的关系,对 AVR 汇编程序的使用不做更详细的学习。但了解和掌握 AVR 汇编,对熟悉 AVR 的功能及系统软件的调试都非常重要。读者可进一步参考《AVR 单片机实用程序设计》一书,该书对 AVR 汇编进行了更为细致的介绍,并给出了大量、实用的 AVR 汇编参考代码。

---

**本章参考文献:**

[1] ATMEL. AVR 指令集(英文,共享资料). www.atmel.com.

[2] ATMEL. AVR 汇编应用指导(英文,共享资料). www.atmel.com.

[3] 张克彦. AVR 单片机实用程序设计[M].北京:北京航空航天大学出版社,2004.

# 第 *4* 章

## AVR 单片机的系统设计与开发工具

在学习和掌握如何应用单片机来设计和开发嵌入式系统时,除了要对所使用的单片机有全面、深入地了解外,配备和使用一套好的开发环境和开发平台也是必不可缺的。在嵌入式系统的设计开发中,选用好的开发工具和开发平台,往往能加速嵌入式应用系统的研制、开发、调试、生产和维修,起到事半功倍的效果。

国内外许多公司根据不同单片机的性能和特点,推出了各种类型的用于开发单片机嵌入式系统的单片机开发装置和软件开发平台。不同类型的单片机使用的开发系统是不同的。对同一类型的单片机来讲,也有多种类型和功能的开发装置和开发平台。价格便宜、性能适中的系统在几百元,高性能的开发系统则要数千元到上万元,甚至仅仅一套软件开发平台就要上万元。虽然设计开发一个嵌入式系统,可以选用多家公司、多种类型的单片机,但在决定学习和使用哪种单片机时,应对单片机的性能价格、开发装置和开发平台的性能价格,以及是否方便使用等几方面做一个综合的评估。

由于 AVR 单片机的程序存储器采用的是可多次下载的 Flash 存储器,具有可在线下载(ISP)等优良特性,因此给学习和使用都带来了极大的方便。

本章将在介绍单片机嵌入式系统设计开发基础知识之后,重点介绍和讲述本书推荐和使用的一套采用 ATMEL 公司的 AVR Studio 配合 C 高级语言的软件开发平台——CodeVisionAVR(简称 CVAVR)所构成的开发软件环境,以及一套简易、开放的,集下载编程、实验和开发一体的多功能 AVR-51 实验板。

## 4.1 单片机嵌入式应用系统设计

### 4.1.1 单片机嵌入式系统开发所需的基础知识和技能

在 IT 行业,应用系统设计可以分成两大类:第 1 类用于科学计算、数据处理、企业管理、Internet 网站建立等;第 2 类用于工业过程检测控制、智能仪表仪器和自动化设备、小型电子系统、通信设备、家用电器等。

对于第 1 类的应用系统设计,通常都是基于通用计算机系统和网络的系统开发,硬件设备也是通用的,可以从市场购买,而其主要的工作是软件开发,使用的开发平台为 C++、VB、数据库系统、网站建立开发平台等。

而第 2 类应用系统的设计则与第 1 类有很大的不同。它涉及的应用系统是一个专用的系统,往往要从零开始,即必须根据实际的需求,从系统硬件的构成设计与实现,到相应的软件设计与实现,两者并重,相辅相成,缺一不可。

第 2 类应用系统的特点如下:

➤ 系统功能、要求、性能的多样性和专用性;

➤ 硬件电路和软件设计的不可分割和专一性;

➤ 可靠性高,抗干扰能力强;

➤ 体积小,重量轻,功耗低,投资少;

➤ 开发周期短,见效快。

单片机嵌入式应用系统设计归属于第 2 类应用系统的范畴。因此,对于从事单片机嵌入式系统设计、开发、学习的电子工程师和专业人员来讲,不仅要熟悉各种电子器件和 IC 芯片的使用和特性,具备模拟电路、数字电路等各类硬件电路和硬件系统的设计能力,还必须具有很强的计算机综合应用和软件编程设计能力。

在今天,单片机嵌入式系统的硬件设计、软件编程、系统仿真调试和程序的编程下载,大都是在 PC 机的支撑下实现的。因此,单片机嵌入式系统设计开发人员所具备的另一个基本和重要的技能就是要熟练掌握和使用 PC 机,应具备熟练使用 PC 机的基础,具备相应的软件设计编程能力,熟悉相关软件(如 Protel、VHDL)的使用,同时对 PC 机的硬件接口(RS - 232 串行通信口、LPT 并行打印机接口、USB 接口等)也要有一定的了解。

早期的单片机系统开发平台是以 PC 机的 DOS 操作系统为支撑的,但随着 PC 机的发展,现在的单片机系统开发平台都已经转到以 Windows 平台支撑的 PC 机上。Windows 平台具有的多任务、多窗口性能给单片机嵌入式系统的设计开发带来极大的方便。

当所设计研制的单片机嵌入式系统是一个大型管理控制系统的下位机,或要与 Internet 或局网中的数据库联网时,那么除了要熟练掌握与单片机有关的硬件(模拟电路、数字电路、单片机等)和软件开发技术外,还要具备与整个大的系统有关的基础和技术(如数据库、Internet 协议、VB、VC 等)。因此,对一个高级电子工程师来讲,他对 PC 机的熟练掌握程度,以及软件设计和编程的能力,决不亚于计算机专业的人员,甚至在某些方面比计算机专业的人员要求还高,还要全面。

要具备较高的硬件系统设计开发能力和水平,不是在短期内通过理论和书本的学习就能实现的。它需要经过一定时间的学习,并且特别注重理论与实际相结合,要独立动手去做,去实践,才能打下良好的基础。所以说,不亲自动手实践,是不可能真正掌握设计开发单片机嵌入式系统技术的。有了良好的基础,有了长期的实践经验,加上紧跟世界半导体器件的最新发展,才能成为一个真正的电子工程师。

## 4.1.2　单片机嵌入式系统开发过程

对于单片机嵌入式系统的设计与开发,由于涉及对象及要求的多样性和专用性,其硬件和软件结构有很大差异,但系统设计开发的基本内容和主要步骤是基本相同的。图 4-1 是单片机嵌入式系统开发过程示意图。

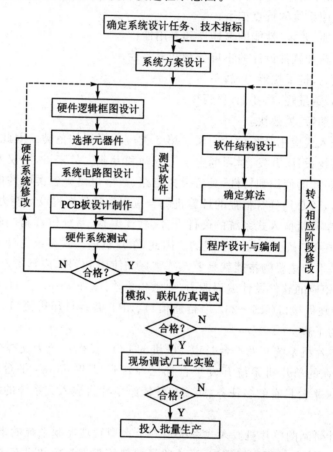

**图 4-1　单片机嵌入式系统开发过程**

对于一个具体的单片机嵌入式系统的设计,一般需要从以下几方面考虑。

### 1. 确定系统设计的任务

在进行系统设计前,首先必须进行设计方案的调研,包括查找资料,进行调查,分析研究。要充分了解系统的技术要求、使用的环境状况以及使用人员的技术水平。应明确任务,确定系统的技术指标,包括系统必须具有哪些功能等。这是系统设计的出发点,它将贯串于整个系统设计的全过程,也是产品设计开发工作成败、好坏的关键,因此必须认真做好这项工作。

AVR单片机嵌入式系统原理与应用实践(第 3 版)

## 2. 系统方案设计

在系统设计任务和技术指标确定后,即可进行系统的总体方案设计,一般包括以下几方面:

(1) 单片机芯片的选择。单片机芯片的选择应适合于应用系统的要求,不仅要考虑单片机芯片本身的性能是否能够满足系统的需要,如执行速度、中断功能、I/O 驱动能力与数量、系统功耗以及抗干扰性能等,同时还要考虑开发和使用是否方便、市场供应情况与价格、封装形式等其他因素。

(2) 外围电路芯片和器件的选择。仅仅一片单片机芯片是不能构成一个完整的嵌入式系统的。一个典型的系统往往由输入部分(按键、A/D 转换器、各种类型的传感器与输入接口转换电路)、输出部分(指示灯、LED 显示、LCD 显示、各种类型的传动控制部件)、存储器(用于系统数据记录与保存)、通信接口(用于向上位机交换数据,构成联网应用)、电源供电等多个单元组成。这些不同的单元涉及模拟、数字、弱电、强电以及它们相互之间的协调配合、转换、驱动、抗干扰等。因此,对于外围芯片和器件的选择,整个电路的设计,系统硬件机械结构的设计,接插件的选择,甚至产品结构、生产工艺等,都要进行全面、细致地考虑。任何一个忽视和不完善,都会给整个系统带来隐患,甚至造成系统设计和开发的失败。

(3) 综合考虑软、硬件的分工与配合。单片机嵌入式系统中的硬件和软件具有一定的互换性,有些功能可以用硬件实现,也可以用软件来实现,因此,在方案设计阶段要认真考虑软、硬件的分工和配合。采用软件实现功能可以简化硬件结构,降低成本,但软件系统则相应的复杂化,增加了软件设计的工作量。而用硬件实现功能则可以缩短系统的开发周期,使软件设计简单,相对提高了系统的可靠性,但可能增加了成本。在设计过程中,软、硬件的分工与配合需要取得协调,才能设计出好的应用系统。

## 3. 硬件系统设计

开发人员在制定出整体的系统设计方案后,接下来就是根据具体的需求和设计方案选择能可靠实现全部功能的单片机芯片和相应的外围电路器件,设计整个系统的电原理图。原理图设计完成后,还要根据实际需要设计相应的印制板(PCB)图。这个阶段常使用的软件平台是电子电路 CAD 软件,如 Protel 等。

单片机嵌入式系统的硬件系统设计是一个综合能力的表现,它全面反映和体现了设计开发人员所具备的技术水平和创新设计能力。比如说,设计一个具备相同功能的单片机嵌入式系统,如果采用传统并行总线扩展外围设备的设计思路,则设计出的硬件系统就相对庞大和复杂。这是因为仅地址线和数据线就有 $16+8=24$ 根,还需要相应的锁存器和地址译码器等器件。而且其稳定性、抗干扰性都相对差一些。如果采用新型的单片机、CMOS 器件,并选用串行接口的大容量存储器、ADC、DAC 等器件,就可减少硬件开发的工作量,大大缩短系统设计开发的周期,同时也提高了系统的可靠性。

### 4. 系统软件设计编写

在硬件系统设计的基础上,要根据系统的功能要求和硬件电路的结构设计编写系统软件。作为单片机系统软件设计人员,应该具备扎实的硬件功底,不仅要对系统的功能和要求深入了解,而且要对实现的硬件系统、使用的芯片和外围电路的性能也要很好地掌握。这样才能设计出可靠的系统程序。

一个嵌入式系统的系统软件实际上就是该系统的监控程序。对于一些小型嵌入式系统的应用程序,一般采用汇编语言编写;而对于中、大型的嵌入式系统,常采用高级语言(如 C 语言、BASIC 语言)来编写。软件设计和编写也是开发嵌入式系统过程中非常重要和困难的任务之一,因为它直接关系到实现系统的功能和系统的性能。

在编制程序前,通常应对系统要实现的功能、硬件系统的结构和电路、系统中使用的单片机和外围器件进行全面仔细、深入地了解,对系统软件的结构进行全面、完整地设计,并编制程序流程图。系统程序的设计应实现结构化、模块化、子程序化,这不仅便于调试,还便于修改。

要特别注意的是,设计编写嵌入式系统的软件与编写其他类型的软件程序有较大的区别。由于嵌入式系统是直接面对硬件、控制对象的,因此,设计编写嵌入式系统的程序需要考虑更多的硬件细节,要掌握和使用很多软件技巧,要多学习、多实践。例如,嵌入式系统程序的设计要仔细地考虑和划分程序存储器、数据存储器;合理定义、安排和使用各种变量;尽量使用字节变量和位变量,优化程序,节省内存容量;估算子程序调用和嵌套的最大级数,预留出足够的堆栈空间等。

### 5. 系统调试

当硬件和软件设计好后,就可以进行系统调试了。硬件电路系统调试检查分为静态检查和动态检查。硬件的静态检查主要检查电路制作的正确性,如线路、焊接等。动态检查一般首先要使用仿真系统(对于采用 ISP 技术的系统可不用)输入各种单元部分的系统调试和诊断程序,检查系统各部分的功能是否能正常工作。硬件电路调试完成后可进行系统的软硬件联调。先将各功能模块程序分别调试完毕,然后组合,进行完整的系统运行程序调试。最后还要进行各种工业测试和现场测试,考验系统在实际应用环境中是否能正常可靠的工作,是否达到设计的性能和指标。

系统的调试往往要经过多次反复。硬件系统设计的不足,软件程序中的漏洞,都可能造成系统出现问题。系统调试要具备相当的水平和实践经验,它全面反映了嵌入式系统设计开发者的水平和能力。

以上各方面的能力仅仅通过书本的理论学习是得不到提高的,因此,学习和掌握单片机嵌入式系统的设计、开发与应用,要非常注重实际的动手练习,要在学习中实践,在实践中加深学习,只有这样才能不断巩固、提高并深入下去,才能真正掌握这门技术。

# 4.2　单片机嵌入式系统的开发工具与环境

## 4.2.1　单片机嵌入式系统的程序设计语言

在掌握单片机结构和系统设计基础上,根据系统的设计和系统的功能要求就可以编写系统应用程序了。掌握程序设计的方法和技术对于嵌入式系统的学习和应用开发具有十分重要的意义。

开发单片机嵌入式系统所用的程序设计语言可分为 3 类:机器语言、汇编语言和高级语言。

### 1. 机器语言

机器语言是完全面向芯片的语言,由二进制码"0"和"1"组成。在单片机的程序存储器中,存放就是以"0"和"1"构成的二进制序列指令字,它是单片机 CPU 直接识别和执行的语言。用机器语言表示的程序称为机器语言程序或目标程序。例如下面一条 AVR 机器语言代码:

```
0000 1100 0000 0001
```

就是将 AVR 单片机内部的寄存器单元 R0 和 R1 的内容相加,结果保存在 R0 中。

采用机器语言编程不仅难学、难记,而且也不易理解和调试,因此人们不直接使用机器语言来编写系统程序,往往使用汇编语言或高级语言编写程序。不过,无论使用汇编语言还是高级语言来编写系统程序,最终都需要使用相应的开发软件系统(一般在软件开发平台中的都提供编译软件系统)将其编译成机器语言,生成目标程序的二进制代码文件(. bin 或. hex),然后再把目标代码写入(编程下载)单片机的程序存储器中,最后由单片机的 CPU 执行。

### 2. 汇编语言

汇编语言是一种符号化的语言,它使用一些方便记忆的特定的助记符(特定的英文字符)来代替机器指令。例如 ADD 表示加,MOV 表示传送等。上面的一条 AVR 机器指令用汇编语言表示为:

```
ADD   R0,R1
```

用汇编语言编写的程序称为汇编语言程序,显然,它比机器语言易学、易记。但是,汇编语言也是面向机器的,也属于低级语言。由于各种单片机的机器指令不同,所以每一类单片机的汇编语言也是不同的,如 8051 的汇编语言与 AVR 的汇编语言是完全不一样的。

传统开发单片机嵌入式系统主要是用汇编语言编写系统程序。学习和采用汇编语言开发系统程序的优点是:能够全面、深入地理解单片机硬件的功能,充分发挥单片机的硬件特性。但由于汇编语言编写的程序可读性、可移植性(各种单片机的机器指令不同)和结构性都较差,因此采用汇编语言编写系统应用程序比较麻烦,调试和排错也比较困难,产品开发周期长,同时要求软件设计人员要具备相当高的能力和经验。

### 3. 高级语言

高级语言是一种基本不依赖硬件的程序设计语言。这里的"基本"是指编写在通用计算机系统上运行的系统软件。

由于高级语言面向问题或过程,其形式类似自然语言和数学公式,并具有结构性、可读性、可移植性好的特点,所以为了提高编写系统应用程序的效率,改善程序的可读性和可移植性,缩短产品的开发周期,采用高级语言来开发单片机系统已成为当前的发展趋势。

注意:在设计开发单片机嵌入式系统的系统软件过程中,总是要同硬件打交道的,而且关联是比较密切的,其软件设计有着自己独特技巧和方法。因此,那些纯软件出身的软件工程师,如果没有硬件的基础,没有经过一定的学习和实践,可能还写不好,甚至写不了单片机嵌入式系统的系统软件。

作为一个有经验的单片机嵌入式系统开发人员,应能同时掌握和使用汇编语言和高级语言设计系统程序。

概括起来说,基于高级语言开发单片机系统具有语言简洁,使用方便灵活,可移植性好,表达能力强,可进行结构化程序设计等优点。对于开发大型和复杂的嵌入式系统,采用高级程序设计语言进行系统开发的效率比使用汇编语言高几倍甚至几十倍。但对于小型、简易的系统,或有定时精确、高测量精度要求的系统,使用汇编语言则具有优势。在许多情况下,采用高级语言嵌入汇编程序的软件设计技术往往是最有效的方法。

如果你对单片机的内部结构和汇编语言根本不了解,请先不要用 C 语言编程。

如果你对单片机的内部结构和汇编语言根本不了解,也写不出好的单片机的 C 程序。

不管是使用汇编语言还是高级语言来开发单片机系统程序,都需要一个专用的软件平台把软件设计人员编写的源程序"翻译"成二进制的机器指令代码。这个"翻译"过程对汇编语言来讲称为汇编,对高级语言来讲,则包括编译和连接两个过程。因此,一个性能优良的、专门用于开发单片机的软件平台和环境也是必不可少的开发工具。

## 4.2.2　单片机嵌入式系统的开发软件平台

单片机嵌入式系统的设计和开发需要一个好的软件开发平台的支持。一个好的单片嵌入式系统的开发软件通常具备以下几个重要功能:

> 单片机系统程序编写和运行代码的生成(编辑、编译功能)。嵌入式系统开发平台支持用户采用专用汇编程序设计语言或高级程序设计语言(C、BASIC等)编写嵌入式系统控制程序的源代码,并将源代码编译、连接生成可在单片机中执行的二进制代码(HEX、BIN 格式)。

> 软件模拟仿真。提供一个纯软件的仿真环境,在此环境的支持下,单片机的系统程序可以进行模拟运行,以实现第一步的软件调试和排错功能。

> 在线仿真功能。与专用的仿真器配合,提供一个硬件在线实时仿真调试环境(见 4.2.3 小节)。用户将编写好的目标系统运行代码下载到仿真器中,通过开发系统软件控制仿真器中程序的运行,同时观察硬件系统的运行结果,分析、调试和排除系统中存在的问题。

> 程序下载烧录功能。与专用的编程器配合或使用 ISP 技术,将二进制运行代码写入到单片机的程序存储器中。

## 4.2.3　单片机嵌入式系统的硬件开发工具

在学习和应用单片机来设计开发嵌入式系统的过程中,一般应配备两种硬件设备:仿真器和编程器。仿真器是用于对所设计嵌入式系统的硬软件进行调试的工具,而编程烧入器的作用则是将系统执行代码写入到目标系统中。现在更多的开发设备是将仿真器和编程烧入器合二为一,同时具备了两者的功能。

调试(Debug)是系统开发过程中必不可少的环节。但是嵌入式系统开发的调试环境和方法与通用计算机系统的软件开发有着明显的差异。通用计算机系统的软件开发基本与硬件无关,而且调试器与被调试程序常常位于同一台计算机上(在相同的 CPU 上运行),例如在 Windows 平台上利用 VC、VB 等语言开发在 Windows 上的运行软件。而对于嵌入式系统的开发,由于开发主机和目标机处于不同的机器中(在不同的 CPU 上运行),即系统程序在开发主机上进行开发,编译生成在另外机器上执行的代码文件,然后需要下装到目标机后才能运行,所以嵌入式系统的调试方法和过程就比较麻烦和复杂。

目前在嵌入式系统开发过程中经常采用的调试方法有 3 种:软件模拟仿真调试(Simulator)、实时在板仿真调试(On Board Debug)和实时在片仿真调试(On Chip Debug)。其中软件模拟仿真调试技术和实时在片仿真调试技术发展很快,逐渐成为调试嵌入式系统的主要手段。

### 1. 软件模拟仿真器

软件模拟仿真器也称为指令集模拟器(ISS),其原理是用软件来模拟 CPU 处理器硬件的执行过程,包括指令系统、中断、定时/计数器、外部接口等。用户开发的嵌入式系统软件,就像已经下装到目标系统硬件一样,载入到软件模拟器中运行。这样用户可以方便地对程序运行进行控制,对运行过程进行监视,进而达到实现调试的目的。由于这种调试不是在真正的目标板系统上进行的,而是采用软件模拟方式实现的,所以它是一种非实时性的仿真调试手段。

软件模拟仿真器的一个优点是它可以使嵌入式系统的软件和硬件开发并行开展。只要硬件设计工作完成后,不管硬件实体如何,就可以进行软件程序的编写和调试了。应用程序在结构上、逻辑上的错误能够利用软件模拟仿真器很快地发现和定位。有些与硬件相关的故障和错误也能在软件模拟仿真器中被发现。使用软件模拟仿真器不仅可以缩短产品开发周期,而且非常经济,不需要购买昂贵的实时仿真设备。同时,软件模拟仿真器也是学习和加深了解所使用处理器的内部结构和工作原理的最好工具。

使用软件模拟仿真器的缺点是其模拟的运行速度比真正的硬件慢得多,一般要慢 10～100 倍。另外,软件模拟仿真器只能模拟仿真软件的正确性,而仿真与时序有关,查找与硬件有关的错误比较困难。

目前推出的比较先进的单片机嵌入式系统开发平台一般都内含软件模拟仿真器,如 ATMEL 公司的 AVR Studio 中就包含一个功能非常强大的软件模拟仿真器,能够实现汇编级和高级语言级的软仿真功能。一些针对 AVR 开发的平台,如 IAR、BASCOM 中也都包含自己的软件仿真器。值得一提的是,BASCOM 的软件模拟仿真器提供了模拟实物图形化界面,将一些标准化的外围器件如字符 LCD 模块、键盘模块等作为实物显示在屏幕上,用户能够更加直观地看到系统运行的结果,使用非常方便。另外,目前在市场上有一些专用的软件模拟平台,如 Proteus、Vmlab 等,都可以实现对 AVR 的模拟仿真调试,但一般价格比较昂贵。

## 2. 实时在板仿真器(ICE)

实时在板仿真器通常称为在线仿真 ICE(In Circuit Emulate),它是最早用于开发嵌入式系统的工具。ICE 实际是一个特殊的嵌入式系统,一般是由专业公司研制和生产的。它的内部含有一个具有"透明性"和"可控性"的 MCU,可以代替被开发系统(目标系统)中的 MCU 工作,即用 ICE 的资源来代替目标机。因此,ICE 实际上是内部电路仿真器,它是一个相对昂贵的设备,用于代替微处理器,并植入微处理器与总线之间的电路中,允许使用者监视和控制微处理器所有信号的进出。因此,这种仿真方式和设备,更准确地讲应该称为实时在板仿真(On Board Debug)器。

ICE 仿真器一般使用串行口(COM 口或 USB 接口)或并行口(打印机口)与 PC 机通信,并提供一个与目标机系统上的 MCU 芯片引脚相同的插接口(仿真口)。使用时,将编写好的目标系统的软件下载到仿真器中,然后将目标机上的 MCU 取下,插上仿真器的仿真口,使仿真器的通信口与 PC 机连接,如图 4-2 所示。

仿真器上所提供的 MCU 称为仿真MCU,它与目标系统上使用的 MCU 是相

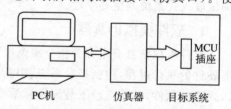

图 4－2　仿真器的连接与使用示意图

同系列，或具备相同的功能和特性，其控制作用和工作过程与被仿真的 MCU 几乎完全一样。

在 PC 机上需要安装与该仿真器配套使用的专用调试系统软件，在调试该系统时，用户就可以通过 PC 机来控制仿真器中程序的运行，同时观察系统外围器件和设备的运行结果，分析、调试和排除系统中存在的问题。这种运行调试方法称为在线（板）仿真。

为了能实现 MCU 的仿真功能，仿真开发系统通常具有的一些基本功能如下：

> 可控性。可以根据调试的需要，控制目标程序的运行方式，如单步、连续、带断点等多种运行方式。

> 透明性。能对 MCU 的各个部分进行监控，如查看和设置内存单元、寄存器、I/O 的数据。

仿真开发系统都必须配备一套在 PC 机上运行的专用仿真开发软件系统，用以配合和实现仿真器的在线仿真调试工作。因此，嵌入式系统的开发人员，除了应具备单片机和嵌入式系统的应用和设计能力外，还应熟练地掌握使用仿真器和仿真系统软件的方法。

实时在板仿真器（ICE）虽然具备实时的跟踪能力，但它最大的缺点是价格昂贵（如 ATMEL 公司的 AVR 在线仿真调试器 ICE50 的价格为 2.5 万人民币左右），同时与目标板的对接比较困难。尤其面对采用贴片技术，高速 MCU 构成的系统时，就显得非常不方便。因此 ICE 在过去一般用在低速系统中。

随着软件和芯片技术的发展，实时在板仿真器和相应的调试方法正在逐渐被软件模拟仿真器、实时在片仿真调试方法和实时在片仿真器等其他的形式所替代。

### 3. 实时在片仿真器

为了解决实时仿真的困难，新型的芯片在片内集成了硬件调试接口。最常见的就是符合 IEEE1149.1 标准的 JTAG 硬件调试接口。JTAG 硬件调试接口的基本原理，是采用了一种应用于对集成电路芯片内部进行检测的"边界扫描"技术实现的。使用该技术，当芯片工作时，可以将集成电路内部各部分的状态及数据组成一个串行的移位寄存器链，并通过引脚送到芯片的外部。因此，通过 JTAG 硬件调试接口，用户就能了解芯片在实际工作过程中各单元的实际情况和变化，进而实现跟踪和调试。JTAG 硬件调试接口采用 4 线的串行方式传送数据，占用 MCU 的引脚比较少。

与实时在板仿真器系统一样，采用 JTAG 硬件调试接口进行仿真调试也是实时在线调试。不同的是，采用这种方式的调试不需要将芯片取下，用户得到的运行数据就是芯片本身运行的真实数据，所以这种调试手段和方式称为实时在片调试（On Chip Debug），并正在替代传统的实时在板仿真调试技术。

实现实时在片调试的首要条件，是芯片本身要具备硬件调试接口。除此之外，与实时在板仿真调试一样，也需要一个专用的实时在片仿真器（采用 JTAG 硬件调试口的，称为 JTAG ICE），不过与实时在板仿真器相比，它的价格就便宜了。例如一台应用于 AVR 的 JTAG 仿真器 JTAGICE mkII，其原装价格仅在 2 000 元左右，而国内推出的 JTAG ICE 仅数百元。

　　使用实时在片仿真器进行系统调试时,其系统的组成和连接方式与使用实时在板仿真器类似(见图 4-2)。JTAG 仿真器一般也是使用串行口(COM 口或 USB 接口)或并行口(打印机口)与 PC 机通信;不同之处在于,另一端的接口是直接与目标机系统上 MCU 芯片的 JTAG 引脚连接,不需要将芯片从系统上取下。

　　在 PC 机上也需要安装与相应的 JTAG 仿真器配套使用的专用调试系统软件。在目标板上的 MCU 运行时,用户可以通过 PC 机来读取和跟踪 MCU 的运行数据和过程,并通过仿真器控制 MCU 的运行,同时观察系统外围器件和设备的运行结果,分析、调试和排除系统中存在的问题。由于在这种运行调试方法过程中直接获得的是真实的 MCU 数据和状态,所以称为实时在片仿真调试技术。

　　在 AVR 中,大部分 megaAVR 系列芯片都支持 JTAG 硬件调试口。而对于引脚数少的 tinyAVR 芯片,则使用了一种新的单线硬件调试接口技术——Debug-WIRE。顾名思义,它只使用了一根线,就能将芯片内部各部件的工作状态和数据传送到外部,比 JTAG 使用了更少的接口引脚。

### 4. 编程烧录器

　　编程烧录器也称为程序烧录器或编程器,它的作用是将开发人员编写生成的嵌入式系统的二进制运行代码下载(写入)到单片机的程序存储器中。高档的编程器一般称作万用编程器,它不仅可以下载运行代码到多种类型和型号的单片机中,还可以对 EPROM、PAL、GAL 等多种器件进行编程。

　　目前,性能较好的仿真器也都具备了对其可仿真的 MCU 的编程功能,这样就可以不用专门购置编程器设备。当单片机芯片具备 ISP 功能时,程序的下载更加简单了,一般通过 PC 机的串行口或并行口,使用简单的软件就可将编译生成的嵌入式系统的运行代码直接下载到 MCU 中。

　　现在一些新型的单片机内部都集成了一种标准的串行接口 JTAG,专门用于在线仿真调试和程序下载。使用 JTAG,可以简化仿真器(无须使用专用的仿真 MCU)和编程器的结构,甚至可以淘汰专用仿真器和编程器,而将 PC 机直接与系统板连接(一般经过简单的隔离),利用系统板上的 MCU 直接实现在线的仿真调试,这为嵌入式系统的设计提供了更为有效和方便的开发手段和方法。当系统使用贴片封装或 BGA 封装的小体积芯片和器件时,它的优点尤为突出。

## 4.2.4　AVR 单片机嵌入式系统的软件开发平台

　　ATMEL 公司为开发使用 AVR 单片机提供了一套免费的集成开发平台:AVR Studio(http://www.atmel.com)。该软件平台支持 AVR 汇编程序的编辑、编译、链接以及生成目标代码。同时该软件还内嵌 AVR GCC(WinAVR)高级语言接口,内含 AVR 软件模拟器。平台内部集成的仿真调试平台还用于配合 ATMEL 公司设计推出的多种类型的评估板和仿真器,如 STK500、STK600,实时在片仿真器 JTAGICE mkII,

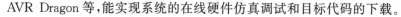

AVR Dragon 等,能实现系统的在线硬件仿真调试和目标代码的下载。

此外,一些第三方公司也推出了许多采用高级语言编程的开发平台,用于 AVR 单片机系统的开发。

采用高级程序语言 C 的开发平台有:

➤ ICCAVR(http://www.imagecraft.com/software);

➤ CodeVision AVR(http://www.hpinfotech.ro);

➤ IAR Systems(http://www.iar.com);

➤ GNU GCC AVR(http://www.avrfreaks.net)。

此外,也采用高级程序语言 BASIC 的开发平台,比较流行的是:

➤ BASCOM - AVR(http://www.mcselec.com)。

其中 GNU GCC AVR 是完全免费的软件;而 ICCAVR、CodeVision AVR、IAR System、BASCOM - AVR 等均为商业软件,但它们都有提供给用户试用的 DEMO 版本(在功能上、时间或代码量上有限制),可以从网上免费下载。这些 DEMO 版软件基本能够适合在开始学习起步阶段的使用。

本书将介绍 ATMEL 公司提供的 AVR Studio 4 的使用,并以 C 语言为设计手段的 CodeVision AVR(简称 CVAVR)作为本书使用的软件开发平台。这是因为采用 C 语言开发嵌入式系统已成为当前的发展趋势和主要手段。

由于 AVR 单片机具有 ISP 性能,其程序存储器具有可多次编程及在线下载的优点;加上采用高级程序设计语言来开发单片机系统具有语言简洁,使用方便灵活,表达能力强,可进行结构化程序设计等优点;再配合软件模拟仿真调试;使得我们可以不必购买价格在几千元的仿真器和编程器,就能够很好地学习和掌握 AVR 单片机嵌入式系统的设计和开发。

为配合本书的学习,我们专门设计了一套开放式的,性能良好,方便学习,制作简便的"AVR - 51 多功能单片机系统学习实践开发板"。它不仅便于初学者的学习和实践的使用,同时也适用工程师作为产品设计和开发的前期使用。建议有条件的学习者,按本书提供的设计和指导,自己动手 DIY 制作,配合本书用于 AVR 单片机的学习和实践。这是一个真正的起步。

### 1. 汇编语言开发平台

ATMEL 公司提供免费的 AVR 汇编语言编译器。由于在 AVR Studio 平台中已经将 AVR 汇编语言编译器集成在一起,所以可以在 AVR Studio 中直接完成 AVR 汇编代码的编辑、编译和链接,生成可下载的运行代码。

由于 AVR 的指令与 C 语言有很强的对应性,再加上 AVR 汇编语言编译器有强大的预编译能力,如宏、表达式计算能力等,所以使用 AVR 汇编语言编写出的代码可读性也是很强的。如果不想在编译及软件平台工具上花费,直接采用汇编语言编写系统软件的话,AVR Studio 是唯一的选择。

另外,在 AVR Studio 中还提供了一个纯软件的软件模拟仿真环境,在此软件环境的支持下,单片机的系统程序可以在 PC 机上进行模拟运行(完全脱离硬件环境),以实现第一步的软件调试和排错功能。

部分第三方的高级语言开发平台不具备软件模拟仿真环境和在线实时仿真的功能,但它们都能够生成在 AVR Studio 中所支持的、用于仿真的调试文件,这样将高级语言的开发平台与 AVR Studio 配合在一起,就能构成并实现一个基于高级语言的软仿真和在线实时仿真调试的开发环境。

## 2. 高级语言开发平台

由于 AVR 单片机自身的优势,吸引了大量的第三方厂商为 AVR 单片机编写开发出各种各样的 AVR 高级语言编译器和开发软件平台。很少有一个 8 位单片机能有这么众多的编译器及开发平台可供选择,仅使用 C 语言的开发平台就有 4 个。

目前不管是针对 8 位机系统,还是针对 32 位机的系统,基本上都是使用 C 语言来编写系统代码。尽管所有 C 语言开发平台其使用的 C 都是建立在标准 ANSI C 语言的基础上,但是由于嵌入式系统的开发与所使用的 MCU 和硬件系统有着非常紧密的关联,所以任何一款开发平台所使用的 C 语言都能"兼容"标准 C,并在此基础上进行了不同的扩展。因此不同的平台之间,无论是在性能上还是在使用上,都存在许多差别,并不完全"兼容"。

所有这些编译器的厂商在其网站上都提供了免费试用版本的下载,用户可以试用一段时间,在比较它们之间的优缺点之后再选择购买。

下面就对其中的几种高级语言编译器和开发软件平台进行简单介绍。

### 1) IAR Systems 的 Embedded Workbench 编译器

IAR Systems 是非常著名的嵌入式系统编译工具的提供商。如果访问其网站,就会发现它几乎为所有的 8 位、16 位、32 位的单片机和微处理器提供 C 编译器,由此可见其在业界的地位。正因为如此,当初 ATMEL 在开发和设计 AVR 时,决定咨询 IAR Systems 的编译器设计工程师,商讨如何设计 AVR 的结构,使其对使用高级语言时的编译效率更高。此后,IAR Systems 与 ATMEL 一直保持着良好的而又紧密的合作关系,这使其设计出来的编译器的编译效率也是同类中最高的。但由于其适用性和价格偏高的问题,影响了市场的推广应用。

IAR Systems 的 Embedded Workbench 是一个大型的集成环境开发平台,包括编译器和图形化的调试工具,能够完成系统的设计、测试和文档工作。用户可以在其中完全无缝地完成新建项目,编辑源文件,并进行编译、链接和调试等工作;还可以同时打开多个项目,以及很容易扩展集成诸如代码分析等外部工具。

其 C 编译器和汇编编译器支持几乎所有 AVR 芯片,具备以下特点:

➢ C 编译器支持 ISO/ANSI C 的标准 C 和可选的 Embedded C++编译器;

➢ 所有代码都可重入;

> 有多种存储器模型和指针类型,以充分利用存储器;

> 内建有针对 AVR 优化的选项,多重的代码大小和执行速度的优化控制;

> 针对 AVR 的语言扩展,以适应嵌入式编程;

> 新增的强大全局优化器;

> 可以直接在 C/C++中编写快速易用的中断处理函数;

> 高效的 32 位和 64 位的 IEEE 兼容的浮点运算;

> 扩展的 C 和 EC++的函数库,并可进行数学和浮点运算。

IAR Systems 的网站地址为 http://www.iar.com。

**2) IMAGE CRAFT 的 ICCAVR 编译器**

这是 IMAGE CRAFT 提供的一款低成本、高性能的 C 语言编译器,其包括了 C 编译器和 IDE 集成编译环境,简称 ICCAVR。

该编译器其支持所有的 AVR 系列芯片,自动生成对 I/O 寄存器操作的 I/O 指令。其编译器是对 LCC 通用 C 编译器的移植,完全支持标准的 ANSI C,支持 32 位的长整数和 32 位的单精度浮点数运算,支持在线汇编,同时也能和单独的汇编模块进行接口。拥有包括 printf、存储器分配、字符串和数学函数的 ANSI C 库函数的子集函数库及针对特定目标访问片上 EEPROM 和各种片上外设的函数库。可以生成用于 AVR Studio 源码级调试的目标文件。在其 IDE 中包含了对项目的管理、源文件的编辑、编译和链接源进行选择的设置,还有内嵌的 ISP 编程界面。但是由于该编译器源自通用 C 编译器,其几乎完全不支持位寻址。

IMAGE CRAFT 的网站地址为 http://www.imagecraft.com,网站提供 30 天的试用版下载。国内广州双龙公司是 ICCAVR 的代理商。

**3) HP Info Tech 的 CodeVision AVR 编译器**

CodeVision AVR 是 HP Info Tech 专门为 AVR 设计的一款低成本的 C 语言编译器。它产生的代码非常严密,效率很高。它不仅包括了 AVR C 编译器,同时也是一个集成 IDE 的 AVR 开发平台,简称 CVAVR。

CVAVR 支持所有片内含有 RAM 的 AVR 芯片,具备以下特点:

> 支持 bit、char、short、int、long、float 以及指针等多种数据类型,并充分利用存储器;

> 内建有针对 AVR 优化的多种选项;

> 支持内嵌汇编;

> 内部扩展了大量的、支持与典型标准外部器件连接操作的接口函数(如标准字符 LCD 显示器、$I^2C$ 接口、SPI 接口、延时、BCD 码与格雷码转换等);

> 可以直接在 C/C++中编写快速、易用的中断处理函数;

> 高效的 32 位和 64 位的 IEEE 兼容的浮点运算;

> 扩展的 C 和 EC++的函数库,并可进行数学和浮点运算。

HP Info Tech 的网站地址为 http://www.hpinfotech.ro,网站提供试用板(3KB 代码限制)安装程序的下载。清华大学出版社出版的《嵌入式 C 编程与 Atmel

AVR》一书中,对 CVAVR 的使用和程序设计给出了全面和详细的介绍。本书也采用 CVAVR 作为主要开发平台。

**4) GNU GCC AVR(WinAVR)**

GNU GCC AVR 是著名的自由软件编译器的 GNU GCC 的 AVR 平台的移植。其包括两部分:编译和链接的命令行程序包和针对 AVR Libc 的函数库。如同其他 GNU 协议下的软件一样,所有这些都是以源程序的形式发布,用户可以根据其自身的计算机平台进行配置编译,生成适合用户自身计算机平台的可执行的 GNU GCC AVR 版本。对于 Windows 用户,也有已经预先编译好的可直接运行的二进制版本(也叫作 WinAVR)可供下载。

GNU GCC AVR 的特点如下:

➢ 所有源代码都是向用户开放,完全免费;

➢ GNU GCC AVR 本身支持 ANSI C/C++/Embedded C++;

➢ GNU GCC AVR 编译后的代码执行效率仅次于 IAR Systems 的 Embedded Workbench 编译器;

➢ 支持几乎所有的 AVR 器件;

➢ 包括兼容 ANSI C 的部分标准函数库和针对 AVR 的各个外设的函数库;

➢ 缺乏专业的技术支持。

用户可以在 http://www.avrfreaks.net 上获得最新的 GNU GCC AVR 软件包,以及可以在 Windows 环境下直接使用的 WinAVR。WinAVR 也是一个免费的软件,因此在 AVR Studio 中对 WinAVR 开放了接口,用户安装 WinAVR 后,可以直接在 AVR Studio 中打开使用,使得 WinAVR 成为 AVR Studio 中集成高级语言 C 的编译平台(注意:AVR Studio 和 WinAVR 是不同的 2 个平台,需要分别下载和安装)。

**5) 几种 C 语言开发平台的对比**

表 4-1 给出上述 4 种 C 语言开发平台的对比。

表 4-1　AVR 的 4 种 C 语言开发平台的比较

| 项　目 | IAR Systems | ICCAVR | CodeVision | GNU GCC AVR(WinAVR) |
|---|---|---|---|---|
| 代码效率 | +++ | ++ | ++ | ++ |
| 价格 | $ $ | $ | $ | Free |
| 易用性 | ++ | +++ | +++ | + |
| 与 AVR Studio 集成度 | ++ | +++ | +++ | +++ |
| 技术支持 | + | +++ | +++ | - |

**6) BASCOM - AVR**

BASCOM - AVR 是 MCS Electronics 公司设计的一款针对 AVR 系列单片机的 BASIC 编译器,其软件包由 BASIC 编译器和 IDE 集成编辑环境组成。IDE 集成编辑环境支持对源代码的高亮显示,并提供上下文提示,以提高编码效率。IDE 集成编辑环境还包含了一系列工具及图形化的模拟仿真环境,无须连接硬件,就可以通过它对 LCD、LED、UART 和 GPIO 端口进行仿真。此外,还可以在 IDE 集成环境中对目标板进行 ISP 编程。其主要特点如下:

> 采用可带语句标示符的结构型 BASIC 高级程序设计语言编程,程序语句和 Microsoft VB/QB 高度兼容;

> 结构化的 IF－THEN－ELSE－ENDIF、DO－LOOP、WHILE－WEND 和 SELECT－CASE 程序设计;

> 变量名和语句标识符长达 32 个字符;

> 支持位(Bit)、字节(Byte)、整型(Integer)、字(Word)、长型(Long)、字符串 (String)多种类型的变量;

> 编译产生的运行代码可在所有带内部存储器的 AVR 微控制器中运行;

> 为标准 LCD 显示器、$I^2C$ 芯片和单总线协议芯片等扩充了大量的专用语句;

> 内置模拟终端和程序下载功能;

> 自带内置的图形软件模拟仿真平台,同时支持并采用 AVR Studio 作为其软件模拟仿真器;

> 完善的联机帮助功能和大量的例程。

BSACOM－AVR 是采用结构型 BASIC 作为程序设计语言,简单易学,尤其适合中学生、大中专学生学习使用,以及开发一些相对简单的小系统使用。用户可以到 MCS Electronics 的网站 http://www.mcselec.com 下载试用版(4 KB 代码限制)。清华大学出版社出版的《AVR 单片机 BASIC 语言编程及开发》一书中,对 BASCOM－AVR 的使用和程序设计给出了全面、详细的介绍,读者可以参考学习。

## 4.2.5　AVR 实验开发板

### 1. STK500 系列开发板

STK500 系列开发板是 ATMEL 公司推出的一套基于 AT90 系列和 megaAVR 系列的 AVR 开发评估板和相应的适配板,以使用户能快速入门和了解、使用 AVR 芯片。用户在产品设计过程也可在这些开发板上完成初步的验证,免去了自己制板的成本与风险。STK500 系列评估板包括 STK500 主板和 STK501、STK502、STK503、STK504、STK505、STK520 等子板。

STK500 是 ATMEL 公司推出的主要针对 40 脚及以下 DIP 封装的 AT90 和 megaAVR 系列单片机的评估开发板。其具有高压并行和 ISP 编程功能以及 JTAG 仿真接口,同时还配备了一些 LED 和按键。它们可以通过扁平线与单片机的端口连接,用于观察端口的电平变化,或者手动触发端口电平的变化。这在没有仿真的情况下是非常有用的。在板上除了一个用于下载程序的 RS－232 接口外,还有一个 RS－232 接口,通过跳线可以与单片机的 USART 连接,完成与 PC 机进行通信的任务。另外,板上还有一个振荡电路,用户可以根据自己的需求选择不同的时钟源驱动单片机。图 4 - 3 所示为 STK500 开发板。

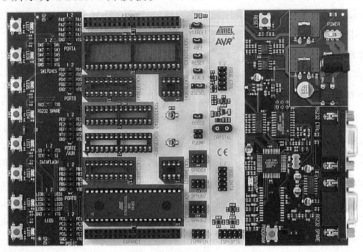

图 4 - 3　STK500 开发板

由于许多 AVR 芯片采用 TQFP 的贴片封装，不能直接在 STK500 上使用，所以 STK500 还配有多种不同形式的顶置模块子板，以适合各种封装形式的 AVR 使用。图 4 - 4 为顶置模块子板 STK501，专门应用于 TQFP - 64 封装的 AVR（ATmega103/ATmega64/ATmega128）使用。

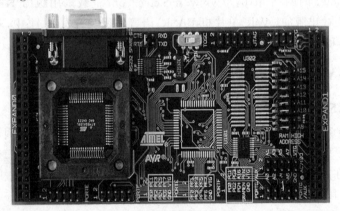

图 4 - 4　STK501 子板

STK501 作为 STK500 的子板，配有安装 ATmega 103/ATmega 128 的 ZIF 插座和 TQFP - 64 的 PCB 封装，它需要安装在 STK500 上才能完成对 ATmega128 的开发（见图 4 - 5）。此外，由于 ATmega128 有两个 USART 口，所以在 STK501 上还扩展了一个额外的 RS - 232 口及 32 kHz 的 RTC 振荡器。

STK500 配备的顶置模块子板有 STK501、STK502、STK503、STK504、STK505、STK520 等。它们都必须与 STK500 配合，以适合各种封装形式和不同型

图 4 - 5　使用 STK500 ＋ STK501 开发 ATmega128

号的 AVR 使用。用户在 AVR Studio 软件环境的在线帮助中,可以了解到它们的具体特点和使用方法。

## 2. AVR - 51 多功能实验开发板

AVR - 51 多功能实验开发板,是华东师范大学电子科学技术系 AVR 实验室基于"模块独立、开放、灵活"的思想而设计的,是一款适用于初学者使用的多功能实验开发板。

传统的单片机实验系统透明度不高,实验板上的芯片、接口都是固定连接的,学生只需很少接线,甚至不需要(不能)改变硬件连接,就能直接进行编程设计。这就把单片机以硬件为主,软硬结合的训练变相地转化成了纯软件的训练。

单片机系统具有"硬件决定软件,程序基于硬件"的特点。在外表上实现相同功能的系统,其硬件设计往往有多种形式,系统软件的设计和实现也不同。硬件设计的不同,例如接口一旦改变,接口地址就会变化,程序也就要跟着变。

AVR - 51 多功能实验开发板本着使学习者在硬件设计和软件设计方面两个层面上,都能得到全面、综合、真正的训练和学习的目的,一改以往的固定线路、固定接口、固定芯片的模式,对开发板上的硬件资源采用了全部开放的结构,提供了比较丰富的接口,以及众多构成单片机系统最常使用的、同时也是最基本的外围功能电路。板上的单片机引脚全部开放,同时将在单片机系统中最常使用的显示器、按键、键盘等都作为独立的开放单元模块,其连接信号接口和电源接口也是开放的。这样用户就可以非常灵活地根据需要构建自己的系统。

AVR - 51 多功能实验开发板不仅可用于配合本书教学实验,而且也适合单片机系统的设计开发人员作为产品开发前期使用的开发板。该板由国内"中国电子网"批量生产(http://www.ourdev.com),读者可以从该网站邮购。

AVR 单片机嵌入式系统原理与应用实践(第 3 版)

该实验板分成三大部分:系统电源、2 个 MCU 锁紧插座和外围功能模块单元。其中外围功能模块单元分成 A~O 共 15 个区域。图 4-6 为 AVR-51 多功能实验开发板实物图,附录 B 给出该板详细的电路原理图。有兴趣和能力的读者也可以参考该电路,自己制作实验板。

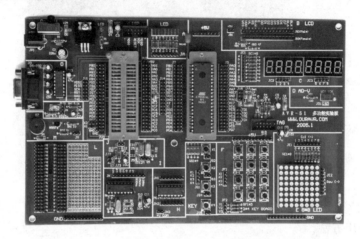

图 4-6 AVR-51 多功能实验开发板

下面对该板的功能和特点进行简单介绍,以方便今后的使用。

**1) 系统电源**

在 8~12 V 输入电压范围内提供稳定的系统工作电源,配有电源指示灯、极性保护电路及开关。工作时,输入电压为 9 V,经过 7805 线型稳压,输出 5 V/1 A。同时,板上还有多个高、低频电源滤波电容。

**2) MCU 锁紧插座**

实验板的中间部分有两个 40 引脚的锁紧插座,供 MCU 插入使用。其主要特点如下:

➤ 2 个 40 引脚锁紧插座引脚全部是开放的,与外围没有任何的连接。

➤ 左边 40 引脚锁紧插座与 JU1 短路排(6 组)、X2 和 X1 短路排(2 组)、JU2-GND 和 JU3-Vcc(2 组)配合,构成与通用 51 系列 40 引脚单片机引脚兼容的方式,适用于 AT89S5x 系列单片机和 ATmega8515 单片机。

➤ 右边 40 引脚锁紧插座与 JU4 短路排(10 组)、JU7 短路排(3 组)、JU8(4 组)配合,适用于 ATmega16、ATmega8535 和 ATmega32 单片机。

➤ 左边 40 引脚锁紧插座顶部的 2×5 针的插座为 ISP 下载接口,用于配合支持 ISP 方式的编程器或下载线对 AT89S5x 和 AVR 单片机进行程序下载和熔丝位的配置。

➤ 右边 40 引脚锁紧插座的右下角处 2×5 针的插座为 JTAG 接口,用于配合使用专用的 JTAG 仿真器实现对含有 JTAG 接口的 AVR 单片机进行在片实时仿真调试(On Chip Debug),以及程序下载和熔丝位的配置。

> 由于 2 个锁紧插座的 40 个引脚全部是开放的,因此当 2 个锁紧插座中的任何一个插入单片机后,另一个就可作为扩展插座使用,例如插入 DIP 封装的 EEPROM 芯片24C02做 $I^2C$ 通信实验等。

> 原则上该板可以适合任何 DIP 封装且引脚在 40 引脚以内的单片机的使用。但此时需要用户使用更多的连接线进行必要的连接,同时还要考虑匹配适当的编程器,以及该单片机 I/O 口的驱动能力问题($>10$ mA)。

> 该板最适合 40 引脚以内 DIP 封装的 AVR 单片机和 AT89S5x 系列的 51 单片机使用。因为这些单片机使用相同的 ISP 编程技术,所以配合相应的 ISP 下载线都能实现程序的下载,而不必另外配置专用的编程器。同时它们的 I/O 驱动能力都大于 20 mA,可以直接驱动 LED 显示。

**3) 短路排**

在 AVR‐51 多功能实验开发板上,对 ATmega16 采用默认的短路片连接,构成最小系统:将 ATmega16 插入右边的 40 引脚插座中锁紧,将 JU4 短路排(10 组)、JU7 短路排(3 组)、JU8 短路排(4 组)共 17 组短路排用短路片连接,同时将 JN 短路跳针的中心与上方的跳针(AVR)短接。17 组短路排的作用如表 4‐2 所列。

**表 4‐2　使用 ATmega16 时短路片的默认连接**

| 短路排 | 连 接 | | 说 明 |
|---|---|---|---|
| JU4 | ISP MOSI | PB5 | 与 ISP 接口连通,用于 ISP 方式的下载程序和配置熔丝位。如果在实验中,PB5、PB6、PB7 还作为 I/O 口使用时,注意不要直接与 5 V 电源或地连接,防止与 ISP 发生冲突,造成无法进行程序下载 |
| | ISP MISO | PB6 | |
| | ISP SCK | PB7 | |
| | ISP RESET | RST | |
| | +5 V | $V_{CC}$ | 提供芯片的工作电源 |
| | GND | GND | 芯片接地引脚 |
| | 外部晶体 | X2 | 当使用芯片内部 RC 振荡源时,X2、X1 的短路片可以不用 |
| | 外部晶体 | X1 | |
| | MAX202 R2out | PD0 | 当不使用芯片的 USART 功能时,这 2 个短路片可以不用,此时 PD0、PD1 可作为普通 I/O 使用 |
| | MAX202 T2in | PD1 | |
| JU7 | C7 | AREF | ADC 参考电压输入端。默认接 C7 滤波电容,使用内部参考电压 |
| | GND | GND | 芯片接地引脚 |
| | +5 V | $AV_{CC}$ | 提供芯片 A 口(ADC)的工作电源,通过 L1、C8 滤波 |
| JU8 | JTAG TDI | PC5 | 与 JTAG 接口连通,用于 JTAG 方式的在线仿真调试,以及下载程序和配置熔丝位。当不使用 JTAG 方式时,这 4 个短路片可以不用,此时 PC5、PC4、PC3、PC2 作为普通 I/O 使用 |
| | JTAG TDO | PC4 | |
| | JTAG TMS | PC3 | |
| | JTAG TCK | PC2 | |
| JN | JN 的中心针与 AVR 针短接 | | AVR 采用低电平复位,正常工作时,$\overline{RESET}$ 引脚接高电平 |

**4) 外围功能模块单元**

外围功能模块单元分成 A～O 共 15 个区域。

A 区　8 路 LED 发光二极管,用于输出显示。

B 区　标准 2×16 字符的 LCD 液晶显示器接口,同时还兼容 3310 图形液晶显示器接口。3310 图形液晶显示器可以显示 84×48 点阵图形,能显示 3 行中文,每行 7 个汉字。

C 区　8 位 8 段 LED 数码管显示器,采用共阴极接法,动态扫描方式点亮。

D 区　这是一个由精密电位器与电源组成的 0～5 V 的可调直流电压源,可提供 0～5 V 可调直流电压信号,作为 ADC 的输入电压源,用于实现 A/D 转换、直流电压表、模拟温度计等实验。

E 区　8×8 LED 点阵显示模块,用于进行点阵字符、小型广告屏、电梯运行指示器等实验。

F 区　4×3 矩阵键盘。

G 区　4 个独立按键,用于按键输入、外部中断输入等。使用 JG1～JG4 短路片可以将一位 I/O 口对地短路。连接 $\overline{\text{RESET}}$ 线,可以实现人工复位。

H 区　7 路 300 mA 功率驱动,用于驱动小型步进电机、继电器等。

I 区　系统时钟选择。当单片机使用外部晶体振荡时,可选择 4 MHz 或者 11.059 2 MHz 的晶体。使用 11.0592 MHz 晶体,可产生高精度的 RS-232 通信波特率。

J 区　该区电路可变化为 2 种应用。其一,作为 RC 滤波电路用于对 PWM 输出的平滑;其二,用于使用 DS18B20 数字温度传感器做单总线实验。

K 区　该区模块使用一个 2.048 MHz 的晶体振荡器,经过 CD4060 分频提供 125 Hz～128 kHz、占空比为 50% 的 10 种频率连续方波脉冲信号,可作为频率、周期测量实验的输入信号,外部计数、外部中断等输入信号。

L 区　40 引脚窄型扩展座和标准 PCB 板,用于扩展和插入其他外围芯片。

M 区　该区提供了一个无源蜂鸣器,由 MCU 的某一引脚输出一定频率的方波,就可以发出声响,可作为一个简单的外设。

N 区　单片机外部复位电路选择。由于 AVR 系列单片机采用低电平复位,而 51 系列单片机为高电平复位,因此需要根据所使用单片机的类型正确地选择复位方式。选择通过 JN 短路片确定。

O 区　RS-232 串行接口单元。通过 MAX202 电平转换,连接单片机的 US-ART(UART)口,实现与 PC 的异步通信。

综上所述,整个实验开发系统板提供了以下功能:

(1) 系统的资源与能源。电源供电系统单元、可调直流电压单元(D)和脉冲信号发生器单元(K)为实验提供了必要的条件和手段。电源供电系统为实验板提供了高精度的电源;D 单元为 A/D 转换实验提供了信号;K 单元则为计数、频率测量等提供了信号源。

(2) 基本的输入/输出设备或接口。这部分主要为基本实验提供必要的外围设备:4 键按键单元(G)、4×3 键盘单元(F)、无源蜂鸣器单元(M)、8×8 LED 点阵式显示单元(E)、8 位 LED 数码管显示单元(C)、2×16 字符型液晶显示单元(B)、LED×8

显示单元(A)、功率驱动单元(H)以及 RS - 232(O)等。

(3) 系统的扩展和多功能。单片机引脚的全部开放,采用 2 个 40 引脚的锁紧插座。扩展插座(L)、系统时钟选择(I)、外部复位选择(N)等使得实验板可以非常灵活地扩展、组合,同时也适合多种类型及不同引脚数的单片机使用。用户能根据需要,采用不同的连接方式,构成新的系统电路或新的 MCU 系统,以兼容更多的实验和应用的需要。

由于 I²C 总线、SPI 总线、单总线(1 - WIRE)通信接口均是串行通信方式,使用连接线少,因此在做这些实验时,只要将相关的外围芯片插入扩展座中,再使用几根连接线接电源、地和接口引脚就可以了。

对于 AVR 单片机所有的基本功能和单元实验,如 I/O 使用、ADC、时钟、中断、PWM、键盘、按键、LED、LED 数码管、LCD 显示、测频率、测周期(利用板上的 125 Hz~128 kHz 的方波源)、功率驱动、蜂鸣器、RS - 232 等,都可以在板上实现。

如果将这些单元有机的组合,就可以实现一些实际电子产品的设计,如带音乐报时的实时时钟、秒表、频率计、速度表、电话拨号器、电压表、LED 广告屏、计算器等。

## 4.2.6 AVR 编程调试工具

编程器和在线仿真调试器是学习开发嵌入式系统的重要工具,其中编程器是必备的工具。因为只有通过编程器,才能把 PC 机开发平台中所生成的系统执行代码写入(下载)到目标板上的单片机中。完成这一步后,设计的系统或产品才能真正的开始运行工作。

ATMEL 公司提供多种配合 AVR 开发使用的编程调试工具,它们的功能及所支持器件种类的范围各有不同,价格也不同,用以满足不同开发应用场合的需要。在开发平台 AVR Studio 的"帮助"中,有 ATMEL 公司所有 AVR 开发工具的介绍和具体使用方法的说明。针对 AVR 的学习和一般开发应用的场合,本书推荐以下 2 款常用的编程调试工具。

### 1. AVR JTAGICE mkII

AVR JTAGICE mkII(见图 4 - 7)是 ATMEL 公司推出的、支持 8 位 AVR 全系列和 32 位 AVR32 的主要工具之一。它同时具备 ISP 在线编程下载和在片实时仿真调试 OCD 两大功能。

AVR JTAGICE mkII 可以通过 USB 接口或 RS - 232 接口与 PC 连接,在上位机开发平台 AVR Studio 的控制下,可实现 SPI、JTAG、PDI、aWire 共 4 种方式的 ISP 在线编程;支持 debugWIRE、JTAG、PDI、aWire 共 4 种接口的在片实时仿真调试。AVR JTAGICE mkII 功能完备,支持芯片种类齐全,价格在 2 500 元左右。

### 2. AVR Dragon

AVR Dragon 是 ATMEL 公司推出的一款经济型、低价格的 AVR 开发工具。虽然是"经济"和价格低(约 500 元),但其性能却一点也不差,是一款性价比非常高的工具。AVR Dragon 同时支持 8 位 AVR 全系列和 32 位 AVR32 的开发,除具备在片实时仿真调试 OCD 功能外,它还支持包括 ISP 在线编程下载的更多编程模式的接口,这个性能是 AVR JTAGICE mkII 所不具备的。

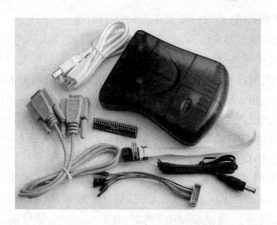

**图 4 - 7 AVR JTAGICE mkII 在片仿真调试编程器**

AVR Dragon 支持 debugWIRE、JTAG、PDI 共 3 种接口的在片实时仿真调试；而它支持的编程模式和接口如下：

➤ ISP 编程模式，支持 SPI、JTAG、PDI、debugWIRE 共 4 种方式；

➤ 高压串行编程模式（High Voltage Serial Programming）；

➤ 高压并行编程模式（High Voltage Parallel Programming）。

后 2 种高压编程模式是传统的编程模式，属于离线方式的编程，要求芯片必须单独放在一个专用的烧写座上。一旦由于某些错误操作，例如错误地设置了芯片的熔丝位，将 ISP 编程口禁止了，那么最后的解决方法就必须采用高压模式进行解救。高压串行编程模式主要适用于 8 引脚以下的 AVR 芯片，而 20 引脚以上的 AVR 芯片都可以使用高压并行编程方式烧写代码和配置内部的熔丝位。

图 4 - 8 是 AVR Dragon 的实物图，它没有外壳包装，仅提供支持 ISP、JTAG 及 USB 的接口线。如果需要使用高压编程，用户还需要自己在右边的空白处加装相应的高压编程座。没有外壳，体积小，让用户根据需要自己加装编程座，也许就是其被称为"经济型"的原因。

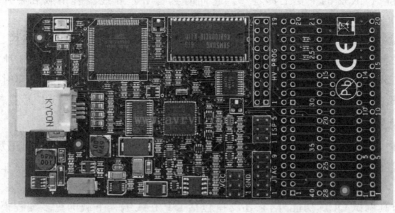

**图 4 - 8 AVR Dragon 在片仿真调试编程器**

### 3. AVR 的 ISP 编程接口

AVR 系列的单片机有多种接口可以实现 ISP 的在线编程,但不同型号的 AVR 具体支持的接口是不同的。使用最多的是通过 SPI 串行接口实现 ISP,因为大部分的 AVR 芯片本身匹配了 SPI 口。另外,还可以通过 JTAG 口实现 ISP 编程,例如 ATmega16 引脚在 40 脚以上的 AVR,一般都配有 JTAG 接口。JTAG 口是双功能的,不仅需要它来实现在片实时仿真调试,同时也能通过该口实现 ISP 的在线下载编程。还有个别型号的 AVR,例如 ATmega128,它是通过 USART 口实现 ISP 下载的。所以用户使用 AVR 时,应仔细查看该型号的器件说明书手册,正确连接下载的接口和连接方式。图 4-9 是通过 AVR 系列单片机 ISP 或 JTAG 口实现 ISP 下载的连接定义图。

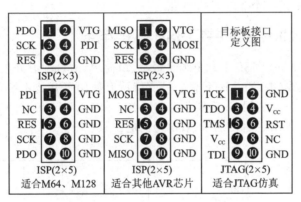

**图 4-9　常用 AVR ISP 下载连接定义图**

用户在设计自己的系统硬件时,要根据使用的芯片具体型号和所选定实现 ISP 的接口,如图 4-9 所示,在 PCB 板上预留出编程需要的接口。如果需要在线仿真调试,那么就只能选择右边的 JTAG 口。如果不需要在线仿真调试,最佳的方案就是通过 SPI 或 USART 口(仅个别型号:ATmega64、ATmega128)实现 ISP 编程。

图 4-9 中已经标出了编程口与芯片引脚的对应关系。按 ATMEL 定义的标准,JTAG 口采用统一的 2×5 插针座;而 SPI 方式定义了 2×5 插针座和 2×3 插针座两种方式。前一种接口是比较早的使用定义;目前基本采用后面 2×3 插针座定义,可以减小 PCB 的面积和成本。

在配合本书使用的 AVR-51 多功能实验开发板上,匹配了 2 个 2×5 插针座:一个对应于 JTAG 口,用于实现在片调试仿真和编程;另一个为普通 ISP 下载接口(见图 4-6)。

# 4.3　自制 ISP 下载电缆

在早期单片机开发和调试系统程序过程中,用于受到器件特性和技术的限制,基本上要依赖于仿真器,通过在板实时仿真调试 OBD(On Board Debug)进行代码的调试和纠错。随着技术的发展,在板实时仿真调试 OBD 技术已经被淘汰了。

由于 AVR 的 Flash 存储器可方便地采用 ISP 技术来实现在线的多次擦写,配合采用高级语言编写代码和软件模拟环境的使用,基本上可以不依赖(或根本不使用)在线/片仿真来开发和调试程序。此时只需要一个简单的 ISP 编程下载线就能完全解决问题。

　　在 ATMEL 公司的 AVR 手册中,详细给出了全部的 ISP 编程协议命令,许多公司和电子工程师根据这个协议设计出了价格非常便宜(只要几十元)、与 ATMEL 官方工具兼容、非常稳定可靠的 ISP 编程线。在本节中,将介绍 2 款比较容易制作、用于 AVR 编程下载的 ISP 编程线。用户可以在淘宝网及国内外许多网站上找到非常多的类似产品的制作方法和出售,但作者更建议读者自己动手,边学习,边实践。特别是 4.3.2 小节的 USB-ISP 下载电缆,其本身就是一个基于 AVR 的产品,本书共享资料中有全部的开源代码和参考资料,无论是实战训练还是想在技术上更深入的学习和提高,它都是一个非常好的项目。

## 4.3.1　STK200/300 并口 ISP 下载电缆

　　STK200/300 并口 ISP 下载电缆是最早、最简单、适合配有并行打印口的 PC 机使用的 ISP 编程线(电缆)。该下载电缆支持所有使用 ISP 技术编程的 AVR 芯片,同时也支持 ATMEL 公司 51 系列兼容芯片 AT89S51、AT89S52、AT89S53、89S8252等。图 4-10 为 AVR 并口 ISP 下载电缆的电路原理图。

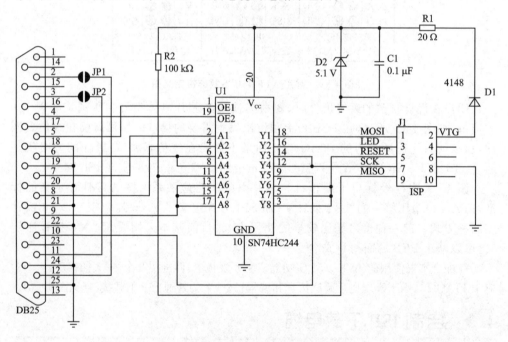

**图 4-10　AVR 并口 ISP 下载电缆原理图**

　　STK200/300 并口 ISP 下载电缆与 PC 机通过并行打印口连接,这也就把它称为"并口"的原因。这里请注意,这个"并口"与 AVR 的高压并行编程模式没有任何关系,是指与 PC 机的接口方式。

　　STK200/300 并口下载电缆实现 ISP 的方法最直接:在 PC 机运行相应的上位机软件;由该软件直接控制 PC 机并行口上的 4 根 I/O 线,产生对 AVR 编程所需的 ISP 串行下载命令,并将数据串行输出,实现执行代码的下载和熔丝位的配置编程。

　　出于安全保护的考虑,为了防止用户使用中的误操作而损坏 PC 机的并行口,图 4-10 中使用高速器件 74HC244 作为缓冲,用于保护计算机的并行口。74HC244 由目标板供电,VTG 经过 D1(极性保护)和 D2(5.1 V 限压保护)使 74HC244 工作在 +3~+5 V。R1 为 MISO 信号线的上拉电阻。

　　制作 AVR 并口 ISP 的成本非常低,是纯硬件产品。采用贴片封装器件时整个电路板可以安装在一个普通 DB25 的接口盒中(见图 4-11)。如果使用的 PC 平台带有并行打印接口,只要配备这样一根下载电缆,再加上开发目标系统板,一套基本的 AVR 软硬件开发环境就建立起来了。

**图 4-11　AVR 并口 ISP 下载电缆实物图**

　　本小节介绍的 AVR 并口 ISP 下载电缆与 STK200/300 下载电缆完全兼容。在 ICCAVR、CVAVR、BASCOM-AVR 等 AVR 高级语言开发平台中,都内嵌有程序编程下载的功能,支持使用多种不同形式的 ISP 下载电缆(编程器)实现对 AVR 的编程操作。STK200/300 是它们支持的下载电缆之一。在使用前,只要在相应的 Programmer 选项栏中选择使用 STK200/300,就可在程序正确编译后直接将运行代码下载到 AVR 芯片中了,不再需要另外软件的支持,非常方便。

　　在另外一个专用的免费 AVR 编程软件 SLISP 中,也完全支持 AVR 并口 ISP 下载电缆的操作。SLISP 是国内广州双龙公司推出的免费 AVR ISP 编程软件,该软件配合 AVR 并口 ISP 下载电缆不但能实现对 AVR 的下载编程,同时也能对 AT89S5x 编程。因此,AVR 并口 ISP 下载电缆是通用的学习 AVR 和 51 的小工具。SLISP 为国内公司推出的,提供中文版的操作界面,非常适合国内用户的使用,也是本书推荐使用的软件之一。

　　如果读者的 PC 机配有并行的打印口,那么使用这根 AVR 并口 ISP 下载电缆作为 AVR 的编程工具是最好的选择。不但工作稳定可靠,下载速度也快,使用非常方便,而且价格也最低廉。在本书共享资料中,提供了有关于 AVR 并口 ISP 下载线的详细使用说明和操作介绍,以便读者在使用过程中参考。

### 4.3.2　USB–ISP 下载电缆

随着笔记本计算机价格的下降,使用手提的人越来越多。这就碰到一个尴尬的问题:现在笔记本计算机一般不配备打印机并行接口,替代的是采用 USB 口,这样就无法使用上面介绍的 AVR 并口 ISP 下载电缆了。本小节介绍一个简易的 USB 接口的 USB–ISP 下载电缆。

简易 USB–ISP 下载电缆仅使用一片 ATmega 8 来模拟实现 USB 接口(见图 4–12 和图 4–13),并通过它直接与 PC 的 USB 口连接。由于 ATmega8 中的固件代码兼容支持 STK500 的协议,所以这个 USB–ISP 下载电缆可以直接在 AVR Studio 平台中使用,成为该平台所支持的一个专用的、简易实用的编程工具。

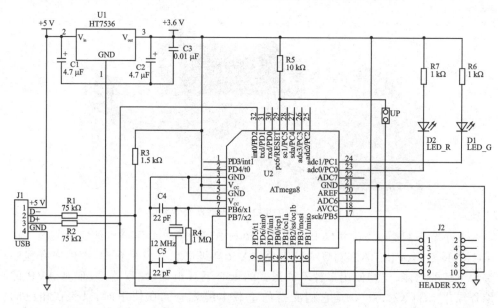

图 4–12　USB–ISP 下载电缆原理图

图 4–13　USB–ISP 下载电缆实物图

图 4-14 是在 AVR Studio 开发环境中与 USB-ISP 下载电缆连接后的操作窗口。在 AVR Studio 开发环境中,与所有 ATMEL 公司所推出的 AVR 编程工具连接操作的主窗口都是相同的,操作方法和过程也类似。因此掌握了在 AVR Studio 开发环境下使用 USB-ISP 下载电缆,也就等于熟悉了其他 ATMEL 公司编程工具的使用。

USB-ISP 下载电缆,其本身就是一个基于 AVR 的产品,本书共享资料中有全部的开源代码和参考资料,并详细给出了安装驱动以及在 AVR Studio 中具体使用的说明。作者之所以提供这个 USB-ISP 的制作方案,出于以下原因:

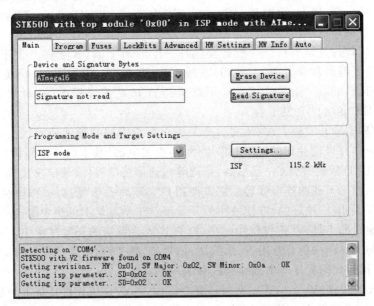

图 4-14　AVR Studio 与 USB-ISP 下载电缆连接后的操作窗口

➢ 硬件非常简单,成本低廉,制作方便,便于自己制作,并且有相当的实际使用价值。
➢ USB-ISP 本身就是 AVR 的具体应用,有全部的开源代码和参考资料,作为实战训练也好,或是想在技术上更深入的学习和提高,它都是一个非常好的项目。
➢ USB-ISP 东西虽小,但在技术上要求高,涉及很多的层面,包括 USB 协议、AVR 的应用、AVR 的编程下载、Windows 的低层硬件接口和驱动程序等。如果能在仿制的基础上,深入学习、了解和掌握这些知识,并能进行改进,那么在技术上的收获将远远超过 USB-ISP 下载电缆本身的价值。

# 4.4　AVR 开发环境的建立

单片机嵌入式系统应用开发的学习,不能仅仅依赖于从书本上学习原理和理论,更主要的学习环节是动手实践。单片机嵌入式系统的应用开发技术是一门实战(践)性很强的学科,也是一门综合性的学科,最好的学习方法是边学习、边实践、边总结和归纳。

在学习了 AVR 单片机的基本结构和汇编指令以后,我们对 AVR 单片机已经有了一个理论上的认识和初步的了解。要想进一步地学习和使用 AVR 单片机,就应该与实践相结合,动手实践是真正掌握单片机与嵌入式系统设计和开发的必要途径。

## 4.4.1　AVR 研发型开发环境

一个 AVR 单片机的研发型开发环境由以下几部分组成:

➤ PC 机。PC 机是 AVR 嵌入式系统设计开发的主要工具之一。一般来讲,拥有一台 586 以上,运行 Windows 98/Windows 2000/Windows XP 操作系统的 PC 机就可以了。

➤ AVR 软件开发平台。一般需要选择一个或两个 AVR 软件开发平台。如果采用汇编语言来开发 AVR 的系统程序,则首选 ATMEL 公司免费提供的 AVR Studio。喜欢和习惯采用高级语言开发系统程序的,可以选取 C 或 BASIC 语言的开发平台。

➤ AVR 实验开发板。AVR 实验开发板是系统实现的硬件环境。在开发板上,除了具有可供使用的 AVR 芯片外,还提供电源、基本的外围器件(LED 发光管、LED 数码管、LCD 显示器、按键等)、通信接口器件、通信连接线、用于执行代码程序下载的连接线等。它方便用户实际动手学习、调试和检验自己的设计。因此,一块好的、方便使用的开发板对于学习是不可缺少的。

➤ 其他辅助工具、设备和软件。在 AVR 嵌入式系统的开发过程中,一些必要的辅助工具和设备有万用表、示波器、信号源、频率计等;工具软件有串口调试软件、执行代码程序的下载编程线和编程软件等。

这里没有提到 AVR 的在线实时仿真器。由于 AVR 单片机具备 ISP 功能,大多数的 AVR 软件开发平台都与 AVR Studio 配合,并使用 AVR Studio 中的软件模拟仿真功能,因此对于学习及开发一些普通的系统,基本可以不必购买价格比较昂贵的 AVR 在线仿真器。当然,在开发一个比较复杂的系统时,手头配备一台 AVR 在线仿真器也是有必要的。

## 4.4.2　AVR 学习型实验开发环境

本书建议和所使用的 AVR 学习型开发环境由以下几部分组成:

➤ PC 机一台,运行 Windows 2000 或 Windows XP 操作系统。

➤ AVR Studio 4.18(http://www.atmel.com,Free)。用于汇编开发,软件模拟调试、执行代码下载以及 AVR 熔丝位配置。

➤ AVR 高级 C 语言开发平台 CVAVR(DEMO 版)(http://www.hpinfotech.ro,Free)。用于 C 语言开发。

➤ 串口调试精灵。用于 PC 机与单片机之间的 RS-232 通信、软件调试等。

➤ AVR-51 多功能实验开发板一套。用作目标实验板。

➤ USB-ISP 下载电缆。用于对目标芯片的执行代码下载以及 AVR 熔丝位配置。如果使用的 PC 机配备有并行打印口,那么建议使用最方便的下载工具:兼容 STK200/300 的并口 ISP 下载电缆。

　　以上所提到的软件都是免费软件或提供 DEMO 的试用版,用户可以从网上下载,或从本书的共享资料中获取。软件的安装都比较简单,用户可以根据安装提示进行安装。如果有条件,可以购买一台 ATMEL 公司推出的一款经济型、低价格的 AVR 开发工具 AVR Dragon,这样除了可以实现编程下载外,还可以学习、了解和使用在线实时仿真调试功能。

# 思考与练习

1. 学习单片机嵌入式系统的原理与应用开发,应具备和掌握哪些方面的基础知识和技能? 为什么?

2. 为什么仅通过书本和课堂是不能学好和掌握单片机嵌入式系统的原理与应用开发的?

3. 简单讲述单片机嵌入式系统的开发过程和步骤,并说明在开发过程中要使用的主要硬件和软件工具是什么?

4. 硬件仿真器和程序烧入器的作用是什么?

5. 一个好的单片机软件开发平台应具备哪些必要的功能?

6. 使用汇编语言和高级程序设计语言编写系统程序各有哪些优点和不足?

7. 通过网络、杂志与广告了解国内外主要的单片机生产商和它们的单片机产品型号,以及相应的开发系统和工具的名称和价格。

8. 本书推荐的学习 AVR 嵌入式系统开发的实验开发环境包含哪些硬件与软件? 有何特点?

9. 建立一个学习 AVR 嵌入式系统开发的实验开发环境,熟悉 AVR-51 多功能实验版的硬件电路图与实际的连接,下载和安装软件开发系统和工具软件。

10. 仔细阅读各软件的使用说明(Online-Help),熟悉软件的使用环境和主要功能。

11. 本书共享资料中有 AVR Studio、CVAVR 等软件使用参考的中文翻译电子文档,可以作为辅助参考资料,但最好阅读英文原文,可以得到更详细、准确的帮助。

---

**本章参考文献:**

[1] ATMEL. AVR Studio 在线帮助(中文,共享资料). www.atmel.com.

[2] 周万程. AVR 操作使用详解(中文,共享资料).

# 第 **5** 章

## 实战练习(一)

本章的实战练习将以一个最简单的设计为例,指导读者完成以下的实践:

➤ 使用 AVR 汇编语言进行系统程序设计与系统实现。

➤ 初步掌握使用 AVR 免费开发平台 AVR Studio。在该开发平台的支持下,完成汇编源程序的编写及程序的软件模拟调试等开发过程。

➤ 掌握 AVR - 51 多功能实验板使用方法;完成实现硬件系统电路的连接;使用 ISP 下载电缆配置 AVR 的熔丝位及运行代码下载。

➤ 初步掌握 CVAVR 高级 C 语言开发软件的使用。

作为动手实践的一个起步,读者通过该示例的完成和实现,可以对使用汇编语言和 C 语言开发单片机嵌入式系统的过程与特点,以及相关的硬件和软件工具有一个基本的了解。

## 5.1 秒节拍显示器系统的设计

### 5.1.1 秒节拍显示器硬件设计

2.6.6 小节给出了一个使用 ATmega16 构成的 AVR 的简单系统。这个系统就是一个简易的"秒节拍显示器"。这个秒节拍显示器的功能非常简单,就是用 AVR 单片机控制一个 LED 发光二极管,让它亮 1 s,暗 1 s,不间断地闪烁,构成一个简单的秒节拍显示器。图 5 - 1 是它的电原理图。

秒节拍显示器的硬件电路组成非常简单,图中使用一个 AVR 芯片和 LED 发光二极管作为秒信号的显示。当 ATmega16 的 I/O 引脚 PC0 口输出为"0"时,LED 导通发光;输出为"1"时,LED 截止熄灭。电阻 R3 起保护限流作用,控制 LED 的导通电流在 5~10 mA。适当调整 R3 的阻值,可以调节 LED 的亮度,并限制流过 LED 和 PC0 口的电流,保护其不被大电流烧毁。

在虚线框中,是最小系统的构成。其中 R1 为 $\overline{\text{RESET}}$ 引脚的上拉电阻,保证了该引脚可靠的高电平。系统采用外接 4 MHz 晶体和芯片内部的振荡电路组成时钟电路,产生 4 MHz 的脉冲作为系统的时钟信号,此时单条指令的执行时间为 0.25 $\mu$s。

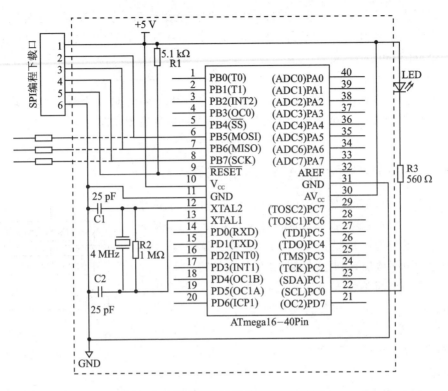

**图 5-1 简单的秒节拍显示器电原理图**

电容 C1 和 C2 应与具体使用的石英晶体配合(参考具体生产厂的说明),一般范围为 20～30 pF,改变 C1、C2 的值,可以对 4 MHz 的频率进行微调。R2 与晶体并联,其作用是稳定晶体的阻抗,提高振荡电路的稳定性。

图中的 ISP 编程下载口的 2、3、4、5 脚与芯片 SPI 接口的 MOSI(PB5)、MISO (PB6)、SCK(PB7)和 $\overline{\text{RESET}}$ 引脚连接。当需要改动 AVR 的熔丝位配置,或将编译好的运行代码烧入 AVR 单片机的 Flash ROM 中时,就不需要将芯片从 PCB 板上取下,只要将一根简单的编程线插在该编程下载口上,利用 PC 机就可以方便地实现上面的操作。

如 2.6.5 小节所介绍,当 PC 机对 AVR 编程时,需要先将 SCK 和 $\overline{\text{RESET}}$ 引脚拉低,使 AVR 芯片进入 SPI 编程状态,然后通过 SPI 口进行下载操作。因此,在设计 AVR 系统硬件时,如果考虑使用 SPI 口实现 ISP 的功能,则图中的 R1 电阻不可省略。此时 R1 起到了上拉隔离作用,正是有了 R1,才能使用户在外部对 $\overline{\text{RESET}}$ 引脚施加低电平(0 V)。当编程下载完成后,外部一旦释放掉 $\overline{\text{RESET}}$,该引脚通过 R1 又被拉成高电平,AVR 就直接进入了正常运行工作状态。R1 的阻值在 5～10 kΩ 之间,太大和太小都不合适。

由于 ATmega16 内部集成了 1/2/4/8 MHz 4 种频率的 RC 振荡源,因此图 5-1

AVR 单片机嵌入式系统原理与应用实践(第 3 版)

还可以简化。可以使用片内 4 MHz 的 RC 振荡电路作为系统时钟源。这样就可以省掉 C1、C2、R2 和晶体 4 个元件，使 AVR 的最小系统更加简单，只需要 ATmega16 和 1 个 R1 就可以了。

需要注意的是，用户首先必须正确地设置 ATmega16 的 4 个熔丝配置位 CK-SEL[3∶0]，使它们的组合设置与实际使用的系统时钟类型相配合。

## 5.1.2　秒节拍显示器软件设计思路

图 5-2 为秒节拍显示器的系统软件流程图。从图中可以看出，秒节拍显示器的软件设计重点是一个 1 s 延时子程序。系统程序每隔 1 s（调用 1 s 延时子程序）将 PC0 口的输出电平取反，同时也控制 LED 的亮与暗。

作为一个简单的入门例子，在这里给出一个采用汇编语言设计编写的通用软件延时子程序，每调用一次该子程序，其运行的时间为 1 s，每隔 1 s，控制 PC0 口的输出逻辑取反。这样 LED 就会亮 1 s，灭 1 s，实现了秒节拍的显示。

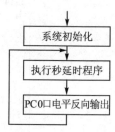

图 5-2　秒节拍系统
软件流程图

实际上，在实际应用中尽量不要使用软件的方式进行延时，这是因为 CPU 执行大量的无具体工作的指令会降低 CPU 的效率。正确的方法是使用 AVR 的定时器来产生延时，这些将在后续的章节中介绍。

## 5.1.3　秒节拍显示器汇编源程序

下面是秒节拍发生器的汇编源程序。程序中先初始设置堆栈指针寄存器 SP 的值，然后将 PC 口定义为输出。其主程序部分为一个 LOOP 无限（死）循环：先设置 PC0 口输出"0"，点亮 LED；再调用延时子程序 delay 延时 1 s；然后设置 PC0 口输出"1"，使 LED 熄灭；而后又一次调用延时子程序 delay 延时 1 s；最后转入下一次的循环。因此，程序的运行效果是每隔 1 s 后，控制 PC 口的第 0 位输出"1"或"0"，使 LED 亮 1 s，暗 1 s，形成秒节拍显示指示。

```
;AVR 汇编程序实例：Demo_5_1.asm
.include "m16def.inc"            ;包括器件配置定义文件,不能缺少
.def   temp1 = r20              ;定义寄存器 R20 用临时变量名 temp1 代表
.org   $ 0000                   ;上电复位起始地址
      rjmp    reset             ;转上电复位后的初始化程序执行中断向量区
.org   $ 002A                   ;跳过中断向量区
reset: ldi    r16,high(RAMEND)  ;取内部 RAM 最高地址的高位字节
```

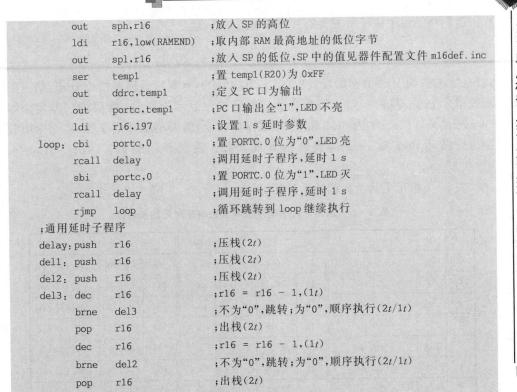

```
        out     sph,r16              ;放入 SP 的高位
        ldi     r16,low(RAMEND)      ;取内部 RAM 最高地址的低位字节
        out     spl,r16              ;放入 SP 的低位,SP 中的值见器件配置文件 m16def.inc
        ser     temp1                ;置 temp1(R20)为 0xFF
        out     ddrc,temp1           ;定义 PC 口为输出
        out     portc,temp1          ;PC 口输出全"1",LED 不亮
        ldi     r16,197              ;设置 1 s 延时参数
loop:   cbi     portc,0              ;置 PORTC.0 位为"0",LED 亮
        rcall   delay                ;调用延时子程序,延时 1 s
        sbi     portc,0              ;置 PORTC.0 位为"1",LED 灭
        rcall   delay                ;调用延时子程序,延时 1 s
        rjmp    loop                 ;循环跳转到 loop 继续执行
;通用延时子程序
delay:  push    r16                  ;压栈(2t)
del1:   push    r16                  ;压栈(2t)
del2:   push    r16                  ;压栈(2t)
del3:   dec     r16                  ;r16 = r16 - 1,(1t)
        brne    del3                 ;不为"0",跳转;为"0",顺序执行(2t/1t)
        pop     r16                  ;出栈(2t)
        dec     r16                  ;r16 = r16 - 1,(1t)
        brne    del2                 ;不为"0",跳转;为"0",顺序执行(2t/1t)
        pop     r16                  ;出栈(2t)
        dec     r16                  ;r16 = r16 - 1,(1t)
        brne    del1                 ;不为"0",跳转;为"0",顺序执行(2t/1t)
        pop     r16                  ;出栈(2t)
        ret                          ;子程序返回(4t)
```

## 5.1.4 通用延时子程序分析

在 5.1.3 小节的程序中,使用了一个通用软件延时子程序来实现延时。当然,采用软件延时并不能得到准确的定时,要产生精确的定时一般应采用定时器。在本例中使用软件延时的主要目的是让初学者掌握使用汇编语言开发系统程序的过程,了解和使用 AVR Studio 集成开发环境编写、编译及调试系统程序。同时也可以体会编写一个好的、优化的汇编程序需要相当的软件设计基础和能力。

本例中的通用延时子程序仅使用了一个寄存器 R16,采用二次嵌套循环,并多次利用堆栈交换数据。其程序代码短,但能够产生长达 2 s 的延时(4 MHz 系统)。参照该子程序的方法,采用 3 次嵌套循环,能够产生 140 s 的延时(使用 4 MHz 晶振)。而采用一般的延时子程序的编写方法,在相同的代码长度时,是不能达到如此长的延时的,而且还要占用更多的寄存器。

在子程序代码中,给出了每条指令执行所需要的机器周期数,在使用 4 MHz 晶振时,AVR 的每个机器周期 $t = 0.25\ \mu s$。通过分析程序的执行,可以得到调用该二

次嵌套循环子程序执行所需要的总机器周期数 $T$ 为:

$$T = 11 + 7x - 1 + \sum_{i=1}^{x}(7i-1) + \sum_{i=1}^{x}\sum_{j=1}^{i}(3j-1)$$

式中:$x$ 的值为 R16 的初始设置值;第一项数值 11 为调用子程序指令 rcall、第一条压栈指令 push、最后一条出栈指令 pop 和子程序返回指令 ret 需要的机器周期数 $(3+2+2+4)$;$7x-1$ 为 del1 循环(外围循环指令)需要的机器周期数;后面两项分别为内循环 del2 和 del3 需要的机器周期数。总的延时时间:Delay_Time = $T \times 0.25\ \mu s$。

表 5-1 给出了几个典型的延时时间。

表 5-1    通用延时子程序控制常数与延时周期和时间

| $x$ | $T$ | Delay_Time | $x$ | $T$ | Delay_Time | $x$ | $T$ | Delay_Time |
|---|---|---|---|---|---|---|---|---|
| 1 | 25 | 6.25 μs | 20 | 6010 | 1.5 ms | 90 | 401860 | 100.465 ms |
| 2 | 52 | 13.0 μs | 22 | 7732 | 1.933 ms | 114 | 800404 | 200.101 ms |
| 3 | 94 | 23.5 μs | 23 | 8704 | 2.176 ms | 131 | 1202590 | 300.648 ms |
| 4 | 154 | 38.5 μs | 26 | 12100 | 3.025 ms | 144 | 1587754 | 396.939 ms |
| 5 | 235 | 58.75 μs | 29 | 16279 | 4.07 ms | 156 | 2009290 | 502.323 ms |
| 6 | 340 | 85.0 μs | 31 | 19540 | 4.885 ms | 166 | 2412820 | 603.205 ms |
| 7 | 472 | 118 μs | 32 | 21322 | 5.33 ms | 175 | 2819260 | 704.815 ms |
| 8 | 634 | 158.5 μs | 40 | 39610 | 9.9 ms | 183 | 3216784 | 804.196 ms |
| 9 | 829 | 207.25 μs | 41 | 42445 | 10.61 ms | 191 | 3650020 | 912.505 ms |
| 10 | 1060 | 265 μs | 46 | 58660 | 14.67 ms | 197 | 3999307 | 999.827 ms |
| 13 | 1999 | 500 μs | 51 | 78550 | 19.64 ms | 249 | 8000629 | 2.000157 s |
| 17 | 3937 | 984 μs | 52 | 83002 | 20.75 ms | ⋮ | ⋮ | ⋮ |
| 18 | 4564 | 1.14 ms | 71 | 202360 | 50.59 ms | 0(256) | 8686090 | 2.1715225 s |

注:使用 4 MHz 晶振,$t = 0.25\ \mu s$,在 R16 中,控制常数 $x = 1\sim255,0$;延时时间为 6.25 μs~2.17 s。

# 5.2    AVR Studio 汇编语言集成开发环境的使用

AVR Studio 集成开发环境(IDE)是 ATMEL 公司推出的、专门用于开发该公司 AVR 单片机的开发软件平台。它是一个完全免费的、基于 AVR 汇编语言的集成开发环境。AVR Studio 包括了 AVR Assembler 编译器、AVR Studio 软件模拟调试功能、各种方式的编程下载功能及在线实时仿真调试等功能。要使用该软件的下载功能和在线实时仿真调试功能,还需要购买和配备该软件所支持(或兼容)的专用下载线和仿真器等硬件设备,如 USB-ISP 下载电缆、AVR Dragon 等。

## 5.2.1　AVR Studio 的安装和其他辅助工具的安装

在本书共享资料中,有 AVR Studio、CVAVR(Demo)的系统安装软件。用户也可以通过 Internet 到 ATMEL 网站(http://www.atmel.com)下载最新版的 AVR Studio,以及其他相关的工具软件。本书中使用的是 AVR Studio4.18 + SP3 版(build 716)。

### 1. 安装 AVR Studio4.18

AVR Studio4.18 的安装非常简单,用户只要执行从网上下载的 AvrStudio4Setup.exe 文件,就可以按照提示进行 AVR Studio 系统的安装。按照安装过程中的提示,我们将 AVR Studio 集成开发环境的系统文件安装在目录 C:\Atmel\AVR Tools\下。

使用 Windows NT/2000/XP 的用户请注意:安装 AVR Studio 软件时,必须使用管理员身份的(administrator)权限登录,这是 Windows 系统限定只有管理员才可以安装新器件。

### 2. 安装 AVR Studio SP3

执行从网上下载的 AVRStudio4.18SP3.exe 文件,按照提示进行 AVR Studio 系统的 SP3 包的安装。

### 3. 安装 USB – ISP 下载电缆的驱动程序

在本书中,我们使用简易的 USB – ISP 下载电缆作为代码的编程下载和熔丝位配置的辅助工具。由于 USB – ISP 兼容 ATMEL 公司的 STK500 编程协议,所以该下载电缆可以直接在 AVR Studio 环境下使用,实现对目标芯片的编程操作。第一次使用 USB – ISP 下载电缆时需要安装它的驱动程序。

➢ 将 USB – ISP 下载电缆插入 PC 机的一个 USB 接口中,PC 会检测到 USB – ISP 设备的插入,并提示安装驱动程序。

➢ 根据提示,选择"从列表位置或指定位置安装"选项,选定 USB – ISP 下载电缆驱动程序文件 usb – avr – isp_for_xp_w7.inf 和 lowcdc.sys 所在的目录,单击"确定"安装。

➢ USB – ISP 下载电缆的启动程序和具体安装、配置以及使用介绍见本书共享资料。

## 5.2.2　系统工程文件与 AVR 汇编源程序文件的建立、编译

### 1. 建立一个新的工程项目管理文件 project

AVR Studio 采用一个 project 工程项目管理文件(.APS)保存、记录、管理用户在系统软件开发中所使用和生成的各种文件,以及保存用户的开发环境配置参数和设置情况等。

（1）新建工程项目。AVR Studio 启动后，将看到一个如图 5-3 所示的欢迎对话框。单击 New Project 按钮，即可创建一个新项目。另外，在主窗口中选择 Project→Project Wizard，也会出现如图 5-3 所示的欢迎对话框。

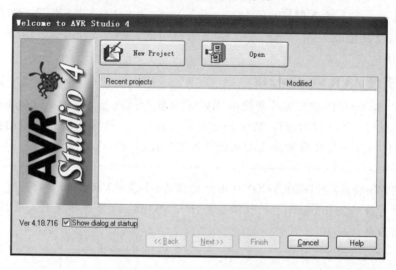

**图 5-3　启动后的欢迎对话框**

（2）进入新工程建立窗口(见图 5-4)，配置项目参数。这个步骤包括选择要创建什么类型的项目、设定名称及存放的路径等。

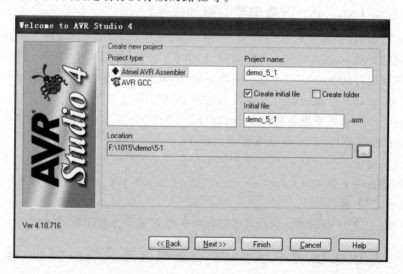

**图 5-4　新工程建立对话框**

① 在对话框的 Project type 列表框中选择 Atmel AVR Assembler，表明要创建一个 AVR 汇编工程项目。

AVR 单片机嵌入式系统原理与应用实践(第 3 版)

AVR单片机嵌入式系统原理与应用实践(第3版)

② 输入项目的名称。项目的名称由用户定义,例子中用的是 demo_5_1。demo_5_1 作为新建的工程项目文件名,其扩展名默认为.APS。

③ 由 AVR Studio 自动产生一个空的汇编文件,例子中用的是 demo_5_1。其默认的扩展名为.asm。

④ 选择新建项目存放的路径,例子中存放在 F:\1015\demo\5-1\下。

⑤ 检查所有的选项,确认之后,单击 Next 按钮。

AVR Studio 有可能对中文支持得不好(不支持 UNICODE 编码),所以目录和文件名中尽量不要使用中文字符。

(3) 选择调试平台和使用的芯片型号(见图 5-5)。

① AVR Studio 4 允许用户选择多种开发调试工具,这里选用软件模拟的带有仿真功能的 AVR Simulator,其他选择均为在线仿真功能的开发调试工具,需要相应的硬件设备配合。

② 芯片选择 ATmega16。

③ 检查所有选项,确认之后,单击 Finish 按钮。

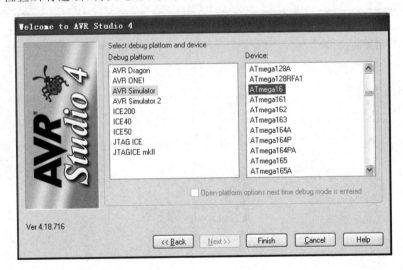

图 5-5 调试平台和芯片型号选择对话框

## 2. 汇编源文件的建立

经过上面的步骤,AVR Studio 打开了一个空的文件,文件的名字是 demo_5_1.asm(见图 5-6)。

在新的源文件编辑窗口中,用户可以输入和编辑自己的汇编源程序代码。图 5-7 为在汇编源程序编辑窗中输入的秒节拍发生器汇编源程序。

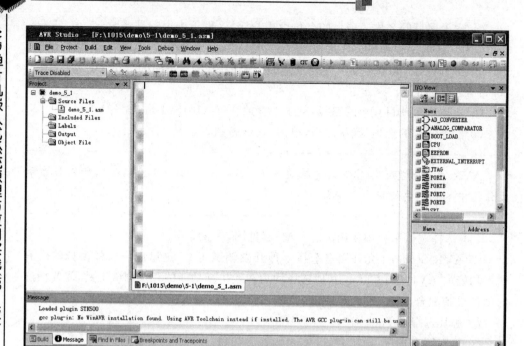

图 5-6　AVR Studio 主工作界面(一)

```
;AVR汇编程序实例:   demo_5_1.asm

.include "m16def.inc"              ;包括器件配置定义文件,不能缺少
.def temp1=r20                     ;定义寄存器R20用临时变量名temp1代表

.org $0000                         ;上电复位启始地址
rjmp reset                         ;转上电复位后的初始化程序执行
                                   ;中断向量区
.org $002A                         ;跳过中断向量区
reset:  ldi r16,high(RAMEND)       ;取内部RAM最高地址的高位字节
        out sph,r16                ;放入SP的高位
        ldi r16,low(RAMEND)        ;取内部RAM最低地址的低位字节
        out spl,r16                ;放入SP的低位,SP中的值见器件配置文件"m16def.inc"
        ser temp1                  ;置temp1(R20)为0XFF
        out ddrc,temp1             ;定义PC口为输出
        out portc,temp1            ;PC口输出全"1",LED不亮
        ldi r16,197                ;设置一秒延时参数
loop:   cbi portc,0                ;值PORTC.0位为"0",LED亮
        rcall delay                ;调用延时子程序,延时一秒
        sbi portc,0                ;值PORTC.0位为"1",LED灭
        rcall delay                ;调用延时子程序,延时一秒
        rjmp loop                  ;循环跳转到loop继续执行


;通用延时子程序
delay:  push r16                   ;压栈(2t)
del1:   push r16                   ;压栈(2t)
del2:   push r16                   ;压栈(2t)
del3:   dec r16                    ;r16 = r16 - 1,(1t)
        brne del3                  ;不为0跳转移,为0顺序执行(2t/1t)
        pop r16                    ;出栈(2t)
        dec r16                    ;r16 = r16 - 1,(1t)
        brne del2                  ;不为0跳转移,为0顺序执行(2t/1t)
        pop r16                    ;出栈(2t)
        dec r16                    ;r16 = r16 - 1,(1t)
        brne del1                  ;不为0跳转移,为0顺序执行(2t/1t)
        pop r16                    ;出栈(2t)
        ret                        ;子程序返回(4t)
```

F:\1015\demo\5-1\demo_5_1.asm *

图 5-7　输入汇编源程序

### 3. 汇编源文件的编译

(1) 选择菜单项 Build→Build(或使用快捷键 F7,或工具栏上对应工具按钮)对汇编源文件进行编译(见图 5-8)。

**图 5-8　编译源文件**

(2) 编译结束后,AVR Studio 将在 Build 的信息提示窗口里显示编译结果。如果发现提示中给出了编译过程中产生的语句错误,则用户应该对源程序进行改正后重新编译,一直到编译结果正确为止。

## 5.2.3　使用软件模拟仿真调试程序

在 AVR Studio 集成开发环境中,可以使用其中的软件模拟仿真调试工具对汇编源文件或第三方支持开发的源程序(C、BASIC 等)进行纯软件环境的模拟仿真调试。这样在没有硬件的情况下,用户也可以对自己编写的程序进行调试和排错。

软件模拟仿真调试是一种新的、逐步推广的有效调试技术,能够大大节省软件人员的调试时间,节约人力和物力。

除了 AVR Studio 能够实现对 AVR 进行纯软件环境的模拟仿真调试外,还有一些商业的软件,如 BASCOM - AVR,以及模拟仿真软件平台 Proteus 和 Vmalb 都能实现对 AVR 的软件模拟仿真调试。

AVR Studio 的仿真调试提供 DEBUG 调试、排错、设置断点、单步、自动单步、触

AVR单片机嵌入式系统原理与应用实践(第3版)

发、查看、选项、窗口、帮助等操作。在调试中,可打开多种窗口,如:I/O 窗口、源文件窗口、汇编机器代码窗口、Processor 窗口、记录窗口、数据窗口等(见图 5 - 9)。因此,用户可以灵活地使用各种方法,跟踪程序的运行,检查 MCU 中各个寄存器、存储器以及工作单元的变化,检查一条或一段语句及指令执行的时间等。

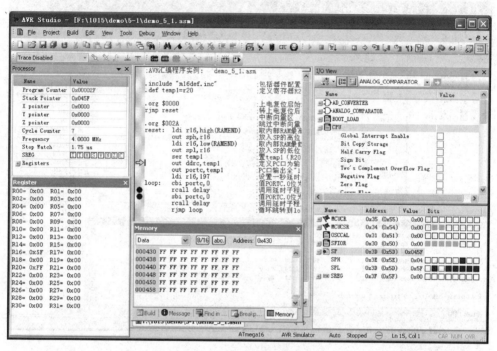

图 5 - 9　DEBUG 调试和观察

　　在本实践过程中,以简易的秒节拍发生器为例,给出一些基本和简单的调试方法。这些调试方法,与使用硬件实时仿真过程也是相同的。因此,希望读者在实际操作中以及在以后的学习中,逐步熟练掌握这些软件模拟仿真调试的技术。

## 1. 启动进入 DEBUG 调试

（1）程序编译无误后,选择菜单项 Debug→Start Debugging,启动进入 DEBUG 调试。

（2）打开相应的观察窗口(见图 5 - 9)。其中主要的窗口如下:

➢ Processor 窗口。在该窗口中,用户可以查看 MCU 的内核部分情况,如 PC、Stack、32 个工作寄存器组等。在该窗口中,用户还可以查看和统计指令执行的周期数、执行时间等。

➢ I/O 查看窗口。该窗口是最主要的调试窗口。在该窗口中,用户可以查看 MCU 内部集成的功能部件,如 T/C、ADC、USART 等的 I/O 寄存器变化情况和状态。用户不但可以进行观察,同时也可以使用鼠标单击相应的标志位,模拟触发信号的产生,如模拟触发某个中断标志位,从而使 MCU 响应中断,执行中断服务程序,实现对中断程序的调试。

AVR 单片机嵌入式系统原理与应用实践(第 3 版)

➤ Register 窗口。该窗口用于观察 32 个寄存器的变化。如果最后执行的指令改变了寄存器的数值,将以红色显示。在调试过程中,用户也可以根据调试的需要,人为设置和改变寄存器的数值。

➤ Memory 窗口。该窗口用于观察 SRAM、EEPROM、Flash 这 3 个不同空间单元的变化。在调试过程中,用户也可以根据调试的需要,人为设置和改变这些存储单元的数值。图 5-9 中看到的是 SRAM 空间高端地址的单元,这样在调用子程序时,可以观察到堆栈的变化(本程序的堆栈空间设置在 SRAM 的高端)。

(3) 几个重要的标记和工具栏按钮如下:

➤ 在程序代码的窗口左边,有一个黄色的箭头,它表示下一步要执行的指令(该指令还没有执行,但马上要执行)。

➤ Debug 工具中各种用于调试的按钮,如:单步执行 Step Into(或按 F11 键)、分段执行 Step Over(或按 F10 键,通常使用一次,执行完成整个子程序的调用)、全速执行程序 Run(或按 F5 键,只有遇到断点才停止)等,在调试中可以灵活使用。

➤ 程序断点的设置与取消。在调试过程中,用户可以根据需要在程序中设置多处断点。程序在全速运行中,遇到断点就会暂停,此时可以观察 MCU、寄存器、SRAM 等的变化,或进行必要的设置,而后再继续(使用 F5 键)从断点处向下运行。断点的设置和取消方法非常方便:将光标定位于需要设置为断点的语句行,单击 Toggle Breakpoint 按钮(或按 F9 键),该语句设置为断点,在左面出现红色圆点标记,表示断点。如将光标定位于已设置为断点语句行,单击 Toggle Breakpoint 按钮(或按 F9 键),将取消该语句设置的断点,左面的红色圆点标记消失。

➤ 使用 Processor 窗口中的 Stop Watch 功能,可以检查一条或一段语句和指令执行的时间。

## 2. 单步运行,观察 MCU 内部资源的变化

(1) 按 F11 键单步执行程序,观察指令的执行和查看 CPU 各种资源的变化情况。图 5-9 显示了单步执行 6 条指令后,堆栈寄存器 SPH、SPL 的情况,以及变量 temp1(定义为工作寄存器 R20)的值。在 R20 中其数值为 0xFF,为红色,表示刚执行的指令"ser temp1"将 R20 置为全 1。

(2) 在 Processor 观察窗口中,可观察 MCU 的指令计数器 PC 的值为 0x002F(当前指令地址),Stack Pointer 的值为 0x045F(堆栈指针值,与堆栈寄存器 SPH、SPL 的表示对应),以及使用了 7 个时钟周期(Cycle Counter),而 Stop Watch 的值为 1.75 $\mu s$(5×0.25 $\mu s$+0.5 $\mu s$,其中"rjmp reset"单条指令执行时间为 2 个时钟周期 0.5 $\mu s$)等。

## 3. 调试验证通用延时子程序 delay 的延时效果

由于软件模拟调试方式是由 PC 机上的软件来模拟 AVR 的操作过程,因此它不

能达到像硬件那样的真实速度，尤其是模拟一个延时程序需要比较长的时间。下面以本例说明如何简单、正确地进行延时程序的调试。

（1）先将汇编程序中的延时参数197改为3，重新编译后进入调试方式。（更简单的方式是先单步执行初始化部分的指令，当执行完"ldi r16,197"一句后，双击Register窗口中R16寄存器，将R16的值改写为3，这样就不需要重新编译程序了。）

（2）使用单步执行的方式执行延时子程序的每一句语句，查看程序的逻辑对不对，能否正确运行，堆栈是如何工作的，SP指针如何变化，各个寄存器如何变化，PC的变化，SRAM中数据的变化。这样既了解了AVR的工作原理，也了解了程序设计的技巧（学别人的），或验证程序是否同自己想象的那样正确（自己编的），而且训练了如何熟练使用DEBUG（熟练使用工具也是很重要的一环）。

（3）验证了整个延时程序没有逻辑错误后，就可以查看延时子程序的延时时间了。

① 将延时参数由3改回197，编译后进入调试方式。

② 在调用该子程序的语句"rcall delay"处设置一个断点；在接下来的一个语句"sbi portc,0"处设置第2个断点（见图5-9）。

③ 按F5键，全速运行程序。

④ 当程序在第1个断点处停下时，在Processor的选项中（展开该图标）找到Stop Watch子项，右击，在弹出的快捷菜单中选择将其清0。

⑤ 按F5键，从断点处继续全速运行程序（开始调用延时子程序）。

⑥ 等大约十几秒或几十秒后（取决于PC机的速度），程序在第2个断点处停下（子程序模拟运行时，AVR Studio下面状态栏中的运行图标为绿色，暂停为黄色）。

⑦ 查看Processor的选项中Stop Watch的值（本例中为999 826.75 $\mu s$），它记录下调用子程序返回后的时间，该时间值即为延时子程序的运行时间。

通过以上步骤，验证了延时子程序的执行时间。调节延时参数，可以得到不同的延时时间，通过软件模拟可以精确得到。这比使用在线实时仿真的方法要方便多了；而直接在目标板上运行，通常不能得到精确的时间。

使用软件模拟仿真是现在调试技术的发展方向。当读者了解和熟练掌握使用AVR Studio后，设计研发速度就会提高，硬件系统和软件编程可以平行开展，当硬件系统完成时，软件编程也完成了60%～70%。

## 5.2.4 下载执行代码实际运行

通过在AVR Studio中使用软件模拟仿真，可以将程序中的许多问题和BUG找出来，并及时进行修改和调整。当模拟仿真完成后，接下来就是将生成的AVR可执行代码文件xxxxx.hex下载烧入到Atmega16芯片中进行实际的运行，并测试实际系统的运行是否达到设计的功能，是否可以稳定的工作。如发现问题，则需要再次通过软件模拟仿真手段，或采用实时的仿真调试手段找出原因，进行修改。

在本例中，当在AVR Studio中对编写的demo_5_1.asm汇编源代码进行编译后，如果编译过程中没有错误产生,那么在 F:\1015\demo\5－1\目录下会自动生成以 dem-o_5_1 为主名的若干个文件,其中包括:demo_5_1.aps,AVR Studio 的工程项目管理文件;demo_5_1.asm,用户编写的汇编源代码文件;demo_5_1.hex,AVR 可执行代码文件;demo_5_1.map,定位文件等。其中比较重要的是 demo_5_1.map 和 demo_5_1.hex。

demo_5_1.map 本身是个纯文本文件,文件的内容是本程序编译后,程序所使用的寄存器的地址,变量在 SRAM(或 Flash)中所分配的地址,以及各个函数或子程序在 Flash 程序储存器中的起始地址等。这些信息对程序的深入调试和查错是非常有用的。

demo_5_1.hex 实际就是我们需要的最终结果,它就是 AVR 可以执行的二进制代码文件。只要把它烧写到 AVR 芯片的程序储存器内,AVR 就可以按指令的要求执行。但读者需要注意:demo_5_1.hex 文件本身不是二进制的代码文件,它还是一个纯文本格式的文件。它的格式是按照一种称为 Intel HEX 的文件格式构成的。Intel HEX 格式采用 ASCII 码来描述二进制执行代码的数值以及它们的定位位置、长度等,具体请参考共享资料中的 Intel HEX 格式说明资料。当用户使用下载软件将 HEX 文件烧写到 AVR 的程序储存器时,下载软件会根据 HEX 文件的定义,自动将可执行的二进制代码写入到 Flash 空间正确的位置。

具体的下载操作过程请参看 5.4 节"AVR 熔丝位的设置和执行代码下载"。

## 5.3　CVAVR＋AVR Studio——高级语言集成开发环境的使用

CodeVision AVR 是 HP Info Tech 专门为 AVR 设计的一款低成本的 C 语言编译器,它产生的代码非常严密,效率很高。它不仅包括了 AVR C 编译器,同时也是一个集成 IDE 的 AVR 开发平台,简称 CVAVR。

与其他的 C 语言开发平台相比,CVAVR 对位(Bit)变量的支持,对大量扩展的、许多标准外部器件的支持和接口函数(如标准字符 LCD 显示器、$I^2C$ 接口、SPI 接口、延时函数、BCD 码与格雷码转换等),以及方便地对 EEPROM 操作的功能等特点更加适合一般人员的学习和使用。

HP Info Tech 的网站地址为 http://www.hpinfotech.ro,网站提供试用板(3 KB代码限制)安装程序的下载。读者可从本书共享资料中找到试用版安装软件 CVAVR_setup.EXE。

提示:本书中的 C 源代码程序均是在 CVAVR 系统下实现的。如果移植到其他 AVR 的 C 开发平台中,如 ICC、IAR 或 WINAVR 中使用,需要做相应的修改和调整。这几个 AVR 的 C 语言平台并不完全兼容。

## 5.3.1 秒节拍显示器的高级 C 语言源程序代码

下面是使用高级语言编写的秒节拍发生器的 C 语言源程序。C 的源程序看上去比汇编源程序简洁,也更容易懂。

在程序的初始化代码中,仅仅对 PORTC 口进行了初始化设置,而没有对 AVR堆栈指针进行初始化设置,这是由于 CVAVR 系统在编译时会帮助用户自动地设置堆栈指针,方便了用户的使用。与汇编语言程序相同的是,在 C 语言主程序中,由while(1)构成无限(死)循环,循环中调用了 CVAVR 提供的延时函数 delay_ms(),延时 1 s 后将 PORTC 口第 0 位的值取反输出,控制点亮和熄灭 LED。因此,程序的运行效果是每隔 1 s 后,控制 PC 口的第 0 位输出"1"或"0",使 LED 亮 1 s,暗 1 s,形成秒节拍显示指示。

```
/* * * * * * * * * * * * * * * * * * * * * * * * * * * * * * * * * * * *
Demo_5_2.c
Chip type            : ATmega16
Program type         : Application
Clock frequency      : 4.000 000 MHz
Memory model         : Small
External SRAM size   : 0
Data Stack size      : 256
* * * * * * * * * * * * * * * * * * * * * * * * * * * * * * * * * * * */
#include <mega16.h>        // 包含器件配置定义的头文件,不能缺少
#include <delay.h>         // 包含延时函数定义的头文件,使用 CVAVR 内置的延时函数
                           //时不能缺少

void main(void)
{
// 定义 PORTC 口的工作方式
PORTC = 0x01;                   // PC 口的第 0 位输出"1",LED 不亮
DDRC = 0x01;                    // 定义 PC 口的第 0 位为输出方式
// 主循环
while (1)
    {
        delay_ms(1000);        // 调用 CVAVR 提供的 ms 延时函数,延时 1 s
        PORTC.0 = ~PORTC.0;    // PC 口第 0 位取反后输出
    };
}
```

## 5.3.2 系统工程文件与源程序文件的建立、编译

CVAVR 系统的安装非常简单。用户只要执行从网上下载的 CVAVR 系统安装 setup.exe 文件,就可以按照提示进行 CVAVR 系统的安装。按照安装过程中的提示,我们将 CVAVR 集成开发环境的系统文件安装在目录 C:\cvavr2\下。

## 1. 建立一个新的工程项目管理 project 文件

CVAVR 是采用 project 工程项目管理文件(.PRJ)来保存、记录、管理用户在系统软件开发中所使用和生成的各种文件,以及保存用户的开发环境配置参数和设置情况等。

(1) 新建工程项目。CVAVR 启动后,将看到它的主工作窗口。现在可以创建一个新的项目,其步骤如下:

① 选择 File→New,出现 Create New File 对话框。

② 选择 Project 选项,表示新建一个工程项目(见图 5-10),单击 OK 按钮确认。

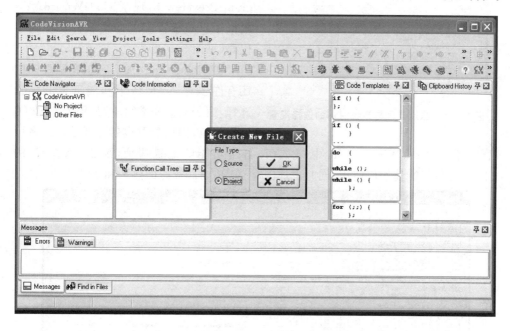

图 5-10　在 CVAVR 中创建新的工程项目

③ 随后 CVAVR 出现一个对话框,询问用户是否需要和使用在 CVAVR 系统的程序自动生成向导器的帮助下生成源程序的主结构框架。建议使用该功能,单击 Yes 按钮进入 CodeWizardAVR 选择对话框。

(2) CVAVR 的程序自动生成向导器 CodeWizardAVR 是一个具有非常独特性能的辅助功能。用户在它的帮助下,可以非常简单和方便地生成源程序的主结构框架,其中还包括对 AVR 各个 I/O 寄存器初始化的代码,甚至还包括一些底层的驱动函数代码。这使得用户不必频繁地查看手册,去确定各个寄存器标志的意义,以及计算初始设置值等。读者应逐步掌握和熟练使用该项功能。

① 确定使用 AVR 芯片的型号和系统时钟频率值。本例中,选择 ATmega16,系统时钟频率为 4 MHz(参见图 5-11)。

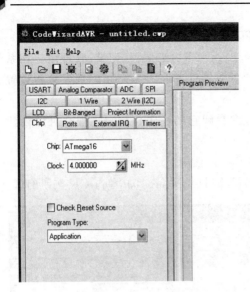

**图 5 - 11　芯片型号与系统时钟的选择配置**

② 确定 PORTC 口的工作方式。本例中只使用了 PORTC 口的最低位,为输出方式工作,用于控制 LED。图 5 - 12 的左边是对 PORTC 口初始化配置的对话框。这里选择 Bit 0 的方向为输出 Out,输出初始值为 1。

③ 选择 File→Program Preview,或单击菜单栏中相应的按钮,在右边的 Program Preveiew 出现了 CodeWizardAVR 根据用户的选择配置而生成的程序框架代码(见图 5 - 12)。

④ CodeWizardAVR 选择对话框中还有许多对 AVR 各个功能部件的配置选择,由于本例非常简单,只用到 PORTC 的第 0 位,因此配置也就完成了。读者可以仔细游览 CodeWizardAVR 中对 AVR 各个功能的配置选项,配合 CVAVR 的 HELP 文件了解其如何使用,同时也加深对 AVR 内部资源的熟悉和了解。

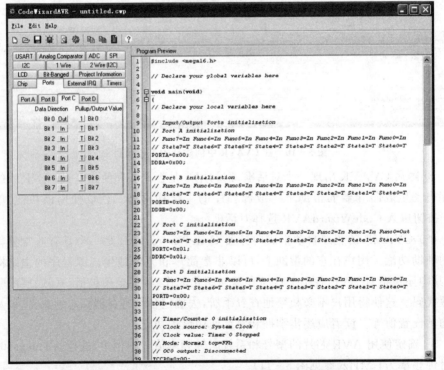

**图 5 - 12　PORTC 口的初始化配置和生成代码预览**

## 2. 建立源文件，输入源代码，编译源代码

（1）建立源文件，输入源代码：

① 在 CodeWizardAVR 主窗口的菜单栏中选择 File→Generate，Save and Exit 项，或单击菜单条中相应的按钮。

② 在弹出的对话框中分别填入源代码文件名 xxxxxx.c、工程管理文件名 xxxxxx.prj 和器件初始配置文件 xxxxxx.cwp，并确认。本例中使用主文件名为 demo_5_2。设置保存在工作目录 F:/1015/demo/5 - 2 下（见图 5 - 13）。

③ 在随后出现的 CVAVR 主工作窗口中间部分的源程序窗口中，已经出现了一个根据用户配置而生成的源程序主结构框架（见图 5 - 14）。用户可以在这个主结构框架中的相应位置输入自己的源代码。

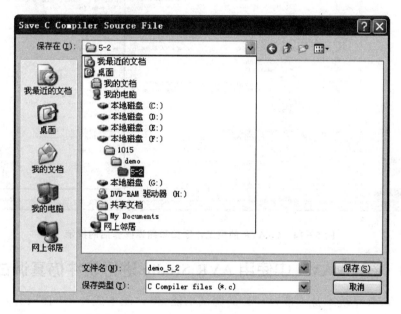

**图 5 - 13　设置工作目录和文件名**

④ CodeWizardAVR 生成的源程序的主结构框架有许多对 AVR 各功能 I/O 寄存器初始化的代码，本例中将一些不影响秒节拍显示器的语句简化了。在实际操作中，读者应该仔细学习 CVAVR 生成程序的风格和思想，建立良好的程序设计和编写习惯。

（2）编译源文件：

① 选择菜单项 Project→Make（或使用快捷键 Shift＋F9，或单击工具条上对应工具按钮）对 C 源文件进行编译。

② 编译结束后，CVAVR 将在 Information 窗口中显示编译结果。如果程序中有语法或链接错误，则在左边的 Code Navigator 窗口和下部的 Messages 窗口中都

会给出红色错误提示和产生错误的可能原因。如果发现提示中给出了编译过程中产生的错误,则用户应该对源程序进行改正后重新编译,直到编译结果正确为止(见图 5 - 14)。

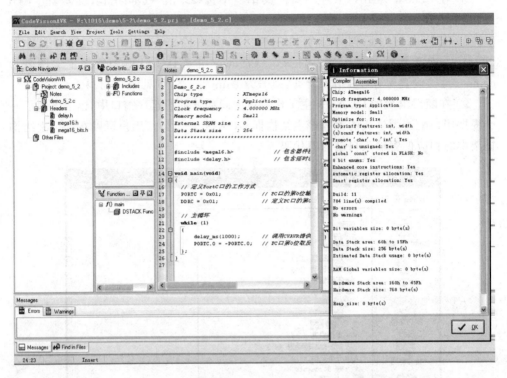

图 5 - 14　CVAVR 的主工作窗口和编译操作后的提示

## 5.3.3　在 CVAVR 中使用 AVR Studio 进行软件仿真调试程序

CVAVR 系统本身不带有 ICE 的调试功能,但它能生成与 AVR Studio 兼容的调试文件 xxxxxx.cof,并通过该文件同 AVR Studio 实现链接,使 AVR Studio 成为支持 C 语言的调试仿真平台。

(1) 配置 CVAVR 使用的调试器:

① 选择菜单项 Settings→Debugger,弹出如图 5 - 15 所示 CVAVR 的仿真调试器配置对话框。

② 选择 AVRStudio.exe 文件所在的目录,设置 AVR Studio 为 CVAVR 的仿真调试器。

(2) 使用 AVR Studio 的软件仿真调试程序进行 C 代码的模拟调试:

① 选择菜单项 Tools→Debugger(或使用快捷键 Shift＋F3,或单击工具栏上对应工具按钮),启动 AVR Studio 仿真调试环境。

② 在欢迎对话框中(见图 5 - 3)单击 Open 按钮,在打开的对话框中选择文件

图 5 - 15　设置 CVAVR 的仿真调试器为 AVR Studio

xxxxxx. cof(本例为 demo_5_2. cof),确认后打开该文件(同时还生成 AVR Studio 的工程项目管理文件 demo_5_2_cof. asp)。

　　③ 选择调试平台和使用的芯片型号(见图 5 - 5)。同样,在这里选用软件模拟的带有仿真功能的 AVR Simulator。芯片选用 Atmega16。检查所有的选项,确认之后,按 Finish 按钮。

　　(3) CVAVR 的 C 语言源代码的模拟调试:

　　图 5 - 16 就是使用 AVR Studio 对第三方高级语言代码的调试仿真窗口。它与 AVR 汇编语言程序的调试方法相同,区别在于源代码是高级语言编写的。读者可以参照前面的介绍,在 AVR Studio 中对用 CVAVR 编写的 C 代码进行软件模拟调试。

图 5 - 16　在 AVR Studio 中调试 CVAVR 的 C 代码源程序

AVR单片机嵌入式系统原理与应用实践(第3版)

通过选择菜单项 View→Disassembler,用户还可以打开反汇编的代码窗口,查看完成每一句 C 代码所对应的汇编指令的序列组合,以方便进行更加深入的汇编级调试。图 5 - 17 所示的就是 demo_5_2.c 主函数代码编译后的汇编代码,读者可以清楚看到,对于"PORTC.0=～PORTC.0"这句 C 代码,生成的汇编序列中使用了 SBIS、RJMP、CBI、RJMP、SBI 共 5 条 AVR 指令来完成这个取反输出的功能。实际上,观察和阅读对 C 代码的反汇编,是更好、更深入地学习和掌握 AVR 汇编程序编写的非常有效的手段。熟练的高手,甚至可以通过查看反汇编代码找出 C 编译器的不足和 BUG。

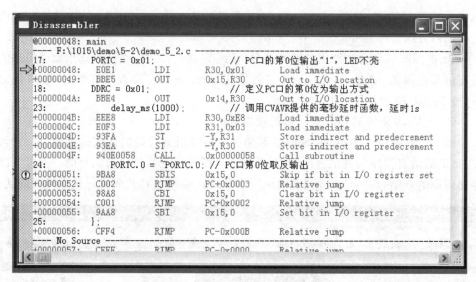

**图 5 - 17　AVR Studio 中的反汇编窗口**

(4) 查看和了解 CVAVR 开发过程中产生的文件:

在本例中将 CVAVR 的工作目录设置在 F:\1015\demo\5 - 2 下,在开发过程中,CVAVR 会在该目录下建立 Exe、Linker、List、Obj 相关的 4 个子目录(见图 5 - 18),并将开发过程中产生的文件分别归类保存在工作目录和相应的子目录下。其中重要的目录和文件有:

➢ 在工作目录 F:\1015\demo\5 - 2 下是 demo_5_2.prj 等相关的 CVAVR 工程项目管理文件。另外该目录也是默认的用户 C 语言源代码放置保存的地方。编译过程中产生的 demo_5_2.map(用户代码中使用的寄存器、变量等分配地址)和 demo_5_2.cof(与 AVR Studio 兼容的调试文件)的一个副本也保存在此目录下。

➢ 工作目录 F:\1015\demo\5 - 2\Exe 下是 demo_5_2.hex 和 demo_5_2.eep,这2 个都是符合 Intel HEX 格式用于下载的二进制文件:demo_5_2.hex 是下载到 AVR 程序空间 Flash 中的二进制执行代码文件;demo_5_2.eep 是下载到

图 5 - 18　CVAVR 的工作目录与生成文件

AVR 数据空间 EEPROM 中初始化值的二进制文件(本例中没有使用 EEP-ROM 数据空间,所以没有生成 eep 文件)。另外一个文件是 demo_5_2. rom,这个文件采用文本方式,直接一一对应地给出了 AVR 的程序空间 Flash 中每个单元地址的二进制代码(相应汇编指令的机器码)。

➤ 工作目录 F:\1015\demo\5 - 2\List 下有 2 个文件:demo_5_2. asm 和 demo_5_2. lst。前一个文件是 C 源代码编译后产生的完整 AVR 汇编代码。后一个则是更加详细的 C 源代码、对应的汇编指令、指令机器码以及在储存器具体地址的交叉汇编文件。

➤ 工作目录 F:\1015\demo\5 - 2\Obj 下保存的是编译过程中生成的中间文件。另外在这个目录下同样有一份用于在 AVR Studio 中调试的文件 emo_5_2. cof。

了解一个开发平台的项目管理方式,以及它所产生各种文件的类型和作用,对于开发者是非常必要的,同时开发者也应该合理地设置和规划工作目录,这样可以为项目的开发过程提供方便,省掉许多查找的时间。

## 5.4　AVR 熔丝位的设置和执行代码下载

在 5.2 和 5.3 两节中,分别介绍采用汇编方式和高级语言方式开发编写、编译系统程序的过程,并都通过在 AVR Studio 中使用软件模拟方式进行仿真调试。当把程序中的存在的问题和 BUG 找出来,并及时进行修改和调整,完成软件的模拟仿真后,接下来就需要将生成的 AVR 执行代码文件 xxxxx. hex 下载烧入到 Atmega16芯片中进行实际的运行和测试。

### 5.4.1　AVR - 51 多功能板的硬件连接

首先要在 AVR - 51 多功能实验开发板上构建一个 ATmega 16 的最小系统。根据表 4 - 2,采用短路片进行相关的连接,如图 5 - 19 和图 5 - 20 所示。

在图 5 - 19 中,使用黄色短路片将 JN 的中心针与上端标有 AVR 标记的针短接,构成适合 AVR 单片机的上电复位电路。

图 5 - 19　用短路片将 JN 的中心和上端连接　　图 5 - 20　使用短路片构成 ATmega16 最小系统

在板上右边的锁紧插座中,放入 40 引脚的 ATmega16,在其两边的 JU4、JU7 短路排中使用了 11 个短路片。其中 2 个红色短路片连接电源 5V,提供芯片工作电源;2 个黄色短路片将芯片的地与实验板的地连接;JU4 上面 4 个黑色短路片连接 ISP 接口,用于程序下载;JU4 下面 2 个黑色短路片连接 MAX202,构成串行通信接口。

本实验使用 ATmega16 内部的 RC 振荡源,并且不使用 JTAG 口,因此 X2、X1 和 JU8 的 6 个短路排开放。

以上构成了 ATmega16 的最小系统,最后使用一根连接线将 PC0 与 A 区 8 个 LED 中的一个连接(JA),一个秒节拍显示器硬件电路就构成了。

## 5.4.2　AVR 熔丝位的配置

刚出厂 ATmega16 单片机默认使用内部 1 MHz 的 RC 振荡源作为系统的时钟,而且 JTAG 口处于允许方式等,因此需要对熔丝位先进行必要的配置。对于刚开始学习使用 AVR 的读者,建议改变的熔丝位如下:

➢ 系统时钟采用内部 4 MHz 的 RC 振荡源。其优点是速度适中,且应用于 RS - 232 通信时,分频产生的 9 600 b/s 速率与标准值的误差最小($\pm 0.2\%$)。

➢ 禁止片内的 JTAG 口功能。不使用 JTAG 在线仿真,将 4 个引脚 PC2～PC5 释放,作为普通的 I/O 使用。

➢ 启用低电压检测复位 OBD 功能。检测电平设置为 4.0 V。

在使用 AVR 单片机时,首先注意要对它的配置熔丝位进行正确的配置编程。尤其是系统时钟的选择配置和 JTAG 口的使用配置。前者出现问题会形成 AVR 的锁死现象(没有工作时钟,AVR 不工作),而后者会造成 PORTC 口的 2～5 个 I/O 工作不正常。一旦发现上面 2 种情况,首先要检查熔丝的配置情况。

　　一旦 AVR 死锁情况发生,可以利用在 AVR 的 2 个外部晶体引脚 X1、X2 上强加一个 5 V 序列方波的方法进行解救,在本书共享资料中有具体解救方法的详细介绍,读者可以参考。

　　下面给出在 AVR Studio 环境下,使用 USB - ISP 下载电缆设置 ATmega16 的操作过程。

　　(1) 将 USB - ISP 插到计算机的一个 USB 接口中(第一次使用需要安装 USB - ISP 的 Windows 驱动),启动运行 AVR Studio,在菜单栏中选择 Tools→Program AVR→Auto Connect(或菜单栏中对应的按钮)建立与 USB - ISP 的链接。

　　(2) 如果自动链接失败,在弹出的对话框中手动设置所使用的下载工具类型。本书中都是使用 USB - ISP 下载电缆,它使用与 STK500 兼容的编程协议和接口,所以在图 5 - 21 中选择 STK500;选择让 AVR Studio 自动查找连接的端口,单击 Connect 按钮。

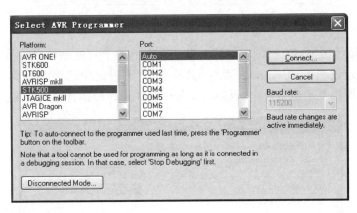

**图 5 - 21　手动选择配置 USB - ISP 的工具类型和通信接口**

　　(3) AVR Studio 与 USB - ISP 下载电缆链接成功后的编程下载窗口如图 5 - 22 所示。对 AVR 芯片熔丝位的配置、二进制运行代码的下载以及加密位的设置等,都是在这个窗口中操作和实现的。

　　(4) 首先在 Program AVR 的主窗口 Main 选项卡中选择操作目标芯片的型号为 ATmage16,选择使用 ISP 方式的编程模式。窗口右中部的 Setting 是设置选择 ISP 下载的速率。由于 AVR 的 ISP 下载速率需要低于其本身工作频率的 1/4 以下,所以开始时,ISP 的下载速率不要配置太高(见图 5 - 22)。

　　(5) 用 10 芯扁平连线将 USB - ISP 的下载口与实验板上的 ISP 插座连接,打开实验板上的电源。在 Program AVR 的主窗口 Main 选项卡中单击 Read Signature,读取 AVR 芯片的 ID 类型号。如果能正确读到 AVR 芯片的类型号,说明整个链接过程正确,可以进行后面的操作。如果出现问题,需要进一步检查设置是否正确。

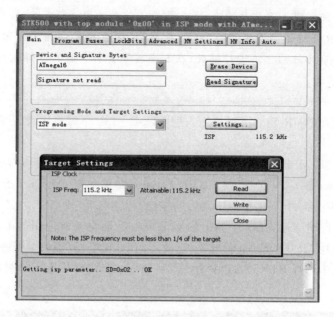

**图 5 - 22　Program AVR 主操作窗口和 ISP 下载速率的设置**

图 5 - 23中显示的"0x1E 0x94 0x03"一串 3 个字节的十六进制数字就是 ATmega16 的 ID 类型号,说明 AVR Studio 通过 USB - ISP 编程电缆已经与目标芯片链接上了。下面的操作提示信息栏中,也给出了每个具体操作的执行完成情况。

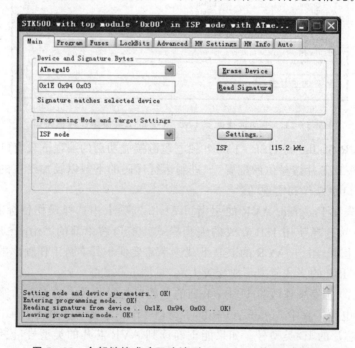

**图 5 - 23　全部链接成功正确读到 ATmega16 的 ID 类型号**

（6）在 AVR Studio 中,使用任何一款 ATMEL 公司官方的下载工具,其操作界面都是相同的,操作方法也相似。这个 Program AVR 窗口包含若干个子窗口操作界面,分别对应与下载程序执行代码、配置熔丝位、对加密位的锁定等功能操作。读者可以参考 HELP 的帮助,熟悉它们的作用。

（7）由于 AVR 熔丝位的特殊性,涉及许多的配置参数。在 Program AVR 中,有专门对熔丝位操作的 Fuses 选项卡,并对 AVR 芯片的熔丝位进行了分类,还有提供用户采用下拉菜单式的选择项,每个配置都有简单的解释,非常人性化,有效地防止错误的产生。在本例中,需要重新设置的熔丝有 5 处,如图 5 - 24 和图 5 - 25 所示。

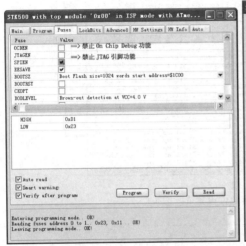

图 5 - 24　熔丝位设置 1

图 5 - 25　熔丝位设置 2

① 去掉 OCDEN 和 JTAGEN 两个选项(不打勾)。将这两个项目禁止意味着不使用片内的支持 On Chip Debug 功能,并将引脚 PC2、PC3、PC4、PC5 释放,作为通用 I/O 使用。

② 选定 BODLEVEL 为 4.0V(低电压门限检测电平为 4.0 V),BODEN 项选中(允许低电压检测功能)。

③ 在 SUT_CKSEL 系统时钟配置项中,在下拉菜单中选择 Int. RC Osc. 4 MHz,即使用芯片内部 4 MHz 的 RC 振荡器为系统时钟源。

④ 检查无误后,单击下部的 Program 按钮,将新的熔丝位配置写到 AVR 芯片内部,正式改变熔丝的设置状态。然后再单击 Read 按钮,再次回读熔丝位的状态,确认设置是否正确。

（8）如果需要使用外部晶体配合 AVR 芯片内部的振荡电路构成系统的工作时钟,那么 SUT_CKSEL 的选择项应该是在 Ext. Crystal 开头的项目中根据需要确定。通常使用 4 MHz 以上的晶体,选择 Ext. Crystal/Resonator High Freq(见图 5 - 26)。

AVR 单片机嵌入式系统原理与应用实践(第 3 版)

**图 5-26　熔丝位设置 3**

　　注意:如果配置了使用外部晶体配合 AVR 芯片内部的振荡电路构成系统的工作时钟,那么必须确定在 AVR 的 T1、T2 引脚上已经连接了晶体。如果没有连接,那么芯片就进入了"死锁",因为此时没有系统时钟提供 AVR 工作。

　　另外特别提醒的是:SUT_CKSEL 的第 1～3 个选项:Ext. Clock 表示使用"外部时钟",它表示在 T2 引脚上输入一个方波序列信号作为 AVR 的工作时钟。它与使用外部晶体是完全不同的概念。许多工程师对 Clock 和 Crystal 是混淆的,经常选择错误。这也是造成 AVR 容易"死锁"的重要原因。希望读者在学习实践使用 AVR 时注意这个问题。

---

　　一旦对 AVR 的熔丝位进行了正确配置,那么后面对于 AVR 的 Flash ROM 和 EEPROM 进行擦除或编程下载的操作过程,是不会改变熔丝位状态的。因此,当熔丝位设置完成后,一般不需要多次重写,除非必须再次改变熔丝位的配置。

## 5.4.3  执行代码文件的下载

熔丝位配置完成后,就可以将编译好的运行代码下载烧入到 AVR 的 Flash 中,查看系统真实的运行情况了。不管是在 AVR Studio 中用汇编方式开发的系统程序,还是采用其他高级语言开发系统程序,最后都会生成用于下载的 HEX 格式的文件,因此只要把 AVR Studio 中的 Program AVR 操作窗口切换到 Program 窗口下,将经过编译后生成的执行代码(HEX 格式文件)读入,然后下载写入到 AVR 芯片中就可以了。

下载操作非常简单,如图 5-27 所示:切换到 Program 窗口,在 Flash 组中的 Input HEX File 文本栏中填入需要下载的 HEX 文件,将需要下载的运行代码文件读入到 PC 的内存缓冲区 Buffer 中,然后单击 Flash 组中的 Program 按钮。

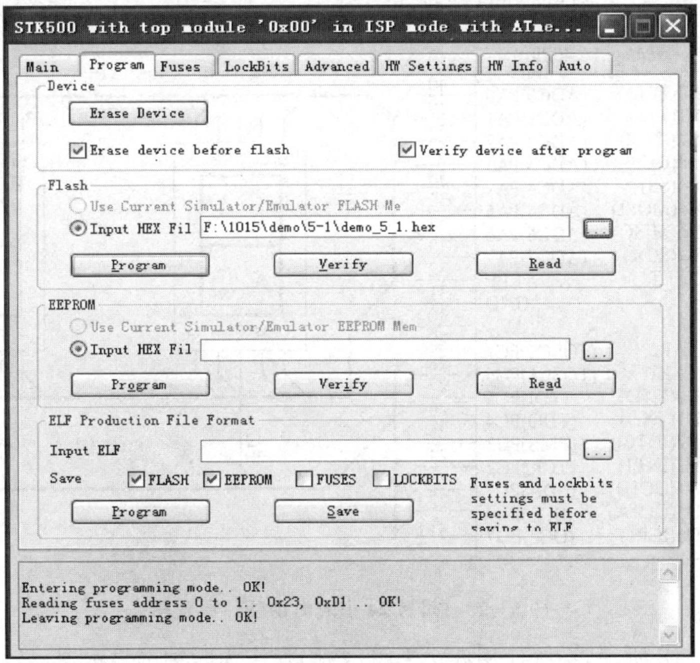

图 5-27  下载烧写 AVR 的可执行代码

AVR 执行代码写入到芯片的 Flash 后,就可以看到与芯片 PC0 引脚连接的 LED 发光二极管按照程序的要求开始秒闪烁工作了。

以上结合一个简单的例子,讲解了如何使用汇编语言以及在 CVAVR 中使用高级语言 C 编写 AVR 的系统程序,如何使用 AVR Studio 进行软件模拟调试,如何配合 USB-ISP 下载工具配置 AVR 的熔丝以及如何下载运行代码程序的整个过程。

上面的介绍都还是一些最基本的操作和过程,希望读者能在以后的学习实践过程中,尽快熟悉这些软件的功能和使用方法,并能熟练掌握。

AVR 单片机嵌入式系统原理与应用实践(第 3 版)

## 5.5  一个比较复杂的 AVR 汇编语言实例

本节将给出一个完整使用 AVR 汇编语言开发编写的一个应用程序。通常,使用 ATmega16 构成的系统是比较复杂的系统,因此使用高级程序语言设计编写系统程序更加方便和快捷。本节给出汇编语言程序的目的,主要是对本章内容的总结,同时让用户通过该实例的阅读,能更加了解 AVR 汇编语言的使用及在编写、阅读和调试 ATmega16 的汇编代码时需要注意的一些问题。

### 5.5.1  系统功能与硬件设计

该应用系统为一个带 1/100 s 的简易 24 小时制时钟,它在上电后能够自动从 11时 59 分 55 秒 00 开始计时和显示时间。图 5-28 所示为简易时钟系统硬件电路图。

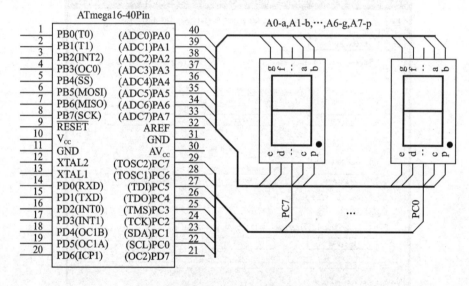

**图 5-28  简易 24 小时时钟硬件原理图**

如图 5-28 所示,系统使用 8 个 LED 数码管作为时钟的显示器,显示时、分、秒、1/100 s 4 个时段的数字,每个时段占用 2 个 LED。显示方式采用动态扫描方式,ATmega16 的 PA 口输出显示数字的 7 段码(注意:图中省去了 PA 口连接到 LED 各段的 8 个限流电阻,阻值约 300 Ω),PC 口用于控制 8 个 LED 的位选。ATmega16 使用内部 4 MHz 晶振。

系统还使用 ATmega16 片内的计数/定时器 T1,设计 T1 工作在计数溢出中断方式,定时间隔为 2 ms,即 T1 每 2 ms 产生一次中断。5 次中断得到 10 ms 的时间间隔,此时时钟的 1/100 s 加 1,并相应进行时、分、秒的调整。

LED 动态扫描方式的设计如下:在每 2 ms 的时间中,点亮 8 个 LED 中的一个,显示该位相应的数字(PC 口的输出只有一位为低电平,选通一个 LED,保持亮 2 ms)。因此 PC 口的输出值为 0b11111110,每隔 2 ms 循环右移,到 0b01111111 时 8 个 LED 各点亮一次,时间为 16 ms。在 1 s 内,循环 8 个 LED 的次数为 62.5 (1 000/16),是人眼的滞留时间(25 次/s)的 2.5 倍,保证了 LED 显示亮度均匀,无闪烁。在程序设计中,在各个 LED 转换和 7 段码输出时,关闭位选信号(PC 输出 0b11111111),消除了显示的拖尾现象(消影功能)。

　　T1 的设计:T1 为 16 位定时器,系统时钟为 4 MHz,采用其 64 分频后的时钟作为 T1 的计数信号(寄存器 TCCR1B = 0x03),一个计数周期为 16 $\mu$s,2 ms 需要计 125 个(0x007D)。由于 T1 溢出中断发生在 0xFFFF 后下一个 T1 计数脉冲的到来 (参见第 8 章),因此 T1 的计数初始值为 0xFF83 = 0xFFFF − 0x007C(65 535 − 124),即寄存器 TCNT1 的初值为 0xFF83。

## 5.5.2　AVR 汇编源代码

　　该系统的汇编源代码如下,开发软件平台使用 AVR Studio。

```
;* * * * * * * * * * * * * * * * * * * * * * * * * * * * * * * * * * *
;AVR 汇编程序实例:Demo_5_3.asm
;简易带 1/100 s 的 24 小时制时钟
;ATmega16   4 MHz
;* * * * * * * * * * * * * * * * * * * * * * * * * * * * * * * * * * *
.include "m16def.inc"                    ;引用器件 I/O 配置文件
;定义程序中使用的变量名(在寄存器空间)
.def count        =    r18              ;循环计数单元
.def position     =    r19              ;LED 显示位指针,取值为 0~7
.def p_temp       =    r20              ;LED 显示位选,其值取反由 PC 口输出
.def count_10ms   =    r21              ;10 ms 计数单元
.def flag_2ms     =    r22              ;2 ms 到标志
.def temp         =    r23              ;临时变量
.def temp1        =    r24              ;临时变量
.def temp_int     =    r25              ;临时变量(在中断中使用)
;中断向量区定义,Flash 程序空间 $ 000~ $ 029
.org $ 000
      rjmp reset                        ;复位处理
      nop
      reti                              ;IRQ0 Handler
      nop
      reti                              ;IRQ1 Handler
      nop
      reti                              ;Timer2 Compare Handler
      nop
      reti                              ;Timer2 Overflow Handler
      nop
      reti                              ;Timer1 Capture Handler
```

AVR 单片机嵌入式系统原理与应用实践(第 3 版)

```
        nop
        reti                        ;Timer1 Compare－A Handler
        nop
        reti                        ;Timer1 Compare－B Handler
        nop
        rjmp time1_ovf              ;Timer1 Overflow Handler
        nop
        reti                        ;Timer0 Overflow Handler
        nop
        reti                        ;SPI Transfer Complete Handler
        nop
        reti                        ;USART RX Complete Handler
        nop
        reti                        ;USART UDR Empty Handler
        nop
        reti                        ;USART TX Complete Handler
        nop
        reti                        ;ADC Conversion Complete Handler
        nop
        reti                        ;E2PROM Ready Handler
        nop
        reti                        ;Analog Comparator Handler
        nop
        reti                        ;Two－wire Serial Interface Handler
        nop
        reti                        ;IRQ2 Handler
        nop
        reti                        ;Timer0 Compare Handler
        nop
        reti                        ;SPM Ready Handler
        nop
;程序开始
.org $ 02A
reset:
        ldi r16,high(RAMEND)        ;设置堆栈指针高位
        out sph,r16
        ldi r16,low(RAMEND)         ;设置堆栈指针低位
        out spl,r16

        ser temp
        out ddra,temp               ;设置 PORTA 为输出,段码输出
        out ddrc,temp               ;设置 PORTC 为输出,位码控制
        out portc,temp              ;PORTC 输出 $ FF,无显示

        ldi position,0x00           ;段位初始化为 1/100 s 低位
        ldi p_temp,0x01             ;LED 第 1 位亮
;初始化时钟时间为 11:59:55:00
        ldi xl,low(time_buff)
        ldi xh,high(time_buff)      ;X 寄存器取得时钟单元首指针
```

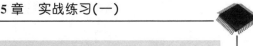

```
    ldi temp,0x00
    st x+,temp                    ;1/100 s = 00
    ldi temp,0x55
    st x+,temp                    ;秒 = 55
    ldi temp,0x59
    st x+,temp                    ;分 = 59
    ldi temp,0x11
    st x,temp                     ;时 = 11

    ldi temp,0xff                 ;T1 初始化,每隔 2 ms 中断一次
    out tcnt1h,temp
    ldi temp,0x83
    out tcnt1l,temp
    clr temp
    out tccr1a,temp
    ldi temp,0x03                 ;4 MHz,64 分频,2 ms
    out tccr1b,temp
    ldi temp,0x04
    out timsk,temp                ;允许 T1 溢出中断
    sei                           ;全局中断允许
;主程序
main:
    cpi flag_2ms,0x01             ;判 2 ms 到否
    brne main                     ;未到,转 main 循环
    clr flag_2ms                  ;到,清 2 ms 标志
    rcall display                 ;调用 LED 显示时间(动态扫描显示一位)
d_10ms_ok:
    cpi count_10ms,0x05           ;判 10 ms 到否
    brne main                     ;未到,转 main 循环
    clr count_10ms                ;10 ms 到,10 ms 计数器清 0
    rcall time_add                ;调用时间加 10 ms 调整
    rcall put_t2d                 ;将新时间值放入显示缓冲单元
    rjmp main                     ;转 main 循环
;LED 动态扫描显示子程序,2 ms 执行一次,一次点亮一位,8 位循环
display:
    clr r0
    ser temp                      ;temp = 0x11111111
    out portc,temp                ;关显示,去消影和拖尾作用
    ldi yl,low(display_buff)
    ldi yh,high(display_buff)     ;Y 寄存器取得显示缓冲单元首指针
    add yl,position               ;加上要显示的位值
    adc yh,r0                     ;加上低位进位
    ld temp,y                     ;temp 中为要显示的数字

    clr r0
    ldi zl,low(led_7 * 2)
    ldi zh,high(led_7 * 2)        ;Z 寄存器取得 7 段码组的首指针
    add zl,temp                   ;加上要显示的数字
    adc zh,r0                     ;加上低位进位
```

```
        lpm                              ;读对应 7 段码到 R0 中
        out porta,r0                     ;LED 段码输出

    mov r0,p_temp
    com r0
    out portc,r0                         ;输出位控制字,完成 LED 一位的显示

    inc position                         ;调整到下一次显示位
    lsl p_temp
    cpi position,0x08
    brne display_ret
    ldi position,0x00
    ldi p_temp,0x01
display_ret:
    ret
;时钟时间调整,加 0.01 s
time_add:
    ldi xl,low(time_buff)
    ldi xh,high(time_buff)               ;X 寄存器为时钟单元首指针
    rcall dhm3                           ;毫秒单元加 1 调整
    cpi temp,0xA0
    brne time_add_ret                    ;未到 100 ms 返回
    rcall dhm                            ;秒单元加 1 调整
    cpi temp,0x60
    brne time_add_ret                    ;未到 60 s 返回
    rcall dhm                            ;分单元加 1 调整
    cpi temp,0x60
    brne time_add_ret                    ;未到 60 min 返回
    rcall dhm                            ;时单元加 1 调整
    cpi temp,0x24
    brne time_add_ret                    ;未到 24 h 返回
    clr temp
    st x,temp                            ;到 24 h,时单元清 0
time_add_ret:
    ret
;低段时间清 0,高段时间加 1,BCD 调整
dhm:  clr temp                           ;当前时段清 0
dhm1: st x + ,temp                       ;当前时段清 0,X 寄存器指针加 1
dhm3: ld temp,x                          ;取出新时段数据
      inc temp                           ;加 1
      cpi temp,0x0A                      ;若个位数码未到 $ 0A(10)
      brhs dhm2                          ;例如 $ 58 + 1 = $ 59,无须调整
      subi temp,0xFA                     ;否则做减 $ FA 调整:例如 $ 49 + 1 减 $ FA = $ 50
dhm2: st x,temp                          ;并将调整结果送回
      ret
;将时钟单元数据送 LED 显示缓冲单元中
put_t2d:
    ldi xl,low(time_buff)
    ldi xh,high(time_buff)               ;X 寄存器时钟单元首指针
```

```
        ldi  yl,low(display_buff)
        ldi  yh,high(display_buff)          ;Y 寄存器显示缓冲单元首指针
        ldi  count,4                        ;循环次数 = 4
loop:
        ld   temp,x +                       ;读一个时间单元
        mov  temp1,temp
        swap temp1
        andi temp1,0x0f                     ;高位 BCD 码
        andi temp,0x0f                      ;低位 BCD 码
        st y + ,temp                        ;写入 2 个显示单元
        st y + ,temp1                       ;低位 BCD 码在前,高位在后
        dec   count
        brne loop                           ;4 个时间单元 ->8 个显示单元
        ret
;T1 时钟溢出中断服务
time1_ovf:
        in temp_int,sreg
        push temp_int                       ;保护状态寄存器
        ldi temp_int,0xff                   ;T1 初始值设定,2 ms 中断一次
        out tcnt1h,temp_int
        ldi temp_int,0x83
        out tcnt1l,temp_int

        inc count_10ms                      ;10 ms 计数器加 1
        ldi flag_2ms,0x01                   ;置 2 ms 标志到

        pop temp_int
        out sreg,temp_int                   ;恢复状态寄存器
        reti                                ;中断返回
.CSEG                                       ;LED7 段码表,定义在 Flash 程序空间
led_7:                                      ;7 段码表
.db 0x3f,0x06,0x5b,0x4f,0x66,0x6d,0x7d,0x07
.db 0x7f,0x6f,0x77,0x7c,0x39,0x5e,0x79,0x71
```

| ;字 | PA7 | PA6 | PA5 | PA4 | PA3 | PA2 | PA1 | PA0 | 共阴极 | 共阳极 |
|---|---|---|---|---|---|---|---|---|---|---|
| ; | h | g | f | E | d | c | b | a | | |
| ;0 | 0 | 0 | 1 | 1 | 1 | 1 | 1 | 1 | 3FH | C0H |
| ;1 | 0 | 0 | 0 | 0 | 0 | 1 | 1 | 0 | 06H | F9H |
| ;2 | 0 | 1 | 0 | 1 | 1 | 0 | 1 | 1 | 5BH | A4H |
| ;3 | 0 | 1 | 0 | 0 | 1 | 1 | 1 | 1 | 4FH | B0H |
| ;4 | 0 | 1 | 1 | 0 | 0 | 1 | 1 | 0 | 66H | 99H |
| ;5 | 0 | 1 | 1 | 0 | 1 | 1 | 0 | 1 | 6DH | 92H |
| ;6 | 0 | 1 | 1 | 1 | 1 | 1 | 0 | 1 | 7DH | 82H |
| ;7 | 0 | 0 | 0 | 0 | 0 | 1 | 1 | 1 | 07H | F8H |
| ;8 | 0 | 1 | 1 | 1 | 1 | 1 | 1 | 1 | 7FH | 80H |
| ;9 | 0 | 1 | 1 | 0 | 1 | 1 | 1 | 1 | 6FH | 90H |
| ;A | 0 | 1 | 1 | 1 | 0 | 1 | 1 | 1 | 77H | 88H |
| ;b | 0 | 1 | 1 | 1 | 1 | 1 | 0 | 0 | 7CH | 83H |

```
;C    0    0    1    1    1    0    0    1    39H    C6H
;d    0    1    0    1    1    1    1    0    5EH    A1H
;E    0    1    1    1    1    0    0    1    79H    86H
;F    0    1    1    1    0    0    0    1    71H    8EH
.DSEG                        ;定义程序中使用的变量位置(在 RAM 空间)
.ORG     $ 0060
display_buff:                ;LED 显示缓冲区,8 字节
.BYTE  8                     ;存放 LED 数码管 1~8 位的显示内容

.org   $ 0068
time_buff:                  ;时钟数据缓冲区,4 字节
.BYTE  4                    ;4 个单元:1/100 s 单元、秒单元、分单元、时单元
```

程序实例采用比较规范标准的设计理念和风格,程序中已给出了比较详细的注解。关于程序如何具体完成和实现系统的功能请读者仔细阅读程序,用心体会。下面仅对编写 ATmega16 汇编程序时,在结构和语句使用上一些需要注意的方面加以介绍:

> 将程序中操作最频繁及需要特殊位处理的变量定义在 AVR 的 32 个工作寄存器空间,因为 MCU 对 R0~R31 的操作仅需要一个时钟周期,而且功能强大。由于 R0~R31 的功能有所不同,而且也仅有 32 个,所以程序员应认真考虑和规划这 32 个工作寄存器的使用。例如,尽量不要将变量放置在 R26~R31 中,因为这 6 个寄存器构成 3 个 16 位的 X、Y、Z 地址指针寄存器,所以应保留用于各种寻址使用。

> ATmega16 有 21 个中断源,Flash 程序存储器的低段空间为这 21 个中断向量地址。注意:ATmega16 的一个中断向量地址空间为 2 字(4 字节)。在中断向量处可使用长转移指令 jmp(2 字)或 rjmp 转移指令(1 字)跳转到中断服务程序。而有些 AVR 的一个向量地址空间为 1 字,只能使用 rjmp 转移指令。

> 出于提高系统可靠性的设计,对于系统中不使用的中断向量,应填充 2 个中断返回指令 reti(每个 reti 占 1 字)。在本程序中,为了程序的理解和阅读方便,使用 rjmp 和 nop,以及 reti 和 nop 指令填充一个 2 字长度的向量地址空间。

> 程序中使用了 X、Y、Z 3 个 16 位地址指针寄存器,基于它们的一些指令有自动加(减)1 的功能,以及先加(减)、后使用和先使用、后加(减)的区别,应注意正确和灵活使用。

> 由于 LED 的 7 段码对照表是固定不变的,程序中将 LED 的 7 段码表放置在 Flash 存储器中。对于 Flash 存储器的间址取数只能使用 Z 寄存器。由于程序存储器的地址是以字(双字节)为单位的,因此,16 位地址指针寄存器 Z 的高 15 位为程序存储器的字地址,最低位 LSB 为"0"时,指字的低字节;为"1"时,指字的高字节。程序中使用伪指令 db 定义的 7 段码为 1 字节,它保存在 1 字的低字节处。若定义字,应使用伪指令 dw。

➤ 本例使用指令 lpm 读取 Flash 中的 1 字节,因此在取 7 段码表的首地址时乘以 2(ldi zl,low(led_7 * 2)),将地址左移 1 位。Z 寄存器的 LSB 为"0",表示取该字的低位字节。

➤ 在中断服务程序中,必须对 MCU 的标志寄存器 SREG 进行保护。在 T1 的溢出中断服务程序中,还需要对 TCNT1 的初值进行设置,以保证下一次中断仍为 2 ms。由于中断服务程序应尽量短,因此在中断服务中,只将 2 ms 标志置位和 10 ms 加 1 计数,其他处理应尽量放在主程序中。

➤ 程序中定义了 8 字节的显示缓冲区和 4 字节的时钟数据缓冲区,分别存放 8 个 LED 所对应的显示数字和 4 个时间段的时间值(BCD 码),这 12 个单元定义放置在 ATmega16 的 RAM 中。ATmega16 的 RAM 单元应从 0x0060 开始,前面的地址分别对应的是 32 个工作寄存器、I/O 寄存器,因此不要把一般的数据单元定义在小于 0x0060 的空间。

➤ 与使用 db 或 dw 伪指令在 Flash 空间定义常量不同的是,在 RAM 空间预留变量空间的定义应使用 byte 伪指令。byte 伪指令的功能是定义变量的位置(预留空间),不能定义(填充)变量的值,变量具体的值是需要由程序在运行中写入的。而伪指令 db、dw 具有数据位置和值定义(填充)的功能。

# 思考与练习

1. 图 5-1 中的 R1 是否可以不用,而将 $\overline{RESET}$ 引脚悬空或直接与 $V_{cc}$ 连接?

2. 若将图 5-1 中的 LED 正端接 PC0,由 I/O 口控制,而负端接 R3,R3 的另一端接 GND,这样的设计可以吗?程序需要做哪些调整?这样的设计与图 5-1 中的设计方式哪种更好一些?为什么?

3. 图 5-1 中的 R3 起什么作用?其阻值在什么范围比较合适?

4. 若要用 AVR 的 3 个 I/O 口控制一个 3 相的步进电机(5 V/300 mA),硬件电路应如何设计?

5. ATmega16 的熔丝位如何设置才能与使用的系统时钟源的类型相配合?如果熔丝位的设置与实际系统时钟源的类型不符合,那么系统会出现那些现象?为什么?如何处理?

6. 讨论 ATmega16 熔丝位中低电压检测复位(BOD)的作用。在本例中,设置 DOB 的检测电平为 4.0 V,并启用了低电压检测复位功能,思考其在实际应用中有哪些好处?

7. 在本章的例程中,为什么第一句语句都使用了 INCLUDE 伪指令(语句)?不用可以吗?如果不用,那么程序的开始应该如何写?

8. 查找汇编代码中包含的 M16DEF.INC 文件和 C 代码中包含的 mega16.h 文件在硬盘的何处?两个文件的内容是什么?

9. 在汇编程序中出现的 RAMEND(见下题程序段)代表什么?在本章汇编程序中,它的值是多少?从哪里来的?

10. demo_5_1.asm 开始的语句如下:

AVR单片机嵌入式系统原理与应用实践(第3版)

```
    .org      $ 0000                      ;上电复位起始地址
       rjmp   reset                       ;转上电复位后的初始化程序执行
;中断向量区
    .org      $ 002A                      ;跳过中断向量区
reset:
       ldi    r16,high(RAMEND)            ;取内部 RAM 最高地址的高位字节
       out    sph,r16                     ;放入 SP 的高位
       ldi    r16,low(RAMEND)             ;取内部 RAM 最高地址的低位字节
       out    spl,r16                     ;放入 SP 的低位,SP 中的值见器件配置文件 m16def.inc
```

请具体分析以上语句的作用。若后 4 句不要,系统运行会出现什么情况？为什么？请在 AVR Studio 中用软件模拟的方式观察并解答问题。

11. 仔细分析 demo_5_1.asm 中延时子程序的结构、运行情况及堆栈和堆栈指针的变化,利用 AVR Studio 中的软件模拟器进行分析。

12. 仔细查看使用 AVR Studio 和 CVAVR 开发编写 AVR 系统软件后所生成的各种类型的文件,以及这些文件的内容,并思考和分析这些文件的作用。

## 本章参考文献:

[1] ATMEL. AVR Studio 在线帮助(中文,共享资料). www.atmel.com.

[2] ATMEL. CVAVR 应用入门(英文,共享资料). www.atmel.com.

[3] HP Info Tech. CVAVR 使用手册(英文,共享资料).

[4] HP Info Tech. CVAVR 使用参考(中文,共享资料).

[5] HP Info Tech. CVAVR 库函数介绍(中文,共享资料).

# 第 2 篇　基本功能单元的应用

# 第 **6** 章

## 通用 I/O 接口的基本结构与输出应用

从本章开始,将从 AVR 单片机的基本功能单元入手,讲解其各个外围功能部件的基本组成和特性,以及它们的应用。

ATmega16 芯片有 PORTA、PORTB、PORTC 和 PORTD(简称 PA、PB、PC 和 PD)4 组 8 位,共 32 路通用 I/O 接口,分别对应于芯片上 32 个 I/O 引脚。所有这些 I/O 接口都是双(有的为 3)功能复用的。其中第一功能均作为数字通用 I/O 接口使用,而复用功能则分别用于中断、定时/计数器、USART、$I^2C$ 和 SPI 串行通信、模拟比较、捕捉等应用。这些 I/O 口同外围电路的有机组合,构成各式各样的单片机嵌入式系统的前向、后向通道接口,人机交互接口和数据通信接口,可实现千变万化的应用。

---

由于刚开始学习 I/O 接口的应用,读者还没有掌握中断和定时/计数器的使用,所以在本章的实例中,调用了 CVAVR 提供的软件延时函数来实现时间延时等待的功能。

需要指出的是,使用软件延时的方式会造成 MCU 效率的下降,而且也不能实现精确的延时,所以在一般情况下应尽量不使用软件延时的方式。在后面的章节里,会逐步介绍如何使用 T/C 和中断实现延时的正确方法。

---

## 6.1 通用 I/O 接口的基本结构与特性

### 6.1.1 I/O 接口的基本结构

图 6-1 为 AVR 单片机通用 I/O 口的基本结构示意图。从图中可以看出,每组 I/O 口配备 3 个 8 位寄存器,它们分别是方向控制寄存器 DDRx、数据寄存器 PORTx 和输入引脚寄存器 PINx(x=A/B/C/D)。I/O 口的工作方式和表现特征由这 3 个 I/O 口寄存器控制。

方向控制寄存器 DDRx 用于控制 I/O 口的输入输出方向,即控制 I/O 口的工作方式为输出方式,还是输入方式。

当 DDRx=1 时,I/O 口处于输出工作方式。此时数据寄存器 PORTx 中的数据通过一个推挽电路输出到外部引脚(见图 6-2)。AVR 的输出采用推挽电路是为了提高 I/O 口的输出能力,当 PORTx=1 时,I/O 引脚呈现高电平,同时可提供输出 20 mA 的电流;而当 PORTx=0 时,I/O 引脚呈现低电平,同时可吸纳 20 mA 电流。因此,AVR 的 I/O 口在输出方式下提供了比较大的驱动能力,可以直接驱动 LED 等小功率外围器件。

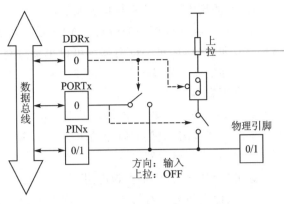

图 6-1　通用 I/O 口结构示意图

当 DDRx=0 时,I/O 口处于输入工作方式。此时引脚寄存器 PINx 中的数据就是外部引脚的实际电平,通过读 I/O 指令可将物理引脚的真实数据读入 MCU。此外,当 I/O 口定义为输入时(DDRx=0),通过 PORTx 的控制,可使用或不使用内部的上拉电阻(见图 6-3)。

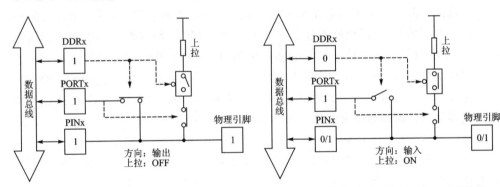

图 6-2　通用 I/O 口输出工作方式示意图　　　图 6-3　通用 I/O 口输入工作方式示意图
　　　　　　　　　　　　　　　　　　　　　　　　　　　　　　(带内部上拉)

表 6-1 是 AVR 通用 I/O 口的引脚配置情况。

表 6-1　I/O 口引脚配置表

| DDRXn | PORTXn | PUD | I/O 方式 | 内部上拉电阻 | 引脚状态说明 |
|---|---|---|---|---|---|
| 0 | 0 | X | 输入 | 无效 | 三态(高阻) |
| 0 | 1/0 | 0 | 输入 | 有效/无效 | 有效时外部引脚拉低输出电流($\mu$A) |
| 0 | X | 1 | 输入 | 无效 | 三态(高阻) |
| 1 | 0 | X | 输出 | 无效 | 推挽 0 输出,吸收电流(20 mA) |
| 1 | 1 | X | 输出 | 无效 | 推挽 1 输出,输出电流(20 mA) |

表中的 PUD 为寄存器 SFIOR 中的一位,它的作用相当于 AVR 全部 I/O 口内部上拉电阻的总开关。当 PUD=1 时,AVR 所有 I/O 内部上拉电阻都不起作用(全局内部上拉无效);而 PUD=0 时,各个 I/O 口内部上拉电阻取决于 PORTn 的设置。

AVR 通用 I/O 口的主要特点如下：

> 双向可独立位控的 I/O 口。ATmega16 的 PA、PB、PC、PD 4 个接口都是 8 位双向 I/O 口，每一位引脚都可以单独进行定义，相互不受影响。例如用户可以在定义 PA 口第 0、2、3、4、5、6 位用于输入的同时定义第 1、7 位用于输出，互不影响。

> Push‐Pull 大电流驱动（最大 40 mA）。每个 I/O 口输出方式均采用推挽式缓冲器输出，提供大电流的驱动，可以输出（吸入）20 mA 的电流，因而能直接驱动 LED 显示器。

> 可控制的引脚内部上拉电阻。每一位引脚内部都有独立的、可通过编程设置的、设定为上拉有效或无效的内部上拉电阻。当 I/O 口用于输入状态，且内部上拉电阻激活（有效）时，如果外部引脚被拉低，则构成电流源输出电流（$\mu$A 量级）。

> DDRx 可控的方向寄存器。AVR 的 I/O 口结构与其他类型单片机的明显区别是，AVR 采用 3 个寄存器来控制 I/O 口。一般单片机的 I/O 仅有数据寄存器和控制寄存器，而 AVR 还多了一个方向控制器，用于控制 I/O 的输入、输出方向。由于输入寄存器 PINx 实际不是一个寄存器，而是一个可选通的三态缓冲器，外部引脚通过该三态缓冲器与 MCU 的内部总线连接，因此，读 PINx 时是读取外部引脚上的实际逻辑值，实现了外部信号的同步输入。这种结构的 I/O 口，具备了真正的读—修改—写（Read—Modify—Write）特性。

图 6‐4 为 AVR 一个（位）通用 I/O 口的逻辑功能图。右上方的两个 D 触发器为方向控制寄存器和数据寄存器。

---

（1）使用 AVR 的 I/O 口，首先要正确设置其工作方式，确定其工作在输出方式还是输入方式。

（2）当 I/O 工作在输入方式，且要读取外部引脚上的电平时，应读取 PINxn 的值，而不是 PORTxn 的值。

（3）当 I/O 工作在输入方式时，要根据实际情况使用或不使用内部的上拉电阻。

（4）一旦将 I/O 口的工作方式由输出设置成输入方式后，必须等待 1 个时钟周期后才能正确地读到外部引脚 PINxn 的值。

---

上面的第（4）点是由于在 PINxn 与 AVR 内部数据总线之间有一个同步锁存器（图 6‐4 中的 Synchronizer）电路。

使用该电路，避免了当系统时钟变化的短时间内外部引脚电平也同时变化而造成的信号不稳定现象，但它会产生约 1 个（0.5～1.5）时钟周期的延时。

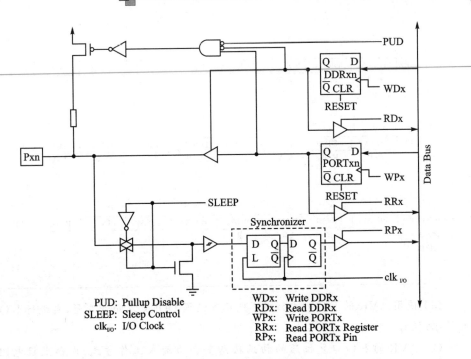

图 6-4 通用 I/O 口逻辑功能示意图

## 6.1.2 I/O 接口寄存器

ATmega16 的 4 个 8 位接口都有各自对应的 3 个 I/O 口寄存器,它们占用了 I/O 空间的 12 个地址(见表 6-2)。

表 6-2 ATmega16 I/O 口寄存器地址表

| 名 称 | I/O空间地址 | RAM空间地址 | 作 用 | 名 称 | I/O空间地址 | RAM空间地址 | 作 用 |
|---|---|---|---|---|---|---|---|
| PORTA | $1B | 0x003B | A 口数据寄存器 | PORTC | $15 | 0x0035 | C 口数据寄存器 |
| DDRA | $1A | 0x003A | A 口方向寄存器 | DDRC | $14 | 0x0034 | C 口方向寄存器 |
| PINA | $19 | 0x0039 | A 口输入引脚寄存器 | PINC | $13 | 0x0033 | C 口输入引脚寄存器 |
| PORTB | $18 | 0x0038 | B 口数据寄存器 | PORTD | $12 | 0x0032 | D 口数据寄存器 |
| DDRB | $17 | 0x0037 | B 口方向寄存器 | DDRD | $11 | 0x0031 | D 口方向寄存器 |
| PINB | $16 | 0x0036 | B 口输入引脚寄存器 | PIND | $10 | 0x0030 | D 口输入引脚寄存器 |

下面是 PA 口寄存器——PORTA、DDRA、PINA 各个位的具体定义,以及其是否可以通过指令读/写操作和 RESET 复位后的初始值。其他 3 个口的寄存器情况与 PA 口相同,只是地址不同。

| 位 | 7 | 6 | 5 | 4 | 3 | 2 | 1 | 0 | |
|---|---|---|---|---|---|---|---|---|---|
| $1B( $003B) | PORTA7 | PORTA6 | PORTA5 | PORTA4 | PORTA3 | PORTA2 | PORTA1 | PORTA0 | PORTA |
| 读/写 | R/W | R/W | R/W | R/W | R/W | R/W | R/W | R/W | |
| 复位值 | 0 | 0 | 0 | 0 | 0 | 0 | 0 | 0 | |

| 位 | 7 | 6 | 5 | 4 | 3 | 2 | 1 | 0 | |
|---|---|---|---|---|---|---|---|---|---|
| $1A( $003A) | DDRA7 | DDRA6 | DDRA5 | DDRA4 | DDRA3 | DDRA2 | DDRA1 | DDRA0 | DDRA |
| 读/写 | R/W | R/W | R/W | R/W | R/W | R/W | R/W | R/W | |
| 复位值 | 0 | 0 | 0 | 0 | 0 | 0 | 0 | 0 | |

| 位 | 7 | 6 | 5 | 4 | 3 | 2 | 1 | 0 | |
|---|---|---|---|---|---|---|---|---|---|
| $19( $0039) | PINA7 | PINA6 | PINA5 | PINA4 | PINA3 | PINA2 | PINA1 | PINA0 | PINA |
| 读/写 | R | R | R | R | R | R | R | R | |
| 复位值 | N/A | N/A | N/A | N/A | N/A | N/A | N/A | N/A | |

(1) 使用 AVR 的 I/O 口要注意:先正确设置 DDRx 方向寄存器,再进行 I/O 口的读/写操作。

(2) AVR 的 I/O 口复位后的初始状态全部为输入工作方式,内部上拉电阻无效。因此,外部引脚呈现三态高阻输入状态。

(3) 用户程序首先需要对要使用的 I/O 口进行初始化设置,然后根据实际需要设定使用I/O口的工作方式(输出还是输入)。当设定为输入方式时,还要考虑是否使用内部的上拉电阻。

(4) 在硬件电路设计时,如果能利用 AVR 内部 I/O 口的上拉电阻,则可节省外部的上拉电阻。

## 6.1.3 通用数字 I/O 接口的设置与编程

在将 AVR 的 I/O 口作为通用数字口使用时,要先根据系统的硬件设计情况,设定各个I/O口的工作方式:输入或输出工作方式,即先正确设置 DDRx 方向寄存器,再进行 I/O 口的读/写操作。当将 I/O 口定义为数字输入口时,还应注意是否需要将该口内部的上拉电阻设置为有效。在设计电路时,如果能利用 AVR 内部 I/O 口的上拉电阻,则可节省外部的上拉电阻。

在 AVR 汇编指令系统中,直接用于对 I/O 寄存器的操作指令有以下 3 类,全部为单周期指令。

(1) IN/OUT 指令:实现了 32 个通用寄存器与 I/O 寄存器之间的数据交换,格式为:

```
IN  Rd,A        ;从 I/O 寄存器 A 读数据到通用寄存器 Rd
OUT A,Rr        ;通用寄存器 Rr 数据送 I/O 寄存器 A
```

（2）SBI/CBI 指令：实现了对 I/O 寄存器（地址空间为 I/O 空间的 0x00～0x1F）中指定位的置 1 或清 0，格式为：

```
SBI A,b                    ;将 I/O 寄存器 A 的第 b 位置 1
CBI A,b                    ;将 I/O 寄存器 A 的第 b 位清 0
```

（3）SBIC/SBIS 指令：为转移类指令，它根据 I/O 寄存器（地址空间为 I/O 空间的 0x00～0x1F）中指定位的数值实现跳行转移（跳过后面紧接的一条指令，执行后续的第二条指令），格式为：

```
SBIC A,b                    ;I/O 寄存器 A 的第 b 位为 0 时，跳行执行
SBIS A,b                    ;I/O 寄存器 A 的第 b 位为 1 时，跳行执行
```

ATmega16 的 4 个 8 位接口共有 12 个 I/O 口寄存器，它们在 AVR 的 I/O 空间的地址均在前 32 个之中，因此上面 3 类对 I/O 寄存器操作的指令都可以使用。在第 5 章的例程 Demo_5_1.asm 中，使用了 OUT 指令设置 PC 口的工作方式为输出，输出为全"1"。其代码如下：

```
.def temp1 = r20           ;定义寄存器 R20 用临时变量名 temp1 代表
  ⋮
ser temp1                  ;置 temp1(R20)为 0xFF
out ddrc,temp1             ;定义 PC 口为输出
out portc,temp1            ;PC 口输出全"1"，LED 不亮
```

在 CVAVR 中，可以直接使用 C 语句对 I/O 口寄存器进行操作，例如：

```
//定义 PortC 口的工作方式
PORTC = 0x01;              //PC 口的第 0 位输出"1"，LED 不亮
DDRC = 0x01;               //定义 PC 口的第 0 位为输出方式
PORTC.0 = ～PORTC.0;       //PC 口第 0 位输出取反
```

其中 PORTC.0 = 0（或 PORTC.0 = 1）是 CVAVR 中对 C 语言的扩展语句，它实现了对寄存器的位操作。这种语句在标准 C 语言中是没有的。该扩展更适合编写单片机的系统程序，这是因为在单片机的系统程序中，是经常需要直接对位进行操作的。

更标准的 C 语言程序可采用以下写法：

```
#define BIT0 0
#define BIT1 1
#define BIT2 2
#define BIT3 3
#define BIT4 4
#define BIT5 5
#define BIT6 6
#define BIT7 7
  ⋮
PORTC = 1 << (BIT0) | 1 << (BIT3);     //PC 口的第 0 位和第 3 位输出"1"，其他为"0"
```

这里,1 << (BIT0)表示逻辑"1"左移 0 位,结果为 0b00000001;而 1 << (BIT3)表示逻辑"1"左移 3 位,结果为 0b00001000。0b00000001 再与 0b00001000 相"或",结果为 0b00001001。以上的逻辑运算不产生具体的操作指令,是由 CVAVR 在编译时运算完成并得到结果的,最后只是产生将结果赋值到 PORTC 寄存器的操作指令。

这种表示方式,比直接赋值 0b00001001 更容易理解程序的作用。例如,在下面有关 AVR 的 USART 串口的程序中,大量使用了这样的描述方式。其代码如下:

```
#define RXB8 1
#define TXB8 0
#define UPE 2
#define OVR 3
#define FE 4
#define UDRE 5
#define RXC 7

#define FRAMING_ERROR (1 << FE)
#define PARITY_ERROR (1 << UPE)
#define DATA_OVERRUN (1 << OVR)
#define DATA_REGISTER_EMPTY (1 << UDRE)
#define RX_COMPLETE (1 << RXC)
    ⋮
char status;
status = UCSRA;
if (( status & ( FRAMING_ERROR | PARITY_ERROR | DATA_OVERRUN )) == 0 )
{…}                              //接收数据无错误处理过程
else
{…}                              //接收数据产生错误处理过程
```

程序中的 UCSRA 为 ATmega16 的串行接口 USART 的状态寄存器,UPE 是 UCSRA 的第 2 位。当 UPE 为 1 时,表示接收到的数据产生了校验错误。程序中采用了定义语句,定义 PARITY_ERROR 为(1 << UPE),实际就是 0b00000100。因此,一旦 USART 的值为 PARITY_ERROR,就表示接收的数据产生了校验错误,使程序的阅读非常明了。

这样的程序编写方式,在 AVR 的汇编语言中也是可以使用的。

# 6.2 通用 I/O 接口的输出应用

## 6.2.1 通用 I/O 接口的输出设计要点

将通用 I/O 口定义为输出工作方式,通过设置该口的数据寄存器 PORTx,就可以控制对应 I/O 口外围引脚的输出逻辑电平,输出"0"或"1"。这样就可以通过程序来控制 I/O 口,输出各种类型的逻辑信号,如方波脉冲,或控制外围电路执行各种动作。

当应用 I/O 口输出时,在系统的软硬件设计上应注意的问题如下:

> 输出电平的转换和匹配。例如一般 AVR 系统的工作电源为 5 V(手持系统往往采用 1.5～3 V 电源),所以 I/O 的输出电平为 5 V。当连接的外围器件和电路采用 3 V、9 V、12 V、15 V 等与 5 V 不同的电源时,应考虑输出电平转换电路。

> 输出电流的驱动能力。当 AVR 的 I/O 口输出为"1"时,可提供 20 mA 左右的驱动电流;当输出为"0"时,可吸收 20 mA 左右的灌电流(最大为 40 mA)。当连接的外围器件和电路需要大电流驱动或有大电流灌入时,应考虑使用功率驱动电路。

> 输出电平转换的延时。AVR 是一款高速单片机,当系统时钟为 4 MHz 时,执行一条指令的时间为 0.25 $\mu$s,这意味着将一个 I/O 引脚置 1,再置 0 仅需要 0.25 $\mu$s,即输出一个脉宽为 0.25 $\mu$s 高电平脉冲。在一些应用中,往往需要较长时间的高电平脉冲驱动,如步进电机的驱动、动态 LED 数码显示器的扫描驱动等,因此在软件设计中要考虑转换时间延时。对于不需要精确延时的应用,可采用软件延时的方法,编写软件延时的子程序。如果要求精确延时,则要使用 AVR 内部的定时器。

## 6.2.2　LED 发光二极管的控制

LED 发光二极管是一种经常使用的外围器件,用于显示系统的工作状态,报警提示等,用大量的发光二极管组成方阵,就构成了一个 LED 电子显示屏,可以显示汉字和各种图形,如体育场馆中的大型显示屏。下面设计一个带有一排 8 个发光二极管的简易彩灯控制系统。

【例 6.1】简易彩灯控制系统。

### 1) 硬件电路设计

发光二极管一般为砷化镓半导体二极管,其电路如图 6-5 所示。当电压 $U_1$ 大于 $U_2$ 1 V 以上时,二极管导通发光。当导通电流大于 5 mA 时,人的眼睛就可以明显地观察到二极管的发光,导通电流越大,亮度越高。一般导通电流不要超过 10 mA;否则将导致二极管的烧毁或 I/O 引脚的烧毁。因此在设计硬件电路时,要在 LED 二极管电路中串接一个限流电阻,阻值在 300 Ω～1 kΩ 之间,调节阻值的大小可以控制发光二极管

图 6-5　LED 电路

的发光亮度。导通电流与限流电阻之间的关系由下面的计算公式确定:

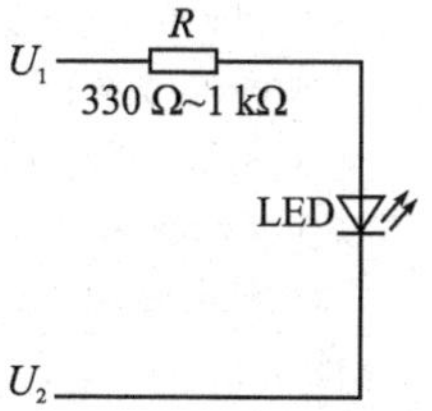

$$I = \frac{U_1 - U_2 - V_{\text{LED}}}{R}$$

式中：$V_{LED}$ 为 LED 的导通电压。

由于 AVR 的 I/O 口输出"0"时，可以吸收最大 40 mA 的电流，因此采用控制发光二极管负极的设计比较好。8 个 LED 发光二极管控制系统的硬件电路如图 6-6 所示。

在图 6-6 中，ATmega16 的 PA 口工作在输出方式下，8 个引脚分别控制 8 个发光二极管。

当 I/O 口输出"0"时，LED 导通发光；输出"1"时，LED 截止熄灭。

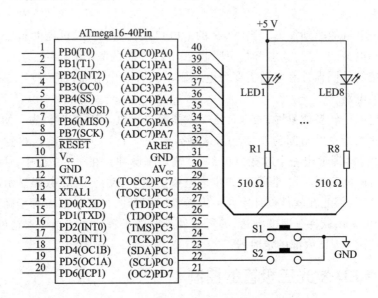

**图 6-6　8 路 LED 发光二极管控制电路**

### 2) 软件设计

下面给出一个简单的控制程序，其完成的功能是 8 个 LED 逐一循环发光 1 s，构成"走马灯"。程序非常简单，请读者自己分析。

```
/* * * * * * * * * * * * * * * * * * * * * * * * * * * * * * * * * * * *

File name        : demo_6_1.c

Chip type        : ATmega16

Program type     : Application

Clock frequency  : 4.000 000 MHz

Memory model     : Small

External SRAM size : 0

Data Stack size  : 256

 * * * * * * * * * * * * * * * * * * * * * * * * * * * * * * * * * * * */

#include < mega16.h >
#include < delay.h >

void main(void)
```

```
{
    unsigned char position = 0;        //position 为控制位的位置

    PORTA = 0xFF;                      //PA 口输出全"1",LED 全灭
    DDRA = 0xFF;                       //PA 口工作为输出方式

    while (1)
    {
      PORTA = ~(1 << position);
      if (++position >= 8) position = 0;
      delay_ms(1000);
    };
}
```

**3）思考与实践**

（1）调整程序中的 delay_ms()，延时时间为 1 ms，彩灯闪亮有何变化？为什么？

（2）计算并验证当延时时间小于多少 ms 时，"走马灯"的效果变成"全亮"？给出计算方法。

（3）设计一个 4 种闪烁方式交替循环的彩灯，闪烁方式如图 6-7 所示。

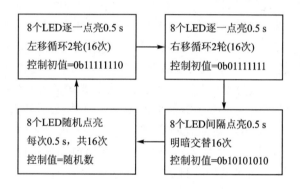

图 6-7　4 种不同控制方式的转换

提示：在 CVAVR 中，提供了 int rand (void)和 void srand(int seed)函数，请参考 CVAVR 手册，尝试使用这两个函数。

## 6.2.3　继电器控制

在工业控制及许多场合中，嵌入式系统要驱动一些继电器和电磁开关，用于控制电机与阀门的开启和关闭等。继电器和电磁开关需要功率驱动，驱动电流往往需要几百毫安，超出了 AVR 本身 I/O 口的驱动能力，因此在外围硬件电路中要考虑使用功率驱动电路。

【例 6.2】控制恒温箱加热的硬件电路设计。

恒温箱的加热源采用 500 W 电炉，电炉的工作电压为 220 V，电流为 2.3 A。选用

HG4200 继电器,开关负载能力为 5 A/AC 220 V,继电器吸合线圈的工作电压为 5 V,功耗为 0.36 W,通过计算得出吸合电流为 0.36 W/5 V = 72 mA。因此,要能使继电器稳定吸合,驱动电流应大于80 mA。由于该电流已超出 AVR 本身 I/O 口的驱动能力,因此外部需要使用功率驱动元件。

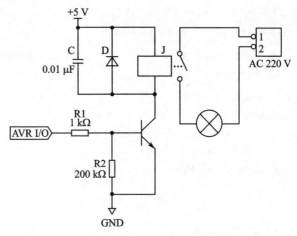

图 6-8　继电器控制电路

设计控制电路如图 6-8 所示,当I/O引脚输出"1"时,三极管导通,继电器吸合,电炉开始加热;当 I/O 引脚输出"0"时,三极管截止,继电器释放,加热停止。

图中的三极管应采用中功率管,导通电流大于 300 mA。电阻 R1 的作用是限制从 I/O 流出的电流不能太大,以保护 I/O 口,称为限流电阻。注意:三极管集电极的负载继电器吸合线圈在三极管截止时会产生一个很高的反峰电压,因此,在吸合线圈两端应并接一个二极管 D,其用途是释放反峰电压,保护三极管和 I/O 口不会被反峰电压击穿,提高系统的可靠性。吸合线圈两端并接的电容 C,能对继电器动作时产生的尖峰电压变化进行有效过滤,其作用也是为了提高系统的可靠性。在设计 PCB 板时,二极管 D 和电容 C 应该紧靠在继电器的附近。另外,设计中还要考虑系统在上电时的状态。由于 AVR 在上电时,DDRx 和 PORTx 的值均初始化为"0",I/O 引脚呈高阻输入方式,因此电阻 R2 的作用是确保三极管的基极电位在上电时为"0"电平,三极管截止,保证了加热电炉控制系统上电时不会误动作。

在工业控制中,尤其应认真考虑系统上电初始化及发生故障时 I/O 口的状态,应在硬件和软件设计中仔细考虑;否则会产生误动作,造成严重的事故。

在驱动电感性负载时,在硬件上要考虑采取对反峰电压的吸收和隔离,防止对控制系统的干扰和破坏。

## 6.2.4　步进电机控制

步进电机在自动化仪表、自动控制、机器人、自动生产流水线等领域的应用相当广泛,例如在打印机、磁盘驱动器、扫描仪中都有步进电机的身影。关于步进电机工作原理请参考有关资料。本小节介绍一种普通微型单极 3 相步进电机的控制。

单极 3 相步进电机有 3 个磁激励相,分别用 A、B、C 表示,每相有一个磁激线圈。

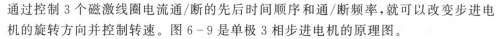

通过控制 3 个磁激线圈电流通/断的先后时间顺序和通/断频率,就可以改变步进电机的旋转方向并控制转速。图 6-9 是单极 3 相步进电机的原理图。

单极 3 相步进电机有 3 相 3 拍和 3 相 6 拍两种驱动方式,图 6-10 给出它们的控制时序图。3 相 3 拍就是 A、B、C 三相分别通电,正转为 A−B−C−A−B−C,反转为 A−C−B−A−C−B,每拍转动 3°。3 相 6 拍中有 3 拍是两相同时通电,正转为 A−AB−B−BC−C−CA,反转为 A−AC−C−CB−B−BA,每拍转动 1.5°。

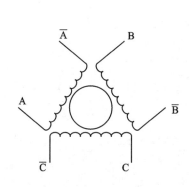

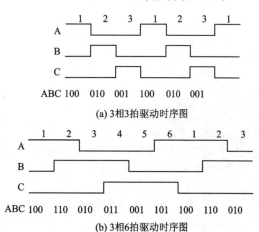

(a) 3 相 3 拍驱动时序图

(b) 3 相 6 拍驱动时序图

图 6-9　单极 3 相步进电机原理图

图 6-10　3 相步进电机控制时序图

【例 6.3】单极 3 相步进电机控制系统。

**1) 硬件电路设计**

本例中使用的 3 相步进电机,型号为 45BC340C,步距角 1.5°/3°,相电压为 DC 12 V,相电流为 0.4 A,空载启动频率为 500 Hz,控制硬件电路原理图如图 6-11 所示。图中采用一片 7 位达林顿驱动芯片(Darlington Transistor Arrays)MC1413,其驱动电流为 0.5 A,工作电压达 50 V。当 I/O A 输出高电平"1"时,MC1413 内部对

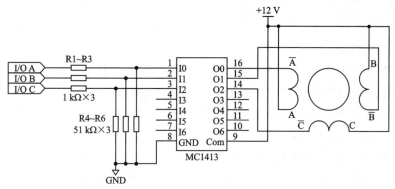

图 6-11　步进电机控制电路

应 Q0 的达林顿管导通,电流从电源正极(＋12 V)流过步进电机 A 相线圈,经 O0 端流入地线;输出低电平"0"时,MC1413 内部对应 O0 的达林顿管截止,A 相线圈中无电流流过。电阻 R1～R3 为限流保护电阻。系统上电时,AVR 的 I/O 引脚为高阻,电阻 R4～R6 将 MC1413 的 3 个控制输入端拉低,以保证步进电机在上电时不会产生误动作。

**2) 软件设计**

```
/ * * * * * * * * * * * * * * * * * * * * * * * * * * * * * * * * *
File name            : demo_6_3.c
Chip type            : ATmega16
Program type         : Application
Clock frequency      : 4.000 000 MHz
Memory model         : Small
External SRAM size   : 0
Data Stack size      : 256
* * * * * * * * * * * * * * * * * * * * * * * * * * * * * * * * * */
#include < mega16.h >
#include < delay.h >

flash unsigned char step_out[6] = {0x04,0x06,0x02,0x03,0x01,0x05};

void main(void)
{
    char i = 0;
    int delay = 500;

    PORTA = 0x00;
    DDRA = 0x07;

    while (1)
    {
        PORTA = step_out[i];
        if (++i >= 6) i = 0;
        delay_ms(delay);
    };
}
```

**3) 思考与实践**

(1) 通过分析 demo_6_3.c,你认为本例中是使用了 AVR 的哪 3 个 I/O 口控制步进电机的? 采用的是 3 相 3 拍还是 3 相 6 拍的控制方式? 电机的转动方向如何?

(2) 若要改变电机的转动方向,仅仅改动硬件路线或只修改软件就能实现吗? 各给出一个方案,并检验。

(3) 程序中定义的数组"flash char step_out[6] = {0x04,0x06,0x02,0x03, 0x01,0x05}"的作用是什么? 采用如下的定义"char step_out[6] = {0x04,0x06, 0x02,0x03,0x01, 0x05}"可以吗? 两种定义有何区别? 在本例中使用哪种定义比较好? 为什么?

（4）程序中变量 delay 的作用是什么？将 delay 的数值调大或减小，对电机的转动有何影响？请仔细分析并验证（最好在实际系统上测试）。

（5）本例使用的 3 相步进电机有一个指标参数"空载启动频率 500 Hz"，该参数在软件设计中需要考虑吗？

（6）如何设计软件能控制电机转动的圈数和转速？

（7）设计一段步进电机的控制程序（电机拖动打印机的打印头），它能打印一行字，然后返回起始位置。打印过程为：慢速正转 20 圈（2 圈/s），高速反转 20 圈（4 圈/s）。

# 6.3　LED 数码显示器的应用

LED 数码显示器是单片机嵌入式系统中经常使用的显示器件。一个"8"字型的显示模块用 a、b、c、d、e、f、g、p 8 个发光二极管组合而成，如图 6-12(a)所示。每个发光二极管称为一字段。LED 数码显示器有共阳极和共阴极两种结构形式，其内部电原理图分别如图 6-12(b)和图 6-12(c)所示，在硬件电路设计和软件编写时不要混淆。

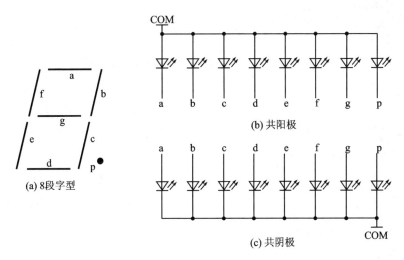

图 6-12　LED 数码显示器

LED 数码管显示的基本控制原理与发光二极管的控制相同，但在具体使用时有许多不同的设计和应用电路，软件的设计也各不相同，有许多技巧和变化。

## 6.3.1　单个 LED 数码管控制

本小节以共阴极的数码管为例，介绍如何控制一个 8 段数码管显示 0～F 16 个十六进制的数字。

【**例 6.4**】单个 LED 数码管字符显示控制。

**1) 硬件电路设计**

很明显,用 AVR 的一个 I/O 口控制共阴极数码管的 8 个段位,分别置 1 或清 0,让某些段的 LED 发光,其他的熄灭,就可以显示不同的字符和图符号,硬件电路如图 6-13 所示。

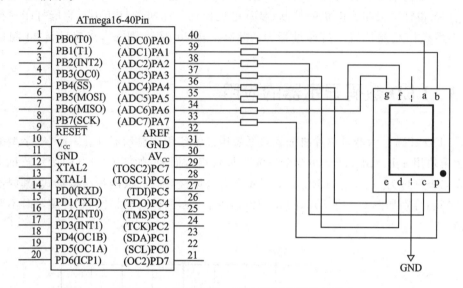

**图 6-13　1 位共阴极 LED 数码显示器控制电路**

**2) 软件设计**

为了获得 0~F 16 个不同的字型符号,数码管各段所加的电平不同,所以 I/O 口输出的编码也不同。因此,必须首先建立一个字型与字段 7 段码的编码表。

8 段 LED 数码管字型字段编码表如表 6-3 所列。

**表 6-3　8 段 LED 数码管字型字段编码表**

| 显示字型 | PA7 | PA6 | PA5 | PA4 | PA3 | PA2 | PA1 | PA0 | 段码共阴极 | 段码共阳极 |
|---|---|---|---|---|---|---|---|---|---|---|
| | p | g | f | e | d | c | b | a | | |
| 0 | 0 | 0 | 1 | 1 | 1 | 1 | 1 | 1 | 3FH | C0H |
| 1 | 0 | 0 | 0 | 0 | 0 | 1 | 1 | 0 | 06H | F9H |
| 2 | 0 | 1 | 0 | 1 | 1 | 0 | 1 | 1 | 5BH | A4H |
| 3 | 0 | 1 | 0 | 0 | 1 | 1 | 1 | 1 | 4FH | B0H |
| 4 | 0 | 1 | 1 | 0 | 0 | 1 | 1 | 0 | 66H | 99H |
| 5 | 0 | 1 | 1 | 0 | 1 | 1 | 0 | 1 | 6DH | 92H |
| 6 | 0 | 1 | 1 | 1 | 1 | 1 | 0 | 1 | 7DH | 82H |
| 7 | 0 | 0 | 0 | 0 | 0 | 1 | 1 | 1 | 07H | F8H |
| 8 | 0 | 1 | 1 | 1 | 1 | 1 | 1 | 1 | 7FH | 80H |

续表 6 - 3

| 显示字型 | PA7 p | PA6 g | PA5 f | PA4 e | PA3 d | PA2 c | PA1 b | PA0 a | 段码共阴极 | 段码共阳极 |
|---|---|---|---|---|---|---|---|---|---|---|
| 9 | 0 | 1 | 1 | 0 | 1 | 1 | 1 | 1 | 6FH | 90H |
| A | 0 | 1 | 1 | 1 | 0 | 1 | 1 | 1 | 77H | 88H |
| b | 0 | 1 | 1 | 1 | 1 | 1 | 0 | 0 | 7CH | 83H |
| C | 0 | 0 | 1 | 1 | 1 | 0 | 0 | 1 | 39H | C6H |
| d | 0 | 1 | 0 | 1 | 1 | 1 | 1 | 0 | 5EH | A1H |
| E | 0 | 1 | 1 | 1 | 1 | 0 | 0 | 1 | 79H | 86H |
| F | 0 | 1 | 1 | 1 | 1 | 0 | 0 | 1 | 71H | 8EH |

注：B、D 字型为小写 b、d,以同数字 8、0 字型区别。

有了字型段码对照表,就可以用软件的方式进行 8 段码的译码。若要显示字型
"1",PA 口输出值为 0x06;若要显示字型"A",PA 口输出值为 0x77。

在单片机嵌入式系统软件设计中,经常要考虑二进制、十进制、十六进制、BCD
码、压缩 BCD 码、8 段码、ASCII 码之间的相互转换问题。人们计数习惯采用十进
制,而单片机的计算、存储则为二进制形式最方便。此外传送字符用 ASCII 码,LED
数码显示要转化成相应的 7 段码等。因此对于各种不同数制的使用和相互转换在软
件设计中尤为重要,只有设计、使用得当,才能简化程序设计和优化程序代码。

```
/* * * * * * * * * * * * * * * * * * * * * * * * * * * * * * * * * * * * *
    File name       : demo_6_4.c
    Chip type       : ATmega16
    Program type    : Application
    Clock frequency : 4.000 000 MHz
    Memory model    : Small
    External SRAM size : 0
    Data Stack size : 256
    * * * * * * * * * * * * * * * * * * * * * * * * * * * * * * * * * * */
# include < mega16.h >
# include < delay.h >

flash unsigned char led_7[16] = {0x3F,0x06,0x5B,0x4F,0x66,0x6D,0x7D,0x07,
                    0x7F,0x6F,0x77,0x7C,0x39,0x5E,0x79,0x71};

bit point_on = 0;
void main(void)
```

AVR 单片机嵌入式系统原理与应用实践(第 3 版)

```
{
    unsigned char i = 0;

    PORTA = 0xFF;

    DDRA = 0xFF;

    while (1)
      {
        for (i = 0;i <= 15;i++)
          {
            PORTA = led_7[i];
            if (point_on) PORTA |= 0x80;
            delay_ms(1000);
          }
        point_on = ~point_on;
      };
}
```

在本程序中,数组 led_7[] 有 16 个元素,为显示字型 0～F 的段码。由于硬件确定后段码值就固定了,不会改变,因此把它定义在 Flash 中,可以节省 RAM 存储器的空间。LED 数码管的小数点则要根据实际情况使用。

**3) 思考与实践**

(1) 如何显示其他特殊符号,如 P、q、L、H 等?

(2) 修改程序,控制一个 8 段数码管循环显示 0～F 16 个十六进制的数字,每个字符显示 1 s,并且在显示的 1 s 内,数码管的小数点(P 段)要亮 0.5 s,灭 0.5 s。

## 6.3.2　多位 LED 数码管显示

一个 LED 数码管只能显示一位数字,一般在系统经常要使用多个 LED 数码管,例如要显示时间、温度、转速等。从例 6.4 中可以看到,一个数码管要使用 AVR 的 8 个 I/O 口线输出段码(公共端接 GND)。当使用多个数码管时,显然采用这样的控制方式有些问题,因为 AVR 是不能提供太多的 I/O 控制引脚的。例如系统要使用 4 个数码管,按例 6.4 中的控制方式,ATmega16 的全部 I/O 口将被占用,这样其他的外围设备和电路就无法连接了。因此多个数码管显示驱动系统的实现,有多种不同的方式可以采用,而且在硬件和软件的设计上也是不同的。

多位 LED 数码管显示电路按驱动方式可分为静态显示和动态显示两种方法。

采用静态显示方式时,除了在改变显示数据的时间外,所有的数码管都处于通电发光状态,每个数码管通电占空比为 100%(例 6.4 的显示方式即为静态显示)。静态显示的优点是:显示稳定,亮度高,程序设计相对简单,MCU 负担小;缺点是:占用硬件资源多(如 I/O 口、驱动锁存电路等),耗电量大。

而所谓动态显示方式,就是一位一位地轮流点亮各个数码管(动态扫描方式)。

对于每一位数码管来说,每隔一定时间点亮一次,所以当扫描的时间间隔足够小时,观察者就不会感到数码管的闪烁,看到的现象是所有的数码管一齐发光(同看电影的道理一样)。在动态扫描显示方式中,数码管的亮度与 LED 点亮导通时的电流大小、每一位点亮的时间和扫描间隔时间这 3 个因素有关。动态显示的优点是:占用硬件资源少(如 I/O 口、驱动锁存电路等),耗电量小;缺点是:显示稳定性不易控制,程序设计相对复杂,MCU 负担重。

为了减轻 MCU 的负担,减少编程的复杂性,简化外围电路,还可以使用专用的数码管控制器件(见第 16 章)。

### 1. 使用串行传送数据的静态显示接口

图 6-14 是一个采用串行传送数据的 8 位数码管静态显示接口。设计中将 8 片 8 位串行输入/并行输出移位寄存器 74HC164 串接,数码管为共阳极型。MCU 将 8 个要显示字符的段码字准备好,通过 Data Out 引脚,在 Clk Out 引脚产生的 cp 移位脉冲的作用下,一位一位地移入 74HC164 的 QA~QH 端(串行输入)。QA~QH 的输出(并行输出)直接作为数码管的段位控制。由于左边 74HC164 芯片的 QH 引脚(最低位)与右边 74HC164 芯片的数据输入引脚连接,经过 Clk Out 时钟线 64 个 cp 脉冲后,要显示的 8 个字符将会在 8 个数码管上显示,最先发送的显示字符段码将显示在最右边。

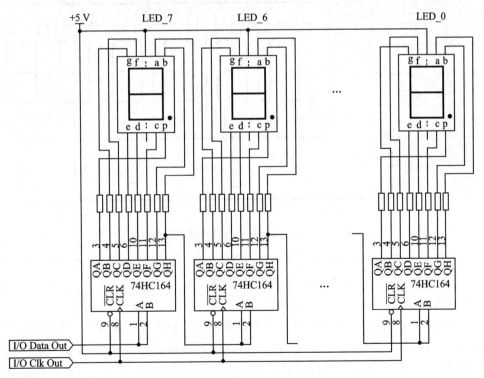

图 6-14 串行数据传送 8 位数码管静态显示接口电路

AVR 单片机嵌入式系统原理与应用实践(第 3 版)

在这个电路设计中,硬件上使用了 8 片 8 位串行输入/并行输出移位寄存器 74HC164 串接,占用 AVR 的 2 个 I/O 口。软件的实现比较简单,MCU 只需要把新的显示内容通过两个 I/O 口线,一次串行输出即可。如果显示内容没有变化,那么 MCU 是不需要对显示部分进行任何操作的。

## 2. 数码管显示器动态显示设计(一)

采用数码管动态扫描显示方式,可以节省硬件电路,但软件设计相对比较复杂。下面给出一个采用数码管动态扫描显示方式的设计,使用 6 个数码管组成时钟,两个一组,分别显示时、分、秒。

**【例 6.5】** 6 位 LED 数码管动态扫描控制显示设计(一)。

### 1) 硬件设计电路

图 6-15 所示为硬件接口电路图。图中仅采用了 6 个共阴极的 LED 数码管。所有数码管段位 a 的引脚并接,由 PA0 控制;段 b 并接,由 PA1 控制;以此类推。即仍用 ATmega16 的 PA 口作为段码输出。ATmega16 的 PC0～PC5 分别与 LED0～LED5 的公共端 COM 引脚连接,即 PC 口的低 6 位作为位扫描控制口。

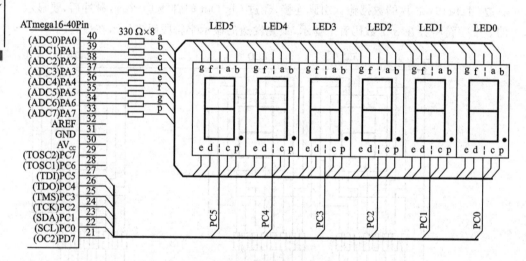

图 6-15　6 位数码管动态扫描显示接口电路

与静态方式的数码管驱动电路相比较,图 6-15 的电路图中没有使用外围器件,但占用了 14 个 I/O 口线(8 位时需要 16 个 I/O 口)。

### 2) 软件设计

根据硬件电路可以看出,在任何一个时刻,PC0～PC5 只能有一个 I/O 口输出低电平,即只有一位数码管亮。而且,MCU 必须循环轮流控制 PC0～PC5 中的一位使其输出"0",同时 PA 口要输出该位相应的段码值。即使显示的内容没有变化,MCU 也要进行不停的循环扫描处理。

软件的设计应保证从外表看数码管显示的效果要连续(即在人眼里各个数码管全部亮),亮度均匀,同时没有拖尾现象。

　　为了保证各个数码管的显示效果不产生闪烁,则首先应保证在 1 s 内循环扫描 6 个数码管的次数大于 25 次。这里是利用了人眼的影像滞留效应。本例中选择 40 次,即每隔1000 ms/40＝25 ms 将 6 个数码管循环扫描一次。第二要考虑的是,在 25 ms 时间间隔中,要逐一轮流点亮 6 个数码管,而且每个数码管点亮的持续时间要相同,这样亮度才能均匀。第三个要考虑的要点为每个数码管点亮的持续时间,如果这个时间长,则数码管的亮度高;反之则暗。

　　通常,每个数码管点亮的持续时间为 1～2 ms。如果将每个数码管的点亮持续时间定为2 ms,那么 6 个数码管扫描一遍的时间为 12 ms,因此 MCU 还有 13 ms 的时间可以处理其他事件。为了简单起见,本例中还是使用了 delay_ms()软件延时函数进行定时,在以后的章节中,将介绍使用 AVR 的定时器产生更精确的秒计时脉冲。

```
/* * * * * * * * * * * * * * * * * * * * * * * * * * * * * * * * * * *
File name        : demo_6_5.c
Chip type        : ATmega16
Program type     : Application
Clock frequency  : 4.000 000 MHz
Memory model     : Small
External SRAM size : 0
Data Stack size  : 256
* * * * * * * * * * * * * * * * * * * * * * * * * * * * * * * * * * */
#include < mega16.h >
#include < delay.h >
flash unsigned char led_7[10] = {0x3F,0x06,0x5B,0x4F,0x66,0x6D,0x7D,0x07,0x7F,0x6F};
flash unsigned char position[6] = {0xfe,0xfd,0xfb,0xf7,0xef,0xdf};
unsigned char time[3];                  //时、分、秒计数
unsigned char dis_buff[6];              //显示缓冲区,存放要显示的 6 个字符的段码值
unsigned char time_counter;             //1 s 计数器
bit point_on;                           //秒显示标志
void display(void)                      //扫描显示函数,执行时间 12 ms
{
    unsigned char i;
    for(i = 0;i <= 5;i ++ )
    {
        PORTA = led_7[dis_buff[i]];
        if (point_on && ( i == 2 || i == 4 )) PORTA |= 0x80;    //         (1)
        PORTC = position[i];
```

```
        delay_ms(2);                              //                          (2)
        PORTC = 0xff;                             //                          (3)
    }
}

void time_to_disbuffer(void)                      //时间值送显示缓冲区函数
{
    unsigned char i,j = 0;
    for (i = 0;i <= 2;i ++)
    {
        dis_buff[j ++] = time[i] % 10;
        dis_buff[j ++] = time[i] / 10;
    }
}

void main(void)
{
    PORTA = 0x00;                                 //PORTA 初始化
    DDRA = 0xFF;
    PORTC = 0x3F;                                 //PORTC 初始化
    DDRC = 0x3F;
    time[2] = 23; time[1] = 58; time[0] = 55;     //时间初值为 23：58：55
    time_to_disbuffer();
    while (1)
    {
        display();                                //显示扫描,执行时间为 12 ms
        if ( ++ time_counter >= 40)
        {
            time_counter = 0;                     //                          (4)
            point_on = ~point_on;                 //                          (5)
            if ( ++ time[0] >= 60)
            {
                time[0] = 0;
                if ( ++ time[1] >= 60)
                {
                    time[1] = 0;
                    if ( ++ time[2] >= 24) time[2] = 0;
                }
            }
            time_to_disbuffer();
        }
        delay_ms(13);                             //延时 13 ms,可进行其他处理 (6)
```

```
    };
}
```

**3) 思考与实践**

彻底、全面、读懂、理解和体会该段程序,对有(1)～(6)标记的语句和程序段进行分析,并回答以下问题:

(1) 时、分、秒的计算采用何种数制? 到数码管的时间显示之间经过了几种数制的转换? 为什么要转换(不转换行吗)? 是怎样转换的?

(2) display()函数是如何工作的? 每秒钟执行几次?

(3) 说明 time_to_buffer()的功能,该函数每秒钟执行几次?

(4) 说明并深入体会程序中的变量 time_counter 和 point_on 的作用。

(5) 将程序中有(3)标记的语句去掉,会产生什么现象,为什么? 说明该语句的作用。

(6) 将程序中有(4)标记的语句去掉,会产生什么现象?

(7) 如何调整程序使数码管的显示亮度有变化?

(8) 程序中使用的显示缓冲区占用了 6 字节,若不使用显示缓冲区,能否实现时间的显示? 而使用显示缓冲区有何优点?

(9) 该程序中采用软件延时的方法,其主要的缺点有哪些?

## 3. 数码管显示器动态显示设计(二)

在数码管显示器动态显示设计(一)中,尽管没有使用更多的外围器件,但一共占用了 AVR 的 14 个 I/O 口。由于 AVR 的 I/O 口的功能比较多,在实际应用中往往需要留出更多的 I/O 口应用于其他的控制和输入,因此经常采用外部增加少量的器件,以减少数码管显示驱动对 I/O 口的占用。

【例 6.6】6 位 LED 数码管动态扫描控制显示设计(二)。

**1) 硬件设计**

如果在硬件设计上多使用一片 74HC164(8 位串行输入/并行输出移位寄存器),则只要使用 PA 口的 8 根段输出线中的 2 根作为段码输出控制,其他 6 个 I/O 口就可以节省作为它用,电路图如图 6-16 所示。

在图 6-16 中,仅给出了数码管段控制部分的接口电路。位控制仍然同图 6-15 一样,使用 PC 口的 6 个 I/O。在这个设计中,使用了 AVR 的 PA0 和 PA1 两个 I/O 口串行输出段码,比图 6-15 中少使用了 6 个 I/O 口。

**2) 软件设计**

根据硬件电路可以知道,数码管显示器的工作方式还是为动态显示。因此,软件中应根据 74HC164 的逻辑真值表(见表 6-4),增加一个使用 PA0(Data)、PA1(Clk)串行输出 1 字节的功能函数。

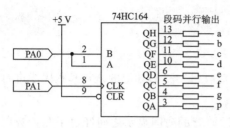

图 6 - 16 采用 74HC164 串行输入/并行
输出段码的接口电路

表 6 - 4 74HC164 逻辑真值表

| INPUTS(输入) | | | | OUTPUTS(输出) | | | |
|---|---|---|---|---|---|---|---|
| CLR | CLK | A | B | QA | QB | ... | QH |
| L | X | X | X | L | L | ... | L |
| H | ↓ | X | X | No Change | | | |
| H | ↑ | L | X | L | QAn | ... | QGn |
| H | ↑ | X | L | L | QAn | ... | QGn |
| H | ↑ | H | H | H | QAn | ... | QGn |

```
/ * * * * * * * * * * * * * * * * * * * * * * * * * * * * * * * * * * * *
    File name          : demo_6_6.c
    Chip type          : ATmega16
    Program type       : Application
    Clock frequency    : 4.000 000 MHz
    Memory model       : Small
    External SRAM size : 0
    Data Stack size    : 256

    * * * * * * * * * * * * * * * * * * * * * * * * * * * * * * * * * * * */

# include < mega16.h >
# include < delay.h >

# define HC164_data PORTA.0
# define HC164_clk PORTA.1

flash char led_7[10] = {0x3F,0x06,0x5B,0x4F,0x66,0x6D,0x7D,0x07,0x7F,0x6F};
flash char position[6] = {0xfe,0xfd,0xfb,0xf7,0xef,0xdf};
char time[3];                    //时、分、秒计数
char dis_buff[6];                //显示缓冲区,存放要显示的 6 个字符的段码值
char time_counter;
bit point_on;

void HC164_send_byte(char byte)
{
    char i;
    for (i = 0;i <= 7;i++ )
    {
        HC164_data = byte & 1 << i;
        HC164_clk = 1;
        HC164_clk = 0;
    }
}
```

```
void display(void)
{
    char temp,i;
    for(i = 0;i <= 5;i++ )
    {
        temp = led_7[dis_buff[i]];
        if (point_on && (i == 2 || i == 4))
            HC164_send_byte(temp | 0x80);
        else
            HC164_send_byte(temp);
        PORTC = position[i];
        delay_ms(2);
        PORTC = 0xff;
    }
}
⋮
```

AVR 单片机嵌入式系统原理与应用实践(第 3 版)

程序的其他部分同 demo_6_5.c,只是对 display()函数中的段码输出语句进行了修改,变成调用 HC164_send_byte()函数输出段码。

在 HC164_send_byte()函数中,程序控制 PA0、PA1,模拟串行输出数据的时序,将 1 字节的数据由低到高串行输出到 74HC164 中。

**3) 思考与实践**

(1) 如果要将一字节的数据由高到低串行输出到 74HC164 中,那么 HC164_send_byte()函数应该如何改动? 硬件电路应如何调整?

(2) 在 HC164_send_byte()函数中的 FOR 循环中有 3 条语句,说明"HC164_data = byte &1 << i;"的作用,这 3 条语句的执行顺序可以改动吗?

(3) 若再增加一片芯片,还可以使用更少的 I/O 口实现数码管动态扫描显示的接口。请设计其硬件电路和相应的软件显示控制程序,能够实现本例的功能(提示:可考虑使用 74HC164 或 74HC138)。

## 6.3.3　点阵 LED 显示控制

点阵 LED 在许多产品中也是经常使用的一种外围设备,如电梯中的运行指示、公交汽车里的站名广告显示以及大型的电子广告牌等。这种 LED 的优点是可以通过点阵的形式显示汉字、图形等。实际上,PC 的显示屏、手机显示屏等,在上面显示汉字、图形就是采用点阵显示的方法。

**【例 6.7】** 8×8 点阵 LED 显示控制设计。

**1) 硬件设计**

8×8 点阵 LED 一般是一个方型器件,由 8 行×8 列共 64 个 LED 发光二极管组成。图 6－17是它的内部电原理图(4×4 点阵)。

图 6-18 为 8×8 点阵 LED 的模块,这里使用 AVR 的 PA 口连接 JE1(Col+),PC 口连接 JE2(Row−)。

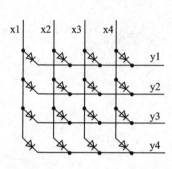

图 6-17　4×4 点阵 LED 原理图

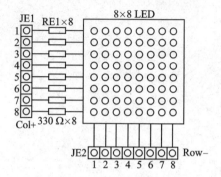

图 6-18　8×8 点阵 LED 模块

当 PA 输出 1 字节数据,PC 口 8 位中的 1 位输出为"0"时,模块的其中一行(列)的 8 个 LED 就会根据 PA 的输出值点亮(熄灭)。

**2) 软件设计**

通过对电路的分析可以看出,8×8 点阵 LED 的显示控制方式与 LED 数码管的显示方式类似,也是使用动态扫描的工作方式。下面设计一个实现简单的、用于电梯中指示向上运行的箭头"↑"。

首先要建立一个向上箭头"↑"的码表,如表 6-5 所列;然后需要一个动态扫描显示的函数 display()。

表 6-5　上箭头"↑"的码表

| | Col+ | | | | | | | | PA 口输出值 |
|---|---|---|---|---|---|---|---|---|---|
| | 1 (PA7) | 2 (PA6) | 3 (PA5) | 4 (PA4) | 5 (PA3) | 6 (PA2) | 7 (PA1) | 8 (PA0) | |
| Row− 1(PC0) | | | | • | | | | | 0x10 |
| 2(PC1) | | | • | • | • | | | | 0x38 |
| 3(PC2) | | • | • | • | • | • | | | 0x7C |
| 4(PC3) | • | • | • | • | • | • | • | | 0xFE |
| 5(PC4) | | | • | • | • | | | | 0x38 |
| 6(PC5) | | | • | • | • | | | | 0x38 |
| 7(PC6) | | | • | • | • | | | | 0x38 |
| 8(PC7) | | | • | • | • | | | | 0x38 |

其程序如下:

```
/* * * * * * * * * * * * * * * * * * * * * * * * * * * * * * * * * * * * *
File name      : demo_6_7.c
Chip type      : ATmega16
```

```
Program type           : Application
Clock frequency        : 4.000 000 MHz
Memory model           : Small
External SRAM size     : 0
Data Stack size        : 256
* * * * * * * * * * * * * * * * * * * * * * * * * * * * * * * * * * * * * /
#include < mega16.h >
#include < delay.h >

flash char char_7[8] = {0x10,0x38,0x7C,0xFE,0x38,0x38,0x38,0x38};

void display(char row)
{
    char i;
    for (i = 0;i <= 7;i++)
    {
        if (row <= 7)
            PORTA = char_7[row];
        else
            PORTA = 0;
        PORTC = ~(1 << i);
        delay_ms(2);
        PORTC = 0xFF;
        if ( ++row >= 12 ) row = 0;
    }
}

void main(void)
{
    char time_counter,i = 0;
    PORTA = 0x00;
    DDRA = 0xFF;
    PORTC = 0xFF;
    DDRC = 0xFF;

    while (1)
    {
        display(i);
        delay_ms(9);
        if ( ++time_counter >= 4)
        {
            time_counter = 0;
            if( ++i >= 12) i = 0;
        }
    };
}
```

**3) 思考与实践**

（1）本例程与数码管显示程序有非常多的类似地方，请读者自己分析程序的

AVR 单片机嵌入式系统原理与应用实践(第 3 版)

功能。

（2）请给出程序中的时间分配情况，说明如何调整箭头移动速度的快慢，而又不影响正常的显示？

（3）如果将 display()函数中的语句"PORTC ＝ ～(1 ≪ i);"改为"PORTC ＝ ～(1 ≪ (7−i));",那么显示将有何变化？

（4）设计一个水平移动的 8×8 点阵广告，能够显示"今天 YOU ARE OK?"。

# 6.4　LCD 液晶显示器的应用

液晶显示器(LCD)由于体积小、重量轻、耗电小等优点已成为各种嵌入式系统常用的理想显示器。近年来，液晶显示器技术的发展迅猛，大面积的液晶显示器已开始取代 CRT 显示器，在使用电池供电的嵌入式电子产品中，如手机、PDA、家电产品、仪器仪表产品等，液晶显示器是首选的显示器。

## 6.4.1　LCD 的特点与分类

### 1. LCD 的特点

➤ 低电压，微功耗。工作电压为 3～5 V，每平方厘米液晶显示屏的耗电量在 $\mu$A 级。

➤ 平板结构。易大量生产，物理体积小，占用空间少。

➤ 寿命长。

➤ 光线柔和。液晶显示器是被动发光器件，90% 以上是外部物体对光的反射。被动显示适合人的视觉习惯，不会引起疲劳。

➤ 无电磁辐射。液晶显示器不会产生电磁辐射，是绿色器件。

### 2. LCD 显示器的分类

按液晶显示器的使用和显示内容来分，LCD 可分为字段式（笔划式）、点阵字符式和点阵图形式 3 种。

字段式液晶显示器与 LED 数码显示器有些相同，它是以长条笔划状或一些特殊固定图形与汉字显示像素组成的液晶显示器件，简称段型显示器。段型显示器以 7 段显示器为常见，特殊图形与字符类的段型液晶显示器一般要到生产厂家定做。段型液晶显示器在数字仪表、计数器、家电产品中应用较多。

点阵字符式液晶显示器一般是一个功能模块，它由小面积的液晶显示屏和驱动电路组合而成。模块中内置有 192 种字符、数字、字母、标点符号等可显示的字型点阵图形库，并提供可控制的并行或串行接口以及通信协议。市场上常见的有 1 行、2 行、4 行，每行可显示 8、12、16、24、32 个 5×7 点阵字符的通用液晶显示器。

点阵图形式液晶显示器一般显示面积大于点阵式液晶显示器，点阵从 80×32 到

1024×768 不等。点阵图形式液晶显示器的显示灵活性好,自由度大,可以显示各种图形、字符、汉字等。但点阵图形式液晶显示器的控制最复杂,硬件连线多,占用 MCU 的资源也多。为了适应越来越多的液晶显示器的应用,一些高性能的单片机已经将液晶显示器驱动功能集成在片内。目前国内一些厂商将驱动电路、汉字库和点阵液晶显示器屏做成一个组件模块,模块带有与 MCU 通信的并行或串行接口,使用时,只要 MCU 通过通信口下发相应的控制指令,就能显示各种信息,使用方便。

## 6.4.2　通用点阵字符 LCD 显示器的应用

通用点阵字符液晶显示器是专用于显示数字、字母、图形符号和一些自定义符号的显示器。这类显示器把 LCD 控制器、点阵驱动器、字符存储器全做在一块 PCB 板上,构成便于应用的显示器模块。这类点阵字符液晶显示器模块在国际上已经规范化,一般都采用日立公司的 HD44780 及其兼容电路,如 SED1278、KS0066 等,作为 LCD 的控制器。

HD44780 具有简单而功能较强的指令集,可实现字符移动、闪烁等功能。它与 MCU 的数据传输可采用 8 位并行或 4 位并行传输两种方式。可用于驱动 40×4、16×1、16×2、16×4、20×2、20×4 等多种点阵字符液晶显示器。HD44780 有 14 个引脚,与 MCU 的接口信号及定义如表 6-6 所列。

表 6-6　HD44780 引脚功能定义表

| 引脚号 | 符　号 | I/O | 功　　能 |
|---|---|---|---|
| 1 | $V_{SS}$ | | 电源负端,接地(或接 −5 V) |
| 2 | $V_{DD}$ | | 电源正端,接 +5 V |
| 3 | $V_o$ | | LCD 亮度调整电压 0~5 V |
| 4 | RS | I | 寄存器选择:RS=0,选指令寄存器;RS=1,选数据寄存器 |
| 5 | R/W | I | 读/写选择:R/W=0,写数据至 LCD;R/W=1,从 LCD 读数据 |
| 6 | E | I | 输入允许:R/W=0,E 下降沿打入;R/W=1,E=1 有效 |
| 7~10 | DB0~DB3 | I/O | 数据总线:使用 4 位并行传输时,仅用(DB4~DB7)4 位;使用 8 位 |
| 11~14 | DB4~DB7 | I/O | 并行传输时,使用(DB0~DB7)8 位 |
| 15~16 | | | LCD 背光电源的正极和负极(有些模块没有背光功能) |

从零开始编写 HD44780 的控制程序需要了解 HD44780 的内部结构、操作时序、指令集、内部 RAM 与字符图形的对应关系和字符代码表等。编写程序时,需要先编写底层的驱动程序,再编写上层的应用接口程序,再加上程序调试时间,通常要花费 3~5 天时间。对于一般的初学者,花费 2~3 个星期也未必能完成软件的设计。但由于这种点阵字符液晶显示器模块在国际上已经规范化,所以在 CVAVR 中扩展提供了一些基本的 LCD 应用接口函数。因此在 CVAVR 平台的支持下,用户使用这类

LCD 点阵字符显示器就比较方便。只要写几条语句,调用 CVAVR 的 LCD 提供的函数,花几分钟的时间,就能把要显示的信息在 LCD 上显示出来。

在 CVAVR 中,与 LCD 字符显示器有关的功能函数如下:

(1) void lcd_init(unsigned char lcd_columns)　该函数对 LCD 进行初始化,并清除 LCD 的显示,将显示位置回到第 0 行、第 0 列的起始位置处。函数的参数应是 LCD 显示器的列数(一行能够显示的字符数)。使用 LCD 显示器时,须先使用该函数对 LCD 显示器进行初始化。

(2) void lcd_clear(void)　该函数清除 LCD 的显示,并将显示位置回到第 0 行、第 0 列的起始位置处。

(3) void lcd_gotoxy(unsigned char x, unsigned char y)　该函数将显示位置定位于第 x 列、第 y 行的位置处。注意,LCD 的行列定位都是从"0"起始的。

(4) void lcd_putchar(char c)　该函数将字符 c 在当前的显示位置上显示出来。

(5) void lcd_puts(char * str)　该函数将从当前的显示位置开始,显示定义在 SRAM 中的字符串(str 为 SRAM 中定义的字符串的指针)。

(6) void lcd_putsf(char flash * str)　该函数将从当前的显示位置开始,显示定义在 Flash 中的字符串(str 为 Flash 中定义的字符串的指针)。

除了上面 6 个 LCD 函数外,在 CVAVR 中还有一些扩展的用于字符 LCD 控制的函数,能提供更多的功能。请读者在具体应用时,仔细阅读 CVAVR 的 Help 和使用手册,掌握这些函数的使用,例如学会自己设计、定义和使用特殊的符号和图形(HD44780 支持用户自己定义最多 8 个 5×8 点阵的字符和图形)等。

**【例 6.8】** 16×2 标准 LCD 字符显示器应用设计。

**1)硬件设计**

图 6-19 所示为 16×2 标准字符型 LCD 接口电路图。由于在 CVAVR 中必须按照一定的规定连接 LCD 才能使用 CVAVR 内部提供的 LCD 函数,所以原理图是按照 CVAVR 的规定设计的。

---

如果要使用 CVAVR 内部提供的 LCD 函数,则硬件连接必须按以下要求实现:

(1) 与 LCD 的连接必须使用 AVR 的同一个 8 位的 I/O 端口,如 PC(或者 PA、PB、PD)。

(2) LCD 采用 4 位并行传输方式(即仅用 DB4~DB7,4 位数据总线)。

(3) 具体连接定义如下(以 PC 口为例):

➢ 3 根控制线:PC0—RS,PC1—R/W,PC2—E。

➢ 4 根数据线:PC4—DB4,PC5—DB5,PC6—DB6,PC7—DB7。

---

AVR 单片机嵌入式系统原理与应用实践（第 3 版）

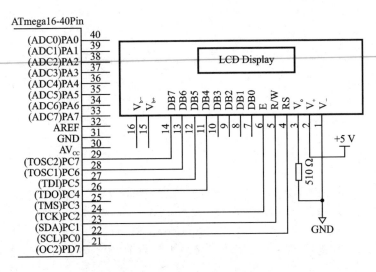

图 6 - 19　16×2 标准字符型 LCD 接口电路

## 2) 软件设计

```
/ * * * * * * * * * * * * * * * * * * * * * * * * * * * * * * * * * * * * * * *
File name       : demo_6_8.c
Chip type       : ATmega16
Program type    : Application
Clock frequency : 4.000 000 MHz
Memory model    : Small
External SRAM size : 0
Data Stack size : 256
* * * * * * * * * * * * * * * * * * * * * * * * * * * * * * * * * * * * * * * /
# include < mega16.h >
# include < delay.h >

# asm
.equ __lcd_port = 0x15              ;PORTC 数据寄存器地址
# endasm
/ * [LCD]
    1 GND -  9 GND
    2 +5V - 10 VCC
    3 VLC - LCD HEADER Vo
    4 RS  - 1 PC0 (M16)
    5 RD  - 2 PC1 (M16)
    6 EN  - 3 PC2 (M16)
   11 D4  - 5 PC4 (M16)
   12 D5  - 6 PC5 (M16)
   13 D6  - 7 PC6 (M16)
```

AVR 单片机嵌入式系统原理与应用实践(第 3 版)

```
                    14 D7  - 8 PC7 (M16) */
    #include < lcd.h >
    flash char dis_str[] = "Hello World! This is a LCD display demo.";
    void main(void)
    {
        char flash * str;
        str = dis_str;
        lcd_init(16);                    //initialize the LCD for 2 lines & 16 columns
        while(1)
        {
            lcd_clear();                 //clere the LCD
            lcd_putsf("It's demo_6_8.c"); //display the message
            lcd_gotoxy(0,1);             //go on the second LCD line
            lcd_putsf(str);              //display the message
            if ( * str++ == 0) str = dis_str;
            delay_ms(500);
        }
    }
```

该简单的 LCD 显示的演示程序全部调用的是 CVAVR 中的 LCD 函数,程序运行后,在 LCD 的第一行固定显示字符"It's demo_6_8.c",在第二行滚动显示"Hello World! This is a LCD display demo."。

在程序的开始部分,嵌入了一条 AVR 汇编的伪指令语句:".equ __lcd_port = 0x15",这也是 CVAVR 规定要使用的。它通知 CVAVR 编译系统,在硬件上 AVR 与 LCD 连接的 I/O 地址为 0x15,这是 PC 口的数据寄存器 PORTC 的地址。此时,用户不必关心 PC 口的初始化问题,在调用 lcd_init(16)函数时,该函数会对 PC 口进行必要的初始化工作。因此,使用标准字符 LCD 显示器时,必须先使用该函数进行初始化工作。

在 CVAVR 中还有一些扩展的、用于字符 LCD 控制的函数,能提供更多的功能,例如允许用户自己设计、定义和使用特殊的符号和图形(HD44780 支持用户自己定义最多 8 个 5×8 点阵的字符和图形)等。下面的演示程序,可以在 LCD 上显示用户定义的简单汉字"天天向上"。

```
/ * * * * * * * * * * * * * * * * * * * * * * * * * * * * * * * * * * * * * * * *
File name        : Demo_6_9.c
Chip type        : ATmega16
Program type     : Application
Clock frequency  : 4.000000 MHz
Memory model     : Small
External SRAM size : 0
Data Stack size  : 256
```

```
* * * * * * * * * * * * * * * * * * * * * * * * * * * * * * * * * * * */
# include < mega16.h >
//Alphanumeric LCD Module functions
# asm
  .equ __lcd_port = 0x15
# endasm
# include < lcd.h >

typedef unsigned char byte;
/* table for the user defined character */
flash byte char0[8] = {                    //"天"的字型
0b0011111,
0b0000100,
0b0000100,
0b0011111,
0b0000100,
0b0000100,
0b0001010,
0b0010001};
flash byte char1[8] = {                    //"向"的字型
0b0000100,
0b0001000,
0b0011111,
0b0010001,
0b0011111,
0b0011011,
0b0011111,
0b0010001};
flash byte char2[8] = {                    //"上"的字型
0b0000100,
0b0000100,
0b0000111,
0b0000100,
0b0000100,
0b0000100,
0b0000100,
0b0011111};
/* function used to define user characters */
void define_char(byte flash * pc,byte char_code)
{
    byte i,a;
    a = (char_code << 3) | 0x40;
```

AVR单片机嵌入式系统原理与应用实践(第3版)

```
        for (i = 0; i<8; i++) lcd_write_byte(a++, * pc++);
    }

    void main(void)
    {
        lcd_init(16);                    //initialize the LCD for 2 lines & 16 columns

        define_char(char0,0);            //define user character 0

        define_char(char1,1);            //define user character 1

        define_char(char2,2);            //define user character 2
        lcd_clear();
        lcd_putsf("Demo_6_9.c");                 //第一行显示内容
        lcd_gotoxy(0,1);
        lcd_putsf("User define:");               //第二行显示内容
        lcd_putchar(0);                           //接在后面显示"天天向上"
        lcd_putchar(0);
        lcd_putchar(1);
        lcd_putchar(2);
        while (1);
    }
```

　　有兴趣的读者,可以自己尝试和练习编写标准字符型 LCD 控制芯片 HD44780 的控制程序。关于 HD44780 的详细资料可以在本书共享资料中找到。

# 思考与练习

1. AVR 单片机 I/O 口 3 个寄存器的名称和作用是什么? 当 I/O 口用于输入和输出时,如何设置和应用这 3 个寄存器?

2. 给出一个 8 位数码管显示器静态显示的硬件和软件设计方案和一个动态扫描显示的硬件和软件设计方案,并比较这两个方案的优缺点。

3. 全面、仔细、深入分析程序 demo_6_5.c,说明在动态扫描显示设计中,如何保证每个显示器的亮度一致,并在系统应用中没有闪烁和熄灭现象。

4. 在动态扫描显示中,若要调整显示的亮度,请给出 3 种硬件和软件的设计改动方法,并说明理由。

5. 认真分析和理解本章中所给出的所有示例,并进行实践,思考和回答所有的问题。

**本章参考文献:**

[1] TEXAS. 74hc164. pdf(英文,共享资料).

[2] TEXAS. 74hc138. pdf(英文,共享资料).

[3] 北京迪特福科技有限公司. HD44780 器件手册. pdf(中文,共享资料).

# 第 7 章

## 中断系统与基本应用

中断是现代计算机必备的重要功能。尤其在单片机嵌入式系统中,中断扮演了非常重要的角色。因此,全面深入地了解中断的概念,并能灵活掌握中断技术的应用,成为学习和真正掌握单片机应用非常重要的关键问题之一。

## 7.1 中断的基本概念

中断是指计算机自动响应一个中断请求信号,暂时停止(中断)当前程序的执行,转而执行为外部设备服务的程序(中断服务程序),并在执行完服务程序后自动返回原程序执行的过程。

单片机一般都具有良好的中断系统,其优点如下:

> 实现实时处理。利用中断技术,MCU 可以及时响应和处理来自内部功能模块或外部设备的中断请求,并为其服务,以满足实时处理和控制的要求。

> 实现分时操作,提高了 MCU 的效率。在嵌入式系统的应用中,可以通过分时操作的方式启动多个功能部件和外设同时工作。当外设或内部功能部件向 MCU 发出中断申请时,MCU 才转去为它服务。这样,利用中断功能,MCU 就可以同时执行多个服务程序,提高了 MCU 的效率。

> 进行故障处理。对系统在运行过程中出现的难以预料的情况或故障,如掉电,可以通过中断系统及时向 MCU 请求中断,做紧急故障处理。

> 待机状态的唤醒。在单片机嵌入式系统的应用中,为了降低电源的功耗,当系统不处理任何事物,处于待机状态时,可以让单片机工作在休眠的低功耗方式。通常,恢复到正常工作方式往往也是利用中断信号来唤醒。

### 7.1.1 中断处理过程

在中断系统中,通常将 MCU 处在正常情况下运行的程序称为主程序,把产生申请中断信号的单元和事件称为中断源,由中断源向 MCU 所发出的申请中断信号称为中断请求信号,MCU 接收中断申请停止现行程序的运行而转向为中断服务称为中断响应,为中断服务的程序称为中断服务程序或中断处理程序。现行程序被打断

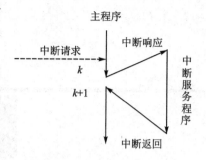

图7-1　中断处理过程示意图

的地方称为断点，执行完中断处理程序后返回断点处继续执行主程序称为中断返回。这整个处理过程称为中断处理过程（见图7-1）。

在整个中断处理过程中，由于MCU执行完中断处理程序后仍然要返回主程序，因此，在执行中断处理程序之前，要将主程序中断处的地址，即断点处（实际为程序计数器PC的当前值——即将执行的主程序的下一条指令地址，即图7-1中的$k+1$点）保存起来，称为保护断点。

又由于MCU在执行中断处理程序时，可能会使用和改变主程序使用过的寄存器、标志位，甚至内存单元，因此，在执行中断服务程序前，还要把有关的数据保护起来，称为中断现场保护。在MCU执行完中断处理程序后，则要恢复原来的数据，并返回主程序的断点处继续执行，称为恢复现场和恢复断点。

在单片机中，断点的保护和恢复操作，是在系统响应中断和执行中断返回指令时由单片机的内部硬件自动实现的。简单地说，就是在响应中断时，MCU的硬件系统会自动将断点地址压进系统的堆栈保存；而当执行中断返回指令时，硬件系统又会自动将压入堆栈的断点地址弹出到程序计数器PC中。

但对于中断现场的保护和恢复，则需要程序员在设计中断处理程序时编程实现。在使用中断时，要认真、仔细地考虑中断现场的保护和恢复。

## 7.1.2　中断源、中断信号和中断向量

### 1. 中断源

中断源是指能够向MCU发出中断请求信号的部件和设备。在一个系统中，往往存在多个中断源。对于单片机讲，中断源一般可分为内部中断源和外部中断源。

在单片机内部集成的许多功能模块，如定时器、串行通信口、模/数转换器等，它们在正常工作时往往无需CPU参与，而当处于某种状态或达到某一规定的值需要程序控制时，会通过发出中断请求信号通知CPU。这一类的中断源位于单片机内部，称作内部中断源。其典型例子有定时器溢出中断、ADC完成中断等。例如8位的定时器在正常计数过程中无需CPU的干预，一旦计数到达0xFF产生溢出时，便产生一个中断申请信号，通知CPU进行必要的处理。内部中断源在中断条件成立时，一般通过片内硬件会自动产生中断请求信号，无需用户介入，使用方便。内部中断是CPU管理片内资源的一种高效的途径。

系统中的外部设备也可作为中断源，这时要求它们能够产生一个中断信号（通常是高/低电平或者电平跳变的上升/下降沿），送到单片机的外部中断请求引脚供CPU检测。这些中断源位于单片机外部，称为外部中断源。通常用作外部中断源的有输入/输出设备、控制对象及故障源等。例如，打印机打印完一个字符时可以通过

中断请求 CPU 为它送下一个打印字符;控制对象可以通过中断要求 CPU 及时采集参量或者对参数超标做出反应;掉电检测电路发现掉电时可以通过中断通知 CPU,以便在短时间内对数据进行保护。

### 2. 中断信号

中断信号是指内部或外部中断源产生的中断申请信号。这个中断信号往往是电信号的某种变化形式,通常有以下几种类型:

➤ 脉冲的上跳沿或下降沿(上升沿触发型或下降沿触发型);

➤ 高电平或低电平(电平触发型);

➤ 电平的变化(状态变化触发型)。

对于单片机来讲,不同的中断源,产生什么类型的中断信号能够触发申请中断,取决于芯片内部的硬件结构,而且通常也可以通过用户的软件来设定。

单片机的硬件系统会自动对这些中断信号进行检测。一旦检测到规定的信号出现,将会把相应的中断标志位置 1(在 I/O 空间的控制或状态寄存器中),通知 CPU进行处理。

### 3. 中断向量

中断源发出的请求信号被 CPU 检测到之后,如果单片机的中断控制系统允许响应中断,则 CPU 会自动转移,执行一个固定的程序空间地址中的指令。这个固定的地址称作中断入口地址,也叫做中断向量。中断入口地址往往是由单片机内部硬件决定的。

通常,一个单片机会有若干个中断源,每个中断源都有着自己的中断向量。这些中断向量一般在程序存储空间中占用一个连续的地址空间段,称为中断向量区(见表 7-1)。由于一个中断向量通常仅占几字节或一条指令的长度,所以在中断向量区一般不放置中断服务程序。中断服务程序一般放置在程序存储器的其他地方,而在中断向量处放置一条跳转到中断服务程序的指令。这样,CPU 响应中断后,首先自动转向执行中断向量中的转移指令,再跳转执行中断服务程序。

## 7.1.3　中断优先级和中断嵌套

中断优先级的概念是针对有多个中断源同时申请中断时,MCU 如何响应中断,以及响应哪个中断而提出的。

通常,一个单片机会有若干个中断源,MCU 可以接收若干个中断源发出的中断请求。但在同一时刻,MCU 只能响应这些中断请求中的其中一个。为了避免 MCU同时响应多个中断请求带来的混乱,在单片机中为每一个中断源赋予一个特定的中断优先级。一旦有多个中断请求信号,MCU 先响应中断优先级高的中断请求,然后再逐次响应优先级次一级的中断。中断优先级也反映了各个中断源的重要程度,同时也是分析中断嵌套的基础。

中断优先级的确定,通常由单片机的硬件结构决定。一般的确定规则及方式有以下两种:

> 某中断对应的中断向量地址越小,其中断优先级越高(硬件确定方式)。
> 通过软件对中断控制寄存器的设定,改变中断的优先级(用户软件可设置方式)。

**注意**:AVR 不支持用户改变中断优先级。

实际上,MCU 在以下两种情况下需要对中断的优先级进行判断:

第 1 种情况为同时有两(多)个中断源申请中断。在这种情况下,MCU 首先响应中断优先级高的那个中断,而将其他的中断挂起。待优先级高的中断服务程序执行完成返回后,再顺序响应优先级较低的中断。

第 2 种情况是当 MCU 正处于响应一个中断的过程中。例如已经响应了某个中断,正在执行为其服务的中断程序时,又产生了一个其他的中断申请,这种情况也称作中断嵌套。

对于中断嵌套的处理,不同的单片机处理的方式是不同的,应根据所使用单片机的特点正确实现中断嵌套的处理。

按照通常的规则,当 MCU 正处在响应一个中断 B 的过程中,又产生一个中断 A 申请时,如果这个新产生的中断 A 优先级比正在响应的中断 B 优先级高,则应该暂停当前的中断 B 的处理,转入响应高优先级的中断 A,待高优先级中断 A 处理完成后,再返回原来的中断 B 的处理;如果新产生的中断 A 优先级比正在处理中断 B 的优先级低(或相同),则应在处理完当前的中断 B 后,再响应那个后产生的中断 A 申请(如果中断 A 条件还成立的话)。

一些单片机(如 8051 结构)的硬件能够自动实现中断嵌套的处理,即单片机内部的硬件电路能够识别中断的优先级,并根据优先级的高低,自动完成对高优先级中断的优先响应,实现中断的嵌套处理。

而另一类的单片机,如本书介绍的 AVR 单片机,其硬件系统不支持自动实现中断嵌套的处理。如果在系统设计中必须使用中断嵌套处理,则需要由用户编写相应的程序,通过软件设置来实现中断嵌套的功能。

## 7.1.4　中断响应条件与中断控制

### 1. 中断的屏蔽

单片机拥有众多中断源,但在某一具体设计中通常并不需要使用所有的中断源,或者在系统软件运行的某些关键阶段不允许中断打断现行程序的运行,这就需要一套软件可控制的中断屏蔽/允许系统。在单片机的 I/O 寄存器中,通常存在一些特殊的标志位用于控制使能或禁止(屏蔽)MCU对中断响应处理,这些标志称为中断屏蔽标志位或中断允许控制位。用户程序可以改变这些标志位的设置,在需要的时候允许MCU响应中断,而在不需要的时候则将中断请求信号屏蔽(注意:不是取消)。此时尽管产生了中断请求信号,MCU也不会响应中断请求。

因而从对中断源的控制角度讲,中断源还可分成以下3类:

➤ 非屏蔽中断。非屏蔽中断是指MCU对中断源产生的中断请求信号是不能屏蔽的。也就是说,一旦发生中断请求,MCU肯定响应该中断。在单片机中,外部$\overline{RESET}$引脚产生的复位信号,就是一个非屏蔽中断。

➤ 可屏蔽中断。可屏蔽中断是指用户程序可以通过中断屏蔽控制标志对中断源产生的中断请求信号进行控制,即使能或禁止MCU对该中断的响应。在用户程序中,可以预先执行一条允许中断的指令,这样一旦发生中断请求,MCU就能够响应中断;反之,用户程序也可以预先执行一条中断禁止(屏蔽)指令,使MCU不响应中断请求。因此,可屏蔽中断的中断请求能否被MCU响应,最终是由用户程序来控制。在单片机中,大多数的中断都是可屏蔽中断。

➤ 软件中断。软件中断通常是指CPU具有相应的软件中断指令,当MCU执行这条指令时,就能进入软件中断服务,以完成特定的功能(通常用于调试)。但一般的单片机都不具有软件中断的指令,因此不能直接通过软件中断的指令实现软件中断的功能。因此,在单片机系统中,如果必须要使用软件中断的功能,则一般要通过间接的方式来实现。

## 2. 中断控制与中断响应条件

综前所述,在单片机中,对应每一个中断源都有一个相应的中断标志位,该中断标志位将占据中断控制寄存器中的一位。当单片机检测到某一中断源产生符合条件的中断信号时,其硬件会自动将该中断源对应的中断标志位置1,这就意味着有中断信号产生并向MCU申请中断。

但中断标志位的置1,并不代表MCU一定响应该中断。为了合理控制中断响应,在单片机内部还有相关的用于中断控制的中断允许标志位。最重要的一个中断允许标志位是全局中断允许标志位。当该标志位为"0"时,表示禁止MCU响应所有的可屏蔽中断的响应。此时不管有无中断产生,MCU不会响应任何的中断请求。只有全局中断允许标志位为"1"时,才为MCU响应中断请求打开第一道闸门。

MCU响应中断请求的第二道闸门是每个中断源所具有的各自独立的中断允许标志位。当某个中断允许标志位为"0"时,表示MCU不响应该中断的中断申请。

因此,MCU响应一个可屏蔽中断源(假定为A中断)中断请求的条件是:

响应A中断 = 全局中断允许标志 AND 中断A允许标志 AND 中断A标志

从上面的中断响应条件可以看出,只有当全局中断允许标志位为"1"(由用户软件设置),中断 A 允许标志位为"1"(由用户软件设置),中断 A 标志位为"1"(符合中断条件时由硬件自动设置或由用户软件设置)时,MCU 才会响应中断 A 的请求信号(如果有多个中断请求信号同时存在,则还要根据中断 A 的优先级来确定)。

用户程序对可屏蔽中断的控制,一般是通过设置相应的中断控制寄存器来实现的。除了设置中断的响应条件,用户程序还需要通过中断控制器来设置中断的其他特性,例如中断触发信号的类型、中断的优先级、中断信号产生的条件等。

以上介绍了中断的基本概念,可以看出中断的控制与使用相对比较复杂。但是正确、熟练地掌握中断的应用,是单片机嵌入式系统设计的重要和基本技能之一。单片机的许多功能和特点,以及变化无穷的应用,往往需要中断的巧妙配合。因此,要正确使用中断,必须全面了解所使用单片机的中断特性、中断服务程序的编写技能及中断使用的技巧和设计。因此,读者还需要在以后的学习、应用中,进一步深入理解、全面掌握中断应用的基本技巧。

## 7.2 ATmega16 的中断系统

与一般 8 位单片机相比,AVR 单片机的中断系统具有中断源品种多、门类全的特点,便于设计实时、多功能、高效率的嵌入式应用系统。但同时由于其功能更为强大,因此相比一般 8 位单片机,AVR 的中断使用和控制也相对复杂些。本节以 ATmega16 为主,介绍 AVR 单片机中断系统的组成和基本的应用方式。而对于各个中断源的具体配置和使用,将在相关章节中介绍。

### 7.2.1 ATmega16 的中断源和中断向量

AVR 一般拥有数十个中断源,每个中断源都有独立的中断向量。默认情况下,AVR 的程序存储区的最低端,即从 Flash 地址的 0x0000 开始用于放置中断向量,称作中断向量区。

各种型号的 AVR 中断向量区的大小是不同的,由下式决定:

$$中断向量区大小 = 中断源个数 \times 每个中断向量占据字数$$

对于 Flash 比较小的 AVR 处理器,每个中断向量占据 1 字的空间,用于放置一条相对转移指令 rjmp(跳转范围−2K～+2K);而 Flash 较大的 AVR,每个中断向量占据 2 字空间,用于放置一条绝对转移指令 jmp,用于跳转到相应中断的中断服务程序的起始地址。

原则上讲,在不使用中断时,中断向量区与程序存储区的其他部分没有什么区别,可以用于放置普通的程序。但在正式的系统应用中,为了提高系统的抗干扰能力,通常应该在中断向量的位置上放置一条中断返回指令 RETI(对于中断向量占据 2 字空间的处理器,应连续放置两条 RETI 指令)。对于使用了一部分中断的情况,则应在未使用的中断向量处放置这样的指令。在用汇编语言进行开发时,应该注意这一点。

ATmega16 共有 21 个中断源,由于 ATmega16 片内的 Flash 为 8K 字,因此每个中断向量占据了 2 字(4 字节)。

默认状态下,ATmega16 的中断向量表如表 7-1 所列。

表 7-1　ATmega16 的中断向量区

| 向量号 | Flash 空间地址<br>(中断向量) | 中断源 | 中断定义说明 |
| --- | --- | --- | --- |
| 1 | $ 000 | RESET | 外部引脚电平引发的复位、上电复位、掉电检测复位、看门狗复位和 JTAG AVR 复位 |
| 2 | $ 002 | INT0 | 外部中断请求 0 |
| 3 | $ 004 | INT1 | 外部中断请求 1 |
| 4 | $ 006 | TIMER2 COMP | 定时/计数器 2 比较匹配 |
| 5 | $ 008 | TIMER2 OVF | 定时/计数器 2 溢出 |
| 6 | $ 00A | TIMER1 CAPT | 定时/计数器 1 事件捕捉 |
| 7 | $ 00C | TIMER1 COMPA | 定时/计数器 1 比较匹配 A |
| 8 | $ 00E | TIMER1 COMPB | 定时/计数器 1 比较匹配 B |
| 9 | $ 010 | TIMER1 OVF | 定时/计数器 1 溢出 |
| 10 | $ 012 | TIMER0 OVF | 定时/计数器 0 溢出 |
| 11 | $ 014 | SPI STC | SPI 串行传输结束 |
| 12 | $ 016 | USART RXC | USART,接收结束 |
| 13 | $ 018 | USART UDRE | USART,数据寄存器空 |
| 14 | $ 01A | USART TXC | USART,发送结束 |
| 15 | $ 01C | ADC | A/D 转换结束 |
| 16 | $ 01E | EE_RDY | EEPROM 就绪 |
| 17 | $ 020 | ANA_COMP | 模拟比较器 |
| 18 | $ 022 | TWI | 两线串行接口 |
| 19 | $ 024 | INT2 | 外部中断请求 2 |
| 20 | $ 026 | TIMER0 COMP | 定时/计数器 0 比较匹配 |
| 21 | $ 028 | SPM_RDY | 保存程序存储器内容就绪 |

在这 21 个中断中,包含 1 个非屏蔽中断(RESET)、3 个外部中断(INT0、INT1、INT2)和 17 个内部中断。它们的具体意义和使用方法将在相应的章节中详述,这里仅做简单介绍。

系统复位中断 RESET,也被称作系统复位源。RESET 是一个特殊的中断源,

AVR 单片机嵌入式系统原理与应用实践(第 3 版)

是 AVR 中唯一不可屏蔽的中断。当 ATmega16 由于各种原因被复位后,程序将跳到复位向量(默认为 0x0000)处,在该地址处通常放置一条跳转指令,跳转到主程序继续执行(见 2.6.5 小节)。

　　INT0、INT1 和 INT2 是 3 个外部中断源,它们分别由芯片外部引脚 PD2、PD3 和 PB2 上的电平变化或状态触发。通过对控制寄存器 MCUCR 和控制与状态寄存器 MCUCSR 的配置,外部中断可以定义为由 PD2、PD3、PB2 引脚上电平的下降沿、上升沿、逻辑电平变化,或者低电平(INT2 仅支持电平变化的边沿触发)触发,这为外部硬件电路和设备向 AVR 申请中断服务提供了很大方便。

　　TIMER2 COMP、TIMER2 OVF、TIMER1 CAPT、TIMER1 COMPA、TIMER1 COMPB、TIMER1 OVF、TIMER0 OVF 和 TIMER0 COMP 这 8 个中断是来自于 ATmega16 内部的 3 个定时/计数器触发的内部中断。当定时/计数器处在不同的工作模式时,这些中断的发生条件和具体意义是不同的。它们的应用将在有关章节中进行详述。

　　USART RXC、USART TXC 和 USART UDRE 是来自于 ATmega16 内部的通用同步/异步串行接收和转发器 USART 的 3 个内部中断。当 USART 串口完整接收一字节,成功发送一字节以及发送数据寄存器为空时,这 3 个中断会分别被触发。

　　还有其他 6 个中断也是来自 ATmega16 内部,它们分别由芯片内部集成的各个功能模块产生。其中:SPI STC 为内部 SPI 串行接口传送结束中断,ADC 为 ADC 单元完成一次 A/D 转换的中断,EE_RDY 是片内的 EEPROM 就绪(对 EEPROM 的操作完成)中断,ANA_COMP 是由内置的模拟比较器输出引发的中断,TWI 为内部两线串行接口的中断,SPM_RDY 是对片内的 Flash 写操作完成中断。在本书的相关章节中,会对这些中断的使用进行介绍。

## 7.2.2  ATmega16 的中断控制

### 1. 中断优先级的确定

　　在 AVR 单片机中,一个中断在中断向量区中的位置决定了它的优先级,位于低地址的中断优先级高于位于高地址的中断。因此,对于 ATmega16 来说,复位中断 RESET 具有最高优先级,外部中断 INT0 次之,而 SPM_RDY 中断的优先级最低。也就是说,当与其他中断同时发生时,SPM_RDY 将最后得到响应。

　　AVR 单片机采用固定的硬件优先级方式,不支持通过软件对中断优先级的重新设定。因此中断优先级的作用仅体现在当同一时刻有两(多)个中断源向 MCU 申请中断的情况中。在这种情况下,MCU 将根据中断优先级的不同,把低优先级的中断挂起,首先响应中断优先级最高的那个中断。待优先级最高的中断服务程序执行完成返回后,再顺序响应优先级较低的中断。

### 2. 中断标志

　　AVR 有两种机制不同的中断:带有中断标志的中断(可挂起)和不带中断标志

AVR单片机嵌入式系统原理与应用实践（第 3 版）

的中断(不能挂起)。

在 AVR 中,大多数的中断都属于带中断标志的中断。所谓的中断标志,是指每个中断源在其 I/O 空间寄存器中具有自己的一个中断标志位。AVR 的硬件系统在每个时钟周期内都会检测(接收)外部(内部)中断源的中断条件。一旦中断条件满足,AVR 的硬件就会将相应的中断标志位置 1,表示向 MCU 提起中断请求。

中断标志位一般在 MCU 响应该中断时由硬件自动清除,或在中断服务程序中通过读/写专门数据寄存器的方式自动清除。中断标志位除了由硬件自动清除外,也可以使用软件指令清除。

**注意:** 若用软件方法清除,清除的方法是对其写"1"。

当中断被禁止或 MCU 不能马上响应中断时,则该中断标志将会一直保持,直到中断允许并得到响应为止。已建立的中断标志,实际就是一个中断的请求信号,如果暂时不能被响应,则该中断标志会一直保留(除非被用户软件清除掉),此时该中断被"挂起"。如果有多个中断被挂起,一旦中断允许后,各个被挂起的中断将按优先级依次得到中断响应服务。

**注意:** 在退出中断后,AVR 至少要再执行一条指令才能去响应其他被挂起的中断。

在 AVR 中,还有个别的中断不带(不设置)中断标志,例如配置为低电平触发的外部中断即为此类型的中断。这类中断只要中断条件满足(外部输入低电平),就会一直向 MCU 发出中断申请。这种外部低电平中断有其特殊性,它不产生中断标志,因此不能被"挂起"。如果由于等待时间过长而得不到响应,则可能会因中断条件结束(低电平取消)而失去一次服务机会。另一方面,如果这个低电平维持时间过长,则会使中断服务完成返回后再次响应,使 MCU 重复响应同一中断的请求,进行重复服务。因此,在这类中断的服务程序中,应该有破坏中断条件产生的操作,例如,在低电平中断的服务程序中,使用相应的操作释放外部器件加在 INT 引脚上的低电平。

低电平中断的重要应用是唤醒处于休眠工作模式的 MCU。当 MCU 休眠时,其系统时钟往往处于停止工作状态,使用低电平中断可以将 MCU 唤醒。而这一功能,边沿中断是不能代替的,因为边沿信号的检测需要系统时钟。

### 3. 中断屏蔽与管理

为了能够灵活地管理中断,AVR 对中断采用两级控制方式。所谓两级控制是指 AVR 有一个中断允许的总控制位 I(即 AVR 状态寄存器 SREG 中的 I 标志位 SREG.7),通常称为全局中断允许控制位。同时,AVR 为每一个中断源都设置了独立的中断允许位,这些中断允许位分散在各中断源所属模块的控制寄存器中。

在 AVR 指令中,SEI 和 CLI 指令专门用于对全局中断允许位进行置位和清 0。当设置I ＝ 0时,表示关闭全局中断,此时 AVR 所有的中断源(除 RESET 外)的中断请求全部被屏蔽,MCU 不响应任何中断,因此 CLI 也称为关中断指令。当设置 I＝1 时,表示允许全局中断,此时使能 AVR 总的中断请求,MCU 可以响应任何的中断请求,但中断请求最终是否能为 MCU 响应,还要取决各个中断源相应的中断允许位的设置。

**注意**:当使用 CLI 指令关闭全局中断时,中断禁止将立即生效,没有中断可以在执行 CLI 指令之后发生,即使中断请求是在执行 CLI 指令时产生的,也不会得到响应。而在使用 SEI 指令使能全局中断后,要等 CPU 再执行一条指令之后,中断允许才会有效。也就是说,紧跟 SEI 之后的第一条指令一定会先于任何中断而被首先执行。

因此,AVR 响应一个可屏蔽中断源(假定为 A 中断)的中断的条件是:

响应 A 中断 ＝ 全局中断允许标志 AND 中断 A 允许标志 AND 中断 A 标志

AVR 复位后,各个中断允许位和全局中断允许位均被清 0,这保证了程序在开始执行时(一般程序开头是对芯片内部及外围系统的初始化配置)不会受到中断的干扰。

因此,在 AVR 复位后的用户初始化程序中,应该先对需要使用的中断源进行必要的配置,待系统初始化过程结束后再置位 I,使系统进入正常的工作状态,开始响应中断请求。

### 4. 中断嵌套

由于 AVR 在响应一个中断的过程中通过硬件将 I 标志位自动清 0,这样就阻止了 MCU 响应其他中断,因此通常情况下,AVR 是不能自动实现中断嵌套的。如果要系统中必须实现中断嵌套的应用,则用户可在中断服务程序中使用指令使能全局中断允许位,通过间接的方式实现中断的嵌套处理。

**注意**:滥用中断嵌套会造成程序流程的不确定性。因此建议只有当某中断确实需要得到实时响应时,才考虑使用中断嵌套处理,一般情况下尽量不要采用中断嵌套,因为 AVR 本身是高速单片机,它的运行速度是能足够快速地将中断服务程序执行完的。当然,用户编写中断服务程序时,应遵循尽量短小的原则(关于中断服务程序编写的要求在后面还会介绍)。

## 7.2.3　AVR 的中断响应过程

通常,当某个中断条件成立后,硬件会自动将该中断的标志位置 1,表示中断产生,同时也作为申请中断服务的请求信号。如果该中断的允许位为"1",同时 AVR 的全局中断允许标志位 I 也是"1",那么 MCU 在执行完当前一条指令之后就会响应该中断。

### 1．中断响应的过程

AVR 在响应中断请求时,MCU 会用 4 个时钟周期自动、顺序地完成以下任务:

> 清 0 状态寄存器 SREG 中的全局中断允许标志位 I,禁止响应其他中断。

> 将被响应中断的标志位清 0(注意:仅对于部分中断有此操作)。

> 将中断断点的地址(即当前程序计数器 PC 的值)压入堆栈,并将 SP 寄存器中的堆栈指针减 2。

> 自动将相应的中断向量地址压入程序计数器 PC,即强行转入执行中断入口地址处的指令。

因此,AVR 中断响应时间最少为 4 个时钟周期。也就是说,4 个时钟周期后,CPU 便会跳到中断向量处开始执行中断入口的指令。这个中断响应的过程全部由硬件实现,不需要用户程序的干预(当然,中断入口处的指令是用户放置的)。

从执行中断入口的指令开始,便进入用户编写的中断服务程序的执行。因此,中断服务要完成什么任务,是由用户程序决定的。我们已经知道,在中断入口处通常放置的是一条转移指令,这条转移指令应该使 MCU 再次跳到真正的中断服务程序开始处。因此,当 MCU 响应中断,再跳到中断向量处执行转移指令,又要花费 2~3 个时钟周期。因此,从 MCU 开始响应中断,到真正执行中断服务程序的第一条指令,至少需要 6~7 个时钟周期。

### 2．中断返回的过程

AVR 一旦执行中断返回 RETI 指令,MCU 便开始了中断返回的过程。在中断返回过程中,AVR 也是经过 4 个时钟周期自动按顺序完成以下任务:

> 从栈顶弹出 2 字节的数据,将这两个数据压入程序计数器 PC 中,并将 SP 寄存器中的堆栈指针加 2。

> 置位状态寄存器 SREG 中的全局中断允许标志位 I,允许响应其他中断。

因此,AVR 的中断返回过程同样需要 4 个时钟周期才能完成,同样,中断返回过程也是硬件自动完成的,或者说,是中断返回指令 RETI 的全部操作过程。

在此之后,被中断打断的程序将继续执行。如果存在其他被挂起的中断,则 AVR 在中断返回后还需执行一条指令,被挂起的中断才会得到响应。

### 3．中断现场的保护

从上面介绍的中断响应和返回过程可以看出,AVR 的中断响应和返回过程主要都是由硬件自动完成的,而在整个过程中用户程序的作用在于:

> 中断入口处的指令。用于指引 MCU 转移到中断服务程序。

> 中断服务程序。完成中断服务的功能。

> 中断返回指令。指引 MCU 从中断服务程序中返回。

尤其应该引起注意并需要提醒的是:为了提高中断响应的实时性,AVR 在中断响应

AVR 单片机嵌入式系统原理与应用实践(第 3 版)

和返回过程中,硬件上的处理仅仅保护和恢复了中断的断点(PC 值),而对中断现场没有采取任何处理。

　　因此,中断现场的保护工作需要用户在自己编写的中断服务程序中通过软件完成,以保证主程序在被打断时所使用的标志位和临时寄存器等不会被中断服务程序改变,例如对状态寄存器 SREG 的保护等。

　　保护和恢复中断现场通常会利用堆栈进行,同时在中断程序中的其他地方也可能要用到堆栈。使用堆栈保护数据时应该特别谨慎,必须保证数据进栈和出栈的数量一致,以确保在进入中断程序和中断程序结束时(即将执行 RTEI 指令时)堆栈指针的值相同。这是因为中断返回时,CPU 会认为此时栈顶保存的值是被保护的断点,而将其放入 PC 中。如果堆栈使用不当,将造成程序流程的严重错误。

# 7.3　中断服务程序的编写

　　在了解了 AVR 单片机的中断系统之后,本节说明如何利用汇编语言和 C 语言正确地编写 AVR 单片机的中断服务程序,以及编写中断服务程序的基本原则和需要注意的问题。

## 7.3.1　汇编语言 AVR 中断程序的编写

　　使用汇编语言编写带有中断服务的 AVR 系统程序,其基本的程序框架如下:

```
;* * * * * * * * * * * * * * * * * * * * * * * * * * * * * *
;ATmega16 使用中断的汇编程序框架
;* * * * * * * * * * * * * * * * * * * * * * * * * * * * * *
. include "m16def.inc"
;第 1 部分:中断向量区配置,Flash 空间为 $ 000～ $ 028
.org  $ 000
jmp   RESET      ;复位处理
jmp   EXT_INT0   ;IRQ0 中断向量,跳转到外部中断 0 的中断服务程序
reti             ;IRQ1 中断向量
reti
reti             ;Timer2 比较中断向量
reti
reti             ;Timer2 溢出中断向量
reti
reti             ;Timer1 捕捉中断向量
reti
reti             ;Timer1 比较 A 中断向量
```

```
    reti
    reti                    ;Timer1 比较 B 中断向量
    reti
    reti                    ;Timer1 溢出中断向量
    reti
    reti                    ;Timer0 溢出中断向量
    reti
    reti                    ;SPI 传输结束中断向量
    reti
    reti                    ;USART RX 结束中断向量
    reti
    reti                    ;UDR 空中断向量
    reti
    reti                    ;USART TX 结束中断向量
    reti
    reti                    ;ADC 转换结束中断向量
    reti
    reti                    ;EEPROM 就绪中断向量
    reti
    reti                    ;模拟比较器中断向量
    reti
    reti                    ;两线串行接口中断向量
    reti
    reti                    ;IRQ2 中断向量
    reti
    reti                    ;定时器 0 比较中断向量
    reti
    reti                    ;SPM 就绪中断向量
    reti
    ;第 2 部分：主程序部分
    .org $ 02A
RESET:                      ;主程序开始
    ;堆栈指针的设置，设置堆栈指针为 RAM 的顶部
    ldi   r16,high(RAMEND)
    out   SPH,r16
    ldi   r16,low(RAMEND)
    out   SPL,r16
    ⋮
    ;中断源的初始化
    ldi   r20,0x02
    out   mcucr,r20         ;将 INT0 设置为下降沿触发
    ldi   r20,0x40
```

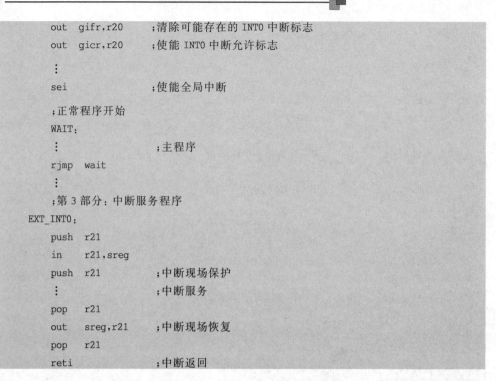

```
    out   gifr,r20      ;清除可能存在的 INT0 中断标志
    out   gicr,r20      ;使能 INT0 中断允许标志
    ⋮
    sei                 ;使能全局中断
    ;正常程序开始
WAIT:
    ⋮                   ;主程序
    rjmp  wait
    ⋮
    ;第 3 部分: 中断服务程序
EXT_INT0:
    push  r21
    in    r21,sreg
    push  r21           ;中断现场保护
    ⋮                   ;中断服务
    pop   r21
    out   sreg,r21      ;中断现场恢复
    pop   r21
    reti                ;中断返回
```

这个基本的程序框架大体分为 3 部分: 中断向量区部分、主程序部分和中断服务程序部分。

**1) 中断向量区部分**

默认情况下,AVR 的中断向量区在 Flash 程序储存器的最低端。最开始的 0x0000 是不可屏蔽的复位上电的中断向量,此处必然放置一条转移到主程序开始处的跳转指令。具体应按如下方法进行编写:

➤ Flash 较小的 AVR,每个中断向量占据 1 字的空间。对于使用到的中断,在中断向量处放置一条相对转移指令 RJMP(单字指令),用于跳转到相应的中断服务程序;在复位向量处放置一条 RJMP 指令,用于跳转到主程序入口处;对于程序中不使用的中断,为了增强程序的抗干扰性,应在该中断向量处放置一条 RETI 指令。

➤ 类似 ATmega16 这样 Flash 较大的 AVR,每个中断向量占据了 2 字的空间。对于使用到的中断,在中断向量处放置一条绝对转移指令 JMP(双字指令),用于跳转到相应的中断服务程序;在复位向量处放置一条 JMP 指令,用于跳转到主程序入口处;对于程序中不使用的中断,为了增加程序的抗干扰性,应在中断向量处连续放置两条 RETI 指令。

在有些系统中,例如 CVAVR,对于程序中不使用的中断,则是在中断向量处放置 RJMP 0x0000 或 JMP 0x0000 代替中断返回指令 RETI,这种编写方式也是可以采用的。

**2) 主程序部分**

作为单片机嵌入式系统的主程序,在开始阶段通常要对整个系统及芯片本身进行初始化设置,然后才能进入正常的工作处理流程中。对芯片初始化时的一些必要设置有:

> 堆栈指针的初始化。在系统程序中,当调用子程序和中断响应时,硬件系统都是利用堆栈来保护程序返回的断点。由于 AVR 在复位上电过程中自动将堆栈指针寄存器 SP 清 0,而且 AVR 堆栈的进栈操作是 SP－1 或 SP－2,所以应该首先对堆栈指针寄存器 SP 进行设置。通常将堆栈指针初始化设置成 SRAM 的最高端,这样可以最大限度地保证 SRAM 的空间并提供给用户程序使用。

> 中断源的设置。对于系统程序使用到的中断源也要进行必要的设置,设置内容包括中断源的工作方式和中断的产生(触发)条件等。

> 使能全局中断。在复位上电过程中,AVR 会自动将全局中断允许标志 I 清 0,因此在初始化完成后,应使能全局中断,允许 MCU 响应中断。

> 各中断源相应的中断允许设置。使能全局中断允许,并不意味者 MCU 就一定能够响应中断。这是因为各个中断还有第二级的控制——各自的中断允许标志。用户的程序还应该根据实际的需要,或在芯片初始化阶段,或当程序运行到需要使用中断的地方,将中断源本身的中断允许使能。

尤其要注意的是,在使能中断源本身的中断允许位之前,最好先使用指令将该中断的中断标志位清除,然后马上将中断允许位置 1。

在使能中断前清除可能存在的中断标志,保证了中断使能后不会形成一次"多余"的中断,这个"多余"的中断有时会造成致命的错误。这是因为在对中断源进行设置过程中,或中断源对应的硬件模块在工作中都有可能改变中断标志位。

在 AVR 中,通常采用指令对中断标志位清 0 的操作是向该标志位写"1"。

**3) 中断服务程序部分**

由于在中断向量处通常放置一条转移指令,用于再次跳转到中断服务程序的开始处,所以中断服务程序可以放置在 Flash 空间的任何地方。AVR 汇编语言的中断服务程序通常具有如下形式:

```
lable:                 ;标号,便于定位
    push    Rd         ;中断现场保护
    in      Rd, sreg
    push    Rd
    :                  ;中断服务程序
    pop     Rd         ;中断现场恢复
    out     sreg, Rd
    pop     Rd
    reti
```

可以看到,汇编的中断服务程序的结构与一般的汇编子程序相同,唯一不同的是:中断服务程序的返回指令为 RETI,而一般子程序的返回指令是 RET,所以也可将中断服务程序称为中断服务子程序。

子程序通常使用一个 label 标号作为开始,该标号即是子程序的名字,也用于程序调用转移的定位。接下来是子程序的主体部分,而作为中断服务子程序的结束,必须使用一条 RETI(一般子程序为 RET)指令,当程序执行到 RETI 时,表示该中断服务程序的结束,执行中断返回的处理。

具体中断服务程序的编写与其他程序的编写没有区别,但有几个非常关键的地方,在编写中断服务程序时需要高度重视。

在中断服务程序中,应该首先考虑中断现场的保护和恢复问题。因为中断的产生和响应是随机的,而且在中断服务程序中经常要使用一些寄存器,或对 SRAM 中的变量进行操作,也会有判断和跳转的操作(指令操作会改变 SREG 中标志位),所以必须确保当从中断服务程序返回时,被中断服务程序改变的现场全部恢复,这样当中断返回后,主程序才能继续运行下去。

现场的保护和恢复问题,在编写一般的子程序时也是要首先考虑的。

在编写中断服务程序和子程序时,有大量的问题会出现在现场的保护和恢复问题上,而且比较难于调试,往往需要花费许多时间才能找到原因。因此在编写中断服务程序和子程序时,千万牢记要仔细、全面、认真地考虑中断现场的保护和恢复处理。

确定需要现场保护的原则是保证中断服务程序不会干扰返回后主程序的运行。在编写程序时,应根据具体情况,仔细分析确定需要保护的中断现场。通常状态寄存器 SREG(包含重要的标志位)必须进行保护,同时两部分程序共享的其他寄存器也应进行保护。一般情况下,在中断子程序的一开始就对 SREG 进行保护(在保护状态寄存器 SREG 之前,要避免使用影响标志位的指令,以免破坏寄存器原有的值),这是因为许多指令的操作都会隐性地改变 SREG 中的标志。由于堆栈操作是最快的方法,所以现场的保护和恢复通常采用堆栈来完成。因此,在中断服务程序的一开始,通常就是使用 PUSH 指令将需要保护的寄存器入栈(见上面的中断服务程序的基本形式)。

中断服务功能完成之后,在执行 RETI 指令返回主程序之前,还要进行中断现场的恢复处理工作,即使用 POP 指令从堆栈中将保存的现场弹出,重新赋给各个寄存器。由于堆栈遵循的是"先进后出,后进先出"的原则,因此在恢复现场时 POP 的顺序应该与保护现场时 PUSH 的顺序相反,即将首先弹出的值赋给最后保存的寄存器,而将最后弹出的值赋给最先保存的寄存器,依次类推,最后恢复 SREG 寄存器(最先保护 SREG)。

考虑好对中断现场进行保护和恢复之后,就可以开始考虑为中断服务所需要完成的功能了。这部分的编写与一般的汇编语言程序编写没有区别,此处不做详述,但要遵循编写中断服务程序的另一个基本原则：中断服务程序应尽可能短。

编写中断服务程序的两个基本原则：
➤ 全面、仔细地考虑中断现场的保护和恢复；
➤ 中断服务程序应尽可能短。

许多人在编写系统程序时，喜欢把所有需要处理的工作放在中断服务程序中完成，这不是一个好的程序设计方法。其实，除了一些必须在中断中完成的工作外，对于那些不需要马上处理的工作，如键盘处理、扫描显示等应该放在主程序中完成。也就是说，中断服务程序应尽可能短。中断服务程序短，不是单纯的看程序指令的多少，重要的是指执行一次中断服务程序所需要的时间短。尽量减少中断服务程序的执行时间有以下优点：

➤ 可以不必采用中断嵌套的技术。AVR 的硬件不支持自动的中断嵌套处理，因此，如果中断执行时间短，则能尽快地响应其他被挂起中断，以提高系统总体的实时响应速度。

➤ 能够防止丢失周期性中断或其他短时中断。例如，当系统有一个 1 ms 产生一次的周期型中断源时，中断服务程序就必须在 1 ms 内完成；否则将会造成下一个中断的丢失。

有很多情况下，中断仅仅表示外围设备或内部功能部件的工作过程已经达到某种状态，但不需要马上去处理，或者允许在一个比较充裕的限定时间内处理，这样就可以将它们的处理工作放到主程序中完成。在这种情况下，最好的方式是定义和使用信号量或标志变量，在中断服务程序中只是简单地对这些信号量或标志量进行必要的设置，不做其他处理就马上返回主程序，由主程序根据这些信号量或标志量的值进行并完成处理工作。

这样做的另一个好处是，可以大大减少中断服务程序对中断现场保护和恢复所做的工作，从而减少了中断程序的执行时间，同时也节省了堆栈空间和 Flash 空间（代码少了）。

## 7.3.2　CodeVision 中断程序的编写

在 AVR 的高级语言开发环境中，都扩展和提供了相应编写中断服务程序的方法，但不同高级语言开发环境中对编写中断服务程序的语法规则和处理方法是不同的。用户在编写中断服务程序前，应对所使用开发平台及中断程序的编写方法和中断的处理方法等有较好的了解。

使用 ICCAVR、CVAVR、BASCOM - AVR 等高级语言开发环境编写中断服务程序时,用户通常不必考虑中断现场保护和恢复的处理,这是由于编译器在编译中断服务程序的源代码时,会在生成的目标代码中自动加入相应的中断现场保护和恢复的指令,同时自动采用 RETI 指令作为中断服务的返回指令。

在 CVAVR 中,中断服务程序必须定义成一个特殊的函数,称为中断服务函数。中断服务函数按以下格式定义:

```
interrupt [中断向量号] void 函数名 (void)
{
    ⋮        //函数体
}
```

其中:关键字 interrupt 声明了该函数为中断服务函数,用以区别于一般软件调用的函数;[中断向量号]则进一步说明该函数是哪一个中断的服务函数。由于中断函数是 MCU 响应中断时通过硬件自动调用,因此中断函数的返回值和参数均为 void(不能返回函数值,也不可以带有参数)。中断函数的命名规则与一般函数相同。

按照上面的格式,外部中断 INT0(2 号中断)的中断服务函数可以定义如下:

```
interrupt [EXT_INT0] void ext_int0_isr (void)
{
    ⋮        //函数体
}
```

其中:EXT_INT0 是在头文件 mega16.h 中定义的宏,等同于数字 2。为了便于中断服务程序的编写和阅读,CVAVR 对各个型号 AVR 单片机的中断源都定义了类似的宏,详细定义请参考各个型号 AVR 单片机的头文件(包含在 CVAVR 的 inc 子目录下)。

了解了如何在 CVAVR 中编写中断服务函数后,就可以给出一个在 CVAVR 开发平台支持下,用 C 语言编写的系统程序框架:

```
# include <mega16.h>

//第 1 部分:中断服务函数
interrupt [EXT_INT1] void ext_int1_isr(void)    //外部中断 INT1 的中断服务函数
{
    ⋮                                           //中断服务函数
}

//主程序
void main(void)
{
    ⋮
    //中断源的初始化
    GICR| = 0x80;                               //External Interrupt(s) initialization
    MCUCR = 0x08;                               //INT0: Off
    MCUCSR = 0x00;                              //INT1: On
```

```
    GIFR = 0x80;                //INT2: Off

//使能全局中断
#asm("sei")
//正常程序开始
while (1)
{
    ⋮
};
}
```

由于 CVAVR 在编译过程中会自动帮助用户产生正确的中断向量处及初始化堆栈指针的代码,同时在中断服务程序中自动生成中断现场保护和恢复,并使用 RETI 指令返回,因此,按照 CVAVR 的规范编写中断服务函数还是比较方便的。

只要正确定义了中断函数,编译器便能生成可以保证相应的中断发生时该函数被自动调用,并且完成中断现场保护和恢复工作的 AVR 汇编代码,用户只需按照一般的函数编写方法设计函数体即可。

但在主程序的初始化部分中,仍然要对中断源进行必要的设置,并在进入正常工作程序前注意控制中断允许位的使能和禁止。各个单独的中断允许位的设置是通过寄存器赋值语句实现的,但对全局中断允许位的操作在 CVAVR 中使用的是 C 内嵌汇编指令的方式:用 #asm("sei") 使能全局中断,用 #asm("cli") 禁止全局中断。

尽管在 CVAVR 中编写中断服务函数与使用 AVR 汇编相比更加方便,但中断服务程序应尽可能短的编程原则还是非常重要的,需要认真分析和考虑。

中断服务函数在编写和使用时还要注意以下两点:

(1) 中断服务函数只能在中断发生时由硬件自动调用,不能像其他函数一样可以通过软件调用。同时,由于程序中不会出现调用语句,因此中断服务函数只需要定义语句,不需要进行说明。

(2) 在默认方式下,CVAVR 在生成中断服务函数时,会自动把 R0、R1、R15、R22、R23、R24、R25、R26、R27、R30、R31、SREG 及用户中断服务程序中所要使用的所有通用寄存器保护起来。如果用户要编写效率更高或编写特殊的中断服务程序,可以采用关闭编译系统的自动产生中断现场保护和恢复代码功能及嵌入汇编代码等方式自己编写相关的程序。此时需要程序员对 CVAVR 开发环境有更深的了解,并具备较高的软件设计能力。读者可通过下面一个简单的例子,体会如何在 CVAVR 中编写效率更高的中断程序。

```
#pragma savereg-                //关闭自动生成现场保护和恢复代码的功能
interrupt [EXT_INT0] void my_irq(void)
{
    //仅保护在本中断服务程序中使用的寄存器,例如 R30、R31 和 SREG
    #asm
        push    r30                 ;中断现场保护部分
        push    r31
        in      r30,SREG
        push    r30
    #endasm
    /* place the C code or AVR code here */
    /* ... */
    //恢复保护现场 SREG、R31 和 R30
    #asm
        pop     r30                 ;中断现场恢复
        out     SREG,r30
        pop     r31
        pop     r30
    #endasm
}
#pragma savereg+                //重新开放自动生成现场保护和恢复代码的功能
```

在上面的中断 INT0 的服务函数中,先使用 CVAVR 中的"#pragma savereg-"编译控制命令将系统自动生成现场保护和恢复代码的功能关闭,这样在编译过程中将不会生成中断现场保护和恢复的代码。因此,中断现场保护和恢复的代码必须由用户根据中断服务的实际情况自己编写。例子中采用了嵌入 AVR 汇编代码的方式,在中断服务程序的开始和结束部分插入了中断现场保护和恢复的代码。在这里只将 R30、R31 和 SREG 进行了保护,那就必须保证在该中断服务程序中,所有代码的执行仅仅只影响到这 3 个被保护的寄存器。

# 7.4　ATmega16 的外部中断

ATmega16 有 INT0、INT1 和 INT2 这 3 个外部中断源,分别由芯片外部引脚 PD2、PD3 和 PB2 上的电平变化或状态作为中断触发信号。

## 7.4.1　外部中断的触发方式和特点

INT0、INT1、INT2 的中断触发方式取决于用户程序对 MCU 控制寄存器 MCUCR 和 MCU 控制与状态寄存器 MCUCSR 的设定。其中,INT0 和 INT1 支持

4 种中断触发方式,INT2 支持 2 种。

表 7-2 给出了 4 种具体的触发方式,其中的任意电平变化触发表示只要引脚上有逻辑电平的变化就会产生中断申请(不管是上升沿还是下降沿,都会引起中断触发)。

表 7-2　外部中断的 4 种中断触发方式

| 触发方式 | INT0 | INT1 | INT2 | 说　明 |
|---|---|---|---|---|
| 上升沿触发 | Yes | Yes | Yes(异步) | |
| 下降沿触发 | Yes | Yes | Yes(异步) | |
| 任意电平变化触发 | Yes | Yes | — | |
| 低电平触发 | Yes | Yes | — | 无中断标志 |

在这 4 种触发方式中,还有以下的一些不同的特点:

➤ 低电平触发是不带中断标志类型的,即只要中断输入引脚 PD2 或 PD3 保持低电平,那么将一直会产生中断申请。

➤ MCU 对 INT0 和 INT1 引脚上的上升沿或下降沿变化的识别(触发),需要 I/O 时钟信号的存在(由 I/O 时钟同步检测),属于同步边沿触发的中断类型。

➤ MCU 对 INT2 引脚上的上升沿或下降沿变化的识别(触发)及低电平的识别(触发),是通过异步方式检测的,不需要 I/O 时钟信号的存在。因此,这类触发类型的中断经常作为外部唤醒源,用于将处在空闲(Idle)休眠模式和各种其他休眠模式的 MCU 唤醒。这是由于除了在空闲模式时 I/O 时钟信号还保持继续工作外,在其他各种休眠模式下,I/O 时钟信号均处在暂停状态。

➤ 如果使用低电平触发方式的中断作为唤醒源,那么将 MCU 从掉电模式(Power-down)中被唤醒时,电平拉低后仍需要维持一段时间才能将 MCU 唤醒。这是为了提高 MCU 的抗噪性能。拉低的触发电平将由看门狗的时钟信号采样两次(在通常的 5 V 电源、25 ℃时,看门狗的时钟周期为 1 μs)。如果电平拉低保持 2 次采样周期的时间,或者一直保持到 MCU 启动延时(Start-up Time)过程之后,则 MCU 将被唤醒并进入中断服务。如果该电平的保持时间能够满足看门狗时钟的 2 次采样,但在启动延时(Start-up Time)过程完成之前就消失了,那么 MCU 仍将被唤醒,但不会触发中断进入中断服务程序。因此,为了保证既能将 MCU 唤醒,又能触发中断,中断触发电平必须维持足够长的时间。

➤ 如果设置了允许响应外部中断的请求,那么即使引脚 PD2、PD3 和 PB2 设置为输出方式工作,引脚上的电平变化也会产生外部中断触发请求。这一特性为用户提供了使用软件产生中断的途径。

## 7.4.2　与外部中断相关的寄存器和标志位

在 ATmega16 中,除了寄存器 SREG 中的全局中断允许标志位 I 外,与外部中

AVR 单片机嵌入式系统原理与应用实践(第 3 版)

AVR单片机嵌入式系统原理与应用实践(第3版)

断有关的寄存器有 4 个,共有 11 个标志位。其作用分别是 3 个外部中断各自的中断标志位、中断允许控制位及用于定义外部中断的触发类型。

### 1. MCU 控制寄存器 MCUCR

MCU 控制寄存器 MCUCR 的低 4 位为 INT0(ISC01、ISC00)和 INT1(ISC11、ISC10)中断触发类型控制位。MCUCR 各位的定义如下:

| 位 | 7 | 6 | 5 | 4 | 3 | 2 | 1 | 0 | |
|---|---|---|---|---|---|---|---|---|---|
| $35($35 0055) | SM2 | SE | SM1 | SM0 | ISC11 | ISC10 | ISC01 | ISC00 | MCUCR |
| 读/写 | R/W | R/W | R/W | R/W | R/W | R/W | R/W | R/W | |
| 初始化值 | 0 | 0 | 0 | 0 | 0 | 0 | 0 | 0 | |

INT0 和 INT1 的中断触发方式如表 7－3 所列。

表 7－3　INT0 和 INT1 的中断触发方式

| ISCn1 | ISCn0 | 中断触发方式 |
|---|---|---|
| 0 | 0 | INTn 的低电平产生一个中断请求 |
| 0 | 1 | INTn 的下降沿和上升沿都产生一个中断请求 |
| 1 | 0 | INTn 的下降沿产生一个中断请求 |
| 1 | 1 | INTn 的上升沿产生一个中断请求 |

MCU 对 INT0、INT1 引脚上电平值的采样在边沿检测前。如果选择脉冲边沿触发或电平变化中断的方式,那么在 INT0、INT1 引脚上的一个脉宽大于一个时钟周期的脉冲变化将触发中断,过短的脉冲则不能保证触发中断。如果选择低电平触发中断,那么低电平必须保持到当前指令执行完成才能触发中断。如果是低电平触发方式,则中断请求将一直保持到引脚上的低电平消失为止。

### 2. MCU 控制和状态寄存器 MCUCSR

MCU 控制和状态寄存器 MCUCSR 中的第 6 位(ISC2)为 INT2 的中断触发类型控制位。MCUCSR 各位的定义如下:

| 位 | 7 | 6 | 5 | 4 | 3 | 2 | 1 | 0 | |
|---|---|---|---|---|---|---|---|---|---|
| $34($34 0054) | JTD | ISC2 | — | JTRF | WDRF | BORF | EXTRF | PORF | MCUCSR |
| 读/写 | R/W | R/W | R | R/W | R/W | R/W | R/W | R/W | |
| 初始化值 | 0 | 0 | 0 | 5 个 RESET 复位标志 | | | | | |

INT2 的中断触发方式如表 7－4 所定义。

表 7－4　INT2 的中断触发方式

| ISC2 | 中断触发方式 |
|---|---|
| 0 | INT2 的下降沿产生一个异步中断请求 |
| 1 | INT2 的上升沿产生一个异步中断请求 |

### 3. 通用中断控制寄存器 GICR

通用中断控制寄存器 GICR 的高 3 位为 INT0、INT1 和 INT2 的中断允许控制位。如果 SREG 寄存器中的全局中断 I 位为"1"，而且 GICR 寄存器中相应的中断允许位置 1，那么当外部 INT0、INT1 或 INT2 中断触发时，MCU 将会响应相应的中断请求。GICR 各位的定义如下：

| 位 | 7 | 6 | 5 | 4 | 3 | 2 | 1 | 0 | |
|---|---|---|---|---|---|---|---|---|---|
| $3B($005B) | INT1 | INT0 | INT2 | — | — | — | IVSEL | IVCE | GICR |
| 读/写 | R/W | R/W | R/W | R | R | R | R/W | R/W | |
| 初始化值 | 0 | 0 | 0 | 0 | 0 | 0 | 0 | 0 | |

### 4. 通用中断标志寄存器 GIFR

通用中断标志寄存器 GIFR 的高 3 位为 INT0、INT1 和 INT2 的中断标志位。GIFR 各位的定义如下：

| 位 | 7 | 6 | 5 | 4 | 3 | 2 | 1 | 0 | |
|---|---|---|---|---|---|---|---|---|---|
| $3A($005A) | INTF1 | INTF0 | INTF2 | — | — | — | — | — | GIFR |
| 读/写 | R/W | R/W | R/W | R | R | R | R | R | |
| 初始化值 | 0 | 0 | 0 | 0 | 0 | 0 | 0 | 0 | |

当 INT2、INT1 和 INT0 引脚上的有效事件满足中断触发条件后，INTF2、INTF1 和 INTF0 位会变成"1"。如果此时 SREG 寄存器中的 I 位为"1"，而且 GICR 寄存器中的 INTn 置 1，则 MCU 将响应中断请求，跳至相应的中断向量处开始执行中断服务程序，同时硬件自动将 INTFn 标志位清 0。

**注意**：用户可以使用指令将 INTFn 清除，清除的方式是写逻辑"1"到 INTFn，将标志清 0。另外，当 INT0(INT1)设置为低电平触发方式时，标志位 INTF0(INTF1)始终为"0"，这并不意味着不产生中断请求，而是低电平触发方式是不带中断标志类型的中断触发。在低电平触发方式时，中断请求将一直保持到引脚上的低电平消失为止。

通过以上介绍可以看出，ATmega16 外部中断有多种类型的触发方式，MCU 对中断的检测方式也是不同的。因此，用户在使用外部中断时，还要根据实际的需要，采用合适的外部中断并选择好中断触发方式。

在系统程序的初始化部分中对外部中断进行设置时（定义或改变触发方式），应先将 GICR 寄存器中该中断的中断允许位清 0，禁止 MCU 响应该中断后再设置 ISCn 位。

而在使能中断允许前，一般应通过向 GIFR 寄存器中的中断标志位 INTFn 写入逻辑"1"，将该中断的中断标志位清除，然后使能中断。这样可以防止在改变 ISCn 的过程中误触发中断。

## 7.5 外部中断应用实例

【例 7.1】用按键控制的 1 位 LED 数码管显示系统。

### 1) 硬件电路

图 7-2 为硬件原理图。其中 LED 数码管的控制显示连接与例 6.4 相同,PA 口工作于输出方式,作为 LED 数码管的段码输出,LED 数码管的位信号接地,因此这个 1 位的 LED 数码管工作于静态显示方式。图中使用了两个按键 K1、K2,按键的一端分别与 PD2(INT0)、PD3(INT1)连接。INT0 和 INT1 作为外部中断的输入,采用电平变化的下降沿触发方式,当 K1(K2)按下时,会在 PD2(PD3)引脚上产生一个高电平到低电平的跳变,触发 INT0 或 INT1 中断。

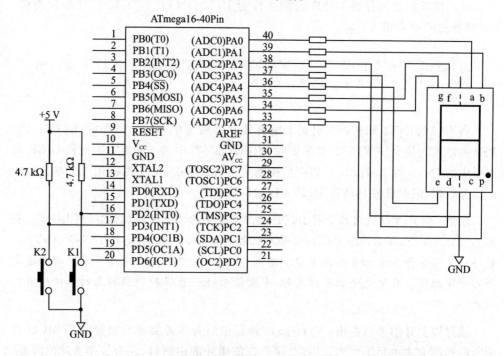

**图 7-2 用按键中断方式控制 1 位 LED 数码管显示电路图**

系统的功能还是控制一个 8 段数码管显示 0~F 16 个十六进制的数字。当系统上电时,显示 0。K1 键的作用是加 1 控制键:按 1 次 K1 键,显示数字加 1,依次类推。当第 15 次按 K1 键时,显示"F";第 16 次按 K1 键时,显示又从 0 开始。K2 键的作用是减 1 控制键:按 1 次 K1 键,显示数字减 1;减到 0 后,再从"F"开始。

该电路可以在配套的实验板上通过连线轻松实现。

### 2) 软件设计

本实例的显示控制非常简单,主要是说明如何编写中断服务程序和掌握外部中

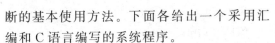

断的基本使用方法。下面各给出一个采用汇
编和 C 语言编写的系统程序。

　　首先在 CVAVR 中使用 C 语言编写程
序。再次建议读者使用 CVAVR 中的程序生
成向导功能来帮助建立整个程序的框架,并采
用芯片初始化部分的语句,可以省掉过多地查
看器件手册和考虑寄存器设置值的时间等。

　　图 7-3 为 CVAVR 中利用程序生成向导
功能配置产生外部中断初始化部分的对话框。

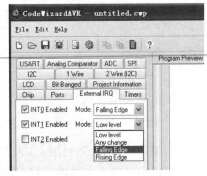

图 7-3　使用 CVAVR 的程序生成向
导配置外部中断的对话框

```
/* * * * * * * * * * * * * * * * * * * * * * * * * * * * * * * * * * * *
File name       : demo_7_1.c
Chip type       : ATmega16
Program type    : Application
Clock frequency : 4.000 000 MHz
Memory model    : Small
External SRAM size : 0
Data Stack size : 256
* * * * * * * * * * * * * * * * * * * * * * * * * * * * * * * * * * * */
# include < mega16.h >

flash unsigned char led_7[16] = {0x3F,0x06,0x5B,0x4F,0x66,0x6D,0x7D,0x07,
                         0x7F,0x6F,0x77,0x7C,0x39,0x5E,0x79,0x71};
Unsigned char counter;

//INT0 中断服务程序
interrupt [EXT_INT0] void ext_int0_isr(void)
{
    if ( ++ counter >= 16) counter = 0;
}

//INT1 中断服务程序
interrupt [EXT_INT1] void ext_int1_isr(void)
{
    if (counter) -- counter;
    else counter = 15;
}
void main(void)
{
    PORTA = 0xFF;
    DDRA = 0xFF;
    GICR | = 0xC0;                //使能 INT0、INT1 中断
    MCUCR = 0x0A;                 //INT0、INT1 下降沿触发
    GIFR = 0xC0;                  //清除 INT0、INT1 中断标志位
```

```
    counter = 0;                    //计数单元初始化为0
    #asm("sei")                     //使能全局中断

    while (1)
    {
        PORTA = led_7[counter];     //显示计数单元
    };
}
```

上面的程序,就是先利用 CVAVR 的程序生成向导功能进行配置,然后在它生成的程序框架基础上完成的。程序中定义了一个计数变量 counter,执行一次 INT0 中断服务程序,counter 加 1,而执行一次 INT1 中断服务程序,counter 减 1。在主程序中,只显示 counter 的值。INT0、INT1 初始化为电平变化的下降沿触发。

下面给出使用 AVR 汇编语言编写的系统程序。汇编程序的思想方法与 C 语言程序相同,读者可参考 7.3.1 小节中汇编程序框架和 demo_7_1.c,仔细体会使用汇编编写系统程序时,如何正确地编写中断向量区、中断初始化设置和中断服务程序。

```
;* * * * * * * * * * * * * * * * * * * * * * * * * * * * * * * * * *
;AVR 汇编程序实例: Demo_7_1.asm
;使用 INT0、INT1 控制 LED 数码管显示
;ATmega16, 4 MHz
;* * * * * * * * * * * * * * * * * * * * * * * * * * * * * * * * * *
.include "m16def.inc"
.def    temp     = r23          ;临时变量
.def    counter  = r24          ;计数变量

;中断向量区配置,Flash 空间为 $ 000~ $ 028
.org            $ 000
        jmp     RESET            ;复位处理
        jmp     EXT_INT0         ;IRQ0 中断向量
        jmp     EXT_INT1         ;IRQ1 中断向量
        reti                     ;Timer2 比较中断向量
        nop
        reti                     ;Timer2 溢出中断向量
        nop
        reti                     ;Timer1 捕捉中断向量
        nop
        reti                     ;Timer1 比较 A 中断向量
        nop
        reti                     ;Timer1 比较 B 中断向量
        nop
        reti                     ;Timer1 溢出中断向量
        nop
```

```
        reti                            ;Timer0 溢出中断向量
        nop
        reti                            ;SPI 传输结束中断向量
        nop
        reti                            ;USART RX 结束中断向量
        nop
        reti                            ;UDR 空中断向量
        nop
        reti                            ;USART TX 结束中断向量
        nop
        reti                            ;ADC 转换结束中断向量
        nop
        reti                            ;EEPROM 就绪中断向量
        nop
        reti                            ;模拟比较器中断向量
        nop
        reti                            ;两线串行接口中断向量
        nop
        reti                            ;IRQ2 中断向量
        nop
        reti                            ;定时器 0 比较中断向量
        nop
        reti                            ;SPM 就绪中断向量
        nop

.org $ 02A
RESET:                                  ;上电初始化程序
        ldi   r16, high(RAMEND)
        out   SPH, r16
        ldi   r16, low(RAMEND)
        out   SPL, r16                  ;设置堆栈指针为 RAM 的顶部

        ser   temp
        out   ddra, temp                ;设置 PORTA 为输出,段码输出
        out   porta,temp                ;设置 PORTA 输出全 1

        ldi   temp, 0x0a
        out   mcucr, temp               ;INT0、INT1 下降沿触发
        ldi   temp, 0xc0
        out   gicr, temp                ;使能 INT0、INT1 中断
        out   gifr, temp                ;清除 INT0、INT1 中断标志位

        clr   counter
        sei                             ;使能中断
```

AVR单片机嵌入式系统原理与应用实践(第3版)

```
MAIN:
    clr   r0
    ldi   zl, low(led_7 * 2)
    ldi   zh, high(led_7 * 2)          ;Z寄存器取得7段码组的首指针
    add   zl,counter                   ;加上要显示的数字
    adc   zh,r0                         ;加上低位进位
    lpm                                ;读对应7段码到R0中
    out   porta, r0                    ;LED段码输出
    rjmp  MAIN                         ;循环显示
EXT_INT0:
    in    temp, sreg
    push  temp                         ;中断现场保护
    inc   counter                      ;计数单元加1
    cpi   counter, 0x10                ;与16比较
    brne  EXT_INT0_RET                 ;小于16,转中断返回
    clr   counter                      ;计数单元清0
EXT_INT0_RET:
    pop   temp
    out   sreg, temp                   ;中断现场恢复
    reti                               ;中断返回

EXT_INT1:
    in    temp, sreg
    push  temp                         ;中断现场保护
    dec   counter                      ;计数单元减1
    cpi   counter, 0xFF                ;与255比较
    brne  EXT_INT1_RET                 ;未到255,转中断返回
    ldi   counter, 0x0F                ;计数单元设置为15
EXT_INT1_RET:
    pop   temp
    out   sreg, temp                   ;中断现场恢复
    reti                               ;中断返回
led_7:                                 ;7段码表
    .db   0x3f,0x06,0x5b,0x4f,0x66,0x6d,0x7d,0x07
    .db   0x7f,0x6f,0x77,0x7c,0x39,0x5e,0x79,0x71
```

在这两段例程中,都定义了一个计数单元变量 counter,在主程序中只是完成将该计数变量的值转换成 7 段码后输出送显示。外部中断 INT0 和 INT1 都采用引脚上电平变化的下降沿触发中断,INT0 的中断服务程序中将 counter 加 1 处理,而 INT1 的中断服务程序中则是将 counter 减 1 处理。

**3) 思考与实践**

(1) 平稳地按下 K1 和 K2,观察显示的变化。

(2) 修改程序,将 INT0、INT1 的中断触发方式分别改成电平变化的上升沿触发中断,以及电平变化触发中断和低电平触发中断,然后运行程序,使显示数据加 1 或减 1 变化,与使用电平变化的下降沿触发中断的情况做比较,有何不同?

(3) 不管使用哪种中断触发方式,经常会产生按键控制不稳定的现象,例如显示为"5"时,按下 K1 键一次,应该加 1 显示"6",但显示了"7"或"8",甚至更多,这是为什么?

(4) 查看在 CVAVR 开发环境中编写编译 demo_7_1.c 的过程中,CVAVR 都生成了哪些文件? 这些文件的内容是什么? 文件的扩展名是什么? 有何作用?

(5) 查看 CVAVR 生成的 demo_7_1.lst 的内容,回答以下问题:

① CVAVR 对中断向量是如何处理的?

② counter 变量分配在什么地方?

③ 在 CVAVR 中,如何对中断现场进行保护和恢复? 是使用硬件堆栈进行保护的吗?

(6) 整理出编译 demo_7_1.c 生成的汇编代码,体会宏的使用,并与 demo_7_1.asm 进行比较。

(7) CVAVR 在编译 demo_7_1.c 生成的汇编代码中还做了哪些工作?

(8) 参考 CVAVR 的 Help,尝试在 CVAVR 中采用嵌入汇编语言的方式编写 INT0 和 INT1 的中断服务程序。

**【例 7.2】** 采用外部中断方式,用外部振荡源作为基准时钟系统。

**1) 硬件电路**

例 6.5 中,采用调用 CVAVR 中软件延时函数的方法给出了一个使用 6 个数码管组成的时钟系统。采用软件延时,时钟是不准确的,因为一旦系统中使用了中断,就可能打断延时程序的执行,使得延时时间发生变化。下面给出以外部振荡源为基准,采用外部中断方式实现的时钟系统的设计。

在 AVR-51 多功能实验开发板上,有一个采用 CD4060 和 2.048 MHz 晶体构成的 50%占空比、0~5 V 的标准方波振荡源。将其 10 个标准频率中 500 Hz 的输出端与 ATmega16 的 PD3 引脚连接,作为外部输入信号。如果 INT1 采用下降沿方式触发中断,那么 500 次中断就是 1 s。此时,外部 500 Hz 的振荡源就是时钟系统的计时基准,这样的时钟系统比使用软件延时的方法要准确得多。

时钟系统显示部分的硬件电路与图 6-15 相同,只需要使用一根连线,将板上标准方波振荡源的 500 Hz 输出端与 ATmega16 的 PD3 引脚连接在一起即可。

**2) 软件设计**

下面是一个采用 C 语言编写的系统源程序:

```
/ * * * * * * * * * * * * * * * * * * * * * * * * * * * * * * * *
    File name         : Demo_7_2.c
    Chip type         : ATmega16
    Program type      : Application
    Clock frequency   : 4.000 000 MHz
    Memory model      : Small
    External SRAM size : 0
    Data Stack size    : 256
* * * * * * * * * * * * * * * * * * * * * * * * * * * * * * * * */
# include < mega16.h >
flash unsigned char led_7[10] = {0x3F,0x06,0x5B,0x4F,0x66,0x6D,0x7D,0x07,0x7F,
]0x6F}; flash unsigned char position[6] = {0xfe,0xfd,0xfb,0xf7,0xef,0xdf};

unsigned char time[3];              //时、分、秒计数单元
unsigned char dis_buff[6];          //显示缓冲区,存放要显示的 6 个字符的段码值
int time_counter;                   //中断次数计数单元
unsigned char posit;                //                                    (1)
bit point_on, time_1s_ok;

void display(void)                  //6 位 LED 数码管动态扫描函数
{
    PORTC = 0xff;                   //                                    (2)
    PORTA = led_7[dis_buff[posit]];
    if (point_on && (posit == 2 || posit == 4)) PORTA |= 0x80;
    PORTC = position[posit];
    if ( ++ posit >= 6 ) posit = 0;   //                                  (3)
}
//外部中断 INT1 服务函数
interrupt [EXT_INT1] void ext_int1_isr(void)
{
    display();                        //调用 LED 扫描显示
    if ( ++ time_counter >= 500)
    {
        time_counter = 0;            //                                   (4)
        time_1s_ok = 1;              //                                   (5)
    }
}

void time_to_disbuffer(void)         //时钟时间送显示缓冲区函数
{
    unsigned char i,j = 0;
    for ( i = 0;i <= 2;i ++ )
    {
```

```
            dis_buff[j ++] = time[i] % 10;
            dis_buff[j ++] = time[i] / 10;
        }
    }

void main(void)
{
    PORTA = 0x00;                    //显示控制 I/O 端口初始化
    DDRA = 0xFF;
    PORTC = 0x3F;
    DDRC = 0x3F;

    time[2] = 23;
    time[1] = 58; time[0] = 55;    //设时间初值为 23：58：55
    posit = 0;
    time_to_disbuffer();

    GICR| = 0x80;                    //INT1 中断允许
    MCUCR = 0x08;                    //INT1 下降沿触发
    GIFR = 0x80;                     //清 INT1 中断标志
    #asm("sei")                      //全局中断允许

    while (1)
    {
        if (time_1s_ok)              //1 s 到
        {
            time_1s_ok = 0;          //                                        (6)
            point_on = ~point_on;
            if ( ++ time[0] >= 60)           //以下为时间调整
            {
                time[0] = 0;
                if ( ++ time[1] >= 60)
                {
                    time[1] = 0;
                    if ( ++ time[2] >= 24) time[2] = 0;
                }
            }
            time_to_disbuffer();               //新调整好的时间送显示缓冲区
        }
    }
}
```

**3) 思考与实践**

　　该程序与例 6.5 有许多地方相同或类似,请读者彻底、全面、读懂、理解和体会该段程序,对带有(1)~(6)标识的语句和程序段进行分析,并能回答以下问题:

AVR 单片机嵌入式系统原理与应用实践(第 3 版)

（1）display（）函数是如何工作的？与例 6.5 中的 display（）函数的不同点在何处？该函数每秒钟执行几次？每执行一次的时间是多少？

（2）在 INT1 的中断服务程序的一开始就调用一次 display（）函数，那么整个中断服务程序的执行时间是多少？

（3）可以看出，LED 数码管显示采用动态扫描方式，那么每一位 LED 数码管在一次扫描过程中点亮的时间是多少？在 1 s 内循环扫描 6 个数码管的次数是多少？数码管的显示会闪烁吗？

（4）将 500 Hz 的输入换成为 GND（0 Hz）、125 Hz、250 Hz、2 kHz、4 kHz 等输入，显示有何变化？显示的时间有何变化？请说明原因。

（5）将 500 Hz 的输入换成 64 kHz 的输入，观察显示。然后将 display（）中第一条语句"PORTC = 0xff;"去掉，再运行程序（输入保持 64 kHz），观察显示与原来有何区别？说明为什么，并给出"PORTC = 0xff;"语句的作用。

（6）深入体会程序中的变量 time_counter 和 posit、time_1s_ok 的作用及在程序中使用的地方。如果将程序中带有（3）、（4）、（5）、（6）标记的语句分别去掉，或随便改变语句出现的位置，那么程序能完成正常的功能吗？请说明原因。

（7）将原程序中 INT1 的中断触发方式改为电平变化触发方式，时钟系统有何变化？请说明原因。

（8）本程序与例 6.5 程序 demo_6_5.c 相比较，有哪些优点和缺点？MCU 的使用有何变化？

（9）有能力的读者请尝试修改 demo_7_2.c 程序，在主程序中加上休眠功能。

【例 7.3】利用外部中断实现系统断电保护的实例。

在一些实际的控制设备和系统中，当系统电源出现故障时（电源掉电、电源供电波动），需要将系统中的一些重要数据保存起来，当再次上电时或电源稳定后，系统将保存的重要数据读出来，然后从掉电前的状态继续运行下去。这如同 PC 机上所具有的掉电保护功能，它能在掉电前一刻把用户正在使用的程序和界面保存在硬盘中，下次开机后，自动返回用户在掉电前的程序和界面。

要实现这个应用，需要考虑以下几个问题：

➢ 重要数据保存的介质。ATmega16 片内集成有 512 字节的 EEPROM，因此重要数据可以保存在片内的 EEPROM 中。但由于 EEPROM 写入次数有限（>10 万次），因此不能在程序正常运行中频繁地写入 EEPROM。为保证 EEPROM 不会过早失效，重要数据应在断电前一刻写入。

➢ 写 EEPROM 的时间比较长，需要 8 ms/字节，因此在硬件设计上需要有一个掉电预检测电路，它能预先检测出掉电的可能性，并通知单片机进行掉电保护处理。

➢ 在掉电预检测电路发出掉电信号后，系统的电源供电不能马上停止，还需要提供系统（尤其是 MCU）一段时间足够的电源。时间的长短根据需要保存的数据多少确定,一般约几百毫秒,让 MCU 有时间将数据写入 EEPROM 中。

➤ MCU 如何能尽快响应掉电信号,如何实现掉电处理。

下面是一个利用外部中断 INT0 实现系统断电保护的设计实例。在这个实例中,系统程序运行的重要标志和数据共计有 30 字节(需要保护的数据),这些数据不能在程序正常运行中写入 EEPROM,这会很快使 EEPROM 失效。因此,数据写入 EEPROM 的时间应该是在断电的前一刻。写入 EEPROM 一字节的时间为 8 ms,那么写入 30 字节的时间至少需要 240 ms。

系统的硬件设计上有一个掉电预检测电路,它能在 MCU 真正掉电停止工作前 300 ms 通知 MCU 进行掉电保护处理。硬件电路如图 7-4 所示。

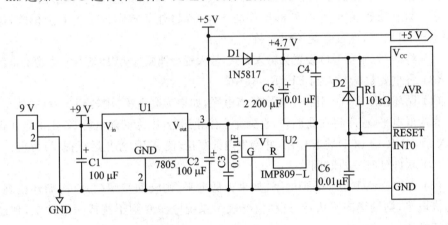

图 7-4　掉电保护电路

图中,外部 9 V 电源通过 7805 稳压到 5 V,作为系统电源使用。而 AVR 的工作电源则是单独提供的,由 5 V 系统电源通过低压差肖特基二极管 1N5817 后得到。IN5817 的正向压降为 0.3 V,因此,AVR 的工作电压为 4.7 V。电源监控芯片 IMP809-L 的监控电压为 4.63 V,当系统电源的电压低于 4.63 V 时,在 R 脚上产生由高电平到低电平的变化,使 AVR 进入 INT0 中断。

该电路的工作原理为:首先通过配置 AVR 的熔丝位,设置 BOD 掉电检测电压门限为 2.7 V,并允许 BOD 检测。因此,当 AVR 的工作电压 $V_{cc}$ 掉到 2.7 V 以下时,AVR 就停止工作(掉电检测功能是 AVR 片内的功能之一,见 2.6.2 小节)。电源监控芯片 IMP809-L 的检测电压门限为 4.63 V,用于检测系统电源的电压。当系统电源大于 4.63 V 时,IMP809-L 的 R 端输出高电平,整个系统正常工作;当系统电源的电压跌到 4.63 V 以下时,IMP809-L 的 R 脚输出低电平,作为 AVR 外部中断 INT0 的申请。INT0 设计为掉电处理中断,其主要任务是备份系统运行的重要数据到 EEPROM 中。

在提供 AVR 工作的电源系统中,大容量的电解电容 C5 作为储能电容,一旦系统电源电压下降,二极管 1N5817 截止,此时 AVR 可以靠 C5 提供的电能继续工作一段时间。C5 容量应足够大,在系统电源掉电过程中,当 IMP809-L 的 R 端输出低电平(系统电源下降到4.63 V)时,要能够保证维持 AVR 的工作电压 $V_{cc}$ 从 4.7 V 降到 2.7 V 的时间超过 300 ms,使 AVR 有时间做紧急处理和备份数据。AVR 写 EEP-ROM 大约需要 50~100 mA 的电流,所以电容 C5 的值应该在 1 000~4 700 $\mu$F,需要保存的数据越多,C5 的容量应该越大。

INT0 是 AVR 优先级最高的中断,采用外部电平变化的下降沿触发方式。一旦 IMP809-L 的 R 脚电平由正常的高电平变为低电平时,将触发 INT0 中断,进入 INT0 掉电中断服务程序。

在 INT0 掉电保护中断服务程序中,应按以下的步骤和过程进行处理:

(1) 紧急处理,停止所有外部器件的工作,或将外部状态设置到安全模式,例如关闭电机、开关等,保证系统不出事故。

(2) 将 AVR 所有 I/O 设置为输入方式,最大程度地减少 AVR 芯片对电源的消耗。

(3) 将重要数据写入到 EEPROM 中。

(4) 循环检测 INT0 引脚是否恢复高电平,如果为高电平,则转到步骤(5)执行;如果一直为低电平,程序将在此循环,直到完全停止运行(因为储能电容 C5 上的电压低于 2.7 V 后,AVR 的 BOD 将起作用,并产生内部复位,使 AVR 停止运行程序)为止。

(5) 软件延时一段时间。

(6) 再次检测 INT0 引脚电平,如果为低电平,则转回步骤(4)再次循环检测;如果为高电平,则继续向下执行(这种情况表示系统电源受到干扰或短时掉电,现已经恢复正常)。

(7) 恢复外部器件工作(此时尽管进入了掉电保护程序,但 AVR 在 C5 的维持下,一直正常工作,所有的数据并没有破坏,可以继续进行工作)。

(8) 中断返回。

在实际应用中,系统断电保护的设计是一个比较难的问题,实现的方法和手段也有所不同。这个设计主要是作为一个使用外部中断的例子,让读者从中体会到如何合理和正确地使用外部中断。

# 思考与练习

1. 什么是中断?计算机采取中断有什么好处?说明中断的作用和用途。

2. 什么叫中断源?ATmega16 有哪些中断源?各有什么特点?

3. 什么是中断系统?中断系统的功能是什么?

4. 中断优先级有什么作用?AVR 的中断优先级是如何确定的?

5. 什么叫断点?什么叫中断现场?断点和中断现场的保护和恢复有什么意义?

6. 在 AVR 中,中断断点和中断现场保护是如何实现的?

7. 什么是中断向量?AVR 的中断系统是如何构成的?它完成哪些功能?

8. 对于不使用的中断,它的中断向量处应如何处理?试比较放入一条"JMP 0000"与放入一条"RETI"的区别,哪个更好些? 为什么?

9. AVR 对中断采用两级控制方式,它是如何控制的?

10. AVR 响应中断是有条件的,请说出这些条件是什么?

11. 请详细说明 AVR 中断响应的全过程。在这个过程中,硬件完成了哪些工作,软件完成了哪些工作?

12. 以 AVR 外部中断使用为例,说明在中断初始化程序中需要设置哪些内容,以及如何正确地编写中断的初始化程序?

13. 说明全局中断允许标志位、各个独立中断允许标志位和中断标志位的作用。如何清除中断标志位?

14. 系统上电时,AVR 的中断允许标志位、各个独立中断允许标志位和中断标志位的初始值是什么? 全局中断允许标志位只是通过指令来置位或清除吗? 那么各个独立中断允许标志位呢?

15. 在编写中断服务程序时,应注意哪些问题? 有哪些原则需要注意?

16. AVR 中断响应的最短时间为多少? 如何估计和计算中断服务的时间?

17. 全面分析总结中断服务程序与一般的子程序的相同点和不同点。

18. 可以在程序中使用语句直接调用中断服务程序吗?

19. 比较用汇编语言与 C 语言编写中断服务程序的优劣,在哪些情况下应考虑采用汇编(或嵌入部分汇编)编写中断服务程序?

20. AVR 的外部中断有几种触发方式? 各适合哪些应用场合?

21. 使用低电平触发方式的外部中断应注意哪些问题?

22. 在 AVR 中,如果要使 A 中断能够打断 B 中断形成中断嵌套,而其他中断不允许中断嵌套,那么 B 中断服务程序应做怎样的处理?

## 本章参考文献:

[1] ATMEL. ATmega16 数据手册(英文,共享资料). www.atmel.com.

[2] IMP.IMP809.pdf(英文,共享资料).

# 第 **8** 章

## 定时/计数器的结构与应用

定时/计数器(Timer/Counter)是单片机中最基本的接口之一。它的用途非常广泛,常用于计数、延时,以及测量周期、频率、脉宽,并提供定时脉冲信号等。在实际应用中,对于转速、位移、速度、流量等物理量的测量,通常也是由传感器转换成脉冲电信号,通过使用定时/计数器来测量其周期或频率,再经过计算处理获得的。

相对于一般 8 位单片机而言,AVR 不仅配备了更多的定时/计数器接口,而且还是增强型的,例如通过定时/计数器与比较匹配寄存器相互配合,生成占空比可变的方波信号,即脉冲宽度调制输出 PWM 信号,用于 D/A 转换、电机无级调速控制、变频控制等,功能非常强大。

ATmega16 配置了 2 个 8 位和 1 个 16 位共 3 个定时/计数器,它们是 8 位定时/计数器 T/C0、T/C2 和 16 位定时/计数器 T/C1。本章将着重对 AVR 的 8 位定时/计数器的结构、功能和应用进行讲解,并介绍基本的使用、设计方法。

## 8.1 定时/计数器的结构

在单片机内部,一般都会集成由专门硬件电路构成的可编程定时/计数器。定时/计数器最基本的功能就是对脉冲信号自动进行计数。这里所谓的"自动",是指计数的过程由硬件完成,不需要 MCU 的干预。但 MCU 可以通过指令设置定时/计数器的工作方式,以及根据定时/计数器的计数值或工作状态做必要的处理和响应。

学习和使用定时/计数器时,必须注意以下的基本要素:

➤ 定时/计数器的长度。定时/计数器的长度是指计数单元的位长度,一般为 8 位(1 字节)或 16 位(2 字节)。

➤ 脉冲信号源。脉冲信号源是指输入到定时/计数器的计数脉冲信号。通常,用于定时/计数器计数的脉冲信号可以由外部输入引脚提供,也可以由单片机内部提供。

➤ 计数器类型。计数器类型是指计数器的计数运行方式,可分为加 1(减 1)计数器,单向计数或双向计数等。

> ➤ 计数器的上下限。计数器的上下限是指计数单元的最小值和最大值。一般情况下，计数器的下限值为 0，上限值为计数单元的最大计数值，即 255（8 位）或 65535（16 位）。需要注意的是，当计数器工作在不同模式时，计数器的上限值并不都是计数单元的最大计数值 255 或 65535，它取决于用户的配置和设定。

> ➤ 计数器的事件。计数器的事件是指计数器处于某种状态时的输出信号，该信号通常可以向 MCU 申请中断。例如，当计数器计数达到计数上限值 255 时，产生溢出信号，向 MCU 申请中断。

## 8.1.1　8 位定时/计数器 T/C0 的结构

ATmega16 中有两个 8 位定时/计数器：T/C0 和 T/C2，它们都是通用的多功能定时/计数器，其主要特点如下：

> ➤ 单通道计数器；
> ➤ 比较匹配清 0 计数器（自动重装特性）；
> ➤ 可产生无输出抖动（glitch-free）的、相位可调的脉宽调制（PWM）信号输出；
> ➤ 频率发生器；
> ➤ 外部事件计数器（仅 T/C0）；
> ➤ 10 位时钟预分频器；
> ➤ 溢出和比较匹配中断源（TOV0、OCF0 和 TOV2、OCF2）。
> ➤ 允许使用外部引脚的 32768 Hz 晶体作为独立的计数时钟源（仅 T/C2）。

由于 T/C0、T/C2 的主要结构和大部分功能是相同或类似的，因此，下面先介绍 T/C0 的结构和应用。

### 1. T/C0 的组成结构

图 8-1 为 8 位 T/C0 的硬件结构框图。图中给出了 MCU 可以操作的寄存器及相关的标志位。在 T/C0 中，有两个 8 位的寄存器：计数寄存器 TCNT0 和输出比较寄存器 OCR0。其他相关的寄存器还有 T/C0 的控制寄存器 TCCR0、中断标志寄存器 TIFR 和定时器中断屏蔽寄存器 TIMSK。T/C0 的计数器事件输出信号有两个：计数器计数溢出 TOV0 和比较匹配相等 OCF0。这两个事件的输出信号都可以申请中断，中断请求信号 TOV0、OCF0 可以在定时器中断标志寄存器 TIFR 中找到，同时在定时器中断屏蔽寄存器 TIMSK 中可以找到与 TOV0、OCF0 对应的、两个相互独立的中断屏蔽控制位 TOIE0 和 OCIE0。

### 1）T/C0 的时钟源

T/C0 的计数时钟源可由来自外部引脚 T0 的信号提供，也可来自芯片的内部。图 8-2 为 T/C0 时钟源部分的内部功能图。

（1）T/C0 计数时钟源的选择

T/C0 计数时钟源的选择由 T/C0 的控制寄存器 TCCR0 中的 3 个标志位 CS0[2：0] 确定，共有 8 种选择。其中包括无时钟源（停止计数），外部引脚 T0 的上升沿或下

AVR单片机嵌入式系统原理与应用实践(第3版)

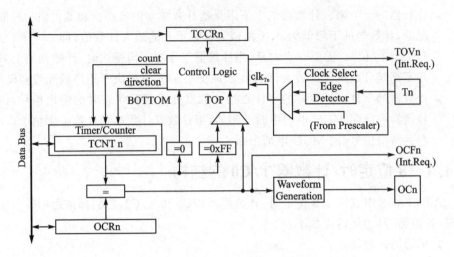

图 8-1 8 位 T/C0 的结构框图

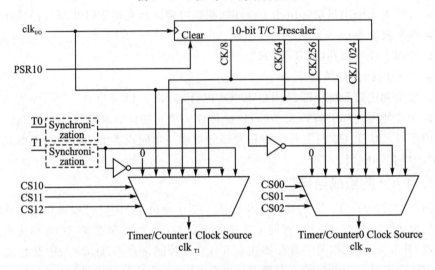

图 8-2 T/C0 的时钟源与 10 位预定比例分频器

降沿,以及内部系统时钟经过一个 10 位预定比例分频器分频的 5 种频率的时钟信号
(1/1、1/8、1/64、1/256 和 1/1024)。T/C0 与 T/C1 共享一个预定比例分频器,但它
们时钟源的选择是独立的。

(2) 使用系统内部时钟源

当定时/计数器使用系统内部时钟作为计数源时,通常作为定时器和波形发生器
使用。因为系统时钟的频率是已知的,所以通过计数器的计数值就可以知道时间值。

AVR 在定时/计数器与内部系统时钟之间增加了一个预定比例分频器,分频器
对系统时钟信号进行不同比例的分频,分频后的时钟信号提供给定时/计数器使用。
利用预定比例分频器,定时/计数器可以从内部系统时钟获得几种不同频率的计数脉

冲信号,使用非常灵活。

（3）使用外部时钟源

当定时/计数器使用外部时钟作为计数源时,通常作为计数器使用,用于记录外部脉冲的个数。图 8-3 为外部时钟源的检测采样逻辑功能图。

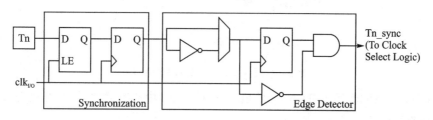

**图 8-3  T/C0 外部时钟检测采样逻辑功能图**

外部引脚 T0(PB0)上的脉冲信号可以作为 T/C0 的计数时钟源。PB0 引脚内部有一个同步采样电路(Synchronization),它在每个系统时钟周期都对 T0 引脚上的电平进行同步采样,然后将同步采样信号送到边沿检测器(Edge Detector)中。同步采样电路在系统时钟的上升沿将引脚信号电平打入寄存器,因此当系统的时钟频率大大高于外部引脚上电平变化的频率时,同步采样寄存器可以看作是透明的。边沿检测电路对同步采样的输出信号进行边沿检测,当检测到一个上升沿(CS0[2∶0]＝7)或下降沿(CS0[2∶0]＝6)时,产生一个计数脉冲 $clk_{T0}$。

由于引脚 T0 内部的同步采样和边沿检测电路的存在,引脚电平的变化需要经过 2.5～3.5 个系统时钟后才能在边沿检测的输出端上反映出来。因此,要使外部时钟源能正确地被引脚 T0 检测采样,外部时钟源的最高频率不能大于 $f_{clk_{I/O}}/2.5$,脉冲宽度也要大于 1 个系统时钟周期。另外,外部时钟源是不进入预定比例分频器进行分频的。

**2) T/C0 的计数单元**

T/C0 的计数单元是一个可编程的 8 位双向计数器,图 8-4 是它的逻辑功能图,图中符号所代表的意义如下:

➤ 计数(count)   TCNT0 加 1 或减 1。

➤ 方向(direction)   加或减的控制。

➤ 清除(clear)   清 0 TCNT0。

➤ 计数时钟源($clk_{T0}$)   C/T0 时钟源。

➤ 顶部值(TOP)   表示 TCNT0 计数值到达上边界。

➤ 底部值(BOTTOM)   表示 TCNT0 计数值到达下边界(0)。

T/C0 根据计数器的工作模式,在每一个 $clk_{T0}$ 时钟到来时,计数器进行加 1、减 1 或清 0 操作。$clk_{T0}$ 的来源由标志位 CS0[2∶0]设定。当 CS0[2∶0]＝0 时,计数器停止计数(无计数时钟源)。

T/C0 的计数值保存在 8 位寄存器 TCNT0 中,MCU 可以在任何时间访问(读/

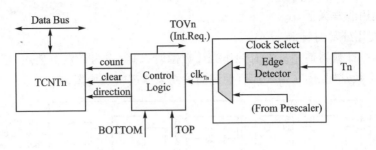

图 8 - 4　T/C0 计数单元逻辑功能图

写)TCNT0。MCU 写入 TCNT0 的值将立即覆盖其中原有的内容,同时也会影响到计数器的运行。

计数器的计数序列取决于寄存器 TCCR0 中标志位 WGM0[1：0]的设置。WGM0[1：0]的设置直接影响到计数器的计数方式和 OC0 的输出,同时也影响和涉及 T/C0 的溢出标志位 TOV0 的置位。标志位 TOV0 可用于产生中断申请。

### 3) 比较匹配单元

图 8 - 5 为 T/C0 的比较匹配单元逻辑功能图。在 T/C0 运行期间,比较匹配单元一直将寄存器TCNT0的计数值与寄存器 OCR0 的内容进行比较(硬件进行自动比较处理)。一旦两者相等,在下一个计数时钟脉冲到达时将置位 OCF0 标志位。标志位 OCF0 也可用于产生中断申请。根据 WGM0[1：0]和 COM0[1：0]的不同设置,可以控制比较匹配单元产生和输出不同类型的脉冲波形。

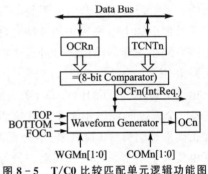

图 8 - 5　T/C0 比较匹配单元逻辑功能图

寄存器 OCR0 实际上配置有一个辅助缓存器。当 T/C0 工作在非 PWM 模式下时,该辅助缓存器处于禁止使用状态,MCU 直接访问和操作寄存器 OCR0。当 T/C0 工作在 PWM 模式时,该辅助缓存器投入使用,这时 MCU 对 OCR0 的访问操作实际上是对 OCR0 的辅助缓存器操作。一旦计数器 TCNT0 的计数值达到设定的最大值 (TOP)或最小值(BOTTOM),则辅助缓存器中的内容将同步更新比较寄存器 OCR0 的值。这将有效防止产生奇边非对称的 PWM 脉冲信号,使输出的 PWM 波中没有杂散脉冲。

(1) 强制输出比较。在非 PWM 波形发生模式下,写"1"到强制输出比较位(FOC0)时,将强制比较器产生一个比较匹配输出信号。强制比较输出信号不会置 OCF0 标志位或重新装载/清 0 计数器,但是会像真的发生了比较匹配事件一样更新 OC0 输出引脚输出。

(2) 通过写 TCNT0 寄存器屏蔽比较匹配事件。任何 MCU 对 TCNT0 寄存器

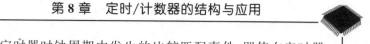

的写操作都会屏蔽在下一个定时器时钟周期中发生的比较匹配事件,即使在定时器暂停时。这一特性使 OCR0 可以被初始化为与 TCNT0 相同的值,而不会在定时/计数器使能时触发中断。

(3) 使用输出比较单元。由于在任何工作模式下写 TCNT0 寄存器都会使输出比较匹配事件被屏蔽 1 个定时器时钟周期,因此可能会影响比较匹配输出的正确性。例如,当写入一个与 OCR0 相同的值到 TCNT0 时,将丢失一次比较匹配事件,从而引起发生不正确的波形。同样,当定时器向下计数时,不要将下边界的值写入 TCNT0。

外部引脚 OC0 的设置必须在设置该端口引脚(PB3)为输出之前。设置 OC0 的值,最简单的方法是在通常模式下使用 FOC0 来设置。这是因为在改变工作模式时,OC0 寄存器将保持其原来的值。

**注意:**COM0[1∶0]是无缓冲的,改变 COM0[1∶0]位的设置,会立即影响 T/C0 的工作方式。

#### 4) 比较匹配输出单元

标志位 COM0[1∶0]有两个作用:定义 OC0 的输出状态,以及控制外部引脚 OC0 是否输出 OC0 寄存器的值。图 8-6 为比较匹配输出单元的逻辑图。

当标志位 COM0[1∶0]中任何一位为"1"时,波形发生器的输出 OC0 取代引脚 PB3 原来的 I/O 功能,但引脚的方向寄存器 DDRB3 仍

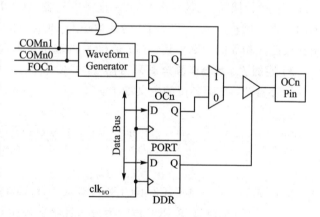

图 8-6　T/C0 比较匹配输出单元逻辑图

然控制 OC0 引脚的输入/输出方向。如果要在外部引脚 PB3 上输出 OC0 的逻辑电平,则应设定 DDRB3 定义该引脚为输出脚。采用这种结构,用户可以先初始化 OC0 的状态,然后再允许其由引脚 PB3 输出。

#### 5) 比较输出模式和波形发生器

T/C0 有 4 种工作模式,根据 COM0[1∶0]的不同设定,波形发生器将产生各种不同的脉冲波形,如 PWM 波形的产生和输出。但只要 COM0[1∶0]=0,波形发生器对 OC0 寄存器就没有任何作用。

### 2. 与 8 位 T/C0 相关的寄存器

#### 1) T/C0 计数寄存器 TCNT0

寄存器 TCNT0 各位的定义如下:

AVR 单片机嵌入式系统原理与应用实践(第 3 版)

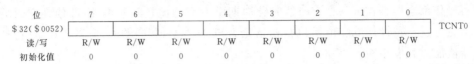

AVR单片机嵌入式系统原理与应用实践(第3版)

| 位 | 7 | 6 | 5 | 4 | 3 | 2 | 1 | 0 | |
|---|---|---|---|---|---|---|---|---|---|
| \$ 32( \$ 0052) | | | | | | | | | TCNT0 |
| 读/写 | R/W | R/W | R/W | R/W | R/W | R/W | R/W | R/W | |
| 初始化值 | 0 | 0 | 0 | 0 | 0 | 0 | 0 | 0 | |

TCNT0 是 T/C0 的计数值寄存器,可以直接被 MCU 读/写访问。写 TCNT0 寄存器将在下一个定时器时钟周期中阻塞比较匹配。因此,在计数器运行期间修改 TCNT0 的内容,有可能将丢失一次 TCNT0 与 OCR0 的匹配比较操作。

### 2) 输出比较寄存器 OCR0

寄存器 OCR0 各位的定义如下:

| 位 | 7 | 6 | 5 | 4 | 3 | 2 | 1 | 0 | |
|---|---|---|---|---|---|---|---|---|---|
| \$ 3C( \$ 005C) | | | | | | | | | OCR0 |
| 读/写 | R/W | R/W | R/W | R/W | R/W | R/W | R/W | R/W | |
| 初始化值 | 0 | 0 | 0 | 0 | 0 | 0 | 0 | 0 | |

8 位寄存器 OCR0 中的数据用于与寄存器 TCNT0 中的计数值进行匹配比较。在 T/C0 运行期间,比较匹配单元一直将寄存器 TCNT0 的计数值与寄存器 OCR0 的内容进行比较。一旦 TCNT0 的计数值与 OCR0 的数据匹配相等,将产生一个输出比较匹配相等的中断申请,或改变 OC0 的输出逻辑电平。

### 3) 定时/计数器中断屏蔽寄存器 TIMSK

寄存器 TIMSK 各位的定义如下:

| 位 | 7 | 6 | 5 | 4 | 3 | 2 | 1 | 0 | |
|---|---|---|---|---|---|---|---|---|---|
| \$ 39( \$ 0059) | OCIE2 | TOIE2 | TICIE1 | OCIE1A | OCIE1B | TOIE1 | OCIE0 | TOIE0 | TIMSK |
| 读/写 | R/W | R/W | R/W | R/W | R/W | R/W | R/W | R/W | |
| 初始化值 | 0 | 0 | 0 | 0 | 0 | 0 | 0 | 0 | |

➤ 位 7(位 1)——OCIE2(OCIE0):T/C2(T/C0)输出比较匹配中断允许标志位。当 OCIE2(OCIE0)被设为"1",且状态寄存器中的 I 位被设为"1"时,将使能 T/C2(T/C0)的输出比较匹配中断。若在 T/C2(T/C0)中发生输出比较匹配,即 OCF2=1(OCF0=1)时,则执行 T/C2(T/C0)输出比较匹配中断服务程序。

➤ 位 6(位 0)—— TOIE2(TOIE0):T/C2(T/C0)溢出中断允许标志位。当 TOIE2(TOIE0)被设为"1",且状态寄存器中的 I 位被设为"1"时,将使能 T/C2(T/C0)溢出中断。若在 T/C2(T/C0)中发生溢出,即 TOV2=1(TOV0=1)时,则执行 T/C2(T/C0)溢出中断服务程序。

### 4) 定时/计数器中断标志寄存器 TIFR

寄存器 TIFR 各位的定义如下:

| 位 | 7 | 6 | 5 | 4 | 3 | 2 | 1 | 0 | |
|---|---|---|---|---|---|---|---|---|---|
| \$ 38( \$ 0058) | OCF2 | TOV2 | ICF1 | OCF1A | OCF1B | TOV1 | OCF0 | TOV0 | TIFR |
| 读/写 | R/W | R/W | R/W | R/W | R/W | R/W | R/W | R/W | |
| 初始化值 | 0 | 0 | 0 | 0 | 0 | 0 | 0 | 0 | |

> 位 7(位 1)——OCF2(OCF0):T/C2(T/C0)比较匹配输出的中断标志位。当 T/C2(T/C0)输出比较匹配成功,即 TCNT2＝OCR2(TCNT0＝OCR0)时,OCF2(OCF0)位被设为"1"。当转入 T/C2(T/C0)输出比较匹配中断向量执行中断处理程序时,OCF2(OCF0)由硬件自动清 0。写入一个逻辑"1"到 OCF2(OCF0)标志位,将清除该标志位。当寄存器 SREG 中的 I 位、OCIE2(OCIE0)和 OCF2(OCF0)均为"1"时,T/C2(T/C0)的输出比较匹配中断被执行。

> 位 6(位 0)——TOV2(TOV0):T/C2(T/C0)溢出中断标志位。当 T/C2(T/C0)产生溢出时,TOV2(TOV0)位被设为"1"。当转入 T/C2(T/C0)溢出中断向量执行中断处理程序时,TOV2(TOV0)由硬件自动清 0。写入一个逻辑"1"到 TOV2(TOV0)标志位,将清除该标志位。当寄存器 SREG 中的 I 位、TOIE2(TOIE0)和 TOV2(TOV0)均为"1"时,T/C2(T/C0)的溢出中断被执行。在 PWM 模式中,当 T/C2(T/C0)计数器的值为 0x00 并改变计数方向时,TOV2(TOV0)自动置 1。

**5) T/C0 控制寄存器 TCCR0**

寄存器 TCCR0 各位的定义如下:

| 位 | 7 | 6 | 5 | 4 | 3 | 2 | 1 | 0 | |
|---|---|---|---|---|---|---|---|---|---|
| $33 ( $0053) | FOC0 | WGM00 | COM01 | COM00 | WGM01 | CS02 | CS01 | CS00 | TCCR0 |
| 读/写 | R/W | R/W | R/W | R/W | R/W | R/W | R/W | R/W | |
| 初始化值 | 0 | 0 | 0 | 0 | 0 | 0 | 0 | 0 | |

8 位寄存器 TCCR0 是 T/C0 的控制寄存器,它用于选择计数器的计数源、工作模式和比较输出的方式等。

> 位 7——FOC0:强制输出比较位。FOC0 位只在 T/C0 被设置为非 PWM 模式下工作时才有效,但为了保证同以后的器件兼容,在 PWM 模式下写 TCCR0 寄存器时,该位必须清 0。当将一个逻辑"1"写到 FOC0 位时,会强加在波形发生器上一个比较匹配成功信号,使波形发生器依据 COM0[1:0]位的设置而改变 OC0 输出状态。

**注意**:FOC0 的作用仅如同一个选通脉冲,而 OC0 的输出还是取决于 COM0[1:0]位的设置。

一个 FOC0 选通脉冲不会产生任何的中断申请,也不影响计数器 TCNT0 和寄存器 OCR0 的值。一旦一个真正的比较匹配发生,则 OC0 的输出将根据 COM0[1:0]位的设置而更新。

> 位[3:6]——WGM0[1:0]:波形发生模式位。这两个标志位控制 T/C0 的计数和工作方式、计数器计数的上限值及确定波形发生器的工作模式(见表 8-1)。T/C0 支持的工作模式有:普通模式、比较匹配时定时器清

0(CTC)模式和两种脉宽调制(PWM)模式。

表 8-1　T/C0 的波形产生模式

| 模　式 | WGM01 | WGM00 | T/C0 工作模式 | 计数上限值 | OCR0 更新 | TOV0 置位 |
|---|---|---|---|---|---|---|
| 0 | 0 | 0 | 普通模式 | 0xFF | 立即 | 0xFF |
| 1 | 0 | 1 | PWM,相位可调 | 0xFF | 0xFF | 0x00 |
| 2 | 1 | 0 | CTC 模式 | OCR0 | 立即 | 0xFF |
| 3 | 1 | 1 | 快速 PWM | 0xFF | 0xFF | 0xFF |

➤ 位[5:4]——COM0[1:0]:比较匹配输出方式位。这两个位用于控制比较输出引脚 OC0 的输出方式。如果 COM0[1:0]中的任何一位或两位置 1,则 OC0 的输出将覆盖 PB3 引脚的通用 I/O 端口功能,但此时 PB3 引脚的数据方向寄存器 DDRB3 位必须置为输出方式。当引脚 PB3 作为 OC0 输出引脚时,其输出方式取决于 COM0[1:0]和 WGM0[1:0]的设定。

表 8-2 给出了在 WGM0[1:0]的设置为普通模式和 CTC 模式(非 PWM 模式)时,COM0[1:0]位的功能定义。表 8-3 给出了在 WGM0[1:0]的设置为快速 PWM 模式时,COM0[1:0]位的功能定义。表 8-4 给出了在 WGM0[1:0]设置为相位可调的 PWM 模式时,COM0[1:0]位的功能定义。

➤ 位[2:0]——CS0[2:0]:T/C0 时钟源选择。这 3 个标志位用于选择设定 T/C0 的时钟源,如表 8-5 所列。

表 8-2　普通模式和非 PWM 模式(WGM0 = 0、2)下的 COM0 位功能定义

| COM01 | COM00 | 说　明 |
|---|---|---|
| 0 | 0 | PB3 为通用 I/O 引脚(OC0 与引脚不连接) |
| 0 | 1 | 比较匹配时,触发 OC0(OC0 为原 OC0 的取反) |
| 1 | 0 | 比较匹配时,清零 OC0 |
| 1 | 1 | 比较匹配时,置位 OC0 |

表 8-3　快速 PWM 模式(WGM0 = 3)下的 COM0 位功能定义

| COM01 | COM00 | 说　明 |
|---|---|---|
| 0 | 0 | PB3 为通用 I/O 引脚(OC0 与引脚不连接) |
| 0 | 1 | 保留 |
| 1 | 0 | 比较匹配时,清零 OC0;计数值为 0xFF 时,置位 OC0 |
| 1 | 1 | 比较匹配时,置位 OC0;计数值为 0xFF 时,清零 OC0 |

表 8-4　相位可调 PWM 模式(WGM = 1)下的 COM0 位功能定义

| COM01 | COM00 | 说　明 |
|-------|-------|--------|
| 0 | 0 | PB3 为通用 I/O 引脚(OC0 与引脚不连接) |
| 0 | 1 | 保留 |
| 1 | 0 | 向上计数过程中比较匹配时,清零 OC0<br>向下计数过程中比较匹配时,置位 OC0 |
| 1 | 1 | 向上计数过程中比较匹配时,置位 OC0<br>向下计数过程中比较匹配时,清零 OC0 |

表 8-5　T/C0 的时钟源选择

| CS02 | CS01 | CS00 | 说　明 |
|------|------|------|--------|
| 0 | 0 | 0 | 无时钟源(停止 T/C0) |
| 0 | 0 | 1 | $clk_{TOS}$(不经过分频器) |
| 0 | 1 | 0 | $clk_{TOS}$/8(来自预分频器) |
| 0 | 1 | 1 | $clk_{TOS}$/64(来自预分频器) |
| 1 | 0 | 0 | $clk_{TOS}$/256(来自预分频器) |
| 1 | 0 | 1 | $clk_{TOS}$/1 024(来自预分频器) |
| 1 | 1 | 0 | 外部 T0 引脚,下降沿驱动 |
| 1 | 1 | 1 | 外部 T0 引脚,上升沿驱动 |

## 8.1.2　8 位 T/C0 的工作模式

T/C0 的控制寄存器 TCCR0 的标志位 WGM0[1:0]和 COM0[1:0]的组合构成了T/C0 的 4 种工作模式以及 OC0 不同方式的输出。

**1) 普通模式(WGM0[1:0]=0)**

普通模式是 T/C0 最简单、最基本的一种工作方式。当 T/C0 工作在普通模式下时,计数器为单向加 1 计数器,一旦寄存器 TCNT0 的值到达 0xFF(上限值),在下一个计数脉冲到来时便恢复为 0x00,并继续单向加 1 计数。在 TCNT0 由 0xFF 转变为 0x00 的同时,溢出标志位 TOV0 置 1,用于申请 T/C0 溢出中断。一旦 MCU 响应 T/C0 的溢出中断,硬件则将自动把 TOV0 清 0。

考虑到 T/C0 在正常的计数过程中,当 TCNT0 由 0xFF 返回 0x00 时,能将标志位 TOV0 置 1(注意:不能清 0);而当 MCU 响应 T/C0 的溢出中断时,硬件会自动把 TOV0 清 0。因此溢出标志位 TOV0 也可作为计数器的第 9 位使用,使 T/C0 变成 9 位计数器。但这种提高定时器分辨率的方法,需要通过软件配合实现。

与其他工作模式相比,T/C0 工作在普通模式时,不会产生任何其他的特殊状态,用户可以随时改变计数器 TCNT0 的数值。

在普通模式中,同样可以使用比较匹配功能产生定时中断,但最好不要在普通模式下使用输出比较单元来产生 PWM 波形输出,因为这将占用过多的 MCU 的时间。

**2) 比较匹配清 0 计数器 CTC 模式(WGM0[1∶0]=2)**

T/C0 工作在 CTC 模式下时,计数器为单向加 1 计数器,一旦寄存器 TCNT0 的值与 OCR0 的设定值相等(此时寄存器 OCR0 的值为计数上限值),就将计数器 TC-NT0 清 0 为 0x00,然后继续向上加 1 计数。通过设置 OCR0 的值,可以方便地控制比较匹配输出的频率,也方便了外部事件计数的应用。

图 8-7 为 CTC 模式的计数时序图。

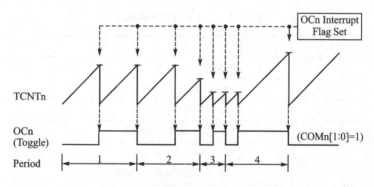

图 8-7　T/C0 的 CTC 模式计数时序

在 TCNT0 与 OCR0 匹配的同时,置比较匹配标志位 OCF0 为"1"。标志位 OCF0 可用于申请中断。一旦 MCU 响应比较匹配中断,用户在中断服务程序中就可以修改 OCR0 的值。

修改 OCR0 的值时需要注意,当 T/C0 的计数时钟频率比较高时,如果写入 OCR0 的值与 0x00 接近,则可能会丢失一次比较匹配成立条件。

例如:当 TCNT0 的值与 OCR0 匹配相等时,TCNT0 被硬件清 0 并申请中断;在中断服务中重新改变设置 OCR0 为 0x05;但中断返回后 TCNT0 的计数值已经为 0x10 了,因此便丢失了一次比较匹配成立条件。此时计数器将继续加 1 计数到 0xFF,然后返回 0x00。当再次计数到 0x05 时,才能产生比较匹配成功。

在 CTC 模式下利用比较匹配输出单元产生波形输出时,应设置 OC0 的输出方式为触发方式(COM0[1∶0]=1)。OC0 输出波形的最高频率为 $f_{OC0} = f_{clk_{I/O}}/2$ (OCR0=0x00)。其他的频率输出由下式确定:

$$f_{OC0} = \frac{f_{clk_{I/O}}}{2N(1+OCR0)}$$

式中:N 的取值为 1、8、64、256 或 1024。

除此之外,与普通模式相同,当 TCNT0 计数值由 0xFF 转到 0x00 时,标志位 TOV0 置位。

当 OC0 的输出方式为触发方式时（COM0[1：0]＝1），T/C0 将产生占空比为 50％的方波。此时设置 OCR0 的值为 0x00 时，T/C0 将产生占空比为 50％的最高频率方波，频率为 $f_{OC0}＝f_{clk_{I/O}}/2$。

**3) 快速 PWM 模式（WGM0[1：0]＝3）**

T/C0 工作在快速 PWM 模式时可以产生较高频率的 PWM 波形。当 T/C0 工作在此模式下时，计数器为单程向上的加 1 计数器，从 0x00 一直加到 0xFF（上限值），在下一个计数脉冲到来时便恢复为 0x00，然后再从 0x00 开始加 1 计数。在设置正向比较匹配输出（COM0[1：0]＝2）方式中，当 TCNT0 的计数值与 OCR0 的值比较匹配时，清 0 OC0；当计数器的值由 0xFF 返回 0x00 时，置位 OC0。而在设置反向比较匹配输出（COM0[1：0]＝3）方式中，当 TCNT0 的计数值与 OCR0 的值比较匹配时，置位 OC0；当计数器的值由 0xFF 返回 0x00 时，清 0 OC0。图 8-8 为快速 PWM 工作时序图。

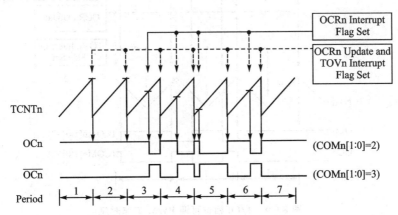

**图 8-8　T/C0 快速 PWM 工作时序**

由于快速 PWM 模式采用单程计数方式，所以它可以产生比相位可调 PWM 模式高 1 倍频率的 PWM 波。因此快速 PWM 模式适用于电源调整、DAC 等应用。

当 TCNT0 的计数值到达 0xFF 时，溢出标志位 TOV0 置 1。标志位 TOV0 可用于申请中断。一旦 MCU 响应 TOV0 中断，用户就可以在中断服务程序中修改 OCR0 的值。

OC0 输出的 PWM 波形的频率输出由下式确定：

$$f_{OC0\ PWM}＝\frac{f_{clk_{I/O}}}{256N}$$

式中：N 的取值为 1、8、64、256 或 1024。

通过设置寄存器 OCR0 的值，可以获得不同占空比的脉冲波形。OCR0 的一些特殊值，会产生极端的 PWM 波形。当 OCR0 的设置值为 0x00 时，会产生周期为 MAX＋1 的窄脉冲序列；而设置 OCR0 的值为 0xFF 时，OC0 的输出为恒定的高

（低）电平。

**4）相位可调 PWM 模式（WGM0[1：0]＝1）**

相位可调 PWM 模式可以产生高精度相位可调的 PWM 波形。当 T/C0 工作在此模式下时,计数器为双程计数器：从 0x00 一直加到 0xFF,在下一个计数脉冲到达时,改变计数方向,从 0xFF 开始减 1 计数到 0x00。设置正向比较匹配输出（COM0[1：0]＝2）方式：在正向加 1 过程中,当 TCNT0 的计数值与 OCR0 的值比较匹配时,清 0 OC0；在反向减 1 过程中,当计数器 TCNT0 的值与 OCR0 相同时,置位 OC0。设置反向比较匹配输出（COM0[1：0]＝3）方式：在正向加 1 过程中,当 TC-NT0 的计数值与 OCR0 的值比较匹配时,置位 OC0；在反向减 1 过程中,当计数器 TCNT0 的值与 OCR0 相同时,清 0 OC0。图 8 - 9 为相位可调 PWM 工作时序图。

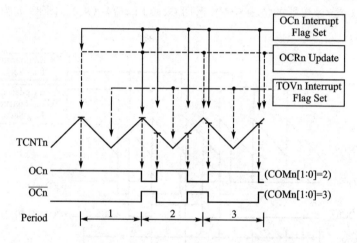

**图 8 - 9　T/C0 相位可调 PWM 工作时序**

由于相位可调 PWM 模式采用双程计数方式,所以它产生的 PWM 波的频率比快速 PWM 低。其相位可调的特性（即 OC0 逻辑电平的改变不是固定在 TCNT0＝0x00 处）,适用于电机控制一类的应用。

当 TCNT0 的计数值到达 0x00 时,置溢出标志位 TOV0 为"1"。标志位 TOV0 可用于申请溢出中断。

在相位可调 PWM 模式下,OC0 输出的 PWM 波形频率由下式确定：

$$f_{OC0\ PCPWM} = \frac{f_{clk_{I/O}}}{510N}$$

式中：$N$ 的取值为 1、8、64、256 或 1024。

通过设置寄存器 OCR0 的值,可以获得不同占空比的脉冲波形。OCR0 的一些特殊值,会产生极端的 PWM 波形。当 COM0[1：0]＝2 且 OCR0 的值为 0xFF 时,OC0 的输出为恒定的高电平；而 OCR0 的值为 0x00 时,OC0 的输出为恒定的低电平。

## 8.1.3　8 位 T/C0 的计数工作时序

图 8-10～图 8-13 给出了 T/C0 在同步工作情况下的各种计数时序,同时给出了标志位 TOV0 和 OCF0 的置位条件。各图中,MAX＝0xFF,BOTTOM＝0x00, TOP＝[OCRn]。

图 8-10 是 T/C0 对外部时钟或直接对内部时钟(无分频)计数工作的时序图。从图中可以看出,T/C0 的计数是与系统时钟同步的(在系统时钟上升沿)。当 TC-NT0 的值到达 MAX(0xFF)后,在下一个系统时钟的上升沿处把 TCNT0 的值清为 BOTTOM(0x00),同时置位 TOV0 申请中断。然而 T/C0 的计数过程并没有停止,重新从 0x00 开始继续加 1 计数。

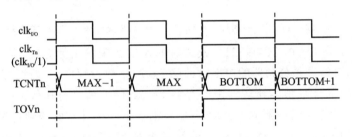

图 8-10　T/C0 计数时序(无预分频)

图 8-11 是 T/C0 对经过预分频器的内部时钟(8 分频)计数工作的时序图。从图中可以看出,T/C0 的计数是与系统时钟同步的(每隔 8 个系统时钟的上升沿)。当 TCNT0 的值到达 MAX(0xFF)后,在接下来第 8 个系统时钟的上升沿处将 TC-NT0 的值清为 BOTTOM(0x00),同时置位 TOV0 申请中断。然而 T/C0 的计数过程并没有停止,重新从 0x00 开始继续加 1 计数。

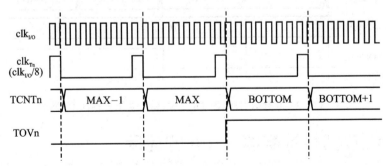

图 8-11　T/C0 计数时序,带 1/8 预分频

图 8-12 给出了 T/C0 工作在各种模式(除 CTC 模式外)时,比较匹配输出标志位 OCF0 的置位情况。在 T/C0 对经过预分频器的内部时钟(8 分频)计数过程中,比较匹配单元将寄存器 TCNT0 中的计数值与比较匹配寄存器 OCR0 中的值进行比较。一旦两者相等,则在下一个计数脉冲到达时置位 OCF0 标志位,申请中断。然而

T/C0 的计数过程并没有停止,继续加 1 向上计数。

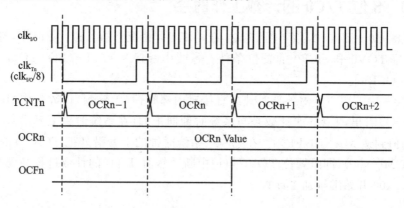

图 8 - 12　T/C0 计数时序,OCFn 置位,带 1/8 预分频(CTC 模式除外)

图 8 - 13 是 T/C0 工作在 CTC 模式时的比较匹配输出标志位 OCF0 的置位情况。在T/C0对经过预分频器的内部时钟(8 分频)计数过程中,比较匹配单元将寄存器 TCNT0 中的计数值与比较匹配寄存器 OCR0 中的值进行比较。一旦两者相等(此时 OCR0 的值是计数器的上限值 TOP),则在下一个计数脉冲到达时置位 OCF0 标志位,申请中断,并同时将 TCNT0 的值清为 BOTTOM(0x00)。然而 T/C0 的计数过程并没有停止,重新从 0x00 开始继续加 1 计数。

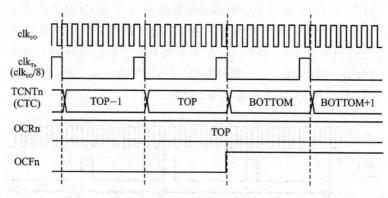

图 8 - 13　T/C0 计数时序,OCFn 置位,带 1/8 预分频(CTC 模式)

## 8.2　8 位定时/计数器 T/C0 的应用

　　使用定时/计数器进行系统设计是非常灵活的,用户应对实际情况进行仔细分析,充分考虑利用定时/计数器的特点,采用不同的方式来实现。

　　定时/计数器的基本工作特点如下:

➤ 对一个序列的脉冲信号进行计数,而且计数过程由硬件自己完成,不需要软件

干预;

> 一旦计数值到达某个值,通常是 MAX(0xFF)、BOTTOM(0x00)或 TOP 时, 可以产生中断申请,通知 MCU 进行处理。

但在实际使用中,如果能巧妙地结合定时/计数器各种不同的工作模式,则会产生多种变化。因此用户在使用定时/计数器进行设计时,应该注意以下几个要点:

> 仔细确定使用哪个定时/计数器。ATmega16 一共配置了 2 个 8 位和 1 个 16 位共 3 个定时/计数器,不仅长度不同,而且功能也不同。要选择适合的定时/计数器使用。
> 脉冲信号源。脉冲信号源是指输入到定时/计数器的计数脉冲信号。用于定时/计数器计数的脉冲信号可以由外部输入引脚提供,也可以由单片机内部提供。当使用内部计数脉冲信号时,应选择合适的分频比例与计数值的配合(建议使用 CVAVR 系统中的程序生成器功能)。
> 计数器的工作模式和触发方式的选择。
> 中断服务程序的正确设计。定时/计数器的使用通常都是与中断相结合一起使用的,因此要非常清楚中断的产生条件,以及在中断服务程序中正确地进行中断处理及其相关的设置。

本节将给出一些定时/计数器基本的应用和设计,以便读者能在学习和理解这些基本使用方法的过程中,更好地掌握定时/计数器的特点,进而达到能真正在实际系统中灵活使用定时/计数器的目的。

## 8.2.1　外部事件计数器

T/C0 作为外部事件计数器使用时,是指其计数脉冲信号来自外部的引脚 T0(PB0)。

---

**注意**:外部引脚 T0 输入的脉冲信号是不通过 ATmega16 内部的预分频器的。

---

通常,对外部输入脉冲信号的基本处理有以下两种:

> 对外部的脉冲信号进行计数,即记录脉冲的个数,一旦记录的脉冲个数达到一设定值时,就进行必要的处理。
> 对外部脉冲信号的频率(周期)进行测定。

在本小节中,只介绍前一种应用。关于对外部脉冲信号的频率(周期)进行测定的设计,将在第 11 章中介绍。

**【例 8.1】**2N 分频系统设计(一)。

**1)硬件电路**

2N 分频系统要实现的功能是对 T0 引脚输入的方波信号进行偶数次的分频,以获得频率低于 T0 输入的方波信号。

本设计的硬件电路非常简单,将实验板上的 250 Hz 的方波信号输出与 ATmega16 的 T0 引脚连接,作为 T/C0 计数器的外部输入。另外,将 PA0 作为分频后的脉冲输出引脚,用 PA0 控制一个 LED 的显示,通过 LED 的亮暗变化可以简单地观察方波的频率。当然最好的方式是使用示波器观察 PA0 的输出。

**2) 软件设计**

首先考虑使用 T/C0 的普通模式(WGM0[1：0]=0),采用 T0 上升沿触发(CS0[2：0]=111),并设置 TCNT0 的初值为 0xFF。当 T0 引脚输入电平出现一个上跳变时,T/C0 的 TCNT0 回到 0x00,并产生溢出中断(参考图 8 - 10),在溢出中断服务中重新设置 TCNT0 为 0xFF,并改变 PA0 口的输出电平(取反输出)。当 T0 引脚输入电平出现第二个上跳变时,又会产生中断,在中断服务程序中再次改变 PA0 的输出,这样在 PA0 上就得到 T0 的 2 分频输出信号。同理,如果将 TCNT0 的初值设置为 0xFE,则在 PA0 上得到 T0 的 4 分频输出信号,0xFD→6 分频,0xFC→8 分频……而当 TCNT0 的初值设置为 0x00 时,可实现最大 512 分频的输出。

下面给出在 PA0 上输出 1 Hz 方波(LED 亮 0.5 s,暗 0.5 s)的设计和程序。由于 T0 输入的频率为 250 Hz,所以分频系数为 250,因此 TCNT0 的初值=255-124(0x83),即 T/C0 计数 125 次时 PA0 的电平改变一次。

再次建议读者使用 CVAVR 中的程序生成向导功能来帮助建立整个程序的框架,并采用芯片初始化部分的语句,可以省掉过多地查看器件手册和考虑寄存器设置值等的时间。

图 8 - 14 是在 CVAVR 的程序生成向导中设置 T/C0 的对话框。这里选择 T/C0 的计数时钟源为 T0 的上升沿,工作方式为普通模式,允许溢出中断,TCNT0 的初值为 0x83。

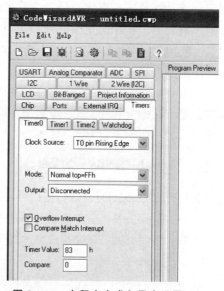

**图 8 - 14　在程序生成向导中设置 T/C0**

利用 CVAVR 的程序生成向导生成一个程序框架后,再加入自己的程序并进行必要的修改。

```
/* * * * * * * * * * * * * * * * * * * * * * * * * * * * * * * * * * *
File name      : Demo_8_1.c
Chip type      : ATmega16
Program type   : Application
Clock frequency: 4.000 000 MHz
Memory model   : Small
External SRAM size: 0
```

```
Data Stack size          : 256
* * * * * * * * * * * * * * * * * * * * * * * * * * * * * * * * * * */
#include < mega16.h >

//Timer 0 溢出中断服务
interrupt [TIM0_OVF] void timer0_ovf_isr(void)
{
    TCNT0 = 0x83;            //重新设置 TCNT0 的初值
    PORTA.0 = ~PORTA.0；    //PA0 取反输出
}

void main(void)
{
    PORTA = 0x01;
    DDRA = 0x01;            //设置 PA0 输出方式

    PORTB = 0x01;
    DDRB = 0x00;            //设置 PB0(T0)为输入方式

    // T/C0 初始化
    TCCR0 = 0x07;           //T/C0 工作于普通模式,T0 上升沿触发
    TCNT0 = 0x83;
    OCR0 = 0x00;

    TIMSK = 0x01;           //允许 T0 溢出中断

    #asm("sei")             //使能全局中断

    while (1)
    {
        //Place your code here
    };
}
```

上面的程序,就是先利用 CVAVR 的程序生成向导功能进行配置,然后在它生成的程序框架基础上完成的。

在程序中,主程序对 T/C0 进行初始化后进入一个无限循环。在 T/C0 的中断服务程序中,重新设置 TCNT0 的初值,并将 PA0 取反输出。这时 PA0 上可以获得 1 Hz 的方波输出。

**3) 思考与实践**

(1) 为什么在中断服务程序中要重新设置 TCNT0 的初值?

(2) 如何计算 TCNT0 的初值,使得 PA0 输出 0.5 Hz 的方波?

**【例 8.2】** 2N 分频系统设计(二)。

**1) 硬件电路**

同 2N 分频系统设计(一)。

**2) 软件设计**

2N 分频系统设计(一)中使用了 T/C0 的普通模式,因此在中断服务程序中必须重新对TCNT0进行初始化。其实,更方便的方法是使用 T/C0 的 CTC 模式,利用

T/C0 的自动重装特性。当 T/C0 工作在 CTC 模式时,计数器 TCNT0 的值与 OCR0 的值比较,一旦相等,就在下一次计数脉冲到来时清 0 TCNT0,并产生 T/C0 的比较匹配中断(参考图 8-13)。此时在比较匹配中断服务程序中改变 PA0 的输出即可。

```
/* * * * * * * * * * * * * * * * * * * * * * * * * * * * * * * * *
File name        : demo_8_2.c
Chip type        : ATmega16
Program type     : Application
Clock frequency  : 4.000000 MHz
Memory model     : Small
External SRAM size : 0
Data Stack size  : 256
* * * * * * * * * * * * * * * * * * * * * * * * * * * * * * * */
#include < mega16.h >
//Timer 0 比较匹配中断服务
interrupt [TIM0_COMP] void timer0_comp_isr(void)
{
    PORTA.0 = ~PORTA.0;              //PA0 取反输出
}

void main(void)
{
    PORTA = 0x01;
    DDRA = 0x01;

    PORTB = 0x01;
    DDRB = 0x00;

    //T/C0 初始化
    TCCR0 = 0x0F;                    //T/C0 工作于 CTC 模式,T0 上升沿触发
    TCNT0 = 0x00;
    OCR0 = 0x7C;                     //设置 OCR0 的比较值为 124(0x7C)

    TIMSK = 0x02;                    //允许 T/C0 的比较匹配中断
    #asm("sei")                      //使能全局中断

    while (1)
    {
        // Place your code here
    };
}
```

**3) 思考与实践**

(1) 比较 demo_8_1.c 和 demo_8_2.c 中 T/C0 两种方式的特点。

(2) 如何利用 T/C0 实现 N 分频?

【例 8.3】 N 分频系统设计。

**1) 硬件电路**

同 2N 分频系统设计,但在 PA0 上得到 N 分频的输出。

**2) 软件设计**

实际上,利用 T/C0 的比较匹配的特点,可以实现 N 分频的系统。

```
/* * * * * * * * * * * * * * * * * * * * * * * * * * * * * * * * * * * * * * *
File name           : demo_8_3.c
Chip type           : ATmega16
Program type        : Application
Clock frequency     : 4.000000 MHz
Memory model        : Small
External SRAM size  : 0
Data Stack size     : 256
* * * * * * * * * * * * * * * * * * * * * * * * * * * * * * * * * * * * * * */

#include <mega16.h>

//Timer 0 溢出中断服务
interrupt [TIM0_OVF] void timer0_ovf_isr(void)
{
    TCNT0 = 0xFB;                   //重新设置 TCNT0 的初值
    PORTA = ~PORTA;                 //PA0 取反输出
}

//Timer 0 比较匹配中断服务
interrupt [TIM0_COMP] void timer0_comp_isr(void)
{
    PORTA = ~PORTA;                 //PA0 取反输出
}

void main(void)
{
    PORTA = 0x00;
    DDRA = 0x01;

    PORTB = 0x01;
    DDRB = 0x00;

    //T/C0 初始化
    TCCR0 = 0x07;                   //T/C0 工作于普通模式,T0 上升沿触发
    TCNT0 = 0xFB;
    OCR0 = 0xFD;                    //设置 OCR0 的比较值, > TCNT0 的初始值, < 0xFF
    TIMSK = 0x03;                   //允许 T/C0 的溢出和比较匹配中断
    #asm("sei")                     //使能全局中断
```

```
    while(1)
    {
        // Place your code here
    };
}
```

程序 demo_8_3.c 设置 T/C0 工作在普通模式,并结合比较匹配的特性,在比较匹配中断和溢出中断中都改变了 PA0 的输出,在 PA0 上获得 5 分频的脉冲信号。

**3) 思考与实践**

(1) 请读者自己分析程序实现 $N$ 分频的原理。

(2) 如果要实现 11 分频的输出,那么 TCNT0 的初值应该如何计算?为什么与例 8.1 不同?

(3) 在 $N$ 分频的系统中,OCR0 的值应该如何设置?

(4) 在 PA0 上输出的方波序列的占空比与例 8.1 和例 8.2 有何不同?

(5) 利用这个方法,能否在 PA0 上获得占空比可调的 PWM 波?

## 8.2.2　定时器应用设计

实际上,不管定时/计数器是作为计数器使用,还是作为定时器使用,其根本的工作原理并没有改变,都是对一个脉冲系列信号进行计数。通常所谓的定时器,更多的情况是指其计数脉冲信号来自芯片本身的内部。由于内部的计数脉冲信号的频率(周期)是已知或固定的,因此用户可以根据需要设定计数器脉冲计数的个数,以获得一个等间隔的定时中断。利用定时中断,可以方便地实现系统定时访问外设或处理事物,以及获得更加准确的延时等。

与其他一些单片机类似,AVR 的定时/计数器的计数脉冲,可以来自外部引脚,也可以从内部系统时钟获得,但 AVR 的定时/计数器在内部系统时钟与计数单元之间增加了一个可设置的预分频器,利用这个预分频器,定时/计数器可以从内部系统中获得不同频率的计数脉冲信号。表 8-6 给出了系统时钟频率为 4 MHz 时,ATmega16芯片本身能够提供给T/C0的计数脉冲信号的最高计时精度和时宽范围。

**表 8-6　T/C0 计时精度和时宽(系统时钟 4 MHz)**

| 分频系数 | 计时频率 | 最高计时精度/$\mu$s<br>(TCNT0=255) | 最宽时宽<br>(TCNT0=0) |
|---|---|---|---|
| 1 | 4 MHz | 0.25 | 64 $\mu$s |
| 8 | 500 kHz | 2 | 512 $\mu$s |
| 64 | 62.5 kHz | 16 | 4.096 ms |
| 256 | 15.625 kHz | 64 | 16.384 ms |
| 1024 | 3906.25 Hz | 256 | 65.536 ms |

从表 8-6 中可以看出,在系统时钟为 4 MHz 条件下,8 位的 T/C0 最高计时精

第8章 定时/计数器的结构与应用

度为0.25 μs,而最长的时宽可达到 65.536 ms。而如果使用 16 位的定时/计数器 T/C1,则不需要使用辅助软件计数器,就可以非常方便地设计一个时间长达 16.777 216 s(精度为 256 μs)的定时器,这是其他 8 位单片机做不到的。

AVR 单片机的每一个定时/计数器都配备有独立的、多达 10 位的预分频器,由软件设定分频系数。它与 8/16 位定时/计数器配合,可以提供多种挡次的定时时间。使用时可选取最接近的定时挡次,即选 8/16 位定时/计数器与分频系数的最优组合,可减少定时误差。因此,AVR 定时/计数器的显著特点之一是:高精度和宽时范围,使得用户应用起来更加灵活、方便。

**【例 8.4】** 采用 T/C0 硬件定时器的时钟系统。

**1) 硬件电路**

在例 6.5 中,采用调用 CVAVR 中软件延时函数的方法给出了一个使用 6 个数码管组成的时钟系统。采用软件延时,时钟是不准确的,因为一旦系统中使用了中断,就可能打断延时程序的执行,使延时时间发生变化。另外,使用软件延时的方法,也降低了 MCU 的效率。

而例 7.2 中,系统时钟的基准信号来自外部的标准方波信号源,这样尽管定时时间比采用软件延时方式要准确得多,但由于采用外部标准方波信号源而增加了系统的成本。

实际上,更加方便和简单的方式是采用系统本身的时钟信号,并配合 T/C0 产生时钟系统的定时信号。下面给出采用 T/C0 硬件定时器实现的时钟系统设计。时钟系统的硬件电路仍与图 6-15 相同。

**2) 软件设计**

下面是一个采用 C 语言编写的系统源程序:

```
/* * * * * * * * * * * * * * * * * * * * * * * * * * * * * * * * * * * *
File name       : demo_8_4.c
Chip type       : ATmega16
Program type    : Application
Clock frequency : 4.000 000 MHz
Memory model    : Small
External SRAM size : 0
Data Stack size : 256
 * * * * * * * * * * * * * * * * * * * * * * * * * * * * * * * * * * */
#include < mega16.h >
flash unsigned char led_7[10] = {0x3F,0x06,0x5B,0x4F,0x66,0x6D,0x7D,0x07,0x7F,
0x6F};flash unsigned char position[6] = {0xfe,0xfd,0xfb,0xf7,0xef,0xdf};
unsigned char time[3];                //时、分、秒计数单元
unsigned char dis_buff[6];            //显示缓冲区,存放要显示的 6 个字符的段码值
int time_counter;                     //中断次数计数单元
```

```
unsigned char posit;
bit point_on, time_1s_ok;
void display(void)                   //6 位 LED 数码管动态扫描函数
{
    PORTC = 0xff;
    PORTA = led_7[dis_buff[posit]];
    if (point_on && (posit == 2||posit == 4)) PORTA |= 0x80;
    PORTC = position[posit];
    if ( ++ posit >= 6 ) posit = 0;
}

//Timer 0 比较匹配中断服务
interrupt [TIM0_COMP] void timer0_comp_isr(void)
{
    display();                        //调用 LED 扫描显示
    if ( ++ time_counter >= 500)
    {
        time_counter = 0;
        time_1s_ok = 1;
    }
}

void time_to_disbuffer(void)         //时钟时间送显示缓冲区函数
{
    unsigned char i,j = 0;
    for (i = 0;i <= 2;i ++)
    {
        dis_buff[j ++] = time[i] % 10;
        dis_buff[j ++] = time[i] / 10;
    }
}

void main(void)
{
    PORTA = 0x00;                              //显示控制 I/O 口初始化
    DDRA = 0xFF;
    PORTC = 0x3F;
    DDRC = 0x3F;
    //T/C0 初始化
    TCCR0 = 0x0B;                              //内部时钟,64 分频(4 MHz/64 = 62.5 kHz),
                                               //CTC 模式
    TCNT0 = 0x00;
    OCR0 = 0x7C;                               //OCR0 = 0x7C(124),(124 + 1)/62.5 kHz = 2 ms
```

```
    TIMSK = 0x02;                       //允许 T/C0 比较匹配中断

    time[2] = 23;time[1] = 58;time[0] = 55;  //设时间初值为 23∶58∶55

    posit = 0;

    time_to_disbuffer();

    #asm("sei")                         //使能全局中断

    while (1)
    {
        if (time_1s_ok)                 //1 s 到
        {
            time_1s_ok = 0;
            point_on = ~point_on;
            if ( ++time[0] >= 60)       //以下为时间调整
            {
                time[0] = 0;
                if ( ++time[1] >= 60)
                {
                    time[1] = 0;
                    if ( ++time[2] >= 24) time[2] = 0;
                }
            }
            time_to_disbuffer();        //新调整好的时间送显示缓冲区
        }
    };
}
```

该程序中的 LED 动态扫描,时间调整与例 7.2 相同,所不同的是使用了 T/C0 硬件定时。T/C0 工作在 CTC 模式,采用系统时钟经过 64 分频的信号作为计数器的计数脉冲。4 MHz 系统时钟经过 64 分频后为 62.5 kHz,周期为 16 $\mu$s。T/C0 的比较寄存器 OCR0 的值为 124(0x7C),因此 T/C0 每计数 125 次产生一次比较匹配中断,中断的间隔时间为 16×125=2 ms。

在 T/C0 的比较匹配中断服务中,中断服务的内容同例 7.2,首先进行 LED 的扫描,即每位 LED 的扫描间隔(点亮时间)为 2 ms,然后中断次数计数器 time_counter 加 1。当 time_counter 加到 500 时,置位秒标志 time_1s_ok,表示 1 s 时间到。

主程序中循环检测秒标志 time_1s_ok,当秒标志置位时,进行时间的调整,然后将新的时间值送到显示缓冲区中。

**3) 思考与实践**

该程序与例 6.5 和例 7.2 有许多地方相同或类似,读者可以对这 3 个程序进行全面分析、比较,例如它们各自的优点和缺点以及 MCU 的利用率等。

【例 8.5】基于 T/C2 硬件方式的 2N 分频方波发生器。

**1) 硬件电路**

在本章的例 8.1 和例 8.2 中,分别利用 T/C0 两种不同工作模式实现了 2N 分频的功能。在本例中,给出了一个基于 ATmega16 本身系统时钟,利用 T/C2 构成的、硬件方式的 2N 分频方波发生器的设计。

在这个设计中,T/C2 工作在 CTC 模式下,并利用其比较匹配输出的性能,直接由 OC2(PD7)输出 2N 分频的方波。具体工作原理参见本章对 T/C 结构中比较匹配输出的介绍和表 8-2。

在 CTC 模式下利用比较匹配输出单元产生波形输出时,应设置 OC2 的输出方式为触发方式(COM2[1:0]=1)。OC2 输出波形的最高频率为 $f_{OC2}=f_{clk_{I/O}}/2$ (OCR2=0x00)。其他频率输出由下式确定:

$$f_{OC2} = \frac{f_{clk_{I/O}}}{2K(1+OCR2)}$$

式中:K 的取值为 1、8、32、64、128、256 或 1024。

**2) 软件设计**

```
/* * * * * * * * * * * * * * * * * * * * * * * * * * * * * * * * * * * *
File name        : demo_8_5.c
Chip type        : ATmega16
Program type     : Application
Clock frequency  : 4.000000 MHz
Memory model     : Small
External SRAM size : 0
Data Stack size  : 256
* * * * * * * * * * * * * * * * * * * * * * * * * * * * * * * * * * * */

#include <mega16.h>

void main(void)
{
    DDRD = 0x80;        //设置 PD7 作为 OC2 的输出
    //T/C2 初始化
    TCCR2 = 0x19;       //内部时钟,1 分频(4 MHz),CTC 模式,OC2 的输出方式为触发方式
    TCNT2 = 0x00;
    OCR2 = 52;

    while (1)
    { };
}
```

上面的程序非常简单,仅在初始化时对 T/C2 进行设置,并设置 PD7 引脚作为 OC2 的输出,然后进入一个无限循环。该程序没有使用任何中断,在对 T/C2 做了必要的初始化设置后,就不再对 T/C2 做其他处理,但程序运行后,在 PD7 引脚上输出

了一个 $50\%$ 的 37.736 kHz 的方波序列信号。因此,这种方式的波形发生器是基于 T/C2 硬件方式的,不需要软件的干预。通过选择不同计数频率的时钟信号,并配合 OCR2 不同的值,就可以获得更多频率的方波输出信号。

### 3) 思考与实践

➤ 将该程序与例 8.1 和例 8.2 进行比较,读者可以对这 3 个程序进行全面分析,例如它们各自的优点和缺点以及 MCU 的利用率等。

➤ 如果系统需要一个频率为 50 Hz 左右、$50\%$ 占空比的方波信号,那么 T/C2 和 OCR2 应该如何设置和计算? 理论上的输出频率是多少? 与 50 Hz 的误差是多少(假定系统时钟频率为 4 MHz)。

## 8.3　PWM 脉宽调制波的产生和应用

### 8.3.1　PWM 脉宽调制波

PWM 是脉冲宽度调制的简称。实际上,PWM 波也是一个连续的方波,但在一个周期中,其高电平和低电平的占空比是不同的。一个典型 PWM 的波形如图 8 - 15 所示。

图中:$T$ 是 PWM 波的周期;$T_1$ 是高电平的宽度;$V_{CC}$ 是高电平值。当该 PWM 波通过一个积分器(低通滤波器)后,可以得到其输出的平均电压为:

$$V = \frac{V_{CC} \times T_1}{T}$$

式中:$T_1/T$ 称为 PWM 波的占空比。控制调节和改变 $T_1$ 的宽度,即可改变 PWM 的占空比,得到不同的平均电压输出。因此,在实际应用中,常利用 PWM 波的输出实现 D/A 转换,调节电压或电流控制改变电机的转速,实现变频控制等功能。

一个 PWM 方波的参数有频率、占空比和相位(在一个 PWM 周期中,高低电平转换的起始时间),其中频率和占空比为主要的参数。图 8 - 16 为 3 个占空比都为 2/3 的 PWM 波形,尽管它们输出的平均电压是一样的,但其中图 8 -16(b) 的频率比图 8 -16(a) 高 1 倍,相位相同;而图 8 -16(c) 与图 8 -16(a) 的频率相同,但相位不同。

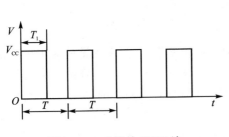

图 8 - 15　典型的 PWM 波

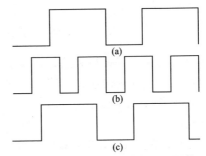

图 8 - 16　占空比相同,频率与相位不同的 PWM

在实际应用中,除了要考虑如何正确地控制和调整 PWM 波的占空比,获得达到要求的平均电压的输出外,还需要综合考虑 PWM 的周期、PWM 波占空比调节的精度(通常用位表示)、积分器的设计等。而且这些因素相互之间也是牵连的。根据 PWM 的特点,在使用 AVR 定时/计数器设计输出 PWM 时应注意以下几点:

> 首先应根据实际情况,确定需要输出的 PWM 波的频率范围。这个频率与控制对象有关。例如输出的 PWM 波用于控制灯的亮度,由于人眼不能分辨 42 Hz 以上的频率,所以 PWM 的频率应高于 42 Hz;否则人眼会察觉到灯的闪烁。PWM 波的频率越高,经过积分器输出的电压也越平滑。

> 然后还要考虑占空比的调节精度。同样,PWM 波占空比的调节精度越高,经过积分器输出的电压也越平滑。但占空比的调节精度与 PWM 波的频率是一对矛盾,在相同的系统时钟频率时,提高占空比的调节精度,将导致 PWM 波的频率降低。

> 由于 PWM 波的本身还是数字脉冲波,其中含有大量丰富的高频成分,因此在实际使用中,还需要一个好的积分器电路,例如采用有源低通滤波器或多阶滤波器等,能将高频成分有效的去除掉,从而获得比较好的模拟变化信号。

ATmega16 的 T/C0 和 T/C2 都具备产生 PWM 波的功能,由于它们计数器的长度为 8 位,所以是固定 8 位精度的 PWM 波发生器。即 PWM 的调节精度为 8 位,因此 PWM 波的周期只能取决于系统时钟和分频系数(即作为计数器计数脉冲的频率)。T/C0 和 T/C2 的工作模式中有快速 PWM 模式(WGMn[1：0]＝3)和相位可调 PWM 模式(WGMn[1：0]＝1)两种(参见图 8-8 和图 8-9)。

快速 PWM 模式可以得到频率较高、相位固定的 PWM 输出,适合一些要求输出 PWM 频率较高、频率相位固定的应用。在快速 PWM 模式中,计数器仅工作在单程正向计数方式,计数器的上限值决定了 PWM 的频率,而比较匹配寄存器 OCRn 的值决定了占空比的大小。快速 PWM 频率的计算公式为:

$$PWM\ 频率\ =\ 系统时钟频率/(分频系数×256)$$

相位可调 PWM 模式的输出频率较低,此时计数器工作在双向计数方式。同样,计数器的上限值决定了 PWM 的频率,比较匹配寄存器的值决定了占空比的大小。PWM 频率的计算公式为:

$$PWM\ 频率\ =\ 系统时钟频率/(分频系数×510)$$

相位可调 PWM 模式适合在要求输出 PWM 频率较低、频率固定的应用中。由于计数器工作在双向模式,当调整占空比时(改变 OCR0 的值),PWM 的相位也相应地跟着变化(Phase Correct),但由于其产生的 PWM 波形是对称的,更适合在电机控制中使用。

T/C0 和 T/C2 两种 PWM 模式都输出固定 8 位的 PWM 波,计数器 TCNTn 的上限值为固定的 0xFF(8 位 T/C),而比较匹配寄存器 OCRn 的值与计数器上限值之比即为占空比。

## 8.3.2　基于比较匹配输出的脉冲宽度调制 PWM

利用 ATmega16 定时/计数器的 PWM 模式,与比较匹配寄存器相配合,能直接生成占空比可变的方波信号,即脉冲宽度调制输出 PWM 信号。快速 PWM 模式工作的基本原理是:定时/计数器在计数过程中,内部硬件电路会将计数值(TCNTn)与比较寄存器(OCRn)中的值进行比较,当两个值相匹配(相等)时,能自动置位(清 0)一个固定引脚的输出电平(OCnx),而当计数器的值达到最大值时,则自动将该引脚的输出电平(OCnx)清 0(置位)(参考图 8 - 8)。因此,在程序中改变比较寄存器中的值(通常在溢出中断服务程序中),定时/计数器就能自动产生不同占空比的方波(PWM)信号输出。

【例 8.6】利用 T/C0 的 PWM 功能产生正弦波。

**1) 硬件电路**

在本例中,采用 T/C0 的 PWM 功能产生一个约 1 kHz 的正弦波,正弦波的幅值为 0~$V_{cc}$。

图 8 - 17 为其电路原理图。PB3 为 ATmega16 的 T/C0 匹配输出脚 OC0,该引脚上的 PWM 波通过由电阻 R 和电容 C 构成的简单积分电路,滤掉高频进行平滑后,在 B 点获得模拟的正弦波信号。

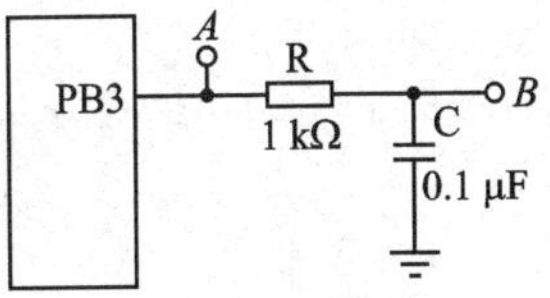

**2) 软件设计**

首先按照下面的公式建立一个正弦波样本表,样本表将一个正弦波周期分为 128 个点,每点按 8 位量化(1 对应最低幅度,255 对应最高幅值 $V_{cc}$):

$$f(x) = 128 + 127 \times \sin(2\pi x/128) \qquad x \in [0,\cdots,127]$$

图 8 - 17　采用 T/C0 的 PWM
功能产生正弦波

如果在一个正弦波周期中采用 128 个样点,那么对应 1 kHz 的正弦波 PWM 的频率为 128 kHz。实际上,根据采样频率至少为信号频率 2 倍的采样定理来计算,PWM 频率的理论值应大于 2 kHz。考虑到尽量提高 PWM 的输出精度,实际设计中使用的 PWM 频率为 16 kHz,即一个正弦波周期中输出 16 个正弦波样本值。这意味着在 128 点的正弦波样本表中,要每隔 8 点取出一点作为 PWM 的输出。

程序中使用 ATmega16 的 8 位 T/C0,工作模式为快速 PWM 模式输出,系统时钟频率为 4 MHz,分频系数为 1,其可以产生 PWM 波的频率为 4 000 000 Hz/256 = 15 625 Hz。每 16 次输出构成一个周期正弦波,那么正弦波的频率为 15 625/16 = 976.56 Hz。PWM 由 OC0(PB3)引脚输出。其参考程序如下:

```
/************************************************
File name       : demo_8_6.c
Chip type       : ATmega16
```

AVR 单片机嵌入式系统原理与应用实践(第 3 版)

```
Program type          : Application
Clock frequency       : 4.000 000 MHz
Memory model          : Small
External SRAM size    : 0
Data Stack size       : 256
* * * * * * * * * * * * * * * * * * * * * * * * * * * * * * * * * * * * */
# include <mega16.h>

flash unsigned char auc_SinParam[128] = {
128,134,140,147,153,159,165,171,177,182,188,193,199,204,209,213,
218,222,226,230,234,237,240,243,245,248,250,251,253,254,254,255,
255,255,254,254,253,251,250,248,245,243,240,237,234,230,226,222,
218,213,209,204,199,193,188,182,177,171,165,159,153,147,140,134,
128,122,116,109,103,97,91,85,79,74,68,63,57,52,47,43,
38,34,30,26,22,19,16,13,11,8,6,5,3,2,2,1,
1,1,2,2,3,5,6,8,11,13,16,19,22,26,30,34,
38,43,47,52,57,63,68,74,79,85,91,97,103,109,116,122}   //128 点正弦波样本值
unsigned char x_SW = 8,X_LUT = 0;

//T/C0 溢出中断服务
interrupt [TIM0_OVF] void timer0_ovf_isr(void)
{
    X_LUT + = x_SW;                         //新样点指针
    if (X_LUT > 127) X_LUT - = 128;         //样点指针调整
    OCR0 = auc_SinParam[X_LUT];             //采样点指针到比较匹配寄存器
    //OCR0 + = 1;
}

void main(void)
{
    DDRB = 0x08;                            //PB3 输出方式,作为 OC0 输出 PWM 波
    //Timer/Counter 0 initialization
    //Clock source: System Clock
    //Clock value: 4000.000 kHz
    //Mode: Fast PWM top = FFh
    //OC0 output: Non - Inverted PWM
    TCCR0 = 0x69;
    OCR0 = 128;

    TIMSK = 0x01;                           //使能 T/C0 溢出中断
    # asm("sei")                            //使能全局中断

    while (1)
    {};
}
```

AVR 单片机嵌入式系统原理与应用实践(第 3 版)

　　程序中,在每次计数器溢出中断服务中取出一个正弦波的样点值到比较匹配寄存器中,用于调整下一个 PWM 的脉冲宽度,这样就在 PB3 引脚上输出了按正弦波调制的 PWM 方波。当 PB3 的输出通过积分器后,在 B 点便得到一个频率 976.56 Hz的正弦波了。

　　如是要得到更精确的 1 kHz 的正弦波,可使用 ATmega16 的 T/C1,选择工作模式 10,设置 ICR1＝250 为计数器的上限值。

　　图 8 - 18 为程序运行后使用示

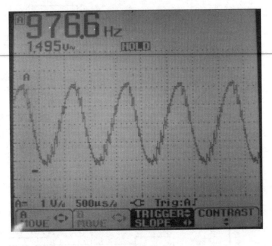

图 8 - 18　实际测量到的正弦波输出波形

波器在 B 点测量的实际波形。B 点的波形轮廓非常接近正弦波,频率为 976.6 Hz,幅值在 0～5 V 之间。由于积分器由非常简单的 RC 电路构成,因此还能够看出在正弦波的轮廓上的高频成分。如果用示波器在 A 点测量,则可以观察到一个占空比变化的序列方波。

　　**3) 思考与实践**

　　(1) 根据 T/C0 的 PWM 模式,再结合本例,详细描述快速 PWM 的工作原理。

　　(2) 当减小或增加程序中变量 x_SW 的值时,B 点输出的波形有何变化? 如何进行理论计算?

　　(3) 当将 T/C0 中断服务程序中的语句清除并用 OCR0＋＝1 代替时,分析 B 点输出的波形及频率,并用示波器观察。

# 8.4　16 位定时/计数器 T/C1 的应用

　　ATmega16 的 T/C1 是一个 16 位多功能定时/计数器,图 8 - 19 为该 16 位定时/计数器的结构框图。

　　其主要特点如下:

> 真正的 16 位设计;
> 2 个独立的输出比较匹配单元;
> 双缓冲输出比较寄存器;
> 1 个输入捕捉单元;
> 输入捕捉噪声抑制;
> 比较匹配清 0 计数器(自动重装特性);
> 可产生无输出抖动(Glitch-free)的、相位可调的脉宽调制(PWM)信号输出;

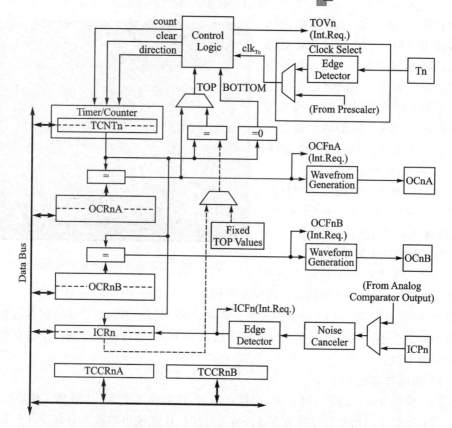

图 8-19　T/C1 结构图(图中 n 为 1)

➢ 周期可调的 PWM 波形输出；

➢ 频率发生器；

➢ 外部事件计数器；

➢ 10 位时钟预分频器；

➢ 4 个独立的中断源(TOV1、OCF1A、OCF1B 和 ICF1)。

图中给出了 MCU 可以操作的寄存器及相关的标志位,其中计数器寄存器 TC-NT1、输出比较寄存器 OCR1A、OCR1B 和输入捕捉寄存器 ICR1 都是 16 位寄存器。T/C1 所有的中断请求信号 TOV1、OCF1A、OCF1B 和 ICF1 都可以在定时/计数器中断标志寄存器 TIFR 找到,而在定时器中断屏蔽寄存器 TIMSK 中,可以找到与它们对应的 4 个相互独立的中断屏蔽控制位 TOIE1、OCIE1A、OCIE1B 和 TICIE1。TCCR1A 和 TCCR1B 为 2 个 8 位寄存器,是 T/C1 的控制寄存器。

T/C1 时钟源的选择由 T/C1 的控制寄存器 TCCR1B 中的 3 个标志位 CS1[2：0]确定,共有 8 种选择。其中包括无时钟源(停止计数),外部引脚 T1 的上升沿或下降沿,以及内部系统时钟经过一个 10 位预定比例分频器分频的 5 种频率的时钟信号(1/1、1/8、1/64、1/256 和 1/1024)。

T/C1 的基本工作原理和功能与 8 位定时/计数器相同,常规的使用方法也是类同的。但与 8 位的 T/C0、T/C2 相比,T/C1 不仅位数增加到 16 位,而且功能也更加强大。由于篇幅有限,本节着重介绍 T/C1 一些增强的功能和基本应用。

## 8.4.1 16 位 T/C1 增强功能介绍

与 8 位 T/C0、T/C2 相比,T/C1 的功能增强主要表现在以下几个方面。

### 1. 16 位计数器

由于 T/C1 是 16 位计数器,因此它的计数宽度、计时长度大大增加。配合一个独立的 10 位预定比例分频器,在系统时钟为 4 MHz 条件下,16 位 T/C1 最高计时精度为 $0.25~\mu s$,而最长的时宽可达到 16.777 216 s(精度为 $256~\mu s$),这是其他 8 位单片机所做不到的。

**注意**:AVR 的内部有许多 16 位寄存器,这些寄存器都是由 2 个 8 位寄存器组成的。例如 16 位寄存器 TCNT1 实际是由 2 个 8 位寄存器 TCNT1H 和 TCNT1L 组成的。对这些 16 位寄存器的读/写操作需要遵循特定的步骤。

### 2. 16 位寄存器的读/写操作步骤

由于 AVR 的内部数据总线为 8 位,因此读/写 16 位寄存器需要分两次操作。为了能够同步读/写 16 位寄存器,每一个 16 位寄存器分别配有一个 8 位临时辅助寄存器(Temporary Register),用于保存 16 位寄存器的高 8 位数据。要同步读/写这些 16 位寄存器,读/写操作应遵循以下步骤。

(1) 16 位寄存器的读操作:当 MCU 读取 16 位寄存器的低字节(低 8 位)时,16 位寄存器低字节内容被送到 MCU,而高位字节(高 8 位)内容在读低字节操作的同时被置于临时辅助寄存器(TEMP)中。当 MCU 读取高字节时,读到的是 TEMP 寄存器中的内容。因此,要同步读取 16 位寄存器中的数据,应先读取该寄存器的低位字节,再立即读取其高位字节。

(2) 16 位寄存器的写入操作:当 MCU 写入数据到 16 位寄存器的高位字节时,数据是写入到 TEMP 寄存器中。当 MCU 写入数据到 16 位寄存器的低位字节时,写入的 8 位数据与 TEMP 寄存器中的 8 位数据组合成一个 16 位数据,同步写入到 16 位寄存器中。因此,要同步写 16 位寄存器,应先写入该寄存器的高位字节,再立即写入它的低位字节。

用户编写汇编程序时,如果要对 16 位寄存器进行读/写操作,则应遵循以上特定的步骤。此外,在对 16 位寄存器操作时,最好将中断响应屏蔽,防止在主程序读/写 16 位寄存器的两条指令之间插入一个含有对该寄存器操作的中断服务。如果这种情况发生,那么中断返回后,寄存器中的内容已经改变,会造成主程序中对 16 位寄存器的读/写失误。

下面是读/写 16 位寄存器的汇编子程序示例。

AVR 单片机嵌入式系统原理与应用实践(第 3 版)

```
;汇编代码:TIME16_Read_Write_TCNT1
;保存寄存器 SREG
in r18,SREG
;禁止中断
cli
;读 TCNT1 到 r17 : r16
in r16,TCNT1L
in r17,TCNT1H
;置 TCNT1 为 0x01FF
ldi r17,0x01
ldi r16,0xFF
out TCNT1H,r17
out TCNT1l,r16
;恢复寄存器 SREG
out SREG,r18
ret
```

采用 C 语言等高级语言编写程序时,可以直接对 16 位寄存器进行操作,因为这些高级语言的编译系统会根据 16 位寄存器的操作步骤生成正确的执行代码。

### 3. 更加强大和完善的 PWM 功能

T/C1 配备了 2 个比较匹配输出单元 OC1A、OC1B 和比较匹配寄存器 OCR1A、OCR1B。同时,在 T/C1 的 PWM 模式下,有多种不同的计数器上限(TOP)值可供选择,因此 T/C1 的 PWM 功能具备以下特点:

> 可产生频率、相位均可调整的 PWM 波。T/C1 有 15 种工作模式,除了常规的计数、CTC 模式外,还可以产生频率可调,相位可调,频率、相位均可调的多种形式的 PWM 波。其中频率可调的 PWM 波利用 8 位定时/计数器是不能实现的。T/C1 的频率调整范围可以达到 16 位的精度,它是通过改变计数器的上限值实现的。

> 可同时产生 2 路不同占空比的 PWM 波。由于 T/C1 配备了 2 个比较匹配输出单元 OC1A、OC1B 和比较匹配寄存器 OCR1A、OCR1B,因此使用一个计数器就可以得到相同频率、不同占空比的 2 路 PWM 输出。2 路 PWM 波的占空比的确定和调整分别由寄存器 OCR1A、OCR1B 确定,并分别在 OC1A、OC1B 上输出。

### 4. 输入捕捉功能

T/C1 的输入捕捉功能是 AVR 定时/计数器的另一个非常有特点的功能。T/C1 的输入捕捉单元(见图 8 - 20)可应用于精确捕捉一个外部事件的发生,记录事件发生的时间印记(Time-stamp)。捕捉外部事件发生的触发信号由引脚 ICP1 输入,或模拟比较器的 AC0 单元的输出信号也可作为外部事件捕获的触发信号。

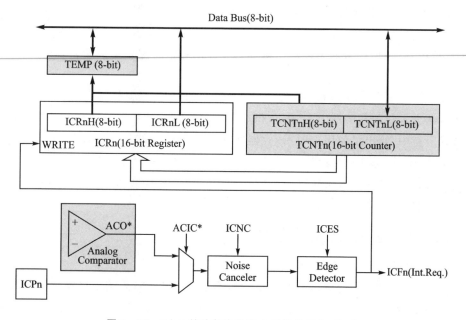

图 8-20  T/C1 的外部事件输入捕捉单元(n 为 1)

当一个输入捕捉事件发生时,例如外部引脚 ICP1 上的逻辑电平变化或模拟比较器输出电平变化(事件发生)时,T/C1 的计数器 TCNT1 中的计数值被写入输入捕捉寄存器 ICR1 中,并置位输入捕获标志位 ICF1,产生中断申请。输入捕捉功能可用于频率和周期的精确测量。

置位标志位 ICNC 将使能对输入捕捉触发信号的噪声抑制功能。噪声抑制电路是一个数字滤波器,它对输入触发信号进行 4 次采样,当 4 次采样值相等时,才确认此触发信号。因此使能输入捕捉触发信号的噪声抑制功能可以对输入的触发信号的噪声实现抑制,但所确认的触发信号比真实的触发信号延时了 4 个系统时钟周期。噪声抑制功能是通过寄存器 TCCR1B 中的输入捕捉噪声抑制位(ICNC)来使能的。如果使能了输入噪声抑制功能,则捕捉输入信号的变化到 ICR1 寄存器的更新延迟了 4 个时钟周期。噪声抑制功能使用的系统时钟与预分频器无关。

输入捕捉信号触发方式的选择由寄存器 TCCR1B 中的第 6 位 ICES1 决定。当 ICES1 设置为"0"时,输入信号的下降沿将触发输入捕捉动作;当 ICES1 为"1"时,输入信号的上升沿将触发输入捕捉动作。一旦一个输入捕捉信号的逻辑电平变化触发了输入捕捉动作,则 T/C1 计数器 TCNT1 中的计数值就被写入输入捕获寄存器 ICR1 中,并置位输入捕获标志位 ICF1,申请中断处理。

寄存器 ICR1 由 2 个 8 位寄存器 ICR1H 和 ICR1L 组成,当 T/C1 工作在输入捕捉模式时,一旦外部引脚 ICP1 或模拟比较器有输入捕捉触发信号产生,计数器的 TCNT1 中的计数值就写寄存器 ICR1 中。当 T/C1 工作在其他模式时,如 PWM模式,ICR1 的设定值可作为计数器计数上限(TOP)值。此时 ICP1 引脚与计数器脱离,将禁止输入捕获功能。

输入捕捉事件发生后产生的中断申请标志 ICF1 及相应的中断屏蔽控制位 TI-CIE1,可以在定时/计数器中断标志寄存器 TIFR 和定时器中断屏蔽寄存器 TIMSK 中找到。

本节仅对 ATmega16 的 16 位定时/计数器的结构和基本功能做了简单介绍。读者可结合本章前几节的内容,体会和掌握 16 位定时/计数器的原理和使用。在本书共享资料中,给出了使用定时/计数器实现双音频拨号的应用设计参考(avr_app_314.pdf),读者可从中学习到如何更好地设计和使用 PWM 的功能。在 8.4.2 小节中,将给出一个 T/C1 的设计应用示例。而第 11 章中,还将对 T/C1 输入捕捉功能的设计、使用进行更详细的介绍。

## 8.4.2　16 位 T/C1 应用示例

【例 8.7】利用 T/C1 实现的单音手机音乐播放器。

在实际的应用中,经常需要利用单片机系统产生各种音乐用于报警和提示等,如手机的来电铃声、儿童玩具中的音乐、时钟的音乐报时等。原则上讲,用单片机产生各种音乐发声的原理很简单,就是由 I/O 引脚输出不同频率的脉冲信号,再将信号放大,推动发声器件发声(这里是指在要求不高的情况下,用不同频率的脉冲方波替代正弦波)。

在编写程序前,通常要先知道各种不同音符所对应的振荡频率,也就是确定各音符所对应的脉冲输出频率值。另外,还要知道该音符发生的长度(节拍)值。接下来是根据所要产生曲谱的音调和节拍,建立相对应的发声数据组(参考手机上自编音乐的功能)。然后才能编写音乐发生控制程序。

表 8-7 是一个简单的 8 位音符的频率(周期)对应表。在表中,中音音符"1"的频率为 523 Hz,即 1 s 脉冲为 523 个,周期为 1/523＝1912 μs,半周期为 956 μs。假定把音乐的 1 个节拍的时间长度定为 0.4 s,那么 1/4 节拍的时间长度为 0.1 s。

表 8-7　　8 位音符的频率(周期)对应表

| 音　符 | 1 | 2 | 3 | 4 | 5 | 6 | 7 | 1(高音) |
|---|---|---|---|---|---|---|---|---|
| 数字表示 | 1 | 2 | 3 | 4 | 5 | 6 | 7 | 8 |
| 频率/Hz | 523 | 578 | 659 | 698 | 784 | 880 | 988 | 1046 |
| 周期/μs | 1912 | 1730.1 | 1517.5 | 1432.7 | 1275.5 | 1136.4 | 1012.1 | 956 |
| 1/4 节拍 | 52.3 | 57.8 | 65.9 | 69.8 | 78.4 | 88 | 98.8 | 104.6 |
| 半周期/μs | 956 | 865 | 759 | 716 | 638 | 568 | 506 | 470 |
| 1/4 节拍 | 105 | 116 | 132 | 140 | 157 | 176 | 198 | 209 |

因此,如果要发出 1/4 节拍长度的中音"1",那么 I/O 输出的脉冲频率应该为 523 Hz,输出脉冲的个数为 52.3 个。

如果以 1/4 拍为 1 个基本节拍单位，则 2 个基本节拍单位为 1/2 拍，4 个基本节拍单位为 1 拍，依次类推。

**注意**：表中最后两行为音符所对应的半周期数和 1/4 基本节拍时间单位中输出的半周期个数。做这样的换算处理并取整数，主要是为方便在程序中使用。

根据表 8-7，再根据儿童歌曲"我爱北京天安门"的乐谱编制出发音数据组，每一个音符的发生用一组数据来表示。其中第一个数据表示发音的音符；第二个数据是节拍基本单位的倍率值，它表示音符的发音长度。例如，乐谱中第一个音符"5"为 1/2 拍，则其对应的数据表示为(5,2)；第 2 个音符是 1/2 拍的高音"1̇"，其数据表示为(8,2)；最后一个音符为 2 拍的"5"，其数据表示为(5,8)。

$$
\begin{array}{cc|cc|cc c|cc|cc|cc|cc|c}
5 & \dot 1 & 5 & 4 & 3 & 2 & 1 & 1 & 1 & 2 & 2 & 3 & 3 & 1 & 3 & 4 & 5- \\
5,2 & 8,2 & 5,2 & 4,2 & 3,2 & 2,2 & 1,4 & 1,2 & 1,2 & 2,2 & 3,2 & 3,2 & 1,2 & 3,2 & 4,2 & 5,8
\end{array}
$$

**1) 硬件电路**

图 8-21 为电路原理图。PD5 为 ATmega16 的 T/C1 匹配输出引脚 OC1A。编写程序在该脚上输出脉冲波，输出经三极管放大驱动蜂鸣器发声。图中的发声部分位于 AVR-51 多功能实验板的 M 区。BZ 为一个无源蜂鸣器，作为发声器件(有源蜂鸣器的发声频率固定，不能使用)，I/O 口的脉冲输出经三极管放大驱动蜂鸣器发声。

图中，在 PD3 上接了一个按键，作为播放音乐的控制，每按一下，播放一遍乐曲。电阻 R1,R2 起到限流和保护作用，电阻 R1 的值应在 5～10Ω 之间，太大会降低 BZ 发声功率。因为三极管驱动的为 BZ 内部的电感线圈，所以要加一个反峰保护管 D1。

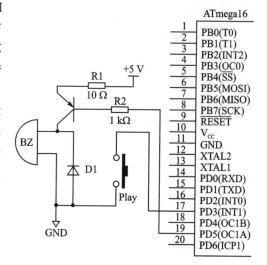

图 8-21 仅使用 T/C1 实现音乐播放器电路图

**2) 软件设计**

在一些教课书或参考书中都可看到类似的设计例子，不足的是，这些示例往往是一个独立的例子，或采用软件定时和延时的方法，或使用多个硬件功能部件，如 2 个定时器等。本例给出的设计方法充分利用了 AVR 的 T/C1 的特点，仅使用一个定时/计数器，并配合它的比较匹配功能，结合中断实现了不需要前台管理的音乐全程播放功能。而且这种功能的设计实现，可以非常方便地组合在一个复杂系统中使用。其参考程序如下：

```
/* * * * * * * * * * * * * * * * * * * * * * * * * * * * * * * * *
File name       : demo_8_7.c
Chip type       : ATmega16L
Program type    : Application
Clock frequency : 1.000 000 MHz
Memory model    : Small
External SRAM size : 0
Data stack size : 256
* * * * * * * * * * * * * * * * * * * * * * * * * * * * * * * * */
#include < mega16.h >

flash unsigned int t[9] = {0,956,865,759,716,638,568,506,470};
flash unsigned char d[9] = {0,105,116,132,140,157,176,198,209};
#define Max_note  32
flash unsigned char music[Max_note] =
        {5,2,8,2,5,2,4,2,3,2,2,2,1,4,1,2,1,2,2,2,3,2,3,2,1,2,3,2,4,2,5,8};
unsigned char note_n;
unsigned int int_n;
bit play_on;
interrupt [EXT_INT1] void ext_int1_isr(void)          //INT1 中断服务程序
{
    if (!play_on)
    {
        TCCR1B = 0x09;                                 //启动 T/C1,播放音乐
    }
}

interrupt [TIM1_COMPA] void timer1_compa_isr(void)    //T/C1 比较匹配中断服务
{
    if (!play_on)
    {
        note_n = 0;
        int_n = 1;
        play_on = 1;                                   //开始从头播放音乐
    }
    else
    {                                                  //播放一个音符
        if (--int_n == 0)
        {                                              //一个音符播放完成
            TCCR1B = 0x08;                             //停止 T/C1 工作
            if (note_n < Max_note)
            {                                          //音乐未播完
                OCR1A = t[music[note_n]];              //取下一个音符
```

```
                int_n = d[music[note_n]];        //取该音符的基本节拍单位
                note_n++;
                int_n = int_n * music[note_n];    //计算该音符的节拍值
                note_n++;
                TCCR1B = 0x09;                    //启动 T/C1,播放一个音符
            }
        else
            play_on = 0;                          //整个音乐播放完成
        }
    }
}

void main(void)
{
    PORTD = 0x08;        //PD5 匹配输出方式,脉冲输出,驱动发声
    DDRD = 0x20;         //PD3 按键(INT1)输入口,输入方式,且上拉电阻有效
    TCCR1A = 0x40;       //T/C1 初始化代码。T/C1 工作于 CTC 方式
    TCCR1B = 0x08;       //OCR1A 为比较寄存器,OC1A 为触发取反方式
    TIMSK = 0x10;        //允许比较匹配 OC1A 中断

    GICR| = 0x80;        //外部中断初始化代码
    MCUCR = 0x08;        //允许 INT1 中断
    MCUCSR = 0x00;       //INT1 中断采用下降沿触发方式
    GIFR = 0x80;
    #asm("sei")          //使能全局中断标志

    while (1)            //主程序
    { }
}
```

## 3) 软件设计说明

系统软件采用 T/C1 的 CTC 比较匹配模式。系统时钟为 1 MHz,则一个时钟周期为 1 μs。寄存器 OCR1A 中为音符的半周期值,所以 2 次匹配中断的匹配比较输出在 OC1A 上输出一个完整的方波(注意,OC1A 为触发取反方式)。变量 int_n 记录了中断的次数,用于控制该音符脉冲输出的个数,实际上就是音符输出的时间,代表了节拍的长度。

在 T/C1 的 OC1A 中断服务中,会自动判别整个音乐是否全部播放完成,如果音乐没有全部播完,将取出下一个音符的音调和节拍,继续播放。数组 t[9]、d[9] 为音符对应的半周期的微秒数和基本 1/4 节拍应产生的半周期数。music 数组中数据为整个音乐的发声数据。

程序中巧妙地通过利用设置 T/C1 计数脉冲源的方法来启动和停止 T/C1 的工作。当设置 T/C1 为无计数脉冲源输入(TCCR1B = 0x08)时,就是停止了 T/C1 的

AVR 单片机嵌入式系统原理与应用实践(第 3 版)

工作,不会产生脉冲输出。而 TCCR1B = 0x09 是设置系统时钟 1 分频后(周期为 1 μs)作为计数脉冲输入,这样就启动了 T/C1 计数,一旦计数值与 OCR1A 相同,不仅在 OC1A 引脚上产生电平的变化(脉冲输出发音),而且也产生了中断申请。

在这个例程中,主程序没有做任何工作,一旦 Play 按键按下,就产生 INT1 中断。在 INT1 中断中,初始化音乐的播放条件并启动 T/C1 工作,然后音乐播放的一切控制都由 T/C1 的 OC1A 中断处理。这种程序设计思想是 T/C1 与中断巧妙结合的示例,它大大提高了 MCU 的效率。

在本章中,仅对 ATmega16 定时/计数器的结构、工作原理和基本功能应用做了较为详细的介绍。

希望读者能通过本章的学习和实践,全面体会和熟练掌握定时/计数器的原理,为以后灵活多变的应用设计打好基础。

在以后的章节中,读者还会看到定时/计数器与中断配合使用,这种设计方法将被经常使用。

# 思考与练习

1. 简述定时/计数器的基本工作原理,它是如何实现定时器和计数器功能的?
2. AVR 的 8 位定时/计数器有几种工作方式? 每种工作方式的基本用途是什么?
3. AVR 定时/计数器的计数脉冲源有哪些种类和方式? 预分频器的作用是什么?
4. AVR 定时/计数器配备的比较寄存器的作用是什么? 由于它的存在,使定时/计数器的基本功能得到哪些扩展?
5. 当定时/计数器工作在普通模式和 CTC 模式时,都可以产生一个固定的定时中断,如果要求精确的定时中断,采用哪种模式比较好? 为什么?
6. 例 8.4、例 6.5 和例 7.2 实现了相同的功能,在结构上有许多地方相同或类似,请对 3 个程序进行全面分析和比较,说明哪种方式最好? 为什么?
7. 认真分析和理解本章中所给出的所有示例并进行实践,思考和回答所有的问题。
8. 参考 demo_8_6.c,利用 T/C0 的 PWM 方式,设计出能产生频率约为 500 Hz、幅值为 0～5 V 的三角波发生器。
9. 参考 demo_8_6.c,利用 T/C1 的 PWM 方式,设计出能产生更精确的、频率为 1 kHz、幅值为 0～5 V 的正弦波(提示:使用 T/C1,选择工作模式 10,设置 ICR1＝250 为计数器的上限值)。
10. 将第 6 章中所有采用软件延时的例程进行修改,不使用软件延时方式,而使用 T/C 加中断的定时方式代替。

**本章参考文献:**

[1] ATMEL. ATmega16 数据手册(英文,共享资料). www.atmel.com.

[2] ATMEL. AVR 应用笔记 AVR314(avr_app_314.pdf)(英文,共享资料). www.atmel.com.

第 **9** 章

# 键盘输入接口与状态机设计

在前面的章节中,已经详细介绍了 AVR 单片机通用数字 I/O 口的特性及应用于输出方式的基本使用方法,并给出了一些与中断、定时/计数器相结合的输出控制应用实例。本章将进一步讨论 AVR 通用 I/O 口用于按键和键盘输入接口,以及基于状态机的软件设计思想和实现。

## 9.1 通用 I/O 数字输入接口设计

假如把一个单片机嵌入式系统比做一个人的话,那么单片机就相当于人的心脏和大脑,而输入接口就好似人的感官系统,用于获取外部世界的变化、状态等各种信息,并把这些信息输送进人的大脑。嵌入式系统的人机交互通道、前向通道、数据交换和通信通道的各种功能都是由单片机的输入接口及相应的外围接口电路实现的。

对于一个电子系统来讲,外部现实世界各种类型和形态的变化与状态都需要一个变换器将其转换成电信号,而且这个电信号有时还需要经过处理,使其成为能被MCU 容易识别和处理的数字逻辑信号,这是因为单片机常用的输入接口通常都是数字接口(A/D 接口和模拟比较器除外,它们属于模拟输入口,是在芯片内部将模拟信号转换成数字信号)。上述的所谓"变换器"和"转换处理",从专业的角度讲就是"传感器技术"和"信号调理电路"。因此,一个单片机嵌入式系统的设计和开发人员要具备这些专业知识和技能,不仅要熟悉一些常用传感器的特性和应用,以及相关的信号调理、转换、接口电路,还要跟踪国际上新技术的发展,将新型传感器器件和新型电路元器件应用于系统设计中。采用新型传感器器件和新型电路元器件,可以大大提高嵌入式系统设计的效率,简化系统的硬件结构和软件设计,缩短开发周期,提高系统的性能和可靠性。

### 9.1.1 I/O 输入接口硬件设计要点

根据系统外围电路输入的电信号形式,可以把输入信号分为以下几种形式。

#### 1. 模拟信号和数字信号

传感器将某个外部参数(如温度、转速)的变化转换成电信号(电压或电流)。如果传感器输出电信号的幅度变化特征代表了外部参数的变化,例如电压的升高/下降(电流增大/减小)表示温度高/低的变化,那么这个传感器就是模拟传感器,它产生的是模拟信号。由于 MCU 是数字化的,因此模拟信号要转换成数字信号才能由 MCU 处理。这个转换电路称为模/数(A/D)转换。A/D 转换是嵌入式系统重要的外围接口电路之一,用途广泛。在系统硬件设计中,可以选取专用的 A/D 转换芯片作为模拟传感器与单片机之间的接口,也可以选取片内带 A/D 转换功能的单片机,以简化硬件电路的设计。大多数型号的 AVR 单片机在片内都集成有 A/D 接口。关于 A/D 转换接口将在第 10 章进行专门介绍。

　　有些外部参数的变化可以采用数字式传感器直接将其变化转换成数字信号,例如采用光栅和光电开关器件将位移和转动圈数转换成脉冲信号,用于测量位移或转速。还有一些新型的传感器器件,把模拟传感器、A/D 转换和数字接口集成在一片芯片内,构成智能数字传感器,例如 AD 公司和 MAXIM 公司的数字温度传感器器件等,这些器件的推出,方便了嵌入式系统的硬件设计。

## 2. 电压信号和电流信号

　　单片机 I/O 接口的逻辑是数字电平逻辑,即以电压的高和低电平作为逻辑"1"和"0",因此进入单片机的信号要求是电压信号。一些传感器的输出是电流信号,甚至是微小的电流,那么在进入单片机前还需要将电流信号放大,并把电流转换成电压的信号调理电路。

　　在一些长远距离的应用中,考虑到电压信号的抗干扰能力差及长线衰减等因素,往往在一端把电压信号变成电流信号,在长线中传送电流,而在另一端再把电流信号转换成电压信号,这样大大提高信号传输的可靠性,例如 RS-485 通信等。另外,为了防止外部强电信号对嵌入式系统的冲击而使用的光电隔离技术,也是电流/电压变换的应用(见图 9-1)。

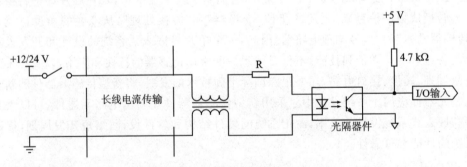

图 9-1　长线电流传输和光电隔离

## 3. 单次信号和连续信号

　　间隔时间较长单次产生的脉冲信号和较长时间保持电平不变的信号称为单次信号。常见的单次信号一般是由按键、限位开关等人为动作或机械器件产生的信号。

而连续信号一般指连续的脉冲信号,如计数脉冲信号、数据通信传输信号等。

　　单次信号要注意信号的纯净和抗干扰,如消除按键的抖动、外部的干扰等。在图 9-1 中,外部状态开关与系统之间采用电流传输方式,在系统入口串接磁阻线圈。当外部开关闭合后,回路中有大电流通过,光电器件导通输出"0";而在开关断开后,回路中无电流流通,光电器件截止输出"1"。空间的电磁信号会在传输线上产生高频干扰信号,磁阻线圈则对高频信号起到阻碍作用,使电流不能突变。另外,空间电磁干扰往往能产生较高的干扰电压,但不会产生大的干扰电流(微安级),而没有毫安级的电流在回路中流过,光电器件是不会导通的。因此,采用上面的电路设计,就能有效提高系统的抗干扰性。此外,采用光电隔离设计后,当外部有强信号冲击时,只能把隔离器件损坏,有效地保护了弱电系统本身。

　　连续信号往往在数据交换和通信通道中使用,其特点是对时间定位、捕捉、时序的要求较高,通常要对信号的边沿(上升沿或下降沿)进行检测,或由信号的边沿触发。此时,外围器件的选择应符合频率的要求,同时还要求程序员熟悉信号的时序及相关的通信接口协议等。AVR 单片机提供了丰富的接口,如外部中断、定时/计数器、USART、$I^2C$ 和 SPI,可以方便地对连续脉冲信号进行检测、计数,以及支持多种协议的数据交换和通信等。

## 9.1.2　I/O 输入接口软件设计要点

　　根据不同的硬件接口电路和嵌入式系统功能需求的不同,输入接口软件的设计也是千变万化、丰富多彩的。设计开发一个好的嵌入式系统产品,不仅要求软件设计人员要具备很强的硬件能力,还要有相当高的软件设计编程能力和经验。即硬件软件不可分割,同等重要。这是开发嵌入式系统的特点。在以后的学习中,会逐步体会和深入学习各种接口的软件设计技巧。

　　在本章以下的几节中,将主要讲解通用数字 I/O 口的一个基本和重要应用:按键和键盘接口的软硬件设计与实现。按键和键盘是单片机嵌入式系统中一个重要的组成部分,虽然在硬件电路上的连接实现非常简单,但由于按键其本身的特殊性(例如需要考虑消除抖动,确认释放等)和功能的多样性(例如连续按键,多功能等),其软件接口程序的设计和实现要相对复杂些。因此,读者在学习本章内容时,更重要的是掌握系统软件设计编写的方法和技术,采用模块化的思想实现功能模块的单一性、独立性,以及学习基于状态机思想的程序设计方法。

　　AVR 通用 I/O 口的结构及相关的寄存器已经在第 6 章中做了介绍,同时给出了通用 I/O 口的输出应用实例。但要将 AVR 单片机的 I/O 接口作为数字输入口使用时,请千万注意 AVR 单片机与其他类型单片机 I/O 口的不同,即 AVR 的通用 I/O 口是有方向的。在程序设计中,如果要将 I/O 口作为输入接口,那么不要忘记应先对 I/O 进行正确的初始化和设置。

（1）正确使用 AVR 的 I/O 口要注意：先正确设置 DDRx 方向寄存器，再进行 I/O 口的读/写操作。

（2）AVR 的 I/O 口复位后的初始状态全部为输入工作方式，内部上拉电阻无效。因此，外部引脚呈现三态高阻输入状态。

（3）用户程序需要首先对要使用的 I/O 口进行初始化设置，根据实际需要设定使用 I/O 口的工作方式（输出还是输入），当设定为输入方式时，还要考虑是否使用内部的上拉电阻。

（4）在硬件电路设计时，如果能利用 AVR 内部 I/O 口的上拉电阻，则可以节省外部的上拉电阻。

（5）I/O 口用于输出时，应设置 DDRx ＝ 1 或 DDRx.n ＝ 1，输出值写入 PORTx 或 PORTx.n 中。

（6）I/O 口用于输入时，应设置 DDRx ＝ 0 或 DDRx.n ＝ 0。读取外部引脚电平时，应读取 PINx.n 的值，而不是 PORTx.n 的值。此时，PORTx.n ＝ 1 表示该 I/O 内部的上拉电阻有效，PORTx.n ＝ 0 表示不使用内部上拉，外部引脚呈现三态高阻输入状态。

（7）一旦将 I/O 口的工作方式由输出设置成输入方式后，必须等待 1 个时钟周期后才能正确读到外部引脚 PINx.n 的值。

最后，由于在 PINx.n 与 AVR 内部数据总线之间有一个同步锁存器（见图 6-4 中的Synchronizer）电路，因此避免了当系统时钟变化的短时间内外部引脚电平也同时变化而造成的信号不稳定现象，但它将产生约 1 个（0.5～1.5 个）时钟周期的时延。

# 9.2　基于状态机的按键输入接口设计

在单片机嵌入式系统中，按键和键盘是一种基本和常用的接口，它是构成人机对话通道的一种常用方式。按键和键盘能实现向嵌入式系统输入数据、传输命令等功能，是人工干预、设置和控制系统运行的主要手段。

## 9.2.1　简单的按键输入硬件接口与分析

键盘是由一组按键组合构成的，所以先讨论简单的单个按键的输入。

图 9-2 是简单按键输入接口硬件连接电路图，图中单片机的 3 个 I/O 口 PC7、PC6 和 PC5 作为输入口（输入方式），分别与 K3、K2 和 K1 三个按键连接。其中 K2 是标准的连接方式，当没有按下 K2 时，PC6 的输入为高电平；按下 K2 时，PC6 的输入为低电平。PC6 引脚上的电平值反映了按键的状态。

按键 K1 是一种经济的接法，它充分利用了 AVR 单片机 I/O 口的内部上拉特

AVR 单片机嵌入式系统原理与应用实践(第 3 版)

点。在 K1 的连接方式中,除了设置 PC5 为输入方式(DDRC.5＝0)外,同时设置 PC5 口的上拉电阻有效(PORTC.5＝1)。这样,当 K1 处在断开状态时,PC5 引脚在内部上拉电阻的作用下为稳定的高电平(如果上拉电阻无效,则 PC5 处在高阻输入态,PC5 的输入易受到干扰,不稳定);按下 K1,输入为低电平。与 K2 连接方式相比较,K1 连接电路中省掉了一个外部上拉电阻,而在 K2 的连接方式中,由于外部使用了上拉电阻,所以只要设置 PC6 口为输入方式即可,而该口内部的上拉电阻有效与否则不必考虑了。电阻 R1 不仅

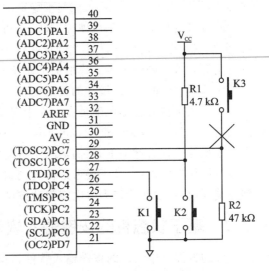

图 9－2　简单按键输入电路图

起到上拉的作用,还有限流的作用,通常在 5～50 kΩ 范围内。

　　而对于 K3 的连接方式,不提倡使用。这是因为当 K3 按下时,PC7 口直接与 $V_{cc}$ 接通,有可能会造成大的短路电流流过 PC7 引脚,从而把接口烧毁。

　　根据按键连接电路可知,按键状态的确认就是判别按键是否闭合,反映在输入口的电平就是与按键相连的 I/O 引脚呈现出高电平或低电平。如果输入高电平表示断开的话,那么低电平则表示按键闭合。因此,简单地讲,在程序中通过检测引脚电平的高低,便可确认按键是否按下。

　　但对于实际的按键确认并不是如上面描述的那么简单。首先要考虑的是按键消抖问题。通常,按键的开关为机械弹性触点开关,它是利用机械触点接触和分离实现电路的通、断。由于机械触点的弹性作用,加上人们按键时的力度、方向的不同,按键开关从按下到接触稳定要经过数毫秒的弹跳抖动,即在按下的几十毫秒时间里会连续产生多个脉冲;而释放按键时,电路也不会一下子断开,同样会产生抖动(见图 9－3)。这两次抖动的时间分别为 10～20 ms 左右,而按键的稳定闭合期通常大于 0.3～0.5 s。因此,为了确保 MCU 对一次按键动作只确认一次,在确认按键是否闭合时,必须

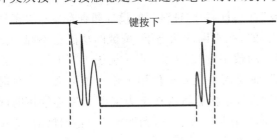

图 9－3　按键操作波形

要进行消抖处理;否则,由于 MCU 软件执行的速度很快,非常可能将抖动产生的多个脉冲误认为多次的按键。在例 7.1 中,采用了简单的中断输入按键接口,没有消抖

动的功能,所以出现了按键输入控制不稳定的现象。

消除按键的抖动既可采用硬件方法,也可采用软件的方法。使用硬件消抖的方式,需要在按键连接的硬件设计上增加硬件消抖电路,例如采用 R－S 触发器或 RC 积分电路等。采用硬件消抖方式增加了系统的成本,而利用软件方式消抖则是比较经济的做法,但增加了软件设计的复杂性。

软件方式消抖的基本原理是在软件中对按键进行两次测试确认,即在第一次检测到按键按下后,间隔 10 ms 左右再次检测该按键是否按下,只有在两次都测到按键按下时才最终确认有键按下,从而消除了抖动的影响。

在按键接口软件中,除了要考虑按键消抖外,一般还要判别按键的释放,只有检测到按键释放后,才能确定为一次完整的按键动作完成。

## 9.2.2　基于状态机的按键输入软件接口设计

一般的教课书中给出的按键输入软件接口程序通常非常简单,在程序中一旦检测到按键输入口为低电平时(见图 9－2),便采用(调用)软件延时程序延时 10 ms。然后再次检测按键输入口,如果还是低电平则表示按键按下,转入执行按键处理程序。如果第二次检测按键输入口为高电平,则放弃本次按键的检测,重新开始一次按键检测过程。这种方式实现的按键输入接口,作为基础学习和一些简单的系统中可以采用,但在多数的实际产品设计中,这种按键输入软件的实现方法有很大的缺陷和不足。

上面所提到简单的按键检测处理方法,不仅由于采用了软件延时而使得 MCU 的效率降低,而且也不容易同系统中其他功能模块协调工作,系统的实时性也差。另外,由于在不同的产品系统中对按键功能的定义和使用方式也会不同,而且是多变的,加上在测试和处理按键的同时,MCU 还要同时处理其他的任务(如显示、计算、计时等),因此编写键盘和按键接口的处理程序需要掌握有效的分析方法,具备较高的软件设计能力和程序编写的技巧。

读者可以先仔细观察一下实际产品中各种按键的功能和使用。例如一般的电子手表上只有 2～3 个的按键,却要实现时间、日期、闹钟时间的设置和查看显示等多种功能,因此这些按键是多功能(或复用)的,在不同的状态下,按键的功能也不同。更典型的是手机的键盘,就拿手机键盘上的数字键“2”来讲,当手机用于打电话需要拨出电话号码时,按“2”键代表数值“2”;而使用手机发短信用于输入短信文字信息时(英文输入),第一次按下“2”键为字母“A”,紧接着再次按下为字母“B”,连续短时间按下该键,它的输入代表的符号就不同,但在同一个位置,稍微等待一段时间后,光标的位置就会右移,表示对最后输入字符的确认。

因此,按键输入接口设计和实现的核心,更多地体现在软件接口处理程序的设计中。下面将以此为例,介绍有限状态机的分析设计原理,以及基于状态机思想进行程序设计的基本方法与技巧。

## 1. 有限状态机分析设计的基本原理

对于电子技术和电子工程类的读者，最先接触和使用到状态机应该是在数字逻辑电路课程中，状态机的思想和分析方法被应用于时序逻辑电路设计。其实，有限状态机（FSM）是实时系统设计中的一种数学模型，是一种重要的、易于建立的、应用比较广泛的、以描述控制特性为主的建模方法，它可以应用于从系统分析到设计（包括硬件、软件）的所有阶段。

很多实时系统，特别是实时控制系统，其整个系统的分析机制和功能与系统的状态有相当大的关系。有限状态机由有限的状态及其相互之间的转移构成，在任何时候只能处于给定数目的状态中的一个。当接收到一个输入事件时，状态机产生一个输出，同时也可能伴随着状态的转移。

一个简单的有限状态机在数学上可以描述如下。

（1）一个有限的系统状态的集合为：

$$S_i(t_k) = \{S_1(t_k), S_2(t_k), \cdots, S_q(t_k)\}$$

式中：$i = 1, 2, \cdots, q$。该式表示系统可能存（处）在的状态有 $q$ 个，而在时刻 $t_k$ 时，系统的状态为其中之一 $S_i$（唯一性）。

（2）一个有限的系统输入信号的集合为：

$$I_j(t_k) = \{I_1(t_k), I_2(t_k), \cdots, I_m(t_k)\}$$

式中：$j = 1, 2, \cdots, m$，表示系统共有 $m$ 个输入信号。该式表示在时刻 $t_k$ 时，系统的输入信号为输入集合的全集或子集（集合性）。

（3）一个状态转移函数 $F$ 为：

$$S_i(t_{k+1}) = S_i(t_k) \times I_j(t_k)$$

状态转移函数也是一个状态函数，它表示对于时刻 $t_k$，系统在某一状态 $S_i$ 下，相对给定输入 $I_j$ 后，FSM 转入该函数产生的新状态，这个新状态就是系统在下一时刻 $t_{k+1}$ 的状态。这个新的状态也是唯一确定的（唯一性）。

（4）一个有限的输出信号集合为：

$$O_l(S_i(t_k)) = \{O_1(S_i(t_k)), O_2(S_i(t_k)), \cdots, O_n(S_i(t_k))\}$$

式中：$l = 1, 2, \cdots, n$，表示系统共有 $n$ 个输出信号。该式表示对于在时刻 $t_k$，系统的状态为 $S_i$ 时，其输出信号为输出集合的全集或子集（集合性）。这里需要注意的是，系统的输出只与系统所处的状态有关。

（5）时间序列为：

$$T = \{t_0, t_1, \cdots, t_k, t_{k+1}, \cdots\}$$

在状态机中，时间序列也是非常重要的一个因素。从硬件的角度看，时间序列如同一个触发脉冲序列或同步信号；而从软件的角度看，时间序列就是一个定时器。状态机由时间序列同步触发，定时检测输入，以及根据当前的状态输出相应的信号，并确定下一次系统状态的转移。当时间序列进入下一次触发时，系统的状态将根据前一次的状态和输入情况发生状态的转移。其次，作为时间序列本身也可能是一个系统的输入信号,影响到状态的改变,进而影响到系统的输出。因此,对于时间序列,正确分析和考虑选择合适时间段的间隔也是非常重要的。如果间隔太短,则对系统的速度、频率响应要求高,并且可能减低系统的效率;如果间隔太长,则系统的实时性差,响应慢,还有可能造成外部输入信号的丢失。一般情况下,时间序列时间间隔的选取,应稍微小于外部输入信号中变化最快的周期值。

通常主要有两种方法来建立有限状态机,一种是"状态转移图",另一种是"状态转移表",分别用图形方式和表格方式建立有限状态机。实时系统经常会应用在比较大型的系统中,这时采用图形或表格方式对理解复杂的系统具有很大的帮助。

总的来说,有限状态机的优点在于简单、易用,状态间的关系能够直观看到;当应用在实时系统中时,便于对复杂系统进行分析。

下面将给出两个按键与显示相结合的应用设计实例,并结合设计的实例,讨论如何使用有限状态机进行系统分析和设计,以及如何在软件中进行描述和实现。

### 2. 基于状态机分析的简单按键设计(一)

把单个按键作为一个简单的系统,根据状态机的原理对其动作和确认的过程进行分析,并用状态图表示出来,然后根据状态图编写出按键接口程序。

把单个按键看成是一个状态机,首先需要对一次按键操作和确认的实际过程进行分析,然后根据实际情况和系统需要确定按键在整个过程的状态以及每个状态的输入信号和输出信号,以及状态之间的转换关系,最后还要考虑时间序列的间隔。

采用状态机对一个系统进行分析是一项非常细致的工作,它实际上是建立在对真实系统有了全面、深入地了解和认识的基础之上,进行综合和抽象化的模型建立的过程。这个模型必须与真实的系统相吻合,既能正确、全面地对系统进行描述,又能够适合使用软件或硬件方式来实现。

在一个嵌入式系统中,按键的操作是随机的,因此系统软件对按键需要一直循环查询。由于按键的检测过程需要进行消抖处理,因此取状态机的时间序列的周期约为 10 ms。这样不仅可以跳过按键抖动的影响,同时也远小于按键 0.3~0.5 s 的稳定闭合期(见图 9-3),不会将按键操作过程丢失。很明显,系统的输入信号是与按键连接的 I/O 口电平,"1"表示按键处于开放状态,"0"表示按键处于闭合状态(见图 9-2)。而系统的输出信号则表示检测和确认到一次按键的闭合操作,用"1"表示。

图 9-4 给出了一个简单按键状态机的状态转换图。在图中,将一次按键完整的操作过程分解为 3 个状态,采用时间序列周期为 10 ms。下面对该图做进一步的分析和说明,并根据状态图给出软件的实现方法。

首先,读者要充分体会时间序列的作用。在这个系统中,采用的时间序列周期为 10 ms,它意味着每隔 10 ms 检测一次按键的输入信号,并输出一次按键的确认信号,同时按键的状态也发生一次转换。

图中,状态 0 为按键的初始状态,当按键输入为"1"时,表示按键处于开放,输出"0"(1/0),下一状态仍为状态 0;当按键输入为"0"时,表示按键闭合,但输出还是"0"

AVR单片机嵌入式系统原理与应用实践(第3版)

（0/0）（没有经过消抖，不能确认按键真正按下），下一状态进入状态 1。

状态 1 为按键闭合确认状态，它表示在 10 ms 前按键为闭合的，因此当再次检测到按键输入为"0"时，可以确认按键被按下了（经过 10 ms 的消抖）；输出"1"表示确认按键闭合（0/1），下一状态进入状态 2。而当再次检测到按键的输入为"1"时，表示按键可能处在抖动干扰；输出为"0"（1/0），下一状态返回到状态 0。这样，利用状态 1，实现了按键的消抖处理。

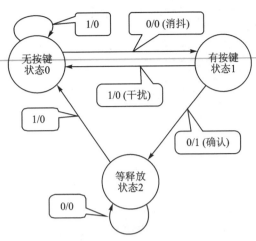

图 9 - 4　简单按键状态机的状态转换图

状态 2 为等待按键释放状态，因为只有等按键释放后，一次完整的按键操作过程才算完成。

对图 9 - 4 的分析可知，在一次按键操作的整个过程，按键的状态是从状态 0→状态 1→状态 2，最后返回到状态 0 的。并且在整个过程中，按键的输出信号仅在状态 1 时给出了唯一的一次确认按键闭合的信号"1"（其他状态均输出"0"）。因此上面状态机所表示的按键系统，不仅克服了按键抖动的问题，同时也确保在一次按键的整个过程中，系统只输出一次按键闭合信号（"1"）。换句话讲，不管按键被按下的时间保持多长，在这个按键的整个过程中都只给出了一次确认的输出，因此在这个设计中，按键没有"连发"功能，它是一个最简单和基本的按键。

一旦有了正确的状态转换图，就可以根据状态转换图编写软件了。在软件中实现状态机的方法和程序结构，通常使用多分支结构（IF - ELSEIF - ELSE、CASE 等）来实现。下面是根据图 9 - 4、基于状态机方式编写的简单按键接口函数 read_key()。

```
#define key_input        PIND.7                          //按键输入口
#define key_state_0      0
#define key_state_1      1
#define key_state_2      2

unsigned char read_key(void)
{
    static unsigned char key_state = 0;
    unsigned char key_press, key_return = 0;

    key_press  = key_input;                              //读按键 I/O 电平
    switch (key_state)
    {
        case key_state_0:                                //按键初始态
```

AVR单片机嵌入式系统原理与应用实践（第 3 版）

AVR单片机嵌入式系统原理与应用实践(第3版)

```
        if (!key_press) key_state = key_state_1;   //按键被按下,状态转换到按键确认态
            break;
        case key_state_1:                    //按键确认态
            if (!key_press)
            {
                key_return = 1;              //按键仍按下,按键确认输出为"1"
                key_state = key_state_2;     //状态转换到键释放态
            }
            else
                key_state = key_state_0;              //按键在抖动,转换到按键初始态
            break;
        case key_state_2:
            if (key_press) key_state = key_state_0;  //按键已释放,转换到按键初始态
            break;
    }
    return key_return;
}
```

该按键接口函数 read_key()在整个系统程序中应每隔 10 ms 调用执行一次,每次执行时将先读取与按键连接的 I/O 口电平到变量 key_press 中,然后进入用 switch 结构构成的状态机。switch 结构中的 case 语句分别实现了 3 个不同状态的处理判别过程,在每个状态中将根据状态的不同及 key_press 的值(状态机的输入)确定输出值(key_return),并确定下一次按键的状态值(key_state)。

函数 read_key()的返回参数提供上层程序使用。当返回值为"0"时,表示按键无动作;而返回值为"1"时,表示有一次按键闭合动作,需要进入按键处理程序做相应的键处理。

在函数 read_key()中定义了 3 个局部变量,其中 key_press 和 key_return 为一般普通的局部变量,每次函数执行时,key_press 中保存着刚检测的按键值;key_return 为函数的返回值,总是先初始化为"0",只有在状态 1 中重新置 1,作为表示按键确认的标志返回。变量 key_state 非常重要,它保存着按键的状态值,该变量的值在函数调用结束后不能消失,必须保留原值,因此在程序中定义为"局部静态变量",用 static 声明。如果使用的语言环境不支持 static 类型的局部变量,则应将 key_state 定义为全局变量(关于局部静态变量的特点请参考相关介绍 C 语言程序设计的书籍)。

【例 9.1】单按键的实时时钟秒校时设置设计(一)。

### 1) 硬件电路

在前面的章节中曾几次给出简易实时时钟的设计例子,但都没有加入按键,不能实现时钟校时的设置。下面结合上面的按键接口的设计,实现对时钟的校时设置。在该例子中,只是实现了秒单元的校时设置,其重点是让读者体会和实践按键输入接

口及处理的实现。

时钟系统的硬件电路与图 6－15 基本相同,仅在 I/O 口 PD7 上连接一个按键 K1,该键的功能为秒加 1,即每按下一次,秒加 1,到 60 s 时分加 1,秒回到 0。图 9－5 为电路原理图。

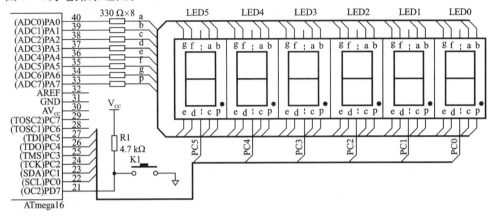

图 9－5　可实现秒校时的简单时钟电路

### 2) 软件设计

以下是采用一个简单按键实现秒单元的校时设置系统的程序。程序中,给出了采用一个简单按键实现时钟校时(仅秒位)设置功能的基本设计,时钟本身的计时显示方法用秒闪烁表示(每秒钟 LED 数码管的小数点段闪烁一次)。

```
/ * * * * * * * * * * * * * * * * * * * * * * * * * * * * * * * * * *
File name         : demo_9_1.c
Chip type         : ATmega16
Program type      : Application
Clock frequency   : 4.000 000 MHz
Memory model      : Small
External SRAM size : 0
Data stack size   : 256
* * * * * * * * * * * * * * * * * * * * * * * * * * * * * * * * * * */
# include < mega16.h >
flash unsigned char led_7[10] = {0x3F,0x06,0x5B,0x4F,0x66,0x6D,0x7D,0x07,0x7F,
0x6F}; flash unsigned char position[6] = {0xfe,0xfd,0xfb,0xf7,0xef,0xdf};

unsigned char time[3];                       //时、分、秒计数单元
unsigned char dis_buff[6];            //显示缓冲区,存放要显示的 6 个字符的段码值
unsigned char   time_counter,key_stime_counter;    //时间计数单元
unsigned char   posit;
bit point_on, time_1s_ok,key_stime_ok;
```

```
void display(void)                          //6 位 LED 数码管动态扫描函数
{
    PORTC = 0xff;
    PORTA = led_7[dis_buff[posit]];
    if (point_on && (posit == 2||posit == 4)) PORTA |= 0x80;
    PORTC = position[posit];
    if ( ++ posit >= 6 ) posit = 0;              // (3)
}

//Timer 0 比较匹配中断服务,2ms 定时
interrupt [TIM0_COMP] void timer0_comp_isr(void)
{
    display();                              //LED 扫描显示
    if ( ++ key_stime_counter >= 5)
    {
        key_stime_counter = 0;
        key_stime_ok = 1;                   //10 ms 到
        if ( ++ time_counter >= 100)
        {
            time_counter = 0;
            time_1s_ok = 1;                 //1 s 到
        }
    }
}

void time_to_disbuffer(void)                //时钟时间送显示缓冲区函数
{
    unsigned char i,j = 0;
    for (i = 0;i <= 2;i ++ )
    {
        dis_buff[j ++ ] = time[i] % 10;
        dis_buff[j ++ ] = time[i] / 10;
    }
}


#define key_input PIND.7                    //按键输入口
#define key_state_0    0
#define key_state_1    1
#define key_state_2    2
unsigned char read_key(void)
{
    static unsigned char key_state = 0;
```

```
    unsigned char key_press, key_return = 0;
    key_press = key_input;                          //读按键 I/O 电平
    switch (key_state)
    {
        case key_state_0:                           //按键初始态
        if (!key_press) key_state = key_state_1;    //键被按下,状态转换到键确认态
            break;
        case key_state_1:                           //按键确认态
            if (!key_press)
            {
                key_return = 1;      //按键仍按下,按键确认输出为"1"          (1)
                key_state = key_state_2;            //状态转换到键释放态
            }
            else
                key_state = key_state_0;            //按键在抖动,转换到按键初始态
            break;
        case key_state_2:
            if (key_press) key_state = key_state_0; //按键已释放,转换到按键初始态
            break;
    }
    return key_return;
}

void main(void)
{
    PORTA = 0x00;                                   //显示控制 I/O 端口初始化
    DDRA = 0xFF;
    PORTC = 0x3F;
    DDRC = 0x3F;
    DDRD = 0x00;                                    //PD7 为输入方式
    // T/C0 初始化
    TCCR0 = 0x0B;                //内部时钟,64 分频(4 MHz/64 = 62.5 kHz),CTC 模式
    TCNT0 = 0x00;
    OCR0 = 0x7C;                 //OCR0 = 0x7C(124),(124 + 1)/62.5 kHz = 2 ms
    TIMSK = 0x02;                                   //允许 T/C0 比较匹配中断
    time[2] = 23; time[1] = 58; time[0] = 55;       //设时间初值为 23:58:55
    posit = 0;
    time_to_disbuffer();
    #asm("sei")                                     //使能全局中断
    while (1)
    {
```

```
        if (time_1s_ok)                              //1 s 到
        {
            time_1s_ok = 0;
         point_on = ~point_on;                        //秒闪烁标志
        }
        if (key_stime_ok)                             //10 ms 到,键处理
        {
            key_stime_ok = 0;
            if (read_key())                           //调用按键接口程序
            {                                         //按键确认按下
                if ( ++ time[0] >= 60)                //秒加 1,以下为时间调整
                {
                    time[0] = 0;
                    if ( ++ time[1] >= 60)
                    {
                        time[1] = 0;
                        if ( ++ time[2] >= 24) time[2] = 0;
                    }
                }
            }
            time_to_disbuffer();                      //新调整好的时间送显示缓冲区
        }
    };
}
```

该程序中 LED 数码管动态扫描等部分与前面介绍的例子相同,T/C0 工作于 CTC 方式,每 2 ms 产生一次中断。在 T/C0 中断服务程序中,增加了 10 ms 到的标志变量 key_stime_ok,作为按键状态机的时间触发序列信号。在主程序中,每隔 10 ms 调用 read_key()按键接口程序一次,当函数返回值为"1"时,说明产生了一次按键操作过程,秒位加 1,然后进行时间调整。

**3) 思考与实践**

(1) 仔细分析 read_key()函数的调用和执行情况,说明为什么该按键接口程序可以正确地处理一次按键的操作过程?

(2) 如果将 read_key()中标有(1)的语句 key_return = 1 去掉,而将状态 2 的处理程序改为:

```
case key_state_2:
    if (key_press) key_state = key_state_0;        //按键已释放,转换到按键初始态
    else   key_return = 1;
    break;
```

或:

```
case key_state_2:
    if (key_press)
    {   key_state = key_state_0;    //按键已释放,转换到按键初始态
        key_return = 1;
    }
    break;
```

这时,按键处理会产生什么变化? 为什么?

### 3. 基于状态机分析的简单按键设计(二)

在例 9-1 中,对秒的校时设置操作还是不方便,例如,如果将秒从 00 设置为 59,则需要按键 59 次。若将按键设计成一个具有"连发"功能的系统,就能很好地解决这个问题。

现在考虑这样的一个按键系统:当按键按下后在 1 s 内释放了,此时秒计时加 1;而当按键按下后在 1 s 内没有释放,那么以后每隔 0.5 s,秒计时就会自动加上 10,直到按键释放为止。这样的按键系统就具备了一种"连发"功能,其中时间也成为系统的一个输入参数了。

参考图 9-4,根据状态机的分析方法,可以得到具有上述"连发"功能的按键系统状态转换图(见图 9-6)。

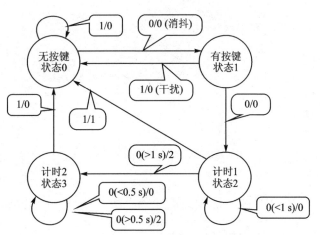

**图 9-6 具有连发功能按键状态机的状态转换图**

图 9-6 中,按键系统输出"1",表示按键在 1 s 内释放了;输出"2"表示按键产生一次"连发"的效果。下面是基于状态机方式(根据图 9-6)编写的带"连发"功能的按键接口函数 read_key_n()。

```
#define key_input        PIND.7              //按键输入口
#define key_state_0      0
#define key_state_1      1
#define key_state_2      2
#define key_state_3      3

unsigned char read_key_n(void)
{
    static unsigned char key_state = 0, key_time = 0;
```

```
    unsigned char key_press, key_return = 0;

    key_press = key_input;                               //读按键 I/O 电平
    switch (key_state)
    {
        case key_state_0:                                //按键初始态
        if (!key_press) key_state = key_state_1;         //键被按下,状态转换到按键确认态
            break;
        case key_state_1:                                //按键确认态
            if (!key_press)
              {
                key_state = key_state_2;                 //按键仍按下,状态转换到计时 1
                key_time = 0;                            //清 0 按键时间计数器
              }
            else key_state = key_state_0;                //按键在抖动,转换到按键初始态
            break;
        case key_state_2:
            if (key_press)
              {
                key_state = key_state_0;                 //按键已释放,转换到按键初始态
                key_return = 1;                          //输出"1"
              }
            else if ( ++ key_time >= 100)                //按键时间计数
              {
            key_state = key_state_3;                     //按下时间>1 s,状态转换到计时 2
                key_time = 0;                            //清按键计数器
                key_return = 2;                          //输出"2"
              }
            break;
        case key_state_3:
            if (key_press) key_state = key_state_0;      //按键已释放,转换到按键初始态
            else
              {
                if ( ++ key_time >= 50)                  //按键时间计数
                  {
                    key_time = 0;                        //按下时间>0.5 s,清按键计数器
                    key_return = 2;                      //输出"2"
                  }
              }
            break;
    }
    return key_return;
}
```

　　函数 read_key_n()与前面的函数 read_key()结构非常类似,设计为每隔 10 ms 被调用执行一次,在构成状态机的 switch 结构中使用了局部静态变量 key_time 作为按键时间计数器,记录按键按下的时间值。

函数 read_key_n()的返回参数提供给上层程序使用。返回值为 0 时，表示按键无动作；返回值为 1 时，表示一次按键的"单发"（<1 s）动作；返回值为 2 时，表示一次按键的"连发"动作，提供按键处理程序做相应的键处理。

【例 9.2】单按键的实时时钟秒校时设置设计（二）。

**1) 硬件电路**

硬件电路还是图 9 - 5，在 I/O 口 PD7 上连接一个按键 K1，该按键具备"连发"功能，按键按下后并在 1 s 内释放，此时秒计时加 1；而当按键按下后在 1 s 内没有释放，那么每隔 0.5 s，秒计时就会自动加上 10，直到按键释放为止。

**2) 软件设计**

以下是采用具备"连发"功能的按键实现秒单元校时设置系统的程序，程序中的显示等部分与 demo_9_1.c 相同，仅在主程序中做了相应的改变。

```
/ * * * * * * * * * * * * * * * * * * * * * * * * * * * * * * * * * * * *
File name            : demo_9_2.c
Chip type            : ATmega16
Program type         : Application
Clock frequency      : 4.000 000 MHz
Memory model         : Small
External SRAM size   : 0
Data stack size      : 256
 * * * * * * * * * * * * * * * * * * * * * * * * * * * * * * * * * * * */

# include <mega16.h>
flash unsigned char led_7[10] = {0x3F,0x06,0x5B,0x4F,0x66,0x6D,0x7D,0x07,0x7F,
0x6F}; flash unsigned char position[6] = {0xfe,0xfd,0xfb,0xf7,0xef,0xdf};

unsigned char time[3];                       //时、分、秒计数单元
unsigned char dis_buff[6];                   //显示缓冲区，存放要显示的 6 个字符的段码值
unsigned char time_counter,key_stime_counter;
unsigned char posit;
bit point_on, time_1s_ok,key_stime_ok;

void display(void)                           //6 位 LED 数码管动态扫描函数
{
    ⋮
}

// Timer 0 比较匹配中断服务，2 ms 定时
interrupt [TIM0_COMP] void timer0_comp_isr(void)
{
    ⋮
}

void time_to_disbuffer(void)                 //时钟时间送显示缓冲区函数
```

```
    {
        ⋮
    }
#define key_input          PIND.7 //按键输入口
#define key_state_0        0
#define key_state_1        1
#define key_state_2        2
#define key_state_3        3

unsigned char read_key_n(void)
{
    ⋮
}

void main(void)
{
    PORTA = 0x00;                     //显示控制 I/O 端口初始化
    DDRA = 0xFF;
    PORTC = 0x3F;
    DDRC = 0x3F;
    DDRD = 0x00;
    //T/C0 初始化
    TCCR0 = 0x0B;                     //内部时钟,64 分频(4 MHz/64 = 62.5 kHz),CTC 模式
    TCNT0 = 0x00;
    OCR0 = 0x7C;                      //OCR0 = 0x7C(124),(124 + 1)/62.5 kHz = 2 ms
    TIMSK = 0x02;                     //使能 T/C0 比较匹配中断
    time[2] = 23; time[1] = 58; time[0] = 55;     //设时间初值为 23 : 58 : 55
    posit = 0;
    time_to_disbuffer();
    #asm("sei")                       //使能全局中断
    while (1)
    {
        if (time_1s_ok)
        {
            time_1s_ok = 0;
            point_on = ~point_on;     //1 s 到,秒闪烁标志取反
        }
        if (key_stime_ok)
        {
            key_stime_ok = 0;                      //10 ms 到
            switch (read_key_n())
            {
```

```
        case 1:
            ++time[0];              //秒加 1
            break;
        case 2:
            time[0] += 10;          //秒加 10
            break;
        }
        if (time[0] >= 60)                  //以下为时间调整
        {
            time[0] -= 60;
            if ( ++time[1] >= 60)
            {
                time[1] = 0;
                if ( ++time[2] >= 24) time[2] = 0;
            }
        }
        time_to_disbuffer();                //新调整好的时间送显示缓冲区
    }
    };
}
```

主程序中,每隔 10 ms 调用 read_key_n()按键接口程序一次,并根据其返回值对秒位的时间进行加 1 或加 10 的处理。

# 9.3　矩阵键盘输入接口设计

在 9.2 节中,按键的连接方式采用的是独立式按键接口方式。独立式按键就是各按键相互独立,每个按键各占用 1 位 I/O 口线,其状态是独立的,相互之间没有影响,只要单独测试口线电平的高低就能判断键的状态。独立式按键电路简单、配置灵活,软件结构也相对简单。此种接口方式适用于系统需要按键数目较少的场合。在按键数量较多的情况下,例如系统需要 12 或 16 个按键的键盘时,采用独立式接口方式就会占用太多的 I/O 口,因此一般对于按键数量多的硬件连接方式往往采用矩阵式键盘接口。

## 9.3.1　矩阵键盘的工作原理和扫描确认方式

当键盘中按键数量较多时,为了减少对 I/O 口的占用,通常将按键排列成矩阵形式,也称为行列键盘。这是一种常见的连接方式。矩阵式键盘接口如图 9-7 所示,它由行线和列线组成,按键位于行、列的交叉点上。当键被按下时,其交点的行线和列线接通,相应的行线或列线上的电平发生变化,MCU 通过检测行或列线上的电平变化就可以确定哪个按键被按下。

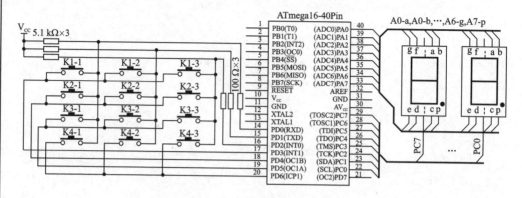

**图 9-7 4×3 矩阵键盘的组成**

图 9-7 为一个 4×3 的行列结构，可以构成 12 个键的键盘。如果使用 4×4 的行列结构，就能组成一个 16 键的键盘。很明显，在按键数量多的场合，矩阵键盘与独立式按键键盘相比，可以节省很多 I/O 口线。

矩阵键盘不仅在连接上比独立式按键复杂，而且按键识别方法也比独立式按键复杂。在矩阵键盘的软件接口程序中，常使用的按键识别方法有行扫描法和线反转法。这两种方法的基本思路是采用循环查循的方法，反复查询按键的状态，所以会大量占用 MCU 的时间。因此较好的方式也是采用状态机的方法来设计，尽量减少键盘查询过程对 MCU 的占用时间。

下面以图 9-7 为例，介绍采用行扫描法对矩阵键盘进行判别的思路。图 9-7 中，PD0、PD1 和 PD2 为 3 根列线，作为键盘的输入口（工作于输入方式）；PD3、PD4、PD5 和 PD6 为 4 根行线，工作于输出方式，由 MCU（扫描）控制其输出的电平值。行扫描法也称为逐行扫描查询法，其按键识别的过程如下：

（1）将全部行线 PD3～PD6 置为低电平输出，然后读 PD0～PD2 三根输入列线中有无低电平出现。如果有低电平出现，则说明有键按下（实际编程时，还要考虑按键的消抖）；如果读到的都是高电平，则表示无键按下。

（2）在确认有键按下后，需要进入确定具体哪一个键闭合的过程。其思路是：依次将行线置为低电平，并检测列线的输入（扫描），进而确认具体的按键位置。当 PD5 输出低电平时（PD3＝1、PD4＝1、PD5＝0、PD6＝1），测得 PD1 的输入为低电平（PD0＝1，PD1＝0，PD2＝1），则可确认按键 K3-2 处于闭合状态。通过以上分析可以看出，MCU 对矩阵键盘的按键识别，是采用扫描方式控制行线的输出和检测列线的输入信号相配合实现的。

（3）矩阵按键的识别仅仅是确认和定位了行和列的交叉点上的按键，接下来还要考虑键盘的编码，即对各个按键进行编号。在软件中，常通过计算或查表的方法对按键进行具体的定义和编号。

在单片机嵌入式系统中,键盘扫描只是 MCU 的工作内容之一。MCU 除了要检测键盘和处理键盘操作之外,还要进行其他事物的处理,因此,MCU 如何响应键盘的输入需要在实际系统程序设计时认真考虑。

键盘扫描处理的设计原则是:既要保证 MCU 能及时地判别按键的动作,处理按键输入的操作,又不能过多占用 MCU 的工作时间,让它有充裕的时间去处理其他操作。

通常,完成键盘扫描和处理的程序是系统程序中的一个专用子程序,MCU 调用该键盘扫描子程序对键盘进行扫描和处理的方式有以下 3 种。

> 程序控制扫描方式。在主控程序中的适当位置调用键盘扫描程序,对键盘进行读取和处理。

> 定时扫描方式。在该方式中,要使用 MCU 的一个定时器,使其产生一个 10 ms 的定时中断,MCU 响应定时中断,执行键盘扫描,当在连续两次中断中都读到相同的按键按下时(间隔 10 ms 作为消抖处理),MCU 才去执行相应的键处理程序。

> 中断方式。使用中断方式时,键盘的硬件电路要做一定的改动,即增加一个按键产生中断信号的输入线,当键盘有按键按下时,键盘硬件电路产生一个外部的中断信号,MCU 响应外部中断,进行键盘处理。

下面介绍基于状态机并采用定时键盘扫描的键盘处理系统的设计方法。

## 9.3.2　定时扫描方式的键盘接口程序

下面的键盘接口函数 read_keyboard()完成了对 4×3 键盘的扫描识别和键盘的编码(见图 9-7)。

编码键盘的定义使用 define 语句定义,键盘的形式类似电话和手机键盘,如图 9-8 所示。

图 9-8　手机键盘

| #define No_key | 255 |
| --- | --- |
| #define K1_1 | 1 |
| #define K1_2 | 2 |
| #define K1_3 | 3 |
| #define K2_1 | 4 |
| #define K2_2 | 5 |
| #define K2_3 | 6 |
| #define K3_1 | 7 |
| #define K3_2 | 8 |
| #define K3_3 | 9 |

```
#define K4_1            10
#define K4_2            0
#define K4_3            11
#define Key_mask        0b00000111


unsigned char read_keyboard()
{
  static unsigned char key_state = 0, key_value, key_line;
  unsigned char key_return = No_key,i;
  switch (key_state)
  {
    case 0:
        key_line = 0b00001000;
        for (i = 1; i <= 4; i++)                    //扫描键盘
          {
              PORTD = ~key_line;                    //输出行线电平
              PORTD = ~key_line;                    //必须送 2 次
              key_value = Key_mask & PIND;          //读列电平
              if (key_value == Key_mask)
                  key_line <<= 1;                   //没有按键,继续扫描
              else
              {
              key_state++;                          //有按键,停止扫描
              break;                                //转消抖确认状态
              }
          }
          break;
      case 1:
          if (key_value == (Key_mask & PIND))       //再次读列电平
          {
              switch (key_line | key_value)         //与状态 0 的相同,确认按键
              {                                     //键盘编码,返回编码值
              case 0b00001110:
                  key_return = K1_1;
                  break;
              case 0b00001101:
                  key_return = K1_2;
                  break;
              case 0b00001011:
                  key_return = K1_3;
                  break;
```

AVR 单片机嵌入式系统原理与应用实践(第3版)

```
            case 0b00010110:
                key_return = K2_1;
                break;
            case 0b00010101:
                key_return = K2_2;
                break;
            case 0b00010011:
                key_return = K2_3;
                break;
            case 0b00100110:
                key_return = K3_1;
                break;
            case 0b00100101:
                key_return = K3_2;
                break;
            case 0b00100011:
                key_return = K3_3;
                break;
            case 0b01000110:
                key_return = K4_1;
                break;
            case 0b01000101:
                key_return = K4_2;
                break;
            case 0b01000011:
                key_return = K4_3;
                break;
            }
            key_state++;                    //转入等待按键释放状态
        }
            else
            key_state--;                    //两次列电平不同,返回状态0(消抖处理)
        break;
        case 2:                             //等待按键释放状态
            PORTD = 0b00000111;             //行线全部输出低电平
            PORTD = 0b00000111;             //重复送一次
            if ((Key_mask & PIND) == Key_mask)
                key_state = 0;              //列线全部为高电平,返回状态0
        break;
    }
    return key_return;
}
```

系统主程序应每隔 10 ms 调用该键盘接口函数 read_keyboard()一次,函数返回值为 255 时,表示无按键按下。检测和确认按键按下时,函数返回值为 0～11 之间的一个,该返回值已经是经过了键盘编码的值。

键盘接口函数 read_keyboard()是基于状态机实现的,将键盘扫描处理过程分成 3 个状态,每个状态的功能如下。

> 状态 0:键盘扫描检测。控制 PD3～PD6,4 根行线逐行输出低电平,对键盘进行扫描检测。一旦检测到有键按下(key_value),立即停止键盘的扫描,状态转换到状态 1。注意,此时变量 key_value 中保存着读到的列线输入值,而且该行线低电平的输出是保持不变的。

> 状态 1:消抖处理和键盘编码。再次检测键盘列线的输入,并与状态 0 时的 key_value 比较,若不相等,则返回状态 0,实现了消抖处理;若相等,则确认该键的输入,进行键盘编码和设置函数的返回值,状态转换到状态 2。

> 状态 2:等待按键释放。控制 PD3～PD6,4 根行线全部输出低电平,当检测到 3 根列线输入全部为高电平(无按键按下)时,状态返回到状态 0。

读者在阅读该段程序时,请注意 key_mask、key_value 和 key_line 的作用和使用,不仅要注意它们与键盘硬件的连接,同时还要注意它们在程序中是如何使用的,其值的保存等。

通过这个例子也可以看出,在硬件设计的过程中,也需要认真考虑软件的编写。例如,如果将 4 根键盘行线与 PD0、PD2、PD3、PD6 连接,列线使用 PD1、PD4、PD5,从硬件的角度看是完全可以的,但会给软件编写造成很多麻烦。因此,一个好的嵌入式系统工程师必须同时具备良好的软件设计编写能力和硬件设计能力。

实际上,read_keyboard()还是一个比较简单的键盘接口函数,还不能处理类似多键按下的识别、按键"连发"等功能。但当读者真正掌握了基本键盘接口的设计思想和方法后,就可以在这个简单的键盘接口函数基础上,设计出功能更加完善的键盘系统了。

对本节前面程序中粗斜体一行程序说明如下:

当 AVR 的 I/O 口处于输入方式工作时,其对应的 PINx 就是外部引脚上的实际电平。为了防止读入 PINx 时数据的不稳定和不确定(例如在读的期间,正好引脚电平发生改变),AVR 的 I/O 输入端与总线之间加入一个同步锁存器,用以保证读入数据的稳定和确定。同步锁存器在系统 I/O 时钟的作用下,经过 1/2～3/2 个系统时钟周期,将引脚电平锁定,提供 MCU 读取。也就是说,外部引脚的电平变化要经过 1/2～3/2 个时钟周期才能真正被读到(见图 9-9)。

因此,当编写程序读取 AVR 的 I/O 口 PINx 电平值时应注意:

> 当 I/O 口从输出方式改成输入方式后,应延时 1 个系统时钟周期再读。

> 当 I/O 外部引脚电平改变后,也要延时 1 个系统时钟周期后再读取。

在本例的键盘扫描程序中,根据扫描条件,首先要改变行线输出的电平,如果按

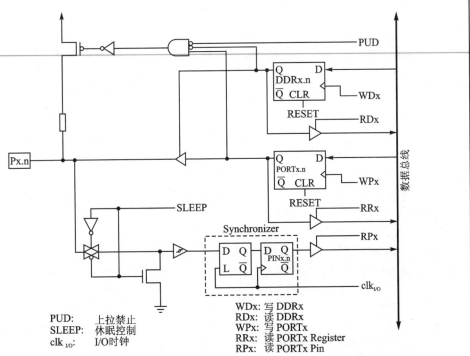

PUD:　　　上拉禁止
SLEEP:　　休眠控制
clk$_{I/O}$:　　I/O时钟

WDx:　写 DDRx
RDx:　读 DDRx
WPx:　写 PORTx
RRx:　读 PORTx Register
RPx:　读 PORTx Pin

**图 9 - 9　AVR I/O 内部结构图**

键按下,则对应点的列线(输入口)电平马上改变,此时需要延时 1 个系统时钟周期后读列线的输入电平值才是正确的。程序中采用输出 2 次相同行电平的方式,第 2 次输出行电平实际起到延时作用(其实相当于 2 个 NOP)。当然,也可以输出 1 次行电平,在读 I/O 口时采用读 2 次的方式,只要满足规定的延时时间即可。

**【例 9.3】** 简单电话拨号键盘的设计。

**1) 硬件电路**

在这个例子中,结合图 9-7 的硬件电路和图 9-8 定义的键盘,实现一个简单的电话拨号键盘。系统由 PA、PC 口控制的 8 个 LED 数码管和 PD 口的 4×3 键盘组成,系统上电时,8 个 LED 数码管显示"————————"8 条横线,每按下一个号码后,原 8 位 LED 数码管的显示内容向左移动 1 位,最右边一位则显示键盘上刚按下的数字("＊"键用"A"表示,"♯"键用"b"表示)。要求:对键盘按键操作的反应迅速、无误,同时按键操作过程中应保证 LED 的扫描显示均匀、连续、不间断。

**2) 软件设计**

```
/ * * * * * * * * * * * * * * * * * * * * * * * * * * * * * * * * * * * * *
File name           : demo_9_3.c
Chip type           : ATmega16
```

```
Program type                     : Application
Clock frequency                  : 4.000000 MHz
Memory model                     : Small
External SRAM size               : 0
Data stack size                  : 256
* * * * * * * * * * * * * * * * * * * * * * * * * * * * * * * * * * * /
#include < mega16.h >
flash unsigned char led_7[13] = {0x3F,0x06,0x5B,0x4F,0x66,0x6D,        //字型码
          0x7D,0x07,0x7F,0x6F,0x77,0x7C,0x40};                //后 3 位为"A"、"b"、"－"
flash unsigned char position[8] = {0x7f,0xbf,0xdf,0xef,0xf7,0xfb,0xfd,0xfe};

unsigned char dis_buff[8];                    //显示缓冲区,存放要显示的 8 个字符的段码值
unsigned char key_stime_counter;
unsigned char posit;
bit key_stime_ok;

void display(void)                            //8 位 LED 数码管动态扫描函数
{
    PORTC = 0xff;
    PORTA = led_7[dis_buff[posit]];
    PORTC = position[posit];
    if ( ++ posit >= 8 ) posit = 0;
}

//Timer 0 比较匹配中断服务,2 ms 定时
interrupt [TIM0_COMP] void timer0_comp_isr(void)
{
    display();                                //调用 LED 扫描显示
    if ( ++ key_stime_counter >= 5)
    {
        key_stime_counter = 0;
        key_stime_ok = 1;                     //10 ms 到
    }
}
#define No_key      255
#define K1_1         1
#define K1_2         2
#define K1_3         3
#define K2_1         4
#define K2_2         5
#define K2_3         6
#define K3_1         7
#define K3_2         8
```

AVR单片机嵌入式系统原理与应用实践(第 3 版)

```
#define K3_3        9
#define K4_1        10
#define K4_2        0
#define K4_3        11
#define Key_mask    0b00000111

unsigned char read_keyboard()
{
    static unsigned char key_state = 0, key_value, key_line;
    unsigned char key_return = No_key, i;
    ⋮                               //同函数 read_keyboard()
}

void main(void)
{
    unsigned char i, key_temp;
    PORTA = 0x00;                    //显示控制 I/O 端口初始化
    DDRA = 0xFF;
    PORTC = 0xFF;
    DDRC = 0xFF;
    PORTD = 0xFF;                    //键盘接口初始化
    DDRD = 0xF8;                     //PD2、PD1、PD0 列线,输入方式,上拉有效
    //T/C0 初始化
    TCCR0 = 0x0B;                    //内部时钟,64 分频(4 MHz/64 = 62.5 kHz),CTC 模式
    TCNT0 = 0x00;
    OCR0 = 0x7C;                     //OCR0 = 0x7C(124),(124 + 1)/62.5 kHz = 2 ms
    TIMSK = 0x02;                    //使能 T/C0 比较匹配中断
    for (i = 0; i < 8 ;i++)
    {dis_buff[i] = 12;}              //LED 初始显示 8 个"-"
    #asm("sei")                      //使能全局中断

    while (1)
    {
        if (key_stime_ok)
        {
            key_stime_ok = 0;                        //10 ms 到
            key_temp = read_keyboard();              //调用键盘接口函数读键盘
            if (key_temp != No_key)
            {                                        //有按键按下
                for (i = 0; i < 7; i++)
                {dis_buff[i] = dis_buff[i+1];}       //LED 显示左移 1 位
                dis_buff[7] = key_temp;              //最右显示新按下键的键值
```

```
          }
       }
    };
 }
```

**3) 思考与实践**

在程序中,LED 扫描和定时器的使用与以前的方式相同,每隔 2 ms 进行一次 LED 的扫描,同时每隔 10 ms 调用 read_keyboard() 键盘接口程序读键盘,并根据返回结果调整 LED 显示的内容。程序本身不复杂,主要体会键盘接口程序的功能和使用,请读者自己分析并实现。

(1) 本例中,在 T/C0 的中断服务程序中进行了 LED 的扫描,而读键盘和键盘处理是在主程序中完成的。若将读键盘和键盘处理也放在 T/C0 中断中完成,是否可以?请深入分析这两种处理方式的优点和缺点,并说明原因。

(2) 在 read_keyboard() 中,行线输出语句为什么重复 2 次?

(3) 说明在 read_keyboard() 中 key_mask 的作用。另外,是否可以将变量 key_line 和 key_value 定义成普通的局部动态变量?为什么?

(4) 修改程序,使键盘上数字键功能不变,而"♯"键的功能变为总清除(即清除 LED 上的全部的数字显示,显示复原为 8 个"—"),"＊"键的功能变为修改键(表示最后输入的数字有误,LED 显示全部右移 1 位,清除最后输入的数字,最左边一位补入"—")。

# 思考与练习

1. 在按键处理过程中,除了要进行消抖处理,还要判别按键的释放,如果不进行按键释放的判别,将会发生什么现象?

2. 为什么要使用状态机的程序设计方法?该方法有什么优点?说明其基本原理。

3. 如何使用状态机的程序设计方法来设计嵌入式系统的软件?在程序设计中应注意和掌握哪些原则?

4. 说明矩阵式键盘的硬件结构和软件处理思想。

5. 认真分析和理解本章给出的所有示例,并进行实践,思考和回答其中的所有问题。

6. 简易秒表的设计与实现:使用 6 个数码管组成秒表的显示,两个一组,分别显示分、秒和百分之一秒。使用一个按键,作为秒表的计时控制。秒表初始显示 00.00.00;第一次按键,秒表启动百分之一秒的计时并显示;第二次按键,秒表停止百分之一秒的计时,显示器显示两次按键之间的相隔时间;第三次按键,秒表复位,显示 00.00.00。

**本章参考文献:**

[1] ATMEL. ATmega16 数据手册(英文,共享资料). www.atmel.com.

[2] ATMEL. AVR 应用笔记 AVR 240(avr_app_240.pdf)(英文,共享资料). www.atmel.com.

[3] ATMEL. AVR 应用笔记 AVR 242(avr_app_242.pdf)(英文,共享资料). www.atmel.com.

[4] ATMEL. AVR 应用笔记 AVR 243(avr_app_243.pdf)(英文,共享资料). www.atmel.com.

第 *10* 章

# 模拟比较器和 ADC 接口

　　模拟比较器和模/数转换器 ADC 是单片机内部最常见的两种支持模拟信号输入的功能接口。大部分 AVR 都具备这两种类型的接口。本章将以 ATmage16 芯片为例,介绍这两种模拟接口的原理和应用设计方法。

## 10.1　模拟比较器

　　ATmega16 的模拟比较器可实现对正极 AIN0 和负极 AIN1(对应于 ATmage16 的引脚 PB2、PB3)两个输入端的模拟输入电压进行比较。当 AIN0 的电压高于 AIN1 的电压时,模拟比较器输出 ACO 被设为"1"。比较器的输出可以被设置作为定时/计数器 1 输入捕获功能的触发信号,还可以触发一个独立的模拟比较器中断。用户可以选择使用比较器输出的上升沿、下降沿或事件触发作为模拟比较器中断的触发信号。比较器的方框图及外围电路如图 10-1 所示。

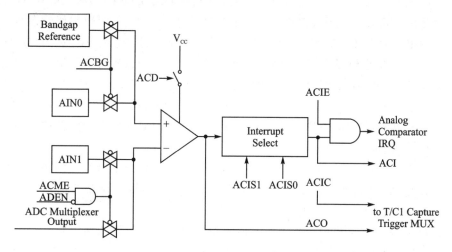

图 10-1　模拟比较器的方框图及外围电路

## 10.1.1　与模拟比较器相关的寄存器和标志位

与模拟比较器相关的寄存器是 SFIOR 和 ACSR。通过这两个寄存器相关位的设置，能够实现对模拟比较器的控制。

### 1. 特殊功能 I/O 寄存器 SFIOR

| 位 | 7 | 6 | 5 | 4 | 3 | 2 | 1 | 0 | |
|---|---|---|---|---|---|---|---|---|---|
| $30($ $0050) | ADTS2 | ADTS1 | ADTS0 | — | ACME | PUD | PSR2 | PSR10 | SFIOR |
| 读/写 | R/W | R/W | R/W | R | R/W | R/W | R/W | R/W | |
| 复位值 | 0 | 0 | 0 | 0 | 0 | 0 | 0 | 0 | |

寄存器 SFIOR 中的第 3 位 ACME 为模拟比较器多路使能控制位。当该位为逻辑"1"，且模/数转换器（ADC）功能被关闭（ADCSRA 寄存器中的 ADEN 使能位为"0"）时，允许使用 ADC 多路复用器选择 ADC 的模拟输入端口作为模拟比较器反向端的输入信号源；当该位为逻辑"0"时，AIN1 引脚的信号将加到模拟比较器反向端。

### 2. 模拟比较器控制和状态寄存器 ACSR

| 位 | 7 | 6 | 5 | 4 | 3 | 2 | 1 | 0 | |
|---|---|---|---|---|---|---|---|---|---|
| $08($ $0028) | ACD | ACBG | ACO | ACI | ACIE | ACIC | ACIS1 | ACIS0 | ACSR |
| 读/写 | R/W | R/W | R | R/W | R/W | R/W | R/W | R/W | |
| 复位值 | 0 | 0 | N/A | 0 | 0 | 0 | 0 | 0 | |

ACSR 是模拟比较器主要的控制寄存器，其中各个位的作用如下：

➢ 位 7——ACD：模拟比较器禁止。当该位设为"1"时，提供给模拟比较器的电源关闭。该位可以在任何时候被置位，从而关闭模拟比较器。在 MCU 处于休闲模式且无需将模拟比较器作为唤醒源的情况下，关闭模拟比较器可以减少电源的消耗。要改变 ACD 位的设置时，应先将寄存器 ACSR 中的 ACIE 位清 0，禁止模拟比较器中断；否则，在改变 ACD 位设置时会产生一个中断。

➢ 位 6——ACBG：模拟比较器的能隙参考源选择。当该位为"1"时，芯片内部的一个固定能隙（Bandgap）参考电源 1.22 V 将代替 AIN0 的输入，作为模拟比较器的正极输入端；当该位被清 0 时，AIN0 的输入仍作为模拟比较器的正极输入端。

➢ 位 5——ACO：模拟比较器输出。模拟比较器的输出信号经过同步处理后直接与 ACO 相连。由于经过同步处理，ACO 与模拟比较器的输出之间会有 1～2 个系统时钟的延时。

➢ 位 4——ACI：模拟比较器中断标志位。当模拟比较器的输出事件符合中断触发条件时（中断触发条件由 ACIS1 和 ACIS0 定义），ACI 由硬件置 1。若 ACIE 位置 1，且状态寄存器中的 I 位为"1"时，MCU 响应模拟比较器中断。当转入模拟比较中断处理向量时，ACI 被硬件自动清 0。此外，也可使用软件方式清 0 ACI：对 ACI 标志位写入逻辑"1"来清 0 该位。

➢ 位 3——ACIE：模拟比较器中断允许。当该位设为"1"，且状态寄存器中的 I 位被设为"1"时，允许模拟比较器中断触发。当 ACIE 清 0 时，模拟比较器中断被禁止。

➢ 位 2——ACIC：模拟比较器输入捕获允许。当该位设置为"1"时，定时/计数器 1 的输入捕获功能将由模拟比较器的输出来触发。在这种情况下，模拟比较器的输出直接连到输入捕获前端逻辑电路，从而能利用定时/计数器 1 输入捕获中断的噪声消除和边沿选择的特性。当该位清 0 时，模拟比较器与输入捕获功能之间没有联系。要使能比较器触发定时/计数器 1 的输入捕获中断，定时器中断屏蔽寄存器(TIMSK)中 的TICIE1位必须设置。

➢ 位 1、0——ACIS1、ACIS0：模拟比较器中断模式选择。这 2 个位决定哪种模拟比较器的输出事件可以触发模拟比较器的中断。不同的设置参见表 10 - 1。

表 10 - 1　模拟比较器中断模式选择

| ACIS1 | ACIS0 | 中 断 模 式 |
|-------|-------|-------------|
| 0 | 0 | 比较器输出的上升沿和下降沿都触发中断 |
| 0 | 1 | 保留 |
| 1 | 0 | 比较器输出的下降沿触发中断 |
| 1 | 1 | 比较器输出的上升沿触发中断 |

注意：当要改变 ACIS1、ACIS0 时，必须先将 ACSR 寄存器的中断允许位清 0，以禁止模拟比较器中断；否则，当这些位改变时，会发生中断。

## 3. 模拟比较器的多路输入

用户可以选择 ADC[7：0]引脚中任一路的模拟信号代替 AIN1 引脚，作为模拟比较器的反向输入端。模/数转换器 ADC 多路复用器可提供这种选择的能力，但此时必须关闭芯片的 ADC 功能。当模拟比较器的多路选择使能位(SFIOR 中的 AC-ME 位)置 1，且 ADC 被关闭时(ADCSRA 中的 ADEN 位清 0)，由寄存器 ADMUX 中的 MUX[2：0]位所确定的引脚将代替 AIN1 作为模拟比较器的反向输入端，如表 10 -2 所列。如果 ACME 清 0，或 ADEN 置位，则 AIN1 仍将为模拟比较器的反向输入端。

表 10 - 2　模拟比较器多路输入选择

| ACME | ADEN | MUX[2：0] | 模拟比较器反向输入端 | ACME | ADEN | MUX[2：0] | 模拟比较器反向输入端 |
|------|------|-----------|----------------------|------|------|-----------|----------------------|
| 0 | x | xxx | AIN1 | 1 | 0 | 011 | ADC3 |
| 1 | 1 | xxx | AIN1 | 1 | 0 | 100 | ADC4 |
| 1 | 0 | 000 | ADC0 | 1 | 0 | 101 | ADC5 |
| 1 | 0 | 001 | ADC1 | 1 | 0 | 110 | ADC6 |
| 1 | 0 | 010 | ADC2 | 1 | 0 | 111 | ADC7 |

## 10.1.2　模拟比较器的应用设计

模拟比较器的基本应用就是对两个输入端(AIN0、AIN1)的模拟电压进行比较,例如对系统电源电压的监测等。

【例 10.1】系统电源电压的监测。

### 1) 硬件电路

在一些使用电池供电的便携和手持式系统中,系统需要对电源电压进行监测,一旦电压低于某个值时,就要给出警告,提示用户更换电池或对电池进行充电。图 10-2 是一个简单的电源电压监测电路。电源电压经过 R1、R2 分压后,作为监测电压输入端与 PB3(AIN1)连接。模拟比较器的 AIN0 采用芯片内部 1.22 V 的固定能隙参考电源作为比较参考电压。

假定系统正常工作电压范围为 3~5 V,当电源电压低于 3.6 V 时,就要给出低电压提示。图中使用 PB2 控制一个 LED 发光作为低电压提示。当电源电压高于 3.7 V 时,PB3(AIN1)引脚的电压大于 1.22 V,比 AIN0 的 1.22 V 高,此时寄存器 ACSR 中的 ACO 为"0";而当电源电压低于 3.6 V 时,PB3(AIN1)引脚的电压降到 1.2 V 以下,比 AIN0 的 1.22 V 低,此时寄存器 ACSR 中的 ACO 为"1"。因此,ACO 标志位反映了电压高低的情况。

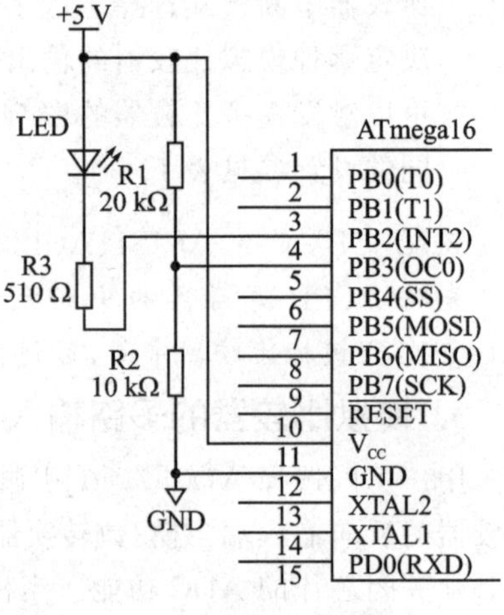

### 2) 软件设计

下面给出一个简单的电源监测程序,程序

图 10-2　系统电源电压监测电路

循环检测 ACO 的值,当 PB3 的电压低于 1.22 V 时,PB2 输出低电平,LED 发光,作为低电压报警提示。

```
/ * * * * * * * * * * * * * * * * * * * * * * * * * * * * * * * * * * * * *
File name          : demo_10_1.c
Chip type          : ATmega16
Program type       : Application
Clock frequency    : 4.000000 MHz
Memory model       : Small
External SRAM size  : 0
Data stack size    : 256
 * * * * * * * * * * * * * * * * * * * * * * * * * * * * * * * * * * * * * * * /
#include < mega16.h >

void main(void)
{
```

```
    PORTB.2 = 1;             //PB2 设置为输出,控制 LED
    DDRB.2 = 1;

    //模拟比较器初始化
    ACSR = 0x40;             //允许模拟比较器,AIN0 设置为内部固定能隙参考电源 1.22 V

    while (1)                //循环检测 ACO 位
    {
        if (ACSR.5)
            PORTB.2 = 0;     //AIN0 > AIN1,低电压报警
        else
            PORTB.2 = 1;     // AIN0 < AIN1
    }
}
```

上面的程序中体现了模拟比较器的功能,实现了对电源电压的监测。在 AVR - 51 多功能实验板上模拟时,PB3(AIN1)的输入电压可以通过板上 D 区获得。用连接线直接将 PB3 与 JD1 连接,通过调节电位器 WD1 的阻值,观察 LED 的现象。当 LED 刚发光时,测量 JD1 的电压在 2.2 V 左右。

### 3) 模拟比较器使用注意点

➤ 芯片复位后,模拟比较器为允许工作状态。如果系统中不使用模拟比较器功能,应将寄存器 ACSR 的 ACD 位置 1,关闭模拟比较器,这样可以减少电源的消耗。

➤ 使用模拟比较器时,应注意比较器的两个输入端口 PB2、PB3 的设置。当 PB2/PB3 作为模拟输入端使用时,PB2/PB3 应设置为输入工作方式,且上拉电阻无效,这样就不会使 PB2/PB3 上输入的模拟电压受到影响。

➤ 当 AIN0 设置为使用芯片内部 1.22 V 的固定能隙参考电源时,PB2 口仍然可以作为通用 I/O 口使用,这样就能节省一个 I/O 引脚。在上面的例子中,AIN0 就是设置为使用芯片内部 1.22 V 的固定能隙参考电源,这样就可将 PB2 口释放出来,作为普通 I/O 口用来驱动 LED。

【例 10.2】利用模拟比较器构成 ADC。

更巧妙的例子是可以利用模拟比较器和一些简单的外围电路,设计构成一个 ADC。感兴趣的读者可参看本章提供的参考文献 avr_app_400.pdf。

## 10.2　模/数转换器 ADC

外部的模拟信号量需要转变成数字量才能进一步由 MCU 进行处理。AT-mega16 内部集成有一个 10 位逐次比较(Successive Approximation)ADC 电路。因此,使用 AVR 可以非常方便地处理输入的模拟信号量。

ATmega16 的 ADC 与一个 8 通道的模拟多路选择器连接,能够对以 PORTA 作

为 ADC 输入引脚的 8 路单端模拟输入电压进行采样,单端电压输入以 0 V(GND)为参考。另外 ADC 还支持 16 种差分电压输入组合,其中 2 种差分输入方式(ADC1、ADC0 和 ACD3、ADC2)带有可编程增益放大器,能在 A/D 转换前对差分输入电压进行 0 dB(1×)、20 dB(10×)或 46 dB(200×)的放大。还有 7 种差分输入方式的模拟输入通道共用一个负极(ADC1),此时其他任意一个 ADC 引脚都可作为相应的正极。若增益为 1×或 10×,则可获得 8 位的转换精度。如果增益为200×,那么转换精度为 7 位。

## 10.2.1　10 位 ADC 结构

AVR 的模/数转换器 ADC 具有以下特点:

> 10 位精度;
> 0.5 LSB 积分非线性误差;
> ±2 LSB 的绝对精度;
> 13~260 $\mu$s 的转换时间;
> 在最高精度下可达到 15 kSPS/s 的采样速率;
> 8 路可选的单端输入通道;
> 7 路差分输入通道;
> 2 路差分输入通道带有可选的 10×和 200×增益;
> ADC 转换结果的读取可设置为左端对齐(Left Adjustment);
> ADC 的电压输入范围为 0~$V_{CC}$;
> 可选择的内部 2.56 V 的 ADC 参考电压源;
> 自由连续转换模式和单次转换模式;
> ADC 自动转换触发模式选择;
> ADC 转换完成中断;
> 休眠模式下的噪声抑制器(Noise Canceler)。

AVR 的 ADC 功能单元由独立的专用模拟电源引脚 $AV_{CC}$供电。引脚 $AV_{CC}$与 $V_{CC}$的电压差别不能大于±0.3 V。ADC 转换的参考电源可采用芯片内部的 2.56 V 参考电源,或采用 $AV_{CC}$,也可使用外部参考电源。使用外部参考电源时,外部参考电源由引脚 ARFE 接入。使用内部电压参考源时,可以通过在 AREF 引脚外部并接一个电容来提高 ADC 的抗噪性能。

ADC 功能单元包括采样保持电路,以确保输入电压在 ADC 转换过程中保持恒定。ADC 方框图如图 10-3 所示。

ADC 通过逐次比较方式,将输入端的模拟电压转换成 10 位的数字量。最小值代表地,最大值为 AREF 引脚上的电压值减 1 个 LSB。可以通过 ADMUX 寄存器中 REFSn 位的设置,选择将芯片内部参考电源(2.56 V)或 $AV_{CC}$连接到 AREF,作为 A/D 转换的参考电压。这时,内部电压参考源可以通过外接于 AREF 引脚的电容来

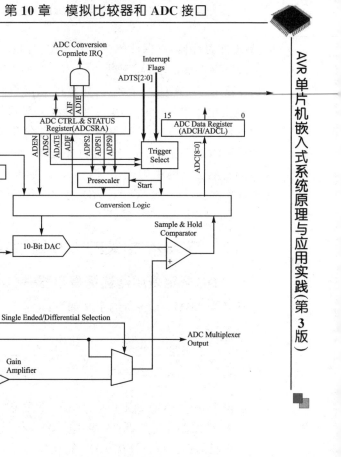

图 10 - 3　ADC 功能单元方框图

稳定,以改进抗噪特性。

　　模拟输入通道和差分增益的选择是通过 ADMUX 寄存器中的 MUX 位设定的。任何一个 ADC 的输入引脚,包括地(GND)以及内部的固定能隙电压参考源,都可以被选择用来作为 ADC 的单端输入信号。而 ADC 的某些输入引脚则可选择作为差分增益放大器的正、负极输入端。当选定了差分输入通道后,差分增益放大器将两输入通道上的电压差按选定增益系数放大,然后输入到 ADC 中。若选定使用单端输入通道,则增益放大器无效。

　　通过设置 ADCSRA 寄存器中的 ADC 使能位 ADEN 来使能 ADC。在 ADEN 没有置位前,参考电压源和输入通道的选定将不起作用。当 ADEN 位清 0 后,ADC 将不消耗能量,因此建议在进入节电休眠模式前将 ADC 关闭。

　　ADC 将 10 位转换结果放在 ADC 数据寄存器中(ADCH 和 ADCL)。默认情况下,转换结果为右端对齐,但可以通过设置 ADMUX 寄存器中 ADLAR 位,调整为左端对齐。如果转换结果是左端对齐,并且只需要 8 位精度,那么只需读取 ADCH 寄存器的数据作为转换结果就能达到要求;否则,必须先读取 ADCL 寄存器,然后再读取 ADCH 寄存器,以保证数据寄存器中的内容是同一次转换的结果。这是因为一旦 ADCL 寄存器被读取,就阻断了 ADC 对 ADC 数据寄存器的操作。这就意味着,一旦指令读取了 ADCL,那么必须紧接着读取一次 ADCH;如果在读取 ADCL 和 ADCH 的过程中正好有一次 ADC 转换完成,则 ADC 的 2 个数据寄存器的内容是不会被更新的,该次转换的结果将丢失。只有当 ADCH 寄存器被读取后,ADC 才可以继续对 ADCL 和 ADCH 寄存器操作更新。

　　ADC 有自己的中断,当转换完成时,中断将被触发。尽管在顺序读取 ADCL 和 ADCH 寄存器过程中,ADC 对 ADC 数据寄存器的更新被禁止,转换的结果丢失,但仍会触发 ADC 中断。

## 10.2.2　与 ADC 相关的 I/O 寄存器

### 1. ADC 多路复用器选择寄存器——ADMUX

寄存器 ADMUX 各位的定义如下:

| 位 | 7 | 6 | 5 | 4 | 3 | 2 | 1 | 0 | |
|---|---|---|---|---|---|---|---|---|---|
| $07($07 $0027)$ | REFS1 | REFS0 | ADLAR | MUX4 | MUX3 | MUX2 | MUX1 | MUX0 | ADMUX |
| 读/写 | R/W | R/W | R/W | R/W | R/W | R/W | R/W | R/W | |
| 复位值 | 0 | 0 | 0 | 0 | 0 | 0 | 0 | 0 | |

> 位 7,6——REFS[1:0]:ADC 参考电源选择位。REFS1、REFS0 用于选择 ADC 的参考电压源(见表 10-3)。如果这些位在 ADC 转换过程中被改变,则新的选择将在该次 ADC 转换完成后(ADCSRA 中的 ADIF 置位)才生效。一旦选择内部参考源(AV$_{CC}$、2.56 V)作为 ADC 的参考电压,则 AREF 引脚上不得施加外部的参考电源,只能与 GND 之间并接抗干扰电容。

表 10-3　ADC 参考电源选择

| REFS1 | REFS0 | ADC 参考电源 | REFS1 | REFS0 | ADC 参考电源 |
|---|---|---|---|---|---|
| 0 | 0 | 外部引脚 AREF,断开内部参考源连接 | 1 | 0 | 保留 |
| 0 | 1 | AV$_{CC}$,AREF 外部并接电容 | 1 | 1 | 内部 2.56 V,AREF 外部并接电容 |

> 位 5——ADLAR:ADC 结果左对齐选择位。ADLAR 位决定转换结果在 ADC 数据寄存器中的存放形式,写"1"到 ADLAR 位,将使转换结果左对齐;否则,转换结果为右对齐。无论 ADC 是否正在进行转换,改变 ADLAR 位都将会立即影响 ADC 数据寄存器。

> 位[4:0]——MUX[4:0]:模拟通道和增益选择位。这 5 个位用于对连接到 ADC 的输入通道和差分通道的增益进行选择设置,详见表 10-4。注意,只有转换结束后(ADCSRA 的 ADIF 为"1"),改变这些位才会有效。

表 10-4　ADC 输入通道和增益选择

| MUX[4:0] | 单端输入 | 差分正极输入 | 差分负极输入 | 增　益 |
|---|---|---|---|---|
| 00000 | ADC0 | | | |
| 00001 | ADC1 | | | |
| 00010 | ADC2 | | | |
| 00011 | ADC3 | | | |
| 00100 | ADC4 | N/A | | |
| 00101 | ADC5 | | | |
| 00110 | ADC6 | | | |
| 00111 | ADC7 | | | |
| 01000 | | ADC0 | ADC0 | 10× |
| 01001 | | ADC1 | ADC0 | 10× |
| 01010 | | ADC0 | ADC0 | 200× |
| 01011 | | ADC1 | ADC0 | 200× |
| 01100 | | ADC2 | ADC2 | 10× |
| 01101 | | ADC3 | ADC2 | 10× |
| 01110 | | ADC2 | ADC2 | 200× |
| 01111 | | ADC3 | ADC2 | 200× |
| 10000 | | ADC0 | ADC1 | 1× |
| 10001 | | ADC1 | ADC1 | 1× |
| 10010 | | ADC2 | ADC1 | 1× |
| 10011 | N/A | ADC3 | ADC1 | 1× |
| 10100 | | ADC4 | ADC1 | 1× |
| 10101 | | ADC5 | ADC1 | 1× |
| 10110 | | ADC6 | ADC1 | 1× |
| 10111 | | ADC7 | ADC1 | 1× |
| 11000 | | ADC0 | ADC2 | 1× |
| 11001 | | ADC1 | ADC2 | 1× |
| 11010 | | ADC2 | ADC2 | 1× |
| 11011 | | ADC3 | ADC2 | 1× |
| 11100 | | ADC4 | ADC2 | 1× |
| 11101 | | ADC5 | ADC2 | 1× |
| 11110 | 1.22 V(V$_{BG}$) | N/A | | |
| 11111 | 0 V(GND) | | | |

## 2. ADC 控制和状态寄存器 A——ADCSRA

寄存器 ADCSRA 各位的定义如下：

| 位 | 7 | 6 | 5 | 4 | 3 | 2 | 1 | 0 | |
|---|---|---|---|---|---|---|---|---|---|
| $06($ $0026)$ | ADEN | ADSC | ADATE | ADIF | ADIE | ADPS2 | ADPS1 | ADPS0 | ADCSRA |
| 读/写 | R/W | R/W | R/W | R/W | R/W | R/W | R/W | R/W | |
| 复位值 | 0 | 0 | 0 | 0 | 0 | 0 | 0 | 0 | |

➢ 位 7——ADEN：ADC 使能位。该位写入"1"时，使能 ADC；写入"0"时，关闭 ADC。如果在 ADC 转换过程中将 ADC 关闭，则该次转换随即停止。

➢ 位 6——ADSC：ADC 转换开始位。在单次转换模式下，置该位为"1"，将启动一次转换。在自由连续转换模式下，该位写入"1"将启动第一次转换。先置位 ADEN 位使能 ADC，再置位 ADSC；或置位 ADSC 的同时使能 ADC，都会使能 ADC 开始进行第一次转换。第一次 ADC 转换将需要 25 个 ADC 时钟周期，而不是常规转换的 13 个 ADC 时钟周期，这是因为第一次转换需要完成对 ADC 的初始化。

在 ADC 转换的过程中，ADSC 将始终读出为"1"。当转换完成时，它将转变为"0"。强制写入"0"是无效的。

➢ 位 5——ADATE：ADC 自动转换触发允许位。当该位置 1 时，允许 ADC 工作在自动转换触发工作模式下。在该模式下，在触发信号的上升沿，ADC 将自动开始一次 ADC 转换过程。ADC 的自动转换触发信号源由 SFIOR 寄存器的 ADTS 位选择确定。

➢ 位 4——ADIF：ADC 中断标志位。当 ADC 转换完成并且 ADC 数据寄存器更新后，该位置位。如果 ADIE 位（ADC 转换结束中断允许位）和 SREG 寄存器中的 I 位置 1 时，则 ADC 中断服务程序将被执行。ADIF 在执行相应的中断处理向量时被硬件自动清 0。此外，ADIF 位可以通过写入逻辑"1"来清 0。

➢ 位 3——ADIE：ADC 中断允许位。当该位和 SREG 寄存器中的 I 位同时置位时，允许响应 ADC 转换完成中断。

➢ 位[2：0]——ADPS[2：0]：ADC 时钟预分频选择位。这些位决定了 XTAL 时钟与输入到 ADC 的 ADC 时钟之间分频数，如表 10－5 所列。

表 10－5　ADC 时钟分频

| ADPS[2：0] | 分频系数 |
|---|---|
| 000 | 2 |
| 001 | 2 |
| 010 | 4 |
| 011 | 8 |
| 100 | 16 |
| 101 | 32 |
| 110 | 64 |
| 111 | 128 |

## 3. ADC 数据寄存器——ADCL 和 ADCH

(1) ADLAR ＝ 0，ADC 转换结果右对齐时，ADC 结果的保存方式。

AVR 单片机嵌入式系统原理与应用实践（第 3 版）

| 位 | 15 | 14 | 13 | 12 | 11 | 10 | 9 | 8 | |
|---|---|---|---|---|---|---|---|---|---|
| $05($05 0025) | — | — | — | — | — | — | ADC9 | ADC8 | ADCH |
| $04($0024) | ADC7 | ADC6 | ADC5 | ADC4 | ADC3 | ADC2 | ADC1 | ADC0 | ADCL |
| 位 | 7 | 6 | 5 | 4 | 3 | 2 | 1 | 0 | |
| 读/写 | R | R | R | R | R | R | R | R | |
| 读/写 | R | R | R | R | R | R | R | R | |
| 复位值 | 0 | 0 | 0 | 0 | 0 | 0 | 0 | 0 | |
| 复位值 | 0 | 0 | 0 | 0 | 0 | 0 | 0 | 0 | |

（2）ADLAR ＝ 1，ADC 转换结果左对齐时，ADC 结果的保存方式。

| 位 | 15 | 14 | 13 | 12 | 11 | 10 | 9 | 8 | |
|---|---|---|---|---|---|---|---|---|---|
| $05($0025) | ADC9 | ADC8 | ADC7 | ADC6 | ADC5 | ADC4 | ADC3 | ADC2 | ADCH |
| $04($0024) | ADC1 | ADC0 | — | — | — | — | — | — | ADCL |
| 位 | 7 | 6 | 5 | 4 | 3 | 2 | 1 | 0 | |
| 读/写 | R | R | R | R | R | R | R | R | |
| 读/写 | R | R | R | R | R | R | R | R | |
| 复位值 | 0 | 0 | 0 | 0 | 0 | 0 | 0 | 0 | |
| 复位值 | 0 | 0 | 0 | 0 | 0 | 0 | 0 | 0 | |

当 ADC 转换完成后，可以读取 ADC 寄存器的 ADC0～ADC9 得到 ADC 转换的结果。如果是差分输入，则转换值为二进制的补码形式。一旦开始读取 ADCL 后，ADC 数据寄存器就不能被 ADC 更新，直到 ADCH 寄存器被读取为止。因此，如果结果是左对齐（ADLAR＝1），且不需要大于 8 位精度，则仅仅读取 ADCH 寄存器就足够了；否则，必须先读取 ADCL 寄存器，再读取 ADCH 寄存器。ADMUX 寄存器中的 ADLAR 位决定了从 ADC 数据寄存器中读取结果的格式。如果 ADLAR 位为"1"，则结果将是左对齐；如果 ADLAR 位为"0"（默认情况），则结果将是右对齐。

### 4. 特殊功能 I/O 寄存器——SFIOR

寄存器 SFIOR 各位的定义如下：

| 位 | 7 | 6 | 5 | 4 | 3 | 2 | 1 | 0 | |
|---|---|---|---|---|---|---|---|---|---|
| $30($0050) | ADTS2 | ADTS1 | ADTS0 | — | ACME | PUD | PSR2 | PSR10 | SFIOR |
| 读/写 | R/W | R/W | R/W | R | R/W | R/W | R/W | R/W | |
| 复位值 | 0 | 0 | 0 | 0 | 0 | 0 | 0 | 0 | |

➢ 位[7：5]——ADTS[2：0]：ADC 自动转换触发源选择位。当 ADCSRA 寄存器中的 ADATE 为"1"，允许 ADC 工作在自动转换触发工作模式时，这 3 位的设置用于选择 ADC 的自动转换触发源，如表 10－6 所列。如果禁止 ADC 的自动转换触发（ADATE 为"0"），则这 3 个位的设置值将不起任何作用。

表 10－6　ADC 自动转换触发源的选择

| ADTS[2：0] | 触发源 | ADTS[2：0] | 触发源 |
|---|---|---|---|
| 000 | 连续自由转换 | 100 | T/C0 溢出 |
| 001 | 模拟比较器 | 101 | T/C1 比较匹配 B |
| 010 | 外部中断 0 | 110 | T/C1 溢出 |
| 011 | T/C0 比较匹配 | 111 | T/C1 输入捕捉 |

AVR单片机嵌入式系统原理与应用实践(第 3 版)

## 10.2.3 ADC 应用设计要点

### 1. 预分频与转换时间

在通常情况下,ADC 的逐次比较转换电路要达到最大精度时,需要 50～200 kHz 的采样时钟。在要求转换精度低于 10 位的情况下,ADC 的采样时钟可以高于 200 kHz,以获得更高的采样率。

ADC 模块中包含一个预分频器的 ADC 时钟源(见图 10-4),它可以对大于 100 kHz 的系统时钟进行分频,以获得合适的 ADC 时钟供 ADC 使用。预分频器的分频系数由 ADCSRA 寄存器的 ADPS 位设置。一旦寄存器 ADCSRA 的 ADEN 位置 1(ADC 开始工作),预分频器就启动开始计数。当 ADEN 位为"1"时,预分频器将一直工作;当 ADEN 位为"0"时,预分频器一直处在复位状态。

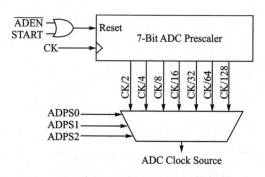

图 10-4 带预分频器的 ADC 时钟源

AVR 的 ADC 完成一次转换的时间如表 10-7 所列。从表中可以看出,完成一次 ADC 转换通常需要 13～14 个 ADC 时钟。而启动 ADC 开始第一次转换到完成的时间需要 25 个 ADC 时钟,这是因为要对 ADC 单元的模拟电路部分进行初始化。

表 10-7 ADC 转换和采样保持时间

| 转换形式 | 采样保持时间 | 完成转换总时间 |
| --- | --- | --- |
| 启动 ADC 后的第一次转换 | 13.5 个 ADC 时钟 | 25 个 ADC 时钟 |
| 正常转换,单端输入 | 1.5 个 ADC 时钟 | 13 个 ADC 时钟 |
| 自动触发方式 | 2 个 ADC 时钟 | 13.5 个 ADC 时钟 |
| 正常转换,差分输入 | 1.5/2.5 个 ADC 时钟 | 13/14 个 ADC 时钟 |

当 ADCSRA 寄存器的 ADSC 置位并启动 ADC 转换时,A/D 转换将在随后 ADC 时钟的上升沿开始。一次正常的 A/D 转换开始时,需要 1.5 个 ADC 时钟周期的采样保持时间(ADC 首次启动后需要 13.5 个 ADC 时钟周期的采样保持时间)。当一次 A/D 转换完成后,转换结果写入 ADC 数据寄存器,ADIF(ADC 中断标志位)将置位。在单次转换模式下,ADSC 也同时清 0。用户程序可以再次置位 ADSC 位,新的一次转换将在下一个 ADC 时钟的上升沿开始。

当 ADC 设置为自动触发方式时,触发信号的上升沿将启动一次 ADC 转换。转换完成的结果将一直保持到下一次触发信号的上升沿出现,然后开始新的一次 ADC

转换。这就保证了使 ADC 每隔一定的时间间隔进行一次转换。在这种方式下，ADC 需要 2 个 ADC 时钟周期的采样保持时间。

在自由连续转换模式下，一次转换完毕后马上开始一次新的转换，此时，ADSC 位一直保持为"1"。

### 2. ADC 输入通道和参考电源的选择

寄存器 ADMUX 中的 MUXn 和 REFS1、REFS0 位实际上是一个缓冲器，该缓冲器与一个 MCU 可以随机读取的临时寄存器相连通。采用这种结构，保证了 ADC 输入通道和参考电源只能在 ADC 转换过程中的安全点被改变。在 ADC 转换开始前，通道和参考电源可以不断更新。一旦转换开始，通道和参考电源将被锁定，并保持足够时间，以确保 ADC 转换的正常进行。在转换完成前的最后一个 ADC 时钟周期（ADCSRA 的 ADIF 置 1 时），通道和参考电源又开始重新更新。

**注意**：由于 A/D 转换开始于置位 ADSC 后的第一个 ADC 时钟的上升沿，因此，在置位 ADSC 后的一个 ADC 时钟周期内不要将一个新的通道或参考电源写入到 AD-MUX 寄存器中。

改变差分输入通道时需特别当心。一旦确定了差分输入通道，增益放大器就需要 125 $\mu s$ 的稳定时间。因此在选择了新的差分输入通道后的 125 $\mu s$ 内不要启动 A/D 转换，或将这段时间内的转换结果丢弃。通过改变 ADMUX 中的 REFS1、REFS0 来更改参考电源后，第一次差分转换同样要遵循以上的时间处理过程。

（1）当要改变 ADC 输入通道时，应该遵守以下方式，以保证能够选择到正确的通道：

在单次转换模式下，总是在开始转换前改变通道设置。尽管输入通道改变发生在 ADSC 位被写入"1"后的 1 个 ADC 时钟周期内，但是，最简单的方法是等到转换完成后再改变通道的选择。

在连续转换模式下，总是在启动 ADC 开始第一次转换前改变通道设置。尽管输入通道改变发生在 ADSC 位被写入"1"后的 1 个 ADC 时钟周期内，但是，最简单的方法是等到第一次转换完成后再改变通道的设置。然而由于此时新一次的转换已经自动开始，所以，当前这次的转换结果仍反映前一通道的转换值，而下一次的转换结果将为新设置通道的值。

（2）ADC 的参考电压（$V_{REF}$）决定了 A/D 转换的范围。如果单端通道的输入电压超过 $V_{REF}$，将导致转换结果接近于 0x3FF。ADC 的参考电压 $V_{REF}$ 可以选择为 $AV_{CC}$ 或芯片内部的 2.56 V 参考源，或者为外接在 AREF 引脚上的参考电压源。

$AV_{CC}$ 通过一个无源开关连接到 ADC。内部 2.56 V 参考源是由内部能隙参考源（$V_{BG}$）通过内部的放大器产生的。注意，无论选用什么内部参考电源，外部 AREF 引脚都是直接与 ADC 相连的，因此，可以通过外部在 AREF 引脚与地之间并接一个电容，使内部参考电源更加稳定并抗噪。可以通过使用高阻电压表测量 AREF 引脚

AVR 单片机嵌入式系统原理与应用实践(第 3 版)

来获得参考电源 $V_{REF}$ 的电压值。由于 $V_{REF}$ 是一个高阻源,因此,只有容性负载可以连接到该引脚。

如果将一个外部固定的电压源连接到 AREF 引脚,那么就不能使用任何的内部参考电源;否则就会使外部电压源短路。外部参考电源的范围应为 2.0 V～($AV_{CC}$ －0.2 V)。参考电源改变后的第一次 ADC 转换结果可能不太准确,建议抛弃该次转换结果。

### 3. ADC 转换结果

A/D 转换结束后(ADIF ＝ 1),在 ADC 数据寄存器(ADCL 和 ADCH)中可以取得转换的结果。对于单端输入的 A/D 转换,其转换结果为:

$$ADC = (V_{IN} \times 1024)/V_{REF}$$

式中:$V_{IN}$ 为选定的输入引脚上的电压;$V_{REF}$ 为选定的参考电源的电压。0x000 表示输入引脚的电压为模拟地,0x3FF 表示输入引脚的电压为参考电压值减去一个 LSB。

对于差分转换,其结果为:

$$ADC = (V_{POS} - V_{NEG}) \times G_{AIN} \times 512/V_{REF}$$

式中:$V_{POS}$ 为差分正极输入电压;$V_{NEG}$ 为差分负极输入电压;$V_{REF}$ 为参考电源电压;$G_{AIN}$ 为选定的增益倍数。ADC 的结果为补码形式。

例如:若差分输入通道选择为 ADC3～ADC2,10 倍增益,参考电压为 2.56 V,左端对齐(ADMUX＝0xED),ADC3 引脚上电压为 300 mV,ADC2 引脚上电压为 500 mV,则 ADCR ＝(300－500)×10×512 / 2 560 ＝ －400 ＝ 0x270,ADCL＝0x00,ADCH＝0x9C。

若结果为右端对齐(ADLAR＝0),则 ADCL＝0x70,ADCH＝0x02。

## 10.2.4　ADC 的应用设计

【例 10.3】简易电压表的设计与实现。

### 1) 硬件电路

利用 AVR-51 多功能实验板,可以实现和完成一个简易电压表的设计,电路图如图 10-5 所示。图中,ATmega16 的 PC 口作为 LED 的段码输出口,PA0～PA4 为 4 位 LED 的位控,采用动态扫描方式构成电压表的输出显示。而 PA7(ADC7)口作为模拟电压测量的输入口(ADC 输入)。系统 5 V 电源经过 L、C2 滤波后到 $AV_{CC}$,提高了 $AV_{CC}$ 的稳定性。ADC 的参考电压源采用内部 $AV_{CC}$,电容 C2 并接在 AREF 与地之间,也可以进一步地提高参考电压的稳定性。

调节电位器 W 的阻值,在 PA7 端可以得到 0～5 V 范围内变化的电压值。PA7 为单端输入方式,利用 ATmega16 内部的 ADC 进行转换,转换后的结果换算成测量的电压值在 4 位 LED 上显示。

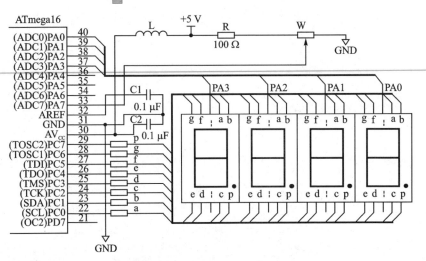

**图 10 - 5　简易 0~5 V 电压表电路**

## 2) 软件设计

下面是实现简易电压表的系统程序代码。

```
/ * * * * * * * * * * * * * * * * * * * * * * * * * * * * * * * * * * * * *
File name         : demo_10_3.c
Chip type         : ATmega16L
Program type      : Application
Clock frequency   : 4.000000 MHz
Memory model      : Small
External SRAM size : 0
Data stack size   : 256
 * * * * * * * * * * * * * * * * * * * * * * * * * * * * * * * * * * * * * * /

#include < mega16.h >

flash unsigned char led_7[10] = {0x3F,0x06,0x5B,0x4F,0x66,0x6D,0x7D,0x07,0x7F,
0x6F};flash unsigned char position[4] = {0xfe,0xfd,0xfb,0xf7};

unsigned char dis_buff[4] = {0,0,0,0},posit;
bit time_2ms_ok;

//ADC 电压值送显示缓冲区函数
void adc_to_disbuffer(unsigned int adc)
{
    unsigned char i;
    for (i = 0;i <= 3;i++)
    {
        dis_buff[i] = adc % 10;
        adc /= 10;
    }
}
```

```
}

// Timer 0 比较匹配中断服务
interrupt [TIM0_COMP] void timer0_comp_isr(void)
{
    time_2ms_ok = 1;
}

//ADC 转换完成中断服务
interrupt [ADC_INT] void adc_isr(void)
{
    unsigned int adc_data,adc_v;
    adc_data = ADCW;                              //读取 ADC 转换结果
    adc_v = (unsigned long)adc_data * 5000/1024;  //换算成电压值
    adc_to_disbuffer(adc_v);
}

void display(void)                                //4 位 LED 数码管动态扫描函数
{
    PORTA |= 0x0f;
    PORTC = led_7[dis_buff[posit]];
    if (posit == 3) PORTC |= 0x80;
    PORTA &= position[posit];
    if ( ++ posit >= 4 ) posit = 0;
}
//系统主程序
void main(void)
{
    DDRA = 0x0f;                  //见以下说明
    PORTA = 0x0f;                 //见以下说明
    DDRC = 0xff;                  //LED 显示控制 I/O 端口初始化
    PORTC = 0x00;
    //T/C0 初始化
    TCCR0 = 0x0B;                 //内部时钟,64 分频(4 MHz/64 = 62.5 kHz),CTC 模式
    TCNT0 = 0x00;
        OCR0 = 0x7C;             // OCR0 = 0x7C(124),(124 + 1)/62.5 kHz = 2 ms
    TIMSK = 0x02;                 //使能 T/C0 比较中断

    //ADC 初始化
    ADMUX = 0x47;                 //参考电源 AV_CC,ADC7 单端输入
    SFIOR& = 0x1F;
    SFIOR| = 0x60;                //选择 T/C0 比较匹配中断为 ADC 触发源
    ADCSRA = 0xAD;                //ADC 允许,自动触发转换,ADC 转换中断允许,ADClk = 125 kHz
    #asm("sei")                   //使能全局中断
```

```
    while (1)
    {
        if (time_2ms_ok)
        {
            display();                      //LED 扫描显示
            time_2ms_ok = 0;
        }
    }
}
```

程序中采用 T/C0 比较匹配中断,每 2 ms 中断一次。该定时中断除了作为 LED 动态扫描的定时外,还作为 ADC 自动触发转换的触发源信号。在 ADC 的初始化代码中,设置 ADC 时钟的分频系数为 32。系统 4 MHz 时钟频率经过 32 分频后产生 125 kHz 的 ADC 时钟频率,满足了逐次比较转换电路达到最大精度时,需要的 50～200 kHz 之间的采样时钟的要求。如果 ADC 单端输入转换时间为 13 个 ADC 时钟周期,则一次 ADC 转换的时间为 13/125 kHz = 0.11 ms。因此,2 ms 的固定转换间隔时间远超出完成一次 ADC 的转换时间 0.11 ms,不会影响 ADC 的转换过程,同时每秒内完成的 ADC 转换达 500 次。

尽管 ATmega16 的 PA 口的 PA7 作为 ADC 的输入端,但 PA 口的其他引脚仍可作为普通的数字 I/O 口使用,本例就是使用 PA0～PA3 作为 4 个 LED 的位控制线使用。但对 PA 口的初始化时需要注意,PA7 要设置成输入方式,且不能使用该口内部的上拉电阻;否则会影响到输入的模拟电压值。

在 ADC 转换完成中断服务中,把 ADC 转换结果换算成电压值,换算采用了整型数计算。为了保证计算不会产生溢出,先将 adc_data 强行转换成长型,然后再乘以 5000(这里假定 AVcc 参考电压为 5 V),最后再除以 1024,以保证换算的正确性。

# 10.2.5　ADC 应用设计的深入讨论

尽管 AVR 内部集成了 10 位 ADC,但在实际应用中,要想真正实现 10 位精度且比较稳定的 ADC,并不像 10.2.4 小节中的例子那么简单,需要进一步从硬件、软件等方面进行综合、细致地考虑。下面介绍一些在 ADC 应用设计中应该考虑的几个要点。

## 1. AVcc的稳定性

AVcc是提供给 ADC 工作的电源,如果 AVcc不稳定,就会影响 ADC 的转换精度。在图 10-5 中,系统电源通过一个 LC 滤波后接入 AVcc,这样就能很好地抑制系统电源中的高频躁声,提高了 AVcc的稳定性。

另外,在要求比较高的场合使用 ADC 时,PA 口上的那些没被用做 ADC 输入的端口尽量不要作为数字 I/O 口使用。这是因为 PA 口的工作电源是由 AVcc提供的,如果 PA 口上有比较大的电流波动,那么也会影响 $AV_{CC}$ 的稳定。

### 2. 参考电压 $V_{REF}$ 的选择确定

在实际应用中,要根据输入测量电压的范围选择正确的参考电压 $V_{REF}$,以求得到比较好的转换精度。ADC 的参考电压 $V_{REF}$ 还决定了 A/D 转换范围。如果单端通道的输入电压超过 $V_{REF}$,将导致转换结果全部接近于 0x3FF,因此 ADC 的参考电压应稍大于模拟输入电压的最高值。

ADC 的参考电压 $V_{REF}$ 可以选择为 $AV_{CC}$,或芯片内部的 2.56 V 参考源,或者为外接在 AREF 引脚上的参考电压源。外接参考电压应该稳定,并大于 2.0 V(芯片的工作电压为 1.8 V 时,外接参考电压应大于 1.0 V)。要求比较高的场合,建议在 AREF 引脚外接标准参考电压源作为 ADC 的参考电源。

### 3. ADC 通道带宽和输入阻抗

不管使用单端输入转换还是差分输入转换方式,所有模拟输入口的输入电压应在 $AV_{CC}$ 与 GND 之间。其基本的接入方式如图 10-6 所示。

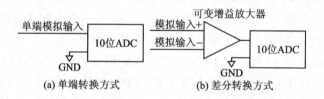

(a) 单端转换方式　　　　　(b) 差分转换方式

**图 10-6　单端 ADC 和差分 ADC 转换输入示意图**

在单端 ADC 转换方式时,ADC 通道的输入频率带宽取决于 ADC 转换时钟频率。一次常规的 ADC 转换需要 13 个 ADC 时钟,当 ADC 转换时钟频率为 1 MHz 时,1 s 内 ADC 采样转换的次数约 77 000。根据采样定理,此时 ADC 通道的带宽为 38.5 kHz。

差分方式 ADC 转换的带宽是由芯片内部的差分放大器的带宽所决定的,为 4 kHz。

AVR 的 ADC 输入阻抗典型值为 100 MΩ,为保证测量准确,被测信号源的输出阻抗要尽可能低,应在 10 kΩ 以下。

### 4. ADC 采样时钟的选择

通常条件下,AVR 的 ADC 逐次比较电路要达到转换的最大精度,需要一个频率为 50～200 kHz 的采样时钟。一次正常的 ADC 转换过程需要 13 个采样时钟周期,假定 ADC 采样时钟频率为 200 kHz,那么最高的采样频率为 200 kHz/13 = 15.384 kHz。因此根据采样定理,理论上被测模拟信号的最高频率为 7.7 kHz。

尽管可以设置 ADC 的采样时钟频率为 1 MHz,但并不能提高 ADC 转换精度,反而会降低转换精度(受逐次比较硬件电路的限制),因此 AVR 的 ADC 不能完成高速 ADC 的任务。如果所需的转换精度低于 10 位,那么采样时钟频率可以高于

200 kHz,以达到更高的采样频率。

ADC 采样时钟的选择方式为:给出或估计被测模拟信号的最高频率 $f_s$,取采样频率为 $f_s$ 的 4～10 倍,再乘以 13 即为 ADC 采样时钟频率,该频率范围内 50～200 kHz。如果该频率大于 200 kHz,则 ADC 的 10 位精度不能保证;如果该频率小于 50 kHz,则可选择范围内 50～200 kHz 的数值。

### 5．模拟噪声的抑制

器件外部和内部的数字电路会产生电磁干扰,并会影响模拟测量的精度。如果 ADC 转换精度要求很高,则可以采用以下的技术来降低噪声的影响:

(1) 使模拟信号的通路尽可能的短。模拟信号连线应从模拟地的布线盘上通过,并使它们尽可能远离高速开关数字信号线。

(2) AVR 的 $AV_{CC}$ 引脚应该通过 LC 网络(见图 10 - 5)与数字端电源 $V_{CC}$ 相连。

(3) 采用 ADC 噪声抑制功能来降低来自 MCU 内部的噪声。

(4) 如果某些 ADC 引脚作为通用数字输出口使用,那么在 ADC 转换过程中,不要改变这些引脚的状态。

### 6．ADC 的校正

由于 AVR 内部 ADC 放大器的非线性等客观原因,因此 ADC 的转换结果会有误差。如果要获得高精度的 ADC 转换,还需要对 ADC 结果进行校正。具体的方法请参考 AVR 应用笔记 AVR120(avr_app_120.pdf)。在这篇应用设计参考中,详细介绍了误差的种类及校正方案。

### 7．ADC 精度的提高

在有了上述几点保证后,通过软件的手段也能适当地提高 ADC 的精度。例如采用多次测量取平均值和软件滤波算法等。在 AVR 应用笔记 AVR121(avr_app_121.pdf)中介绍了一种使用过采样算法的软件实现,可以将 ADC 的精度提高到 11 位或更高,当然这是在花费更多时间的基础上实现的。

## 思考与练习

1. 正确地使用 AVR 的 ADC 需要在硬件和软件方面做哪些考虑?
2. ADC 的转换精度与哪些因素相关? 如何能真正地提高 ADC 的转换精度?
3. 怎样正确地选择 AVR 的 ADC 时钟频率?
4. ADC 的参考电压与转换结果的精度有何关系?
5. 参考本章的 ADC 使用与第 8 章的定时/计数器的 PWM 输出配合,设计一个控制系统。系统功能为:当输入直流电压为 0～2 V 时,输出直流电压为 4 V;当输入直流电压为 2～4 V 时,输出直流电压为 3 V;当输入直流电压为大于 4 V 时,输出直流电压为 2 V。输入电压的测量采用 ADC,输出电压采用产生 PWM 波加低通滤波器的方式获得。

**本章参考文献：**

〔1〕 ATMEL. ATmega16 数据手册(英文,共享资料). www. atmel. com.

〔2〕 ATMEL. AVR 应用笔记 AVR128(avr_app_128. pdf)(英文,共享资料). www. atmel. com.

〔3〕 ATMEL. AVR 应用笔记 AVR400(avr_app_400. pdf)(英文,共享资料). www. atmel. com.

〔4〕 ATMEL. AVR 应用笔记 AVR120(avr_app_120. pdf)(英文,共享资料). www. atmel. com.

〔5〕 ATMEL. AVR 应用笔记 AVR121(avr_app_121. pdf)(英文,共享资料). www. atmel. com.

## 第 11 章

实战练习(二)

本章将综合前几章的内容,指导读者完成以下实践:

➢ 频率测量和简单频率计的设计与实现。

➢ 使用 T/C1 的输入捕捉功能实现高精度的周期测量。

➢ 一个比较完善的实时时钟的设计与实现。

## 11.1 频率测量和简单频率计的设计与实现

### 11.1.1 频率测量原理

在单片机应用系统中,经常要对一个连续的脉冲波频率进行测量。在实际应用中,对于转速、位移、速度、流量等物理量的测量,一般也是先由传感器转换成脉冲电信号,然后采用测量频率的方法来实现。

使用单片机测量频率或周期,通常是利用单片机的定时/计数器来完成的,测量的基本方法和原理有以下两种。

➢ 测频法:在限定的时间内(如 1 s)检测脉冲的个数。

➢ 测周法:测试限定的脉冲个数之间的时间。

这两种方法尽管原理相同,但在实际使用时,需要根据待测频率的范围、系统的时钟周期、计数器的长度,以及所要求的测量精度等因素进行全面、具体地考虑,寻找和设计出适合具体要求的测量方法。

在具体频率的测量中,需要考虑和注意的因素有以下几点:

(1) 系统的时钟。首先测量频率的系统时钟本身精度要高,因为不管是限定测量时间,还是测量限定脉冲个数的周期,其基本的时间基准是系统本身时钟产生的。其次是系统时钟的频率值,因为系统时钟频率越高,能够实现频率测量的精度也越高。因此使用 AVR 测量频率时,建议使用由外部晶体组成的系统振荡电路,不使用其内部的 RC 振荡源,同时尽量使用频率比较高的系统时钟。

(2) 所使用定时/计数器的位数。测量频率要使用定时/计数器,定时/计数器的位数越长,可以产生的限定时间越长,或在限定时间里记录的脉冲个数越多,故也提高了频率测量的精度。因此,当对频率测量精度有一定要求时,尽量采用 16 位定时/计数器。

(3) 被测频率的范围。频率测量需要根据被测频率的范围选择测量的方式。当被测频率的范围比较低时,最好采用测周期的方法测量频率。而被测频率比较高时,使用测频法比较合适。需要注意的是,被测频率的最高值一般不能超过测频 MCU 系统时钟频率的 1/2,因为当被测频率高于 MCU 时钟 1/2 后,MCU 往往不能正确检测被测脉冲的电平变化。

除了以上 3 个因素外,还要考虑频率测量的频度(每秒内测量的次数),以及如何与系统中其他任务处理之间的协调工作等。当要求频率测量精度高时,还应考虑其他中断及中断响应时间的影响,甚至需要在软件中考虑采用多次测量取平均值的算法等。

在 AVR - 51 多功能实验开发板的 K 区中有一个方波信号源。该区模块使用一个 2.048 MHz 的晶体振荡器,经过 CD4060 的分频后,提供了占空比为 50%、频率在 125 Hz~128 kHz 范围内的 10 种不同频率的标准方波脉冲信号。下面介绍 2 个基本的频率测量实例,以实现对这些不同频率的信号进行测量。

## 11.1.2 测频法测量频率

测频法的基本思想,就是采用在已知限定的时间内,对被测信号输入的脉冲个数进行计数的方法来实现对信号频率的测量。当被测信号的频率比较高时,采用这种方法比较适合。这是因为在一定时间内,频率越高,计数脉冲的个数也越多,测量也越准确。

【例 11.1】采用测频法的频率计设计与实现。

### 1) 硬件电路

硬件电路的显示部分与图 9-7 相同,PA 口为 8 个 LED 数码管的段输出,PC 口控制 8 个 LED 数码管的位扫描。使用 T/C0 对被测信号输入的脉冲个数进行计数,被测频率信号由 PB0(T0)输入。

### 2) 软件设计

首先给出系统程序,然后做必要的说明。

```
/ * * * * * * * * * * * * * * * * * * * * * * * * * * * * * * * * * * * * * * * *
    File name          : demo_11_1.c
    Chip type          : ATmega16
    Program type       : Application
    Clock frequency    : 4.000 000 MHz
    Memory model       : Small
    External SRAM size : 0
    Data stack size    : 256
 * * * * * * * * * * * * * * * * * * * * * * * * * * * * * * * * * * * * * * * /
```

```
#include < mega16.h >
flash unsigned char led_7[10] = {0x3F,0x06,0x5B,0x4F,0x66,0x6D,0x7D,0x07,0x7F,
0x6F};flash unsigned char position[8] = {0x7f,0xbf,0xdf,0xef,0xf7,0xfb,0xfd,0xfe};
unsigned char dis_buff[8];                   //显示缓冲区,存放要显示的 8 个字符的段码值
unsigned char posit;
bit time_1ms_ok,display_ok = 0;
unsigned char time0_old,time0_new,freq_time;
unsigned int freq;
void display(void)                           // 8 位 LED 数码管动态扫描函数
{
    PORTC = 0xff;
    PORTA = led_7[dis_buff[posit]];
    if (posit == 5) PORTA = PORTA | 0x80;
    PORTC = position[posit];
    if ( ++ posit >= 8 ) posit = 0;
}
//Timer 2 输出比较中断服务
interrupt [TIM2_COMP] void timer2_comp_isr(void)
{
    time0_new = TCNT0;                       //1 ms 到,记录当前 T/C0 的计数值
    time_1ms_ok = 1;
    display_ok = ~display_ok;
    if (display_ok) display();
}
void freq_to_disbuff(void)                   //将频率值转化为 BCD 码并送入显示缓冲区
{
    unsigned char i,j = 7;
    for (i = 0;i <= 4;i ++)
    {
        dis_buff[j - i] = freq % 10;
        freq = freq/10;
    }
    dis_buff[2] = freq;
}
void main(void)
{
    unsigned char i;
    DDRA = 0xFF;                             //LED 数码管驱动
    DDRC = 0xFF;
    //T/C0 初始化,外部计数方式
    TCCR0 = 0x06;                            //外部 T0 引脚下降沿触发计数,普通模式
    TCNT0 = 0x00;
```

AVR单片机嵌入式系统原理与应用实践(第3版)

```
OCR0 = 0x00;
//T/C2 初始化
TCCR2 = 0x0B;                     //内部时钟,32 分频(4 MHz/32 = 125 kHz),CTC 模式
TCNT2 = 0x00;
OCR2 = 0x7C;                      //OCR2 = 0x7C(124),(124 + 1)/125 kHz = 1 ms
TIMSK = 0x80;                     //使能 T/C2 比较匹配中断

for (i = 0;i <= 7;i++) dis_buff[i] = 0;
time0_old = 0;

#asm("sei")                       //使能全局中断
while (1)
  {
      if (time_1ms_ok)
      {   //累计 T/C0 的计数值
          if (time0_new >= time0_old) freq = freq + (time0_new - time0_old);
          else freq = freq + (256 - time0_old + time0_new);
          time0_old = time0_new;
          if ( ++ freq_time >= 100)
          {
              freq_time = 0;          //100 ms 到
              freq_to_disbuff();      //将 100 ms 内的脉冲计数值送显示
              freq = 0;
          }
          time_1ms_ok = 0;
      }
  };
}
```

程序中,LED 扫描形式函数 display()及脉冲计数值转换成 BCD 码并送显示缓冲区函数 freq_to_disbuff()比较简单,请读者自己分析。

在该程序中,使用了 2 个定时/计数器。其中,T/C0 工作在计数器方式,对外部 T0 引脚输入的脉冲信号计数(下降沿触发)。T/C2 工作在 CTC 模式,每隔 1 ms 中断一次,该定时时间即作为 LED 的显示扫描,同时也是限定时间的基时。每一次 T/C2 的中断中,都首先记录下 T/C0 寄存器 TCNT0 当前的计数值,因此前后两次 TCNT0 的差值(time0_new−time0_old)或(256− time0_old + time0_new)就是 1 ms 时间内 T0 引脚输入的脉冲个数。为了提高测量精度,程序对 100 个 1 ms 的脉冲个数进行了累计(在变量 freq 中),即已知限定的时间为 100 ms。

读者还应该注意频率的连续测量与 LED 扫描、BCD 码转换之间的协调问题。T/C2 中断间隔为 1 ms,因此在 1 ms 时间内,程序必须将脉冲个数进行累计、BCD 码转换并送入显示缓冲区,以及完成 LED 的扫描工作;否则就会影响下一次中断到来

后的处理。

在本实例的 T/C2 中断中,使用了 display_ok 标志,将 LED 扫描分配在奇数毫秒(1、3、5、7…),而将 1 ms 的 TCNT0 差值计算、累计和转换等处理放在主程序中完成。另外,由于计算量大的 BCD 码转换是在偶数毫秒(100 ms)处理的,所以程序中 LED 的扫描处理和 BCD 码转换处理不会同时进行(不会在 2 次中断间隔的 1 ms 内同时处理 LED 扫描和 BCD 码转换),这就就保证了在下一次中断到达时,前一次的处理已经全部完成,使频率的连续测量不受影响。

该实例程序的性能和指标如下(假定系统时钟没有误差为 4 MHz)。

➢ 频率测量绝对误差:±10 Hz。由于限定的时间为 100 ms,而且 T/C0 的计数值有 ±1 的误差,所以换算成频率为 ±10 Hz。

➢ 被测最高频率值:255 kHz。由于 T/C0 的长度为 8 位,所以在 1 ms 中,T0 输入的脉冲个数应小于 255 个。如果大于 255,则造成 T/C0 自动清 0,将丢失脉冲个数。

➢ 测量频度:10 次/s。由于限定的时间为 100 ms,并且连续测量,所以测量频度为 10 次/s。

➢ 使用资源:2 个定时器,1 个中断。

**3) 思考与实践**

根据上面采用测频法的思路,如何修改程序以提高测量精度和被测最高频率?提示如下:

➢ 延长限定的时间,例如采用 1 s,可提高频率的测量精度,但测量频度减小。注意,变量 freq 应定义为长整型变量。

➢ 将 T/C0 换成 16 位的 T/C1,可以提高被测最高频率值。注意,此时 time0_new 和 time0_old 应定义为整型变量。

# 11.1.3　测周法测量频率

测周法的基本思想,就是测量在限定的脉冲个数之间的时间间隔,然后再换算成频率(需要时)。当被测信号的频率较低时,采用这种方法比较适合。这是因为频率越低,在限定的脉冲个数之间的时间间隔也越长,定时/计数的个数也越多,测量也越准确。

**【例 11.2】** 采用测周法的频率计设计与实现。

**1) 硬件电路**

硬件电路的显示部分与图 9-7 相同,PA 口为 8 个 LED 数码管的段输出,PC 口控制 8 个 LED 数码管的位扫描。被测频率信号由 PB0(T0)输入。

**2) 软件设计**

首先给出系统程序,然后做必要的说明。

AVR单片机嵌入式系统原理与应用实践(第3版)

```
/* * * * * * * * * * * * * * * * * * * * * * * * * * * * * * * * * * * *
  File name            : demo_11_2.c
  Chip type            : ATmega16
  Program type         : Application
  Clock frequency      : 4.000000 MHz
  Memory model         : Small
  External SRAM size   : 0
  Data stack size      : 256
  * * * * * * * * * * * * * * * * * * * * * * * * * * * * * * * * * * * */
#include <mega16.h>
flash unsigned char led_7[10] = {0x3F,0x06,0x5B,0x4F,0x66,0x6D,0x7D,0x07,0x7F,
0x6F};flash unsigned char position[8] = {0x7f,0xbf,0xdf,0xef,0xf7,0xfb,0xfd,0xfe};

unsigned char dis_buff[8];            //显示缓冲区,存放要显示的 8 个字符的段码值
unsigned char posit;
bit freq_ok = 0;
unsigned char time2_new;
unsigned int freq;
unsigned long int freq_temp;

void display(void)                    //8 位 LED 数码管动态扫描函数
{
    PORTC = 0xff;
    PORTA = led_7[dis_buff[posit]];
    if (posit == 5) PORTA = PORTA | 0x80;
    PORTC = position[posit];
    if ( ++posit >= 8 ) posit = 0;
}
//T/C0 比较匹配中断服务,250 个计数脉冲中断一次
interrupt [TIM0_COMP] void timer0_comp_isr(void)
{
    time2_new = TCNT2;
    TCNT2 = 0;
    TIFR = 0x80;
    freq_temp = freq;
    freq = 0;
    freq_ok = 1;
}
//T/C2 比较匹配中断服务,500 μs 中断一次
interrupt [TIM2_COMP] void timer2_comp_isr(void)
{
    freq++;
    #asm("sei")                       //使能中断,允许中断嵌套,T/C0 中断可打断该中断服务
```

AVR 单片机嵌入式系统原理与应用实践(第 3 版)

```
        display();
}
void freq_to_disbuff(void)              //频率值转化为 BCD 码送显示缓冲区
{
    unsigned char i,j = 7;
    for (i = 0;i <= 7;i++)
    {
        dis_buff[j - i] = freq_temp % 10;
        freq_temp = freq_temp / 10;
    }
}
void main(void)
{
    unsigned char i;
    DDRA = 0xFF;                         //LED 数码管
    DDRC = 0xFF;
    // T/C2 初始化
    TCCR2 = 0x0A;                        //内部时钟,8 分频(4 MHz/8 = 500 kHz),CTC 模式
    TCNT2 = 0x00;                        //基时为 2 μs
    OCR2 = 0xF9;                         //OCR2 = 0xF9(249),(249 + 1)/(500 kHz) = 0.5 ms
    // T/C0 初始化
    TCCR0 = 0x0E;                        //外部 T0 引脚下降沿触发计数,CTC 模式
    TCNT0 = 0x00;
    OCR0 = 0xF9;                         //OCR0 = 0xF9(249),(249 + 1) = 250
    TIMSK = 0x82;                        //使能 T/C2、T/C0 比较匹配中断
    for (i = 0;i <= 7;i++)dis_buff[i] = 0;
    #asm("sei")                          //使能全局中断
    while (1)
    {
        if (freq_ok)
        {
            freq_temp = freq_temp * 250 + time2_new;//累计 250 个脉冲的时间间隔
            freq_temp = 12500000000/freq_temp;      //换算成频率
            freq_to_disbuff();                      //频率值送显示
            freq_ok = 0;
        }
    };
}
```

　　程序中,LED 扫描形式函数 display() 及脉冲计数值转换成 BCD 码并送显示缓冲区函数 freq_to_disbuff() 比较简单,请读者自己分析。

　　在该程序中,同样使用了 2 个定时/计数器。其中,T/C2 仍工作在 CTC 模式,

每隔 500 $\mu$s 中断一次,该定时时间作为 LED 的显示扫描,同时也用于时间累计。在每一次 T/C2 的中断中,将累计中断的次数(在 freq 中),然后马上使能全局中断(由于在进入 T/C2 中断时,系统硬件已经自动禁止了全局中断),保证系统能及时响应 T/C0 的中断。

该程序的核心是 T/C0 的中断。T/C0 工作在 CTC 模式,它负责对外部 T0 引脚输入的脉冲信号计数(下降沿触发),一旦计数值(限定脉冲个数)到达 250 后产生中断。进入 T/C0 中断后,立即记录当前 T/C2 寄存器 TCNT2 的值(在 time2_new 中),然后清 0 TCNT2 和T/C2的中断标志位,为下一次计时做初始化准备。接下来同样需要把 T/C2 产生中断的次数累计值备份到 freq_temp 中,此时变量 freq_temp 和 time2_new 中的值就是 T0 输入的 250 个限定脉冲之间的时间间隔。

当 T/C0 中断产生后,系统应立即响应,马上读取 T/C2 的值。由于 T/C2 的计时过程不会停止,所以拖延 T/C0 中断的响应时间就会影响测量的精度。因此需要把 T/C2 的中断服务程序设计成能够支持中断嵌套的方式,使系统尽可能地立即响应 T/C0 中断。

计算 250 个限定脉冲之间的时间间隔是在主程序中完成的。计算公式为:
250 个脉冲之间的时间间隔(计时时基个数) = T/C2 中断次数×250 + T/C2 当前值
1 计时时基个数 = 2 $\mu$s(注:T/C2 计时时基 = 4 MHz/8)

换算成频率值:1 000 000/(250 个脉冲之间的时间间隔×2 $\mu$s/250)×100 = 12 500 000 000/250 个脉冲之间的时间间隔,单位为 Hz。式中:乘以 100 是为了保留 2 位小数。程序中全部使用了整数运算,它比采用浮点数运算的速度要快得多,同时也保证了在 T/C0 的 2 次中断的间隔中,能全部完成频率换算、LED 扫描等处理任务,不会造成对频率连续测量的影响。

该实例程序的性能和指标如下(假定系统时钟没有误差,为 4 MHz)。

> 周期测量绝对误差:±(2 $\mu$s/250)。若不考虑中断响应时间的影响,由于 T/C2 的计数值有±1 的误差,所以周期测量绝对误差为±(2 $\mu$s/250);若考虑中断响应时间的影响,则周期测量绝对误差为±((2~5)/250) $\mu$s。

> 被测最低频率值:8Hz。考虑 freq 为 16 位,最大计数值为 65 535,所以可以记录的 250 个脉冲之间的时间间隔最大为 65 535×250×2 $\mu$s = 32 767 500 $\mu$s。那么最长 1 个脉冲周期 32 767 500 $\mu$s/250 = 131 070 $\mu$s,换算成频率为 1/131 070 = 7.63 Hz。

> 测量频度:与被测频率有关。若被测频率为 125 Hz,则测量频度 = 1 次/2 s;被测频率为 250 Hz,则测量频度 = 1 次/s;被测频率为 2 kHz,则测量频度 = 8 次/s。

> 使用资源:2 个定时器,2 个中断,其中一个支持中断嵌套。

下面进一步讨论测量精度的问题,在测频法中,由于频率测量的绝对误差是±10 Hz,因此被测频率越高(仅受系统时钟限制),测量精度也就越高,这一点是明显的。而在测周法中,由于其周期测量绝对误差是固定的,因此被测频率越低,精度越高,这一特点不容易直接看出。下面以测量 1 kHz 和 4 kHz 频率为例,分别计算出它们的精度结果,并进行比较。

首先取测周法的周期测量绝对误差为 $\pm(2\ \mu s/250)$,即 $\pm 0.008\ \mu s$。对于 1 kHz 频率,其标准周期为 1000 $\mu s$,考虑测量误差,周期为 1000.008~999.992 $\mu s$,对应频率为 999.992~1000.008 Hz,有效位数为 6 位。而对于 4 kHz 频率,其标准周期为 250 $\mu s$。考虑测量误差,周期为 250.008~249.992 $\mu s$,对应频率为 3 999.872~4000.128 Hz,此时有效位数降为 5 位。可见,当被测频率越高时,有效位数越少,测量的精度也越差。

## 11.1.4　频率测量小结

以上介绍了两种频率的测量方法,通过分析可以知道,频率的测量还是比较复杂的。如果设计制作一个频率计,要能满足在被测频率范围较宽、变化较大的情况下使用,那么单一地使用某一种测量方法都是不能达到要求的。因此,一个完善的频率计,要设计一个智能的测量过程,即其系统程序能够根据每次的测试数据,自动转换使用正确的测量方法,并能自动调节限定的时间(测频法)或限定脉冲数(测周法),以及调整计时的时间基时等。这样,经过几次自动调整后,系统测出的频率可达到最高的测量精度。

此外,上面的频率测量方法都必须占用 MCU 的 2 个硬件资源,这也是一般单片机测频所采用的方法(或采用 1 个 T/C 加 1 个外部中断,同样占用 2 个硬件资源)。AVR 单片机的 T/C1 增加了捕捉功能,利用该功能进行频率测量时,不但只需要使用 1 个硬件资源(T/C1)就能完成周期的测量,而且还能获得更好的测量精度。

## 11.2　基于 T/C1 捕捉功能实现高精度的周期测量

在 8.4 节中介绍了 AVR 定时/计数器的一个非常有特点的功能——T/C1 的输入捕捉功能。该功能可以应用于精确捕捉一个外部事件的发生,记录事件发生的时间印记(Time-stamp)。当一个输入捕捉事件发生时,例如外部引脚 ICP1 上的逻辑电平变化时,T/C1 计数器 TCNT1 中的计数值被实时地写入到输入捕捉寄存器 ICR1 中,并置位输入捕获标志位 ICF1,产生中断申请。因此,利用输入捕捉功能可以实现对周期的精确测量。

采用输入捕捉功能进行精确周期测量的基本原理比较简单,实际上就是将被测信号作为 ICP1 的输入,被测信号的上升(下降)沿作为输入捕捉的触发信号。T/C1 工作在常规计数器方式,对设定的已知系统时钟脉冲进行计数。在计数器正常工作过程中,一旦 ICP1 上的输入信号由低变高(假定上升沿触发输入捕捉事件)时,TC-NT1 的计数值被同步复制到了寄存器 ICR1 中。换句话说,当每一次 ICP1 输入信号由低变高时,TCNT1 的计数值都会再次同步复制到 ICR1 中。

如果能及时将 2 次连续的 ICR1 中数据记录下来,那么 2 次 ICR1 的差值乘以已知的计数器计数脉冲的周期,就是输入信号一个周期的时间。由于在整个过程中,计数器的计数工作没有受到任何影响,捕捉事件发生的时间印记也是由硬件自动同步复制到 ICR1 中的,因此所得到的周期值是非常精确的。

下面,把 AVR-51 多功能实验开发板 K 区提供的占空比为 50%、频率为 125 Hz~128 kHz 之间的 10 种不同频率的标准方波脉冲信号作为被测信号源,给出仅采用一个 T/C1,并配合输入捕捉功能的应用,实现一个高精度的周期(频率)测试计的设计应用。

【例 11.3】基于 T/C1 捕捉功能的可变量程频率计的设计与实现。

### 1) 硬件电路

本例的硬件电路如图 11-1 所示,PA 口为 6 个 LED 数码管的段输出,PC 口是 6 个 LED 数码管的位扫描控制口,6 位 LED 构成频率计的结果显示,被测脉冲信号由 ICP1(PD6)输入。需要注意的是,为了提高测量精度,系统时钟应采用外部晶体,同时系统时钟频率原则上越高越好。本例中采用外部 4 MHz 晶体,因此系统时钟频率为 4 MHz,周期为 0.25 μs(图中未画出外部晶体部分的电路和 8 个段限流电阻)。

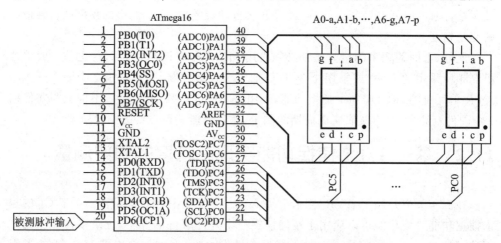

图 11-1 基于 T/C1 捕捉功能的可变量程频率计电路图

### 2) 软件设计

尽管采用输入捕捉功能进行精确周期测量的基本原理比较简单,但实际实现起来却不那么简单。因为系统中需要 LED 扫描显示,频率值的换算也需要大量的计算,而且在系统运行过程中,还必须确保 T/C1 每次捕捉中断产生后马上把寄存器 ICR1 中的时间印记读出,以及 T/C1 计数过程是否溢出等。另外,由于被测信号的频率在 125 Hz~128 kHz 之间,相差达 128000/125 Hz = 1024 倍,所以还要考虑使用量程的自动转换。

下面首先给出系统程序,然后做必要的说明。

```
/* * * * * * * * * * * * * * * * * * * * * * * * * * * * * * *
File name            : demo_11_3.c
Chip type            : ATmega16
Program type         : Application
Clock frequency      : 4.000 000 MHz
Memory model         : Small
External SRAM size   : 0
Data stack size      : 256
* * * * * * * * * * * * * * * * * * * * * * * * * * * * * * */
#include < mega16.h >
sfrw ICR1 = 0x26;           //补充定义 16 位寄存器 ICR1 地址为 0x26(mega16.h 中未定义)

flash unsigned char led_7[11] = {0x3F,0x06,0x5B,0x4F,0x66,0x6D,0x7D,0x07,0x7F,0x6F,
0x00};flash unsigned char position[6] = {0xfe,0xfd,0xfb,0xf7,0xef,0xdf};

unsigned char dis_buff[6];          //显示缓冲区,存放要显示的 6 个字符的段码值
unsigned int icp_v1,icp_v2;
unsigned char icp_n,max_icp;
bit icp_ok,time_4ms_ok,f_2_d,begin_m,full_ok;

void display(void)                  // 6 位 LED 数码管动态扫描函数
{
    static unsigned char posit;
    PORTC = 0xff;
    PORTA = led_7[dis_buff[posit]];
    PORTC = position[posit];
    if ( ++ posit == 6) posit = 0;
}
//Timer 2 比较匹配中断服务,4 ms 定时
interrupt [TIM2_COMP] void timer2_comp_isr(void)
{
    #asm("sei")                     //使能全局中断,允许中断嵌套
    display();
    time_4ms_ok = 1;
}
//Timer 1 溢出中断服务
interrupt [TIM1_OVF] void timer1_ovf_isr(void)
{
    full_ok = 1;
}
//Timer 1 输入捕捉中断服务
interrupt [TIM1_CAPT] void timer1_capt_isr(void)
{
```

```
    if (icp_n >= max_icp)            //第 N 个上升沿到
    {
        icp_v2 = ICR1;               //记录第 N 个上升沿时间
        TIMSK = 0x80;                //禁止 T/C1 输入捕捉和溢出中断
        icp_ok = 1;
    }
    else if (icp_n == 0)
    {
        icp_v1 = ICR1;               //记录第 1 个上升沿时间
    }
    icp_n ++ ;
}
void f_to_disbuf(long v)              //频率值送显示缓冲区函数
{
    unsigned char i;
    for (i = 0;i <= 4;i ++ )         //转换成 6 位 BCD 码送显示缓冲区
    {
        dis_buff[i] = v%10;
        v /= 10;
    }
    dis_buff[5] = v;
    for (i = 5;i > 0;i -- )          //高位 0 不显示
    {
        if (dis_buff[i] == 0)
            dis_buff[i] = 10;
        else
            break;
    }
}
void main(void)
{
    unsigned int icp_1,icp_2;
    long fv;
    DDRA = 0xFF;                     //LED 段码输出
    PORTC = 0xFF;
    DDRC = 0x3F;                     //LED 位控输出
    PORTD = 0x40;                    //PD6(icp)输入方式,上拉有效
    //T/C2 初始化
    TCCR2 = 0x0C;                    //内部时钟,64 分频(4 MHz/64 = 62.5 kHz),CTC 模式
    OCR2 = 0xf9;                     //OCR2 = 0xf9(249),(249 + 1)/(62.5 kHz) = 4 ms
    //T/C1 初始化
```

```
TCCR1B = 0x41;                    //T/C1 正常计数方式,上升沿触发输入捕捉,4 MHz 计数时钟
TIMSK = 0xA4;                     //使能 T/C2 比较匹配中断,使能 T/C1 输入捕捉、溢出中断
icp_n = 0;
max_icp = 1;
♯asm("sei")                                        //使能全局中断
while (1)
{
    if (icp_ok == 1)                              //完成一次测量
    {
        if (icp_v2 >= icp_v1)                     //计算 N 个上升沿的时钟脉冲个数
            icp_2 = icp_v2 - icp_v1;
        else
            icp_2 = 65536 - icp_v1 + icp_v2;
        if (!(icp_v2 >= icp_v1 && full_ok))       //有溢出,数据无效
        {
            if (icp_2 == icp_1)                   //2 次个数相等,测量有效
            {
                fv = 4000000 * (long)max_icp/icp_2;   //换算成频率值
                f_2_d = 1;                            //允许新频率送显示
                if (fv > 4000)
                    max_icp = 64;                 //如果频率大于 4 kHz,则 N = 64
                else
                    max_icp = 1;                      //N = 1
            }
        }
        Else
            max_icp = 1;                          //有溢出,N = 1
        icp_1 = icp_2;
        icp_ok = 0;
        begin_m = 1;
    }
    if (time_4ms_ok)
    {
        if (f_2_d)
        {
            f_to_disbuf(fv);                      //新频率送显示
            f_2_d = 0;
        }
        else if (begin_m)
        {
            icp_n = 0;                            //开始新的一次测量
```

```
                full_ok = 0;              //清除溢出标志
                TIFR = 0x24;              //清除可能存在的输入捕捉、溢出中断标志位
                TIMSK = 0xa4;             //使能 T/C1 输入捕捉、溢出中断
                begin_m = 0;
            }
            time_4ms_ok = 0;
        }
    }
}
```

程序中,LED 动态扫描函数 display()及频率值转换成 BCD 码后送显示缓冲区函数 f_to_disbuf()已在前面多次出现,请读者自己分析。

在该程序中,使用了 2 个定时/计数器。其中,T/C2 工作在 CTC 模式,每隔 4 ms 定时中断一次,定时服务中执行 LED 显示扫描。扫描定时时间的设计考虑了 2 个方面:设置 4 ms 为 LED 显示扫描间隔,即能达到 40 次/s 的扫描频度,也尽量减少了 T/C2 中断对 T/C1 中断及时响应的影响;同时为了确保不影响 T/C1 工作,在 T/C2 的中断服务中还必须再次使能全局中断,实现中断嵌套,使得 T/C1 中断能及时得到响应。

本例中仅使用了一个 16 位 T/C1 进行周期测量。T/C1 工作在计数器方式,对 4 MHz 系统时钟进行计数,因此每 1 个数的计数时间为 0.25 $\mu$s。T/C1 设置引脚 ICP1 的上升沿作为外部事件的触发。一旦 ICP1 上出现上升沿,T/C1 的硬件将自动同步地把当前 TCNT1 的值复制到 ICR1 中,并申请捕捉中断。在 T/C1 捕捉中断服务程序中,记录了 2 个 ICR1 的值:一个为第 0 次触发时的 T/C1 值;另一个为第 1 (N)次触发时的 T/C1 值。当第 2 个值也被记录下来后,随即禁止 T/C1 所有的中断,将 2 个记录的数据交给主程序进行有效性的判断和周期频率的换算。程序中还使用了 T/C1 的溢出中断,该中断主要用于判断第 2 次 ICR1 的值是否比第 1 次 ICR1 的值超出了 65 536 个,如果超出,则需要调整量程。T/C1 的 2 个中断服务都是非常重要的(等级相同),任何一个一旦发生,都应该立即响应,不能延误。在实际情况中,这点是不容易做到的,但应尽量精心设计,尽量做到没有延误或减少延误。另外,这 2 个中断服务程序的执行时间必须越短越好。

在系统主程序中,对每一组的 2 个 ICR1 值进行判断,将其相减,得到差值,然后判断其是否溢出。这里的溢出不是单指 TCNT1 的值从 65 535 变到 0 的溢出,其条件应是当第 2 个 ICR1 值大于第 1 个 ICR1 值,且 TCNT1 的值出现过从 65 536 变到 0 的现象时。一旦出现了这种情况,说明 2 次 ICR1 的差值超出了 16 位 65 536 的长度,数据无效,需要改变量程。另外,在程序中还采取了连续 2 次有效的差值相等才作为一次真正有效的周期测量的限定,以便更有效地把受到各种干扰及由于中断响应不及时造成的错误数据剔除。

另外,在系统主程序中,把频率值送显示缓冲区的调用放置在刚刚扫描过一位

LED 数码管后执行,这是由于频率值送入显示缓冲区的工作需要比较长的执行时间,更重要的是要改变显示缓冲区的数值。而在这个期间,f_to_disbuf()函数一旦被 LED 扫描中断打断,就会造成个别数字显示不稳定及跳动的现象。考虑到 LED 扫描的间隔时间有 4 ms,所以把频率值送入显示缓冲区的工作放置在刚刚扫描过一位 LED 数码管后立即执行,就能充分利用 4 ms 的间隔,可以使整个函数的执行过程不会被中断打断(4 MHz 系统时钟条件下,4 ms 可以执行约16000条指令!)。同时,在主程序的处理中,只有在一次周期测量过程的数据全部处理并将新的转换频率值送显后,才重新使能 T/C1 的中断,开始新的一次周期测量。这就使周期测量与数据处理完全分开(分时)进行,两者之间没有相互干扰,不会形成这边数据还没处理完,那边又来了新的测量数据所造成的数据冲突现象。

在本例中,周期的测量采用了比较简单的量程自动转换方式。量程的确定受到 T/C1 的长度和计数器的计数脉冲频率和被测频率的制约。对于 125 Hz~4 kHz 的频率测量,采用的是记录间隔为 1($N=1$)的 2 个相邻上升沿之间的时间差,也就是测量被测信号一个周期的时间。对于 4 MHz 的计数时钟,(1/125) s 的时间内可以记录的脉冲个数为32000个,而(1/4000) s 的时间内可以记录的脉冲个数为 1 000 个,均不超过 65 536(T/C1 的长度)。对于4~128 kHz 的频率测量,采用的是记录间隔为连续 64($N=64$)个上升沿之间的时间差,也就是测量被测信号 64 个周期的时间。对于 4 MHz 的计数时钟,(64/4000) s 的时间内可以记录的脉冲个数为 64 000 个,而(64/128000) s 的时间内可以记录的脉冲个数为 2 000 个,都不超出 65 536(T/C1 的长度)。因此,当测量信号的频率值大于 4 kHz 时,自动转换成 $N=64$ 的量程;而一旦频率小于 4 kHz,或出现测量数据溢出情况时,量程自动转换成 $N=1$。

下面对该实例程序的周期测量性能和指标进行评估(假定系统时钟没有误差,为 4 MHz)。

(1) 周期测量绝对误差:($\pm 0.25\ \mu s$)/($\pm 0.25\ \mu s/64$)。需要注意的是,为了能简洁地说明主要的设计思想,本例程做了简化,采用整型数计算处理,所以频率值仅显示到个位的 Hz,小数点后的数值已经丢掉了,真正的精度没有体现出来。下面以测量 125 Hz 频率和 128 kHz 频率为例,分别计算出它们的精度结果,并进行比较。

对于 125 Hz 频率,其标准周期为8000 $\mu s$,测量绝对误差为$\pm 0.25\ \mu s$,则测量范围为8000.25~7999.75 $\mu s$,对应频率为:124.996 1~125.003 9 Hz,有效位数为 5 位;而对于128 kHz频率,其标准周期为 7.8125 $\mu s$,测量绝对误差为$\pm 0.25\ \mu s/64$,则测量误差为7.81640625~7.80859375 $\mu s$,对应频率为 127936.0~128064.0 Hz,有效位数为 4 位。可见,被测频率越高,有效位数越少,测量的精度也越差。

读者也许会有疑问,这个例子好像没有上面的例子精度高。其实,在例 11.2 中,评估条件是在不考虑中断影响下进行的,而在本例中,中断处理是不影响精度的。另外,在例11.2中是测量 250 个脉冲的周期,而在本例中只是测量 1 个和 64 个脉冲的周期。

(2) 被测最低频率值：62.5 Hz。T/C1 的长度 16 位,因此(1/62.5) s 时间内可以记录的脉冲个数为 64 000 个。当频率值再低的话,一个周期内的计数值将超出 65536,造成溢出。

(3) 被测最高频率值：128 kHz。可能有的读者认为只要增加 $N$ 的值,就能提高测量频率的上限,这只是在一定条件下才可以这样考虑。实际上,被测频率的上限是由 T/C1 捕捉中断服务程序的执行时间限定的。这是因为被测信号每一个脉冲的上升沿时都要进入中断处理程序,而中断处理的时间必须在下一个上升沿到来前完成;否则将会丢失掉一次中断,造成数据不准确。在 4 MHz 时钟系统下,128 kHz 的被测信号每隔 7.8125 $\mu$s 就产生一次中断,而在这个时间内,MCU 最多可执行 31.25 条指令。考虑到 T/C1 的中断服务还有嵌在 T/C2 的 LED 定时扫描中断中执行的情况,所以每次 T/C1 的中断服务程序执行的指令应小于 25 条指令。从这点可以看出,本例中最关键的一环是中断服务程序的设计和编写。在真正产品的设计中,这样的中断服务程序建议最好采用汇编语言编写,当然这就要求程序员具备更高的水平。

(4) 测量频度：40 次/s。T/C1 计满一次需要 65 535 个系统时钟,约 65 535 × 0.25 $\mu$s = 16.34 ms,附加上 2 次 LED 定时时间间隔 8 ms 的计算处理时间,一次测量完成时间约为 25 ms,所以测量频度为 40 次/s。

(5) 使用资源：1 个 16 位定时器和 2 个中断(T/C2 中断对测周期没有贡献)。

**3) 思考与实践**

(1) 根据上面采用输入捕捉测周法的思路,在 MCU 的设置选择和软件方面如何能提高被测频率的上限值?

(2) 参考上面输入捕捉测周法的思路,在软件方面如何能降低被测频率的下限值?(参考提示：在 T/C1 溢出中断中,记录溢出的次数。)

(3) 参考上面输入捕捉测周法的思路,在软件方面如何能提高测量精度?(参考提示：增加 $N$ 的值,在 T/C1 溢出中断中记录溢出的次数。)

(4) 如果程序在一次测量中得到的 2 次 ICR1 的有效差值为 234,那么此时的测量有效位数是多少? 相对精度为多少? 为什么?

# 11.3　带校时和音乐报时功能时钟的设计与实现

在前面的章节中分别介绍了 I/O 口输入/输出的应用、中断的应用、T/C 的应用,以及基于状态机思想的系统分析和系统程序设计方法等。在本节中,将给出一个功能比较完整的、带校时和音乐报时功能的时钟系统,作为上面各种基本应用的综合设计示例。

【例 11.4】带校时和音乐报时功能时钟的设计与实现。

**1) 硬件电路**

硬件电路如图 11-2 所示,PA 口为 LED 数码管的 8 段码输出;PC0~PC5 共 6

个 I/O 口作为控制时间显示的 6 个 LED 数码管的位扫描线;PC6 和 PC7 分别接 2 个按键,用于设置时钟的工作状态和校时时间的设置。图中,音乐报时电路部分(未画出)与图 8 – 21 相同,由端口 PD5 输出产生音乐的脉冲信号,经三极管驱动蜂鸣器发声。

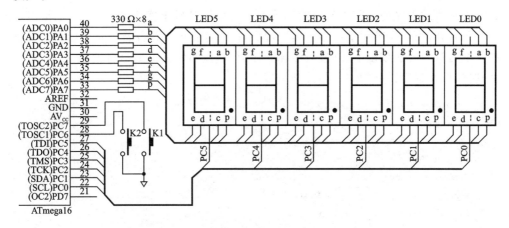

**图 11 – 2　带校时功能的实时时钟电路图**

定义两个按键的功能为:K1 用于设置转换时钟工作状态;K2 用于设置校时时间(加 1 操作)。时钟工作状态转换图如图 11 – 3 所示。具体每个状态的定义和功能如下:

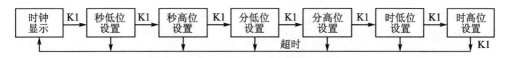

**图 11 – 3　时钟工作状态转换图**

(1) 平时时钟工作在时钟显示状态,每按一下 K1 键,时钟依次进入校时时间的设置状态。

(2) 当时钟由"时钟显示"进入"秒低位设置"时,校时时间的初始值为转换时刻的时钟值。

(3) 当时钟由"时高位设置"回到(K1 作用下)"时钟显示"时,时钟时间由校时时间代替,确认完成校时的设置。

(4) 当时钟处在时间设置的 6 个状态时,每按一次 K2 键,相应位上的数值加 1,并且要能根据具体所在的位置自动进行相应的调整。例如秒高位的数字只能为 0～5,而时高位的数值要限制在 0、1、2(时个位数小于 3 时),或时高位的数值要限制在 0、1(时个位数大于 3 时)。

(5) 当时钟处在时间设置的 6 个状态时,如果在 20 s 内无任何键按下,则系统自动返回"时间显示"状态,设置的时间无效,并且不改变原时钟的计时时间。

(6) 在校时时间设置的操作过程中,时钟不停止其原时间的计时过程,除非当时钟由"时高位设置"回到(K1 作用下)"时钟显示"时,时钟的计时时间由确认的校时时间代替而改变。

(7) 时钟显示亮度均匀、无闪烁。当设置相应时间位时,该位应闪烁提示。

**2) 软件设计**

本示例的程序是在前几章所给例子的综合应用基础上实现的,代码中也给出了相应的解释,因此本节中不再做更多的说明,留给读者去自行分析。希望能在真正掌握了前几章内容的基础上,慢慢去品味和体会,掌握如何更好地综合使用 AVR 硬件的功能,以及程序设计的方法与技巧。

```c
/ * * * * * * * * * * * * * * * * * * * * * * * * * * * * * * * * *
File name          : demo_11_4.c
Chip type          : ATmega16
Program type       : Application
Clock frequency    : 1.000 000 MHz
Memory model       : Small
External SRAM size : 0
Data stack size    : 256
* * * * * * * * * * * * * * * * * * * * * * * * * * * * * * * * */
#include < mega16.h >
flash unsigned char led_7[10] = {0x3F,0x06,0x5B,0x4F,0x66,0x6D,0x7D,0x07,0x7F,
0x6F}; flash unsigned char position[6] = {0xfe,0xfd,0xfb,0xf7,0xef,0xdf};
flash unsigned int t[9] = {0,956,865,759,716,638,568,506,470};
flash unsigned char d[9] = {0,105,116,132,140,157,176,198,209};
#define Max_note    32
flash unsigned char music[Max_note] =
         {5,2,8,2,5,2,4,2,3,2,2,2,1,4,1,2,1,2,2,2,3,2,3,2,1,2,3,2,4,2,5,8};
unsigned char note_n;
unsigned int int_n;
bit play_on;
unsigned char time[3],time_set[3];              //时、分、秒计数和设置单元
unsigned char dis_buff[6];              //显示缓冲区,存放要显示的 6 个字符的段码值
unsigned char time_counter,key_stime_counter;   //时间计数单元
unsigned char clock_state = 6,return_time;
bit point_on,set_on,time_1s_ok,key_stime_ok;
void display(void)                              //6 位 LED 数码管动态扫描函数
{
    static unsigned char posit = 0;
    PORTC = 0xff;
    PORTA = led_7[dis_buff[posit]];
```

AVR单片机嵌入式系统原理与应用实践(第3版)

```
        if (set_on && (posit == clock_state)) PORTA = 0x00;          //校时闪烁
        if (point_on && (posit == 2 || posit == 4)) PORTA |= 0x80;    //秒闪烁
        PORTC = position[posit];

        if (++ posit >= 6) posit = 0;
}
//Timer 0 比较匹配中断服务,2 ms 定时
interrupt [TIM0_COMP] void timer0_comp_isr(void)
{
        display();                                                    //LED 扫描显示
        if (++ key_stime_counter >= 5)
        {
                key_stime_counter = 0;
                key_stime_ok = 1;                                     //10 ms 到
                if (!(++ time_counter % 25)) set_on = ! set_on;       //设置校时闪烁标志
                if (time_counter >= 100)
                {
                        time_counter = 0;
                        time_1s_ok = 1;                               //1 s 到
                }
        }
}
//T/C1 比较匹配 A 中断服务
interrupt [TIM1_COMPA] void timer1_compa_isr(void)
{
        if (!play_on)
        {
                note_n = 0;
                int_n = 1;
                play_on = 1;
        }
        else
        {
                if (-- int_n == 0)
                {
                        TCCR1B = 0x08;
                        if (note_n < Max_note)
                        {
                                OCR1A = t[music[note_n]];
                                int_n = d[music[note_n]];
                                note_n ++ ;
                                int_n = int_n * music[note_n];
```

AVR单片机嵌入式系统原理与应用实践(第3版)

```
                    note_n ++ ;
                    TCCR1B = 0x09;
                }
            else
                play_on = 0;
        }
    }
}
void time_to_disbuffer(unsigned char * time)        //时钟时间送显示缓冲区函数
{
    unsigned char i,j = 0;
    for (i = 0;i <= 2;i ++ )
    {
        dis_buff[j ++ ] = time[i] % 10;
        dis_buff[j ++ ] = time[i] / 10;
    }
}
#define key_input PINC                              //按键输入口
#define key_mask 0b11000000                         //按键输入屏蔽码
#define key_no          0
#define key_k1          1
#define key_k2          2
#define key_state_0     0
#define key_state_1     1
#define key_state_2     2
unsigned char read_key(void)
{
    static unsigned char key_state = 0,key_old;
    unsigned char key_press,key_return = key_no;
    key_press = key_input & key_mask;               //读按键 I/O 电平
    switch (key_state)
    {
        case key_state_0:                           //按键初始态
            if (key_press != key_mask)
            {
                key_old = key_press;                //记录原电平
                key_state = key_state_1;            //键被按下,状态转换到键确认态
            }
            break;
        case key_state_1:                           //按键确认态
            if (key_press == key_old)               //与原电平比较(消抖处理)
            {
                if (key_press == 0b01000000) key_return = key_k1;
                else if (key_press == 0b10000000) key_return = key_k2;
                key_state = key_state_2;            //状态转换到键释放态
            }
            else
```

```
                key_state = key_state_0;            //按键已抬起,转换到按键初始态
            break;
        case key_state_2:
            if (key_press == key_mask) key_state = key_state_0; //按键已释放,转换
                                                                        到按键
                                                        //初始态

            break;
    }
    return key_return;
}
void main(void)
{
    unsigned char key_temp,i;

    DDRA = 0xFF;                         //LED 段码输出
    PORTC = 0xFF;
    DDRC = 0x3F;                         //LED 位控输出
    DDRD = 0x20;                         //PD5 音乐播放输出

    //T/C0 初始化
    OCR0 = 0xF9;                         //OCR0 = 0xF9(249),(249 + 1)/(125 kHz) = 2 ms
    TCCR0 = 0x0A;                        //内部时钟,8 分频(1 MHz/8 = 125 kHz),CTC 模式
    //T/C1 初始化
    TCCR1A = 0x40;
    TCCR1B = 0x08;
    TIMSK = 0x12;                        //使能 T/C1 比较匹配 A 中断,使能 T/C0 比较匹配中断

    time[2] = 23; time[1] = 58; time[0] = 55;        //设时间初值为 23 : 58 : 55

    #asm("sei")                          //使能全局中断       while (1)
    {
        if (time_1s_ok)                  //1 s 到
        {
            time_1s_ok = 0;
            point_on = ~point_on;        //秒闪烁标志
            if ( ++ time[0] >= 60)       //秒加 1,以下为时间调整
            {
                time[0] = 0;
                if (!play_on) TCCR1B = 0x09;    // 1 min 到,播放音乐
                if ( ++ time[1] >= 60)
                {
                    time[1] = 0;
                    if ( ++ time[2] >= 24) time[2] = 0;

                }
```

```c
    }
    if ((++return_time >= 20) && (clock_state != 6)) clock_state = 6;
    if (clock_state == 6) time_to_disbuffer(time);
}
if (key_stime_ok)                //10 ms 到,键处理
{
    key_stime_ok = 0;
    key_temp = read_key();    //调用按键接口程序
if (key_temp)                //确认有键按下
    {
        return_time = 0;
        if (key_temp == key_k1)    //K1 键按下,状态转换
        {
            if (++clock_state >= 7) clock_state = 0;
            if (clock_state == 0)
            {
                for (i = 0;i <= 2;i ++)    time_set[i] = 0;
                time_to_disbuffer(time_set);
            }
            if (clock_state == 6)
            {
                for (i = 0;i <= 2;i ++)    time[i] = time_set[i];
                time_to_disbuffer(time);
            }
        }
        if ((clock_state != 6) && (key_temp == key_k2))        //K2 键按下
        {
            if (clock_state % 2) time_set[clock_state/2] += 10;
            else
            {
                if ((time_set[clock_state/2] % 10) == 9)
                    time_set[clock_state/2] -= 9;
                else
                    time_set[clock_state/2] += 1;
            }
            if (time_set[0] >= 60) time_set[0] -= 60;//以下为设置时间调整
            if (time_set[1] >= 60) time_set[1] -= 60;
            if (time_set[2] >= 24) time_set[2] -= 10;
            time_to_disbuffer(time_set);        //设置时间送显示缓存
        }
    }
```

```
            }
        }
    }
```

## 思考与练习

　　到本章为止,已经结束了对 AVR 最基本功能单元的原理、工作方式和应用设计方法的学习。但要真正达到学习目标还需要不断地实践和练习。实际上,基于前十章的学习,读者已经可以自行进行了一些简单应用系统的设计,只有这样,才能得到真正的提高。以下给出几个简单应用系统的设计题目,读者可以根据实际系统功能,定义系统需要实现的功能,并进行设计与实现。

1. 洗衣机或微波炉的控制器。系统具备的基本功能有时间设置、分段倒计时、电机控制(输出到 LED 显示模拟)、时间到音乐提示等。
2. 出租车计价器。用不同频率的输入脉冲代表不同的转速值,系统具备的基本功能有行驶里程显示、单价显示、总价计算和显示等。
3. 秒表系统设计。设计一个秒表系统,可以同时记录 3 个运动员跑 100 m 的时间。
4. 大脑反应测试器。有 8 个 LED 二极管,每次随机点亮其中的一个,时间为 0.5 s。要求被测人员看到 LED 亮后,马上按相对应的按键。系统能记录每次的反应时间,$N$ 次记录的平均值为被测人员的反应系数。
5. 简易数字万用表。能测量电阻、电流和电压。
6. 简易电子计算器。
7. 简易信号发生器,能产生不同频率的方波、正弦波、三角波和锯齿波。
8. 简易电子琴。

AVR 单片机嵌入式系统原理与应用实践(第 3 版)

# 第3篇　串行接口与通信

# 第 *12* 章

## 串行数据接口概述

本书在第 1 章介绍单片嵌入式系统的发展趋势时,已经明确地指出单片机嵌入式系统接口技术发展的一个重要变化趋势是由并行外围总线接口向串行外围总线接口的发展。

采用串行接口与总线方式为主的外围扩展技术具有方便、灵活,电路系统简单,占用 I/O 资源少等特点。

随着半导体集成电路技术的发展,采用标准串行总线通信协议(如 SPI、$I^2C$、1 - Wire 等)的外围芯片大量出现,而且串行传输速度也在不断提高(可达到 1～10 Mb/s 的速率)。另外,由于新型单片机在片内集成了更大容量的程序存储器和数据存储器,降低了需要在外部并行扩展程序和数据存储器的必要性,加之单片机嵌入式系统有限速度要求等,使得以串行总线方式为主的外围扩展方式能满足大多数系统的需求,成为流行的扩展方式,从而使早期的传统 8051 系统主要采用并行接口的扩展技术成为了一种辅助方式。

---

特别需要提醒注意的是,尽管采用串行接口与总线方式为主的外围扩展技术具有方便、灵活,电路系统简单,占用 I/O 资源少等特点,但是其系统的实现,尤其是软件设计却相对复杂,对程序设计人员的能力和水平也提出了更高的要求。

由于串行接口和串行通信的特点所定,在这类接口的设计和实现中,设计人员首先要涉及、熟悉和了解各种串行接口和串行通信的协议,同时还要了解所使用器件对协议的支持和兼容情况,最后还要具备良好的系统软件设计能力。

---

正是由于串行接口和串行通信的应用已成为单片机嵌入式系统的重要组成部分,因此本书专门把这部分内容的讲解作为重要的一个篇章。

从本章开始,将从最基本的串行传输开始,逐一介绍简单的串行输出、输入接口的设计,以及 USART、SPI、$I^2C$ 接口的设计与应用。

## 12.1　串行接口与串行通信基础知识

### 12.1.1　并行传输

在计算机原理课程的学习中,我们知道 CPU 是通过地址/数据总线与并行接口的存储器(RAM、ROM)和并行的 I/O 接口器件连接的,一般的数据总线为 8 位(16 位)的双向并行数据接口。图 12 - 1 为 8 位数据总线并行传输的结构示意图。

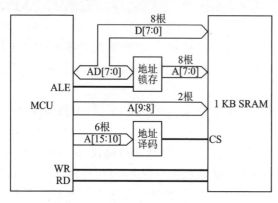

图 12 - 1　并行接口扩展 SRAM

并行传输是构成字节(8 位)的二进制代码在并行通道上同时传输的方式。并行传输时,一次读/写操作完成 1 字节的传输,数据的读出与写入由 CPU 的读/写信号控制,收发双方的操作时序比较简单,不存在复杂的同步问题,而且速度也快。这是并行传输的优点。

并行传输的缺点是需要并行通道,硬件线路连接复杂。例如,用标准架构的 8051 单片机建立一个配有 1 KB 数据存储器 RAM 的系统时,需要的硬件连线多达 28 根(见图 12 - 1),其中数据线 8 根,地址线 10 根,读/写控制线 2 根,地址锁存控制线 1 根,片选线 1 根。由于通常 MCU 芯片为了减少引脚数,多采用低位地址线和数据线复用技术,所以还需要增加地址锁存器芯片、地址译码芯片等。

并行传输的另外一个缺点是抗干扰能力差。在 PCB 板上,这么多暴露的连线非常容易受到外界和空间信号干扰。不管是数据总线还是地址总线,只要出现 1 位的误差,系统就会崩溃。

尽管并行传输具有速度快的优点,但由于存在需要并行传输通道,线路成本高,以及高速数据传输时抗干扰能力差的缺点,所以并行传输方式不太适合远距离系统级的数据传输,通常只作为 PCB 板级的应用。典型的系统之间采用并行数据传输方式的应用是 PC 机的并行打印接口,该接口就是采用并行数据传输方式连接打印机的,不过现在也已经被串行接口 USB 替代。

早期的单片机,例如标准架构的 MCS - 51,尽管其具备 64 KB 程序空间和 64 KB 数据空间的寻址能力,但在片内没有程序存储器,片内的 RAM 也只有 128 个,同时它也没有独立的并行 I/O 空间,并行 I/O 空间只能被映射在数据空间使用。因此,如果使用 MCS - 51 构成单片机嵌入式系统,就必须要在外围扩展程序存储器

ROM 和数据存储器 RAM 芯片,这样并行传输接口就成为了其主要的外围扩展方式。一旦系统使用了并行接口,那么除了可以实现程序和数据存储器的扩展外,也可方便地用于扩展并行外围设备接口芯片,把它们映射到数据 RAM 空间中。可以看出,正是由于受到 MCS-51 本身的限制,导致在以 MCS-51 为核心的系统中只能采用并行传输为主的扩展方式。因此,在大部分的以 MCS-51 为主线的教科书中,都是基于并行接口为主进行介绍的。

随着技术的不断进步,新型单片机把程序存储器和更大容量的 RAM 集成到了芯片内部,使其足以满足一般 8 位嵌入式系统的使用。由于不再需要在外部扩展程序和数据存储器,以及采用串行接口、能满足各种应用、性能好且价格低廉的外围芯片的出现,使得这些新型单片机把对外的并行总线接口取消了,取而代之是以串行外围总线接口为主。这种变化,不仅极大地简化、方便了硬件系统的设计,同时也非常有效地提高了系统抗干扰能力,使系统更加稳定。

AVR 就是属于这种类型的新型单片机,它在片内集成了程序存储器和更大容量的 RAM,所以多数型号的 AVR 芯片取消了外部并行总线接口,取而代之的是片内配备了更多的串行接口和更多的通用 I/O 口供用户使用。本书主要介绍的 ATmega16 就没有配备外部并行接口,但它提供了 USART、SPI 和 I²C 共 3 种类型的串行接口。

另外,在 AVR 系列中仍有部分型号的芯片,如 ATmega8515、ATmega128 等,仍然保留了外部并行接口,以满足那些必须要使用并行扩展方式进行设计的系统使用。关于并行接口的扩展使用,将在本书第 4 篇中介绍。

## 12.1.2  串行传输

串行数据接口是数据传输的另一种接口方式。串行传输是构成字符的二进制代码序列在一条信道上以位(码元)为单位,按时间顺序且按位传输的方式。采用串行传输的原因是为了降低传输线路的成本。这是因为串行传输通常只有 2 根线就行了,比起并行传输需要十几、几十根线具有明显的优势。典型的串行传输通常由 2 根信号线构成:数据信号线和时钟信号线,如图 12-2 所示。

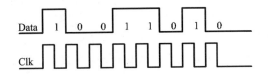

图 12-2  典型串行传输信号时序图

在数据信号线上,电平的高低代表着二进制数据的"1"和"0",每一位数据都占据一个"固定的时间长度 $T$"。串行传输的过程就是将这些数据一位接一位地在数据线中进行传送。假如图 12-2 中数据线 Data 上最左边的高电平"1"为最先传出,那么经过 8 个 $T$ 后在 Data 信号线上依次传出的数据为 8 位的 10011010。

但串行传输并不那么简单。在上面的描述中,我们忽视了对一个非常重要的概念——"固定时间长度 $T$"的深刻理解。

"固定时间长度 $T$"首先标示了数据线上 1 位数据的宽度。由于数据传送是由发送端发出,在接收端接收的,那么发送和接收的双方必须有一个统一的 $T$,一旦双方的 $T$ 不同,数据就不能在接收端被正确识别。仍然以图 12 - 2 中数据线上的数据 10011010 为例,如果用固定时间长度为 $T/2$ 去分析,就变成了 16 位的 1100001111001100。

在串行传输过程中,固定时间长度 $T$ 的另一个重要特点体现在它的起始点。图 12 - 2 中信号线 Clk 上是一个脉冲序列方波,它的周期就是一个 $T$。如果从脉冲序列波的上升沿处作为起始点,去对位数据线上的电平,那么在每个周期中,数据线上的电平是固定不变的,可以确定地识别为"1"或"0"。但如果从 Clk 脉冲序列波的下降沿处作为起始点去对位数据线上的电平,那么在每个周期中,数据线上的电平就会出现半周期为高、半周期为低的现象,此时就无法确定地识别数据为"1"或"0"了。

通过上面的描述可以看出,在串行传输中,"固定时间长度 $T$"是非常重要的,没有它根本就不能实现串行传输。这个"固定时间长度 $T$"就是串行传输中所需要的一个重要信号:串行传输的同步时钟信号。

在串行传输中,发送端、接收端和信号线上的数据,三者都需要依靠该时钟信号实现串行数据传送的同步。这个同步的含义表现在以下 3 个方面:

> 发送和接收双方的时钟信号相同,即周期相同,并且统一采用上升(下降)沿作为起始点。
> 数据线上每个数据的宽度与时钟信号的周期相同。
> 数据线上每个数据的起始点与时钟信号的起始点相同。

在串行传输过程中,发送端按位发送,接收端按位接收,同时还要对所传输的字符加以确认,所以收发双方都要采取一定的同步措施,保证发送的数据及发送端和接收端保持同步。一旦两者不能保持同步,接收端将不能正确区分所传输的字符,失去了数据传输的意义。

读者必须注意的是,在任何形式的串行传输和通信过程中,收发双方保持同步是实现正常数据交换的必要条件,但在不同的通信规范和协议中,同步信号的产生及收发双方保持同步的方式是不同的。例如,在 $I^2C$、SPI 串口传输规范中,定义了专用的同步信号线;而在 USART 的异步通信方式却没有专用的同步信号线。因此,在学习和使用这些不同的串行接口时,需要先认真了解它们的接口规范和协议,掌握其是如何实现收发双方同步的,从底层开始,逐步地向高层发展。

## 12.1.3　常见的串行传输和通信接口

在 12.1.2 小节中介绍了串行数据传输最基本的概念和特点,但在实际应用中会看到各种不同类型的、采用串行传输方式的串行接口和通信接口。人们根据实际应用的需要,在串行数据的"按位"、"同步"传输的基础上,对数据传输的线(电)路、数据的格式、通信过程等制定了规范和协议,并作为标准来使用。因此当要使用这些串行传输和通信接口时,设计人员必须首先要了解和熟悉这些接口的规范和协议,只有这样才能掌握这些接口的应用。表 12－1 为在单片机嵌入式系统设计中常用的一些串行传输和通信接口的汇总表。

表 12－1　常用串行传输和通信接口汇总表

| 接口名称 | 类　型 | 数据类型 | 适用场合 | 复杂度 | 说　明 |
|---|---|---|---|---|---|
| 串行扩展 I/O 口 | 同步 | 电平 | 板级扩展 | * | |
| SPI | 同步 | 电平 | 板级扩展 | * * | 串行三线接口 |
| I²C | 同步 | 电平 | 板级扩展 | * * * | 串行二线接口 |
| USART | 同步 异步 | 电平 | 板级扩展 系统级通信 | * * * | 用于系统级通信需经过电平转换 |
| RS－232 | 异步 | 电平(负逻辑) | 系统级通信 | * * * | |
| RS－485 | 异步 | 差分 | 系统级通信 | * * * | 由 RS－232 演变 |
| 单总线 | 同步 | 电平 | 板级扩展 | * * * * | |

在表 12－1 中列出的串行接口中,除了简单串行扩展外,其他的串行接口都必须依据严格的接口规范和通信协议进行使用。

实际上,串行接口和串行通信这两个概念还是有区别的。串行接口通常是应用在 PCB 板级上芯片之间的连接和扩展,因此串行接口的规范相对比较简单。从数字通信和网络协议的角度出发,串行接口的规范主要规定了相当于物理层的底层协议(例如包括硬件接口、数据传送方式、同步方式、奇偶校验等内容),涉及更高层次的内容(例如通信状态控制、数据流控制等)一般比较少。这些底层的规范通常主要是由串行接口的硬件电路自动实现的,所以对于设计人员讲,软件上的工作相对简单一些。

而串行通信主要用于实现系统之间的连接和数据交换,通常不仅是其底层的连接要基于串行接口来实现,同时它还要涉及更多上层协议,例如数据流的控制、数据纠错、状态转换等,用于保证系统之间批量数据的正确交换。而这些上层的规范可能有时需要用户自己分析和制定,实现的方式也主要依靠软件。因此对系统设计开发人员来讲,不但需要扎实的底层硬件功底,同时还必须提高对通信协议的熟悉和理解能力以及软件设计能力。

在本篇的几章中,将分别介绍在单片机嵌入式系统中一些常用的串行接口规范和设计应用,以及串行通信的协议和应用。建议读者能学习和补充一些数字通信和网络协议方面的基础知识,这对于本篇的学习会有非常大的帮助。

# 12.2　数字 I/O 口的串行扩展

当一个系统中需要多路的数字 I/O 口,而 AVR 本身的 I/O 口不能满足时,最方便的方法是采用简单的串行扩展方式,配合一些串入/并入和并入/串出芯片来增加数字接口。经常使用的芯片有 74HC164(8 位串行输入/并行输出的移位寄存器)、74HC595(带锁存三态输出的 8 位串行输入/串行或并行输出的移位寄存器)、74HC165(8 位串行输入或并行输入/串行输出的移位寄存器)等。

## 12.2.1　串行扩展并行输出口

利用 74HC164 和 74HC595 可实现输出口的串行扩展。其基本思想是将 AVR 的 2 个或 3 个 I/O 口与串入/并出芯片的串行输入口连接,然后通过编写程序控制 AVR 的 I/O 口,按照芯片串行输入所要求的时序,将输出的数据一位一位地串行送到串入/并出芯片,在芯片的输出端就可以得到并行的数据输出。

【例 12.1】利用 74HC164 实现 8 路并口输出的扩展。

在例 6.6 中,已经给出了采用 1 片 74HC164 扩展 8 位段码输出口的应用(见图 12-3)。在这个串行扩展方式中,只需要占用 AVR 的 2 个 I/O 口,即可实现 8 位段码输出的扩展。

从 74HC164 的逻辑功能表(见表 12-2)中可以看出,74HC164 的 A、B 引脚相当于数据线,而 CLK 就是同步时钟线。在同步时钟的上升沿,将数据线上的一位数据打入 74HC164 的同时,74HC164 内部的数据串行移位后在并口输出。

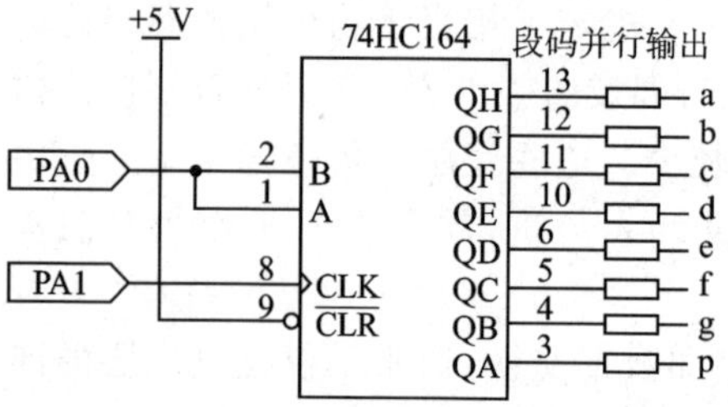

表 12-2　74HC164 逻辑功能表

| 输　入 | | | | 输　出 | | | |
|---|---|---|---|---|---|---|---|
| $\overline{CLR}$ | CLK | A | B | QA | QB | ⋯ | QH |
| L | X | X | X | L | L | ⋯ | L |
| H | ↓ | X | X | 保持不变 | | | |
| H | ↑ | L | X | L | QAn | ⋯ | QGn |
| H | ↑ | X | L | L | QAn | ⋯ | QGn |
| H | ↑ | H | H | H | QAn | ⋯ | QGn |

图 12-3　采用 74HC164 串入并出扩展 8 位输出接口电路

根据 74HC164 的逻辑功能表和时序,可以使用下面的子程序,将一字节数据串行打入 74HC164,实现了 8 位输出的扩展。

```
#define HC164_data    PORTA.0
#define HC164_clk     PORTA.1
    ⋮
void HC164_send_byte(unsigned char byte)
{
    unsigned char i;
    for (i = 0;i <= 7;i ++ )
    {
        HC164_data = byte & 1 << i;
```

```
        HC164_clk = 1;
        HC164_clk = 0;
    }
}
```

在 HC164_send_byte()函数中,程序控制 HC164_data(PA0)作为数据线,将 1 字节由高位到低位依次输出。输出时先根据该位的数值置 PA0 为"1"或"0",然后控制 HC164_clk(PA1)输出"1",再输出"0",模拟时钟信号,将 PA0 数据打入 74HC164。循环移位 8 次后,将 1 字节的数据由低到高串行输出到 74HC164 中,即可在 74HC164 的输出端得到并行的 8 位数据。

**【例 12.2】** 利用 74HC595 实现多路并口输出的扩展。

在例 12.1 中,实际上,在 HC164_send_byte()函数的执行过程中,74HC164 的 8 位并口的输出电平是随着芯片内部的数据移位操作不停变化,只有当函数执行完后,输出的数据才与真正要输出数据吻合,这种情况在某些应用系统中是不允许的。更好的例子是使用带锁存三态输出的 8 位串行输入/串行或并行输出的移位寄存器 74HC595。由于它是带锁存器的移位寄存器,所以其数据在移位寄存器中移位与锁存器的输出是独立的。当数据移位时,可以保持锁存器输出不改变,等所有数据全部串入完成移位操作后,一次性地将数据打入锁存寄存器,实现了并行输出的同步改变。另外,该芯片可以进行级联,能够实现 $8 \times n$ 个并口扩展。图 12-4 是采用 2 片 74HC595 实现 16 位并口扩展的电路,表 12-3 是 74HC595 的逻辑功能表。

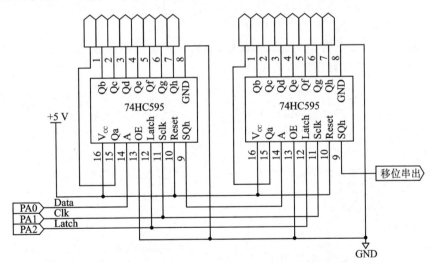

**图 12-4　采用 74HC595 的串入/并出扩展 16 位输出接口电路**

表 12-3　74HC595 逻辑功能表

| 输入 | | | | | 输　　出 |
|---|---|---|---|---|---|
| Reset | A | Sclk | Latch | OE | |
| L | X | X | X | X | 移位寄存器内容清 0 |
| H | L | ↑ | X | X | 移位寄存器内容向右移 1 位,Qa＝L,SQh＝Qh |
| H | H | ↑ | X | X | 移位寄存器内容向右移 1 位,Qa＝H,SQh＝Qh |
| H | X | ↓ | X | X | 移位寄存器内容保持不变 |
| H | X | L | ↑ | X | 移位寄存器内容打入 8 位锁存器中 |
| H | X | L | ↓ | X | 8 位锁存器内容保持不变 |
| H | X | L | L | L | 8 位锁存器内容由 Qa～Qh 输出 |
| H | X | L | L | H | Qa～Qh 输出为高阻态 |

　　从 74HC595 的逻辑功能表中可以看出,数据的串入和内部数据移位的操作与 74HC164 类似,由 Sclk 控制。Sclk 的上升沿使移位寄存器中的数据由 Qa 向 Qh 依次移动 1 位,同时将数据线 A 上的电平打入 Qa,而最高位的 Qh 从 SQh 端移出。如果把 SQh 与另一片 74HC595 的 A 端连接,那么 SQh 的串行输出就是第 2 片 74HC595 的串行输入,构成级联。与 74HC164 不同的是,74HC595 移位寄存器中的移位操作并不影响其本身锁存器的并行输出。移位寄存器中的数据是通过 Latch 控制线上的上升沿打入到锁存器中的。正是由于 74HC595 具备了锁存功能,因此保证了并行输出数据的稳定及实现同步改变的要求。

　　根据 74HC595 的逻辑功能表和时序,利用下面给出的程序,就可以利用串行方式,实现扩展 16 位并行输出口的设计。

```
#define HC595_data   PORTA.0
#define HC595_clk    PORTA.1
#define HC595_latch  PORTA.2
　⋮

void HC595_send_byte(unsigned char byte)     //由低位到高位串出 1 字节
{
    unsigned char i;
    for (i = 0;i <= 7;i ++)
    {
        HC595_data = byte & 1 << i;
        HC595_clk = 1;
        HC595_clk = 0;
    }
}
```

```
void HC595_send_int(int data)
{
    unsigned char int_l,int_h;
    int_l = data;                    //int_l 为 16 位数的低 8 位
    int_h = data >> 8;               //int_h 为 16 位数的高 8 位
    HC595_send_byte(int_l);          //由低位到高位串出低 8 位
    HC595_send_byte(int_h);          //由低位到高位串出高 8 位
    HC595_latch = 1;                 //将串出的 16 位打入锁存器并行输出
    HC595_latch = 0;
}
```

## 12.2.2　串行扩展并行输入口

采用与 12.2.1 小节相类似的串行方法,利用 8 位串行输入或并行输入/串行输出的移位寄存器 74HC165,可以实现并行输入口的扩展。

表 12-4 是 74HC165 的逻辑功能表。先控制 SH/$\overline{\text{LD}}$ 端,将 8 位数据读入 74HC165,然后再控制 CLK 把读入的数据一位一位地从 Qh 串出,用 AVR 的一个输入口逐位读入即可。基于这个思路,若将 N 片 74HC165 串接,也能实现 $8 \times n$ 路并行输入口的扩展。

表 12-4　74HC165 逻辑功能表

| INPUTS(输入) | | | | | 内部状态 | 输出 | 功能操作 |
|---|---|---|---|---|---|---|---|
| SH/$\overline{\text{LD}}$ | CLK INH | CLK | SER | A~H | Qa Qb···Qg | Qh | |
| L | X | X | X | a~h | a b ··· g | h | 并行数据装入 |
| H | L | ↑ | L | X | L Qa···Qf | Qg | 移位 |
| H | L | ↑ | H | X | H Qa···Qf | Qg | 移位 |
| H | H | X | X | X | 保持不变 | | 时钟输入禁止 |
| H | L | L | X | X | 保持不变 | | 无时钟 |

【例 12.3】利用 74HC165 实现 8 路并行输入口的扩展。

采用 74HC165 扩展 8 位输入接口电路如图 12-5 所示。

在图 12-5 中,利用一片 74HC165,通过串行方式扩展了 8 位并行输入口。为了说明问题,系统实现的功能比较简单,当输入口 IN$n$ 为"1"时,则点亮对应的 LED (D$n$)。参考代码如下:

```
/ * * * * * * * * * * * * * * * * * * * * * * * * * * * * * * * * * * * *
File name       : Demo_12_3.c
Chip type       : ATmega16
Program type    : Application
Clock frequency : 4.000 000 MHz
```

AVR 单片机嵌入式系统原理与应用实践(第 3 版)

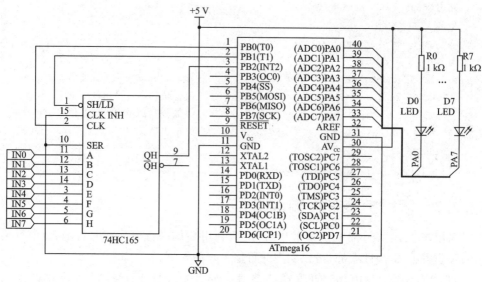

图 12 - 5　采用 74HC165 扩展 8 位输入接口电路

```
Memory model            : Small
External SRAM size      : 0
Data stack size         : 256

* * * * * * * * * * * * * * * * * * * * * * * * * * * * * * * * * * * * /
#include < mega16.h >

#define hc165_clk    PORTB.0
#define hc165_lp     PORTB.1
#define hc165_out    PINB.2

unsigned char read_hc165(void)
{
    unsigned char data = 0,i,temp = 0x80;
    hc165_lp = 0;                    //置 SH/LD 为低电平,读入 8 位并口数据
    hc165_lp = 1;                    //置 SH/LD 为高电平,保持数据
    for (i = 0;i <= 7;i ++)
    {
        if (hc165_out)               //读入 Qh 端一位数据
        data | = temp;
        hc165_clk = 1;               //CLK 上升沿,串出下一位数据
        temp = temp >> 1;
        hc165_clk = 0;                   //CLK 下降沿,保持
    }
    return data;
```

```
}

void main(void)
{
    PORTA = 0xFF;                    //PORTA 输出方式,控制 LED 发光二极管
    DDRA = 0xFF;

    PORTB = 0x06;                    //PB2 输入方式,内部上拉电阻有效
    DDRB = 0x03;

    while (1)
    {
        PORTA = ~read_hc165();       //读 8 位输入口数据,取反,点亮相应的 LED
    }
}
```

## 12.2.3　数字 I/O 口串行扩展设计要点

采用串行方式扩展数字 I/O 口需要注意以下几个要点:

(1) 仔细阅读所采用芯片的器件手册,尤其是时钟信号和相关控制信号的时序及相互之间的关系。

(2) 注意串入和串出数据位的顺序,是高位在前,还是低位在前。

(3) 设计程序时需要注意,数据串出、串入的操作过程应编写成独立的函数。只能在该函数中按照器件规定的时序改变时钟信号及相应的控制信号和数据信号。函数返回前,应将时钟信号和控制信号设置为稳定的保持状态,例如例 12.3 的函数 read_hc165(),当函数返回时,hc165_lp 为“1”,hc165_clk 为“0”,这就保证了 74HC165 中的数据不会变化。而在函数外,尽量不要对控制信号和时钟信号进行操作;否则会改变这些信号线的状态。

(4) 注意在程序的初始化部分要正确地设置 AVR 的 I/O 口的工作方式。作为读数据的 I/O 口,要设置成输入方式,并置内部上拉电阻有效。读数据时,不要忘记是读 PIN 寄存器,例如例 12.3 中的 PB2 口。

# 思考与练习

1. 参考 74HC164 器件手册,并对照图 12-3 所示电路,画出例 12.1 中的函数 HC164_send_byte(unsigned char byte)在整个执行过程中信号线 PA0、PA1 的时序图,以及对应的输出信号 QA~QH 的时序图(假定参数 byte 为 0x5A)。

2. 例 12.1 中的函数 HC164_send_byte(unsigned char byte)串出一字节数据的顺序是高位在前,还是低位在前? 如果要将串出数据的顺序进行颠倒,程序应如何修改?

3. 如果在一个系统中同时使用一片 74HC595 和一片 74HC165 扩展 8 路输出和 8 路输入,那么如何设计硬件电路,使其占用 AVR 的 I/O 口为最少,且 8 路输出和 8 路输入相互之间不

受到干扰?

4. 仅使用 AVR 的 4 个 I/O 口,使用题 3 中同样的 2 片芯片,能实现 8 路输出和 8 路输入的串行扩展吗? 若可以,请编写出相应数据串出、串入的底层接口函数 HC595_send_byte()和 HC165_read_byte()。

5. 在题 3 和题 4 中,若用 74HC164 替代 74HC595 可以吗? 为什么?

6. 在例 8.4 中,如果硬件电路采用图 6-14 所示的串行数据传送 8(6)位数码管静态显示接口电路来实现一个简易的时钟系统,那么程序应如何改动?

7. 将例 8.4 的软硬件系统与题 6 的软硬件系统相比较,尽管都能实现一个简易的时钟系统,但各自的优缺点是什么?

**本章参考文献:**

[1] TEXAS. 74hc164.pdf(英文,共享资料).

[2] TEXAS. 74hc595.pdf(英文,共享资料).

[3] FAIRCHILD. 74hc165.pdf(英文,共享资料).

# 第 *13* 章

# 异步通信与 USART 接口基础

各种类型的单片机在片内都集成了一个重要的接口——通用异步串行接收/发送接口,简称 UART。在 AVR 中同样也集成了一个增强型的串行接口,简称 US-ART(Universal Synchronous and Asynchronous serial Receiver and Transmitter)。

该接口在嵌入式系统中一直是重要的应用接口,它不仅可以应用于板级芯片之间的通信,而且更多地应用在实现系统之间的通信和系统调试中。本章将重点介绍与异步通信和USART接口相关的基本概念,以及如何实现基本的通信和进行测试的方法。USART 在实际应用中的设计方法将在下一章详细介绍。

## 13.1　异步传输的基本概念

### 13.1.1　异步传输的字符数据帧格式

异步传输方式是一种面向字符的传输技术,它是利用字符的再同步方式实现数据的发送和接收。在异步传输方式下,最基本的数据传输单位是一个字符帧。

异步传输的一个字符帧的组成方式称为该字符的数据帧格式。基本的字符数据帧是由7～13位组成的,其格式如图 13-1 所示,方括号[ ]中的位表示为可选位。

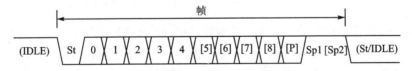

**图 13-1　异步传输的字符数据帧格式**

图中符号的意义如下:

IDLE　　　线路空闲,线路空闲时,线路保持逻辑"1"。

St　　　　起始位,逻辑"0"。

[n]　　　　数据位(0～8),最少 5 位,最多 9 位,低位在前。

[P]　　　　校验位。

Spn　　　 停止位,逻辑"1"。

从图中可知,异步传输的字符数据帧是由 1 个数据位字加上同步位(开始和结束位)以及作为检错的检验位 3 部分构成：

> 线路空闲时,数据线保持为逻辑"1",称为空闲状态(IDLE)。

> 数据帧由 1 位的逻辑"0"表示开始,该位称为"起始位"(St)。

> 在起始位后面跟着数据位,数据位的长度可在 5~9 位之间进行选择,低位在前。

> 数据位后是 1 位校验位[P]。

> 数据帧的结束是由停止位构成的。停止位为逻辑"1",长度为 1 或 2 位。

> 在一个数据帧后,线路可以处在空闲状态,也可以是下一个数据帧的开始。

在实际应用中,对异步传输数据帧中的数据长度、校验位及停止位的长度等项,是由用户根据实际情况选定的。通常,一个实际的数据帧中相关各位的使用和意义如下。

(1) 起始位：位于数据帧开头,只占 1 位,始终为逻辑"0",必须有。起始位用于表示一个数据帧的开始,起到同步作用。

(2) 数据位：紧跟在起始位之后,用于传送数据。用户可根据情况确定为 5、6、7、8 位,低位在前,高位在后。通常采用 8 位数据位,用于传送一字节的数据。

(3) 可选的第 9 位数据位：跟在数据位后,占 1 位,通常不使用该位。需要注意的是,在标准异步传输数据帧定义中是不存在第 9 位数据位的;而在 AVR 和一些单片机中,对标准异步传输数据帧进行了扩展,增加了这个可选的第 9 位数据位。该位通常在多机通信中使用,把它当作一个标识位,用于区分地址和数据等。

(4) 奇偶校验位：位于数据位后,占 1 位,用于表示串行传输中采用的校验方式。该位由用户根据需要决定,有 3 种选择：无、奇、偶校验。选择"无"表示无(不使用)该位;选择奇/偶时,该位逻辑值的确定是对数据位的各个位进行"异或"运算,再将结果与"0"或"1"进行"异或"运算所得,具体公式为：

$$P_{even} = d_n \oplus \cdots \oplus d_3 \oplus d_2 \oplus d_1 \oplus d_0 \oplus 0$$
$$P_{odd} = d_n \oplus \cdots \oplus d_3 \oplus d_2 \oplus d_1 \oplus d_0 \oplus 1$$

式中：$P_{even}$ 为偶校验位值;$P_{odd}$ 为奇校验位值;$d_n$ 为数据的第 $n$ 位。

(5) 停止位：位于数据帧的最后,始终为逻辑"1",必须有。停止位的长度由用户确定,可选择为 1 位或 2 位。停止位表示一个数据帧的结束,也是为发送下一个数据帧做准备,同样也起到了同步的作用。

在一般典型应用中,异步传输的数据帧通常采用 1 位起始位、8 位数据位、无校验位、1 位停止位这样的格式,这样的一个数据帧其长度为 10：1 位起始位、8 位数据位、1 位停止位。

在串行传输中,发送端以数据帧为单位,逐帧发送数据;接收端也是以数据帧为单位,逐帧接收。两个相邻数据帧之间可以无空闲状态,也可以有空闲状态。因此异步串行传输的优点是不需要传送专用的同步时钟信号,数据帧之间的间隔长度不受限制,所需要的设备简单;缺点是在数据帧中采用了起始位和停止位实现同步,因此降低了有效数据的传送速率。

## 13.1.2　异步通信

异步通信就是采用异步传输方式实现数据交换的一种通信方式。其主要特点表现在:

➤ 异步通信的发送端和接收端通常是由双方各自的时钟来控制数据的发送(发送端)及数据的检测和接收(接收端),发送、接收双方的时钟彼此独立,互不同步。

➤ 发送端发送数据时,必须严格按照所规定的异步传输数据帧的格式,一帧一帧地发送,通过传输通道由接收设备逐帧地接收。

那么,在异步通信中,怎样实现数据同步呢? 换句话说,发送端和接收端是依靠什么来协调数据的发送和接收呢? 这里的关键点就在于,接收方如何才能正确地检测到发送端所发送的数据帧,并能正确地接收数据。这除了要依靠数据帧的格式外,还需要有另外一个重要的指标——波特率。

在异步通信中,发送和接收双方要实现正常的通信,必须采用相同的约定。首先必须约定最低层的、也是最基本的两个重要指标:采用相同的传输波特率和相同格式的数据帧。

首先,发送和接收的双方都必须采用相同的、一个约定好的串行通信波特率。确定波特率,其实就是规定数据帧中一个位的宽度。一旦确定了波特率,那么通信的双方就必须在相同的波特率下工作。波特率的作用相当于是一把检测(扫描)数据帧的"尺子"。

波特率的定义为每秒钟传送二进制数码的位数(也叫比特率),单位是 b/s。通常,异步通信的所采用的标准波特率为 1200 的倍数,如 2400、4800、9600、19200、38400 等。

当异步通信的波特率和数据帧的格式确定后,发送方就按照规定的数据帧格式、规定的位宽度发送数据帧。接收方则以传输线的空闲状态(逻辑"1")作为起点,不停地检测和扫描传输线,当检测到第一个逻辑"0"出现时(起始位到达),知道一个数据帧开始了(实现数据同步)。接下来以规定的位宽度,对已知格式的数据帧进行测试,获得数据帧中各个位的逻辑值。测试到最后的停止位时,如果为规定的逻辑"1",则说明该数据帧已经结束。

因此,在设计和应用异步通信系统时,首先必须正确地确定和设置通信双方设备所使用的波特率和数据帧格式。

如果通信双方所使用(设置)的波特率和数据帧格式不一样,基本的通信就根本不能实现,其表现主要体现在接收数据不正确。对于初学者,在使用异步通信系统及其调试过程中,尤其需要注意。

波特率是串行通信的重要指标,用于表征数据传送的速度,但注意它与字符的实际传输速率不同。字符的实际传输速率是指每秒内所传字符帧的帧数,与字符帧的格式有关。

一旦波特率确定了,数据帧中每个位的宽度(传送时间)则为波特率的倒数。例如,波特率为 9 600 b/s 时,每个位的宽度为 1/9 600 = 0.104 17 ms。当数据帧采用 1 个起始位、8 个数据位、无校验位、1 个停止位这样的格式时,其长度为 10 位。那么传送这样的一个数据帧所需要的最少时间为 1.041 7 ms,1 s 内可以传送的数据帧约为 959 个。

**注意**:在这里并没有考虑接收方处理这些数据的时间。如果发送方以 9 600 b/s 的速率连续不断地发送 10 位的数据帧,那么接收方就必须在 1.041 7 ms 的时间内完成下面的工作;否则将影响到下一个数据帧的接受过程。

> 对数据帧的检测和接收。这部分工作通常是由硬件完成的,基本不占用时间。

> 判断接收数据的有效性,并做进一步的处理,例如转存、判断数据的实际意义等。这部分工作则是通过相应的软件来完成的,需要一定的时间。

另外,在异步通信中所采用的数据帧格式只是一个基本的、面向字符的数据传送规范。它除了对数据帧格式进行定义外,并没有涉及其他内容。而在实际应用中,许多采用异步通信方式的通信协议还包括了物理层、应用层,以及数据流控制等内容。例如 RS - 232、RS - 485,以及在此基础上发展起来的许多工业标准的异步通信协议。

因此,规定使用统一的通信数据帧格式和串行通信波特率,只是为通信双方能够正确传送和接收数据建立了基本和必要的条件,在实际应用中,还需要了解所使用的上层通信协议和通信规范。尤其当用户设计和研发独立的产品需要采用异步通信接口时,往往还需要定义自己的应用层通信协议和规范,这样才能真正地实现数据的正确传送和信息的交换。与此相关的内容,将在后面分别加以介绍和学习。

# 13.2　AVR 的异步传输接口 USART

多数的 AVR 单片机都在片内集成了一个全双工的通用同步/异步串行收发器 US-ART。有的型号,如 ATmega 128 甚至在片内集成了 2 个全双工通用同步/异步串行收发器。AVR 的 USART 是一个增强型的、高度灵活的串行通信设备。其主要特点如下:

> 全双工操作(相互独立的接收数据寄存器和发送数据寄存器);

> 支持同步或异步传输操作;

> 同步传输操作时,可采用主机时钟同步,也可采用从机时钟同步;

> 独立的高精度波特率发生器,不占用定时/计数器;

➤ 扩展的、支持 5~9 位数据位和 1 位或 2 位停止位的串行数据帧结构；

➤ 由硬件支持的奇偶校验位的发生和数据校验；

➤ 硬件实现的数据溢出检测；

➤ 硬件实现的帧错误检测；

➤ 包括错误起始位检测的噪声滤波器和数字低通滤波器；

➤ 配备 3 个完全独立的中断源：TX 发送完成、TX 发送数据寄存器空和 RX 接收完成；

➤ 支持多机通信模式；

➤ 支持倍（高）速异步通信模式。

本章将以 ATmega16 的 USART 为基础，介绍该接口的结构和应用。

## 13.2.1　概　述

图 13-2 为 ATmega16 的全双工通用同步/异步串行收发模块 USART 收发器的接口硬件结构方框图。图中用虚线框将 USART 收发模块分为三大部分：时钟发生器、数据发送器和接收器。控制寄存器为所有的模块共享。

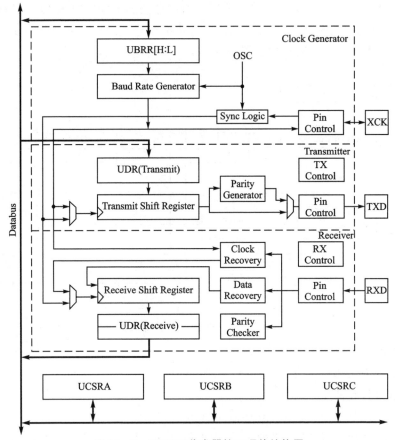

**图 13-2　USART 收发器接口硬件结构图**

时钟发生器由同步逻辑电路(在同步从模式下由外部时钟输入驱动)和波特率发生器组成,发送时钟引脚 XCK 仅用于同步发送模式下。

发送器部分由 1 个单独的写入缓冲器(发送 UDR)、1 个串行移位寄存器、校验位发生器和用于处理不同帧结构的控制逻辑电路构成。

接收器是 USART 模块中最复杂的部分,最主要的是时钟和数据接收单元。数据接收单元用作异步数据的接收。除了接收单元外,接收器还包括校验位校验器、控制逻辑、移位寄存器和 2 级接收缓冲器(接收 UDR)。接收器支持与发送器相同的数据帧结构,同时由硬件实现并完成数据帧错误、接收数据溢出和校验错误的检测。

## 13.2.2　串行时钟发生器

串行时钟发生器部分为发送器和接收器提供基本的时钟。USART 支持 4 种时钟工作模式:普通异步模式、双倍速异步模式、主机同步模式和从机同步模式。USART 的控制和状态寄存器 C(UCSRC)中的 UMSEL 位用于选择同步或异步模式。双倍速模式(只有异步模式有效)由 UCSRA 寄存器中的 U2X 位控制。当使用同步模式时(UMSEL=1),XCK 引脚的数据方向寄存器的 DDR_XCK 位用于选择时钟源是来自内部(主机模式)还是由外部驱动(从机模式)。XCK 引脚只在使用同步模式时有效。图 13-3 为时钟发生器的逻辑图。

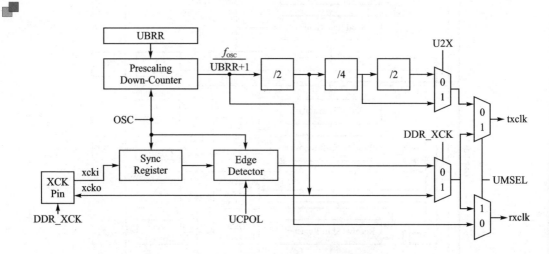

图 13-3　USART 时钟发生器逻辑图

图中各信号的意义如下:

txclk　发送器时钟(内部信号)。

rxclk　接收器基本时钟(内部信号)。

xcki　从 XCK 引脚输入的时钟(内部信号,用于同步通信从机模式)。

xcko　输出到 XCK 引脚的时钟(内部信号,用于同步通信主机模式)。

$f_{\text{OSC}}$　XTAL 引脚的时钟频率(系统时钟)。

### 1. 波特率发生器

波特率发生器产生的时钟被用于异步模式和同步主机模式(见图 13-3)。US-ART 的波特率寄存器 UBRR 和预分频减 1 计数器(Down-Counter)相连,一起构成了一个可编程的预分频器,也就是波特率发生器。减 1 计数器对系统时钟 OSC 计数,当其计数到 0 或 UBRRL 寄存器被写入时,会自动装入 UBRR 寄存器的数值。一旦计数值到 0,就会产生一个脉冲信号,作为波特率发生器的输出时钟。输出时钟的频率为 $f_{\text{OSC}}/(\text{UBRR}+1)$。发送器对波特率发生器的输出时钟可进行 2、8 或 16 的分频,具体情况取决于工作模式。波特率发生器的输出被直接用作接收器和数据接收单元的时钟。同时,接收单元还使用了一个 2、8 或 16 个状态的状态机,具体状态数由 UMSEL、U2X 和 DDR_XCK 位设定的工作模式决定。表 13-1 给出了计算波特率和计算各种使用内部时钟源工作模式时的 UBRR 值的公式。

**表 13-1　波特率计算公式**

| 使用模式 | 波特率计算公式 | UBRR 值计算公式 |
|---|---|---|
| 异步正常模式 U2X=0 | $\text{BAUD}=\dfrac{f_{\text{OSC}}}{16(\text{UBRR}+1)}$ | $\text{UBRR}=\dfrac{f_{\text{OSC}}}{16\times\text{BAUD}}-1$ |
| 异步倍速模式 U2X=1 | $\text{BAUD}=\dfrac{f_{\text{OSC}}}{8(\text{UBRR}+1)}$ | $\text{UBRR}=\dfrac{f_{\text{OSC}}}{8\times\text{BAUD}}-1$ |
| 同步主机模式 | $\text{BAUD}=\dfrac{f_{\text{OSC}}}{2(\text{UBRR}+1)}$ | $\text{UBRR}=\dfrac{f_{\text{OSC}}}{2\times\text{BAUD}}-1$ |

表 13-1 的公式中:BAUD 为通信速率(b/s);$f_{\text{OSC}}$ 为系统时钟频率;UBRR 为波特率寄存器 UBRRH、UBRRL 中的值(0~4 095)。

### 2. 双倍速工作模式

通过设定 UCSRA 寄存器中的 U2X 位可以使传输速率加倍。设置该位只对异步工作模式有效。当工作于同步模式时,设置该位为"0"。

设置该位把波特率分频器的分频系数从 16 降到 8,使异步通信的传输速率加倍。注意,在这种情况下,接收器只使用一半的采样数对数据进行采样和时钟校正,因此在该种模式下使用更精确的系统时钟和更精确的波特率设置是必需的。

### 3. 外部时钟

在同步从机操作模式中,数据的发送和接收是由外部时钟驱动的,如图 13-3 所示。输入到 XCK 引脚的外部时钟由同步寄存器进行采样,用以减小亚稳定(Meta-Stability)的可能性。同步寄存器的输出通过一个边沿检测器,然后应用于传送器和接收器。这一过程引入了 2 个 CPU 时钟周期的延时,因此外部 XCK 的最大时钟频率由以下公式限制:

$$f_{\text{xck}} < \frac{f_{\text{OSC}}}{4}$$

#### 4. 同步时钟操作

当使用同步模式时(UMSEL＝1)，XCK 引脚被用作同步时钟的输出(主机模式)或同步时钟的输入(从机模式)引脚。时钟的边沿、数据的采样和数据的变化之间的关系的基本规律是：在改变数据输出端 TXD 的 XCK 时钟的相反边沿处对数据输入端 RXD 进行采样。UCRSC 寄存器中的 UCPOL 位用于选择使用 XCK 时钟的哪个边沿处对数据采样及改变输出数据。如图 13－4 所示，当 UCPOL＝0 时，在 XCK 的上升沿打出(改变)TXD 输出数据，而在 XCK 的下降沿时对 RXD 进行数据采样(读取)；当 UCPOL＝1 时，在 XCK 的下降沿打出(改变)TXD 输出数据，而在 XCK 的上升沿时对 RXD 进行数据采样(读取)。

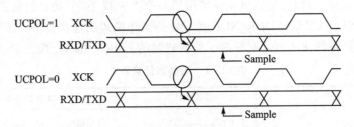

图 13－4　同步模式时的 XCK 时序

## 13.2.3　数据帧格式

USART 的一个数据帧是由一个数据位字加上同步位(开始和结束位)以及作为检错的奇偶校验位 3 部分构成，可以使用以下几种有效组合的数据帧格式：

> 1 位起始位；
> 5/6/7/8 或 9 位数据位；
> 1 位可选的无校验/奇校验/偶校验位；
> 1 或 2 位停止位。

一个数据帧是以起始位开始；紧接着是数据字的最低位，数据字最多可以有 9 个数据位，数据位以数据字的最高位结束。如果使用校验位，则校验位将接着数据位，最后是结束位(见图 13－1)。当一个完整的数据帧传输后，可以直接跟着传送下一个新的数据帧，或者使通信线路处于空闲状态。

USART 数据帧的结构通过 UCSRB 和 UCSRC 寄存器中的 UCSZ[2：0]、UPM[1：0]和 USBS 位设置和定义，接收和发送使用同样的定义设置。

**注意**：任何这些设置的改变，都会打断正在进行的数据传送和接收通信。

USART 帧字长位(UCSZ[2：0])确定了数据帧的数据位数。USART 的校验模式位(UPM[1：0])用于使能和决定校验的类型。选择 1/2 位停止位由 USBS 位设置。但接收器是忽略第二个停止位的，因此帧错误(FE)只会在第一个停止位为"0"时被检测到。

校验位的计算是对数据位的各个位进行"异或"运算,其结果再与"0"或"1"进行"异或"运算:

$$Peven = dn \oplus \cdots \oplus d3 \oplus d2 \oplus d1 \oplus d0 \oplus 0$$
$$Podd = dn \oplus \cdots \oplus d3 \oplus d2 \oplus d1 \oplus d0 \oplus 1$$

式中:Peven 为偶校验位值;Podd 为奇校验位值;$dn$ 为数据的第 $n$ 位。

如果在数据传输格式中定义使用校验位,则校验位值将出现在最后一个数据位与第一个停止位之间。

## 13.2.4　USART 寄存器

### 1. USART 数据寄存器——UDR

寄存器 UDR 各位的定义如下:

| 位 | 7 | 6 | 5 | 4 | 3 | 2 | 1 | 0 | |
|---|---|---|---|---|---|---|---|---|---|
| $0D($002D$)$ | | | | RXB[7:0] | | | | | UDR(读) |
| $0D($002D$)$ | | | | TXB[7:0] | | | | | UDR(写) |
| 读/写 | R/W | R/W | R/W | R/W | R/W | R/W | R/W | R/W | |
| 复位值 | 0 | 0 | 0 | 0 | 0 | 0 | 0 | 0 | |

UDR 寄存器实际是由 2 个物理上分离的寄存器 RXB、TXB 构成,它们使用相同的 I/O 地址。写 UDR 的操作,是将发送的数据写入到寄存器 TXB 中;读 UDR 的操作,读取的是接收寄存器 RXB 的内容。当设定使用 5、6 或 7 位的数字帧时,高位未用到的位在发送时被忽略,在接收时由硬件自动清 0。

只有在 UCSRA 寄存器中的 UDRE 位置 1 时(数据寄存器空),UDR 才能被写入;否则写入的数据将被 USART 忽略。在发送使能情况下,写入 UDR 的数据将进入发送器的移位寄存器,由引脚 TXD 串行移出。

### 2. USART 控制和状态寄存器 A——UCSRA

寄存器 UCSRA 各位的定义如下:

| 位 | 7 | 6 | 5 | 4 | 3 | 2 | 1 | 0 | |
|---|---|---|---|---|---|---|---|---|---|
| $0B($002B$)$ | RXC | TXC | UDRE | FE | DOR | PE | U2X | MPCM | UCSRA |
| 读/写 | R | R/W | R | R | R | R | R/W | R/W | |
| 复位值 | 0 | 0 | 1 | 0 | 0 | 0 | 0 | 0 | |

➢ 位 7——RXC:USART 接收完成。当收到的字符从接收移位寄存器传到 UDR 中(RXB)且未被读取时,该位置 1。不论是否有接收错误,该位都设置。当设置禁止接收时,UDR 中的数据就会刷新,同时清 0 RXC 标志。RXC 的置位会产生接收完成的中断请求。RXC 在读 UDR 时自动清 0。

➢ 位 6——TXC:USART 发送完成。当发送移位寄存器的全部数据移出后,且在数据寄存器 UDR 中(TXB)没有待发送的数据时,该位置 1。TXC 的置 1 会产生发送完成中断的请求,在转入执行发送完成中断时,TXC 由硬件自动

AVR 单片机嵌入式系统原理与应用实践(第 3 版)

清 0。TXC 位也可以通过向该位写一个逻辑"1"而清 0。

➢ 位 5——UDRE：USART 数据寄存器空。当写入 UDR(TXB)的字符被传送到发送移位寄存器中时,该位置 1,表示 UDR 可以写入新的发送数据。UDRE 的置 1 会产生发送数据寄存器空的中断请求。系统复位时,UDRE 置 1,表示 USART 数据寄存器空,数据发送已准备好。

➢ 位 4——FE：接收帧出错。如果在接收缓冲器中刚收到的数据帧被检测到帧出错,则该位置 1(例如收到数据帧的停止位为"0"时)。FE 在收到数据帧的停止位为"1"时被清除,读取 UDR 的操作也会将 FE 标志位清除。此外,重写寄存器 UCSRA 的操作总是设置 FE 标志位为"0"。

➢ 位 3——DOR：接收数据溢出出错。如果接收数据溢出条件被检测到,则该位被置 1。当接收缓冲器满(即有两个接收到的字符,前一个字符在 UDR 中,而移位寄存器中还有一个新接收到的字符在等待),同时接收器又检测到一个新的起始位时,则接收数据溢出出错发生。该位将一直保持为"1",直到接收缓冲 UDR 被读取。重写寄存器 UCSRA 的操作总是设置 DOR 标志位为"0"。

➢ 位 2——PE：校验错误。在接收允许和校验位比较允许都使能时,接收器检测到刚接收的数据检验出错,那么该位将置 1。该位将一直保持为"1",直到接收缓冲 UDR 被读取。重写寄存器 UCSRA 的操作总是设置 PE 标志位为"0"。

➢ 位 1——U2X：USART 传输速率倍速。该位只有在异步模式下有效,当使用同步模式时,应设置该位为"0"。如果设置该位为"1",则将使波特率分频器的分频比由 16 降为 8,其效果是使异步通信的传输速率加倍。

➢ 位 0——MPCM：多机通信模式允许。该位使能多机通信模式。当 MPCM 位写为"1"时,所有接收到的数据帧,如果不包括地址信息的话,将被 USART 接收器忽略。USART 的发送模块不受 MPCM 设置的影响。具体应用见 14.3 节。

### 3. USART 控制和状态寄存器 B——UCSRB

寄存器 UCSRB 各位的定义如下：

| 位 | 7 | 6 | 5 | 4 | 3 | 2 | 1 | 0 | |
|---|---|---|---|---|---|---|---|---|---|
| $0A($002A) | RXCIE | TXCIE | UDRIE | RXEN | TXEN | UCSZ2 | RXB8 | TXB8 | UCSRB |
| 读/写 | R/W | R/W | R/W | R/W | R/W | R/W | R | R/W | |
| 复位值 | 0 | 0 | 0 | 0 | 0 | 0 | 0 | 0 | |

➢ 位 7——RXCIE：RX 接收完成中断允许。当该位置 1 时,表示允许响应接收完成中断请求。如果全局中断标志位 I 为"1"且 RXCIE 位为"1",那么当标志位 RXC 置 1 时,一个接收完成中断服务被执行。

➢ 位 6——TXCIE：TX 发送完成中断允许。当该位置 1 时,表示允许响应发送完成中断请求。如果全局中断标志位 I 为"1",且 TXCIE 位为"1",那么当标

志位 TXC 置 1 时,一个发送完成中断服务被执行。

➤ 位 5——UDRIE:USART 数据寄存器空中断允许。当该位置 1 时,表示允许响应发送数据寄存器 UDR 空中断请求。如果全局中断标志位 I 为"1"且 UDRIE 位为"1",那么当标志位 UDRE 置 1 时,一个发送数据寄存器空中断服务被执行。

➤ 位 4——RXEN:数据接收允许。当该位置 1 时,允许 USART 接收数据。当接收器使能时,对应引脚的特性由通用数字 I/O 口转变为 RXD。禁止数据接收,将清除接收缓冲器中的数据,并使 FE、DOR、PE 标志位无效(为 0)。当接收数据被禁止后,USART 发送器将不再占用 RXD 引脚。

➤ 位 3——TXEN:发送数据允许。当该位置 1 时,允许 USART 发送数据。当发送器使能时,对应引脚的特性由通用数字 I/O 口转变为 TXD。如果在发送数据时禁止发送器(写 TXEN=0),则在移位寄存器中的数据和后续 UDR 中的数据被全部发送完成之后,发送器才会禁止。当发送器禁止后,USART 发送器将不再占用 TXD 引脚。

➤ 位 2——UCSZ2:数据字位数大小。该位与 UCSRC 寄存器中的 UCSZ[1:0]位一起使用,用于设置接收和发送数据帧中数据字位的个数(5、6、7、8、9 位)。

➤ 位 1——RXB8:接收数据的第 8 位。当采用接收的数据帧格式为 9 位数据帧时,RXB8 中接收到数据的第 9 数据位。RXB8 标志位必须在读 URD 之前读取。

➤ 位 0——TXB8:发送数据的第 8 位。当采用发送数据帧格式为 9 位数据帧时,TXB8 中发送数据的第 9 数据位。TXB8 标志位必须在 URD 写入前写入。

### 4. USART 控制和状态寄存器 C——UCSRC

寄存器 UCSRC 各位的定义如下:

| 位 | 7 | 6 | 5 | 4 | 3 | 2 | 1 | 0 | |
|---|---|---|---|---|---|---|---|---|---|
| $20($0040) | URSEL | UMSEL | UPM1 | UPM0 | USBS | UCSZ1 | UCSZ0 | UCPOL | UCSRC |
| 读/写 | R/W | R/W | R/W | R/W | R/W | R/W | R/W | R/W | |
| 复位值 | 1 | 0 | 0 | 0 | 0 | 1 | 1 | 0 | |

➤ 位 7——URSEL:寄存器选择。该位用于对 UCSRC/UBRRH 寄存器进行选择。写 UCSRC 寄存器时,该位必须写入"1";读取 UCSRC 时,该位总是"1"(详细操作见下面第 6 点)。

➤ 位 6——UMSEL:USART 工作模式选择。该位用于选择 USART 为同步或异步工作模式,如表 13-2 所列。

表 13-2　USART 工作模式

| UMSEL | USART 工作模式 |
|---|---|
| 0 | 异步模式 |
| 1 | 同步模式 |

➢ 位[5∶4]——UPM[1∶0]：校验方式。这 2 位用于允许和选择产生或验证校验位的类型。如果使能校验模式，发送器将根据发送的数据，自动产生符合要求的校验位，并附加在每一个数据帧后发送。接收器将对接收的数据帧进行校验，产生校验位，并与 UPM0 的设置进行比较。如果不匹配，则 UCSRA 寄存器中的 PE 标志位将置 1，如表 13 - 3 所列。

➢ 位 3——USBS：停止位选择。该位用于选择插入到发送帧中停止位的个数，如表 13 - 4 所列。接收器不受对该位设置的影响。

<table>
<tr><th colspan="6">表 13 - 3　校验方式</th></tr>
<tr><th>UPM1</th><th>UPM0</th><th>校验方式</th><th>UPM1</th><th>UPM0</th><th>校验方式</th></tr>
<tr><td>0</td><td>0</td><td>无校验</td><td>1</td><td>0</td><td>使能偶校验</td></tr>
<tr><td>0</td><td>1</td><td>保留</td><td>1</td><td>1</td><td>使能奇校验</td></tr>
</table>

<table>
<tr><th colspan="2">表 13 - 4　停止位个数</th></tr>
<tr><th>USBS</th><th>停止位个数</th></tr>
<tr><td>0</td><td>1 位停止位</td></tr>
<tr><td>1</td><td>2 位停止位</td></tr>
</table>

➢ 位[2∶1]——UCSZ[1∶0]：传送或接收字符长度。这 2 位同 UCSRB 寄存器中的 UCSZ2 位一起使用，定义和设置接收和发送数据帧中的数据位数，如表 13 - 5 所列。

<table>
<tr><th colspan="8">表 13 - 5　传送或接收字符长度</th></tr>
<tr><th>UCSZ2</th><th>UCSZ1</th><th>UCSZ0</th><th>字符长度/位</th><th>UCSZ2</th><th>UCSZ1</th><th>UCSZ0</th><th>字符长度/位</th></tr>
<tr><td>0</td><td>0</td><td>0</td><td>5</td><td>1</td><td>0</td><td>0</td><td>保留</td></tr>
<tr><td>0</td><td>0</td><td>1</td><td>6</td><td>1</td><td>0</td><td>1</td><td>保留</td></tr>
<tr><td>0</td><td>1</td><td>0</td><td>7</td><td>1</td><td>1</td><td>0</td><td>保留</td></tr>
<tr><td>0</td><td>1</td><td>1</td><td>8</td><td>1</td><td>1</td><td>1</td><td>9</td></tr>
</table>

➢ 位 0——UCPOL：时钟极性选择。该位只在同步模式下使用。在异步模式下，应将该位写为"0"。UCPOL 位设定了串行输出数据变化和数据输入采样与同步时钟 XCK 之间的关系，如表 13 - 6 所列。

<table>
<tr><th colspan="3">表 13 - 6　时钟极性（同步模式有效）</th></tr>
<tr><th rowspan="2">UCPOL</th><th>串行输出数据的变化<br>（TXD 的输出）</th><th>串行输入数据的采样<br>（RXD 的输入）</th></tr>
<tr><td>XCK 上升沿</td><td>XCK 下降沿</td></tr>
<tr><td>0</td><td>XCK 上升沿</td><td>XCK 下降沿</td></tr>
<tr><td>1</td><td>XCK 下降沿</td><td>XCK 上升沿</td></tr>
</table>

**5. 波特率寄存器 UBRRL 和 UBRRH**

UBRRL 和 UBRRH 寄存器构成一个 12 位波特率寄存器 UBRR（注意：UCSRC 与 UBRRH 共用一个 I/O 地址）。

寄存器 UBRRL 和 UBRRH 各位的定义如下：

AVR 单片机嵌入式系统原理与应用实践(第 3 版)

| 位 | 15 | 14 | 13 | 12 | 11 | 10 | 9 | 8 | |
|---|---|---|---|---|---|---|---|---|---|
| $20($0040$)$ | URSEL | — | — | — | | UBRR[11：8] | | | UBRRH |
| $09($0029$)$ | | | | UBRR[7：0] | | | | | UBRRL |
| | 7 | 6 | 5 | 4 | 3 | 2 | 1 | 0 | |
| 读/写 | R/W | R | R | R | R/W | R/W | R/W | R/W | |
| | R/W | R/W | R/W | R/W | R/W | R/W | R/W | R/W | |
| 复位值 | 0 | 0 | 0 | 0 | 0 | 0 | 0 | 0 | |
| | 0 | 0 | 0 | 0 | 0 | 0 | 0 | 0 | |

- 位 15——URSEL：寄存器选择。该位用于对 UBRRH/UCSRC 寄存器的选择。写 UBRRH 寄存器时,该位必须写入"0";读取 UBRRH 时,该位总是"0"(详细操作见下面第 6 点)。
- 位[14：12]——保留位。为将来的使用和兼容起见,写入时置这些位为"0"。
- 位[11：0]——UBRR[11：0]：USART 波特率设置寄存器。由寄存器 UBRRH 低 4 位和寄存器 UBRRL 的 8 位构成一个 12 位的寄存器,用于对 USART 传送或接收波特率的设置。如果波特率设置被改变,则正在进行的接收和发送将被打断。写 UBRRL 将立即更新对波特率预分频的设置。

## 6. 对寄存器 UBRRH/UCSRC 的操作

由于在 ATmega16 中寄存器 UBRRH 和 UCSRC 占用相同的 I/O 地址空间 $20,因此对这 2 个寄存器进行操作时,必须注意其最高位 URSEL 的设置。

- 写操作。当对 I/O 地址为 $20 的寄存器写入数据时,数据的最高位(相当于 URSEL 的值)为"0"时,数据写入 UBRRH 寄存器;数据的最高位为"1"时,数据写入 UCSRC 寄存器。
- 读操作。读取 I/O 地址 $20 数据的操作稍微复杂些,其规律是：第 1 次读取 $20 的值为寄存器 UBRRH 的数值;而如果在连续 2 个系统时钟周期中都执行对 $20 的读操作,那么第 2 次读到的是寄存器 UCSRC 的值。

参考程序示例如下：

### 1) 汇编程序

```
USART_ReadUCSRC:
    ; Read UCSRC
    in r16,UBRRH
    in r16,UCSRC
    ret
```

### 2) C 程序代码

```
unsigned char USART_ReadUCSRC( void )
{
    unsigned char ucsrc;
    /* Read UCSRC */
```

```
ucsrc = UBRRH;
ucsrc = UCSRC;
return ucsrc;
}
```

因此，如果要读取 UBRRH 的值，则只要读一次即可。而读 UCSRC 的值时，需要对该地址连续读 2 次（注意要关中断，防止被中断打断连续地读时序），第 2 次读到的是寄存器 UCSRC 的值。另外，UBRRH 的值高位总是"0"，而 UCRRC 的值高位总是"1"。

## 13.2.5　串行通信波特率的设置与偏差

对于一些常用标准频率的晶体，大多数异步操作的波特率设置可从表 13-7～表 13-10 中获得。

使用表中的设置值产生的时钟波特率与实际的波特率的偏差小于±0.5%。虽然更高的波特率偏差也可以使用，但会降低接收器的抗干扰性。

误差可以通过以下公式计算：

$$\text{Error} = \left( \frac{\text{BaudRate}_{\text{ClosestMatch}}}{\text{BaudRate}} - 1 \right) \times 100\%$$

表 13-7　不同晶振频率的 UBRR 设置(1)

| 波特率 /(kb/s) | $f_{\text{OSC}}=1.0000\ \text{MHz}$ | | | | $f_{\text{OSC}}=1.8432\ \text{MHz}$ | | | | $f_{\text{OSC}}=2.0000\ \text{MHz}$ | | | |
|---|---|---|---|---|---|---|---|---|---|---|---|---|
| | U2X=0 | | U2X=1 | | U2X=0 | | U2X=1 | | U2X=0 | | U2X=1 | |
| | UBRR | Error /(%) | UBRR | Error /(%) | UBRR | Error /(%) | UBRR | Error /(%) | UBRR | Error /(%) | UBRR | Error /(%) |
| 2.4 | 25 | 0.2 | 51 | 0.2 | 47 | 0.0 | 95 | 0.0 | 51 | 0.2 | 103 | 0.2 |
| 4.8 | 12 | 0.2 | 25 | 0.2 | 23 | 0.0 | 47 | 0.0 | 25 | 0.2 | 51 | 0.2 |
| 9.6 | 6 | −7.0 | 12 | 0.2 | 11 | 0.0 | 23 | 0.0 | 12 | 0.2 | 25 | 0.2 |
| 14.4 | 3 | 8.5 | 8 | −3.5 | 7 | 0.0 | 15 | 0.0 | 8 | −3.5 | 16 | 2.1 |
| 19.2 | 2 | 8.5 | 6 | −7.0 | 5 | 0.0 | 11 | 0.0 | 6 | −7.0 | 12 | 0.2 |
| 28.8 | 1 | 8.5 | 3 | 8.5 | 3 | 0.0 | 7 | 0.0 | 3 | 8.5 | 8 | −3.5 |
| 38.4 | 1 | −18.6 | 2 | 8.5 | 2 | 0.0 | 5 | 0.0 | 2 | 8.5 | 6 | −7.0 |
| 57.6 | 0 | 8.5 | 1 | 8.5 | 1 | 0.0 | 3 | 0.0 | 1 | 8.5 | 3 | 8.5 |
| 76.8 | — | | 1 | −18.6 | 1 | −25.0 | 2 | 0.0 | 1 | −18.6 | 2 | 8.5 |
| 115.2 | — | | 0 | 8.5 | 0 | 0.0 | 1 | 0.0 | 0 | 8.5 | 1 | 8.5 |
| 230.4 | — | | — | | — | | 0 | 0.0 | — | | 0 | |
| 250 | — | | — | | — | | — | | — | | 0 | 0.0 |
| Max* | 62.5 kb/s | | 125 kb/s | | 115.2 kb/s | | 230.4 kb/s | | 125 kb/s | | 250 kb/s | |

\* UBRR=0；Error=0.0%。

**表 13 - 8 不同晶振频率的 UBRR 设置(2)**

| 波特率/(kb/s) | $f_{OSC}=3.6864$ MHz | | | | $f_{OSC}=4.0000$ MHz | | | | $f_{OSC}=7.3728$ MHz | | | |
| --- | --- | --- | --- | --- | --- | --- | --- | --- | --- | --- | --- | --- |
| | U2X=0 | | U2X=1 | | U2X=0 | | U2X=1 | | U2X=0 | | U2X=1 | |
| | UBRR | Error/(%) | UBRR | Error/(%) | UBRR | Error/(%) | UBRR | Error/(%) | UBRR | Error/(%) | UBRR | Error/(%) |
| 2.4 | 95 | 0.0 | 191 | 0.0 | 103 | 0.2 | 207 | 0.2 | 191 | 0.0 | 383 | 0.0 |
| 4.8 | 47 | 0.0 | 95 | 0.0 | 51 | 0.2 | 103 | 0.2 | 95 | 0.0 | 191 | 0.0 |
| 9.6 | 23 | 0.0 | 47 | 0.0 | 25 | 0.2 | 51 | 0.2 | 47 | 0.0 | 95 | 0.0 |
| 14.4 | 15 | 0.0 | 31 | 0.0 | 16 | 2.1 | 34 | −0.8 | 31 | 0.0 | 63 | 0.0 |
| 19.2 | 11 | 0.0 | 23 | 0.0 | 12 | 0.2 | 25 | 0.2 | 23 | 0.0 | 47 | 0.0 |
| 28.8 | 7 | 0.0 | 15 | 0.0 | 8 | −3.5 | 16 | 2.1 | 15 | 0.0 | 31 | 0.0 |
| 38.4 | 5 | 0.0 | 11 | 0.0 | 6 | −7.0 | 12 | 0.2 | 11 | 0.0 | 23 | 0.0 |
| 57.6 | 3 | 0.0 | 7 | 0.0 | 3 | 8.5 | 8 | −3.5 | 7 | 0.0 | 15 | 0.0 |
| 76.8 | 2 | 0.0 | 5 | 0.0 | 2 | 8.5 | 6 | −7.0 | 5 | 0.0 | 11 | 0.0 |
| 115.2 | 1 | 0.0 | 3 | 0.0 | 1 | 8.5 | 3 | 8.5 | 3 | 0.0 | 7 | 0.0 |
| 230.4 | 0 | 0.0 | 1 | 0.0 | 0 | 8.5 | 1 | 8.5 | 1 | 0.0 | 3 | 0.0 |
| 250 | 0 | −7.8 | 1 | −7.8 | 0 | 0.0 | 1 | 0.0 | 1 | −7.8 | 3 | −7.8 |
| 500 | — | — | 0 | −7.8 | — | — | 0 | 0.0 | 0 | −7.8 | 1 | −7.8 |
| 1000 | — | — | — | — | — | — | — | — | — | — | 0 | −7.8 |
| Max* | 230.4 kb/s | | 460.8 kb/s | | 250 kb/s | | 500 kb/s | | 460.8 kb/s | | 921.6 kb/s | |

\* UBRR＝0；Error＝0.0%。

**表 13 - 9 不同晶振频率的 UBRR 设置(3)**

| 波特率/(kb/s) | $f_{OSC}=8.0000$ MHz | | | | $f_{OSC}=11.0592$ MHz | | | | $f_{OSC}=14.7456$ MHz | | | |
| --- | --- | --- | --- | --- | --- | --- | --- | --- | --- | --- | --- | --- |
| | U2X=0 | | U2X=1 | | U2X=0 | | U2X=1 | | U2X=0 | | U2X=1 | |
| | UBRR | Error/(%) | UBRR | Error/(%) | UBRR | Error/(%) | UBRR | Error/(%) | UBRR | Error/(%) | UBRR | Error/(%) |
| 2.4 | 207 | 0.2 | 416 | −0.1 | 287 | 0.0 | 575 | 0.0 | 383 | 0.0 | 767 | 0.0 |
| 4.8 | 103 | 0.2 | 207 | 0.2 | 143 | 0.0 | 287 | 0.0 | 191 | 0.0 | 383 | 0.0 |
| 9.6 | 51 | 0.2 | 103 | 0.2 | 71 | 0.0 | 143 | 0.0 | 95 | 0.0 | 191 | 0.0 |
| 14.4 | 34 | −0.8 | 68 | 0.6 | 47 | 0.0 | 95 | 0.0 | 63 | 0.0 | 127 | 0.0 |
| 19.2 | 25 | 0.2 | 51 | 0.2 | 35 | 0.0 | 71 | 0.0 | 47 | 0.0 | 95 | 0.0 |
| 28.8 | 16 | 2.1 | 34 | −0.8 | 23 | 0.0 | 47 | 0.0 | 31 | 0.0 | 63 | 0.0 |
| 38.4 | 12 | 0.2 | 25 | 0.2 | 17 | 0.0 | 35 | 0.0 | 23 | 0.0 | 47 | 0.0 |
| 57.6 | 8 | −3.5 | 16 | 2.1 | 11 | 0.0 | 23 | 0.0 | 15 | 0.0 | 31 | 0.0 |
| 76.8 | 6 | −7.0 | 12 | 0.2 | 8 | 0.0 | 17 | 0.0 | 11 | 0.0 | 23 | 0.0 |
| 115.2 | 3 | 8.5 | 8 | −3.5 | 5 | 0.0 | 11 | 0.0 | 7 | 0.0 | 15 | 0.0 |
| 230.4 | 1 | 8.5 | 3 | 8.5 | 2 | 0.0 | 5 | 0.0 | 3 | 0.0 | 7 | 0.0 |
| 250 | 1 | 0.0 | 3 | 0.0 | 2 | −7.8 | 5 | −7.8 | 3 | −7.8 | 6 | 5.3 |
| 500 | 0 | 0.0 | 1 | 0.0 | — | — | 2 | −7.8 | — | — | 3 | −7.8 |
| 1000 | — | — | 0 | 0.0 | — | — | — | — | 0 | −7.8 | 1 | −7.8 |
| Max* | 0.5 Mb/s | | 1 Mb/s | | 691.2 kb/s | | 1.3824 Mb/s | | 921.6 kb/s | | 1.8432 Mb/s | |

\* UBRR＝0；Error＝0.0%。

AVR单片机嵌入式系统原理与应用实践(第3版)

表 13 - 10　不同晶振频率的 UBRR 设置(4)

| 波特率 /(kb/s) | $f_{OSC}=16.0000$ MHz | | | | $f_{OSC}=18.4320$ MHz | | | | $f_{OSC}=20.0000$ MHz | | | |
|---|---|---|---|---|---|---|---|---|---|---|---|---|
| | U2X=0 | | U2X=1 | | U2X=0 | | U2X=1 | | U2X=0 | | U2X=1 | |
| | UBRR | Error /(%) | UBRR | Error /(%) | UBRR | Error /(%) | UBRR | Error /(%) | UBRR | Error /(%) | UBRR | Error /(%) |
| 2.4 | 416 | −0.1 | 832 | 0.0 | 479 | 0.0 | 959 | 0.0 | 520 | 0.0 | 1041 | 0.0 |
| 4.8 | 207 | 0.2 | 416 | −0.1 | 239 | 0.0 | 479 | 0.0 | 259 | 0.2 | 520 | 0.0 |
| 9.6 | 103 | 0.2 | 207 | 0.2 | 119 | 0.0 | 239 | 0.0 | 129 | 0.2 | 259 | 0.2 |
| 14.4 | 68 | 0.6 | 138 | −0.1 | 79 | 0.0 | 159 | 0.0 | 86 | −0.2 | 173 | −0.2 |
| 19.2 | 51 | 0.2 | 103 | 0.2 | 59 | 0.0 | 119 | 0.0 | 64 | 0.2 | 129 | 0.2 |
| 28.8 | 34 | −0.8 | 68 | 0.6 | 39 | 0.0 | 79 | 0.0 | 42 | 0.9 | 86 | −0.2 |
| 38.4 | 25 | 0.2 | 51 | 0.2 | 29 | 0.0 | 59 | 0.0 | 32 | −1.4 | 64 | 0.2 |
| 57.6 | 16 | 2.1 | 34 | −0.8 | 19 | 0.0 | 39 | 0.0 | 21 | −1.4 | 42 | 0.9 |
| 76.8 | 12 | 0.2 | 25 | 0.2 | 14 | 0.0 | 29 | 0.0 | 15 | 1.7 | 32 | −1.4 |
| 115.2 | 8 | −3.5 | 16 | 2.1 | 9 | 0.0 | 19 | 0.0 | 10 | −1.4 | 21 | −1.4 |
| 230.4 | 3 | 8.5 | 8 | −3.5 | 4 | 0.0 | 9 | 0.0 | 4 | 8.5 | 10 | −1.4 |
| 250 | 3 | 0.0 | 7 | 0.0 | 4 | −7.8 | 8 | 2.4 | 4 | 0.0 | 9 | 0.0 |
| 500 | 1 | 0.0 | 3 | 0.0 | — | — | 4 | −7.8 | — | — | 4 | 0.0 |
| 1000 | 0 | 0.0 | 1 | 0.0 | — | — | — | — | — | — | — | — |
| Max* | 1 Mb/s | | 2 Mb/s | | 1.152 Mb/s | | 2.304 Mb/s | | 1.25 Mb/s | | 2.5 Mb/s | |

\* UBRR=0;Error=0.0%。

# 13.3　USART 的基本操作

## 13.3.1　USART 的初始化

在通信前,USART 接口必须首先进行初始化。初始化过程通常包括波特率的设定、数据帧结构的设定和根据需要的接收器或发送器的使能。对于中断驱动的 USART 操作,在初始化时,全局中断允许位应该先清 0(全局中断屏蔽),然后再进行 USART 的初始化(如改变波特率或帧结构)。重新改变 USART 的设置应该在没有数据传输的情况下进行。TXC 标志位可以用来检验一个数据帧的发送是否已经完成,RXC 标志位可以用来检验是否在接收缓冲中还有数据未读出。在每次发送前(在写发送数据寄存器 UDR 前),TXC 标志位必须清 0。

以下是 USART 初始化程序示例。

### 1) 汇编程序

```
USART_Init:
    ;设置波特率
    out UBRRH, r17
    out UBRRL, r16
```

```
;使能接收器和发送器
ldi r16, (1 ≪ RXEN)|(1 ≪ TXEN)
out UCSRB,r16
;设置帧格式：8 位数据位,2 位停止位
ldi r16, (1 ≪ URSEL)|(1 ≪ USBS)|(3 ≪ UCSZ0)
out UCSRC,r16
ret
```

### 2) C 程序代码

```
void USART_Init( unsigned int baud )
{
    /* 设置波特率 */
    UBRRH = (unsigned char)(baud ≫ 8);
    UBRRL = (unsigned char)baud;
    /* 使能接收器和发送器 */
    UCSRB = (1 ≪ RXEN)|(1 ≪ TXEN);
    /* 设置帧格式：8 位数据位、2 位停止位 */
    UCSRC = (1 ≪ URSEL)|(1 ≪ USBS)|(3 ≪ UCSZ0);
}
```

## 13.3.2　数据发送

USART 的数据发送是由 UCSRB 寄存器中的发送允许位 TXEN 设置。当被 TXEN 使能时,TXD 引脚的通用数字 I/O 功能将被 USART 功能代替,作为发送器的串行输出引脚。传送的波特率、工作模式和数据帧结构必须先于发送设置完成。如果使用同步发送模式,则内部产生的发送时钟信号施加在 XCK 引脚上,作为串行数据发送的时钟。

### 1. 发送 5～8 位数据位的帧

数据传送是通过把将要传送的数据放到发送缓冲器中来初始化的。CPU 通过写入 UDR 发送数据寄存器将需要发送的数据加载到发送缓冲器中。当移位寄存器为发送下一帧准备就绪时,缓冲器中的数据将被移到移位寄存器中。如果移位寄存器处于空闲状态或刚结束前一帧的最后一个停止位的传送,则它将装载新的数据。一旦移位寄存器中装载了新的数据,就会按照设定的数据帧格式和速率完成一帧数据的发送。

以下程序段给出一个采用轮询(Polling)方式发送数据的例子。寄存器 R16 中为要发送的数据,程序循环检测数据寄存器空标志位 UDRE,一旦该标志位置位(表示数据寄存器中空闲),则将数据写入发送数据寄存器 UDR 后由硬件自动将其发送。如果发送的数据少于 8 位,则高位的数据将不会被移出发送而放弃。

### 1) 汇编程序代码

```
USART_Transmit:
    ;等待发送缓冲器空
    sbis UCSRA,UDRE
    rjmp USART_Transmit
    ;将数据(r16)放入缓冲器,发送数据
    out UDR,r16
    ret
```

**2) C 程序代码**

```
void USART_Transmit( unsigned char data )
{
    /* 等待发送缓冲器空 */
    while ( !( UCSRA & (1 << UDRE)));
    /* 将数据放入缓冲器,发送数据 */
    UDR = data;
}
```

### 2. 发送 9 位数据位的帧

如果设置为发送 9 位数据的数据帧(UCSZ=7),则应先将数据的第 9 位写入寄存器UCSRB的 TXB8 标志位中,然后再将低 8 位数据写入发送数据寄存器 UDR 中。第 9 位数据的作用是:在多机通信中用于表示地址帧(1)或数据帧(0),在同步通信中作为握手协议使用。

以下程序段给出一个采用轮询方式发送 9 位数据的数据帧例子。寄存器 R17:R16 中为要发送的数据(R17 的第 0 位为发送数据的第 9 位),程序循环检测数据寄存器空标志位 UDRE,一旦该标志位置位,则将数据写入数据寄存器 UDR 后由硬件自动将其发送。

**1) 汇编程序代码**

```
USART_Transmit:
    ;等待发送缓冲器空
    sbis UCSRA,UDRE
    rjmp USART_Transmit
    ;复制 r17 的第 9 位至 TXB8
    cbi UCSRB,TXB8
    sbrc r17,0
    sbi UCSRB,TXB8
    ;将(r16)LSB 数据放入缓冲器,发送数据
    out UDR,r16
    ret
```

**2) C 程序代码**

```
void USART_Transmit( unsigned int data )
{
    /* 等待发送缓冲器空 */
    while ( ! ( UCSRA & (1 << UDRE)));
    /* 复制第 9 位至 TXB8 */
    UCSRB & = ~(1 << TXB8);
    if ( data & 0x0100 )
        UCSRB | = (1 << TXB8);
    /* 将数据放入缓冲器,发送数据 */
    UDR = data;
}
```

### 3. 传送标志位和中断

USART 的发送器有两个标志位：USART 数据寄存器空 UDRE 标志和传送完成 TXC 标志,两个标志位都能发生中断。

数据寄存器空 UDRE 标志位表示发送缓冲器是否就绪,是否可以接收一个新的数据。该位在发送缓冲器空时置 1;当发送缓冲区内含有正在发送的数据时,该位为"0"。为了与其他器件兼容,建议在写 UCSRA 寄存器时,该位写为"0"。

当 UCSRB 寄存器中的数据寄存器空中断允许位 UDRIE 为"1"时,只要 UDRE 置位,就将产生 USART 数据寄存器空中断申请。UDRE 位在发送寄存器 UDR 的写入后被硬件自动清 0。当采用中断方式的数据传送时,在数据寄存器空中断服务程序中必须写一个新的数据到 UDR 中,以清 0 UDRE,或者屏蔽掉数据寄存器空中断标志;否则,一旦该中断程序结束,则一个新的中断将再次产生。

在整个数据帧移出发送移位寄存器,同时发送缓冲器中又没有新的数据时,发送完成标志位 TXC 将置位。TXC 标志位对于采用如 RS-485 标准的半双工通信接口十分有用。在这种情况下,传送完毕后,应用程序必须释放通信总线,进入接收状态。

当发送完成中断允许位 TXCIE 和全局中断允许位均置 1 时,随着 TXC 标志位的置位,USART 发送完成中断将被执行。一旦进入执行发送完成中断服务程序时,TXC 标志位就会被硬件自动清 0,因此在中断处理程序中不必清 0 TXC 标志位。向 TXC 标志位写入一个"1",也能清 0 该标志位。

### 4. 校验位

在数据发送中,校验位发生电路会根据发送的数据和设定的校验方式,由硬件自动计算和产生相应的校验位。当需要发送校验位时(UPM1=1),发送逻辑控制电路会在发送数据的最后一位和第一个停止位之间自动插入计算好的校验位。

### 5. 禁止发送

设置标志位 TXEN 为"0"将禁止数据发送。将 TXEN 清 0 后,要等正在发送的数据发送完成后设置才生效。当发送禁止后,USART 发送器将不再占用 TXD 引脚。

### 13.3.3 数据接收

USART 的数据接收是由 UCSRB 寄存器中的接收允许位 RXEN 设置。当 RX-EN 使能时,RXD 引脚的通用数字 I/O 功能被 USART 代替,作为接收器的串行输入引脚使用。传送的波特率、工作模式和数据帧结构必须先于允许接收的设置完成。如果使用同步接收模式,则外部施加在 XCK 引脚上的时钟作为串行数据接收时钟。

#### 1. 接收 5~8 位数据的帧

当接收硬件单元电路检测到有效数据帧的起始位时,它将开始接收数据。在起始位后的每一位都以波特率或 XCK 的时钟进行采样,并移入接收移位寄存器中,直到第一个停止位,而第二个停止位将被接收电路忽略。当第一个停止位被接收时,移位寄存器中的内容将被移到接收缓冲器中,接收缓冲器能通过接收寄存器 UDR 进行读取。

以下程序段给出一个采用轮询方式接收数据的例子。程序循环检测接收完成标志位 RXC,一旦该标志位置位,则从数据寄存器 UDR 中读出接收的数据。如果接收数据帧的格式少于 8 位,则 UDR 相应的高位为"0"。

**1) 汇编程序代码**

```
USART_Receive:
    ; Wait for data to be received
    sbis UCSRA, RXC
    rjmp USART_Receive
    ; Get and return received data from buffer
    in r16, UDR
    ret
```

**2) C 程序代码**

```
unsigned char USART_Receive( void )
{
    /* Wait for data to be received */
    while ( !(UCSRA & (1 << RXC)) );
    /* Get and return received data from buffer */
    return UDR;
}
```

#### 2. 接收 9 个数据位的帧

如果接收的是 9 位数据的数据帧(UCSZ=7),那么必须先从寄存器 UCSRB 的 RXB8 位中读取第 9 位数据,然后从 UDR 中读取数据的低 8 位。这一规则同样适用于读取 FE、DOR 和 PE 等状态标志位寄存器。也就是说,应先读取状态寄存器 UC-SRA,再读取 UDR。这是因为读取 UDR 寄存器会改变状态寄存器中各个标志位的值。这样就最大程度地优化了接收缓冲器的性能。一旦 UDR 中的数据被读出,则缓冲器将自动开始下一个数据的接收。

以下程序段给出一个采用轮询方式接收 9 位数据帧的例子。程序循环检测接收完成标志位 RXC,一旦该标志位置位,就先读出所有的状态标志位,最后将数据从数据寄存器 UDR 中读出。

### 1) 汇编程序代码

```
USART_Receive:
    ; Wait for data to be received
    sbis UCSRA, RXC
    rjmp USART_Receive
    ; Get status and 9th bit, then data from buffer
    in r18, UCSRA
    in r17, UCSRB
    in r16, UDR
    ; If error, return -1
    andi r18,(1 << FE)|(1 << DOR)|(1 << PE)
    breq USART_ReceiveNoError
    ldi r17, HIGH(-1)
    ldi r16, LOW(-1)
USART_ReceiveNoError:
    ; Filter the 9th bit, then return
    lsr r17
    andi r17, 0x01
    ret
```

### 2) C 程序代码

```
signed int USART_Receive( void )
{
    unsigned char status, resh, resl;
    /* Wait for data to be received */
    while ( !(UCSRA & (1 << RXC)) );
    /* Get status and 9th bit, then data from buffer */
    status = UCSRA;
    resh = UCSRB;
    resl = UDR;
    /* If error, return -1 */
    if ( status & (1 << FE)|(1 << DOR)|(1 << PE) )
        return -1;
    /* Filter the 9th bit, then return */
    resh = (resh >> 1) & 0x01;
    return ((resh << 8) | resl);
}
```

### 3. 接收完成标志和中断

USART 的接收器有一个状态标志位 RXC。接收器接收一个完整的数据帧后，接收到的数据驻留在接收缓冲器中，此时 RXC 标志位会置 1，表示接收器收到一个数据在接收缓冲器中，未被读取。当 RXC 为"0"时，表示数据接收器为空。当设置接收器禁止接收时（RXEN＝0），接收缓冲器中的数据将被清除，RXC 标志位自动清 0。

当 UCSRB 寄存器中的接收完成中断允许位 RXCIE 为"1"时，只要 RXC 置位，就将产生数据接收完成中断申请。RXC 位在寄存器 UDR 数据被读出后被硬件自动清 0。当使用中断方式数据接收时，在接收完成中断服务程序中必须读取数据寄存器 UDR，以清 0 RXC，或者屏蔽掉数据接收完成中断标志；否则，一旦该中断程序结束后，则一个新的中断将再次产生。

### 4. 接收错误标志

USART 的接收器有 3 个状态标志位：接收数据帧出错 FE、接收数据溢出 DOR 和校验错 PE。它们指出了当前接收数据帧的错误状态，但不会产生中断申请。通过读取 UCSRA 寄存器可以获得这些标志位的内容，但这些错误标志位是不能采用软件设置来改变它们的内容的。

由于读取 UDR 寄存器会改变这些标志位的值，所以应在读取 UDR 之前读取寄存器 UCSRA 获取错误标志。当重新改变 USART 的设置时，这些标志位应写入"0"。

标志位 FE 表示刚接收到的数据帧中的第一停止位是否正确。FE＝0，表示正确收到该数据帧的停止位（停止位为"1"）；FE＝1，表示收到的停止位有误（停止位为"0"）。该标志可用于检测数据与时钟是否同步，数据传送是否被打断，以及握手协议等。无论数据帧采用 1 位还是 2 位停止位，FE 标志仅对第一停止位进行检测，因此不受 USBS 位设置的影响。

标志位 DOR 表示接收到的数据是否产生溢出丢失的情况。当接收缓冲器满（即有 2 个接收到的字符，前一个字符在 UDR 中，移位寄存器中还有一个新接收到的字符在等待），同时接收器又检测到一个新的起始位时，则产生了接收数据溢出的错误，该位置 1。DOR＝1 表示在最后一次读取 UDR 中接收的数据后，发生了一个或多个接收数据的溢出丢失。一旦接收缓冲器 UDR 被读取，DOR 就自动清 0。重写寄存器 UCSRA 的操作总是设置 DOR 标志位为"0"。

标志位 PE 表示刚接收到数据的检验是否正确。当设置为无校验时（UPM[1：0]＝00），PE 总是为"0"。重写寄存器 UCSRA 的操作总是设置 PE 标志位为"0"。

### 5. 校　验

标志位 UPM1＝1 表示允许校验，标志位 UPM2 确定为偶校验还是奇校验。当使能校验功能，硬件在接收一帧数据的同时，将自动计算其校验位的值，并与接收到的数据帧中的校验位进行比较。如果不相同，则将置位 PE，表示接收的数据发生校验错误。用户程序可以读取 PE 标志位，判别接收数据是否有校验错误。

### 6. 禁止接收功能

与禁止发送功能不同，一旦设置禁止接收(RXEN＝0)，接收器就将立即停止接收数据，因此正在接收过程中的数据将会丢失。接收功能禁止后，接收器将不再占用RXD 引脚，接收缓冲器将随着接收功能的禁止而被清空，其中的数据将会丢失。一般情况下，应先检测标志 RXC，待 RXC 置位后，将 UDR 中最后的数据读出，然后禁止接收功能。

## 13.4　基于 USART 接口基本通信的实现与测试

AVR 的 USART 是一个增强型的全双工通用同步/异步串行收发器，其主要的应用是通过它实现系统之间的异步通信。

在使用 USART 时，首先要根据实际使用的要求和规定，对它进行正确的初始化设置。数据的发送和接收的实现，可采用轮询(查询标志位)或中断方式进行。当然，最有效的方式是采用中断方式工作，可以大大提高 CPU 的工作效率。

### 13.4.1　USART 的数据发送和接收

首先设计一个简单的程序，其目的是掌握 USART 接口的初始化，并实现简单的数据发送和接收。同时，该程序也可应用于对 AVR－51 多功能板上 ATmage16 的USART 接口构成的外围异步通信口硬件部分进行测试。

当所设计的系统硬件完成后，最好不要在上面马上就进行整个系统软件的测试，而是编写一些简单的测试程序，先对硬件电路进行检测和调试，排除硬件上的一些线路连接、短路等故障。这样在以后的系统调试过程中，就可以把注意力集中在软件上了。往往一些人一上来就开始调试大的软件系统，发生问题后，对着程序想来想去，花了很多时间，可是最后发现是硬件连接错误。在调试通信接口时，尤其容易发生这样的事情。

**【例 13.1】** 供测试使用的 USART 数据发送与接收程序。

**1) 硬件电路**

图 13－5 给出了一个简单的 USART 测试电路。通过一个简单的测试程序，利用ATmage16 的 USART，从 TXD 异步串出数据。如果将 TXD 与 RXD 短接，那么就使得串出的数据再从 RXD 输入，由 ATmage16 的 USART 接收，并通过 PA 口送到一个 LED 数码管输出显示，实现了自发自收的过程。

**2) 软件设计**

下面给出一个简单的测试程序，其完成的功能是每隔 0.5 s 利用 USAET 串出0～9 个数，串出的数通过自己接收，并在 LED 数码管上显示出来。

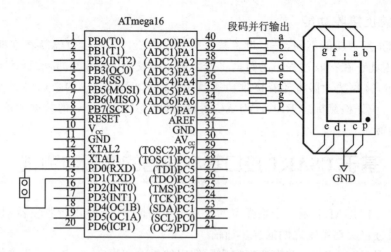

图 13 - 5　USART 数据自发自收测试电路

```
/* * * * * * * * * * * * * * * * * * * * * * * * * * * * * * * * * * *

File name       : demo_13_1.c

Chip type       : ATmega16

Program type    : Application

Clock frequency : 4.000 000 MHz

Memory model    : Small

External SRAM size : 0

Data stack size : 256

* * * * * * * * * * * * * * * * * * * * * * * * * * * * * * * * * */

#include < mega16.h >
#include < delay.h >

#define BAUD        9600                    //波特率采用 9 600 b/s
#define CRYSTAL  4000000                     //系统时钟为 4 MHz

//计算和定义波特率设置参数
#define BAUD_SETTING (unsigned int)((unsigned long)CRYSTAL/(16 * (unsigned long)BAUD) - 1)
#define BAUD_H (unsigned char)(BAUD_SETTING >> 8)
#define BAUD_L (unsigned char)(BAUD_SETTING)

// USART 控制和状态寄存器的标志位定义
#define RXC 7                                //UCSRA 位定义
#define TXC 6
#define UDRE 5
#define FE 4
#define DOR 3
#define PE 2
#define U2X 1
```

```
# define MPCM 0
# define RXCIE 7                                            //UCSRB 位定义
# define TXCIE 6
# define UDRIE 5
# define RXEN 4
# define TXEN 3
# define UCSZ2 2
# define RXB8 1
# define TXB8 0
# define URSEL 7                                            //UCSRC 位定义
# define UMSEL 6
# define UPM1 5
# define UPM0 4
# define USBS 3
# define UCSZ1 2
# define UCSZ0 1
# define UCPOL 0

# define FRAMING_ERROR (1 ≪ FE)
# define PARITY_ERROR (1 ≪ PE)
# define DATA_OVERRUN (1 ≪ DOR)
# define DATA_REGISTER_EMPTY (1 ≪ UDRE)

flash unsigned char led_7[10] = {0x3F,0x06,0x5B,0x4F,0x66,0x6D,0x7D,0x07,0x7F,
0x6F};interrupt [USART_RXC] void usart_rx_isr(void)       //USART 接收中断服务
{
    unsigned char status,data;
    status = UCSRA;
    data = UDR;
    if ((status & (FRAMING_ERROR | PARITY_ERROR | DATA_OVERRUN)) = = 0)
        PORTA = led_7[data];
}

void USART_Transmit(unsigned char data)
{
    while (!(UCSRA & DATA_REGISTER_EMPTY));                 //等待发送寄存器空
    UDR = data;                                            //发送数据
}

void main( void )
{
    unsigned char i = 0;
    PORTA = 0x00;                                          //LED 段码输出
    DDRA = 0xff;
```

```
    PORTD = 0x03;                            //TXD(PD1)输出
    DDRD = 0x02;                             //RXD(PD0)输入,上拉有效
    UCSRA = 0x00;                            //USART 初始化
    UCSRB = (1 ≪ RXCIE)|(1 ≪ RXEN)|(1 ≪ TXEN);//使能 RXC 中断,接收允许,发送允许
    //UCSRB = 0x98;
    UCSRC = (1 ≪ URSEL)|(1 ≪ UCSZ1)|(1 ≪ UCSZ0);//8 位数据位、1 位停止位、无奇偶位
    //UCSRC = 0x86;
    UBRRH = BAUD_H;                          //设置波特率
    UBRRL = BAUD_L;
    #asm("sei")                              //使能中断
    for(;;)
    {
        USART_Transmit(i);
        if (++i >= 10) i = 0;
        delay_ms(500);                       //由于程序只用于测试,所以使用了软件延时 0.5 s
    }
}
```

程序本身并不复杂,在主程序中,先对 USART 进行初始化设置,然后进入了一个循环结构。在循环中,每隔 0.5 s(为简单起见,使用了软件延时)调用 USART_Transmit()函数发送一个数字 i,发送的数字从 0～9 循环。

在函数 USART_Transmit()中,先判断 USART 的发送寄存器是否为空,如果为空,则将要发送的数据写入 USART 的数据寄存器 UDR 中,由 USART 发送。可以看出,发送是采用轮询方式实现的。

USART 的接收采用了中断方式。在 USART 的 RXC 接收中断服务程序中,首先读取 USART 的状态寄存器 UCSRA,然后读取 UDR 得到接收的数据(注意,这两句语句的次序不能颠倒。这是因为一旦读取 UDR,UCSRA 中的状态值就改变了,就不能对刚接收的数据是否有错进行判断了)。接下来判断刚接收的数据是否有数据帧出错、校验错和溢出错误发生。如果有错,则放弃该数据;如果没有出错,则通过 PA 口送到 LED 数码管上显示出来。

**注意**：在初始化程序中,需要将 TXD 设置成输出方式;而将 RXD 设置成输入方式,并使 RXD 的内部上拉有效(置 1 表示线路空闲状态),这样就提高和加强 RXD 的抗干扰能力。

另外,请读者通过这个例程,逐渐地学习和掌握一种良好的程序编写风格和方法。在这个例程中,使用了大量的伪定义语句,例如对波特率的计算,错误判断等,都是在程序的头部通过 #define 语句进行定义的。这样做的好处是,当需要改变系统的参数时,例如改变系统时钟频率、通信的波特率等,就只需要改写头部定义的参数即可,非常简洁、明了,方便了程序的移植,也便于程序阅读和理解。

由于 CVAVR 系统中的 mega16.h 的头文件中没有定义与 USART 相关寄存器

的各个控制位的名称和位置,所以在程序的头部进行了补充定义,这样也是为了整个程序编写的方便、明了。

实际上,USART 的自发自收,并不能对 UASRT 的通信部分进行完整的测试。例如,一个重要的通信参数——波特率就无法得到正确的检验。因为不管波特率是否设置有错,或由于系统时钟偏差造成波特率误差,在自发自收的过程中是无法得到验证的(除非另外使用专用的仪器进行检测)。因为在这个例子中,通信双方的时钟是一样的,都是自己产生的,所以以负负又变正了。

当本例程用于进一步的测试和验证时,只要使用 2 块 AVR－51 实验板,两个板上采用相同的硬件电路,烧入相同的程序,然后分别将一块板的 TXD 和 RXD 与另一块板上的 RXD 和 TXD 交叉连接,再将 2 块板的地线连接,就实现了双机之间通过异步通信的方式交换数据了。

## 13.4.2　RS－232C 总线标准介绍

RS－232C 是美国电子工业协会 EIA(Electronic Industry Association)指定的一种异步串行通信的物理接口标准,它包括了按位异步串行传输的电气和机械方面的规定。到目前为止,该标准仍然在智能仪表、仪器和各种设备及应用中被广泛采用。

RS－232C 总线标准规定使用 21 个信号和 25 个引脚,其中包括 1 个主通道和 1 个辅助通道,共 2 个通道。在早期的 PC 机上就有这样的一个接口。随着电器设备变得越来越小巧,以及 USB 接口的出现,现在的台式 PC 机的外壳上,多采用的是一种简化的 9 针 D 型接头(见图 13－6)的 RS－232C 口,该口是只含一个通道的异步物理串行接口。表 13－11 给出了其引脚的名称、定义和信号功能。表 13－12 为 RS－232C 的电气特性。

表 13－11　计算机 9 芯串口引脚信号功能定义

| 引脚号 | 信号名称 | 方　向 | 信号功能 |
|---|---|---|---|
| 1 | DCD | PC 机←对方 | PC 机接收到远程信号(载波监测) |
| 2 | RXD | PC 机←对方 | PC 机接收数据线 |
| 3 | TXD | PC 机→对方 | PC 机发送数据线 |
| 4 | DTR | PC 机→对方 | PC 机准备就绪 |
| 5 | GND | | 信号地 |
| 6 | DSR | PC 机←对方 | 对方准备就绪 |
| 7 | RTS | PC 机→对方 | PC 机请求发送数据 |
| 8 | CTS | PC 机←对方 | 对方已经切换到接收状态(清除发送) |
| 9 | RI | PC 机←对方 | 通知 PC 机,线路正常(振铃指示) |

表 13 - 12　RS - 232C 电气特性表

| 参　数 | 数　值 | 参　数 | 数　值 |
|---|---|---|---|
| 不带负载时的驱动器输出电平 $U_O$/V | $-25 \sim +25$ | 逻辑"0"时的负载端接收电平/V | $> +3$ |
| 负载电阻 $R_L$ 范围/kΩ | $3 \sim 7$ | 逻辑"1"时的驱动器输出电平/V | $-15 \sim -5$ |
| 驱动器输出电阻 $R_O$/Ω | $< 300$ | 逻辑"1"时的负载端接收电平/V | $< -3$ |
| 负载电容(包括线间电容)$C_L$/pF | $< 2500$ | 输出短路电流/mA | $< 500$ |
| 逻辑"0"时的驱动器输出电平/V | $5 \sim 15$ | 驱动器转换速率/(V/μs) | $< 30$ |

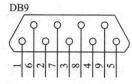

图 13 - 6　计算机串行接口
——DB9 示意图

　　尽管现在的笔记本电脑为了减小体积在外部已经取消了该接口,但实际上在 PC 机和笔记本的硬件环境及任何的操作平台中,仍然保留和使用对异步通信接口的支持。而对于嵌入式系统设计开发人员来说,不管是系统产品的设计研发还是调试,都经常要使用异步通信接口。因此,如果读者的笔记本电脑上没有这个接口,最好购买一个 USB 转串口的转换器,以满足实际的应用需要。

　　该接口在 PC 系统软件低层的逻辑设备名为:COM 口。

　　从 RS - 232C 的电气特性表中可以看出,尽管 RS - 232C 的信号传输采用电平方式传输,但它不是使用常规的 TTL 电平,并且采用的是负逻辑。RS - 232C 定义的逻辑"1"是从 $-25 \sim -3$ V,通常为 $-12$ V;逻辑"0"是从 $3 \sim 25$ V,通常为 12 V。而在 $-3 \sim 3$ V 之间的任何电压都处在未定义的逻辑状态。如果线路上没有信号(空闲态),则电压应保持在逻辑"1"的 $-12$ V。当接收端测到 0 V 电压时,将被解释成线路中断或短路。

　　RS - 232C 的信号采用大的电压摆幅主要是为了避免通信线路上的噪声干扰。由于 RS - 232C 物理层的信号传输采用的是共信号地的单端传送方式,从而不可避免地导致共模噪声对信号线的影响。对于 TTL 电平来讲,它的逻辑"0"定义为小于 0.8 V,逻辑"1"定义为大于 2.0 V,逻辑 0、1 之间的电压差至少大于 1.2 V。因此,如果采用 TTL 电平,那么线路上大约 0.5 V 的噪声电压就可能使传输的信号受到影响。因此 TTL 电平不适合系统之间的长距离信号传输(指采用共信号地的单端传送方式情况)。由于在使用打印机、调制/解调器等设备的许多场合下,共模噪声很容易达到几伏的电压,因此 RS - 232C 标准采用了较高的传输电压,以避免通信线路上的噪声干扰。即使采用了这样高的电压,RS - 232C 标准所能实现的传送距离也只有几十米,而且距离越远,使用的波特率也越低。

　　为了解决长线通信的问题,弥补 RS - 232C 的不足,现在工程上往往采用 RS - 485 的接口标准。RS - 485 的物理层采用双端电气接口的双端传输方式,能够有效地防止共模噪声的干扰,传输距离能够达到 1 km。尽管 RS - 485 与 RS - 232C 在传输物理层上有很大的不同,但它还是一个异步通信方式的接口,数据帧的格式与 RS－232 相同。因此学习 RS－232C,是掌握和使用异步通信的基础。

从表 13－11 中可以看出,完整的 RS－232C 接口共有 9 根信号线:除了传输数据的 RXD、TXD 及信号地 GND 外;还有 6 根为控制信号线,用于通信握手、数据流的控制等。

最后需要说明的是,尽管 RS－232C 定义了物理层的接口和电气特性,通信方式是采用面向字符的异步传输技术(数据帧如图 13－1 所示),但它没有对高一层次的通信协议进行规定。高一层的通信协议留给用户自己制定和实现。市场上许多的设备和仪器,以及一些功能模块,例如手机无线通信模块 GSM、全球卫星定位接收模块 GPS 等,都是在硬件底层配备和使用了异步通信口(或 RS－232C 接口),而其上层都采用专用的通信协议。例如,在 GSM 模块上,基于异步通信接口之上的上层通信标准是 ETSI GSM 07.05 和 ETSI GSM 07.07;而在 GPS 模块上,基于异步通信接口之上采用的上层通信标准是 NMEA Specification。

对于用户自己设计的系统,往往也需要根据实际情况制定一些简单的上层通信协议。因此,嵌入式系统的工程师不仅要掌握硬件和软件的设计本领,也需要学习更多的有关通信、网络方面的知识。应用是综合的、集大成的东西。

## 13.4.3　AVR 系统的 RS－232C 传输接口的实现与测试

AVR 的 USART 接口本身支持异步通信方式,那么如何利用它构成一个 RS－232C 接口,然后与其他设备或系统上的 RS－232C 对接,实现数据通信呢? 在实际的应用中,有非常多的单片机嵌入式系统需要与 PC 机通信,把自己检测的数据、状态等传送到 PC 机上,由 PC 机做进一步地分析、处理及保存;或由 PC 机实现对单片机嵌入式系统的控制等。例如,在一个门禁系统中,大门口的读卡机是一个单片机嵌入式系统(下位机),负责读卡操作,然后把所读到的卡中数据送 PC 机进行验证。PC 机(上位机)把收到的数据与数据库中的记录进行核对,然后下发指令,通知下位机开门。要实现这样的一个系统,由于 PC 机本身具备 RS－232C 接口,因此最简单的方式就是下位机也配备一个 RS－232C 接口,通过它实现与 PC 机的连接(当然,也可使用其他接口,但 RS－232C 是最方便和最简单的)。

利用 AVR 的 USART 可以方便地实现一个符合 RS－232C 标准的通信连接口,但由于 USART 的本身并不是标准的 RS－232C 接口,因此在电路上还需要做一定的转换,其主要是在底层硬件方面上要解决以下两个问题:AVR 的 USART 本身只配备了 RXD、TXD 两根信号线;AVR 的 USART 本身的输出是 TTL/CMOS 兼容的电平,采用的是正逻辑。

### 1. 简易 RS－232 接口连接

表 13－11 中给出了全功能 RS－232C 定义的 9 根信号线:RXD、TXD 和 GND 负责数据通信,其他 6 根信号线用于握手和数据流控制。但在一般性的实际应用中,

经常使用的是一种零 Modem 方式的最简单连接——3 线连接方式:只使用 RXD、TXD 和 GND 3 根连线。由于不使用其他信号线,数据流的控制方式就无法通过硬件方式实现,只能采用软件方式实现。

### 2．电平转换

由于 RS - 232C 的逻辑"0"电平规定为＋5～＋15 V,逻辑"1"电平规定为−15～−5 V,因此不能直接与 TTL/CMOS 电路连接,必须经过电平转换。

电平转换可以使用三极管等分立器件实现,也可采用专用的电平转换芯片。早期使用的是需要±12 V 供电的 MC1488、MC1489 等,但由于需要使用正负 2 组电源和 2 块芯片,使用非常不方便。现在广泛使用的标准方式为,采用只需要一个 5 V 或 3 V 单电源的 RS - 232C 电平转换芯片,其体积更小,连接方便,抗静电能力强。MAX232 就是这类典型的 RS - 232C 电平转换芯片之一。

MAX232 是 MAXIM 公司生产的包含两路接收器和驱动发送器的 RS - 232C 电平转换芯片。该芯片内部有一个电源电压变换器,可以把输入＋5 V 的电压(TTL/CMOS 电平)转换成±15 V 的 RS - 232 电平,同时也能把±15 V 的 RS - 232 电平转换成 5 V 的 TTL/CMOS 输出,因此采用此类芯片只需要单一的 5 V 电源。它不仅能实现电平的转换,同时也实现了逻辑的相互转换(正逻辑↔负逻辑)。图 13 - 7 是其结构原理图,市场上同类的芯片有许多,其原理是相同的,甚至可以直接替代使用。

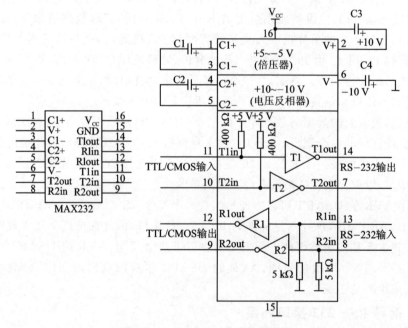

图 13 - 7　MAX232 的结构原理图

## 3. 典型 RS－232C 接口电路

解决了 TTL/CMOS 与 RS－232C 的转换问题后,典型的 USART 接口转换成 RS－232C 的接口电路如图 13－8 所示,图中的 MAX232 为电平转换芯片。

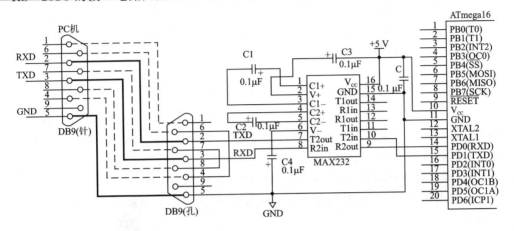

**图 13－8　AVR 系统 RS－232C 接口电路原理图**

由于采用了简易的 3 线连接方式,所以只需要使用 MAX232 芯片中两路发送和接收的其中一路。剩下的一路,可以用于扩展其他的 RS－232 接口信号线,或用于另外的一个 RS－232 的接口转换(例如使用 ATmega 128,该芯片有 2 个 USART 接口)。

图 13－8 中的电容 C1、C2、C3、C4 和 MAX232 的 V＋、V－引脚构成了电平转换部分,4 个电容采用电解电容,数值为 $0.1\mu F$(注意,请使用芯片器件说明书中给出的参考值)。C 为芯片电源的去耦电容,用于减少芯片工作时对系统电源的干扰。

另外需要注意的是 PC 机与 AVR 端两个 RS－232C 接口的连接。PC 机上的 RS－232C 接口规定使用 DB9 型的针型接口,它的 2 号脚为 PC 端的 RXD,3 号脚为 PC 端的 TXD。因此 AVR 端的 RS－232C 接口应该配用 DB9 型的孔型接口,其 2、3 号脚分别连接 RXD、TXD 信号线。在图 13－8 中,AVR 端 RS－232C 接口的 2 脚为 TXD,3 脚为 RXD(图中 RXD、TXD 是从本系统向外看出的定义,RXD 表示本系统从外部读数据的信号线,TXD 表示从本系统向外发送数据的信号线)。

将 2 个系统的 RS－232C 接口连接时,还需要一根 RS－232 的连接电缆。电缆可以自己制作,也可以从市场上购买标准的 RS－232 连接电缆。购买使用标准的 RS－232 连接电缆时需要注意:有的 RS－232 连接电缆的两端 2、3 脚是交叉连通的,而有的 2、3 脚是直通。在图 13－8 中,应该使用 2、3 脚直通的标准 RS－232 连接电缆,连接前请使用万用表测量确定后再使用。标准的 RS－232 连接电缆内部通常还有其他的信号线,它们在简易 3 线连接中是不使用的。在图 13－8 中,AVR 端的 RS－232 接口将 4、6 和 7、8 短接在一起,这样就在 PC 机端设置了使用硬件控制数据流方式,也不会影响 3 线方式的工作,这种连接也叫做 3 线"骗子"连接方式,例如,当 PC 机由 7 脚发出的请求发送数据的握手信号后,该信号直接由 8 脚返回,表示接收方已经准备好,允许发送,这样实际上就是"骗"过了硬件的握手信号,使得 PC 机可以正常发送数据。

【例 13.2】AVR 与 PC 机通过 RS-232 接口的通信实现与测试。

使用图 13-8 的电路就能实现 AVR 系统通过 USART 接口将数据发送到 PC 机上。那么如何在 PC 机上观察到接收的数据,以及证明电路设计正确,线路连接正确,双方的通信波特率相同,数据帧也相同等,即基本的通信底层全部正常,双方可以正确地交换数据呢?

在通信测试阶段,不需要专门在 PC 机上编写专用的软件,可直接使用 PC 机 Windows 平台中所提供的超级终端软件来进行测试检验。在 Windows 的超级终端中,可直接对 PC 机的 COM 口(逻辑设备接口名,对应物理的 RS-232 接口)进行控制,发送数据,显示接收到的数据等。但 Windows 的超级终端所能处理的(发送和接收)的数据为纯 ASCII 码,不能显示十六进制的数据,使用不方便。

本书采用的是一个免费的绿色串口调试软件"串口助手 V2.0"。该软件具备下列特点:

➢ 用于串口调试,支持常用的 110~256 000 b/s 波特率,能设置端口参数;
➢ 能以字符(ASCII 码)或十六进制收发数据,同时支持中文字符的收发;
➢ 支持文件数据的发送;
➢ 允许设置发送周期,自动发送数据;
➢ 绿色软件,无须安装,直接运行 ComPort.exe 即可。

在网上,读者可以找到很多在 PC 机上使用的串口调试软件,大部分是免费的。它们的基本功能是相似的,这类软件在进行异步通信调试过程中是非常有用的工具。

在 AVR 上的测试程序仍然采用例 13-1,测试的过程为 AVR 每隔 0.5 s 发送数字 0~9 一次,在 PC 机"串口助手"的接收窗中显示收到的数据。同时也可利用串口助手下发数字,让 AVR 接收并在 LED 上显示出来。

先将程序执行代码下载到 AVR 中,AVR 就开始每隔 0.5 s 通过 USART 向外发送 0~9 的数字(有条件的话,可以用示波器观察 AVR 的 TXD 输出波形)。测试过程分为 3 个阶段。

(1) 测试阶段一。该阶段采用 13.4.2 小节中的测试方法,将 AVR 的 TXD(15脚)与 RXD(14 脚)短接,AVR 的 USART 口自发自收,LED 数码管能显示接收到的 0~9 的数字,证明 AVR 本身的测试程序发送和接收正常。

(2) 测试阶段二。在 AVR-51 多功能板的左边,有一使用一片 MAX232 并按图 13-8 设计的 USART 与 RS-232C 电平转换电路所构成的 AVR 系统 RS-232 接口。将 AVR 的 14 脚与 MAX232 的 9 脚连接,AVR 的 15 脚与 MAX232 的 10 脚连接(在 JU4 上使用 2 片短路片即可),并使用一根导线,将 9 芯 D 型接口的 2、3 脚连接,观察 LED 能否显示数字。这个阶段的测试还属于 AVR 系统的自发自收,与阶段一不同的是,发送的数据是经过 MAX232 的转换发出的,然后经过 MAX232 自已接收并转换成 TTL/CMOS 电平,再由 AVR 的 USART 接收。如果 LED 的现象与阶段一相同,证明 AVR 系统的 RS-232 电平转换部分的线路也正确。

(3) 测试阶段三。使用一根 RS-232 连接电缆,将 PC 机的 RS-232 口和 AVR 的 RS-232 口连接,并在 PC 机上启动运行串口助手的串口调试软件。

首先在串口调试软件中进行 PC 机端异步通信口的设置。其中包括选择串口调试软件要连接和控制的 COM 口(注意,PC 机上可能有多个 COM 口设备,这里必须正确地选择 PC 机与 AVR 连接的物理 RS-232 接口所对应的 COM 口号,该口号可在 Windows 的设备管理中查看。请参考 Windows 的高级应用相关的书籍)。本例中使用的 PC 机,它的逻辑设备 COM1 与物理的 RS-232 口对应,且该 RS-232 口与 AVR 的 RS-232 连接(见图 13-9)。

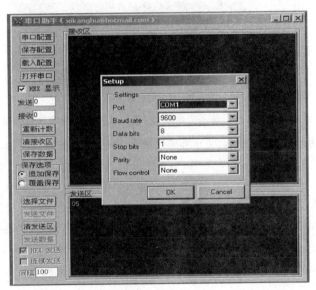

**图 13-9　在串口助手中对 PC 机的 COM 口进行配置**

然后还需要设置正确地发送和接收数据的数据帧格式、通信波特率和数据流控制方式。注意,PC 机与 AVR 系统通信双方的数据帧的格式、通信波特率必须一致,本例中双方使用 9 600 b/s,数据帧格式为 1 个起始位(必有,无须设置)、8 位数据位、无校验位、1 位停止位,数据帧的长度为 10 位。由于采用了简易 3 线连接方式,所以数据流控制选择"无"。

另外,由于测试中所传送的数据不是可显示的 ASCII 码,所以还要选择采用"HEX 显示"方式,直接将十六进制的数据进行显示。配置完成后,单击"打开串口"按钮,在串口助手的接收区中可以显示出 PC 机通过异步通信口接收到 AVR 系统发送的数据,如图 13-10 所示。

在 PC 机的串口助手中正确设置好 PC 机端 RS-232 的参数后,可以看到在接收窗口中出现了 00~09 的十六进制数(见图 13-10),说明 PC 机能正确收到 AVR

AVR单片机嵌入式系统原理与应用实践(第3版)

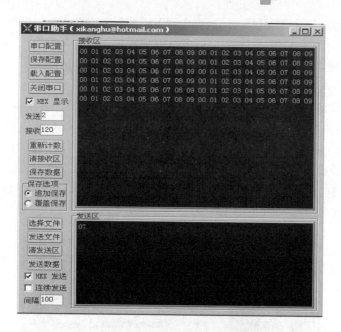

图13-10 在串口助手中显示 PC 机的 RS-232 所收到的数据

发送的数据,底层的物理连接及双方所采用的异步通信数据格式也全部匹配了。

在观察接收的同时,还可以在串口助手的发送区中键入 00~09 的数字,采用 HEX 方式发送。例如键入 07,单击"发送数据"按钮,此时 07 通过 PC 机的异步通信口发出,AVR 系统接收后,将在 LED 数码管上显示出相应的数字(见图 13-10)。

在测试过程中,如果在 PC 机上不能接收 AVR 发出的数字,或出现乱码,或 AVR 不能接收到 PC 机发出的数字,那么都应该仔细检查硬件线路的连接,以及双方通信参数的设置是否正确一致。通过这样的测试后,才能进行下一步的通信过程的调试。

## 13.4.4 异步通信中易产生的问题与 AVR 系统时钟的选择

在实际应用中,通信不成功的原因可以分为两类:硬件线路问题和软件问题。在出现问题后,应首先检查以下几方面,排除可能出现的故障:

➤ 通信线路连接错误,如开路或短路。尤其要注意通信双方的 RXD 和 TXD 应该交叉连接,即本机的发送端(TXD)应该与对方的接收端(RXD)连接;而本机的接收端(RXD)应该与对方的发送端(TXD)连接。

➤ 通信双方所采用的数据帧是否设置相同。

➤ 通信双方所采用的通信波特率是否一致,误差是否在允许的范围之内(< ±5%)。

AVR 系统异步通信采用的数据帧格式和波特率,取决于初始化程序对 USART 相关寄存器的设置。除了设置参数有误造成通信失败的原因外,AVR 系统时钟也需要认真考虑和选择。

　　AVR 芯片内部有 1/2/4/8 MHz 的 RC 振荡源。当采用这些标称频率的振荡源作为系统时钟时,产生用于异步通信使用的 1200/2400/4800/9600 b/s 等波特率(见表 13.7~表 13.10)并不准确,存在一定的误差。另外,RC 振荡源本身的频率也不是非常标准,而且易受到温度的影响而造成频率的偏移。因此,如果在 AVR 系统中使用了异步通信接口,则应该使用稳定性好的、频率为 7.327 8 MHz、11.059 2 MHz 等特殊值的外部晶体来构成系统的时钟,这样才能产生出非常标准和稳定的异步通信使用的时钟信号。

　　在 AVR-51 多功能实验板上,提供了可供选择的 4 MHz 和 11.059 2 MHz 两个晶体。因此,当系统需要使用异步通信接口时,最好选择 11.059 2 MHz 的晶体构成系统时钟源,此时能产生各种精确的、标称频率的异步通信传输波特率(理论误差为0.0%),能够保证在高达 115.2 kb/s 波特率时正常通信。而如果选择使用 4 MHz 的晶体,则波特率最高只能使用到 9 600 b/s(误差为 ±0.2%)。尽管在表 13-8 中可以查到,当系统时钟为 4 MHz 时,产生 19 200 b/s 的误差也是 ±0.2%,但在实际使用中就会出现很多通信不稳定的情况。这是因为传输使用的波特率越高,对波特率精准度要求也就越高。

# 13.5　AVR USART 接口特性的进一步说明

　　AVR 的 USART 接口的硬件结构,在保持了传统单片机异步通信接口特点的基础上,增加了一些新的功能和特点。这些新的增强特性,不仅提高了 USART 使用的可靠性,也方便了通信程序,尤其是底层接口程序的设计。

## 13.5.1　使用独立的高精度波特率发生器

　　传统的基于 51 结构的单片机,在使用串行通信接口时,往往需要占用一个系统的定时器作为异步通信的波特率发生器,因此一旦系统中使用异步通信,则需要占用 2 个硬件资源。而 AVR 的 USART 具备自己独立的波特率发生器,不占用定时/计数器,并支持高速异步通信方式,最高可达 $f_{osc}/8$ 的频率。

## 13.5.2　数据接收采用 3 级接收缓冲器结构

　　AVR USART 的数据接收硬件部分,在数据寄存器 UDR 前增加了一个接收缓冲寄存器,加上接收移位寄存器,构成了一个 3 级接收缓冲器的结构,提高了防止数据接收溢出的性能。

　　**注意**:错误标志位(FE 和 DOR)及第 9 位数据(RXB8)也保留在接收缓冲器中,因此,当需要读取接收数据时,应该先读取这些标志位,再读取 UDR 寄存器;否则,错误标志会随着 UDR 的读出而丢失。

AVR 单片机嵌入式系统原理与应用实践(第 3 版)

### 13.5.3　硬件自动处理校验位及错误检测

AVR 的 USART 是由硬件产生奇偶校验位的，并且也是由硬件完成奇偶校验的。因此在实际应用中，用户的程序只需要在串口初始化时设定数据帧采用奇或偶的校验方式即可。USART的硬件在发送数据时，会自动计算和产生相应的校验位，并随同数据帧一起发送。在接收数据过程中，USART 的硬件也会自动计算和产生相应的校验位，并与接收到的数据帧校验位进行比较和验证。验证的结果使用 USART 状态寄存器的 PE 位表示。

AVR 的 USART 硬件电路还实现了数据溢出、数据帧错误等检测。因此，用户程序在读取接收数据时，仅需要先读取 USART 的状态寄存器，便可知道这次的数据接收是否出错。

这些新的特点，方便了串口通信软件的编写，使用户能从繁琐的底层控制中解脱出来，把注意力放在上层软件的设计。

### 13.5.4　USART 数据接收的硬件扫描检测和接收时序

AVR 的 USART 接收器硬件电路中，采用时钟定位复原和数据定位复原单元对在 RXD 上串入的异步数据进行扫描检测和接收。时钟定位复原用于调整和定位内部产生的波特率时钟，使其与 RXD 引脚的输入数据同步。数据定位复原用于扫描检测输入数据的逻辑值。

图 13－11 所示为检测输入数据帧的起始位的时钟定时和同步过程。在正常情况下，接收器的时钟定位复原电路以 16 倍波特率的采样频率扫描采样 RXD 引脚信号(倍速模式以 8 倍波特率的采样频率扫描采样 RXD 引脚信号)，图中每个垂直箭头线表示一次采样。当 RXD 处于闲置状态时(无数据传送)，采样点均定义为 0(见图 13－11)。

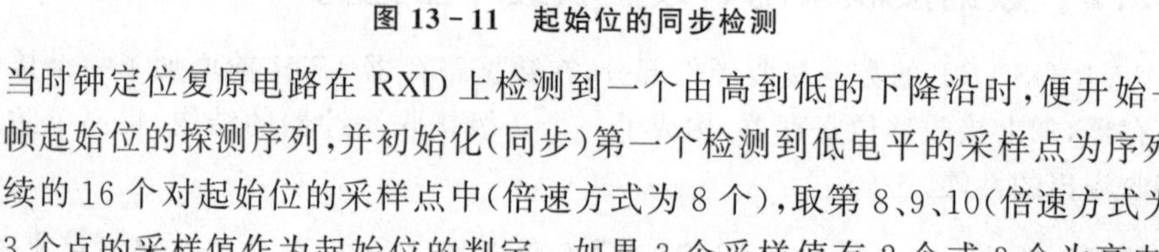


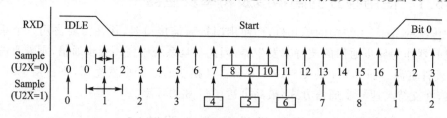

图 13－11　起始位的同步检测

当时钟定位复原电路在 RXD 上检测到一个由高到低的下降沿时，便开始一个数据帧起始位的探测序列，并初始化(同步)第一个检测到低电平的采样点为序列 1。在连续的 16 个对起始位的采样点中(倍速方式为 8 个)，取第 8、9、10(倍速方式为 4、5、6)3 个点的采样值作为起始位的判定。如果 3 个采样值有 2 个或 3 个为高电平，则认为检测到的是一个尖峰噪声信号，而不是起始信号，时钟定位复原电路将继续探测下一个“1”到“0”的电平转换。如果在 3 个采样值中有 2 个或 3 个为低电平，则判

定检测到一个起始位,时钟的波特率与数据实现同步,进入扫描检测数据位。

在一个有效的起始位被检测到后,数据定位复原电路开始对后面的数据位和校验位进行扫描采样。图 13‑12 为扫描检测输入数据位和校验位的探测序列图。

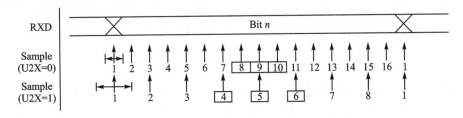

**图 13‑12　数据位的同步检测**

数据(校验)位的扫描检测序列也是 16 倍(8 倍)波特率,对应一个数据位有 16 个(倍速方式为 8 个)采样点。同样,在连续 16 个采样点中(倍速方式为 8 个),取第 8、9、10(倍速方式为 4、5、6)3 个点的采样值作为数据位的判定。如果 3 个采样值有 2 个或 3 个为高电平,则认为检测到的数据位为"1";而如果 3 个采样值有 2 个或 3 个为低电平,则认为检测到的数据位为"0"。数据位的逻辑值判定以后被送入移位寄存器中。这个数据位的扫描检测过程一直重复到所有数据位检测完成,并延续到第一个停止位的扫描检测。

上面所述的 AVR USART 接口对起始位和数据位的扫描检测方式与其他的单片机所采用的方法是相同的,但 AVR 的 USART 对停止位的扫描检测进行了改进和优化,采用了不同的处理方式。图 13‑13 是对停止位扫描检测的探测序列图。

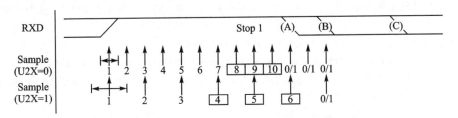

**图 13‑13　停止位的同步检测**

从图 13‑13 中可以看出,在扫描检测停止位的前半部分,扫描检测的探测序列与数据位检测相类似,也是使用 16(8 倍)波特率的探测频率。但与数据位扫描检测不同的是,在检测停止位的第 10 个(6 个)采样点后,便进入了下一个起始位("1"到"0"的转换)的检测,而不是在 16 个(8 个)采样点后再进入起始位的检测(见图 13‑13)。采用这种提前中断对停止位的扫描探测方式,可以在一定范围内调整接收数据的波特率与内部产生的波特率的匹配误差。图中的 A 点(倍速方式为 B 点)表示最早的下一个起始位允许到来的时刻。对于采用正常方式传送数据,如果数据帧的格式为 1 个起始位、8 个数据位、无校验位和 1 个停止位,则所传送数据的波特率与接收器内部产生的波特率的最大误差调整率为＋4.58％／－4.54％（快/慢），典型误差调整率为±2.0％。也就是说，当 RXD 上数据与接收器内部的波特率快慢相差为 4％时，AVR 的接收器还是可以正确地检测和接收到数据的。

在异步通信中，由于通信双方采用的是各自独立的时钟系统，所以任何两个系统的串口通信波特率都不会完全相等。尤其在连续接收大批量数据的过程中，将会产生时钟误差的累计效应，使得发送方发送数据的波特率与接收器内部的波特率误差逐渐增大，严重时还将造成接收数据的丢失和错误。而 AVR 的 USART 硬件接收器对 RXD 上停止位的扫描检测方式的改进和优化，使其本身的数据接收过程具有波特率自动微调的功能，能够及时地将通信双方时钟误差的累计效应去除，使得 AVR 异步通信口接收数据的能力和可靠性得到大大的提高。

尽管 AVR 的异步通信口 USART 具备了良好的接收数据的能力和可靠性，但数据发送过程还是严格地在自己本身的系统时钟控制下进行的，因此本身系统时钟频率的正确选择仍然是非常重要的。

# 思考与练习

1. 异步通信与同步通信的主要区别是什么？在异步通信过程中如何实现同步？

2. 通信波特率的定义是什么？在异步通信中采用的标称波特率有哪些值？

3. 简述异步通信数据帧的结构与组成，说明数据帧中各个位的含义和作用。

4. 为什么通信双方要采用相同的波特率和数据帧格式？

5. 简述 AVR 串行接口 USART 的硬件结构，以及发送和接收数据的过程。

6. 单片机上的异步通信口与 RS-232 有哪些相同点和不同点？两者之间硬件上应如何连接？

7. 与 AVR 的 USART 口相关的寄存器有哪几个？它们的作用各是什么？

8. 为什么要对 USART 进行初始化，如何进行初始化？

9. 使用异步通信时，如何正确地选择 AVR 的系统时钟频率，考虑的因素有哪些？

10. 通过 AVR 的 USART 发送或接收数据的方式有查询方式和中断方式，请比较这两种方式各自的优缺点，哪种方式工作效率高？

11. AVR USART 的数据发送部件配备 2 个完全独立的中断源：TX 发送完成和 TX 发送数据寄存器空，试分析这 2 个中断源的不同点及在使用上的区别。

12. 参考例 13.2 和例程 demo_13_1.c，重新编写一个 AVR 与 PC 机通过 RS-232 接口实现通信的测试程序。通信测试方式为：在 PC 机的串口助手中下发"RS-232 通信测试"字串到 AVR 系统；AVR 收到该字串后再回送到 PC 机，由 PC 机上的串口助手接收并显示出来。

**本章参考文献：**

[1] 石东海. 单片机数据通信技术从入门到精通[M]. 西安：西安电子科技大学出版社,2002.

[2] ATMEL. ATmega16 数据手册(英文,共享资料). www.atmel.com.

[3] ATMEL. AVR 应用笔记 AVR306(avr_app_306.pdf)(英文,共享资料). www.atmel.com.

# 第 *14* 章

## USART 实用设计基础

本章将重点介绍异步通信 USART 接口在实际应用中的软硬件设计思想和方法。作为在嵌入式系统中一个非常重要的应用接口，USART 在实际应用中的变化主要体现在它的应用协议和规范的制定，以及如何通过编写程序来实现和保证通信的有效和可靠。

本章的内容涉及网络通信协议、数据结构、程序设计等相关知识，这些内容对于一个嵌入式系统的硬件工程师和开发人员来讲，都是非常重要的，因此读者在学习过程中应该重视对这些基础知识的建立和理解。

## 14.1 异步通信接口应用设计要点

### 14.1.1 接口的硬件设计

当使用异步通信接口 USART 实现数据通信时，在硬件电路的设计过程中应该注意和考虑的要点有：通信双方的物理连接形式和系统时钟的选择。

#### 1. 通信双方的物理连接形式

通信双方的物理连接形式要根据实际应用情况来确定。在实际应用中，通常有以下几种方式：

（1）单片机嵌入式系统与 PC 机之间的通信。由于 PC 机上配备的异步通信口符合 RS-232 标准，因此 USART 需要经过电平转换才能与 PC 机的异步通信口连接，连接形式通常采用简易 3 线方式，具体电路参考第 13 章相关内容。单片机嵌入式系统与 PC 机的连接属于系统之间的通信，距离一般超过 1 m，通常在数米之间，通信波特率通常以 9600 b/s、19 200 b/s、38 400 b/s 为好，通信距离比较长时，通信波特率应适当减低。

（2）单片机嵌入式系统之间的通信。当 USART 应用于板级芯片之间的通信或两个单片机嵌入式系统实现近距离的通信时，则无须考虑电平转换问题，可直接采用 TTL/CMOS 电平，并将双方的 RXD、TXD 交叉连接即可。由于通信距离比较近，可以适当选择比较高的通信波特率。

（3）单片机嵌入式系统之间的长远距离通信。当使用 USART 来实现两个单片机嵌入式系统之间的长远距离通信时，直接采用 TTL/CMOS 电平的连接方式的可靠性和抗干扰性能就比较差了。在工业控制等许多实际应用中，通常系统之间交换的数据比较少，通信速度也不需要很高，而重要的是要保证通信的可靠和抗干扰，因此在硬件的连接设计上可以采用电流环的连接方式，如图 14 - 1 所示。

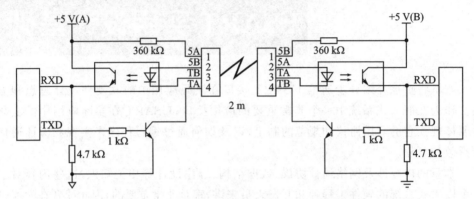

图 14 - 1　两个 USART 之间采用电流环连接

在图中，通信双方各采用一个光电隔离器件和三极管，不仅实现了通信双方的隔离（不需要共地），而且 USART 的电平传输方式转换成电流传输方式，类似工业上使用的 20 mA 电流环通信。采用这种设计，可以大大提高通信的可靠性和抗干扰能力，但由于电压、电流的相互转换需要一定的时间，因此通信波特率不能太高。

### 2. 系统时钟频率的选择

（1）对于通信量大、速度要求比较高的应用场合，应使用外部特殊频率晶体，例如 3.686 4 MHz、7.327 8 MHz、11.059 2 MHz、14.745 6 MHz 等，以确保通信波特率的精确性。

（2）对于一般情况的使用，可考虑使用 1/2/4/8 MHz 标称的外部晶体作为系统时钟。尽管有许多 AVR 芯片内部集成有 1/2/4/8 MHz 的 RC 振荡源，但在正式应用中，建议尽量不要使用，因为 RC 振荡源本身的频率就与标称值有较大的误差，而且受温度的影响比较大，会严重影响通信的可靠性。若系统使用 1/2/4/8 MHz 标称频率时，通信波特率必须进行仔细选择，要使用那些误差最小的。例如，当系统时钟为标称 1 MHz 时，根据表 13 - 7，异步通信的波特率有表 14 - 1 所列的几种情况可供选择。

表 14 - 1　1 MHz 系统时钟时 UBRR 的选择

| 波特率 /(kb/s) | U2X = 0 | | U2X = 1 | |
|---|---|---|---|---|
| | UBRR | Error/(%) | UBRR | Error/(%) |
| 2.4 | 25 | 0.2 | 51 | 0.2 |
| 4.8 | 12 | 0.2 | 25 | 0.2 |
| 9.6 | 6 | −7.0 | 12 | 0.2 |
| 14.4 | 3 | 8.5 | 8 | −3.5 |
| 19.2 | 2 | 8.5 | 6 | −7.0 |

根据表 14 - 1 中数据，当系统时钟为 1 MHz 时，波特率选择 14.4 kb/s 和 19.2 kb/s

都是不合适的,因为误差太大了。2.4 kb/s 和 4.8 kb/s 是最佳的选择,误差仅为 0.2%。而一定要使用 9.6 kb/s 的话,只能采用高速方式的 9.6 kb/s。

## 14.1.2　上层应用通信协议和规范的制定

在第 13 章我们看到,异步通信中所采用的数据帧格式只是一个基本的、面向字符的数据传送规范,它除了对数据帧格式进行定义外,并没有涉及其他内容。换句话讲,它只是规定和实现了如何正确地发送和接收一个字符。

但仅仅正确地发送和接收一个字符,并不能满足真正应用的需要,从网络和通信的观点出发,还需要制定和建立应用层的协议,才能真正实现数据的正确传送和信息的交换。

由于异步通信仅规定了使用面向字符的异步传输技术,但它没有对高一层次的通信协议进行规定,因此高一层的通信协议就留给了用户自己去制定和实现。

目前市场上许多设备、仪器和一些功能模块,如果在硬件底层配备和使用了异步通信口(或 RS-232C 接口),其上层也都有自己专用的通信协议。例如,GSM 模块使用的是基于异步通信接口之上的上层通信标准 ETSI GSM 07.05 和 ETSI GSM 07.07,GPS 模块使用的是基于异步通信接口之上的上层通信标准 NMEA Specification。

对于用户自己设计的系统(非标系统),往往也需要根据实际情况,制定一些简单的上层通信协议和通信规范。

因此,首先要学习和掌握如何制定上层通信协议和通信规范。

在制定协议和规范前,先介绍几个基本的概念和原则。

➢ 首先要对通信双方的身份进行明确规定,分成上位机和下位机,或主机和从机。

➢ 每次通信的过程是以发送和接收一个完整的数据包为基准,一个数据包由 N 个字符(最少 1 个)构成。

➢ 上位机发到下位机的数据包称为下行数据包,下位机发到上位机的数据包称为上行数据包。上下行数据包的长度可以相等,也可以不等。

➢ 尽管 USART 是全双工接口,可以同时发送和接收数据,但由于受到 8 位嵌入式系统本身资源和速度方面的限制,以及从实际的应用出发,通常通信过程采用半双工的处理方式。即对于通信的任何一方来讲,数据发送和接收是分开的。

明确了上述的基本概念和原则后,通信协议的制定主要就体现在上下行数据包的定义和双方通信过程的规定。

### 1. 数据包的格式与内容的制定

通信数据包是以字节为最小单位的,通常一个典型的数据包的格式和内容如表 14-2 所列。

AVR 单片机嵌入式系统原理与应用实践(第 3 版)

表 14 - 2　一个典型数据包的格式与内容

| 起始字 | 从机地址 | 包长度 | 命令字 | 数据 | 校验字 | 结束字 |
|--------|----------|--------|--------|------|--------|--------|
| (BBH) | 1 字节 | 1 字节 | 1 字节 | N 字节 | 1 字节 | (EEH) |

① 起始字　　1 字节,标示一个数据包的开始。

② 从机地址　1 字节,多机通信时使用,指明数据的接收者。

③ 包长度　　1 字节,当前数据包所含有效字节数。

④ 命令字　　1 字节,标示本数据包的用途与意义。

⑤ 数据　　　N 字节,用户数据,数据长度根据需要制定。

⑥ 校验字　　1 字节,应用于数据包的校验,可定义为②~⑤项所有字节的逻辑和。

⑦ 结束字　　1 字节,标示一个数据包的结束。

表 14 - 2 所列的是一个典型的数据包格式框架,由于数据包具体格式的制定取决于用户,因此在实际制定通信协议的过程中,可以根据实际的需要,进行适当的选择和变化。数据包格式的制定既要能实现通信双方可靠的信息交换和处理,又必须简单、明了,方便程序处理。因此数据包格式的制定需要仔细考虑,不能马虎。

下面是一些实际应用的经验,供读者参考。

➤ 上下行数据包的格式应分别单独制定,每个项目的内容必须有详细的说明和规定。

➤ 数据包的长度尽量要短,并且尽量采用相等长度的数据包,例如,所有发送的数据包长度都是相同的,这样能大大简化接收方的处理难度。

➤ 要精心地选择起始字和结束字的字符,尤其是起始字的字符。选择的原则是:起始字和结束字所使用的 2 个字符,最好是在数据包的其他项中不可能出现的字符。

**2. 通信规范的制定**

通信协议包格式制定后,接下来需要制定通信规范。它的主要内容为对通信双方通信过程和规则的定义及错误处理等,通常包括以下几点:

➤ 规定和定义一次通信过程。例如一次典型、完整的通信过程为:每次由上位机开始下发数据包,而下位机收到数据后必须在限定时间内应答。

➤ 通信语义。即数据包各个项的具体含义,完成的动作,以及如何应答等。

➤ 错误处理。数据交换过程中,尤其是接收端接收数据发生错误时的处理方法。

以上介绍的数据包和通信规范的制定方法只是一些典型的基本原则,请读者结合和参考 14.2 节中给出的应用示例,做进一步的深入理解并掌握。

## 14.1.3　典型 USART 底层驱动＋中间层软件结构示例

一般单片机教科书上介绍的 UART 收发的程序,往往是一段采用轮循方式完成数据收发的简单代码。采用这种方式不仅大大降低了 MCU 的运行效率，而且也不适合与实际应用系统软件融合，无法实现结构化、模块化的程序设计。在使用 AVR 时，应根据芯片本身的特点（片内含有较大容量的、高速数据存储器 RAM），编写高效、可靠的 USART 中断收发接口（底层）程序，再配合中间层函数，提供上层应用使用。采用这样一种底层＋中间层的结构，就可以把 USART 接口部分相对地独立出来，更加方便系统软件的编写。下面是一个典型的USART的接口程序，由 CVAVR 的程序向导自动生成。

```
/* * * * * * * * * * * * * * * * * * * * * * * * * * * * * * * * *
This program was produced by the
CodeWizardAVR V2.04.4a Professional
Automatic Program Generator
Copyright 1998 - 2009 Pavel Haiduc, HP InfoTech s.r.l.
http://www.hpinfotech.com

Chip type          : ATmega16L
Program type       : Application
Clock frequency    : 4.000000 MHz
Memory model       : Small
External SRAM size : 0
Data stack size    : 256
* * * * * * * * * * * * * * * * * * * * * * * * * * * * * * * * */
#include < mega16.h >
#ifndef RXB8
#define RXB8 1
#endif

#ifndef TXB8
#define TXB8 0
#endif

#ifndef PE
#define PE 2
#endif

#ifndef DOR
#define DOR 3
#endif

#ifndef FE
#define PE 4
#endif

#ifndef UDRE
#define UDRE 5
```

```
#endif
#ifndef RXC
#define RXC 7
#endif
#define FRAMING_ERROR (1 << FE)
#define PARITY_ERROR (1 << PE)
#define DATA_OVERRUN (1 << DOR)
#define DATA_REGISTER_EMPTY (1 << UDRE)
#define RX_COMPLETE (1 << RXC)
//USART 接收缓冲区
#define RX_BUFFER_SIZE 8                    //接收缓冲区大小,可根据需要修改
unsigned char rx_buffer[RX_BUFFER_SIZE];  //定义接收缓冲区
//定义接收缓冲区环形队列的控制指针:rx_wr_index 为写指针;rx_rd_index 为读指针;
//rx_counter 为存放在队列中的已接收到字符个数
#if RX_BUFFER_SIZE < 256
unsigned char rx_wr_index,rx_rd_index,rx_counter;
#else
unsigned int rx_wr_index,rx_rd_index,rx_counter;
#endif
//This flag is set on USART Receiver buffer overflow
bit rx_buffer_overflow;                     //接收缓冲区溢出标志
//USART Receiver interrupt service routine
interrupt [USART_RXC] void usart_rx_isr(void)   //USART 接收中断服务程序
{
    unsigned char status,data;
    status = UCSRA;              //读取接收状态标志位,必须先读,当读了 UDR
                                 //以后,UCSRA 便自动清 0 了
    data = UDR;                  //读取 USART 数据寄存器,这句与上句位置不能颠倒
    //判断收到字符是否有数据帧、校验或数据溢出错误(此处指 USART 的硬件接收溢出)
    if ((status & (FRAMING_ERROR | PARITY_ERROR | DATA_OVERRUN)) == 0)
    {
        rx_buffer[rx_wr_index] = data;      //将字符填充到接收缓冲队列中指针
        if ( ++ rx_wr_index == RX_BUFFER_SIZE)//指向下一单元,并判断是否到了队列
                                            //的尾部(不表示接收缓冲区是否满)
            rx_wr_index = 0;                //到了尾部,指向头部(构成环状)
    //队列中收到字符加 1,并判断是否队列已满
        if ( ++ rx_counter == RX_BUFFER_SIZE)
```

```
        {                           //队列满了
            rx_counter = 0;         //队列中收到字符个数为 0，表示队列中所有
                                    //以前的数据作废，这是因为最后的数据
                                    //已经把最前边的数据覆盖了
        rx_buffer_overflow = 1;     //置位缓冲区溢出标志。在主程序中必要的地
                                    //方需要判断该标志，以证明所读到数据的
                                    //完整性

        }
    }
}

# pragma used +                    //伪指令，通知编译系统，编译到与系统提供的
                                    //同名函数时，使用以下的代码

unsigned char getchar(void)         //从接收队列中读取一个数据
{
    unsigned char data;
    while (rx_counter = = 0);       //接收数据队列中没有数据可以读取，等待
                                    //（死循环）
    data = rx_buffer[rx_rd_index];  //读取缓冲队列中的数据
    if ( ++ rx_rd_index == RX_BUFFER_SIZE) rx_rd_index = 0;//读指针指向下一个
                                    //未读的数据
                                    //如果指到了队列尾部，则回到队列头部
    # asm("cli")                    //禁止中断，这一步非常重要
    -- rx_counter;                  //队列中未读数据个数减 1。因为该变量会在
                                    //接收中断中改变，为了防止冲突，所以改动前
                                    //应临时禁止中断。程序相当可靠
    # asm("sei")                    //使能中断
    return data;
}


# pragma used -                    //CVAVR 的伪指令，取消上面 used + 的作用
//USART 发送缓冲区
# define TX_BUFFER_SIZE 8           //发送缓冲区大小，可根据需要修改
unsigned char tx_buffer[TX_BUFFER_SIZE];//定义发送缓冲区
//定义发送缓冲区环形队列的控制指针：tx_wr_index 为写指针；tx_rd_index 为读指针；
//tx_counter 为在队列中准备发送的字符个数
unsigned char tx_wr_index,tx_rd_index,tx_counter;
//USART Transmitter interrupt service routine
interrupt [USART_TXC] void usart_tx_isr(void)//USART 发送中断服务程序
{
    if (tx_counter)                 //发送队列中还有未发送的数据
    {
```

```
        -- tx_counter;                              //未发送数据减 1
        UDR = tx_buffer[tx_rd_index];         //发送一个数据
//读指针指向下一个未发送的数据,如果指到了队列尾部,则回到队列头部
        if ( ++ tx_rd_index == TX_BUFFER_SIZE) tx_rd_index = 0;
    }
}

//向 USART 发送缓冲区写一个字符
#pragma used +
void putchar(unsigned char c)
{
    while (tx_counter == TX_BUFFER_SIZE);   //如果发送队列满,则等待
    #asm("cli")                             //禁止中断,这一步非常重要
    if (tx_counter || ((UCSRA & DATA_REGISTER_EMPTY) == 0))
    {                                       //前面还有未发送的或未发完的数据
        tx_buffer[tx_wr_index] = c;         //将现在的数据放在队列后部
        if ( ++ tx_wr_index == TX_BUFFER_SIZE) tx_wr_index = 0;      //调整写指针
        ++ tx_counter;                      //发送数据个数加 1
    }
    else
        UDR = c;                            //无待发送数据,发送寄存器空,直接发送
    #asm("sei")
}
#pragma used -

void main(void)
{
    //USART 初始化
    UCSRA = 0x00;                           //通信参数:8 位数据位、1 位停止位、无校验位
    UCSRB = 0xD8;                           //USART 接收器:On
    UCSRC = 0x86;                           //USART 发送器:On
    UBRRH = 0x00;                           //USART 模式:异步
    UBRRL = 0x19;                           //USART 波特率:9600
    #asm("sei")                             //全局使能中断
    while (1)
    {
    }
}
```

这段由 CVAVR 程序生成器产生的 USART 接口代码是一个非常好的、高效可靠的,并且值得认真学习和体会的代码。其特点如下:

(1) 它采用 2 个 8 字节的接收和发送缓冲器来提高 MCU 的效率,例如当主程序

调用 Putchar()发送数据时,如果 USART 口不空闲,就将数据放入发送缓冲器中,MCU 不必等待,可以继续执行其他的工作。而 USART 的硬件发送完一个数据后,产生中断,由中断服务程序负责将发送缓冲器中数据依次送出。

(2) 数据缓冲器结构是一个线性的循环队列,由读、写和队列计数器 3 个指针控制,用于判断队列是否空、溢出,以及当前数据在队列中的位置。

(3) USART 的 2 个发送和接收中断服务程序组成底层的接口驱动程序,通过及时的中断响应,完成数据的发送和接收。而 Putchar()和 Getchar()是中间层的 2 个函数,它们通过数据缓冲队列与底层接口对接,同时也供上层应用程序调用。采用这样一种底层＋中间层的结构,可以把 USART 接口部分相对地独立出来,使得整个程序的结构非常清晰,更有利于复杂系统程序的编写和调试。

(4) 由于在接口程序 Putchar()、Getchar()和中断服务程序中都要对数据缓冲器的读、写和队列计数器 3 个指针判断和操作,为了防止冲突,在 Putchar()和 Getchar()对 3 个指针操作时,临时将中断关闭,提高了程序的可靠性。

建议读者能逐字逐句地仔细分析该段代码,真正理解和领会每一句语句(包括编译控制命令的作用)的作用,从中体会和学习如何编写效率高、可靠性好、结构优良的系统代码。这段程序使用的方法和技巧,对编写 SPI、I²C 的串行通信接口程序都是非常好的借鉴。

在 CVAVR、ICCAVR、Embedded Workbench、GUN GCC AVR 等高级语言开发平台中,都有 Putchar()和 Getchar()这类的系统函数供使用,但这些系统本身所提供的函数都是采用查询方式,通过 USART 发送和接收数据,效率比较低。系统要求不高时,可以直接使用这些系统提供函数。

作为现在的单片机和嵌入式系统的工程师,不仅要深入、全面地了解芯片和各种器件的性能,具备丰富的硬件设计能力,同时也必须提高软件设计能力;要学习和掌握有关数据结构、操作系统、软件工程、网络协议等方面的知识,并具有设计编写大的复杂系统程序的能力。

# 14.2　一个 USART 应用的完整示例

本节将详细介绍一个 USART 应用的完整例子,它的原形是一个楼宇银行大型监控系统中的一个下位机硬件控制板部分。本例对其进行了简化,忽略了它的控制功能,将重点放在上位机与下位机之间异步通信的设计和实现,其目的是让读者通过实际的示例,学习和掌握 USART 的应用设计过程。

## 14.2.1　硬件系统构成

在楼宇银行大型监控系统中有这样的需求,使用一台 PC 机,安装一块数字图像压缩卡,将监视摄像头拍到的模拟图像进行数字化后在控制室的屏幕上显示出来;另外,还要进行压缩转换,然后保存在大容量的硬盘中。由于数字图像卡只能实时地处理一路视频输入信号,而系统中有多个监视摄像头,因此需要一个可以由 PC 机控制的视频输入切换设备,它能根据 PC 机的指令,选择某个监视摄像头的输入,切换到数字图像卡。图 14-2 是其硬件系统构成图。

从图中可以看出,下位机视频输入切换设备与上位机 PC 通过 RS-232 连接,PC 机通过 RS-232 下发命令,控制视频输入切换设备,在 8 路输入中选择一路切

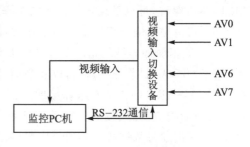

图 14-2　系统硬件构成图

换到 PC 机上。这样,控制视频输入切换设备实际上就是一个带异步通信口的多路视频转换开关。

**【例 14.1】** 带 RS-232 接口的 8 选 1 切换设备的通信系统设计与实现。

可以在 AVR-51 多功能实验板上模拟出这个控制视频输入切换设备,重点来完成通信部分的设计和实现。这里,切换过程用 8 个 LED 作为指示,因此在图 13-8 所示的电路基础上,使用 AVR 的 PA 口控制 8 个 LED 发光二极管,作为控制指示。实现功能为:下位机接到 PC 机的命令,正确进行输入通道的切换(本例用点亮相应的 LED 表示)。

## 14.2.2　通信协议的制定

下面制定通信协议。尽管切换卡完成的功能简单,但在协议的制订上还要全面考虑。不仅要保证通信过程的可靠,同时一旦切换卡或通信线路出现故障,PC 机能在 300 ms 时间内得到反映,以保证整个系统的安全可靠。

### 8 选 1 视频切换卡通信协议

1　切换卡通信方式

1.1　切换卡通信采用 3 线简易 RS-232 半双工方式。

1.2　最大距离 <1 m。

1.3　通讯波特率为 9 600 b/s。

1.4　通讯数据帧格式采用 8 位数据位、无校验位、1 位停止位,例如:"9 600,N,8,1"。

2　PC 机下发命令包

2.1　PC 机下发命令包综述

2.1.1　PC 机下发命令包为 5 字节定长格式。

2.1.2　命令格式:

| 命令起始字 | BBH |
| --- | --- |
| 命令字 |  |
| 参数字 |  |
| 校验码 |  |
| 命令结束字 | EEH |

AVR 单片机嵌入式系统原理与应用实践(第 3 版)

2.1.3 命令字均为二进制码。

2.2  命令字描述

2.2.1  A0H：切换卡状态查询命令，此命令后跟参数字为固定值 00H。

2.2.2  A1H：通道切换命令，此命令后跟参数字为 00H～07H，表示通道号。

2.3  校验码

　　校验码为命令字和参数字 2 字节的按位逻辑"异或"值。

3  切换卡应答命令包

3.1  切换卡应答命令包综述

3.1.1  应答命令包为 5 字节定长格式。

3.1.2  命令格式：

| 命令起始字 | BBH |
| 命令接收字 | |
| 当前通道号 | |
| 校验码 | |
| 命令结束字 | EEH |

3.1.3  命令字均为二进制码。

3.2  应答命令字描述

3.2.1  命令接收字：

　　00H　正确收到下发命令并执行；

　　01H　下发命令字错；

　　02H　下发通道号错。

3.2.2  当前通道号：

　　00H～07H　表示当前通道号(下发命令已执行)。

3.2.3  校验码

　　校验码为命令接收字和当前通道号 2 字节的按位逻辑"异或"值。

4  PC 机与切换卡通信应答流程

4.1  通信时序

4.1.1  当切换卡正确收到 PC 机下发命令包后，应在≤100 ms 时间内及时回送应答包。当 PC 机在 100 ms 时间后未收到切换卡的应答命令包时，应再次重发命令。

4.1.2  当 PC 机 3 次重发命令都在规定时间内收到切换卡的应答包，表示存在切换卡故障或通信线路故障，应做应急处理。

4.1.3  切换卡在正确收到 PC 机下发的命令包后，应立即执行该控制命令的功能。命令执行后，即回送应答命令包，给出切换卡当前的状态值。其延时时间应小于 100 ms。

5  切换卡上电初始状态

　　切换卡上电的初始状态：通道号为 07H。

# 14.2.3  下位机系统程序

　　根据上面的通信协议，使用 AVR－51 实验板模拟视频切换板的下位机系统程序如下：

AVR 单片机嵌入式系统原理与应用实践（第 3 版）

```
/* * * * * * * * * * * * * * * * * * * * * * * * * * * * * * * * * * * *
File name           : demo_14_1.c
Chip type           : ATmega16L
Program type        : Application
Clock frequency     : 4.000 000 MHz
Memory model        : Small
External SRAM size  : 0
Data stack size     : 256
* * * * * * * * * * * * * * * * * * * * * * * * * * * * * * * * * * * */
#include < mega16.h >

#define UART_BEGIN_STX 0xBB
#define UART_END_STX 0xEE
#define RXB8 1
#define TXB8 0
#define PE 2
#define DOR 3
#define FE 4
#define UDRE 5
#define RXC 7

#define FRAMING_ERROR (1 << FE)
#define PARITY_ERROR (1 << PE)
#define DATA_OVERRUN (1 << DOR)
#define DATA_REGISTER_EMPTY (1 << UDRE)
#define RX_COMPLETE (1 << RXC)

#define TX_BUFFER_SIZE 5
unsigned char tx_buffer[TX_BUFFER_SIZE];          //USART 发送缓冲区
unsigned char tx_wr_index,tx_rd_index,tx_counter;

//USART 发送中断服务
interrupt [USART_TXC] void usart_tx_isr(void)
{
    if (tx_counter)
    {
        -- tx_counter;
        UDR = tx_buffer[tx_rd_index];
        if ( ++tx_rd_index == TX_BUFFER_SIZE) tx_rd_index = 0;
    }
}

void putchar(unsigned char c)
{
    while (tx_counter == TX_BUFFER_SIZE);
```

AVR 单片机嵌入式系统原理与应用实践(第 3 版)

```
    #asm("cli")
    if (tx_counter || ((UCSRA & DATA_REGISTER_EMPTY) == 0))
    {
        tx_buffer[tx_wr_index] = c;
        if ( ++tx_wr_index == TX_BUFFER_SIZE) tx_wr_index = 0;
        ++tx_counter;
    }
    else
        UDR = c;
    #asm("sei")
}

#define RX_BUFFER_SIZE 5
unsigned char rx_buffer[RX_BUFFER_SIZE];              //USART 接收缓冲区
unsigned char rx_counter;
bit Uart_RecvFlag;
//USART 接收中断服务
interrupt [USART_RXC] void usart_rx_isr(void)
{
    unsigned char status,data;
    status = UCSRA;
    data = UDR;
    if (!Uart_RecvFlag)                        //判断是否允许接收一个新的数据包
    {
        if ((status & (FRAMING_ERROR | PARITY_ERROR | DATA_OVERRUN)) == 0)
        {
            rx_buffer[rx_counter] = data;
            rx_counter++;
            switch (rx_counter)
            {
                case 1:                        //检验起始字符
                    if (data != UART_BEGIN_STX) rx_counter = 0;
                    break;
                case 4:                        //检验校验字
                    if (data != (rx_buffer[1]^rx_buffer[2])) rx_counter = 0;
                    break;
                case 5:                        //检验结束字符
                    rx_counter = 0;
                    if (data == UART_END_STX) Uart_RecvFlag = 1;
                    break;            //Uart_RecvFlag=1,表示正确接收到一个数据包
            }
        }
```

```
        }
    }

    void main(void)
    {
        unsigned char channel = 0x07;
        unsigned char tx_1,tx_3;

        PORTA = ~(0x01 << channel);
        DDRA = 0xFF;
        //USART initialization
        UCSRA = 0x00;                        //通信参数：8 位数据位、1 位停止位、无校验位
        UCSRB = 0xD8;                        //USART 接收器：On；USART 发送器：On
        UCSRC = 0x86;                        //USART 模式：异步；USART 波特率：9 600
        UBRRH = 0x00;
        UBRRL = 0x19;
        #asm("sei")                          //全局使能中断

        while (1)
        {
            if (Uart_RecvFlag)
            {                                //有刚接收到的数据包需要处理
                tx_1 = 0x00;
                switch (rx_buffer[1])//数据包处理过程
                {
                    case 0xA0:
                        break;
                    case 0xA1:
                        if (rx_buffer[2] >= 0x00 && rx_buffer[2] <= 0x07)
                        {
                            channel = rx_buffer[2];
                            PORTA = ~(0x01 << channel);
                        }
                        else
                            tx_1 = 0x02;
                        break;
                    default:
                        tx_1 = 0x01;
                        break;
                }
                tx_3 = tx_1^channel;
                putchar(UART_BEGIN_STX);                 //回送数据包
                putchar(tx_1);
                putchar(channel);
```

```
        putchar(tx_3);
        putchar(UART_END_STX);
        Uart_RecvFlag = 0;              //允许接收下一个数据包
    }
  }
}
```

在 demo_14_1.c 应用实例中，USART 接口的发送程序与前面给出的典型例程一样，但对 USART 的接收程序进行了改动和简化，使其更符合在本系统中使用。

在这段程序中，是在接收中断服务程序中直接对下发数据包的起始字符、校验字和结束字符进行判断，并最后完成对整个数据包的接收。当接收到正确的 5 个字符的下发数据包后，将 Uart_RecvFlag 标志位置位，通知上层程序处理收到的数据。一旦 Uart_RecvFlag 标志位置位后，中断服务程序将不再接收新的数据（放弃收到的字节），使得数据缓冲区不会溢出。

在上层程序的设计中，应保证以 100 ms 左右的间隔对 Uart_RecvFlag 标志位进行一次检测。一旦判断 Uart_RecvFlag 标志位置位后，马上对接收到的下发数据包进行处理，并回送应答数据包。处理完后将 Uart_RecvFlag 标志位清除，允许 USART 接收新的下发数据包。

## 14.2.4　测试和上位机程序

下位机系统程序完成后，就可以在 PC 机上运行串口调试软件进行初步测试了。图 14-3 是在 PC 机上使用"串口助手"进行测试的窗口。

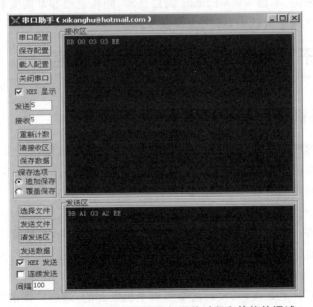

**图 14-3　利用"串口助手"进行通信过程和协议的调试**

AVR 单片机嵌入式系统原理与应用实践（第 3 版）

由于协议中采用了十六进制字符，所以在"串口助手"中，需要设置发送和接收方式为 HEX 格式。测试的过程是在发送区内人工输入各种符合协议的 5 个字符的下发数据包，发送后观察下位机 LED 的显示，以及回送的数据包（在接收区中）是否正确，是否符合所制订的协议。当然，同时也需要有意发送一些错误的数据，检测下位机的程序的可靠性和稳定性如何。

对下位机系统程序进行初步测试后，应在 PC 机上编写上位机系统程序。在 PC 机上可以使用多种软件环境来开发异步通信接口的程序，比较方便的是使用 Visual Basic 来开发上位机的程序。在本书共享资料的本

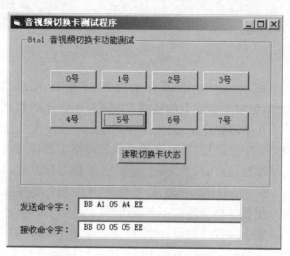

图 14 - 4　采用 Visual Basic 编写的
上位机切换控制对话框

例程序目录中，有一个采用 Visual Basic 编写的、配合本例一起运行的上位机程序。程序对话框如图 14 - 4 所示，用户可以直接选择通道号，控制下位机切换板实现频道切换。

尽管关于 Visual Basic 的编程已经超出本书讲解的范围，但必须看到，对于嵌入式系统工程师来讲，掌握 Visual Basic 编程技术，同样也是非常需要的。Visual Basic 的源代码在本书共享资料中，可供读者参考。

# 14.3　基于异步通信接口实现多机通信

## 14.3.1　多机通信实现原理

异步通信的规范主要是针对点到点之间两个设备的数据相互交换而制订的，它本身并不具备实现多机通信的功能。而要利用异步通信方式实现多机通信应用时，则需要对通信的规范进行一些限定。

首先基于异步通信接口实现多机通信的系统，最简单、方便的形式是采用主/从多机通信的方式。在主/从式多机系统中，只能有一台主机，其他都是地位相同的从机。主机发送的信息可以传送到指定的从机或所有的从机，而从机发送的信息只能被主机接收，各从机之间是不能直接通信的。

通信使用半双工方式，每次通信都是由主机发起的，通过广播的方式向所有的从机下发指令。而从机只能通过分析主机的指令，在主机指令的管理控制下，分别向主

机传送数据,因此每次只能有一个从机向主机返回应答信息。

图 14-5 是典型的主/从结构的多机通信连接的结构图。图中最左边的设备是通信主机,其他是从机设备。该图的连接方式是基于 TTL/CMOS 电平的,也就是所有设备都直接使用 USART 接口的 RXD、TXD 信号线。图中的二极管作为隔离使用。这是因为当某一个从机发送数据时,假如是 1 号从机发送数据,那么其他从机的 TXD 为高电平的空闲状态。由于有了 2、3、4 号从机 TXD 的二极管隔离,因此当 1 号从机的 TXD 输出低电平(0 V)时,能够保证将主机的 RXD 拉低(0.7 V)。

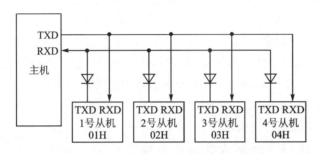

图 14-5　典型主/从结构的多机通信(TTL/CMOS)连接图

当主机是 PC 机时,通常使用 RS-232 接口,此时各从机的 USART 需要经过电平转换后才能连接在一起,构成主/从结构的多机通信连接。由于 RS-232 采用负逻辑,所以二极管的方向要反过来,如图 14-6 所示。

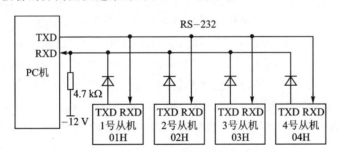

图 14-6　典型主/从结构的多机通信(RS-232)连接图

在主/从结构的多机通信方式中,需要对每个从机定义一个从机地址,如图 14-6 中的 01H、02H、03H 和 04H 分别为 1~4 号从机的地址。另外,还可以使用一个公共的地址,比如 0FFH,代表所有的从机。

## 14.3.2　多机通信实现方式一

多机通信实现方式一是目前大多数教科书上介绍的多机通信的实现方式,是利用 UART 本身扩展的多机通信功能在多机通信系统中实现数据交换的。

AVR 本身的 USART 同样也具备了实现多机通信的功能。因此在这一小节中,将结合 AVR 的 USART 的特点,简单介绍和说明如何利用 USART 的多机通信功能来实现一个多机通信系统中的数据交换。

### 1. 单片机异步通信口的多机通信功能扩展

许多单片机的 UART 口都对标准的异步通信规范进行了扩展,使其能够支持主/从结构的多机通信方式。其主要的扩展功能如下:

➤ 通过一个标志位来设定本机的 UART 为主机或从机性质。

➤ 能够支持发送和接收 9 位数据位的数据帧结构(标准异步通信使用的数据帧的数据位最多是 8 位)。数据位多出的一位用于表征本数据帧的性质:第 9 位为"1",表示为地址帧;而第 9 位为"0",表示为数据帧。

➤ 作为从机的 UART,具备过滤掉(不接收)第 9 位为"0"的数据帧的能力。

AVR 的 USART 同样也扩展了支持多机通信的功能:支持 9 位数据位的帧结构,支持过滤掉(不接收)第 9 位为"0"的数据帧的能力。与多机通信的扩展功能相关的标志位是寄存器 UCSRB 中的 TXB8 和寄存器 UCSRA 中的 MPCM。读者请参考第 13 章中对这些控制位的描述。

### 2. 实现多机通信的基本要点和过程

➤ 在主/从结构多机通信过程中,所有设备的通信接口是并在通信线上的,其中只能有一个设备为主机,其他为从机(见图 14 - 5 和图 14 - 6),一次数据交换的过程由主机发起。

➤ 多机通信中采用的数据帧结构一般为 1 位起始位、9 位数据位、1 位停止位。其中数据位的第 9 位被作为表征该帧是地址帧还是数据帧。当为"1"时,表示该帧数据为一个地址帧;为"0"时,表示该帧为一个数据帧。

➤ 主/从结构的多机通信模式是多个从机并在通信线路上的,同时接收主机发出的数据。每个从机通过对接收到的地址帧中的地址进行解码,确定自己是否被主机寻址。如果某一从机被主机寻址,则它将接收接下来主机发出的数据帧,而其他的从机将忽略该数据帧,直到再次接收到一个地址帧。

在 AVR 中,通过设置 UCSRA 寄存器中的标志位 MPCM,可以使能 USART 接收器对接收数据帧进行过滤的功能。如果使能了过滤功能,那么从机接收器对接收到的那些不是地址信息帧的数据帧将进行过滤,不将其放入接收缓冲器中,而发送器则不受 MPCM 位设置的影响。

下面以主机下发 9 字节的用户数据到地址为 01H 的从机为例,介绍多机通信中实现数据交换的过程。

首先多机通信系统的所有从机和主机对通信口初始化,设置使用相同的波特率,发送和接收的帧格式为 1 位起始位、9 位数据位(UCSZ＝7)、1 位停止位。

主机下发的数据包长度为 10 个字符。其中第 1 个字符中的前 8 位数据位为 01H,数据位的第 9 位为"1",表示是从机地址帧;第 2~10 个字符中的前 8 位数据位为需要发给从机的 9 个用户数据,而数据位的第 9 位为"0",表示后面 9 个是数据帧。

作为主机的 AVR,当发送地址帧时,置第 9 位为"1"(TXB8＝1);发送数据帧时,置第 9 位为"0"(TXB8＝0)。

多机通信方式的数据交换过程如下:

(1) 置所有从机工作在多机通信模式下(MPCM＝1)。

(2) 通信开始,主机首先发送第 1 个字符——1 个地址帧:8 位数据位为 01H(1 号从机地址),第 9 位为"1",呼叫 1 号从机。

(3) 所有从机都接收和读取该主机发出的地址帧。在所有从机的 MCU 中,RXC 标志位被置位,表示接收到地址帧。

(4) 每一个从机 MCU 读 UDR 寄存器,并判断自己是否被主机寻址。如果被寻址,清 UCSAR 寄存器中的 MPCM 位,等待接收数据帧;否则保持 MPCM 为"1",等待下一个地址帧的接收(该过程是通过各个下位机软件来处理、实现):

> 作为 1 号从机的 AVR 处理过程:收到地址帧后,判定读取 UDR 数据 01H 为自己的地址,将 MPCM 位清 0,允许接收之后所有主机下发的数据帧。

> 其他从机 AVR 的处理过程:收到地址帧后,判定读取 UDR 数据 01H 不是自己的地址,仍然保持 MPCM 位为"1",这样,它们将忽略主机随后发送的数据帧,直到主机再次发送地址帧。

(5) 主机下发后面 9 个字符,字符的类型为数据帧:8 位数据位为需要下发的用户数据,第 9 位为"0"。

(6) 由于只有 1 号从机的 MPCM＝0,因此 1 号从机能够接收到主机后面下发的 9 个字符。而其他从机的 MPCM＝1,则不会接收(过滤掉)主机后面下发的 9 个数据帧。

(7) 当 1 号从机 AVR 接收并处理完最后一个数据帧后,将 MPCM 位置 1,等待下一个地址帧的出现(该过程也需要通过下位机的软件来处理、实现),然后返回步骤(2),重新开始等待新的一次数据交换过程。

以上介绍的利用 UART 本身的多机通信功能来实现多机通信系统,其适用的场合是有一定限制的,即所有的从机和主机都必须具备相同或相类似的、支持多机通信的异步通信口。如果主机采用 PC 机,就不能简单地采用这种方式。这是因为 PC 机的异步通信口不支持发送 9 位数据位的帧结构。

## 14.3.3　多机通信的通用实现方式

本节将介绍如何直接利用点到点的通信方式来实现主/从结构的多机通信。所谓"通用",是指它不需要 UART 具备多机通信的扩展功能,而是在基于标准的异步通信规范上,通过简单地制定用户上层协议,使其能达到并实现多机通信的目的。

可以考虑在上位机下发的数据包中使用"从机地址"的字段,下发后作为呼叫和指定的从机回答。所有从机收到数据包后,由其软件检查下发数据包中的从机地址是否与自己的地址符合,若是,表示呼叫自己,则回答;否则不予以回答,这样便可实现多机通信。该方法不需要使用 UART 的硬件多机通信功能,也不需要使用数据位

AVR 单片机嵌入式系统原理与应用实践(第 3 版)

的第 9 位来表示地址/数据帧。这种多机通信的通用实现方式,可以适合各种实际的应用场合,比 14.3.2 小节所介绍的方式实现起来更加方便、简单。因此建议大家尽量采用通用方式来实现多机通信系统。

多机通信通用实现方式的基本要点如下:

➤ 在主/从结构多机通信过程中,所有设备的通信接口都是并在通信线上的,其中只能有一个设备为主机,其他为从机(见图 14-5 和图 14-6),一次数据交换的过程由主机发起。

➤ 多机通信中采用的数据帧结构为最基本的常规格式:1 位起始位、8 位数据位、1 位停止位。

➤ 在下发的用户数据包中使用一个地址字段,参见表 14-2。

➤ 主/从结构的多机通信模式是多个从机并在通信线路上的,同时接收主机发出的数据包。每个从机通过对接收到数据包中地址字段进行解码,确定自己是否被主机寻址。如果某一从机被主机寻址,则它将接收接下来主机发出的数据包,而其他的从机将忽略该下发的数据包。

下面还是通过一个简单的例子来学习和体会怎样采用通用的方式设计和实现多机通信系统。

【例 14.2】带 RS-232 接口的 8 选 1 切换设备的多机通信系统设计与实现。

**1) 系统功能和硬件结构**

参照例 14.1,扩展实现一个多机通信的控制系统。假定主机仍为 PC 机,而从机为 2 个 8 选 1 的切换设备。主机可以分别控制 2 个从机进行 8 选 1 的切换,以及分别查询 2 个从机的当前状态。硬件电路的连接方式参考图 14-6,仍为主/从多机通信结构。

**2) 通信协议包的制定**

基本通信格式的确定与例 14.1 完全相同,但为了能实现多机通信,需要对用户上层协议进行一定的修改。修改后的协议如下。注意,协议包进行了简化,取消了校验字段。

### 8 选 1 视频切换卡通信协议(多机方式)

1　切换卡通信方式

1.1　切换卡通信采用 3 线简易 RS-232 半双工方式。

1.2　最大距离:<1 m。

1.3　通信波特率:9600 b/s。

1.4　通信数据帧格式采用 8 位数据位、无校验位、1 位停止位,例如:"9600,N,8,1"。

2　PC 机下发命令包

2.1　PC 机下发命令包综述

2.1.1　PC 机下发命令包为 5 字节定长格式。

2.1.2　命令格式:

| 命令起始字 | BBH |
|---|---|
| 下位机地址 | |
| 命令字 | |
| 参数字 | |
| 命令结束字 | EEH |

2.1.3　命令字均为二进制码。

2.2　下位机地址

　　　下位机地址为 01H 和 02H,分别为 1 号从机和 2 号从机地址。

2.3　命令字描述

2.3.1　A0H:切换卡状态查询命令,此命令后跟参数字为固定值 00H。

2.3.2　A1H:通道切换命令,此命令后跟参数字为 00H~07H,表示通道号。

3　切换卡应答命令包

3.1　切换卡应答命令包综述

3.1.1　应答命令包为 5 字节定长格式。

3.1.2　命令格式:

| 命令起始字 | BBH |
|---|---|
| 下位机地址 | |
| 命令接收字 | |
| 当前通道号 | |
| 命令结束字 | EEH |

3.1.3　命令字均为二进制码。

3.2　下位机地址

　　　应答包中下位机地址是固定的本机地址,如 1 号机为 01H,2 号机为 02H。

3.3　应答命令字描述

3.3.1　命令接收字:

　　　　00H　正确收到下发命令并执行;

　　　　01H　下发命令字错;

　　　　02H　下发通道号错。

3.3.2　当前通道号:

　　　　00H~07H　表示当前通道号(下发命令已执行)。

4　PC 机与切换卡通信应答流程

4.1　通信时序

4.1.1　切换卡正确受到 PC 机下发给本机的命令包后,应在≤100 ms 时间内及时回送应答包。当 PC 机在 100 ms 时间后未收到指定切换卡的应答命令包时,应再次重发命令。

4.1.2　PC 机 3 次重发命令都未在规定时间内收到指定的切换卡的应答包时,表示存在切换卡故障或通信线路故障,应做应急处理。

4.1.3　切换卡在正确收到 PC 机下发本机的命令包后,应立即执行该控制命令的功能。命令执行后,即回送应答命令包,给出本机切换卡的当前状态值。其延时时间应小于 100 ms。

5　切换卡上电初始状态

所有切换卡上电的初始状态：通道号为 07H。

### 3）从机 1 的接收程序代码

```c
// USART 接收中断服务
interrupt [USART_RXC] void usart_rx_isr(void)
{
    unsigned char status,data;
    status = UCSRA;
    data = UDR;
if (!Uart_RecvFlag)                    //判断是否允许接收一个新的数据包
    {
        if ((status & (FRAMING_ERROR | PARITY_ERROR | DATA_OVERRUN)) == 0)
        {
            rx_buffer[rx_counter] = data;
            rx_counter++;
            switch (rx_counter)
            {
                case 1:          //检验起始字符
                    if (data != UART_BEGIN_STX) rx_counter = 0;
                    break;
                case 2:     //检验从机地址,如果不是本机地址,则放弃后面 3 个字符
                    if (data != 0x01) rx_counter = 0;//从机 2 为(data != 0x02)
                    break;
                case 5:         //检验结束字符
                    rx_counter = 0;
                    if (data == UART_END_STX) Uart_RecvFlag = 1;
                    break; //Uart_RecvFlag=1,表示正确接收到一个发到本机的数据包
            }
        }
    }
}

void main(void)
{
unsigned char channel = 0x07;
    unsigned char tx_2;
      ⋮
    while (1)
    {
        if (Uart_RecvFlag)
        {                       //有刚接收到的数据包需要处理
```

```
        tx_2 = 0x00;
    switch (rx_buffer[2])              //数据包处理过程
    {
        case 0xA0:
            break;
        case 0xA1:
            if (rx_buffer[3] >= 0x00 && rx_buffer[3] <= 0x07)
            {
                channel = rx_buffer[3];
                PORTA = ~(0x01 << channel);
            }
            else
                tx_2 = 0x02;
            break;
        default:
            tx_2 = 0x01;
            break;
    }
    putchar(UART_BEGIN_STX);           //回送数据包
    putchar(0x01);                     //从机 2 为 putchar(0x02)
    putchar(tx_2);
    putchar(channel);
    putchar(UART_END_STX);
    Uart_RecvFlag = 0;                 //允许接收下一个数据包
    }
  }
}
```

　　本例多机通信的下位机程序是在例程 demo_14_1.c 基础上稍做改动完成的。这里只给出了接收中断服务程序和主程序中处理数据包的部分,其他部分没有变化。两个下位机的系统程序是相同的,仅在从机地址上有差别,一个为 01H,另一个为 02H。其中最重要的区别在接收中断服务程序中,它与例程 demo_14_1.c 的不同之处是,对 PC 机下发数据包中的地址字段进行判别,确认该数据包是否是给本机的。如果下发数据包中的地址与本机地址不符,则放弃该数据包,也不做应答,准备接收新的下发数据包。而当下发数据包中的地址与本机地址相同时,则继续接收该数据包的后续字符,在完整收到一个数据包后,进行数据处理,返回应答包,然后准备接收新的下发数据包。这样,在上层协议中使用从机地址,利用接收中断程序的本身处理,同样可以实现多机之间的数据交换。

　　将本节介绍的多机通信的通用实现方式与 14.3.2 小节介绍的方式进行比较可以发现,通用实现方式更为简单、方便,可以适用于所有的由异步通信口构成的多机通信系统,没有任何限制;其不足之处为从机的运行效率稍微受到影响。因为在"方式一"中,过滤数据帧是由硬件自动完成的,所以不占用 MCU 的时间。而在通用方式中,对于上位机下发的每一个字符,所有的下位机都要接收,都会产生中断。对那些不需要数据的过滤,则是在中断服务中由软件完成的,这就占用了一些 MCU 的时间,造成浪费。

另外一点,通过本章这两个例子的学习,可以看到通信协议的重要性。在实际的通信系统设计过程中,制定一个好的协议非常重要,需要经过认真地思考和推敲。好的协议,不仅可以使通信过程简单可靠,方便系统程序的编写,同时也能实现更多的功能。

本书用了两章的篇幅来介绍异步通信接口的原理与应用设计,但书中所介绍的这些内容,也只能为真正的实际应用打个基础。重要的是,读者应能理解、体会和掌握基本的思路和方法,然后在实践中不断提高。另外,希望读者在学习和掌握异步通信 USART 的应用过程中,不断扩充和加强在数字通信和网络协议方面理论知识的学习和理解,同时不断提高软件的编写和调试能力。

# 思考与练习

1. 使用 CVAVR 系统的程序生成向导,生成如 14.1.3 小节中给出的程序代码,并逐字逐句地进行仔细分析,真正理解和领会里面每一个变量、每一条语句(包括编译控制命令的作用)的作用。

2. 在 14.1.3 小节给出的程序代码中,其中的 putchar() 和 getchar() 两个函数中都使用了关中断指令。为什么要关闭中断? 如果关闭中断的时间过长,那么对通信有何影响?

3. 假如在 14.1.3 小节给出的程序代码中,主程序的代码如下:

```
void main(void)
{
    // USART 初始化
    UCSRA = 0x00;        //通信参数：8 位数据位、1 位停止位、无校验位
    UCSRB = 0xD8;        //USART 接收器：On
    UCSRC = 0x86;        //USART 发送器：On
    UBRRH = 0x00;        //USART 模式：异步
    UBRRL = 0x19;        //USART 波特率：9600
    #asm("sei")          //全局使能中断

    while (1)
    {
        putchar(0x55);
    }
}
```

在循环体中,仅有一句不停地发送 0x55 的语句,问题是 AVR 的运行速度非常快,而 US-

ART 串出的速度肯定慢(按 9 600 b/s 计算,需要 1 s 多时间才能送出 1 000 个字符),那么,假定主程序循环了 1 000 次,发送 1 000 个 0x55,请判断在 UASRT 口上能否正确地发出 1 000个 0x55,有没有产生字符丢失或溢出现象?

4. 在 14.1.3 小节给出的程序代码中,当本机没有收到任何数据时(通信线路发生开路故障,或对方没有发送数据),在主程序中调用 getchar()函数时会发生什么情况? 如何才能避免该情况的发生?

5. 参考例 14.1,利用 AVR - 51 多功能实验板,设计和实现例 14.2 的多机通信系统。首先设计硬件电路和连接方式;然后编写从机系统软件,并在 PC 机上通过串口助手软件进行通信过程的调试;最后尝试在 PC 机上用 VB 编写上位机的控制软件,构成整个系统。

提示:参考系统连接如图 14 - 7 所示。

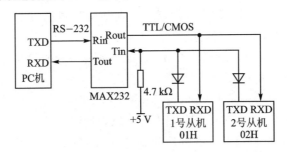

图 14 - 7　在 AVR - 51 板上进行多机通信的系统构成连接图

## 本章参考文献:

[1] ATMEL. ATmega16 数据手册(英文,共享资料). www. atmel. com.

[2] ATMEL. AVR 应用笔记 AVR244(avr _ app _ 244. pdf)(英文,共享资料). www. atmel. com.

[3] ATMEL. AVR 应用笔记 AVR306(avr _ app _ 306. pdf)(英文,共享资料). www. atmel. com.

# 第 *15* 章

## 串行 SPI 接口应用

为了支持与采用不同通信方式的器件方便地交换数据，ATmega16 集成了 3 个独立的串行通信接口单元，它们分别是：

 - ➢ 通用同步异步接收/发送器（Universal Synchronous Asynchronous Receiver Transmitter，USART）；
 - ➢ 串行外设接口（Serial Peripheral Interface，SPI）；
 - ➢ 两线串行接口（Two-wire Serial Interface，TWI）。

其中 SPI 接口和 TWI 接口主要应用于系统板上芯片之间的短距离通信。本章将介绍 SPI 通信方式及 ATmega16 中 SPI 接口的使用。

## 15.1 SPI 串行总线介绍

### 15.1.1 SPI 总线的组成

串行外设接口 SPI 是由 Freescale 公司（原 Motorola 公司半导体部）提出的一种采用串行同步方式的 3 线或 4 线通信接口，使用信号有使能信号、同步时钟、同步数据输入和输出。SPI 通常用于微控制器与外围芯片，如 EEPROM 存储器、A/D 及 D/A 转换器、实时时钟 RTC 等器件直接扩展和连接。采用 SPI 串行总线可以简化系统结构，降低系统成本，使系统具有灵活的可扩展性。

图 15-1 所示是一个典型的 SPI 总线系统，它包括一个主机和一个从机，双方之间通过 4 根信号线相连，分别是：

 - ➢ 主机输出/从机输入（MOSI）。主机的数据传入从机的通道。
 - ➢ 主机输入/从机输出（MISO）。从机的数据传入主机的通道。
 - ➢ 同步时钟信号（SCLK）。同步时钟是由 SPI 主机产生的，并通过该信号线传送给从机。主机与从机之间的数据接收和发送都以该同步时钟信号为基准

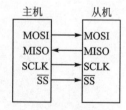

图 15-1 典型 SPI 通信连接

进行。

> 从机选择($\overline{SS}$)。该信号由主机发出,从机只有在该信号有效时才响应 SCLK 上的时钟信号,参与通信。主机通过这一信号控制通信的起始和结束。

SPI 的通信过程实际上是一个串行移位过程。如图 15-2 所示,可以把主机和从机看成是 2 个串行移位寄存器,二者通过 MOSI 和 MISO 两条数据线首尾相连,形成了一个大的串行移位的环形链。当主机需要发起一次传输时,它首先拉低 $\overline{SS}$,然后在内部产生的 SCLK 时钟作用下,将 SPI 数据寄存器的内容逐位移出,并通过 MOSI 信号线传送至从机。而在从机一侧,一旦检测到

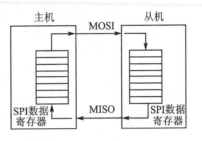

图 15-2　SPI 传输

$\overline{SS}$ 有效之后,在主机的 SCLK 时钟作用下,也将自己寄存器中的内容通过 MISO 信号线逐位移入主机寄存器中。当移位进行到双方寄存器内容交换完毕时,一次通信完成。如果没有其他数据需要传输,则主机便抬高 $\overline{SS}$,停止 SCLK 时钟,结束 SPI 通信。

可以看到,SPI 通信有如下特点:

> 主机控制具有完全的主导地位。它决定着通信的速度,也决定着何时可以开始和结束一次通信,从机只能被动响应主机发起的传输。
> SPI 通信是一种全双工高速的通信方式。从通信的任意一方来看,读操作和写操作都是同步完成的。
> SPI 的传输始终是在主机控制下,进行双向同步的数据交换。

## 15.1.2　SPI 通信的工作模式和时序

SPI 通信的本质就是在同步时钟作用下进行串行移位,原理非常简单。但 SPI 可以配置为 4 种不同的工作模式,这取决于同步时钟的极性(Clock Polarity)和同步时钟的相位(Clock Phase)2 个参数。

同步时钟极性 CPOL 是指 SPI 总线处在传输空闲(图 15-3 所示时序图的最左边开始处)时 SCLK 信号线的状态,有"0"和"1"两种。

> CPOL＝0:表示当 SPI 传输空闲时,SCLK 信号线的状态保持在低电平"0"。
> CPOL＝1:表示当 SPI 传输空闲时,SCLK 信号线的状态保持在高电平"1"。

时钟相位 CPHA 是指进行 SPI 传输时对数据线进行采样/锁存点(主机对 MISO 采样,从机对 MOSI 采样)相对于 SCLK 上时钟信号的位置,也有"0"和"1"两种。

> CPHA＝0:表示同步时钟的前沿为采样锁存,后沿为串行移出数据。
> CPHA＝1:表示同步时钟的前沿为串行移出数据,后沿为采样锁存。

需要进一步明确的是同步时钟的前沿和后沿如何定义:通信开始时,当 $\overline{SS}$ 拉低时,SPI 开始工作,SCLK 信号脱离空闲态的第 1 个电平跳变为同步时钟的前沿;随

后的第 2 个跳变为同步时钟的后沿。由于 SCLK 信号在空闲态时有 2 种情况,所以当 CPOL＝0 时,前沿就是 SCLK 的上升沿,后沿为 SCLK 的下降沿;而当 CPOL＝1 时,前沿就是 SCLK 的下降沿,后沿为 SCLK 的上升沿。不同的时钟极性 CPOL 和时钟相位 CPHA 组合后,共产生了 SPI 的 4 种工作模式,如表 15－1 所列。

图 15－3(a)和图 15－3(b)是与表 15－1 对应的 4 种 SPI 工作模式的时序图。图中间的一排粗竖直线表示数据锁存的位置。在图 15－3(a)中,对应为 SCLK 的前沿(CPHA＝0);在图 15－3(b)中,对应为 SCLK 的后沿(CPHA＝1)。

表 15－1　SPI 的 4 种工作模式定义

| SPI 模式 | CPOL | CPHA | 移出数据 | 锁存数据 | 参考图 |
|---|---|---|---|---|---|
| 0 | 0 | 0 | 下降沿 | 上升沿 | 图 15－3(a) |
| 2 | 1 | 0 | 上升沿 | 下降沿 | 图 15－3(a) |
| 1 | 0 | 1 | 上升沿 | 下降沿 | 图 15－3(b) |
| 3 | 1 | 1 | 下降沿 | 上升沿 | 图 15－3(b) |

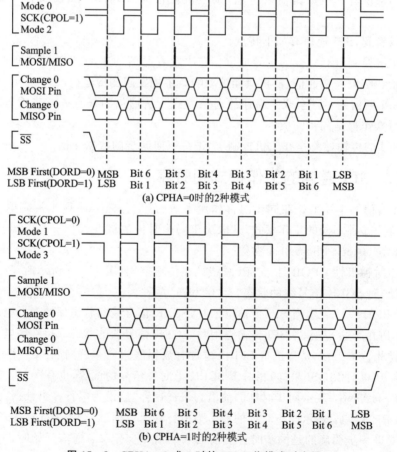

(a) CPHA＝0时的2种模式

(b) CPHA＝1时的2种模式

图 15－3　CPHA＝0 或 1 时的 SPI 工作模式时序图

AVR 单片机嵌入式系统原理与应用实践（第 3 版）

**注意**：当 CPHA 不同时，其所对应的模式 0、2 与模式 1、3 之间有一个非常重要的区别。

如图 15 - 3(a)所示，当 CPHA＝0 时，一旦$\overline{SS}$拉低后，主机和从机就必须马上移出第 1 个数据位。换句话讲，在 SPI 模式 0、2 中，拉低$\overline{SS}$是第 1 个数据位的移位信号，而且$\overline{SS}$拉低到 SCLK 的第 1 个跳变要有足够的延时，使得串出的数据稳定，这样才能在 SCLK 的第 1 个跳变（前沿）处锁存正确的数据。因此，$\overline{SS}$的控制对于模式 0、2 尤其重要。

而在模式 1、3(CPHA＝1)中，$\overline{SS}$的拉低只是启动 SPI 工作，主机和从机第 1 个数据位的移出发生在 SCLK 的第 1 个跳变处（前沿），在 SCLK 的第 2 个跳变处（后沿）锁存该数据位，参见图 15 - 3(b)。

SPI 通信的双方应该使用同样的工作模式。一般外设器件 SPI 接口的通信模式通常是固定一种，即仅支持 4 种模式中的一种，因此微控制器与其相连时，应该选择与之相同的工作模式，才能进行正常的通信。

## 15.1.3　多机 SPI 通信

在 SPI 总线上可以挂接多个 SPI 器件，实现多机 SPI 通信。在多机 SPI 通信系统中，所有器件的 MISO、MOSI 和 SCLK 引脚是并接在一起的。这也是一种主/从结构的通信系统，系统中的每个器件都可以作为主机，并且由主机控制 SPI 总线，但任一时刻 SPI 总线上只能有一个主机，其他都作为从机，通信只能发生在主机与某一个从机之间，在这期间其他的从机应处在未被选通状态，器件本身的 MISO、MOSI 和 SCLK 引脚为三态高阻。

通常所使用的典型 SPI 多机通信系统如图 15 - 4 所示，这是一种最简单的利用 SPI 总线实现多机通信的结构。图中，微处理器 AVR 是一个永久固定的主机，由它全权控制 SPI 总线，$S_1 \sim S_n$ 作为从机。在多机 SPI 通信系统中，从机部件应该具备这样的特性：当$\overline{SS}$为高电平（未被选通）时，器件本身的 MISO、MOSI 和 SCLK 引脚为三态高阻。当主机需要与某一从机进行通信时，它可以通过 I/O 口的输出来控制从机$\overline{SS}$的选通逻辑，使得该从机的$\overline{SS}$端变为低电平，此时由于该从机的$\overline{SS}$有效，所以会响应 SCLK 引脚上的信号，与主机进行环形串行移位的传输。而其他从机由于未被选通，$\overline{SS}$为高电平，所以

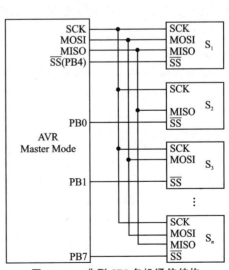

**图 15 - 4　典型 SPI 多机通信结构**

不参与传输。这样,主机就可以方便地控制和实现与多个从机之间的通信了。

有许多 SPI 器件只是作为从机部件使用,而且在应用中只需要数据的串入(如 D/A 转换芯片),或者只需要数据的串出(如 A/D 转换芯片),那么就只需要将 MOSI(图 15-4 中的 S₃)或 MISO(图 15-4 中的 S₂)挂在 SPI 总线上。当主机需要从只能串出数据的从机读入数据时,虽然此时只是从机到主机的数据传输,但主机也要通过发送一个任意数据的字节来控制数据移位传输过程中读取从机的数据;反之,若主机只需要对从机写入一字节,则在完成数据发送之后,忽略由从机串入的字节。

实际上,与异步通信接口相比,基于 SPI 的多机通信系统可以实现更为复杂的应用,如通过主/从机的转换机制实现多主机通信系统,以及构成菊花链方式的通信系统等。由于系统更加复杂且受篇幅限制,本书对这些内容就不做介绍了。

## 15.2　AVR 的 SPI 接口原理与使用

AVR 的 SPI 是采用硬件方式实现面向字节的全双工 3 线同步通信接口,它支持主机、从机模式及 4 种不同传输模式的 SPI 时序。通信速率有 7 种选择,主机方式的最高速率为系统时钟频率/2(CK/2),从机方式最高速率为系统时钟频率/4(CK/4)。

同时,AVR 内部的 SPI 接口也被用于对芯片内部的程序存储器和数据 EEP-ROM 的编程下载口。

### 15.2.1　SPI 接口的结构和功能

ATmega16 的同步串行 SPI 接口允许在芯片与外设之间,或几个 AVR 之间,采用与标准 SPI 接口协议兼容的方式进行高速的同步数据传输,其主要特征如下:

> 全双工、3 线同步数据传输;
> 可选择的主/从操作模式;
> 数据传送时,可选择 LSB(低位在前)方式或 MSB(高位在前)方式;
> 7 种可编程的位传送速率;
> 数据传送结束中断标志;
> 写冲突标志保护;
> 从闲置模式下被唤醒(从机模式下);
> 倍速(CK/2)SPI 传送(主机模式下)。

图 15-5 为 ATmega16 的 SPI 接口电路方框图,图 15-6 给出了采用 SPI 方式进行数据通信时,主-从机之间的连接与数据传送方式。

ATmega 16 的 SPI 接口的硬件部分由数据寄存器、时钟逻辑、引脚逻辑和控制逻辑几部分组成。

#### 1) 数据寄存器

SPI 接口的核心是一个 8 位移位寄存器,这个寄存器在时钟信号的作用下,实现

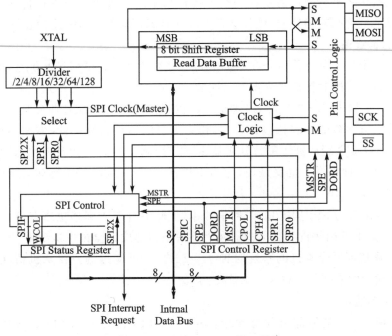

图 15－5　ATmege16 SPI 接口结构

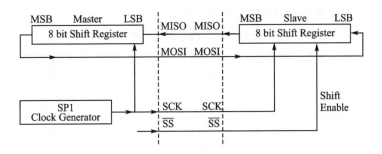

图 15－6　SPI 主-从机连接与数据传送方式

数据从低位移入,高位移出。一旦程序将需要发送的字节写入该寄存器后,硬件就自动开始一次 SPI 通信的过程。通信结束后,该寄存器中的内容就被更新为收到的从机串出的字节,供程序读取。

　　移位寄存器采用了数据缓冲的方式,它配备一个读缓冲寄存器 SPDR,其物理地址与移位寄存器一样。当对该地址进行读操作时,读取的是缓冲寄存器中的内容;对该地址进行写操作时,数据将被直接写入移位寄存器中。缓冲器中的数据在一次传输完成后(8 位数据)被更新。

　　因此在 SPI 连续传输的过程中,读取收到字节的操作应该在下一字节完成传输之前进行;否则新到来的数据将更新读缓冲寄存器,造成前一个收到字节的丢失。如果在 SPI 传输过程中读取 SPDR,则可以正确获得上次接收到的数据。

写入发送字节的操作需要在一字节传输结束之后进行。如果在传输过程中写 SPDR,将会产生写碰撞错误(硬件会置位 SPI 状态寄存器的写碰撞标志位 WCOL)。

**2) 时钟逻辑**

时钟逻辑单元是为移位寄存器提供同步时钟信号的。根据 SPI 配置的不同,被送到移位寄存器的时钟信号来源是不同的:

(1) 当配置为 SPI 主机时,时钟信号由内部分频器对系统时钟分频产生。这个时钟信号一方面被引入到移位寄存器,作为本机的移位时钟;另一方面还被输出到 SCK 引脚,以提供给从机使用。分频器由 SPI 控制寄存器定义分频比,最高可以产生 $f_{osc}/2$ 的时钟频率。也就是说,作为主机使用时,ATmega16 能够支持的最高位传输速率为 $f_{osc}/2$。

(2) 当配置为 SPI 从机时,时钟信号由 SCK 引脚引入到移位寄存器,与内部时钟无关,此时 SPI 时钟配置位无效。虽然此时通信速度完全由主机决定,但由于 SPI 接口的工作速度要受本机的系统时钟 $f_{osc}$ 制约,不可能过高。在从机情况下,保证 SPI 正常通信的最高位传输速率为 $f_{osc}/4$。

**3) 引脚逻辑**

SPI 模块用到的外部引脚有 4 个:SCK(与 PB7 复用)、MISO(与 PB6 复用)、MOSI(与 PB5 复用)和 $\overline{SS}$(与 PB4 复用)。当使能 SPI 接口后,AVR 并没有自动强制定义全部的 4 个引脚,它们功能和方向由表 15 - 2 定义。

表 15 - 2　SPI 引脚方向定义

| 引　脚 | 主机方式 | 从机方式 |
|---|---|---|
| MOSI(PB5) | 用户定义 | 输入 |
| MISO(PB6) | 输入 | 用户定义 |
| SCK (PB7) | 用户定义 | 输入 |
| $\overline{SS}$(PB4) | 用户定义 | 输入 |

很多具有兼容 SPI 接口的芯片,并不完全按照 15.1.1 小节介绍的方式使用所有的 SPI 信号线(如图 15 - 4 中的 $S_2$、$S_3$)。为了与这些器件方便地相连,同时节省 I/O 口的使用,AVR 的 SPI 模块没有强制定义所有的 4 个引脚的功能方向。在实际使用时,用户应根据需要对这些引脚正确地进行设置。另外,对输入引脚(包括手工及强制设置),应通过设置相应位使能内部的上拉电阻,以节省总线上外接的上拉电阻。

**4) 控制逻辑**

控制逻辑单元主要完成以下功能:

➢ SPI 接口各参数的设定,包括主/从模式、通信速率、数据格式等;
➢ 传输过程的控制;
➢ SPI 状态标志,包括中断标志(SPIF)的置位、写冲突标志(WCOL)的置位等。

AVR 的 SPI 接口传输过程分主机和从机两种模式。在主机模式下,用户通过向 SPDR 寄存器写入数据来启动一次传输过程。硬件电路将自动启动时钟发生器,将 SPDR 中的数据逐位移出至 MOSI 引脚,同时对 MISO 引脚采样,并逐位将采样结果 移入 SPDR。当 1 字节数据传输完成后,SPI 时钟发生器停止,并置位中断标志 SPIF。若还有数据需要传输,此时可以继续写入 SPDR,启动新一轮传输过程。最后 移入 SPDR 的数据将被保留。

注意:在主机模式下,SPI 硬件电路并不控制$\overline{SS}$引脚。通常情况下,用户应将其 配置为输出引脚,按照 SPI 协议的方式手动操作$\overline{SS}$:在开始传输前将其拉低,在传输 结束后再将其抬高。如果在主机模式下将$\overline{SS}$配置为输入,则可用于可能出现总线竞 争的 SPI 系统中。详见 15.2.3 小节的介绍。

在从机模式下,$\overline{SS}$引脚被硬件设置为输入,由外部输入信号通过该引脚来控制 SPI 模块的运行。当该引脚被拉高时,MISO 和 SCK 为高阻态,SPI 接口休眠,不会 响应外部 SPI 总线上的信号,此时用户可以安全地写入或读取 SPDR 的内容。当$\overline{SS}$ 引脚被拉低时,SPI 传输过程启动,SPDR 中的数据在外部 SCK 的作用下移出。当 1 字节数据传输完成后,中断标志 SPIF 置位,最后移入 SPDR 的数据也将保留。

## 15.2.2　与 SPI 相关的寄存器

### 1. SPI 控制寄存器 SPCR

寄存器 SPCR 各位的定义如下:

| 位 | 7 | 6 | 5 | 4 | 3 | 2 | 1 | 0 | |
|---|---|---|---|---|---|---|---|---|---|
| $0D($0 02D) | SPIE | SPE | DORD | MSTR | CPOL | CPHA | SPR1 | SPR0 | SPCR |
| 读/写 | R/W | R/W | R/W | R/W | R/W | R/W | R/W | R/W | |
| 复位值 | 0 | 0 | 0 | 0 | 0 | 0 | 0 | 0 | |

> 位 7——SPIE:SPI 中断允许。当全局中断触发允许标志位 I 为"1",且 SPIE 为"1"时,如果 SPSR 寄存器的中断标志 SPIF 位为"1",则系统响应 SPI 中断。

> 位 6——SPE:SPI 允许。当该位写入"1"时,允许 SPI 接口。在进行 SPI 的任 何操作时,必须将该位置位。

> 位 5——DORD:数据移出顺序。当 DORD=1 时,数据传送为 LSB 方式,即 低位在先;当 DORD=0 时,数据传送为 MSB 方式,即高位在先。

> 位 4——MSTR:主/从机选择。当该位设置为"1"时,选择 SPI 为主机方式; 为"0"时,选择 SPI 为从机方式。如果$\overline{SS}$端口设置为输入,且在 MSTR 为"1" 时被外部拉低,则 MSTR 将清除,同时 SPSR 中的 SPIF 位置为"1",此时 SPI 由主机模式转换为从机模式。此后用户需要重新置位 MSTR,才能再次将 SPI 设置为主机方式。

> 位 3——CPOL:SCK 时钟极性选择。当该位被设置为"1"时,SCK 在闲置时

是高电平；为"0"时，SCK 在闲置时是低电平。

> 位 2——CPHA：SCK 时钟相位选择。CPHA 位的设置决定了串行数据的锁存采样是在 SCK 时钟的前沿还是后沿。CPOL 和 CPHA 决定了 SPI 的工作模式，参见表 15-1 和图 15-3。

> 位[1：0]——SPR1 和 SPR0：SPI 时钟速率选择。这两个标志位与寄存器 SPSR 中的 SPI2X 位一起，用于设置主机模式下产生的串行时钟 SCK 速率。SPR1 和 SPR0 对于从机模式无影响，SCK 与振荡器频率 $f_{osc}$ 之间的关系如表 15-3 所列。

**表 15-3　SPI 时钟 SCK 速率选择**

| SPI2X | SPR1 | SPR0 | SCK 频率 |
|-------|------|------|----------|
| 0 | 0 | 0 | $f_{osc}/4$ |
| 0 | 0 | 1 | $f_{osc}/16$ |
| 0 | 1 | 0 | $f_{osc}/64$ |
| 0 | 1 | 1 | $f_{osc}/128$ |
| 1 | 0 | 0 | $f_{osc}/2$ |
| 1 | 0 | 1 | $f_{osc}/8$ |
| 1 | 1 | 0 | $f_{osc}/32$ |
| 1 | 1 | 1 | $f_{osc}/64$ |

### 2. SPI 的状态寄存器 SPSR

寄存器 SPSR 各位的定义如下：

| 位 | 7 | 6 | 5 | 4 | 3 | 2 | 1 | 0 | |
|-----------|------|------|---|---|---|---|---|-------|------|
| $0E($ $002E)$ | SPIF | WCOL | — | — | — | — | — | SPI2X | SPSR |
| 读/写 | R | R | R | R | R | R | R | R/W | |
| 复位值 | 0 | 0 | 0 | 0 | 0 | 0 | 0 | 0 | |

> 位 7——SPIF：SPI 中断标志。当串行传送完成时，SPIF 位置 1。如果 SPSR 中的 SPIE 位为"1"，且全局中断允许位 I 为"1"，则产生中断。如果 $\overline{SS}$ 设置为输入，且在 SPI 为主机模式时被外部拉低，则也会置位 SPIF 标志。SPIF 标志位的属性为只读。清 0 SPIF 有以下两种方式：
>   - 硬件方式。MCU 响应 SPI 中断，转入 SPI 中断向量的同时，SPIF 位由硬件自动清除。
>   - 软件方式。先读取 SPI 状态寄存器 SPSR（读 SPSR 的操作将会自动清除 SPIF 位），然后再实行一次对 SPI 数据寄存器 SPDR 的操作。

> 位 6——WCOL：写冲突标志。如果在 SPI 接口的数据传送过程中向 SPI 的数据寄存器 SPDR 写入数据，则会置位 WCOL。清 0 WCOL 标志只能通过以下软件方式：先读取 SPI 状态寄存器 SPSR（读 SPSR 的操作将会自动清除 SPIF 位和 WCOL 位），然后再实行一次对 SPI 数据寄存器 SPDR 的操作。

> 位[5：1]——保留位。这几位保留，读出为"0"。

> 位 0——SPI2X：倍速 SPI 选择。在主机 SPI 模式下，当该位写为逻辑"1"时，SPI 的速度（SCK 的频率）将加倍（见表 15－3），这意味着产生最小的 SCK 周期为 MCU 时钟周期的 2 倍。当 SPI 设置为从机模式时，SCK 必须低于 $f_{OSC}/4$，才能确保有效的数据传送。

### 3. SPI 数据寄存器 SPDR

寄存器 SPDR 各位的定义如下：

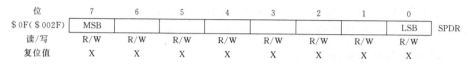

| 位 | 7 | 6 | 5 | 4 | 3 | 2 | 1 | 0 | |
|---|---|---|---|---|---|---|---|---|---|
| \$0F(\$002F) | MSB | | | | | | | LSB | SPDR |
| 读/写 | R/W | R/W | R/W | R/W | R/W | R/W | R/W | R/W | |
| 复位值 | X | X | X | X | X | X | X | X | |

SPI 数据寄存器为可读/写的寄存器，用于在通用寄存器组与 SPI 移位寄存器之间传送数据。写数据到该寄存器时，将启动或准备数据传送；读该寄存器时，读到的是移位寄存器配备的接收缓冲区中的值。

## 15.2.3　SPI 接口的设计应用要点

### 1. 初始化

与 AVR 的其他模块一样，SPI 接口使用之前也要进行初始化设置。SPI 接口的初始化应注意以下几点：

（1）正确选择 SPI 的主/从机方式。通常外设的 SPI 接口简单，只能作为从机使用，在与其的连接中，AVR 应设置为主机。与其他微控制器连接时，应保证系统中只有一台主机。

（2）正确设置通信参数（速率、时钟相位和极性）。当本机作为主机时，应考虑通信各方能够支持的最高速率并正确设置通信速率（ATmega16 主机状态下支持的最高 SPI 位速率为 $f_{OSC}/2$）。当本机作为从机时，对速率的设置无效。但要保证输入的 SCK 速率不高于本机的 $f_{OSC}/4$。时钟相位和极性的设置应保证通信各方一致。

（3）正确设置数据串出的顺序。按照通信各方的要求，选择方便处理的数据格式（LSB 先发送或 MSB 先发送）

### 2. $\overline{SS}$引脚的处理

初始化 SPI 接口时，注意要正确的配置 SPI 的引脚，包括方向和内部上拉电阻。尤其对于$\overline{SS}$引脚要特别注意：

（1）在主机模式下，$\overline{SS}$引脚方向的设置（PB4）会影响 SPI 接口的工作方式，尽量设置成输出方式。

（2）尽管$\overline{SS}$引脚归属于 SPI 总线的信号线之一，但在 AVR 的 SPI 工作在主机模式时，SPI 接口本身并不对$\overline{SS}$实行任何操作。换句话讲，在 SPI（主机模式）操作过程中，$\overline{SS}$并不会自动产生任何的控制信号，所有需要从$\overline{SS}$输出的控制信号均必须通过用户程

AVR 单片机嵌入式系统原理与应用实践（第 3 版）

序来完成(参考例 15-2)。

### 3. 总线竞争的处理

在一个 SPI 通信系统中同时出现两个主机的情况称为总线竞争,这将引起 SPI 总线的冲突,造成通信错误或失败。当 AVR 的 SPI 为主机模式下,且$\overline{SS}$设置为输入时,则用于处理以下这种情况:$\overline{SS}$为高电平时,SPI 接口按主机方式正常工作;当$\overline{SS}$被外部拉低时,SPI 接口认为总线上出现另一个主机并正拉低$\overline{SS}$准备与自己通信。为防止总线冲突,本机的 SPI 接口将自动产生以下操作:

- ➢ 清除 SPCR 寄存器的 MSTR(主机选择)位,将自己设置为从机。MOSI 和 SCK 引脚自动设为输入。
- ➢ SPSR 寄存器的 SPIF 置位,申请中断。

产生总线竞争是当 SPI 总线上存在多主机情况下产生的,处理总线竞争不仅需要硬件具备相应的功能,同时在 SPI 中断程序中也需要包含对总线竞争的处理过程。

---

在不需要处理总线竞争的简单 SPI 系统中,为保证本机作为 SPI 主机正常工作,应将$\overline{SS}$设置为输出。如果将$\overline{SS}$设置为输入,则应保证该引脚始终为高电平。

---

### 4. 与 SPI 串行下载线的冲突

我们知道,在对片内 Flash 和 EEPROM 编程时,AVR 支持 3 种方式:并行方式、SPI 串行方式和 JTAG 串行方式。SPI 串行方式是其中最简单和常用的方式,本书介绍和使用的下载线就是采用的这种方式。

事实上,SPI 串行方式编程使用的正是芯片内部的 SPI 接口,使用的外部引脚包括MOSI、MISO 和 SCK。当进行在系统编程(ISP)时,如果芯片的 SPI 接口上还连接了其他的 SPI 器件(包括非 SPI 器件),则有可能由于二者的冲突而导致下载失败。因此,在使用了 SPI 接口,同时又使用 SPI 串行方式对ATmega16 下载和读取程序时,应采取措施避免这样的冲突。例如可以采用跳线的方式连接系统中的 SPI 器件,在进行编程时断开跳线,使程序正常下载;编程完毕后短接跳线,系统得以开始工作。

在正式产品中,可以按图 15-7 所示,通过串接隔离电阻来解决 SPI 总线与 ISP 编程口发生冲突的问题。图中的电阻值在 3 kΩ左右。

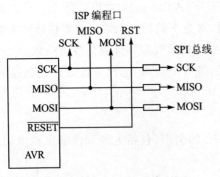

图 15-7 防止 SPI 总线与 ISP 口
发生冲突的电路

## 15.3　SPI 接口应用实例

在一般的基本 SPI 总线应用中,AVR 通常为主机,通过控制 SPI 总线实现与其他外围器件(从机)的连接和扩展。

因此,本节将主要通过 AVR 的 SPI 接口在主机模式下的一些应用为例,介绍 SPI 的设计和使用。

### 15.3.1　SPI 接口基本方式的应用

SPI 总线是高速双向串行总线,它的同步时钟速度通常在 1 MHz 以上,最高可达 10 MHz 左右,是常用各类串行接口中最快的一种,因此在一般应用中可采用简单轮询或简单中断的方式发送和接收数据。

【例 15.1】基于 74HC164 并利用 SPI 口实现 8 路并口输出的扩展。

第 12 章中曾介绍过通过软件方式控制 I/O 口,用来模拟串行输出/输入接口。实际上,更方便、高效的方法是直接使用硬件 SPI 口进行扩展。这是因为 AVR 的 SPI 本身就是一个同步串行输出/输入口。

**1) 硬件电路设计**

图 15 - 8 给出了硬件接口电路图。

为了节省 AVR 的 I/O 口,使用了一片 74HC164 实现串入并出的扩展,扩展输出的 8 路并口作为 LED 数码管的段控制线。6 个共阴极 LED 数码管的段 a 并接,由 OA 控制;段 b 并接,由 OB 控制;依此类推。

ATmega16 的 PC0～PC5 分别与 6 个 LED 数码管的公共端 COM 引脚连接,即 PC 口的低 6 位作为位扫描控制口,因此数码管为动态扫描显示方式。

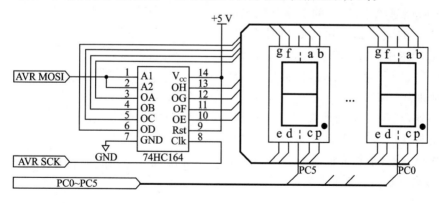

**图 15 - 8　利用 SPI 实现串行扩展 8 路同步并行输出口**

下面以程序 demo_6_5.c 为基础,实现的功能仍然是简易时钟:由 6 个数码管组成时钟,两个一组,分别显示时、分、秒。当然,程序要做相应的改动,要使用 SPI 口来实现串入/并出的 8 路扩展。

### 2) SPI 口工作模式制定

首先,要根据 74HC164 的逻辑功能表(见表 15-4)确定 SPI 的工作模式。

表 15-4　74HC164 逻辑功能表

| INPUTS(输入) | | | | OUTPUTS(输出) | | | |
|---|---|---|---|---|---|---|---|
| Rst | Clk | A1 | A2 | OA | OB | ⋯ | OH |
| L | X | X | X | L | L | | L |
| H | ↓ | X | X | 保持不变 | | | |
| H | ↑ | L | X | L | OAn | ⋯ | OGn |
| H | ↑ | X | L | L | OAn | ⋯ | OGn |
| H | ↑ | H | H | H | OAn | ⋯ | OGn |

从 74HC164 的逻辑功能表中可以看出,数据的串入和内部数据移位的操作是由 Clk 控制的。Clk 的上升沿使移位寄存器中的数据由 OA 向 OH 依次移动 1 位,同时将数据线 A 上的电平打入 OA。

因此,SPI 模式 0 的时序正好完全适合 74HC164 的串入/并出:SCK 空闲为低电平,利用上升沿将数据打入 74HC164,实现 8 路输出。另外,SPI 的串出方式应该选择高位在前的方式。

### 3) 系统软件设计

下面给出采用 CVAVR 编写的系统源程序。这里仍然希望利用 CVAVR 的程序生成向导功能来产生配置 SPI 接口(见图 15-9)的代码,图中选择 SPI 为主机方式、模式 0、高位在前。其中的 SPI Clock Rate 选项中,给出的不是分频比,而是实际的频率值。这些数值是根据 Chip 选项卡中设置的晶振数值计算得到的,由于选择了倍频方式,因此实际的 SPI 时钟为 2 MHz。

另外,还需要正确地设置 SPI 口相关位的特性,对应的 MOSI 和 SCK 引脚均为输出方式,常态为低电平,并注意将 $\overline{SS}$ 设为输出方式。整个系统程序如下:

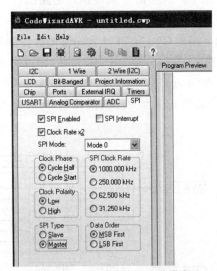

图 15-9　CVAVR 的 SPI 配置窗口

```
/* * * * * * * * * * * * * * * * * * * *
File name        : demo_15_1.c
Chip type        : ATmega16
Program type     : Application
Clock frequency  : 4.000 000 MHz
Memory model     : Small
External SRAM size  : 0
Data stack size  : 256
* * * * * * * * * * * * * * * * * * * * * * * * * * * * * * * * * * * * */
#include < mega16.h >
#include < delay.h >
#define SPIF   7
flash unsigned char led_7[10] = {0x3F,0x06,0x5B,0x4F,0x66,0x6D,0x7D,0x07,0x7F,
0x6F};flash unsigned char position[6] = {0xfe,0xfd,0xfb,0xf7,0xef,0xdf};
unsigned char time[3];                  //时、分、秒计数
unsigned char dis_buff[6];              //显示缓冲区,存放要显示的 6 个字符的段码值
unsigned char time_counter;             //1 s 计数器
bit point_on;                           //秒显示标志
void display(void)                      //扫描显示函数,执行时间为 12 ms
{
    unsigned char i,temp;
    for(i = 0;i <= 5;i++)
    {
        temp = led_7[dis_buff[i]];
        if (point_on && ( i == 2 || i == 4 )) temp |= 0x80;     //取段码
        SPDR = temp;                                            //SPI 串出
        while(! (SPSR & (1 << SPIF))){};                        //等待完成
        PORTC = position[i];                                    //点亮 1 位
        delay_ms(2);                                            //亮 2 ms
        PORTC = 0xff;                                           //关闭
    }
}
void time_to_disbuffer(void)            //时间值送显示缓冲区函数
{
    unsigned char i,j = 0;
    for (i = 0;i <= 2;i++)
    {
        dis_buff[j++] = time[i] % 10;
        dis_buff[j++] = time[i] / 10;
    }
}
void main(void)
```

```
    {
        PORTB = 0x00;                             //PORTB 初始化
        DDRB = 0xB0;                              //SS、MOSI 和 SCK 引脚输出,低电平
        PORTC = 0x3F;                             //PORTC 初始化
        DDRC = 0x3F;
        //SPI 初始化
        SPCR = 0x50;                              //主机模式、模式 0、使能 SPI
        SPSR = 0x01;                              //MSB 在前,SPI 时钟频率: 2 MHz
        time[2] = 23; time[1] = 58; time[0] = 55;//时间初值为 23:58:55
        time_to_disbuffer();
        while(1)
        {
            display();                            //显示扫描,执行时间为 12 ms
            if ( ++ time_counter >= 40)
            {
                time_counter = 0;
                point_on = ~point_on;
                if ( ++ time[0] >= 60)
                {
                    time[0] = 0;
                    if ( ++ time[1] >= 60)
                    {
                        time[1] = 0;
                        if ( ++ time[2] >= 24) time[2] = 0;
                    }
                }
                time_to_disbuffer();
            }
            delay_ms(13);                         //延时 13 ms,可进行其他处理
        }
    }
```

与例程 demo_6_5.c 相比,本例中只增加了 SPI 初始化代码及 SPI 相关位的设置。在扫描显示函数 display()中,语句"SPDR＝temp"将段码值写入 SPI 的数据寄存器,一旦数据写入后,AVR 的 SPI 启动,将段码从 MOSI 串出,并在 SCK 时钟作用下移入 74HC164,实现串到并的转换。整个串行移位由 SPI 硬件自动完成。

**4) 思考与实践**

(1) SPI 的 4 条信号线中为什么只使用 MOSI 和 SCK? SS 没有使用,但为何设置成输出方式?

(2) 本例中的 SPI 接口可以工作在从机模式吗? 能否使用模式 1、2、3? 用实验证明你的观点。

AVR 单片机嵌入式系统原理与应用实践（第 3 版）

（3）如果改变数据串出顺序为 LSB 方式，那么硬件上要如何调整？

（4）本例与例 12.1 相比，有什么优点？

【例 15.2】采用外接 A/D 转换器的数字万用表。

在第 10 章中，曾利用 ATmega16 自带的 A/D 转换模块实现了数字万用表的应用。这里利用专用 A/D 转换芯片 TLC549 进行模/数转换工作，实现同样的功能。

TLC549 是一款采用 CMOS 工艺的逐次比较型 8 位 A/D 转换芯片，内置 4 MHz 时钟电路，最长转换时间为 17 $\mu$s。TLC549 采用与 SPI 兼容的 3 线接口进行数据传输和控制，支持的最高通信时钟为 1.1 MHz。

TLC549 的引脚定义如图 15-10 所示。其中 $V_{CC}$ 和 GND 是芯片的电源引脚。REF＋和 REF－是正负参考电压引脚，它们定义了可以转换的模拟量输入的范围：对于低于 REF－的输入，转换结果将为全"0"（0x00）；而高于 REF＋的输入，转换结果将为全"1"（0xFF）。模拟输入电压由 ANALOG IN 引入。

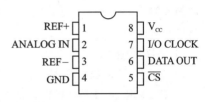

图 15-10　TLC549 引脚定义

TLC549 的 SPI 接口只有 3 根线。其中，$\overline{CS}$为输入口，是芯片选通信号，低电平有效，相当于$\overline{SS}$；I/O CLOCK 为输入口，是时钟信号的输入，相当于 SCK；DATA OUT 为数据输出口，相当于 MISO。TLC549 不需要输入数据，因此没有设置 MOSI，对其的控制完全由 I/O CLOCK 进行。图 15-11 为 TLC549 的控制时序。

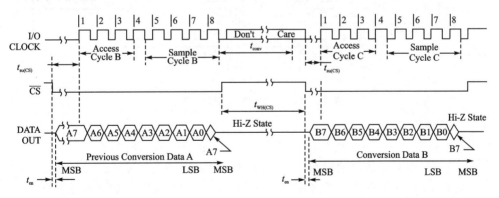

图 15-11　TLC549 控制时序

如图 15-11 所示，$\overline{CS}$受外部控制，当其被拉高时，DATA OUT 处于高阻状态，不会对 SPI 造成影响；当$\overline{CS}$其被拉低后，TLC549 受 I/O CLOCK 控制，开始将内部转换好的数据从 DATA OUT 口串出，同时进行新的一次 A/D 采样转换。具体过程如下：

（1）在 B 周期中，前次 A 周期中的 8 位采样结果按高位在前、低位在后的方式串出。时钟的下降沿输出数据，上升沿锁存数据（注意：$\overline{CS}$拉低后，最高位数据已经串出)。

（2）从本次的第 4 个时钟下降沿开始，TLC549 内部采样电路开始工作，对 AN-ALOG IN 引脚上的模拟输入进行新的一次采样。本次的第 8 个时钟下降沿启动内部保持电路，经过 4 个 TLC549 内部周期后，自动开始 32 个内部周期的转换过程。

从 SPI 时钟信号最后一个下降沿到转换结束共使用了 36 个内部周期，最长耗费时间为17 μs。在这段时间中，为保证转换的正常进行，应该拉高 $\overline{CS}$，或保持 I/O CLOCK 稳定在低电平。

A/D 转换结束后，TLC549 处于等待状态，直至 $\overline{CS}$ 有效，并再次在 I/O CLOCK 时钟的控制下，开始新一轮数据输出和 A/D 采样（图中的 C 周期，输出 B 周期的转换结果）。

**1）硬件电路**

图 15-12 是系统原理图。TLC549 对输入模拟信号进行采样，转换范围 0～5 V。$\overline{CS}$、I/O CLOCK、DATA OUT 分别与 ATmega16 的 $\overline{SS}$、SCK、MISO 相连。ATmega16 的 MOSI 引脚悬空。系统的显示部分与采用动态扫描方式，由 PA、PC 口控制。

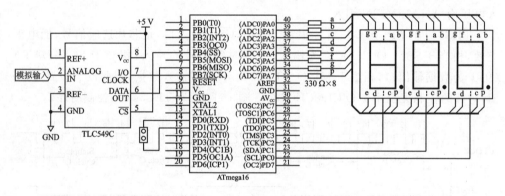

**图 15-12　TLC549 的 SPI 连接应用**

**2）软件设计**

首先应根据 TLC549 的特性决定 ATmega16 的 SPI 接口的配置。

➤ TLC549 只能被动地参与传输，此处 ATmega16 作为主机。

➤ TLC549 支持最高传输速率为 1.1 Mb/s，故 SPI 通信速率可选择 1.1 Mb/s 以下的任何值，本例使用 1 Mb/s。

➤ TLC549 空闲时，时钟信号应保持低电平，在时钟下降沿输出数据，上升沿处数据稳定。因此 SPI 应采用时钟极性为 0 和时钟相位为 0 的通信模式 0（参考图 15-13）。

➤ 根据 TLC549 的数据输出格式，选择 MSB 在前。

➤ 注意 $\overline{CS}$ 脚的控制，$\overline{CS}$ 拉低到 SPI 时钟的第一个上升沿应有 $t_{su}$ 的时间，大约为 0.5 μs，才能保证第 1 位串出数据的稳定。参见图 15-11 和 TLC549 数据手册。

采用 CVAVR 编写的系统源程序如下：

```
/* * * * * * * * * * * * * * * * * * * * * * * * * * * * * * * * * *
    File name           : Demo_15_2.c
    Chip type           : ATmega16
    Program type        : Application
    Clock frequency     : 4.000 000 MHz
    Memory model        : Small
    External SRAM size  : 0
    Data stack size     : 256
    * * * * * * * * * * * * * * * * * * * * * * * * * * * * * * * * */
#include < mega16.h >
#define SS   PORTB.4
#define dv   196                                //5 V×10 000/255
flash unsigned char led_7[10] = {0x3F,0x06,0x5B,0x4F,0x66,0x6D,0x7D,0x07,0x7F,
0x6F};flash unsigned char position[6] = {0xfe,0xfd,0xfb};
unsigned char dis_buff[3];
unsigned char posit;
unsigned char ad_reslt;
unsigned int vot;

void display(void)                              //3 位 LED 数码管动态扫描函数
{
    PORTC = 0xff;
    PORTA = led_7[dis_buff[posit]];
    if (posit == 2) PORTA | = 0x80;
    PORTC = position[posit];
    if ( ++ posit >= 3 ) posit = 0;
}

void vot_to_disbuffer(void)                     //电压值送显示缓冲区函数
{
    dis_buff[2] = vot/100;
    vot = vot % 100;
    dis_buff[1] = vot/10;
    dis_buff[0] = vot % 10;
}
//SPI 中断服务
interrupt [SPI_STC] void spi_isr(void)
{
    ad_reslt = SPDR;                            //读取 TLC594 转换值
    SS = 1;                                     //抬高SS完成 1 次 SPI 操作
    vot = ((unsigned int)ad_reslt * dv)/100;    //A/D 转换结果转化成电压
    vot_to_disbuffer();                         //得到的电压值送显示缓冲区
```

AVR单片机嵌入式系统原理与应用实践(第3版)

```
}

//Timer0 比较匹配中断服务,2 ms 一次
interrupt [TIM0_COMP] void timer0_comp_isr(void)
{
    display();                              //调用 LED 扫描显示
    SS = 0;                                 //每隔 2 ms 选通 TLC594 一次
    SPDR = 0x00;                            //启动 SPI
}

void main(void)
{
    PORTA = 0x00;                           //数码管短输出
    DDRA = 0xFF;
    PORTB = 0x40;                           //SPI 接口
    DDRB = 0x90;                            //SS、SCK 输出,MISO 输入上拉有效
    PORTC = 0x07;                           //数码管位选通
    DDRC = 0x07;                            // T/C0 初始化
    TCCR0 = 0x0B;
    OCR0 = 0x7C;
    TIMSK = 0x02;                           //SPI 初始化
    SPCR = 0xD0;                            //主机模式,模式 0,高位在前
    SPSR = 0x00;                            //SPI 时钟频率 1 MHz
    # asm("sei")                            //使能全局中断
    while(1){};
}
```

程序利用 T0 中断进行定时,每 2 ms 启动一轮采样:

① 拉低$\overline{CS}$;

② 写 SPDR,以启动一次 SPI 传输。

由于 MOSI 引脚悬空,所以发送任何数据效果均相同。当 SPI 传送完成后,TLC594 内部前次的 A/D 转换值也通过 SPI 总线传到了 AVR 的 SPDR 中,在 SPI 中断服务程序中读取转换值(上一轮转换的结果),拉高$\overline{CS}$,并更新显示值。

LED 数码管的动态扫描及 SPI 启动与数据读取,均在中断中完成,主程序未做任何事情。

## 15.3.2　典型 SPI 底层驱动＋中间层软件结构示例

同样,也可以采用底层中断驱动＋中间层的结构,把 SPI 接口部分相对独立出来。下面一段是 SPI 主机方式连续发送(接收)字节的程序:

```
# define SIZE 100
    unsigned char SPI_rx_buff[SIZE];
```

```c
unsigned char SPI_tx_buff[SIZE];
unsigned char rx_wr_index,rx_rd_index,rx_counter,rx_buffer_overflow;
unsigned char tx_wr_index,tx_rd_index,tx_counter;
unsigned char SPI_free;
interrupt [SPI_STC] void spi_isr(void)                    //SPI 完成中断服务
{
    SPI_rx_buff[rx_wr_index] = SPDR;                      //从 SPI 口读出收到的字节
                                                          //放入接收缓冲区
    if (tx_counter)                                       //如果发送缓冲区中有待
                                                          //发的数据

    {
        SPDR = SPI_tx_buff[tx_rd_index];                  //发送 1 字节数据,
        -- tx_counter;                                    //待发送数据个数减 1
        if ( ++ tx_rd_index == SIZE) tx_rd_index = 0;     //调整发送缓冲区队列指针
    }
    else SPI_free = 1;                                    //无待发送数据,置 SPI 空闲
    if ( ++ rx_wr_index == SIZE) rx_wr_index = 0;         //调整接收缓冲区队列指针
    if ( ++ rx_counter == SIZE)
    {
        rx_counter = 0;
        rx_buffer_overflow = 1;                           //接收数据溢出
    }

}

unsigned char getSPIchar(void)
{
    unsigned char data;
    while (rx_counter == 0);                              //无接收数据,等待
                                                          //(死循环!)
    data = SPI_rx_buff[rx_rd_index];                      //从接收缓冲区取出一个 SPI
                                                          //收到的数据
    if ( + + rx_rd_index == SIZE) rx_rd_index = 0;        //调整指针
    # asm("cli")
    - - rx_counter;
    # asm("sei")
    return data;
}

void putSPIchar(unsigned char c)
{
    while (tx_counter == SIZE);                           //发送缓冲区满,等待
    # asm("cli")
```

```
        if (SPI_free)
        {
            SPDR = c;                          //SPI 口空闲,直接放入 SPDR 由 SPI 口发送
            SPI_free = 0;                      //置 SPI 忙
        }
        else
        {
            SPI_tx_buffer[tx_wr_index] = c;    //将数据放入发送缓冲区排队
            if ( ++ tx_wr_index == SIZE) tx_wr_index = 0; //调整指针
            ++ tx_counter;
        }
        #asm("sei")
}
void spi_init(void)
{
    unsigned char temp;
    DDRB |= 0xB0;           //MISO 为输入方式,MOSI、SCK 和～SS 为输出方式
    PORTB |= 0x40;          //MISO 上拉电阻有效
    SPCR = 0xD5;            //SPI 允许,主机模式,MSB 方式,允许 SPI 中断,极性方式 01,
                           //1/16 系统时钟频率
    SPSR = 0x00;
    temp = SPSR;
    temp = SPDR;            //清除 SPI 中断标志位,使 SPI 空闲
    SPI_free = 1;          //置 SPI 空闲
}
void main(void)
{
    unsigned char i;
    #asm("cli")            //关中断
    spi_init();            //初始化 SPI 接口
    #asm("sei")            //使能中断
    while()
    {
        putSPIchar(i);     //通过 SPI 发送 1 字节
        i++;
        getSPIchar();      //读取 SPI 接收的字节
        ⋮
    }
}
```

在这个典型的 SPI 例程中,主程序中首先对 SPI 进行初始化,将 PORTB 的

MOSI、SCLK 和 $\overline{\text{SS}}$ 引脚作为输出,同时将 MISO 作为输入引脚,并打开上拉电阻。接着对 SPI 的寄存器进行初始化设置,并空读一次 SPSR、SPDR 寄存器(读 SPSR 后再对 SPDR 操作,将自动清除 SPI 中断标志),使 SPI 空闲,等待发送数据。

在 SPI 总线上,主机和从机构成一个相当于 16 位的循环移位寄存器(见图 15 - 2),当数据从主机方移出时,从机的数据同时也被移入,因此 AVR 的 SPI 数据发送和接收是在一个中断服务中完成的。在 SPI 中断服务程序中,先从 SPDR 中读取一个由 SPI 串入接收到的字节,并存入接收数据缓冲队列中,再从发送数据缓冲队列中取出 1 字节写入 SPDR 中,由 SPI 发送到从机。数据一旦写入 SPDR,SPI 硬件便开始发送数据。等到 SPI 中断时,表示本次发送完成,并同时收到一个数据。类似第 14 章中的 USART 接口使用,程序中的 putSPIchar()和 getSPIchar()为应用程序的中间层接口函数(SPI 底层驱动程序为 SPI 的中断服务程序),分别使用了两组数据缓冲器构成循环队列。这种程序设计的思路,不但程序的结构性完整,同时也比较好地解决了高速 MCU 与低速串口之间的矛盾,便于实现程序中任务的并行执行,提高了 MCU 的运行效率。

本例程是一个通过 SPI 总线批量输出、输入数据的示例,用户可以使用一片 ATmega16,将其 MOSI 和 MISO 两个引脚连接起来,构成一个 SPI 接口自发自收的系统,对程序进行演示验证。此时需要注意,本次中断中接收到的字节,实际为上次中断中发出的数据。

在读懂及了解了程序的基本处理思想和方法后,读者可以根据实际需要对程序进行改动,以适合应用系统的使用。例如在实际应用中,外接的从机是一片兼容 SPI 接口的温度芯片,控制时序为:主机先要连续发送 3 字节的命令,然后从机才返回 1 字节的数据。那么用户程序可以循环调用 putSPIchar()函数 4 次,连续地将 3 字节的命令和 1 字节的空数据发送到从机,然后从接收数据缓冲器队列中连续读取 4 字节,放弃前 3 字节,第 4 字节即为从机的返回数据。

# 思考与练习

1. SPI 总线有什么特点?这种通信协议适用于哪些场合?
2. SPI 的 4 种模式有哪些区别,如何正确地判断和确定芯片的 SPI 模式?
3. 描述 ATmega16 的 SPI 接口在主机方式下的工作过程。在该过程中,哪些环节需要软件控制?哪些环节是由硬件自动完成的?
4. 在使用 AVR 的 SPI 接口时,应如何正确地配置和使用 MOSI、MISO、SCK 和 $\overline{\text{SS}}$ 引脚?
5. TLC5615 是 3 线接口 10 位 DAC 芯片,芯片手册中给出该器件接口的时序图如图 15 - 13 所示,试确定其工作模式(时钟极性、相位)。
6. 根据 TLC549 芯片手册提供的接口时序图,试编写程序,采用 3 个通用 I/O 口,用软件模拟出 SPI 的时序控制 TLC549。

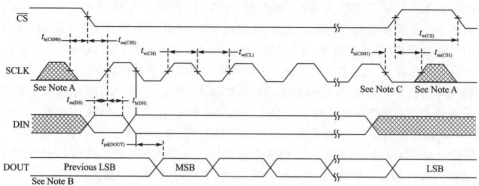

Notes:　A. The input clock,applied at the SCLK terminal,should be inhibited low when $\overline{CS}$ is high to minmize clock feedthrough.
　　　　B. Data input from preceeding conversion cycle.
　　　　C. Sixteenth SCLK falling edge.

**图 15 - 13　TLC5615 控制时序**

**本章参考文献:**

〔1〕 VTI. SPI 总线规范(SPI 总线规范. pdf)(英文,共享资料).

〔2〕 ATMEL. ATmega16 数据手册(英文,共享资料). www. atmel. com.

〔3〕 ATMEL. AVR 应用笔记 AVR104 avr_app_104. pdf(英文,共享资料). www. atmel. com.

〔4〕 ATMEL. AVR 应用笔记 AVR151 avr_app_151. pdf(英文,共享资料). www. atmel. com.

〔5〕 ATMEL. AVR 应用笔记 AVR320 avr_app_320. pdf(英文,共享资料). www. atmel. com.

〔6〕 ATMEL. AVR 硬件设计要点(英文,共享资料). www. atmel. com.

〔7〕 TEXAS. 74hc164. pdf(英文,共享资料).

〔8〕 TEXAS. TLC549. pdf(英文,共享资料).

〔9〕 TEXAS. TLC5615. pdf(英文,共享资料).

第 *16* 章

# 串行 TWI(I²C)接口应用

I²C(Inter Integrated Circuit)总线实际上已经成为一个标准,得到了近百家公司的认可,并在超过几百种不同的 IC 上实现。I²C 提供了有效的 IC 控制和非常简单的电路连接,使得 PCB 板的设计得以简化。在最新 I²C 协议 2.0 版本中,更是新增了高速模式(HS 模式),支持高达 3.4 Mb/s 的位速率。

AVR 系列单片机内部集成了 TWI(Two-Wire Serial Interface)串行总线接口。该接口是对 I²C 总线的继承和发展,它不但全面兼容 I²C 总线的特点,而且在操作和使用上比 I²C 总线更为灵活,功能更加强大。

AVR 的 TWI 是一个面向字节和基于中断的硬件接口,它不仅弥补了某些型号单片机只能依靠时序模拟完成 I²C 总线工作的缺陷,同时也有着更好的实时性和代码效率,给系统设计人员提供了极大的方便。

I²C 通信协议提供了支持总线仲裁的多主机通信模式,所以尽管 I²C 总线只使用 2 根信号线(通常称为 2 线接口),但与 USART、SPI 串行通信协议相比,它对时序要求更加严格,协议也相对复杂。因此在学习和使用 TWI 时,首先需要对 I²C 协议有比较深入的了解。本章将在学习 I²C 总线协议的基础上,重点介绍 AVR 的 TWI 的特点,以及在实际中的应用。

## 16.1 I²C 串行总线介绍

### 16.1.1 I²C 总线结构和基本特性

I²C 总线是 NXP(原 Philips)公司推出的一种用于 IC 器件之间连接的 2 线制串行扩展总线,它通过 2 根信号线(SDA,串行数据线;SCL,串行时钟线)在连接到总线上的器件之间传送数据,所有连接在总线的 I²C 器件都可以工作于发送方式或接收方式。图 16 - 1 所示为 I²C 总线结构图。

I²C 总线的 SDA 和 SCL 是双向 I/O 线,必须通过上拉电阻接到正电源,当总线空闲时,2 线都是"高"。所有连接在 I²C 总线上的器件引脚必须是开漏或集电极开路输出,即具有"线与"功能。所有挂在总线上器件的 I²C 引脚接口也应该是双向的:

SDA 输出电路用于向总线上发数据,而 SDA 输入电路用于接收总线上的数据;主机通过 SCL 输出电路发送时钟信号,同时其本身的接收电路要检测总线上 SCL 电平,以决定下一步的动作;从机的 SCL 输入电路接收总线时钟,并在 SCL 控制下向 SDA 发出或从 SDA 上接收数据,另外也可以通过拉低 SCL(输出)来延长总线周期(见图 16-1)。

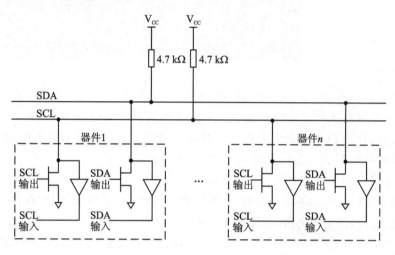

图 16-1　I²C 总线结构

　　I²C 总线上允许连接多个器件,支持多主机通信。但为了保证数据可靠的传输,任一个时刻总线只能由一台主机控制,其他设备此时均表现为从机。I²C 总线的运行(指数据传输过程)由主机控制。所谓主机控制,就是由主机发出启动信号和时钟信号,控制传输过程结束时发出停止信号等。每一个接到 I²C 总线上的设备或器件都有一个唯一独立的地址,以便于主机寻访。主机与从机之间的数据传输,可以是主机发送数据到从机,也可以是从机发送数据到主机。因此,在 I²C 协议中,除了使用主机、从机的定义外,还使用了发送器、接收器的定义。发送器表示发送数据方,可以是主机,也可以是从机;接收器表示接收数据方,同样也可以代表主机,或代表从机。在 I²C 总线上一次完整的通信过程中,主机和从机的角色是固定的,SCL 时钟由主机发出,但发送器和接收器是不固定的,经常在变化。这一点请读者特别留意,尤其在学习 I²C 总线时序过程中,不要把它们混淆在一起。

## 16.1.2　I²C 总线时序与数据传输

　　当 I²C 总线处在空闲状态时,因为各设备都是开漏输出,所以在上拉电阻的作用下,SDA 和 SCL 均为高电平。I²C 总线上启动一次数据传输过程的标志为主机发送的起始信号,起始信号的作用是通知从机准备接收数据。当数据传输结束时,主机需要发送停止信号,通知从机停止接收。因此,一次数据传输的整个过程由从起始信号开始,到停止信号结束。同时这两个信号也是启动和关闭 I²C 设备的信号。图 16-2

AVR 单片机嵌入式系统原理与应用实践(第 3 版)

是 I²C 总线时序示意图,图中最左边和最右边给出了起始信号和停止信号的时序条件。

> 起始信号时序:当 SCL 为高电平时,SDA 由高电平跳变到低电平。
> 停止信号时序:当 SCL 为高电平时,SDA 由低电平跳变到高电平。

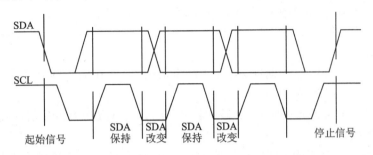

图 16 - 2　I²C 总线时序示意图

I²C 总线规定,当 SCL 为高电平时,SDA 的电平必须保持稳定不变的状态,只有当 SCL 处在低电平时,才可以改变 SDA 的电平值,但起始信号和停止信号是特例。因此,当 SCL 处于高电平时,SDA 的任何跳变都会被识别成为一个起始信号或停止信号。

因此在 I²C 总线上的数据传输过程中,数据信号线 SDA 的变化只能发生在 SCL 为低电平的期间内。从图 16 - 2 中间部分的时序中,可以清楚地看到这一点。

在 I²C 总线的数据传输过程中,发送到 SDA 信号线上的数据以字节为单位,每个字节必须为 8 位,而且是高位在前,低位在后,每次发送数据的字节数量不受限制。

但在这个数据传输过程中需要着重强调的是,当发送方发送完每一字节后,都必须等待接收方返回一个应答响应信号 ACK,如图 16 - 3 所示。

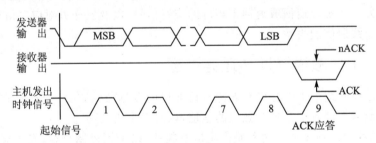

图 16 - 3　I²C 总线的字节传输和响应信号 ACK

响应信号 ACK 宽度为 1 位,紧跟在 8 个数据位后面,所以发送 1 字节的数据需要 9 个 SCL 时钟脉冲。响应时钟脉冲也是由主机产生的,主机在响应时钟脉冲期间释放 SDA 线,使其处在高电平(见图 16 - 3 上面的信号)。而在响应时钟脉冲期间,接收方需要将 SDA 拉低,使 SDA 在响应时钟脉冲高电平期间保持稳定的低电平(见图 16 - 3 中间的信号)。

实际上,图 16-3 中上面和中间的两个信号应该"线与"后呈现在 SDA 上的。由于在这个过程中存在比较复杂的转换过程,所以将它们分开便于在下面做更仔细的分析。

> 主机控制驱动 SCL,发送 9 个时钟脉冲,前 8 个为传输数据所用,第 9 个为响应时钟脉冲(见图 16-3 下面的信号)。
> 在前 8 个时钟脉冲期间,发送方作为发送器,控制 SDA 输出 8 位数据到接收方。
> 在前 8 个时钟脉冲期间,接收方作为接收器,处在输入的状态下,检测接收 SDA 上的 8 位数据。
> 在第 9 个时钟脉冲期间,发送方释放 SDA,此时发送方由先前的发送器转换成为接收器。
> 在第 9 个时钟脉冲期间,接收方则从先前的接收器转换成为发送器,控制 SDA,输出 ACK 信号。
> 在第 9 个时钟脉冲期间,发送方作为接收器,处在输入的状态下,检测接收 SDA 上的 ACK 信号。
> 最后,发送和接收双方都依据应答信号的状态(ACK/nACK),各自确定下一步的角色转换,以及如何动作。

在上面的分析过程中,使用了发送方和接收方来表示通信的双方,而没有使用主机和从机的概念,这是因为数据的发送可以是主机,也可以是从机。因此,不管是主机作为接收方,还是从机为接收方,在响应时钟脉冲期间都必须回送应答信号。

应答信号的状态有 2 个:低电平用 ACK 表示,代表有应答;高电平用 nACK 表示,代表无应答。应答信号在 I²C 总线的数据传输过程中起着非常重要的作用,它将决定总线及连接在总线上设备下一步的状态和动作。一旦在应答信号上发生错误,例如接收方不按规定返回或返回不正确的应答信号,以及发送方对应答信号的误判,都将造成总线通信的失败。

## 16.1.3　I²C 总线寻址与通信过程

前面已经介绍过 I²C 总线是支持多机通信的数据总线,每一个连接在总线上的从机设备或器件都有一个唯一独立的地址,以便于主机寻访。

I²C 总线上的数据通信过程是由主机发起的,以主机控制总线,发出起始信号作为开始。在发送起始信号后,主机将发送一个用于选择从机设备的地址字节,以寻址总线中的某一个从机设备,通知其参与同主机之间的数据通信。地址字节的格式如下:

| MSB | | | | | | | LSB |
|------|------|------|------|------|------|------|------|
| ad6 | ad5 | ad4 | ad3 | ad2 | ad1 | ad0 | 1/0 |
| 7 位从机地址 | | | | | | | R/$\overline{\text{W}}$ |

AVR单片机嵌入式系统原理与应用实践(第3版)

　　地址字节的高 7 位数据是主机呼叫的从机地址,第 8 位用于标示紧接下来的数据传输方向:"0"表示要从机准备接收主机下发数据(主机发送/从机接收);而"1"则表示主机向从机读取数据(主机接收/从机发送)。

　　当主机发出地址字节后,总线上所有的从机都将起始信号后的 7 位地址与自己的地址进行比较:如果相同,则该从机确认自己被主机寻址;而那些本机地址与主机下发的寻呼地址不匹配的从机,则继续保持在检测起始信号的状态,等待下一个起始信号的到来。

　　被主机寻址的从机,必须在第 9 个 SCK 时钟脉冲期间拉低 SDA,给出 ACK 回应,以通知主机寻址成功。然后,从机将根据地址字节中第 8 位的指示,将自己转换成相应的角色(0⇒从机接收器;1⇒从机发送器),参与接下来的数据传输过程。

　　图 16 - 4 所示为在 I²C 总线上一次数据传输的示例,它实现了简单的操作:主机向从机读取 1 字节。图中描述了整个数据传输的全部过程,给出了 I²C 总线上的时序变化,SDA 上的数据情况,以及发送、接收双方相互转换与控制 SDA 的过程。

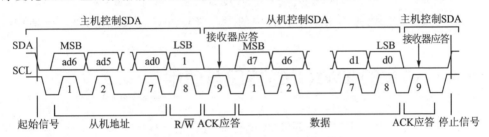

**图 16 - 4　一个 I²C 总线的数据传输全过程示例**

- ➢ 主机控制 SDA,在 I²C 总线上产生起始信号,同时控制 SCL,发送时钟脉冲。在整个传输过程中,SCL 都是由主机控制的。
- ➢ 主机发送器发送地址字节。地址字节的第 8 位为"1",表示准备向从机读取数据。主机在地址字节发送完成后,放弃对 SDA 的控制,进入接收检测 ACK 的状态。
- ➢ 所有从机在起始信号后为从机接收器,接收地址字节,与自己地址比对。
- ➢ 被寻址的从机在第 9 个 SCL 时钟脉冲期间控制 SDA,将其拉低,给出 ACK 应答。
- ➢ 主机检测到从机的 ACK 应答后,转换成主机接收器,准备接收从机发出的数据。
- ➢ 从机则根据地址字节第 8 位"1"的设定,在第 2 个字节的 8 个传输时钟脉冲期间,作为从机发送器控制 SDA,发送 1 字节的数据。发送完成后放弃对 SDA 的控制,进入接收检测 ACK 的状态。
- ➢ 在第 2 个字节的 8 个传输时钟脉冲期间,主机接收器接收从机发出的数据。当接收到 d0 位后,主机控制 SDA,将其拉低,给出 ACK 应答。

> 从机接收检测主机的 ACK 应答。如果是 ACK,则准备发送 1 个新的字节数据;如果是 nACK,则转入检测下一个起始信号的状态。
> 在这个示例中,主机收到 1 字节数据后,转成主机发送器控制 SDA,在发出 ACK 应答信号后,马上发出停止信号,通知本次数据传输结束。
> 从机检测到停止信号,转入检测下一个起始信号的状态。

　　以上介绍了 I²C 总线基本的特性、操作时序和通信规范,这些概念对了解、掌握、应用 I²C 总线尤为重要。这是因为 I²C 总线在硬件连接上非常简单,只要将所有器件和设备的 SDA、SCL 并在一起就可以了,但复杂的通信规范的实现,往往需要软件的控制。尽管 AVR 的 TWI 接口在硬件层面上实现了更多的 I²C 底层协议和数据传送与接收的功能,但对于什么时间发出起始信号、停止信号,如何返回应答信号,以及主/从机之间的发送/接收器的相互转换,还是需要程序员根据实际情况,编写相应的、正确的系统程序才能实现。

　　关于 I²C 总线更多的特性,例如多主机的总线竞争与仲裁等,本书将不做介绍,有兴趣的读者可以通过本书共享资料中的参考资料《I²C 总线规范》进一步地深入学习。

# 16.2　AVR 的 TWI(I²C)接口与使用

　　AVR 单片机提供了实现标准 2 线串行总线通信 TWI(兼容 I²C 总线)硬件接口。其主要的性能和特点如下:

> 只需要 2 根线的强大而灵活的串行通信接口;
> 支持主控器/被控器的操作模式;
> 器件可作为发送器或接收器;
> 7 位的地址空间,支持最大从机地址为 128 个;
> 支持多主机模式;
> 高达 400 kb/s 的数据传输率;
> 斜率受限的输出驱动器;
> 噪声监控电路可以防止总线上的毛刺;
> 全可编程的从机地址;
> 地址监听中断可以使 AVR 从休眠状态唤醒。

## 16.2.1　TWI 模块概述

　　AVR 的 TWI 模块由总线接口单元、比特率发生器、地址匹配单元和控制单元等几个子模块构成,如图 16-5 所示。图中所有寄存器可通过 CPU 数据总线进行读/写。

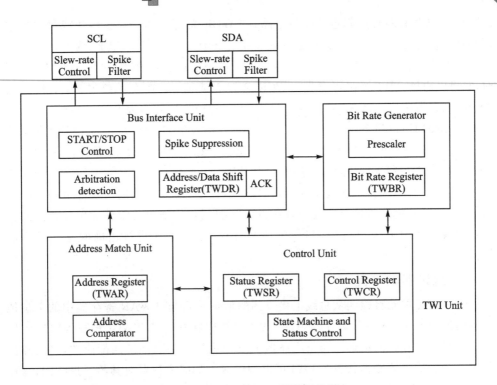

图 16 - 5　AVR 的 TWI 模块结构图

## 1. SCL 和 SDA 引脚

SCL 和 SDA 为 MCU 的 TWI 接口的引脚。引脚的输出驱动器包含一个波形斜率限制器,以满足 TWI 规范;引脚的输入部分包含尖峰抑制单元,以去除小于 50 ns 的毛刺。

## 2. 波特率发生器

TWI 工作在主控器的模式时,由该单元控制产生 TWI 时钟信号,并驱动时钟线 SCL。时钟 SCL 的周期由 TWI 状态寄存器 TWSR 中的预分频设置位和 TWI 波特率寄存器 TWBR 设定。当 TWI 工作在被控器的模式时,不需要对波特率或预分频进行设定,但作为被控器,其 CPU 的时钟频率 $f_{\text{CPUCLOCK}}$ 必须大于 TWI 时钟线 SCL 频率的 16 倍。SCL 的频率依据以下的等式产生:

$$f_{\text{SCL}} = \frac{f_{\text{CPUCLOCK}}}{16 + 2(\text{TWBR}) \times 4^{\text{TWPS}}}$$

式中:TWBR 为 TWI 波特率寄存器的值;TWPS 为 TWI 状态寄存器预分频位的值。在主机模式下,TWBR 的值应大于 10;否则可能会产生不正确的输出。

## 3. 总线接口单元

这个单元包括:数据和地址移位寄存器 TWDR 及起始/停止信号(START/

STOP)控制和总线仲裁判定的硬件电路。TWDR 寄存器用于存放传送或接收的数据和地址。除了 8 位的 TWDR,总线接口单元还有一个寄存器 ACK,含有用于传送或接收的应答信号(ACK/nACK)。这个寄存器不能由程序直接读/写。当接收数据时,它可以通过 TWI 控制寄存器 TWCR 来置 1 或清 0。在发送数据时,ACK 值由 TWSR 的设置决定。起始/停止信号(START/STOP)控制电路负责 TWI 总线上的 START、REPEATED START 和 STOP 逻辑时序的发生和检测。当 MCU 处于休眠状态时,START/STOP 控制器能够检测 TWI 总线上的 START/STOP 条件,当检测到被 TWI 总线上主控器寻址访问时,将 MCU 从休眠状态唤醒。

如果设置 TWI 接口作为主控器,在发送数据前,总线仲裁判定硬件电路会持续监控总线,以确定是否可以通过仲裁获得总线控制权。如果总线仲裁单元检测到自己在总线仲裁中丢失总线控制权,则通知 TWI 控制单元进行正确的总线行为的转换。

### 4. 地址匹配单元

地址匹配单元将检测从总线上接收到的地址是否与 TWAR 寄存器中的 7 位地址相匹配。如果 TWAR 寄存器中的 TWI 广播应答标志位 TWGCE 写为"1",则所有从总线上接收到的地址也会与广播地址进行比较。一旦地址匹配成功,将通知控制单元转入适当的操作状态。TWI 可以响应或不响应主控器对其的寻址访问,这取决于 TWCR 寄存器中的设置。当 MCU 处于休眠状态时,地址匹配单元仍可继续工作。在使能被主控器寻址唤醒,且地址匹配单元检验到接收的地址与自己地址匹配时,将 MCU 从休眠状态唤醒。在 TWI 由于地址匹配将 MCU 从掉电状态唤醒期间,如果有其他中断发生,则 TWI 将放弃操作,返回其空闲状态。如果这时会引起其他的问题,则在进入掉电休眠时,保证只允许 TWI 地址匹配中断被使能。

### 5. 控制单元

控制单元监视 TWI 总线,并根据 TWI 控制寄存器 TWCR 的设置做出相应的响应。当在 TWI 总线上产生需要应用程序干预处理的事件时,先对 TWI 的中断标志位 TWINT 进行相应设置,在下一个时钟周期时,将表示这个事件的状态字写入 TWI 状态寄存器 TWSR 中。在其他情况下,TWSR 中的内容为一个表示无事件发生的状态字。一旦 TWINT 标志位置 1,就会将时钟线 SCL 拉低,暂停 TWI 总线上的传送,让用户程序处理事件。

在下列状态(事件)出现时,TWINT 标志位设为"1":
➢ 在 TWI 传送完一个起始或再次起始(Start/Repeated Start)信号后;
➢ 在 TWI 传送完一个主控器寻址读/写(SLA+R/W)数据后;
➢ 在 TWI 传送完一个地址字节后;
➢ 在 TWI 丢失总线控制权后;
➢ 在 TWI 被主控器寻址(地址匹配成功)后;

> 在 TWI 接收到一个数据字节后；
> 在作为被控器时，TWI 接收到停止或再次起始信号后；
> 由于非法的起始或停止信号造成总线上冲突出错时。

## 16.2.2　TWI 寄存器

本小节给出 TWI 相关寄存器的描述，寄存器的地址来自于 ATmega16 芯片。在其他型号的 AVR 中，这些寄存器所对应的地址可能不同，但功能是相同的。

### 1. TWI 波特率寄存器 TWBR

寄存器 TWBR 各位的定义如下：

| 位 | 7 | 6 | 5 | 4 | 3 | 2 | 1 | 0 | |
|---|---|---|---|---|---|---|---|---|---|
| $00($00020) | TWBR7 | TWBR6 | TWBR5 | TWBR4 | TWBR3 | TWBR2 | TWBR1 | TWBR0 | TWBR |
| 读/写 | R/W | R/W | R/W | R/W | R/W | R/W | R/W | R/W | |
| 复位值 | 0 | 0 | 0 | 0 | 0 | 0 | 0 | 0 | |

> 位 7：0——TWBRn：TWI 波特率寄存器位。TWBR 用于设置波特率发生器的分频因子。波特率发生器是一个频率分频器，当工作在主控器模式下，它产生和提供 SCL 引脚上的时钟信号。计算公式见 16.2.1 小节。

### 2. TWI 控制寄存器 TWCR

TWCR 寄存器用于 TWI 接口模块的操作控制。例如使能 TWI 接口；在总线上加起始信号（START）来初始化一次主控器的寻址访问；产生 ACK 应答；产生中止信号；在写入数据到 TWDR 寄存器时，控制总线的暂停等。在禁止访问 TWDR 期间，如试图将数据写入到 TWDR 时，要给出写入冲突标志。

寄存器 TWCR 各位的定义如下：

| 位 | 7 | 6 | 5 | 4 | 3 | 2 | 1 | 0 | |
|---|---|---|---|---|---|---|---|---|---|
| $36($0056) | TWINT | TWEA | TWSTA | TWSTO | TWWC | TWEN | — | TWIE | TWCR |
| 读/写 | R/W | R/W | R/W | R/W | R | R/W | R | R/W | |
| 复位值 | 0 | 0 | 0 | 0 | 0 | 0 | 0 | 0 | |

> 位 7——TWINT：TWI 中断标志位。当 TWI 接口完成当前工作并期待应用程序响应时，该位被置位。如果 SREG 寄存器中的 I 位和 TWCR 寄存器中的 TWIE 位为"1"，则 MCU 将跳到 TWI 中断向量。一旦 TWINT 标志位被置位，时钟线 SCL 将被拉为低。在执行中断服务程序时，TWINT 标志位不会由硬件自动清 0，必须通过由软件写入逻辑"1"来清 0。清 0 TWINT 标志位将开始 TWI 接口的操作，因此对 TWI 地址寄存器 TWAR、TWI 状态寄存器 TWSR 和 TWI 数据寄存器 TWDR 的访问，必须在清 0 TWINT 标志位前完成。

> 位 6——TWEA：TWI 应答（ACK）允许位。TWEA 位控制应答 ACK 信号的发生。如果 TWEA 位置 1，则在以下情况下 ACK 脉冲将在 TWI 总线上

AVR 单片机嵌入式系统原理与应用实践（第 3 版）

发生：

- 器件作为被控器时,接收到呼叫自己的地址;

- 当 TWAR 寄存器中的 TWGCE 位置位时,接收到一个通用呼叫地址;

- 器件作为主控器接收器或被控器接收器时,接收到一个数据字节。

如果清 0 TWEA 位,将使器件暂时虚拟地脱离 TWI 总线。地址识别匹配功能须通过设置 TWEA 位为"1"来重新开始。

➢ 位 5——TWSTA:TWI 起始(START)信号状态位。当要将器件设置为串行总线上的主控器时,须设置 TWSTA 位为"1"。TWI 接口硬件将检查总线是否空闲。如果总线空闲,则将在总线上发出一个起始信号;如果总线并不空闲,则 TWI 将等到总线上一个停止信号被检测到后,再发出一个新的起始信号,以获得总线的控制权而成为主控器。当起始信号发出后,TWSTA 位将由硬件清 0。

➢ 位 4——TWSTO:TWI 停止(STOP)信号状态位。当芯片工作在主控器模式时,设置 TWSTO 位为"1",将在总线上发出一个停止信号。当停止信号发出后,TWSTO 位将被自动清 0;当芯片工作在被控器模式时,置位 TWSTO 位,用于从错误状态恢复。此时,TWI 接口并不发出停止信号,但硬件接口模块返回正常的初始未被寻址的被控器模式,并释放 SCL 和 SDA 线为高阻状态。

➢ 位 3——TWWC:TWI 写冲突标志位。当 TWINT 位为"0"时,试图向 TWI 数据寄存器 TWDR 写数据,TWWC 位将被置位;当 TWINT 位为"1"时,写 TWDR 寄存器将自动清 0 TWWC 标志位。

➢ 位 2——TWEN:TWI 允许位。TWEN 位用于使能 TWI 接口操作和激活 TWI 接口。当 TWEN 位写为"1"时,TWI 接口模块将 I/O 引脚 PC0 和 PC1 转换成 SCL 和 SDA 引脚,并使能斜率限制器和毛刺滤波器。如果该位清 0,则 TWI 接口模块将被关闭,所有 TWI 传输将被停止。

➢ 位 1——保留。该位保留,读出总为"0"。

➢ 位 0——TWIE:TWI 中断使能位。当该位写为"1"且 SREG 寄存器中的 I 位置位时,只要 TWINT 标志位为"1",TWI 中断请求就使能。

### 3. TWI 状态寄存器 TWSR

寄存器 TWSR 各位的定义如下:

| 位 | 7 | 6 | 5 | 4 | 3 | 2 | 1 | 0 | |
|---|---|---|---|---|---|---|---|---|---|
| $01($01)$ | TWS7 | TWS6 | TWS5 | TWS4 | TWS3 | — | TWPS1 | TWPS0 | TWSR |
| 读/写 | R | R | R | R | R | R | R/W | R/W | |
| 复位值 | 1 | 1 | 1 | 1 | 1 | 0 | 0 | 0 | |

➢ 位[7:3]——TWS:TWI 状态位。这 5 位反映了 TWI 逻辑状态和 TWI 总线的状态。不同的状态码会在 16.2.3 小节描述。注意,从 TWSR 寄存器中

读取的值包括了 5 位状态值和 2 位预分频值。因此,当检查状态位时,应该将预分频器位屏蔽,使状态检验与预分频器无关。

➢ 位 2——保留。该位保留,读出始终为"0"。

➢ 位[1:0]——TWPS:TWI 预分频器位。这些位能读或写,用于设置波特率的预分频率(见表 16-1)。如何计算波特率请参照 16.2.1 小节。

表 16-1　TWI 波特率预分频率设置

| TWPS1 | TWPS0 | 预分频值 |
|-------|-------|---------|
| 0 | 0 | 1 |
| 0 | 1 | 4 |
| 1 | 0 | 16 |
| 1 | 1 | 64 |

### 4. TWI 数据寄存器 TWDR

在发送模式下,TWDR 寄存器的内容为下一个要传送的字节;在接收模式下,TWDR 寄存器中的内容为最后接收的字节。当 TWI 不处在字节移位操作过程时,该寄存器可以被写,即当 TWI 中断标志位(TWINT)由硬件置位时,该寄存器可以被写入。注意:在第一次 TWI 中断发生前,数据寄存器不能由用户初始化。当 TWINT 位置位时,TWDR 中的数据将保持稳定。当数据被移出时,总线上的数据同时被移入,因此,TWDR 的内容总是总线上出现的最后字节,除非当 MCU 从休眠模式中由 TWI 中断而唤醒。当 MCU 由 TWI 中断唤醒时,TWDR 中的内容是不确定的。在丢失总线的控制权,器件由主控器转变为被控器的过程中,数据不会丢失。TWI 硬件逻辑电路自动控制 ACK 的处理,CPU 不能直接访问 ACK 位。

寄存器 TWDR 各位的定义如下:

| 位 | 7 | 6 | 5 | 4 | 3 | 2 | 1 | 0 | |
|---|---|---|---|---|---|---|---|---|---|
| $03($03 0023) | TWD7 | TWD6 | TWD5 | TWD4 | TWD3 | TWD2 | TWD1 | TWD0 | TWDR |
| 读/写 | R/W | R/W | R/W | R/W | R/W | R/W | R/W | R/W | |
| 复位值 | 1 | 1 | 1 | 1 | 1 | 1 | 1 | 1 | |

➢ 位[7:0]——TWD:TWI 数据寄存器位。这 8 位包括将要传送的下一个数据字节,或 TWI 总线上最后接收到的一个数据字节。

### 5. TWI(被控器)地址寄存器 TWAR

TWAR 寄存器高 7 位的内容为被控器的 7 位地址字。当 TWI 设置为被控接收器或被控发送器时,在 TWAR 中应设置被控器寻址地址。而在主控器模式下,不需要设置 TWAR。

在多主机的总线系统中,如果器件的角色既可为主控器,又可为被控器,则必须设置 TWAR 寄存器。

TWAR 寄存器的最低位用作通用地址（或广播地址 0x00）的识别允许位。相应的地址比较单元将会在接收的地址中寻找从机地址或通用呼叫地址（或广播地址）。如果发现总线下发的地址与 TWAR 指定地址匹配，则将产生 TWI 中断请求。

寄存器 TWAR 各位的定义如下：

| 位 | 7 | 6 | 5 | 4 | 3 | 2 | 1 | 0 | |
|---|---|---|---|---|---|---|---|---|---|
| $02($02) | TWA6 | TWA5 | TWA4 | TWA3 | TWA2 | TWA1 | TWA0 | TWGCE | TWAR |
| 读/写 | R/W | R/W | R/W | R/W | R/W | R/W | R/W | R/W | |
| 复位值 | 1 | 1 | 1 | 1 | 1 | 1 | 1 | 0 | |

- 位[7：1]——TWA：TWI 被控器地址寄存器位。该 7 位用作存放 TWI 单元的被控器地址。
- 位 0——TWGCE：TWI 通用呼叫（或广播呼叫）识别允许位。如果该位置位，则将使能对 TWI 总线上通用地址的呼叫（或广播呼叫）和识别。

## 16.2.3　使用 TWI 总线

AVR 的 TWI 是面向字节和基于中断的硬件接口。在所有 I²C 总线事件发生后，例如接收到一字节或发送了一个起始信号等，都将产生一个 TWI 中断。由于 TWI 接口是基于中断的硬件接口，因此字节的传送和接收过程是由硬件自动完成的，不需要应用程序的干预。应用程序是否响应 TWINT 标志位的有效而产生的中断请求，取决于 TTWCR 寄存器中 TWI 中断允许位 TWIE 和 SREG 寄存器中全局中断允许位 I 的设置。如果 TWIE 清 0，则应用程序只能采用轮询 TWINT 标志位的方法来检测 TWI 总线的状态。

当 TWINT 标志位置 1 时，表示 TWI 接口完成了当前的一个操作，等待应用程序的响应。在这种情况下，TWI 状态寄存器 TWSR 含有表明当前 TWI 总线状态的值。应用程序可以读取 TWSR 的状态码，判别此时的状态是否正确，并通过设置 TWCR 和 TWDR 寄存器，决定在下一个 TWI 总线周期中，TWI 接口应该如何工作。

连接在 TWI(I²C)串行总线上的单片机或集成电路芯片，通过一条数据线（SDA）和一条时钟线（SCL），按照 TWI 通信协议（I²C 兼容）进行寻址和信息传输。TWI 总线上的器件，根据它的不同工作状态，可分为主控发送器（MT）、主控接收器（MR）、被控发送器（ST）和被控接收器（SR）4 种情况。

**注意**：在应用中，器件的工作状态应该根据需要进行转换。

关于 TWI 的协议和应用，可参考有关 I²C 总线规范和说明。下面给出 AVR 的 TWI 接口处于各个工作状态时所对应的各种状态字，以及下一步的操作和应用程序的配置方案，如表 16-2～表 16-6 所列。

表 16 - 2　TWI 主控发送器模式时各状态字的后续动作

| TWSR 低 3 位屏蔽为"0" | TWI 接口总线状态 | 应用程序响应操作 | | | | | TWI 接口下一步动作 |
| --- | --- | --- | --- | --- | --- | --- | --- |
| | | 读/写 TWDR | 写 TWCR | | | | |
| | | | STA | STO | TWINT | TWEA | |
| 0x08 | START 信号已发出 | 写 SLA+W | 0 | 0 | 1 | X | 发送 SLA+W,接收 ACK/nACK 信号 |
| 0x10 | REPEATED START 信号已发出 | 写 SLA+W 或 | 0 | 0 | 1 | 0 | 发送 SLA+W,接收 ACK/nACK 信号 |
| | | 写 SLA+R | 0 | 0 | 1 | X | 发送 SLA+R,接收 ACK/nACK 信号 |
| 0x18 | SLA+W 已发出并收到 ACK | 写 DATA 字节 或 | 0 | 0 | 1 | X | 发送 DATA,接收 ACK/nACK 信号 |
| | | 无操作 | 1 | 0 | 1 | X | 发送 REPEATED START |
| | | 无操作 | 0 | 1 | 1 | X | 发送 STOP 信号,清 0 TWSTO |
| | | 无操作 | 1 | 1 | 1 | X | 发送 START/STOP 信号,清 0 TWSTO |
| 0x20 | SLA+W 已发出并收到 nACK | 写 DATA 字节 或 | 0 | 0 | 1 | X | 发送 DATA,接收 ACK/nACK 信号 |
| | | 无操作 | 1 | 0 | 1 | X | 发送 REPEATED START |
| | | 无操作 | 0 | 1 | 1 | X | 发送 STOP 信号,清 0 TWSTO |
| | | 无操作 | 1 | 1 | 1 | X | 发送 START/STOP 信号,清 0 TWSTO |
| 0x28 | DATA 已发出并收到 ACK | 写 DATA 字节 或 | 0 | 0 | 1 | X | 发送 DATA,接收 ACK/nACK 信号 |
| | | 无操作 | 1 | 0 | 1 | X | 发送 REPEATED START |
| | | 无操作 | 0 | 1 | 1 | X | 发送 STOP 信号,清 0 TWSTO |
| | | 无操作 | 1 | 1 | 1 | X | 发送 START/STOP 信号,清 0 TWSTO |
| 0x30 | DATA 已发出并收到 nACK | 写 DATA 字节 或 | 0 | 0 | 1 | X | 发送 DATA,接收 ACK/nACK 信号 |
| | | 无操作 | 1 | 0 | 1 | X | 发送 REPEATED START |
| | | 无操作 | 0 | 1 | 1 | X | 发送 STOP 信号,清 0 TWSTO |
| | | 无操作 | 1 | 1 | 1 | X | 发送 START/STOP 信号,清 0 TWSTO |
| 0x38 | 丢失总线控制权 | 无操作 或 | 0 | 0 | 1 | X | 释放总线,转入被控器初始状态 |
| | | 无操作 | 1 | 0 | 1 | X | 如果总线空闲,则发送 START 信号 |

表 16 - 3　TWI 主控接收器模式时各状态字的后续动作

| TWSR 低 3 位屏蔽为"0" | TWI 接口总线状态 | 应用程序响应操作 | | | | | TWI 接口下一步动作 |
| --- | --- | --- | --- | --- | --- | --- | --- |
| | | 读/写 TWDR | 写 TWCR | | | | |
| | | | STA | STO | TWINT | TWEA | |
| 0x08 | START 信号已发出 | 写 SLA+R | 0 | 0 | 1 | X | 发送 SLA+R,接收 ACK/nACK 信号 |
| 0x10 | REPEATED START 信号已发出 | 写 SLA+R 或 | 0 | 0 | 1 | X | 发送 SLA+R,接收 ACK/nACK 信号 |
| | | 写 SLA+W | 0 | 0 | 1 | X | 发送 SLA+W,接收 ACK/nACK 信号 |

| TWSR 低 3 位屏蔽 为"0" | TWI 接口总线状态 | 应用程序响应操作 | | | | | TWI 接口下一步动作 |
|---|---|---|---|---|---|---|---|
| | | 读/写 TWDR | 写 TWCR | | | | |
| | | | STA | STO | TWINT | TWEA | |
| 0x38 | 丢失总线控制权 未收到应答信号 | 无操作 或 | 0 | 0 | 1 | X | 释放总线,转入被控器初始状态 |
| | | 无操作 | 1 | 0 | 1 | X | 如果总线空闲,发送 START 信号 |
| 0x40 | SLA+R 已发出 并收到 ACK | 无操作 或 | 0 | 0 | 1 | 0 | 接收 DATA,发送 nACK 信号 |
| | | 无操作 | 0 | 0 | 1 | 1 | 接收 DATA,发送 ACK 信号 |
| 0x48 | SLA+R 已发出 并收到 nACK | 无操作 或 | 1 | 0 | 1 | X | 发送 REPEATED START |
| | | 无操作 | 0 | 1 | 1 | X | 发送 STOP 信号,清 0 TWSTO |
| | | 无操作 | 1 | 1 | 1 | X | 发送 START/STOP 信号,清 0 TWSTO |
| 0x50 | DATA 已收到 ACK 已发出 | 读 DATA 数据 | 0 | 0 | 1 | 0 | 接收 DATA,发送 nACK 信号 |
| | | 读 DATA 数据 | 0 | 0 | 1 | 1 | 接收 DATA,发送 ACK 信号 |
| 0x58 | DATA 已收到 nACK 已发出 | 读 DATA 数据 | 1 | 0 | 1 | X | 发送 REPEATED START |
| | | 读 DATA 数据 | 0 | 1 | 1 | X | 发送 STOP 信号,清 0 TWSTO |
| | | 读 DATA 数据 | 1 | 1 | 1 | X | 发送 START/STOP 信号,清 0 TWSTO |

表 16 - 4　TWI 被控接收器模式时各状态字的后续动作

| TWSR 低 3 位屏蔽 为"0" | TWI 接口总线状态 | 应用程序响应操作 | | | | | TWI 接口下一步动作 |
|---|---|---|---|---|---|---|---|
| | | 读/写 TWDR | 写 TWCR | | | | |
| | | | STA | STO | TWINT | TWEA | |
| 0x60 | 收到本机 SLA+W ACK 已发出 | 无操作 或 | X | 0 | 1 | 0 | 接收 DATA,发送 nACK 信号 |
| | | 无操作 | X | 0 | 1 | 1 | 接收 DATA,发送 ACK 信号 |
| 0x68 | 主控器发出 SAL+ R/W 后丢失总线控 制权 收到本机 SLA+W ACK 已发出 | 无操作 或 | X | 0 | 1 | 0 | 接收 DATA,发送 nACK 信号 |
| | | 无操作 | X | 0 | 1 | 1 | 接收 DATA,发送 ACK 信号 |
| 0x70 | 收到广播呼叫 ACK 已发出 | 无操作 或 | X | 0 | 1 | 0 | 接收 DATA,发送 nACK 信号 |
| | | 无操作 | X | 0 | 1 | 1 | 接收 DATA,发送 ACK 信号 |
| 0x78 | 主控器发出 SAL+ R/W 后,丢失总线 控制权 收到广播呼叫 ACK 已发出 | 无操作 或 | X | 0 | 1 | 0 | 接收 DATA,发送 nACK 信号 |
| | | 无操作 | X | 0 | 1 | 1 | 接收 DATA,发送 ACK 信号 |

续表 16 - 4

| TWSR 低 3 位屏蔽为"0" | TWI 接口总线状态 | 应用程序响应操作 | | | | | TWI 接口下一步动作 |
|---|---|---|---|---|---|---|---|
| | | 读/写 TWDR | 写 TWCR | | | | |
| | | | STA | STO | TWINT | TWEA | |
| 0x80 | 已被 SLA+W 寻址 DATA 已收到 ACK 已发出 | 读 DATA 数据 或 | X | 0 | 1 | 0 | 接收 DATA,发送 nACK 信号 |
| | | 读 DATA 数据 | X | 0 | 1 | 1 | 接收 DATA,发送 ACK 信号 |
| 0x88 | 已被 SLA+W 寻址 DATA 已收到 nACK 已发出 | 读 DATA 数据 | 0 | 0 | 1 | 0 | 转入被控器初始状态,不进行本机 SLA 和广播呼叫匹配 |
| | | 读 DATA 数据 | 0 | 0 | 1 | 1 | 转入被控器初始状态,进行本机 SLA 匹配。如果 TWGCE=1,则进行广播呼叫匹配 |
| | | 读 DATA 数据 | 1 | 0 | 1 | 0 | 转入被控器初始状态,不进行本机 SLA 和广播呼叫匹配,如果总线空闲,则发送 START 信号 |
| | | 读 DATA 数据 | 1 | 0 | 1 | 1 | 转入被控器初始状态,进行本机 SLA 匹配。如果 TWGCE=1,则进行广播呼叫匹配;如果总线空闲,则发送 START 信号 |
| 0x90 | 已被广播呼叫寻址 DATA 已收到 ACK 已发出 | 读 DATA 数据 | X | 0 | 1 | 0 | 接收 DATA,发送 nACK 信号 |
| | | 读 DATA 数据 | X | 0 | 1 | 1 | 接收 DATA,发送 ACK 信号 |
| 0x98 | 已被广播呼叫寻址 DATA 已收到 nACK 已发出 | 读 DATA 数据 | 0 | 0 | 1 | 0 | 转入被控器初始状态,不进行本机 SLA 和广播呼叫匹配 |
| | | 读 DATA 数据 | 0 | 0 | 1 | 1 | 转入被控器初始状态,进行本机 SLA 匹配。如果 TWGCE=1,则进行广播呼叫匹配 |
| | | 读 DATA 数据 | 1 | 0 | 1 | 0 | 转入被控器初始状态,不进行本机 SLA 和广播呼叫匹配。如果总线空闲,则发送 START 信号 |
| | | 读 DATA 数据 | 1 | 0 | 1 | 1 | 转入被控器初始状态,进行本机 SLA 匹配。如果 TWGCE=1,则进行广播呼叫匹配;如果总线空闲,则发送 START 信号 |
| 0xA0 | 仍处在被寻址的被控器状态中 STOP 或 REPEATED START 已收到 | 读 DATA 数据 | 0 | 0 | 1 | 0 | 转入被控器初始状态,不进行本机 SLA 和广播呼叫匹配 |
| | | 读 DATA 数据 | 0 | 0 | 1 | 1 | 转入被控器初始状态,进行本机 SLA 匹配,如果 TWGCE=1,则进行广播呼叫匹配 |
| | | 读 DATA 数据 | 1 | 0 | 1 | 0 | 转入被控器初始状态,不进行本机 SLA 和广播呼叫匹配。如果总线空闲,则发送 START 信号 |
| | | 读 DATA 数据 | 1 | 0 | 1 | 1 | 转入被控器初始状态,进行本机 SLA 匹配。如果 TWGCE=1,则进行广播呼叫匹配;如果总线空闲,则发送 START 信号 |

AVR 单片机嵌入式系统原理与应用实践（第 3 版）

表 16－5　TWI 被控发送器模式时各状态字的后续动作

| TWSR 低 3 位屏蔽为"0" | TWI 接口总线状态 | 应用程序响应操作 | | | | | TWI 接口下一步动作 |
|---|---|---|---|---|---|---|---|
| | | 读/写 TWDR | 写 TWCR | | | | |
| | | | STA | STO | TWINT | TWEA | |
| 0xA8 | 收到本机 SLA＋RACK 已发出 | 写 DATA 字节 或 | X | 0 | 1 | 0 | 发送最后一个 DATA，接收 nACK 信号 |
| | | 写 DATA 字节 | X | 0 | 1 | 1 | 发送 DATA，接收 ACK 信号 |
| 0xB0 | 主控器发出 SAL＋R/W 后丢失总线控制权 收到本机 SLA＋R ACK 已发出 | 写 DATA 字节 | X | 0 | 1 | 0 | 发送最后一个 DATA，接收 nACK 信号 |
| | | 写 DATA 字节 | X | 0 | 1 | 1 | 发送 DATA，接收 ACK 信号 |
| 0xB8 | DATA 已发出 收到 ACK 信号 | 写 DATA 字节 | X | 0 | 1 | 0 | 发送最后一个 DATA，接收 nACK 信号 |
| | | 写 DATA 字节 | X | 0 | 1 | 1 | 发送 DATA，接收 ACK 信号 |
| 0xC0 | DATA 已发出 收到 nACK 信号 | 无操作 | 0 | 0 | 1 | 0 | 转入被控器初始状态，不进行本机 SLA 和广播呼叫匹配 |
| | | 无操作 | 0 | 0 | 1 | 1 | 转入被控器初始状态，进行本机 SLA 匹配。如果 TWGCE＝1，则进行广播呼叫匹配 |
| | | 无操作 | 1 | 0 | 1 | 0 | 转入被控器初始状态，不进行本机 SLA 和广播呼叫匹配。如果总线空闲，则发送 START 信号 |
| | | 无操作 | 1 | 0 | 1 | 1 | 转入被控器初始状态，进行本机 SLA 匹配。如果 TWGCE＝1，则进行广播呼叫匹配；如果总线空闲，则发送 START 信号 |
| 0xC8 | 最后一个 DATA 已发出 (TWEA＝0) 收到 ACK 信号 | 无操作 | 0 | 0 | 1 | 0 | 转入被控器初始状态，不进行本机 SLA 和广播呼叫匹配 |
| | | 无操作 | 0 | 0 | 1 | 1 | 转入被控器初始状态，进行本机 SLA 匹配。如果 TWGCE＝1，则进行广播呼叫匹配 |
| | | 无操作 | 1 | 0 | 1 | 0 | 转入被控器初始状态，不进行本机 SLA 和广播呼叫匹配。如果总线空闲，则发送 START 信号 |
| | | 无操作 | 1 | 0 | 1 | 1 | 转入被控器初始状态，进行本机 SLA 匹配；如果 TWGCE＝1，进行广播呼叫匹配；如果总线空闲，则发送 START 信号 |

AVR单片机嵌入式系统原理与应用实践(第3版)

表 16-6　TWI 的其他各状态字的后续动作

| TWSR 低 3 位屏蔽为"0" | TWI 接口总线状态 | 应用程序响应操作 | | | | | TWI 接口下一步动作 |
|---|---|---|---|---|---|---|---|
| | | 读/写 TWDR | 写 TWCR | | | | |
| | | | STA | STO | TWINT | TWEA | |
| 0xF8 | 无相应有效状态 TWINT=0 | 无操作 | 无操作 | | | | 等待或继续当前传送 |
| 0x00 | 由于非法的 START 和 STOP 信号引起总线错误 | 无操作 | 0 | 1 | 1 | X | 仅本机硬件 STOP,并不发送到总线,释放总线,清 0 TWSTO |

在表 16-2～表 16-6 中,列出了 AVR 的 TWI 在 4 种不同模式情况下,如何根据 TWI 接口的状态寄存器 TWSR 所提供的状态值,了解当前总线的状态,以及如何操作 TWDR 和设置控制寄存器 TWCR,进入下一个符合总线规范操作的全部各种可能出现的状况,为用户编写基于中断的 TWI 的应用程序提供了全面的参考。

下面举一个简单的例子,实现将 AVR 作为一个主控器,采用轮询方式向被控器发送 1 字节数据的设计过程:

① 根据 16.1.3 小节的介绍,分析总线上的数据传输过程。

② 找出 TWI 中断标志位 TWINT 置 1 的出现点。

③ 根据表 16-2 得到 TWINT 置 1 时总线的状态值,以及应用程序如何操作,使 TWI 进入下一步的动作。

④ 编写代码。

图 16-6 是根据上面的分析后,得到的处理过程图。程序代码如表 16-7 所列。

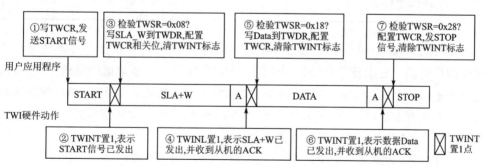

图 16-6　AVR 的 TWI 数据发送处理过程分析

表 16-7　C 程序代码

| 序　号 | C 程序代码 | 说　明 |
|---|---|---|
| 1 | TWCR=(1 ≪ TWINT)\|(1 ≪ TWSTA)\| (1 ≪ TWEN); | 发送 START 信号 |
| 2 | While(!(TWCR & (1 ≪ TWINT))){}; | 轮询等待 TWINT 置位。TWINT 置位表示 START 信号已发出 |

| 序　号 | C 程序代码 | 说　明 |
|---|---|---|
| 3 | If((TWSR & 0xF8) ! = START)ERROR(); | 读 TWI 状态寄存器 TWSR,屏蔽预分频位,如果状态字不是 START,则转出错处理(START = 0x08) |
|  | TWDR=SLA_W;<br>TWCR=(1 ≪ TWINT)\|(1 ≪ TWEN); | 装入 SLA_W 到 TWDR 数据寄存器<br>清 0 TWINT,启动发送地址字节 |
| 4 | While (!(TWCR & (1 ≪ TWINT))){}; | 轮询等待 TWINT 置位。TWINT 置位表示总线命令 SLA＋W 已发出,并收到被控器发出的应答信号 ACK 或 nACK |
| 5 | If((TWSR & 0xF8) ! = MT_SLA_ACK)ER-ROR(); | 检验 TWI 状态寄存器 TWSR,屏蔽预分频位,如果状态字不是 MT_SLA_ACK,则转出错处理(MT_SLA_ACK ＝0x18/0x20) |
|  | TWDR=DATA;<br>TWCR=(1 ≪ TWINT)\|(1 ≪ TWEN); | 装入下发数据到 TWDR 数据寄存器<br>清 0 TWINT,启动发送数据 |
| 6 | While (!(TWCR & (1 ≪ TWINT))){}; | 轮询等待 TWINT 置位。TWINT 置位表示总线数据 DATA 已发出,并收到被控器发出的应答信号 ACK 或 nACK |
| 7 | If((TWSR & 0xF8) ! = MT_DATA_ACK)ERROR(); | 检验 TWI 状态寄存器 TWSR,屏蔽预分频位,如果状态字不是 MT_DATA_ACK,则转出错处理(MT_DATA_ACK＝0x28/0x30) |
|  | TWCR=(1 ≪ TWINT)\|(1 ≪ TWEN)\|(1 ≪ TWSTO); | 发送 STOP 信号 |

　　AVR 的 TWI 与 USART 和 SPI 接口类似,提供了面向字节的、以中断为基础的硬件接口电路。它由硬件自动按 I²C 的时序逻辑完成 1 字节数据的发送和接收,同时硬件电路对 I²C 总线进行监测,当在 I²C 总线上一个相关的事件发生时,例如接收到 1 字节或者发送出一个 START 信号等下列事件出现时,中断都将做出反应:

➢ 在 TWI 传送完一个起始或再起始信号后;

➢ 在 TWI 传送完一个主控器寻址读/写(SLA＋R/W)后;

➢ 在 TWI 传送完一个地址字节后;

➢ 在 TWI 丢失总线控制权后;

➢ 在 TWI 被主控器寻址(地址匹配成功)后;

➢ 在 TWI 接收到一个数据字节后;

➢ 在作为被控器时,TWI 接收到起始或再次起始信号后;

➢ 由于非法的起始或停止信号造成总线上冲突出错时。

　　由于 AVR 的 TWI 是以中断为基础的,所以编写的应用软件就可以在 TWI 硬

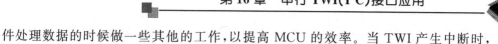

件处理数据的时候做一些其他的工作,以提高 MCU 的效率。当 TWI 产生中断时,那么说明 TWI 已经结束了一项操作并且正在等待应用程序的处理。

因此在 TWI 中断服务程序中,必须检测和确定 TWI 总线的状况,此时 TWI 状态寄存器(TWSR)中的值就代表了当前 TWI 总线的状态,程序可以依据这个值来决定接下来 TWI 总线应该做何操作。

## 16.2.4 TWI(I²C)接口设计应用要点

AVR 的 TWI 是一个功能非常强大的硬件接口,它可以工作在 4 种不同的模式,即主机发送模式(MT)、主机接收模式(MR)、从机发送模式(ST)和从机接收器模式(SR)。

因此它在 I²C 总线中即可以作为主机,也可以作为从机使用。由于它具备硬件的竞争仲裁功能,所以也能在复杂的多主系统中使用。

在一般的应用系统中,I²C 总线上通常只有一个固定的主机,身份不会改变,在整个应用中都由该主机控制 I²C 总线,而所有其他的器件都是从机。这样的系统相对简单,也是最常见的应用方式(见图 16-7)。

由于在实际使用过程中,多使用固定主机的 I²C 总线系统,所以本书只对 AVR 作为固定主机的情况作详细介绍。

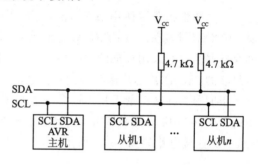

图 16-7 AVR 作为固定主机的 I²C 总线系统

即使是 AVR 只作为主机,它在总线上也有 2 种模式:主机发送模式(MT)和主机接收模式(MR)。例如,AVR 的 TWI 用 MT 模式往从机写入数据,用 MR 模式向从机读取数据。此时 AVR 的 TWI 的状态和使用如表 16-2 和表 16-3 所述。

在实际使用 TWI 接口时,应注意以下几点:

(1) 当设置寄存器 TWCR 中的 TWEN 为"1"时,仅表示使能了 TWI 硬件接口,并不意味着开始一个 I²C 的操作。同时,一旦使能了 TWI 接口,ATmega16 的 PC0、PC1 便转换成 OC 开路的 I²C 总线 SCL、SDA 引脚。因此,如果要使用 TWI 功能,则在硬件电路设计时,需要在 PC0、PC1 外部使用 5.1 kΩ 的上拉电阻。

(2) 寄存器 TWCR 中的中断标志位 TWINT 与 AVR 其他的中断标志位不同,当响应 TWI 中断时,硬件不会自动清 0 TWINT 位,该位必须由软件写入"1"来清 0。一旦软件将"1"写入 TWINT(实际是清 0 TWINT),TWI 接口将根据寄存器 TWCR 中的设置开始一次新的 I²C 操作。因此,对 TWI 寄存器 TWAR、TWSR 和 TWDR 的访问和相关处理工作,必须在清 0 TWINT 标志位前完成。而当一次 I²C 操作完成后,硬件将置 1 TWINT,产生新的中断申请,等待程序下一步的处理。

（3）AVR 的 TWI 只有一个中断，因此在 TWI 的中断服务程序中，应采用状态机的设计思想，并根据实际情况通过使用外接 I²C 芯片的通信协议来设计和编写 TWI 的中断服务程序。

在很多的资料和参考书中，都会给出使用 2 个 I/O 口线，并配合软件的方法来模拟和实现 I²C 接口。

当然，使用 AVR 也是能够做到的。但这种方法只能实现一些简单的应用，很难实现全部的 I²C 协议功能，并加重了 MCU 的负担和程序编写的困难。使用软件＋I/O 模拟实现 I²C 接口的好处是，能使读者更加透彻地了解和掌握 I²C 总线，作为一个基本功训练还是非常有帮助的。

# 16.3　TWI 接口应用实例

在本节中将介绍使用 ATmega16 读/写 24C256 的应用设计参考，24C256 是隶属 24CXXX 非易失性 EEPROM 存储器系列中的芯片，容量为 32 KB。24CXXX 系列存储器芯片均采用标准的 I²C 接口，硬件连接方便，许多接触式 IC 卡就是使用超薄封装的 24CXXX 芯片保存和记录信息的。

很明显，AVR 只能采用 I²C 总线方式来实现与 24C256 之间的通信，24C256 本身的 I²C 接口功能比较简单，因此，它只能作为从机使用，总线上的主机为 ATmega16，连接电路如图 16－8所示。

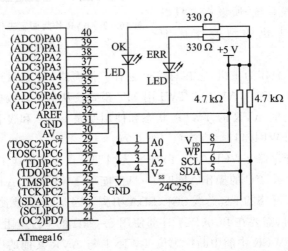

图 16－8　AVR 与 24C256 的硬件连接电路

利用 I²C 总线实现系统扩展的最大优点是硬件连接简单、方便，但却把困难和艰苦的工作留给了软件系统的设计。设计开发人员不仅需要非常熟悉和了解通信协议，而且还要仔细分析所使用芯片的特点和控制方法。由于所有这一切最终都体现在应用程序的设计过程中，这就对嵌入式系统工程师在软件设计、程序的编写和调试等方面的能力提出了更高的要求。针对"ATmega16 读/写 24C256"的应用,本书中将分别介绍几种不同的实现方案和方法。在真正的产品设计开发时,可以根据实际情况的需要,采用其中的一种。

## 16.3.1　24C256 的结构特点

24C256 是 I²C 总线接口的串行 EEPROM,容量为 32 KB,可重复擦/写 10 万次,数据保存 100 年不丢失,写入时间为 10 ms。

### 1. 引脚功能

DIP 封装的 24C256 引脚分布如图 16-8 所示,表 16-8 给出了引脚功能说明。

表 16-8　24C256 引脚定义

| 引脚名称 | 功　能 |
| --- | --- |
| A0、A1、A2 | 器件地址配置 |
| SDA | I²C 接口数据线 |
| SCL | I²C 口时钟线 |
| WP | 写保护(高电平有效) |
| $V_{DD}$ | 电源正 |
| $V_{SS}$ | 电源地 |

表 16-8 中的 A0、A1 和 A2 用于配置芯片的物理地址,它们的配置值将作为器件在 I²C 总线上从机地址的一部分。WP 是写保护引脚,当 WP 为高电平时,存储器处于写保护的状态,此时不能对芯片内部的存储器单元进行改写或擦除操作,只允许读出存储器的数据。WP 在芯片的内部有下拉电阻,当外部悬空时,由于内部下拉电阻的作用,WP 为低电平,所以此时存储器处在可读/写状态。

### 2. 24C256 的器件地址和片内存储器地址

24C256 在 I²C 总线的从机地址格式如下:

| 1 | 0 | 1 | 0 | A2 | A1 | A0 | R/$\overline{W}$ |
| --- | --- | --- | --- | --- | --- | --- | --- |

从机地址为 7 位,其中高 4 位是固定的 1010;低 3 位由引脚 A2、A1 和 A0 在电路连接的配置所决定(注:不同公司生产的 24C256 稍微有些不同,ATMEL 的 24C256 地址的高 5 位固定为 10100,后 2 位由引脚 A1、A0 决定);最后 1 位是读/写标志:为"0"表示写从机(从机接收器地址),为"1"表示读从机(从机发送器地址)。本例中的 A2、A1 和 A0 均接地(见图 16-8),故 24C256 的从机写地址为 0xA0(10100000B);从机读地址为 0xA1(10100001B)。

24C256 内部的存储器容量是 32 KB,采用线性连续排列,地址空间为 0000H～7FFFH,因此 24C256 内部存储器的地址的长度为 15 位,需要用 2 字节表示。

24C256 在内部把 32 KB 存储器分成 512 页,每页有 64 字节,因此在 15 位的地址中,最高 9 位(A14～A6)表示页码(0～511),而低 6 位(A5～A0)表示页内的偏移量(0～63)。

在 24C256 内部有一个 15 位的地址指针寄存器,里面保存着当前存储器单元的地址。对 24C256 的读/写,就是对该地址指针所指向的当前存储器单元进行操作。该地址指针寄存器也是非易失性的,断电后,其地址内容不会消失和改变。

这个地址指针寄存器还有一个重要的特性:一旦对当前存储器单元进行操作(读或写)后,地址指针会自动加 1,指向下一个存储器单元。但要注意,在对某些特殊地址的读或写操作后,地址指针变化不是简单的加 1,而是按下面的规律去改变:

> 如果当前地址为 7FFFH,那么对它读操作后,地址指针变为 0000H。
> 在对 24C256 写操作时,只有地址指针的低 6 位(页内地址)参与加 1 的变化,页地址保持不变。换句话说,如果当前地址为一页的最后一个地址,那么对它写操作后,地址指针变为当前页的第一个地址。

主机对 24C256 下发了从机写寻址字节 0xA0 后,紧跟的 2 字节被认定为片内存储器地址,24C256 将把后 2 字节的内容当作为新的地址,保存在内部的地址指针寄存器中。图 16-9 为设置 24C256 内部地址指针的操作方式。

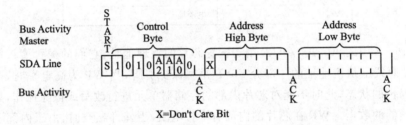

**图 16-9　设置 24C256 内部存储器地址指针的操作格式**

主机在发出起始信号后,下发的是一个写寻址(最低位为 0)的控制字节,24C256 作为从机回答响应 ACK 后,主机接下来写的 2 字节就是存储器地址,高位在前,低位在后。由于 24C256 片内地址宽度为 15 位,因此地址高位字节的最高位不起作用,可以是任何值。

### 3. 对 24C256 的写操作

对 24C256 进行写操作就是将数据写入 24C256 的 EEPROM 中。操作方式如下:

> 主机必须先发送 1 字节的从机写地址(从机地址的最后一位是 0),外加 2 字节的存储器片内地址信息(见图 16-9)。
> 在发送完从机地址和存储器片内地址后,主机就可以发送数据字节。
> 24C256 每接收到 1 字节后,会根据 I²C 协议规范返回相应的握手信号(ACK)。

对 24C256 的写操作分为字节写入和页写入 2 种模式。字节写入为一次操作写入 1 字节。而页写入方式则允许一次操作写入最多达 64 字节(1 页)。图 16－10 和图 16－11 为 2 种写入方式的操作格式,两者开始的 3 字节都一样,实际的作用是重新设置 24C256 内部的地址指针,从第 4 个字节开始,才是真正要写入片内 EEP-ROM 的数据。

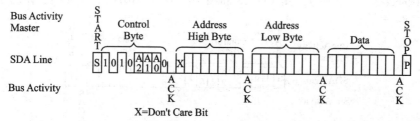

图 16－10　24C256 内部存储器写操作——字节写入方式

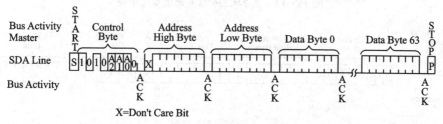

图 16－11　24C256 内部存储器写操作——页写入方式

24C256 在检测到停止信号后,便启动内部的写操作,把接收到的数据写到内部指针当前所指向的 EEPROM 单元中,然后内部地址指针加 1。24C256 内部写 EEP-ROM 的操作需要一定的时间,约 10 ms 才能完成,在这期间,24C256 不响应主机的寻址(返回 nACK)。因此,主机在写 24C256 的操作后,不要马上对它进行新的操作,要等待至少 10 ms(参考器件手册后,再开始新的操作。

这里需要特别注意的是,24C256 的页写入方式是不能实现跨页操作的,原因就是在对 24C256 写操作时,只有地址指针的低 6 位(页内地址)参与加 1 的变化,页地址保持不变。因此,使用页写入方式时,要注意写入的起始地址和写入数据的个数,两者相加不能超出当前页的范围。例如,从地址 0x0063 开始(0 页最后一个单元),采用页写入方式连续写入 2 字节的数据,想象中数据应该写到 0x0063、0x0064(1 页的第一个单元)中,但其实第 2 个数据写到了 0x0000(0 页第一个单元)中了,反而 0x0000 中原来的数据被破坏了,从而造成错误。而且这类的错误通常都是非常隐蔽的,系统会表现出一些莫名其妙的情况,没有规律可寻,调试起来非常困难,有相当经验的人往往也会无从下手。

因此,如果要使用页写入方式,那么最好采用固定的起始地址配合固定的数据长度,例如:数据长度为 64 字节时,起始地址为每页的第 1 个单元;而数据长度为 32 字节时,起始地址为每页的第 1 个单元和第 33 个单元。

### 4. 对 24C256 的读操作

对 24C256 进行读操作就是从 24C256 的 EEPROM 中读取数据。如果对写操作的过程已经非常清楚，那么读 24C256 的操作就比较简单了。读 24C256 的操作方式有 3 种：读当前地址单元中的数据，读指定地址单元中的数据，以及连续读多个地址单元中的数据。图 16-12、图 16-13 和图 16-14 分别给出了 3 种读操作的过程。

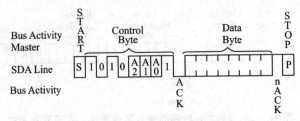

图 16-12　读 24C256 当前地址单元数据

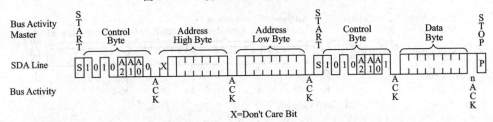

图 16-13　读 24C256 指定地址单元数据

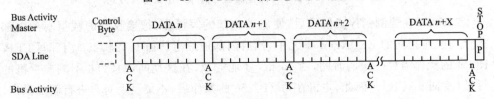

图 16-14　连续读 24C256 地址单元数据

最基本的读方式实际上就是读当前地址单元数据的操作，24C256 收到主机下发的从机读寻址字节（最低位为 0），并给出应答 ACK 后，马上就将当前地址单元中的数据发送到主机，然后内部地址指针加 1。读指定地址单元数据的操作实际是设置地址指针操作与读当前地址单元数据操作的结合。而连续地址单元的读操作则是读当前地址单元数据操作的扩展（连续读操作没有个数的限制，也没有不能跨页的限制）。

在读 24C256 操作时注意，主机每读一字节，需要向 24C256 返回一个 ACK 应答，这样 24C256 才能继续发送下一个单元的数据。但是，在主机收到最后一字节数据后，必须返回 nACK 信号，再接着发出停止信号。

## 16.3.2 AVR 读/写 24C256 应用设计

如果所使用的开发平台本身有 I²C 操作的基本函数供使用,那么这是比较实惠和简单、方便的方法。CVAVR 开发环境本身提供了 I²C 操作的基本函数,利用这些函数可以非常快地实现 AVR 与 24C256 之间的数据读/写。表 16 – 9 中列出了 CVAVR 中提供的基本 I²C 操作函数,同时 CVAVR 的在线帮助中也给出了程序编写的例子。

表 16 – 9    CVAVR 提供的 I²C 基本操作函数

| 函数名 | 功能描述 |
| --- | --- |
| void i2c_init(void) | 初始化 I²C 总线。调用其他 i2c 函数之前必须先调用此函数。 |
| unsigned char i2c_start(void) | 发送 START 信号。总线空闲,返回"1"(成功);总线忙,返回"0"(失败) |
| void i2c_stop(void) | 发送 STOP 信号 |
| unsigned char i2c_read(unsigned char ack) | 读 1 字节。当 ack=0 时,回送 nACK;当 ack=1 时,回送 ACK |
| unsigned char i2c_write(unsigned char data) | 写 1 字节。从机应答 ACK,返回"1";从机应答 nACK,返回"0" |

【例 16.1】采用 CVAVR 提供的 I²C 基本操作函数编写应用程序。

参考 CVAVR 的在线帮助,可以很快地编写 I²C 的应用程序,这是选择好的开发环境带来的好处。下面是在 CVAVR 提供的例子基础上,稍做修改的读/写 24C256 一字节的程序,它可检验读者的硬件电路是否正确,24C256 是否正常工作。

```
* * * * * * * * * * * * * * * * * * * * * * * * * * * * * * * * * *
    File name        : demo_16_1.c
    Chip type        : ATmega16
    Program type     : Application
    Clock frequency  : 4.000 000 MHz
    Memory model     : Small
    External SRAM size : 0
    Data stack size  : 256
    * * * * * * * * * * * * * * * * * * * * * * * * * * * * * * * */
# include < mega16.h >
# include < stdio.h >            //使用 CVAVR 的标准 Input/Output 函数
# include < i2c.h >              //使用 CVAVR 的 I²C 函数
# include < delay.h >            //使用 CVAVR 的延时函数
# define EEPROM_BUS_ADDRESS 0xa0
#asm                            //将 2 个通用 I/O 口定义成 SDA、SCL
    .equ __i2c_port = 0x15       //本例使用 PORTC
    .equ __sda_bit = 1           //SDA 使用 PC1
```

AVR单片机嵌入式系统原理与应用实践(第3版)

```
        .equ __scl_bit = 0                      //SCL 使用 PC0
    #endasm
    //从 24C256 读 1 字节
    unsigned char eeprom_read(unsigned int address)
    {
        unsigned char data;
        i2c_start();                            //发起始信号
            i2c_write(EEPROM_BUS_ADDRESS);      //发从机写寻址字节
        i2c_write(address >> 8);                //发存储单元地址高字节
        i2c_write(address);                     //发存储单元地址低字节
        i2c_start();                            //发起始信号
        i2c_write(EEPROM_BUS_ADDRESS | 1);      //发从机读寻址字节
        data = i2c_read(0);                     //读 1 字节数据,返回 nACK
        i2c_stop();                             //发停止信号
        return data;
    }
    //向 24C256 写 1 字节
    void eeprom_write(unsigned int address, unsigned char data)
    {
        i2c_start();                            //发起始信号
        i2c_write(EEPROM_BUS_ADDRESS);          //发从机写寻址字节
        i2c_write(address >> 8);                //发存储单元地址高字节
        i2c_write(address);                     //发存储单元地址低字节
        i2c_write(data);                        //写 1 字节数据到 24C256
        i2c_stop();                             //发停止信号
        delay_ms(10);                           //等待 10 ms,保证 24C256 内部写操作完成
                                                //后再进行新操作

    }
    void main(void)
    {
        unsigned char i;
        UCSRA = 0x00;                           //USART 初始化
        UCSRB = 0x18;                           //通信参数:8 位数据位、1 位停止位、
                                                //无校验位
        UCSRC = 0x86;                           //USART 接收器:On;USART 发送器:On
        UBRRH = 0x00;                           //USART 模式:异步;USART 波特率:9 600
        UBRRL = 0x19;
        //= = = = = = = = = = = = = = = = = = = = = = = = = = = = = = = = = = = = =
        i2c_init();                             //初始化 I²C 总线
        eeprom_write(0x00aa,0x5a);              //向地址 00AAH 写 1 字节 55H
        i = eeprom_read(0x00aa);                //从地址 00AAH 读 1 字节
```

```
//= = = = = = = = = = = = = = = = = = = = = = = = = = = = = = = = = = = = = =
while (1)
{
    putchar(i);
    delay_ms(250);
}
}
```

关于程序的几点说明：

（1）程序使用了 putchar()函数，通过 RS-232 将读到的数据送 PC 机，在 PC 机上使用串口助手可以观察数据，使用 RS-232 接口主要是建立一个调试观察手段。程序中的 putchar()函数同样是 CVAVR 本身提供的，它采用轮询方式从 USART 发送数据，用户只要编写 USART 初始化程序后，就可以直接使用，函数原形在 < stdio.h > 中。

（2）利用 RS-232，配合 PC 的串口助手，可以方便地建立一个观察调试环境，在后面的例子里还会使用，同时也希望读者能够掌握这个方法。

（3）程序中的读/写 EEPROM 一字节的函数，是按 24C256 的读/写操作过程，通过一步一步地调用 CVAVR 提供的 I²C 基本操作函数实现的。

（4）CVAVR 提供的 I²C 操作函数，并没有使用 AVR 的 TWI 硬件接口，它是采用软件方式，控制 2 个通用的 I/O 口，模拟出 I²C 的总线时序。因此，使用 CVAVR 的 I²C 函数时，在硬件上就可以使用 AVR 任意的 2 个 I/O 口作为 SDA 和 SCL(但必须是同一个端口上的 2 个引脚)使用，提供了电路设计的方便，但效率不高。尽管 PC0 和 PC1 本身是 TWI 的 2 个信号线，但在本例中还是把它们作为普通 I/O 口使用。读者可以将 PC0、PC1 换到其他的 I/O 上(如 PA7、PA6)，改写汇编中端口的定义，效果也是一样的。

【例 16.2】自己编写 I²C 基本操作函数。

如果使用的开发平台不提供 I²C 基本操作函数，或准备自己做练习，以加深对 I²C 规范的了解，提高编写程序的能力，则可以直接自己编写 I²C 的基本操作函数。下面的代码就是与 CVAVR 提供的 I²C 基本函数功能(见表 16-8)相同的底层程序。在本书共享资料中包含 demo_16_2.c 的全部程序，其主程序部分与 demo_16_1.c 完全一样，只不过是调用了下面的基本操作函数。(CVAVR 提供的函数名为小写字母，下面代码定义的函数名用大写字母作为区别，完成相同的功能。)

```
#define SCL         DDRC.0
#define SDA         DDRA.0
#define SCL_Input   PINC.0
#define SDA_Input   PINA.0
#define SCL_Output  PORTC.0
```

```
#define SDA_Output          PORTA.0
#define SCL_Hight           SCL = 0
#define SCL_Low             SCL = 1
#define SDA_Hight           SDA = 0
#define SDA_Low             SDA = 1
#define I2C_Delay           delay_us(1)            //根据系统时钟,进行适当调整
void I2C_init(void)                                // I²C初始化
{
    SCL_Output = 0;
    SDA_Output = 0;
    SCL_Low;
    SDA_Low;
}
unsigned char I2C_start(void)                       //发送起始信号
{
    SDA_Hight;
    I2C_Delay;
    SCL_Hight;
    I2C_Delay;
    SDA_Low;
    I2C_Delay;
    SCL_Low;
    I2C_Delay;
    return 1;
}
void I2C_stop(void)                                 //发送停止信号
{
    SDA_Low;
    I2C_Delay;
    SCL_Hight;
    I2C_Delay;
    SDA_Hight;
    I2C_Delay;
}
unsigned char I2C_write(unsigned char c)            //向总线写1字节,并返回从机有无应答
{
    unsigned char i,ack;
    for(i = 0;i < 8;i ++)
    {
    if(c&0x80)
        SDA_Hight;
    else
```

AVR 单片机嵌入式系统原理与应用实践(第 3 版)

```
    SDA_Low;
    SCL_Hight;
    I2C_Delay;
    SCL_Low;
    c << = 1;
    I2C_Delay;
    }
    SDA_Hight;
    I2C_Delay;
    SCL_Hight;
    I2C_Delay;
    if(SDA_Input)
        ack = 0;                    //从机应答 nACK
    else
      ack = 1;                      //从机应答 ACK
    SCL_Low;
    I2C_Delay;
    return ack;
}


unsigned char I2C_read(unsigned char ack)//读 1 字节,ack = 1 时,发送 ACK;ack = 0 时,
                                //发送 nACK
{
    unsigned char i,ret;
    SDA_Hight;
    for(i = 0;i < 8;i++)
    {
      I2C_Delay;
      SCL_Low;
      I2C_Delay;
      SCL_Hight;
      I2C_Delay;
      ret << = 1;
      if(SDA_Input)
          ret++;
    }
    SCL_Low;
    I2C_Delay;
    if(!ack)                        //发送应答 nACK
      SDA_Hight;
    else                            //发送应答 ACK
      SDA_Low;
```

```
I2C_Delay;
SCL_Hight;
I2C_Delay;
SCL_Low;
I2C_Delay;
return(ret);
}
```

关于程序的几点说明:

(1) 在这个程序中,I²C 总线上的 2 个外部上拉电阻是必需的。由于 AVR 的 I/O 口存在方向控制特性,所以在 I²C 操作过程中,尤其是 SDA,需要不断地改变 AVR 引脚的输入/输出方式,比较繁琐。在本程序中,SDA 输出"1"时,并不是真正的 AVR 的引脚输出了"1",而是将引脚设置成输入方式,内部上拉无效,此时引脚为输入高阻态,但 I²C 的 SDA 由于外部上拉呈现为"1"。采用这种方式,方便了程序编写。

(2) 注意 I2C_Delay 的延时时间。AVR 的速度非常高,为 Mb/s 级,而标准的 I²C 为 400 kb/s,延时时间太短会造成通信失败。因此要根据 AVR 使用的系统时钟及从机芯片的特性,适当调整延时时间。

(3) 本例中的 SDA、SCL 可以使用 AVR 任何的 I/O 模拟,比 CVAVR 提供的函数还方便。例如在本例中把 PA0 作为 SDA,PC0 作为 SCL。如果改变了 I/O 口的使用,则只要修改程序开头的 6 句定义语句就可以了,无须对程序本身做任何改动。

【例 16.3】采用硬件 TWI 接口的轮询方式编写应用程序。

AVR 的 TWI 是支持 I²C 通信的硬件接口,同样也能读/写 24C256。使用硬件接口当然比软件模拟要简单,代码短,效率也高;缺点是总线端口固定,只能使用 TWI 的 SDA、SCL(对于 ATmega16 为 PC1、PC0)。另外,由于软件使用轮询方式,运行效率上也打了折扣,不能在多任务的并行处理中使用。

```
/* * * * * * * * * * * * * * * * * * * * * * * * * * * * * * * * * * * *
    File name        : demo_16_3.c
    Chip type        : ATmega16
    Program type     : Application
    Clock frequency  : 4.000 000 MHz
    Memory model     : Small
    External SRAM size : 0
    Data stack size  : 256
    * * * * * * * * * * * * * * * * * * * * * * * * * * * * * * * * * * */
# include < mega16.h >
# include < stdio.h >           //使用 CVAVR 的标准输入/输出函数
# include < delay.h >           //使用 CVAVR 的延时函数
# define EEPROM_BUS_ADDRESS 0xa0
```

```
#define TWPS0 0                                    // TWSR 值(not bits)
#define TWPS1 1
#define TWEN  2
#define TWIE  0
#define TWEA  6
#define TWINT 7
#define TWSTA 5
#define TWSTO 4
#define TW_START          0x08          //主机
#define TW_REP_START      0x10
#define TW_MT_SLA_ACK     0x18          //主机发送器
#define TW_MT_SLA_NACK    0x20
#define TW_MT_DATA_ACK    0x28
#define TW_MT_DATA_NACK   0x30
#define TW_MT_ARB_LOST    0x38          //主机接收器
#define TW_MR_ARB_LOST    0x38
#define TW_MR_SLA_ACK     0x40
#define TW_MR_SLA_NACK    0x48
#define TW_MR_DATA_ACK    0x50
#define TW_MR_DATA_NACK   0x58
void I2C_init(void)
{
    TWSR = 0x00;                        //TWI 总线初始化
    TWBR = 0x00;                        //比特率: 250.000 kHz
    TWAR = 0x00;                        //广播呼叫识别: Off
    TWCR = 0x44;                        //允许 ACK 应答: On
    PORTC.0 = 1;//当这两个引脚为输入方式时,内部上拉电阻有效,这样可以省去外部的 2 个
               //上拉电阻
    PORTC.1 = 1;
}
unsigned char I2C_start(void)                      //发送起始信号
{
  TWCR = (1 << TWINT)|(1 << TWSTA)|(1 << TWEN);    //发送
  while (!(TWCR & (1 << TWINT))){};                //等待发送完成
  return 1;
}
void I2C_stop(void)                                //发送停止信号
{
  TWCR = (1 << TWINT)|(1 << TWEN)|(1 << TWSTO);    //发送
}
unsigned char I2C_write(unsigned char c)           //向总线写 1 字节,并返回有无应答
{
    unsigned char ack = 1;
```

AVR单片机嵌入式系统原理与应用实践(第 3 版)

```
    TWDR = c;                                    //发送数据写入 TWI 数据寄存器
    TWCR = (1 << TWINT)|(1 << TWEN);             //发送
    while (!(TWCR & (1 << TWINT))){};            //等待发送完成
    if((TWSR & 0xF8) ! = TW_MT_SLA_ACK)          //读取总线状态
        ack = 0;
    return ack;
}
unsigned char I2C_read(unsigned char ack)//读 1 字节,ack = 1 时,应答;ack = 0 时,
                                //不应答
{
    if (ack)
        TWCR = (1 << TWINT)|(1 << TWEN)|(1 << TWEA);//读数据,并回送 ACK
    else
        TWCR = (1 << TWINT)|(1 << TWEN);         //读数据,并回送 nACK
    while (!(TWCR & (1 << TWINT))){};            //等待操作完成
    return(TWDR);                                //返回读到数据
}
//从 24C256 读 1 字节
unsigned char eeprom_read(unsigned int address)
{
    unsigned char data;
    I2C_start();                                 //发起始信号
    I2C_write(EEPROM_BUS_ADDRESS);               //发从机写寻址字节
    I2C_write(address>>8);                       //发存储单元地址高字节
    I2C_write(address);                          //发存储单元地址低字节
    I2C_start();                                 //发起始信号
    I2C_write(EEPROM_BUS_ADDRESS | 1);           //发从机读寻址字节
    data = I2C_read(0);                          //读一字节数据,返回 nACK
    I2C_stop();                                  //发停止信号
    return data;
}
//向 24C256 写 1 字节
void eeprom_write(unsigned int address, unsigned char data)
{
    I2C_start();                                 //发起始信号
    I2C_write(EEPROM_BUS_ADDRESS);               //发从机写寻址字节
    I2C_write(address>>8);                       //发存储单元地址高字节
    I2C_write(address);                          //发存储单元地址低字节
    I2C_write(data);                             //写一字节数据到 24C256
    I2C_stop();                                  //发停止信号
        delay_ms(10);                            //等待 10 ms,保证 24C256 内部写操作完成再
                                                 //进行新操作
```

AVR 单片机嵌入式系统原理与应用实践(第 3 版)

```
}

void main(void)
{

    unsigned char i;

    UCSRA = 0x00;                //USART 初始化
    UCSRB = 0x18;                //通信参数：8 位数据位、1 位停止位、无校验位
    UCSRC = 0x86;                //USART 接收器：On；USART 发送器：On
    UBRRH = 0x00;                //USART 模式：异步；USART 波特率：9600
    UBRRL = 0x19;
    // = = = = = = = = = = = = = = = = = = = = = = = = = = = = = = = = = =
    I2C_init();                  //初始化 I²C 总线
    eeprom_write(0x00aa,0xa5);   //向地址 00AAH 写 1 字节 55H
    i = eeprom_read(0x00aa);     //从地址 00AAH 读 1 字节
    // = = = = = = = = = = = = = = = = = = = = = = = = = = = = = = = = = =
    while (1)
    {
      putchar(i);
      delay_ms(250);
    }
}
```

　　在这个例子中，只是将 I²C 的基本操作函数进行了改写，原来是使用 I/O 模拟出 I²C 的时序，现在直接使用 TWI 硬件接口完成。基本函数中对 TWI 的各种操作和设置，请参照表 16－2 和表 16－3 中所列项目，以及图 16－6 和表 16－7，希望读者用心领会。

　　【例 16.4】批量读/写 24C256。

　　I²C 总线的速度不是非常高的，协议中规定的标准为 400 kb/s(I²C 协议 2.0 版本中，新增 HS 模式，支持高达 3.4 Mb/s 的位速率)，而 AVR 可以工作在 16 Mb/s，因此 I²C 还是属于慢速设备。

　　在上面的例子里，不管是采用 I/O 软件模拟，还是 TWI 硬件＋轮询，都会影响控制器的效率。因此，效率高的 TWI 系统软件，最好还是使用底层 TWI 中断驱动＋数据缓冲队列＋中间层的程序结构。不过，这样的程序设计结构相对比较复杂，对程序设计人员的要求更高。有兴趣的读者及需要采用这种方式编写程序的开发人员，可参考本章所提供的参考文献。

　　下面在例 16.3 的基础上，给出一个 AVR 批量读/写 24C256 的验证程序作为本节的结束。

　　通过本章的这些例子，大家可以逐步地从底层驱动开始，然后编写中间层接口函数，最后到上层的直接调用，逐步锻炼和提高编写大型嵌入式系统程序的能力。

```
/ * * * * * * * * * * * * * * * * * * * * * * * * * * * * * * * * * * *
File name           : demo_16_4.c
Chip type           : ATmega16
Program type        : Application
Clock frequency     : 4.000 000 MHz
Memory model        : Small
External SRAM size  : 0
Data stack size     : 256
 * * * * * * * * * * * * * * * * * * * * * * * * * * * * * * * * * * * */
# include < mega16.h >
# include < stdio.h >                              //使用 CVAVR 的标准 Input/Output 函数
# include < delay.h >                              //使用 CVAVR 的延时函数
# define EEPROM_BUS_ADDRESS 0xa0
// TWSR values (not bits)
# define TWPS0 0
# define TWPS1 1
# define TWEN    2
# define TWIE    0
# define TWEA    6
# define TWINT 7
# define TWSTA 5
# define TWSTO 4
# define TW_START           0x08        //主机
# define TW_REP_START       0x10
# define TW_MT_SLA_ACK      0x18        //主机发送器
# define TW_MT_SLA_NACK     0x20
# define TW_MT_DATA_ACK     0x28
# define TW_MT_DATA_NACK    0x30
# define TW_MT_ARB_LOST     0x38
# define TW_MR_ARB_LOST     0x38        //主机接收器
# define TW_MR_SLA_ACK      0x40
# define TW_MR_SLA_NACK     0x48
# define TW_MR_DATA_ACK     0x50
# define TW_MR_DATA_NACK    0x58
# define Page_size          64          // 24C256 页字节数
# define Page_mask          Page_size-1 //页内地址屏蔽码
void I2C_init(void)
{
    TWSR = 0x00;                        //TWI 总线初始化
    TWBR = 0x00;                        //允许 ACK 应答: On
    TWAR = 0x00;                        // 本机总线从机地址: 0h
    TWCR = 0x44;                        //广播呼叫识别: Off;比特率: 250.000 kHz
```

AVR 单片机嵌入式系统原理与应用实践(第 3 版)

```
}
unsigned char I2C_start(void)                        //产生启动信号
{
    TWCR = (1 ≪ TWINT)|(1 ≪ TWSTA)|(1 ≪ TWEN);
    while (!(TWCR & (1 ≪ TWINT))){};
    return 1;
}
void I2C_stop(void)                                  //产生停止信号
{
    TWCR = (1 ≪ TWINT)|(1 ≪ TWEN)|(1 ≪ TWSTO);
}
unsigned char I2C_write(unsigned char c)             //向总线写 1 字节,并返回有无应答
{
    unsigned char ack = 1;
    TWDR = c;
    TWCR = (1 ≪ TWINT)|(1 ≪ TWEN);
    while (!(TWCR & (1 ≪ TWINT))){};
    if((TWSR & 0xF8) ! = TW_MT_SLA_ACK)
        ack = 0;
    return ack;
}
unsigned char I2C_read(unsigned char ack)            //读 1 字节,ack = 1 时,应答; ack = 0
                                                     //时,不应答
{
  if (ack)
    TWCR = (1 ≪ TWINT)|(1 ≪ TWEN)|(1 ≪ TWEA);
  else
    TWCR = (1 ≪ TWINT)|(1 ≪ TWEN);
  while (!(TWCR & (1 ≪ TWINT))){};
  return(TWDR);
}
void EEprom_Page_write(unsigned int Addr,unsigned char n, unsigned char * arr)
{
  unsigned char i;
  I2C_start();                                       //发起始信号
  I2C_write(EEPROM_BUS_ADDRESS);                     //发从机写寻址字节
  I2C_write(Addr ≫ 8);                               //发存储单元地址高字节
  I2C_write(Addr);                                   //发存储单元地址低字节
  for (i = 1;i < = n;i + +)
{
  I²C_write( * arr);                                 //写 1 字节数据到 24C256
  arr + + ;
```

```
}
    I²C_stop();                                      //发停止信号
    delay_ms(10);                                    //等待 10 ms,保证 24C256 内部写操作完成再
                                                     //进行新操作
}
void EEprom_Write(unsigned int Addr,unsigned char n, unsigned char * arr)
{
    unsigned char n_tmp;
    n_tmp = Page_size - (unsigned char)(Addr&Page_mask);    //本页内的剩余空间数量
    if ((n > n_tmp)&&(n_tmp! = 0))                           //写的个数超出本页剩余空间
{
        EEprom_Page_write(Addr,n_tmp,arr);                  //先将本页剩余空间写满
        Addr += n_tmp;
        n -= n_tmp;
        arr += n_tmp;
    }

        while (n >= Page_size)                              //写一整页
    {
        EEprom_Page_write(Addr,Page_size, arr);
        Addr += Page_size;
        n -= Page_size;
        arr += Page_size;
}
    if (n! = 0)                                             //将剩余字节写入 1 页
        EEprom_Page_write(Addr,n,arr);
}
void EEprom_read(unsigned int Addr,unsigned char n, unsigned char * arr)
{
    unsigned char i;
    I2C_start();                                            //发起始信号
    I2C_write(EEPROM_BUS_ADDRESS);                          //发从机写寻址字节
    I2C_write(Addr >> 8);                                   //发存储单元地址高字节
    I2C_write(Addr);                                        //发存储单元地址低字节
    I2C_start();                                            //发起始信号
    I2C_write(EEPROM_BUS_AD DRESS | 1);                     //发从机读寻址字节
      for (i = 1;i <= n-1;i ++)
{
     * arr = I2C_read(1);                                   //读 1 字节数据,返回 ACK
    arr ++;
    }
     * arr = I2C_read(0);                                   //读最后一字节数据,返回 nACK
    I2C_stop();                                             //发停止信号
```

```
}

void main(void)
{
    unsigned char i,data[200];
    UCSRA = 0x00;                              // USART 初始化
    UCSRB = 0x18;                              //通信参数：8 位数据位、1 位停止位、无校验位
    UCSRC = 0x86;                              // USART 接收器：On；USART 发送器：On
    UBRRH = 0x00;                              // USART 模式：异步；USART 波特率：9600
    UBRRL = 0x19;
    // = = = = = = = = = = = = = = = = = = = = = = = = = = = = = = = = = =
    I2C_init();                                //初始化 I²C 总线
    for (i = 0;i < 200;i ++) {data[i] = i;}    //数组赋值
    EEprom_Write(0x0aa,200,data);             //从 0x00AA 起写 200 字节
    for (i = 0;i < 200;i ++) {data[i] = 0;}    //数组清 0
    EEprom_read(0x0aa,200,data);              //从 0x00AA 起读 200 字节
    for (i = 0;i < 200;i ++) {putchar(data[i]);}  //送 PC 机检验
    while (1){};
}
```

程序完成的功能是向 24C256 中写 200 字节的数据,然后再读出来,送到 PC 机上验证批量读和写的操作是否正确。

底层的驱动程序同例 16.3,采用 AVR 的硬件 TWI 轮询方式。

中间层有 3 个函数,其中批量读和页写函数比较简单,请读者自己分析。

批量写函数 EEprom_Write()对写入的起始地址和数据个数进行了分析,并将它们正确地按页分解,然后再调用 EEprom_Page_write()函数写入 24C256 中。

编写系统程序时应尽量采用模块结构,从下到上要层次清楚。

如同例 16.4,当批量读/写的函数调试正常后,再编写上层的用户程序时,就可以集中精力考虑系统功能的实现了。

另外,程序调试也应该从下到上,逐级验证,好的程序结构调试起来也很方便,就像本章从例16.1发展到例 16.4 一样。

# 16.4　专用键盘 /LED 驱动器 ZLG7290 的应用

键盘和 LED 数码管是单片机嵌入式系统中最常用的人机交互设备。在本书前面的章节中,已分别、仔细地介绍了动态扫描方式的 LED 数码管驱动方式及采用状态机方式的键盘接口。在实际应用中,系统对键盘输入方式及 LED 显示方式有着各种各样的要求和变化,要设计和实现一个比较复杂的键盘和 LED 显示系统,不但要花费设计人员更多的时间,而且程序的结构也变得复杂和庞大。另外,对键盘和 LED 显示的处理也大大增加了 MCU 的负担,使系统的效率降低。

因此人们设计了专用的键盘/LED 驱动电路,让专用芯片去处理这些繁琐的工作,把 MCU"解放"出来,集中精力做主要的事情。在学习 8086 微机原理的课程中,通用可编程键盘显示器接口芯片 Intel 8279 就是专门管理键盘和 LED 数码管的,它可以同时驱动 16 个 LED 数码管和一个 8×8 的矩阵键盘。由于 8279 采用并行方式与处理器连接,需要占用比较多的 I/O 口,所以不适合在单片机嵌入式系统中使用。

在并行接口向串行接口发展的今天,市场上已经推出了采用串行接口的专用键盘/LED 驱动电路,典型的有 HD7279、ZLG7290 等。这些芯片的功能与 8279 类似,甚至还要强大,但与控制器的连接只需要 2～4 根信号线。使用这些新型的可编程键盘显示器接口芯片,具有外围电路简洁,接口速度快,程序效率高,性能稳定,多功能等特点,得到了广泛的应用。

## 16.4.1 ZLG7290 简介

ZLG7290 键盘/LED 驱动器是周立功公司针对仪器仪表行业的需要自行研制的一款芯片。该芯片能自动完成 8 位 LED 数码管的动态扫描和(最多)64 按键检测扫描,大大减轻了单片机用于显示/键盘的工作时间和程序负担,可集中资源用于信号的检测和控制。由于 ZLG7290 采用 I²C 总线的接口方式,使得芯片与单片机间的通信只用 2 个 I/O 口便可完成,节省了单片机有限的 I/O 口资源。ZLG7290 的主要特点如下:

> I²C 串行接口,提供键盘中断信号,方便于处理器接口;
> 可驱动 8 位共阴极数码管或 64 只独立 LED 和 64 个按键;
> 可控扫描位数,可控任一数码管闪烁;
> 提供数据译码和循环、移位、段寻址等控制;
> 8 个功能键,可检测任一按键的连击次数;
> 无需外接元件即可直接驱动 LED,可扩展驱动电流和驱动电压。

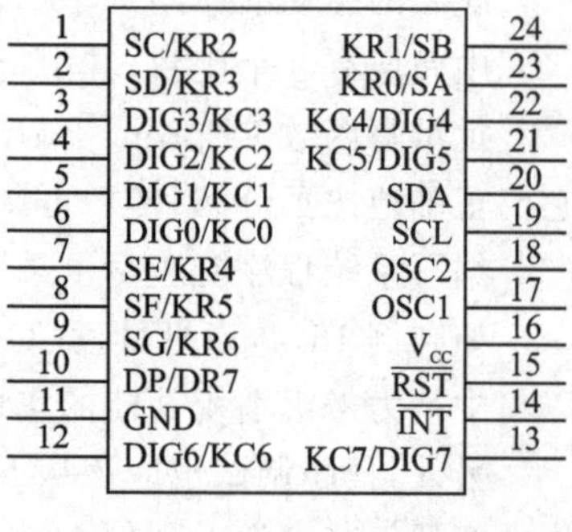

图 16-15 ZLG7290 引脚图

图 16-15 为 ZLG7290 的引脚图,相比 40 引脚的 8279,ZLG7290 只有 24 个引脚,减少了近 50%。这主要是由于 ZLG7290 只使用了 2 个引脚与控制器连接。图 16-16 是 ZLG7290 的典型应用电路。

在图中,U1 就是 ZLG7290B。为了使电源更加稳定,一般要在 Vcc 与 GND 之间接入 47～470 μF 的电解电容 CE1。J1 是 ZLG7290B 与微控制器的接口,按照 I²C 总线协议的要求,信号线 SCL 和 SDA 上必须分别加上拉电阻,其典型值是 10 kΩ。晶振 Y1 通常取值 4 MHz,调节电容 C3 和 C4 通常取值在 10 pF 左右。复位信号是低电平有效,一般只须外接简单的 RC 复位电路,也可以通过直接拉低RST引脚的方法进行复位。

数码管必须使用共阴极的,不能直接使用共阳极的。DPY1 和 DPY2 是 4 位联体式数码管,共同组成一个完整的 8 位 LED 显示。数码管在工作时要消耗较大的电流,R1~R8 是限流保护电阻,典型值为 270 Ω。如果要增大数码管的亮度,则可以适当减小电阻值,最低为 200 Ω。

　　64 只按键中,前 56 个按键是普通按键 K1~K56,最后 8 个为功能键 F0~F7。键盘电阻 R9~R16 的典型值是 3.3 kΩ。数码管扫描线和键盘扫描线是共用的,所以二极管 D1~D8 是必须的,有了它们就可以防止按键干扰数码管显示的情况发生。

　　在多数应用中,可能不需要太多的按键,这时可以按行或按列裁剪键盘。裁剪后,相应行的二极管或相应列的电阻可以省略。如果完全不使用数码管,则原来用到的所有限流电阻R1~R8也都可以省略,这时 ZLG7290B 消耗的电流会大大降低,典型值为 1 mA。

## 16.4.2　AVR 与 ZLG7290 的连接

　　ATmega16 与 ZLG7290 的硬件连接非常简单,将图 16-16 中 J1 上的 SCL、SDA 和 $\overline{INT}$ 分别与 ATmega16 的 PC0、PC1 和 PB2(外部中断 INT2 输入)连接,即可实现 ATmega16 与 ZLG7290 的 I²C 总线连接。ATmega16 为主机,ZLG7290 则作为从机。

　　ZLG7290 的 I²C 接口传输速率可达 32 kb/s,同时还可提供键盘中断信号 $\overline{INT}$,以提高主处理器的效率。

　　ZLG7290 本身也是采用动态扫描方式驱动 LED 显示及采样键盘的,它内部使用了 24 个寄存器,用于控制显示和记录键值等。访问这些寄存器需要通过 I²C 总线接口来实现。ZLG7290 的 I²C 总线器件地址是 70H(写操作)和 71H(读操作)。访问内部寄存器要通过"子地址"来实现。

　　有效的按键动作,普通键的单击和连击,以及功能键状态的变化,都会使 ZLG7290 的系统寄存器 SystemReg 中的 KeyAvi 位置 1,同时 $\overline{INT}$ 引脚信号有效,变为低电平。AVR 的键盘处理程序可由 $\overline{INT}$ 引脚低电平下降沿中断触发,以提高程序效率。也可以不使用 $\overline{INT}$ 引脚信号,节省 AVR 的一个 I/O 口,而采用轮询方式,定时访问 ZLG7290 系统寄存器中的 KeyAvi 位。

　　可通过 I²C 总线访问的 ZLG7290 内部寄存器地址范围为 00H~17H,任一寄存器都可按字节直接读/写,也可通过命令接口间接读/写,或按位读/写。ZLG7290 的 I²C 接口还支持自动增址功能(访问一寄存器后,寄存器子地址自动加 1)和地址翻转功能(访问最后一寄存器子地址 17H 后,寄存器子地址翻转为 00H)。ZLG7290 的控制和状态查询,全部都是通过读/写寄存器实现的。用户只需要像读/写 24C256 内的单元一样,即可实现对 ZLG7290 的控制,具体请参考 ZLG7290 指令详解部分。

　　由于篇幅所限,这里就不做进一步的程序设计介绍了,在本书共享资料中提供了 ZLG7290 全部开发资料和设计参考。只不过参考设计例程是 MCS-51 代码,需要

AVR单片机嵌入式系统原理与应用实践(第 3 版)

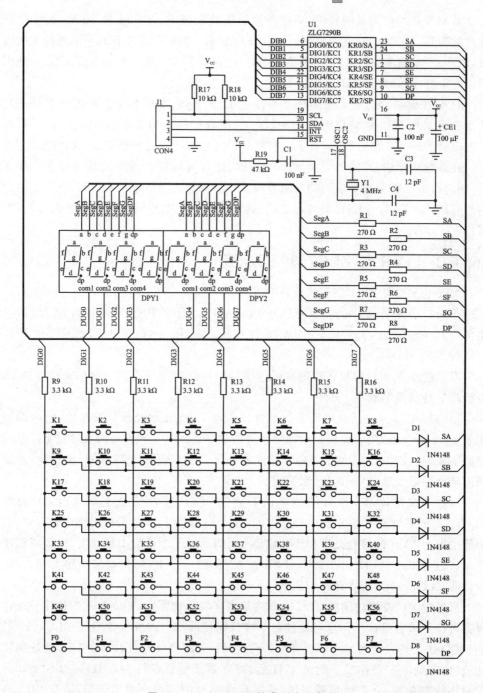

图 16 - 16　ZLG7290 的典型应用电路

读者转换成 AVR 的代码。

　　在本章中将 ZLG7290 作为最后的应用例子介绍,除了它是采用串行总线 I²C 接口的芯片,可作为本章 I²C 通信应用很好的实例练习外,还一个目的就是希望读者能深入地体会在单片机嵌入式系统的设计中硬件结构设计的重要性,以及逐渐掌握正确地处理硬件与软件之间的关系和协调。

如果在一个需要使用 20 个按键和 8 个 LED 数码管作为显示器的产品设计中,那么在下面的 4 种硬件设计方案中,你认为采用哪个最好? 各有哪些长处和不足?

➤ 直接使用 ATmega16 的 I/O 驱动 20 个按键和 8 个 LED 数码管。

➤ 采用第 12 章中介绍的方法,使用几片 74HC164、74HC165 串行扩展的 I/O 口驱动 20 个按键和 8 个 LED 数码管。

➤ 采用 Intel 8279 专用芯片。

➤ 采用 ZLG7290 专用芯片。

# 思考与练习

1. USART、SPI 和 I²C 都是串行总线,它们各自有哪些特点? 主要的应用范围有何不同? 三者中谁的速度最快?

2. 在图 16-11 和图 16-13 中有很多的 ACK 应答信号,请说明它们都是谁发出的? 代表什么含义?

3. I²C 总线的起始信号是谁发出的? 跟在起始信号后的第一个字节的数据又是谁发出的? 这个数据有什么含义和特点?

4. 为什么在 I²C 总线的 SDA 和 SCL 上要使用 2 个上拉电阻? 不用可以吗? 为什么?

5. 参照图 16-6,画出 AVR 的 TWI 向从机读取一个数据的处理过程分析图。

6. 如果系统中需要外部扩展 64 KB 的 EEPROM 存储器,而手头有 2 片 24C256,那么电路应该怎样连接? 本章例子中的低层接口程序能继续使用吗?

7. 在上题中,使用 2 片 24C256 和使用 1 片 24C512(64 KB 容量)都能扩展到 64 KB,但哪种方案更好些? 为什么(仅从软件设计角度考虑)?

8. 用软件模拟 I²C 接口和使用 TWI 硬件接口各有什么特点? 哪种方式简单? 谁的效率高? 要真正充分发挥出 TWI 的特点,软件设计应该采用什么样的结构? 请有兴趣的读者参看本章参考文献,尝试编写能够实现例 16.4 功能的测试程序。

9. 除了 I²C 的基本操作函数外,CVAVR 开发平台还提供了更多的专用器件的基本操作函数,请阅读 CVAVR 的参考资料,说明这些专用器件(实际上它们在实际应用中是经常使用的器件)的功能及接口方式。

10. ZLG7290 的功能实际上就是一个小型的单片机嵌入式系统的应用(如 PC 机的键盘),用一片单片机专门控制显示和键盘,并采用 I²C 接口连接,完全可以用一片 AVR 来实现。你能给出用一片 ATmega16 替代 ZLG7290 的设计方案(用 ATmega16 实现 ZLG7290 的功能)吗?

**本章参考文献:**

[1] ATMAL. ATmega16 数据手册(英文,共享资料). www. atmel. com.

[2] HP Info Tech. CVAVR 库函数介绍. pdf(中文,共享资料).

［3］ ATMAL. AVR 应用笔记 AVR315 avr_app_315. pdf(英文,共享资料). www. atmel. com.

［4］ ATMAL. AVR 应用笔记 AVR311 avr_app_311. pdf(英文,共享资料). www. atmel. com.

［5］ ATMAL. AVR 应用笔记 AVR318 avr_app_318. pdf(英文,共享资料). www. atmel. com.

［6］ ATMAL. AVR 应用笔记 AVR155 avr_app_155. pdf(英文,共享资料). www. atmel. com.

［7］ 马潮. ATmega128 原理与开发应用指南[M]. 北京：北京航空航天大学出版社,2005.

［8］ Microchip. 24LC256. pdf(英文,共享资料).

［9］ 广州周立功单片机发展有限公司. ZLG7290. pdf(中文,共享资料).

［10］ 广州周立功单片机发展有限公司. ZLG7290B 应用参考. pdf(中文,共享资料).

［11］ 比高公司. HD7279a. pdf(中文,共享资料).

［12］ Intel. Intel 8279. pdf(英文,共享资料).

# 第4篇　进入实战

# 第 17 章

## AVR 片内资源应用补遗

　　AVR 与传统类型的单片机相比,在结构体系、功能部件、性能和可靠性等多方面有很大的提高和改善。但有了更好的器件,只是为更好的系统设计与实现创造了一个好的基础和可能性。如果还采用和沿袭以前传统的硬件和软件设计思想和方法,则不能用好 AVR,甚至也不能真正了解 AVR 的特点和长处。功能越好的器件,就越需要具备更高技术和能力的人来使用和驾驭它。就像一部好的 F1 赛车,只有具备高超技术的驾驶员才能充分体会到车的特点,并能最大限度地发挥出车的性能。

　　AVR 具有入门快,开发简单、方便的特点,但要充分体会和发挥 AVR 的优点,还需要应用工程师本身的硬软件设计开发能力的不断学习、提高。

## 17.1　AVR 熔丝位的功能与配置

　　熔丝位是 ATMEL 公司 AVR 单片机的一个非常独特的性质。在每一种型号 AVR 的内部,都配备有一些特定含义的熔丝位,其特性表现如同可多次擦/写的 EE-PROM。AVR 片内这些熔丝位的使用相当重要,主要的作用和功能有:

　　➤ 配置芯片的工作环境和参数;

　　➤ 允许或禁止一些片内功能的使用;

　　➤ 内部资源的调整和状态的改动;

　　➤ 芯片的锁定加密等。

　　用户可以根据实际情况的需要,通过配置(编程)这些熔丝位,实现对 AVR 的一些性能、参数及 I/O 功能等进行再配置,使芯片更适合应用,发挥出最佳的性能。

　　对 AVR 的熔丝位进行配置是通过并行编程、ISP 编程,JTAG 编程等手段实现的。但是,不同的编程工具软件提供的对熔丝位的配置方式(指人机界面)是不同的。有的是通过直接填写熔丝位的值(如 CVAVR、PonyProg2000 等),有的则是通过列出表格进行选择(如 AVR Studio 和 BASCOM - AVR)。前者程序界面比较简单,但是需要用户在仔细查询数据手册后直接填写二进制或十六进制数,填写麻烦且容易出错。更重要的是,一旦错误配置了熔丝位,或操作错误,会引起一些意想不到的后果,例如造成芯片无法正常运行,无法再次进入 ISP 编程模式等。建议用户对 AVR 的熔丝位进行配置时,选择使用表格选择方式界面的编程软件,如 BASCOM - AVR。

## 17.1.1　AVR 熔丝位的正确配置

对 AVR 熔丝位的配置是一个细致的工作,用户往往由于不了解熔丝位的性质和作用,忽视它的重要性,从而在使用 AVR 的过程中造成一些不必要的麻烦。下面先对 AVR 熔丝位配置操作中的一些要点和需要注意的相关事项进行说明。有关 ATmega16 熔丝位的一些具体功能介绍和使用将在后面予以讲解。

(1) 在 AVR 的器件手册中,对熔丝位使用已编程(Programmed)和未编程(Unprogrammed)来定义熔丝位的状态。Unprogrammed 表示熔丝状态为"1"(禁止); Programmed 表示熔丝状态为"0"(允许),与通常的"1"代表允许,"0"代表禁止相反(实际上,熔丝位就是特殊的非易失性存储器,擦除后的状态为"1",故用"1"代表禁止)。因此,配置熔丝位的过程实际上就是:配置熔丝位为未编程状态"1",或为已编程状态"0"。

(2) 在使用通过选择打钩"√"方式确定熔丝位状态值的编程工具软件时,请首先仔细阅读软件的使用说明,弄清楚"√"表示设置熔丝位状态为"0"还是为"1"。

(3) 使用 CVAVR 开发环境中的编程下载工具时应特别注意,由于 CVAVR 编程下载界面初始打开时,系统内部把大部分熔丝位的初始状态设置为"1"状态,而不是芯片本身的实际配置情况,因此不要贸然使用其编程菜单中的 All 选项。All 选项的操作包括了清除芯片、下载程序、编程熔丝位的全部过程。如果此时使用 All 选项,则 CVAVR 会用自己熔丝位的初始状态定义来配置芯片的熔丝位,而实际上其往往并不是用户所需要的配置结果。如果要使用 All 选项,应先使用 Read→Fuse Bits 读取芯片中熔丝位实际状态后,再使用 All 选项。

(4) 新的 AVR 芯片在使用前,应首先查看它熔丝位的配置情况,再根据实际需要,进行熔丝位的配置,并将各个熔丝位的状态记录备案。

(5) AVR 芯片加密锁定后,通过编程口就不能读取芯片内部 Flash 和 EEPROM 中的程序和数据了,但熔丝位的状态仍然可以读取查看,只是不能修改配置。 AVR 芯片擦除命令的作用是将 Flash 和 EEPROM 中的数据清除,并同时将两位锁定位状态配置成"11",处于无锁定状态。但芯片擦除命令并不改变其他熔丝位的状态。

(6) 对熔丝位配置的正确操作过程是:在芯片无锁定状态下,下载运行代码和数据,配置相关的熔丝位,最后配置芯片的锁定位,加密锁定芯片。芯片被锁定后,如果发现熔丝位配置有误,则必须使用芯片擦除命令,先清除芯片中的数据并同时解除锁定,然后重新下载运行代码和数据,修改配置相关的熔丝位,最后再次配置芯片的锁定位。

(7) 使用 ISP 串行方式下载编程时,应配置 SPIEN 熔丝位为"0"。芯片出厂时, SPIEN 位的状态默认值为"0",表示允许 ISP 串行方式下载数据。只有该位处于编程状态"0"时,才可以通过 AVR 的 SPI 口进行 ISP 下载。如果该位被配置为未编程"1"后,则 ISP 串行方式下载数据立即被禁止,此时只能通过并行编程方式或 JTAG 编程方式,将 SPIEN 的状态重新设置为"0",才能再次使能 ISP。通常情况下,应保持 SPIEN 的状态为"0"。允许 ISP 编程并不会影响其引脚的功能,只是在硬件电路设计时,注意将 ISP 接口与其并接的器件进行必要的隔离,如使用串接电阻或短路跳线等。

(8) 如果系统不使用 JTAG 接口下载编程和进行实时的在线仿真调试,且 JTAG 接口的引脚需要作为 I/O 口使用,那么必须设置熔丝位 JTAGEN 的状态为"1"。芯片出厂时,JTAGEN 的状态默认为"0",表示允许 JTAG 接口,此时 JTAG 的外部引脚不能作为普通 I/O 口使用。当 JTAGEN 的状态设置为"1"后,JTAG 接口立即被禁止,此时只能通过并行方式或 ISP 编程方式才能将 JTAG 重新设置为"0",使能 JTAG。

(9) 一般情况下不要设置熔丝位,把 $\overline{RESET}$ 引脚定义成 I/O 使用(如设置 ATmega8 熔丝位 RSTDISBL 的状态为"0"),这样会造成 ISP 的下载编程无法进行。这是因为在进入 ISP 方式编程时前,需要将 $\overline{RESET}$ 引脚拉低,使芯片先进入复位状态。

(10) 使用内部集成有 RC 振荡器的 AVR 芯片时,要特别注意熔丝位 CKSEL 的配置。一般情况下,芯片出厂时 CKSEL 位的状态默认为使用内部 1 MHz 的 RC 振荡器作为系统的时钟源。如果使用外部振荡器作为系统时钟源,那么不要忘记首先正确配置 CKSEL 熔丝位;否则整个系统的定时就会出现问题。而当在设计中没有使用外部振荡器(或其他类型的外部振荡源)作为系统的时钟源时,千万不要误操作,或错误地把 CKSEL 熔丝位配置成使用外部振荡器(或其他不同类型的外部振荡源)。一旦这种情况产生,使用 ISP 编程方式则无法对芯片操作了(因为 ISP 方式需要芯片的系统时钟工作并产生定时控制信号),芯片看上去"坏了"。此时只有取下芯片使用并行编程方式,或使用 JTAG 方式(如果 JTAG 为允许且目标板上留有 JTAG 接口时)来解救了。另一种解救的方式是:尝试在芯片的晶体引脚上临时人为地叠加上不同类型的振荡时钟信号,一旦 ISP 可以对芯片操作,则立即将 CKSEL 配置成使用内部 1 MHz 的 RC 振荡器作为系统的时钟源,然后再根据实际情况重新正确配置 CKSEL。

(11) 当使用支持 IAP 的 AVR 芯片时,如果不使用 Bootloader 功能,注意不要把熔丝位 BOOTRST 设置为"0"状态,它会使芯片在上电时不是从 Flash 的开始(0x0000 单元)处开始执行程序。芯片出厂时,BOOTRST 位的状态默认为"1"。关于 BOOTRST 的配置及 Bootloader 程序的设计与 IAP 的应用,请参考本章提供的参考文献和其他相关介绍。

## 17.1.2　ATmega16 中重要熔丝位的配置

上一小节介绍了配置 AVR 熔丝位的要点和注意事项,本小节把在通常情况下使用 ATmega16 时,几个重要的熔丝位配置情况进行说明。

（1）CLKSEL［3：0］：用于选择系统的时钟源。有 5 种不同类型的时钟源可供选择（每种类型还有细的划分）。芯片出厂时的默认状态为 CLKSEL［3：0］和 SUT［1：0］分别是"0001"和"10"。即使用内部 1 MHz RC 振荡器，使用最长的启动延时。这保证了无论外部振荡电路是否工作，都可以进行最初的 ISP 下载。对于 CLKSEL［3：0］熔丝位的改写应十分慎重，因为一旦改写错误，就会造成芯片无法启动，见 17.1.1 小节第（10）点说明。

（2）JTAGEN：如果不使用 JTAG 接口，则应将 JTAGEN 的状态设置为"1"，即禁止 JTAG，将 JTAG 口的引脚作为 I/O 口使用。

（3）SPIEN：允许使用 SPI 口进行 ISP 下载数据和程序，默认状态为允许"0"。一般保留其状态。如果禁止该功能，就不能使用 ISP 方式下载编程，见 17.1.1 小节第（7）点说明。

（4）WDTON：WDT 定时器始终开启设置位。WDTON 默认为"1"，表示禁止WDT 始终开启。如果该位设置为"0"后，WDT 定时器就始终处在打开状态，不能被内部程序控制了。这是为了防止当程序跑飞时，未知代码通过写寄存器将 WDT 定时器关断而设计的（尽管关断 WDT 需要特殊的方式，但它保证了更高的可靠性）。

（5）EESAVE：执行擦除命令时是否保留 EEPROM 中的内容，默认状态为"1"，表示执行片内擦除命令时，EEPROM 中的内容和 Flash 中的内容一同被擦除。如果该位设置为"0"，则对程序进行下载前的擦除命令只会对 Flash 代码区有效，而对 EEPROM 区无效。这对于希望在系统更新程序时需要保留 EEPROM 中数据的情况下是十分有用的。

（6）BOOTRST：决定芯片上电启动时，第一条执行指令的所在地址。默认状态为"1"，表示启动时从 0x0000 开始执行。如果 BOOTRST 设置为"0"，则启动时从 Bootloader 区的起始地址处开始执行程序。Bootloader 区的大小由 BOOTSZ1 和 BOOTSZ0 决定，因此其首地址也随之变化。

（7）BOOTSZ1 和 BOOTSZ0：确定 Bootloader 区的大小及其起始的首地址。默认的状态为"00"，表示 Bootloader 区为 1 024 个字的大小，起始首地址为 0x1C00。

（8）推荐读者使用 ISP 方式配置熔丝位。配置工具选用 BASCOM - AVR（网上下载试用版，对 ISP 下载功能无限制）及与 STK200/STK300 兼容的下载电缆。

## 17.1.3　JTAG 口的使用与配置

40 引脚以上的 AVR 片内集成有一个符合 IEEE 1149.1 标准的 JTAG 接口。该 JTAG 接口实现了 3 个功能：生产过程中采用边界扫描功能对芯片进行检测；对芯片内部的非易失性存储器（Flash 和 EEPROM）、熔丝和锁定位进行编程；实现在片的实时仿真调试（On-chip Debugging）。

一个 JTAG 端口，也就是 JTAG 术语中的检测访问端口（Test Access Port，TAP）需要占用 4 个 AVR 单片机的引脚。在 ATmega16 上，JTAG 的 4 个端口与

PC 口中的 4 位使用相同的引脚（TDI/PC5、TDO/PC4、TMS/PC3 和 TCK/PC2），如果要使用 JTAG 口的功能，一旦设置 JTAG 接口处于使能状态，那么 PC[5：2]就不能作为通常的 I/O 口使用了，这就意味着减少了可用的 I/O 口线。因此，用户应该根据实际需要，正确设计、配置和使用 JTAG 口。

作为一般的用户，主要是将 JTAG 口用于程序下载和在片的实时仿真调试。本小节就这 2 种使用情况下 JTAG 口的配置和使用的注意点做些说明。

### 1. JTAG 口的控制

在 ATmega16 中，使用两个熔丝位（JTAG 使能 JTAGEN，OCD 使能 OCDEN）和 MCUCSR 寄存器中的 JTD 位对 JTAG 进行控制。其中 JTD 位可以由程序指令进行改变，而熔丝位则不能通过程序指令设置，只能采用编程下载方式修改。表 17-1 给出了 3 个控制位不同配置时的 JTAG 接口特性。

表 17-1　JTAG 口使能控制

| JTAGEN | OCDEN | JTD | LB2/LB1 | PC[5：2]功能 |
|---|---|---|---|---|
| 1 | x | x | x/x | I/O |
| 0 | 1 | 0 | x/x | JTAG（仅允许下载编程） |
| 0 | 1 | 1 | x/x | I/O |
| 0 | 0 | 0 | 1/1 | JTAG（允许下载和在片调试） |
| 0 | 0 | 0 | x/x | I/O |

注：芯片出厂时 JTAGEN＝0，OCDEN＝1。

根据表 17-1，用户应根据实际情况，先对相应的熔丝位进行正确的设置，然后在上电后的初始化程序中正确地改变 JTD 位的设置。

注意：JTD 控制位上电复位的初值是"0"，同时为了防止意外开启或关闭 JTAG 口，需要使用特定的指令操作时序对 JTD 进行设置：必须在 4 个时钟周期内对 JTD 位重复 2 次写入，才能将 JTD 标志位设置成所希望的值。

### 2. 不使用在片实时仿真调试功能

如果不使用 JTAG 的实时在片仿真调试功能，那么最好的选择就是使用 SPI 串口的编程下载方式，禁止 JTAG 口的所有功能。这样做的优点是，可以直接并可靠地使用 PC[5：2]口的 I/O 功能，而不必考虑 JTD 的设置和影响。此时只要先将熔丝位 JTAGEN 配置为"1"，禁止 JTAG 功能即可。

如果必须使用 JTAG 口编程下载程序，不使用在片调试功能，则通过下面的转换也能实现：

➢ 设置 JTAGEN 为"0"，OCDEN 为"1"，仅使能 JTAG 口的编程功能。

➢ 用户程序应在上电后立即将 JTD 位设置为"1"，禁止 JTAG 口，使能 PC[5：2]的 I/O 口功能。

这样,芯片在随后的运行中仍可将 PC[5∶2]作为 I/O 口使用。

### 3. 使用 JTAG 的在片调试功能

如果需要使用 JTAG 口的在片实时仿真调试功能,那么在硬件设计时不要将 PC[5∶2]与其他器件连接,应保留它们作为调试专用接口。这是因为当 JTAG 口使能后,这 4 个引脚已经不具备通用 I/O 的功能了。

此时应设置 JTAGEN 为"0",OCDEN 为"0",使能 JTAG 的全部功能。

总之,一旦使用了 JTAG 口,它就和 PC[5∶2]的 I/O 功能产生冲突和矛盾。如果一定要使用 JTAG 口(主要是考虑有些人依赖在片实时仿真调试手段),那么在系统设计时应尽量考虑不使用 PC[5∶2]的 I/O 功能,以损失 4 个引脚资源的代价,换取使用在片实时仿真调试的保留。

## 17.1.4  提高系统可靠性的熔丝位配置

### 1. 正确使用 BOD 功能

AVR 芯片硬件本身有对系统电压进行检测的功能,一旦系统电压低于设定的门限电压后,AVR 将自动停止正常运行,进入复位状态。当系统电压稳定恢复到设定的门限电压之上时,将再次启动运行(相当一次掉电再上电的 RESET)。

作为一个正式的系统或产品,当系统基本功能调试完成后,一旦进行现场测试阶段,请注意马上改写熔丝位的配置,启用 AVR 的电源检测(BOD)功能。对于 5 V 系统,设置 BOD 电平为 4.0 V;对于 3 V 系统,设置 BOD 电平为 2.7 V。然后允许 BOD 检测。这样,一旦 AVR 的供电电压低于 BOD 电平,AVR 就进入 RESET(不执行程序了);而当电源恢复到 BOD 电平以上时,AVR 才正式开始从头执行程序,以保证系统的可靠性。

AVR 是宽电压工作的芯片,例如在一个 5 V 的电子系统中,当电压跌至 2.5 V 时,AVR 本身还能工作,还在执行指令程序,但这时出现 2 个可怕的隐患:

> 2.5 V 时,外围芯片工作可能已经不正常了,而且逻辑电平严重偏离 5 V 标准,AVR 读到的信息不正确,造成程序的执行发生逻辑错误(不是 AVR 本身的原因)。

> 当电源再下降到一个临界点(如 2.4 V)时,并且在此抖动,使 AVR 本身的程序执行不正常,取指令、读/写数据都可能发生错误,从而造成程序乱飞、工作不稳定。

由于 AVR 本身具有对片内 Flash、EEPROM 写操作指令,在临界电压附近,芯片工作已经不稳定了,硬件的特性也是非常不稳定的,所以在这个时候,一旦程序跑飞,就有可能破坏 Flash 和 EEPROM 中的数据,进而使系统受到破坏。

典型的故障现象有以下 2 种:

(1) Flash 或 EEPROM 中的数据突然被破坏,系统不能正常运行,需要重新下载程序。

（2）电源关闭后立即上电，系统不能运行，而电源关闭后，等一段时间再上电，系统就可以正常工作。另外，可以通过频繁、短促、连续不断的通电/断电实验进行检测。

实际上，任何的单片机系统都会出现这样的问题，因此在许多的系统中，需要使用专门的电源电压监测芯片来防止这样的情况出现。AVR 的 BOD 功能就是起到对电源电压进行监测作用。

因此，不管 AVR 是在 5 V 系统还是在 3 V 系统中，设置 BOD 电平门限为 2.7 V，并开启 BOD 功能，对于系统可靠性的提高绝对是有利无害的。

### 2. 正确选择合适的延时启动时间

延时启动的概念是：当 AVR 启动后，并不马上去读取代码执行指令，而是延时一定的时间后再开始指令的读取和执行。在下面 2 类情况时，应该设置使用较长的延时启动时间：

➢ 系统电源负荷较大或电源系统中有大容量电容需要充电，使得电源电压上升到标称值的时间较长。

➢ 系统中使用专用的模块器件，这些模块上电后，其内部的控制单元需要一定的时间初始化（如字符 LCD 模块上电后本身需要 10 ms 左右的初始化时间），然后才能正常工作。

AVR 在 3 V 就能正常运行，而且速度也比较快，如果外部器件和模块上电后不能马上正常工作，那么 AVR 开始部分的工作（通常这时所做的是这些对外部器件和模块进行初始化的内容）就不起作用了，造成系统的不稳定。因此在这种情况下，应正确地配置 AVR 的熔丝，选择使用长的延时启动时间。这样的话，尽管 AVR 马上进入了工作状态，但还需要经过设定的延时启动时间后，再开始正式读取指令运行。这个延时启动时间的选择，应该保证系统中其他模块都能进入了正常工作状态。

通过 AVR 熔丝位可配置的最长延时启动时间达到 65 ms，可以满足大多数的系统应用需求。实际上，总是使用最长延时启动时间，对于系统可靠性的提高也有利无害的。

典型的故障现象如下：5 V 系统，主控使用 AVR，外接字符 LCD 模块用于显示。系统完成后，发现在多数情况下系统工作正常，但发现有时开机后，LCD 无显示，重新再开机又正常了。重新配置熔丝位，设置 BOD 为 4 V，使用长延时启动时间 65 ms，故障解决。

### 3. 正确配置和使用 CKOPT 熔丝位

CKOPT 是一个比较特殊的熔丝位，在选择使用不同的系统时钟源时，CKOPT 的状态有不同的意义。在实际的产品设计应用中，通常是选择使用在引脚 XTAL1 和 XTAL2 上外接由石英晶体并配合片内的 OSC(Oscillator)振荡电路构成的振荡源。在这种情况下，CKOPT 的作用是控制片内 OSC(Oscillator)振荡电路的振荡幅度：CKOPT 为"1"时，振荡电路为半幅振荡；CKOPT 为"0"时，振荡电路为全幅振荡。

当使用的系统时钟频率较高(>8 MHz)或要求抗干扰能力强(工作环境干扰多)时,应该设置 CKOPT 为"0"。这样可以保证系统时钟的稳定,不容易受到外界的影响。在系统时钟频率较低(<2 MHz)时,可以考虑将 CKOPT 设置为"1"(出厂默认状态),这样可以减少电流的消耗。

## 17.1.5　片内 WDT 的应用

WDT 俗称"看门狗",它实际是一个独立的硬件定时/计数器,当它的计数值计满溢出时,会输出一个脉冲信号。在使用 WDT 的系统中,通常将 WDT 的溢出输出信号与微控制器的 $\overline{\text{RESET}}$ 引脚连接,同时在软件设计中,必须保证程序每隔一定的时间(此时间应小于 WDT 溢出时间)输出一个清 0 WDT(俗称"喂狗")信号,防止WDT 的溢出(见图 17-1)。

在程序正常运行过程中,由于不停地定时"喂狗",因此 WDT 永远不会溢出,不会产生输出信号。当程序运行发生故障时,例如进入死循环或跑飞,就不能"喂狗"了,此时 WDT 还在不停地计数,到达溢出后,输出的信号将微控制器复位。复位后的微控制器则重新启动,开始执行系统程序。WDT 就是采用这种方式,自动将"死"掉的系统"救"活了。

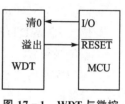

图 17-1　WDT 与微控制器的连接

WDT 只是在一定程度上提高了系统的可靠性,因为它并不能防止程序跑飞和出现问题,其作用只是能在短时间内(1 s 左右)就将出现问题的系统自动重新启动,使其恢复正常。

在实际应用中,WDT 也是作为一个能提高系统可靠性的手段在设计中使用。市场上有专用的 WDT 器件,以配合那些无 WDT 功能的微控制器使用。而 AVR 已经将 WDT 集成在片内了,不需要外部扩展,使用非常方便。

### 1. 硬件结构

AVR 的 WDT 是一个独立的、可控的硬件定时/计数器。它由片内一个独立的振荡器提供计数脉冲,在 $V_{CC}$ = 5 V 时,典型的计数频率为 1 MHz。通过设置 WDT 配备的预分频器,可以更改 WDT 的溢出复位间隔时间。AVR 有专用的 WDT 清 0 指令——WDR,其作用是对 WDT 定时器进行清 0。当 WDT 被禁止或 MCU 复位

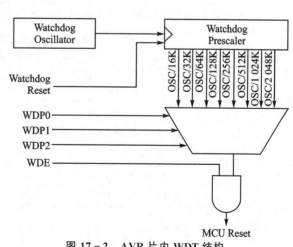

图 17-2　AVR 片内 WDT 结构

时,WDT 计数器也清 0。若 WDT 定时器定时时间到,而且没再执行 WDT 定时器清 0 指令 WDR,AVR 将进入复位状态。复位启动后,从系统复位向量开始执行程序。

　　用户程序必须按照一个特定的关断顺序来禁止 WDT 定时器,以防止意外地关闭 WDT。图 17-2 为 WDT 结构图。

## 2. WDT 控制寄存器 WDTCR

　　ATmega16 的 WDT 控制寄存器 WDTCR 用于对 WDT 定时器进行控制和设定,每一位的定义如下:

| 位 | 7 | 6 | 5 | 4 | 3 | 2 | 1 | 0 | |
|---|---|---|---|---|---|---|---|---|---|
| $21($21$0041) | — | — | — | WDTOE | WDE | WDP2 | WDP1 | WDP0 | WDTCR |
| 读/写 | R | R | R | R/W | R/W | R/W | R/W | R/W | |
| 复位值 | 0 | 0 | 0 | 0 | 0 | 0 | 0 | 0 | |

➤ 位[7：5]——Res:保留位。只读,为"0"。

➤ 位 4——WDTOE:对 WDTCR 操作允许标志位。当要禁止(关闭)WDT 时,该位必须置 1;否则,WDT 将不会禁止。一旦 WDTOE 置 1 后,则硬件在 4 个时钟周期后自动将该位清 0。另外,当重新设定 WDT 定时器的预置分频器参数时,WDTOE 也必须先置 1。

➤ 位 3——WDE:WDT 允许标志位。当 WDE 位为"1"时,使能 WDT 定时器;当 WDE 为"0"时,WDT 定时器功能禁止。清 0 WDE 的操作,必须在 WDTOE 置 1 后的 4 个时钟周期内完成。因此,如果要禁止 WDT,则必须按照以下特定的关断操作顺序,以防止意外地关闭 WDT 定时器。

　－在一个操作中,同时置 1 WDTOE 和 WDE,即使 WDE 原先已经为"1",也必须对 WDE 写"1"。

　－在随后的 4 个时钟周期内,写"0"到 WDE,禁止 WDT 定时器。

➤ 位[2：0]——WDP[2：0]:WDT 定时器预分频器设置位。WDP[2：0]用于设定 WDT 的复位时间间隔,如表 17-2 所列。

表 17-2　WDT 定时器预分频选择

| WDP2 | WDP1 | WDP0 | WDT 脉冲数 | 典型溢出时间($V_{CC}=3.0$ V) | 典型溢出时间($V_{CC}=5.0$ V) |
|---|---|---|---|---|---|
| 0 | 0 | 0 | 16K(16 384) | 17.1 ms | 16.3 ms |
| 0 | 0 | 1 | 32K(32 768) | 34.3 ms | 32.5 ms |
| 0 | 1 | 0 | 64K(65 536) | 68.5 ms | 65 ms |
| 0 | 1 | 1 | 128K(131 072) | 0.14 s | 0.13 s |
| 1 | 0 | 0 | 256K(262 144) | 0.27 s | 0.26 s |
| 1 | 0 | 1 | 512K(524 288) | 0.55 s | 0.52 s |
| 1 | 1 | 0 | 1024K(1 048 576) | 1.1 s | 1.0 s |
| 1 | 1 | 1 | 2048K(2 097 152) | 2.2 s | 2.1 s |

### 3. 对 WDTCR 操作的规定顺序

在用户程序中,可以通过对 WDT 控制寄存器 WDTCR 的控制来启动或禁止 WDT 功能,以及修改 WDT 的溢出时间。但由于 WDT 的特殊性和重要性,为了防止意外地关闭 WDT 定时器或改动溢出时间,因此对 WDTCR 的操作必须按照以下特定的操作顺序:

① 首先必须要将 WDTOE 设置为"1",允许对 WDTCR 的写操作。

② 在设置 WDTOE 为"1"后的 4 个系统时钟时间内,修改 WDCR 的内容。

③ 在设置 WDTOE 为"1"后的 4 个系统时钟时间后,硬件自动将 WDTOE 清 0,禁止对 WDTCR 的操作。

下面的汇编和 C 语言子程序代码,给出了禁止(关断)WDT 定时器的特定操作顺序。这里假定全局中断响应已经关闭。

#### 1) 汇编语言代码

```
WDT_off:
;复位 WDT
WDR
;向 WDTOE 和 WDE 写逻辑"1"
in r16, WDTCR
ori r16, (1 ≪ WDTOE)|(1 ≪ WDE)
out WDTCR, r16
;关闭 WDT
ldi r16, (0 ≪ WDE)
out WDTCR, r16
ret
```

#### 2) C 语言代码

```
void WDT_off(void)
{
    /* 复位 WDT */
    _WDR();
    /* 向 WDCE 和 WDE 写逻辑"1" */
    WDTCR |= (1 ≪ WDTOE)|(1 ≪ WDE);
    /* 关闭 WDT */
    WDTCR = 0x00;
}
```

### 4. 正确配置和使用 WDT 定时器

一旦系统中使用了 WDT,建议将熔丝位 WDTON 设置在"0"状态,此时 WDT 在上电后就会始终处于工作状态,即使使用指令也不能将 WDT 禁止。这样就可以防止由于程序跑飞或其他某种原因而产生未知代码将 WDT 定时器关断的情况出现。尽管禁止 WDT 的程序处理是一个特殊的操作过程,主要就是为了防止意外地关闭 WDT,但不是 100% 的可靠,而使用 WDTON 可以确保 WDT 一直处于工作状态。

一旦使用 WDT,在系统程序的设计中要特别注意"喂狗"的处理。要保证在任何情况下,2 次"喂狗"之间的时间间隔小于所设定的 WDT 溢出复位定时时间。

读者必须要明白的是,WDT 只能作为一种最后的辅助手段使用,而最重要的提高系统稳定性和抗干扰性的方法,还是基于硬件电路本身的设计保证和良好的软件设计。

# 17.2　片内 EEPROM 的应用

AVR 片内多集成一定容量的 EEPROM 数据存储器,它们组成一个单独的非易失性数据存储器空间,与 Flash 程序存储器空间和 SRAM 数据存储器空间相互独立。EEPROM 数据存储器空间的读/写是以字节为单位的,EEPROM 的使用寿命至少为 10 万次的擦/写次数。

AVR 使用专用的指令实现对 EEPROM 的访问操作,此外,通过 SPI、JTAG 以及并行编程方式也能对 EEPROM 的读出和编程写入。

ATmega16 片内含有 512 字节的 EEPROM,用户可以使用片内的 EEPROM 来保存系统的一些固定的数据、参数等,不但省去了外挂芯片的麻烦,使用也非常方便。

## 17.2.1　EEPROM 的读/写访问操作

AVR 采用芯片内部可校准的 RC 振荡器的 1 MHz(与 CKSEL 的状态无关)作为访问 EEPROM 的定时时钟。EEPROM 编程使用 8448 个周期,典型值为 8.5 ms。尽管 AVR 采用严格的时序对 EEPROM 进行操作,但在实际使用中还是会出现 EEPROM 数据被破坏的情况。其造成的原因主要有:

> 系统电源刚上电后,系统时钟尚未稳定,或电压还没有处于稳定状态,程序已开始对 EEPROM 进行操作;
> 程序正在对 EEPROM 操作时系统突然掉电;
> 程序正在对 EEPROM 操作时突然被中断打断,造成对 EEPROM 操作时序的破坏;
> 软件跑飞。

其实有些情况将不可避免地造成对 EEPROM 数据的破坏,例如当程序在向 EEPROM 中写入一个 long 型的数据(要连续写 4 字节)时,刚刚写完 1 字节后系统突然断电,或被其他的中断打断,那么后 3 字节就无法正确写入了,这就破坏了 EEPROM 中的数据。这种情况就是使用外挂的 EEPROM 芯片也是无法避免的,只能通过在硬件上增加电源掉电预检测电路并配合软件解决。

在一般的情况下,应该采取以下一些措施防止 EEPROM 数据被破坏:

- 通过对熔丝位 BODLEVEL 和 BODEN 的配置,正确选择芯片的掉电检测门限电压(4.0 V/2.7 V),并允许 BOD 功能,使得当系统电压低于门限电压值时,使 AVR 不工作(上电)或立即停止工作(掉电)。

- 通过对熔丝位 SUT[1:0]和 CKSEL[3:0]的配置,正确选择芯片的系统时钟源的工作模式,以及上电启动到开始执行程序的延时时间,使得系统电源上电必须达到稳定后 AVR 再开始运行。这是因为在很多情况下,系统程序往往一开始就需要读取EEPROM中的数据,并进行设备初始化设置。

- 当 EEPROM 中有多余的空间时,可考虑使用双重备份数据的方法,或对写入的数据增加校验字节等。

- 对 EEPROM 进行操作时,应尽量关闭中断响应。

## 17.2.2　寄存器描述

下面是ATmega16 中与 EEPROM 相关的寄存器描述,使用 AVR 指令访问 EE-PROM 是通过 I/O 空间的寄存器实现的。

### 1. EEPROM 地址寄存器 EEARH 和 EEARL

寄存器 EEARH 和 EEARL 各位定义如下:

| 位 | 15 | 14 | 13 | 12 | 11 | 10 | 9 | 8 | |
|---|---|---|---|---|---|---|---|---|---|
| $1F($1003F) | — | — | — | — | — | — | — | EEAR8 | EEARH |
| $1E($1003E) | EEAR7 | EEAR6 | EEAR5 | EEAR4 | EEAR3 | EEAR2 | EEAR1 | EEAR0 | EEARL |
| 位 | 7 | 6 | 5 | 4 | 3 | 2 | 1 | 0 | |
| 读/写 | R | R | R | R | R | R | R | R/W | |
| 读/写 | R/W | R/W | R/W | R/W | R/W | R/W | R/W | R/W | |
| 复位值 | 0 | 0 | 0 | 0 | 0 | 0 | 0 | x | |
| 复位值 | x | x | x | x | x | x | x | x | |

- 位[15:9]——保留位。读出始终为"0"。

- 位[8:0]——EEAR[8:0]:EEPROM 地址位。

EEPROM 地址寄存器(EEARH 和 EEARL)指定了 512 字节的 EEPROM 空间的地址。EEPROM 地址空间是线性排列的,从 0 到 511。系统初始时,EEAR 中的值是不确定的,因此在读取 EEPROM 前必须写入一个正确的地址值。

### 2. EEPROM 数据寄存器 EEDR

寄存器 EEDR 各位的定义如下:

| 位 | 7 | 6 | 5 | 4 | 3 | 2 | 1 | 0 | |
|---|---|---|---|---|---|---|---|---|---|
| $1D($1003D) | MSB | | | | | | | LSB | EEDR |
| 读/写 | R/W | R/W | R/W | R/W | R/W | R/W | R/W | R/W | |
| 复位值 | 0 | 0 | 0 | 0 | 0 | 0 | 0 | 0 | |

- 位[7:0]——EEDR[7:0]:EEPROM 数据位。写 EEPROM 操作时,EEDR 寄存器包含了将要写入 EEPROM 中的数据,EEAR 寄存器给出其地址;读

EEPROM 操作时,EEAR 寄存器为指定的地址,读出的数据在 EEDR 寄存器中。

### 3. EEPROM 控制寄存器 EECR

寄存器 EECR 各位的定义如下:

| 位 | 7 | 6 | 5 | 4 | 3 | 2 | 1 | 0 | |
|---|---|---|---|---|---|---|---|---|---|
| $1C($003C$) | — | — | — | — | EERIE | EEMWE | EEWE | EERE | EECR |
| 读/写 | R | R | R | R | R/W | R/W | R/W | R/W | |
| 复位值 | 0 | 0 | 0 | 0 | 0 | 0 | X | 0 | |

➤ 位[7∶4]——保留位。读出始终为"0"。

➤ 位 3——EERIE:EEPROM 准备好中断允许位。如果 SREG 寄存器中的 I 位为"1",置位 EERIE 将使能 EEPROM 准备好中断;清 0 EERIE 则将屏蔽该中断。只要 EEWE 位清 0,EEPROM 准备好中断申请就会产生。

➤ 位 2——EEMWE:EEPROM 主机写入允许位。EEMWE 位决定当设置 EE-WE 位为"1"时,是否导致 EEPROM 被写入。当 EEMWE 为"1"时,在 EEWE 为"1"的 4 个时钟周期内,将写数据到指定的地址;当 EEMWE 为"0"时,设置 EEWE 为"1"不能触发写EEPROM的操作。当 EEMWE 被软件设置为"1"的 4 个时钟周期后,硬件自动清 0 该位。

➤ 位 1——EEWE:EEPROM 写允许位。EEWE 位作为 EEPROM 的写触发。当地址和数据被正确设置后,EEWE 位必须写入"1",启动数据写入到 EEP-ROM 的内部操作。在置 EEWE 为"1"前,EEMWE 位必须为"1"(使能主机写 EEPROM);否则不能触发写 EEPROM 的操作。因此,写数据到 EEP-ROM 应该遵守以下顺序(其中③和④不是必需的):

① 等待 EEWE 位变为"0";

② 等待 SPMCSR 寄存器中的 SPMEN 位变为"0";

③ 写新的 EEPROM 地址到寄存器 EEAR(可选);

④ 写新的 EEPROM 数据到寄存器 EEDR(可选);

⑤ 写逻辑"1"到 EEMWE 位,并同时写"0"到 EEWE 位;

⑥ 在置 1 EEMWE 位后的 4 个时钟周期内,写逻辑"1"到 EEWE 位。

EEPROM 的编程操作不能在 CPU 写 Flash 存储器过程中进行。在开始一个 EEPROM写入前,软件必须检验 Flash 编程是否已经完成。步骤②只适合当程序包含引导加载时,允许 CPU 对 Flash 编程。如果 CPU 从不更新 Flash,则步骤②可以省略。

注意:在步骤⑤和步骤⑥之间发生中断将使写入过程失败,这是由于 EEPROM 主机写入允许(EEMWE)超时。例如一个中断程序访问 EEPROM 打断了另一个对EEPROM的访问,EEAR 或 EEDA 寄存器的值将被改变,导致被中断的 EEPROM 访问操作失败。因此建议在所有以上步骤中清 0 全局中断允许标志位。

当写 EEPROM 操作所需的时间过后,EEWE 位将被硬件自动清 0。用户程序可以轮询 EEWE 标志等待其变为"0"。当 EEWE 置 1 后,CPU 暂停 2 个时钟周期,然后再执行下一条指令。

➤ 位 0——EERE:EEPROM 读允许位。EEPROM 读允许标志用于启动读取 EEPROM 的操作。当 EEAR 寄存器设置了正确的地址后,向 EERE 位写入逻辑"1",启动触发EEPROM的读取操作。EEPROM 的读取访问只需要一个指令的时间,可立即获得访问地址的数据。但当读取 EEPROM 时,CPU 将暂停 4 个时钟周期,然后再执行下一条指令。

在开始读取 EEPROM 前,用户程序应该轮询 EEWE 标志位,如果一个写 EEPROM 的操作正在进行,那么此时既不可以读 EEPROM,也不可以改变 EEAR 寄存器内容。

### 4. 在掉电休眠模式中写 EEPROM

在写 EEPROM 的过程中,系统可能会进入掉电休眠模式,此时写数据的工作不会停止,直到写入完成。但此后晶振仍然处于工作状态,系统不会完全进入掉电模式,所以建议在进入掉电模式前完成对 EEPROM 的写入工作。

### 5. 防止 EEPROM 的误写入

当系统电压 $V_{cc}$ 过低时,会导致 CPU 和 EEPROM 存储器无法正常工作,从而造成 EEPROM中的内容被破坏。形成这种情况的原因有:系统电压低于常规的 EEPROM 写操作所需的最低电压;或系统电压低于CPU 执行指令所需的最低电压,引起 CPU 非正常执行指令。

通过以下这些措施可以避免和防止 EEPROM 被破坏:

➤ 当电源电压不足时,保持 AVR 的复位为有效(低电平)。

➤ 如果工作电压与 BROWN-OUT 检测电压相匹配,则使能芯片内部 BROWN-OUT 检测器;如果不匹配,则使用外部低电压复位保护电路。

➤ 如果在 EEPROM 写操作过程中出现了复位信号,则在电源电压有效时,CPU 将在完成该次写操作后进入复位状态。

## 17.2.3　简单的读/写 EEPROM 例程

下面给出读/写 EEPROM 的例程。在例程中,假定中断已经屏蔽,在读/写 EE-PROM 期间不响应任何的中断;同时,没有对 Flash 程序存储器写的操作。

### 1. 写 EEPROM

#### 1) 汇编程序代码

```
EEPROM_write:
;等待前面的写操作完成
sbic EECR,EEWE
rjmp EEPROM_write
;设置地址寄存器中地址(r18:r17)
out EEARH, r18
out EEARL, r17
;向数据寄存器写数据(r16)
out EEDR,r16
;置 EEMWE 为"1"
sbi EECR,EEMWE
;根据 EEWE 的设置,启动 EEPROM 写操作
sbi EECR,EEWE
ret
```

### 2) C 程序代码

```
    void EEPROM_write(unsigned int uiAddress, unsigned char ucData)
{
    /* 等待前面的写完成 */
    while(EECR & (1 << EEWE));
    /* 设置地址和数据寄存器 */
    EEAR = uiAddress;
    EEDR = ucData;
    /* 置 EEMWE 为"1" */
    EECR |= (1 << EEMWE);
    /* 根据 EEWE 的设置,启动 EEPROM 写操作 */
    EECR |= (1 << EEWE);
}
```

## 2. 读 EEPROM

### 1) 汇编程序代码

```
EEPROM_read:
;等待前面的写完成
sbic EECR,EEWE
rjmp EEPROM_read
;设置地址寄存器中的地址(r18:r17)
out EEARH, r18
out EEARL, r17
;根据 EERE 的设置,启动 EEPROM 读操作
sbi EECR,EERE
从数据寄存器读数据
in r16,EEDR
ret
```

**2) C 程序代码**

```
unsigned char EEPROM_read(unsigned int uiAddress)
{
    /*等待前面的写完成*/
    while(EECR & (1 << EEWE));
    /*设置地址寄存器*/
    EEAR = uiAddress;
    /*根据 EERE 的设置,启动 EEPROM 读操作*/
    EECR |= (1 << EERE);
    /*从数据寄存器返回数据*/
    return EEDR;
}
```

## 17.2.4　高级语言开发环境中使用 EEPROM

在高级语言中使用 EEPROM,需要参考和按照所使用语言环境的规定方法。在不同的开发环境中,考虑到操作 EEPROM 的特殊性,会提供一些系统对 EEPROM 操作的内部基本函数或方法,用户可以直接、简单地使用。

### 1. 在 ICCAVR 中使用 EEPROM

在 ICCAVR 中使用 EEPROM 的简便方法是直接使用 ICCAVR 提供的通用函数和宏,在使用之前要包含 eeprom.h 头文件:#include "eeprom.h"。在 eeprom.h 中,ICCAVR 提供了 2 个通用的对 EEPROM 操作的函数和宏:

```
void EEPROMReadBytes(int addr,void * ptr,int size);
void EEPROMWriteBytes(int addr,void * ptr,int size);
#define EEPROM_READ(addr,dst)    EEPROMReadBytes(addr,&dst,sizeof(dst))
#define EEPROM_WRITE(addr,dst)   EEPROMWriteBytes(addr,&dst,sizeof(dst))
```

用户在程序中可以直接使用上面定义的函数读/写 EEPROM:

```
EEPROM_READ(int location,object)
EEPROM_WRITE(int location,object)
```

### 2. 在 CVAVR 中使用 EEPROM

在 CVAVR 中使用关键字 eeprom 来定义在 EEPROM 中的变量,定义的 EEP-ROM 变量必须是全局的,使用更为简洁,例如:

```
//在 eeprom 中定义全局变量
eeprom int alfa = 1;
eeprom unsigned char beta;
eeprom long array1[5];
eeprom unsigned char string[] = "Hello";
```

AVR单片机嵌入式系统原理与应用实践(第3版)

```
void main(void)
{
    int i;
    int eeprom * ptr_to_eeprom;          //定义指向 EEPROM 的指针 ptr_to_eeprom
    alfa = 0x55;                         //直接向 EEPROM 中变量赋值
    ptr_to_eeprom = &alfa;               //取 EEPROM 变量 alfa 的地址
    * ptr_to_eeprom = 0x55;              //通过指针间接赋值
    i = alfa;                            //直接读取 EEPROM 变量的值
    i = * ptr_to_eeprom;                 //间接读取 EEPROM 变量的值
}
```

指向 EEPROM 的指针为 16 位的 int 型。源程序编译后,EEPROM 中的初始化数据生成扩展名为.eep 的文件,作为下载到 EEPROM 的初始化数据文件。

如果在系统程序中使用了 EEPROM 变量,并且在定义变量时就赋予了初值,那么在编程下载程序执行代码到 AVR 中时,不要忘记还要将.eep 文件写入到 EEP-ROM 中;否则EEPROM中的变量是没有初始设定值的。定义在 Falsh 中变量的初始值也是在编译过程中生成的,但它实际上是程序代码的一部分,下载时直接写入 Flash 中。定义在 RAM 中变量的初始值则是通过 AVR 执行程序指令设定的,所有的高级语言环境都会生成一段初始化代码程序(非用户编写的),其中包含对内存变量的初始化赋值。

# 17.3　外部并行扩展接口

## 17.3.1　关于单片机嵌入式系统的并行接口扩展问题的讨论

并行接口的概念可以说已经在大家的脑海里根深蒂固了,在最先进入计算机硬件世界的基础课程中,如"微型计算机原理与应用",主要建立的就是并行接口概念:8086 CPU 的 16 位数据总线和 20 位地址总线;复用的数据/地址总线如何实现分离,变成系统总线;在系统总线上如何挂接并行接口的 RAM、ROM 和并行接口的外部器件 8255、8253、8279 等,这些全部是基于并行总线上搭建起来的。

在 20 世纪的 70、80 年代,由于当时的 RAM 存储器价格和尺寸的限制,那个时期推出的 8 位单片机仍然保留了并行总线外扩的架构:将 CPU 的数据/地址总线引到芯片的引脚上,在外围用锁存器将数据/地址总线分离成系统总线,这样就能在外面扩展 RAM、ROM 等其他的并行接口器件了。最典型的例子就是标准结构的 MCS-51 单片机。

因此,在所有以 MCS-51 为主线,介绍和讲解单片机嵌入式系统应用的教材、参考书籍等资料中,外部的扩展基本上是以并行为主的。

但随着技术的飞速发展,以及各种新型数据传输接口技术的出现和器件的推出,标准 MCS-51 的数据通信和系统扩展的能力开始显得捉襟见肘,这主要是由于 MCS-51 本身采用的是基于 8 位并行总线组建系统的特点所决定的。

回顾 MCS-51 的出现,由于受到当时技术水平的限制,也只能采用并行总线的外扩方式,其主要的原因是:

> 需要外部扩展 RAM、ROM。MSC-51 内部没有程序存储器,片内的 RAM 也只有 128 字节。

> 当时的主流外围设备都是 8 位并行接口的器件。

但基于 8 位并行总线的系统在实际应用中暴露出了明显的缺点:

> 线路太多,PCB 板布线麻烦,容易出错;

> 占用面积太大,成本高;

> 由于长长的、大量的并行总线暴露在芯片外面,非常容易受到干扰,大大降低了系统的稳定性和可靠性。

为了解决以上问题,首先人们将重要的 ROM 集成到芯片内部(如 ATMEL 公司推出的有名的 89C51),这是因为 CPU 读到的程序出错时,系统肯定崩溃了。随后人们在 MCS-51 上进行不断改进,推出了各种类型的 51 兼容的芯片,其中的主要目的之一就是克服并行总线的不足,适应以串行总线为主外扩的技术发展趋势。因此在当前单片机嵌入式系统中,外围器件接口技术发展的一个重要趋势,就是由并行外围总线接口为主朝着以串行外围总线接口为主的转变。

采用串行总线方式为主的外围扩展技术具有方便、灵活,电路系统简单,占用 I/O 资源少,抗干扰能力强,系统稳定等优点。采用串行接口虽然比采用并行接口数据传输速度慢,但随着半导体集成电路技术的发展,大批采用标准串行总线通信协议(如 SPI、$I^2C$、1-Wire 等)的外围芯片器件的出现,串行传输速度也在不断提高(可达到 1~10 Mb/s 的速率)。

新型的单片机不仅在片内集成了足够的程序存储器,同时也将更多的 RAM 集成到了片内,这样在一般的情况下根本不需要进行外部并行扩展存储器了。再加上单片机嵌入式系统有限的速度要求,使得以串行总线方式为主的外围扩展技术能够满足大多数应用的需求,逐渐成为主要的使用方式,而并行接口扩展技术则成为辅助方式。

AVR 是最近 10 年间发展起来的新型单片机,它不但在内部架构(基于增强 RISC 结构)上与 MCS-51 不同,而且在片内集成的功能接口也是以串行总线方式为主的外围扩展方式。AVR 系列中大部分的芯片都没有把并行的数据/地址总线扩展到外部引脚上,这样更有利于提高系统的稳定性、可靠性。同时 AVR 片内配置了硬件 SPI、$I^2C$ 串行接口,不仅方便了外围的串行扩展,同时也提高了系统的运行效率(无须使用软件模拟)。

新的应用技术的发展,以及大量新型器件的广泛使用,使得在单片机嵌入式系统的开发中,外围扩展以并行为主的硬件、软件的设计思路和方法逐渐不能适合实际的应用。因此本书的结构和内容与多数传统的单片机嵌入式系统的教科书不同,把外部扩展技术的重点放在了介绍串行接口的原理和应用方面。这不仅符合 AVR 本身的特点,也是紧跟技术的发展方向,同时也更加贴近实际应用。

但是将重点放在介绍串行接口原理和应用方面,对初学者的学习和教学会带来了一定的困难。由于初学者在前期的学习中,主要建立的是并行总线的概念,对串行通信的知识了解比较少,尤其是各种的协议规范。其次,串行接口还是属于慢速设备的范畴,所以硬件串行接口的使用,通常使用中断方式与 CPU 进行数据交换(轮询方式会大大影响 CPU 的效率),这样在系统程序的结构上、软件的编写方面都提出了更高的要求。

本书内容不可能面面俱到,当然是以 AVR 的应用为主,但是读者在学习 AVR 应用和实践的过程中,不仅要关注器件的结构与原理和硬件的设计与应用等偏硬的方面,同时也需要不断扩大自己的知识面,在网络通信、数据结构、程序设计等软的方面加强学习。

## 17.3.2　AVR 的并行接口扩展

前面已经介绍了大部分的 AVR 芯片没有把并行的数据/地址总线扩展到外部引脚上,因此外围的扩展就不能采用并行总线的方式。例如,使用 ATmega16 作为核心控制器件,系统就不能采用并行总线的扩展方式。

为了能满足多种应用系统的需要,在 AVR 系列芯片中,还保留有并行总线接口的芯片,如 ATmega 8515、ATmega 128 等,典型的为 ATmega 128。对于必须采用外部并行总线方式扩展的系统设计,ATmega 128 的 PA 口是低 8 位地址线和 8 位数据线复用口,PC 口是高 8 位地址线复用口,PA 口和 PC 口组成 CPU 的数据/地址口,PG0、PG1、PG2 作为 ALE、$\overline{\text{WR}}$、$\overline{\text{RD}}$ 信号接口,它们一起组成并提供了并行扩展的接口。

尽管 AVR 的并行接口的基本使用原理与一般的单片机相同,但由于 ATmega128 结构上的特点,以及其使用了增强型的并行接口,因此在使用并行扩展接口时还需要仔细地设计。其主要特性有:

➢ 外部并行扩展的地址从 0x1100 开始;
➢ 使用外部并行扩展时,应将 MCUCR 寄存器中的 SRE 位置 1,允许外部并行扩展;
➢ 可将 PORTC 口高位不用的地址线释放,作为普通 I/O 口使用;
➢ 可设置对不同区域采用不同的读/写操作时序(加等待),用于配合扩展使用不同时序操作的外部并行器件。

图 17-3 是基于 ATmega128 芯片的一个外部扩展 32 KB 的 RAM(62256)的译码参考电路。图中的 74HC573 为锁存器,用于低 8 位的数据/地址分离。还使用了一片 74HC138 和一个"与门"构成译码电路,"与门"的输出作为 62256 的片选信号,其地址空间为 0x0000～0x8FFF。74HC138 的其他 7 个引脚输出用于在地址大于 0x9000 以上空间时扩展更多的并行接口器件,每根线选通的地址空间为 4 KB。

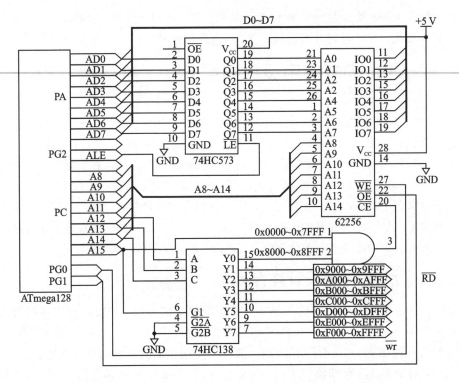

**图 17-3　基于 ATmega128 外部扩展 32 KB 的 RAM 参考电路**

由于 ATmega128 的 RAM 空间前 4 352 字节分配给芯片内部的通用寄存器、I/O 寄存器和 4 KB 的内部 SRAM，所以外部并行扩展器件的起始地址是从 0x1100 开始的（参见 ATmega128 器件手册）。当 CPU 在对 0x0000～0x10FF 范围的 SRAM 地址空间操作时，实际是对芯片内部的 SRAM 或寄存器操作，尽管此时会影响地址总线、数据总线和 ALE，但对内部地址单元操作时 WR 和 RD 不受影响，因此对相应的处在这段地址范围的外部扩展存储器单元没有影响。在图 17-3 的电路中，实际上已经把 62256 中地址范围在 0x0000～0x0FFF 的一段存储单元"移"到 ATmega128 的 RAM 地址空间高端 0x8000～0x8FFF 处。当用户程序对 0x8000～0x8FFF 寻址操作时，实际上是对外部存储器 RAM 芯片 62256 的 0x0000-0x0FFF 单元操作，即将外部 RAM 芯片的前 4 KB"移"到 ATmega128 的 32 KB 地址空间后面了，因此系统总共有 36 KB 可以使用的线性连续 RAM。

当外部扩展 RAM 的起始地址是从 0x1100 开始的，即与内部 RAM 空间连续时，使用 ICCAVR 或 CVAVR 编写系统程序前，建议先使用程序生成器生成一个使用外部扩展 RAM 的初始化程序作为参考。在程序生成器生成的初始化程序中，会将 MCUCR 寄存器中的 SRE 位置"1"（允许使用外部并行接口），还能帮助读者正确地选择和设定并产生对不同区域使用不同操作时序的设置语句，以及如何将变量定义在特定的地址空间等。此外，在编译程序前，还要正确设置芯片的编译选项，告诉编译器使用外部 RAM 及其大小等,这样编译器就会自动地将变量分配到外部 RAM 空间。

具体使用 AVR 进行并行总线扩展时,还应仔细参考所用芯片的器件手册。

# 17.4　AVR 中断应用设计要点

AVR 内部配备的资源比较多,如定时器、USART、SPI、TWI、ADC 等,每个资源都配备自己的中断,有的资源甚至配有多个中断,如定时器、USART 等。仅拿 AT-mega16 来讲,就有 21 个外部和内部中断源。AVR 是高速单片机,因此正确地使用中断、用好中断才能充分发挥 AVR 的特点,真正提高 AVR 的工作效率。

通常情况下,ATmega 16 的 Flash 程序存储器空间最低位置(0x000~0x029)定义为复位和中断向量空间。完整的中断向量见表 7-1。在中断向量表中,处于低地址的中断向量所对应的中断拥有高的优先级,所以系统复位 RESET 拥有最高优先级。

## 17.4.1　AVR 中断设计注意点

(1) 具备 Bootloader 功能的 AVR,其中断向量区可以在 Flash 程序存储器空间最低位置和 Bootloader 区的头部来回迁移,这主要用于配合 Bootloader 程序的应用。如果不使用 Bootloader 功能,则一般不要使用中断向量区的迁移功能。

(2) 对于 Flash 存储器较小的 AVR 芯片,其一个中断向量占据 1 字的空间,用于放置一条相对转移 RJMP 指令(范围为 -2K~+2K 字),跳转到中断服务程序。对于不使用的中断,在中断向量区中应放置 1 条中断返回指令 RETI,以增强程序的抗干扰性。

(3) ATmega16 的 Flash 空间为 16 KB,因此它的一个中断向量占据 2 字的空间,用于放置 1 条绝对转移 JMP 指令(指令长度为 2 字),跳转到中断服务程序。对于不使用的中断,在中断向量区中应连续放置 2 条中断返回指令 RETI,以增强程序的抗干扰性。这一点在使用汇编语言编写系统程序时应注意。

(4) 当 MCU 响应一个中断时,其硬件系统会自动将中断的返回地址压入系统堆栈,并关闭全局中断响应标志(硬件将中断响应标志 I 位清 0),同时清除该中断的中断标志位(有些中断除外,是通过读数据寄存器清中断标志位的);执行中断返回指令 RETI 时,硬件会先允许全局中断响应(硬件将中断响应标志 I 位置 1),然后从系统堆栈中弹出返回地址到 PC 程序计数器中,继续执行被中断打断的程序。除此之外,MCU 的硬件没有对中断保护做其他处理。

(5) 用户使用汇编语言编写中断服务程序时,首先要编写中断现场的保护程序,如保护 MCU 的状态寄存器等。在中断返回之前,也不要忘记恢复中断现场。

(6) 如果设置和允许外部中断响应,那么即使是外部中断引脚设置为输出方式,引脚上的电平变化也会触发外部中断的发生。这一特性提供了使用软件产生中断的途径。

(7) 外部中断可选择采用上升沿触发、下降沿触发及电平变化(由高变低或由低变高)和低电平触发等方式,无外部高电平触发方式。具体触发方式由 MCU 控制寄存器 MCUCR 的低 4 位和 MCU 控制和状态寄存器的第 6 位决定(对于 ATmega16)。详情见 7.4.2 小节。

(8) 当选择外部低电平方式触发中断时应特别注意:引脚上的低电平必须一直保持到当前一条指令执行完成后才能触发中断;低电平中断并不置位中断标志位,即外部低电平中断的触发不是由于中断标志位引起的,而是外部引脚上电平取反后直接触发中断(当然需要使能全局中断允许)。因此,在使用低电平触发方式时,中断请求将一直保持到引脚上的低电平消失为止。换句话说,只要中断输入引脚保持低电平,那么将一直触发产生中断。因此,在低电平中断服务程序中,应有相应的操作命令,以控制外部器件释放或取消加在外部引脚上的低电平。外部低电平方式触发通常用于将休眠状态的 MCU 唤醒。

## 17.4.2　AVR 的中断优先级与中断嵌套处理

(1) AVR 中断的优先级由该中断向量在中断向量区中的位置确定,处于低地址的中断向量所对应的中断拥有高优先级,所以,系统复位 RESET 拥有最高优先级。

(2) 当两个中断同时发生申请中断时,MCU 先响应中断优先级高的中断。低优先级的中断一般将保持中断标志位的状态(外部低电平中断除外),等待 MCU 响应处理。

(3) MCU 响应一个中断后,在进入中断服务前已由硬件自动清 0 全局中断允许位。因此此时即便有更高优先级的中断请求发生,MCU 也不会响应,要等执行到 RETI 指令,从本次中断返回,并执行了一条指令后,才能继续响应中断。因此,在默认情况下,AVR 的硬件系统不支持中断嵌套。AVR 中断的优先级只是在有多个中断同时发生时才起作用,此时 MCU 将首先响应高优先级的中断。

(4) AVR 中断嵌套处理是需要通过软件方式才能实现的。例如在 B 中断服务中,如果需要 MCU 能及时响应 A 中断(不是等本次中断返回后再响应),则 B 中断的服务程序应该这样设计:

① B 中断的现场保护;

② 屏蔽除 A 中断以外的其他中断允许标志;

③ 用指令 SEI 使能全局中断;

④ B 中断服务;

⑤ 用指令 CLI 禁止全局中断

⑥ 恢复在本中断程序被禁止的中断允许标志;

⑦ B 中断现场恢复;

⑧ B 中断返回。

**注意**:在这里,A 中断的优先级可以比 B 中断高,也可以比 B 中断低。例 11.2 就是使用了中断嵌套的例子,读者可以仔细体会。

(5) 采用软件方式实现中断嵌套处理的优点,是能够让程序员可以根据不同的实际情况和需要来决定中断的重要性,采用更加灵活的手段处理中断响应和中断嵌套,例如让低优先级的中断(此时很重要)打断高优先级中断的服务等,但同时也增加了编写中断服务程序的复杂性。

(6) 由于 AVR 的指令执行速度比较高,因此在一般情况下尽量不要使用中断嵌套的处理方法。当然,这还需要用户在编写中断处理服务程序中,遵循中断服务程序要尽量短的原则。

### 17.4.3　高级语言开发环境中的中断服务程序的编写

(1) 在所有支持 AVR 的高级语言开发环境中,都扩展和提供了相应的编写中断服务程序的方法,但不同高级语言开发环境中对编写中断服务程序的语法规则和处理方法是不同的。用户在编写中断服务程序前,应对所使用开发平台提供的中断程序的编写方法和中断现场的处理等进行仔细了解。

(2) 使用高级语言编写中断服务程序时,用户通常不必考虑中断现场保护和恢复的处理,这是因为编译器在编译中断服务程序的源代码时,会在生成的中断服务目标代码中自动加入相应的中断现场保护和恢复的指令。

(3) 如果用户要编写效率更高或特殊的中断服务程序,则可采用嵌入汇编,关闭编译系统的自动产生中断现场保护和恢复代码等措施,但程序员要对所使用的开发环境非常熟悉,掌握其生成的中断服务程序代码保护现场的处理方式,并具备较高的软件设计能力。

## 17.5　AVR 实战应用要点

### 1. 提高硬件设计的合理性

(1) 尽量合理、充分地使用 AVR 片内的资源,例如 EEPROM、ADC 和内部的 RC 振荡源。

(2) 尽量采用串口接口连接的外围器件。现在市场上已经有非常多的器件和设备支持串行口扩展,例如大容量的存储器、LCD 控制器、打印机等。因此在系统设计中,应尽量选择支持串口接口连接的外围器件,例如,不用并口的 8279(LED 数码管/键盘控制芯片),而使用串口连接的 ZLG7290、HD7279 等。除了必须外扩 RAM(如需要语音和图像的系统),一般不提倡使用并行扩展(573＋译码电路),以减少器件、连线及 PCB 板上错误出现的概率,同时也提高了系统的可靠性。并行扩展向串行扩展发展是大势所趋,现在有大量的新的外围器件采用高速串行接口,如 ADC、DAC、RTC、存储器等,可供选择。

(3) 尽量使用及在目标板上预留使用 SPI 的程序下载接口。使用 SPI 下载的优点是与 I/O 口的兼容性比 JTAG 好;缺点是不能实现实时的在线仿真调试。

## 2．注意和掌握 AVR 配置熔丝位的使用，以提高系统的可靠性

（1）系统时钟的选择：尽量采用片内振荡源及低频率的系统时钟等。

（2）BOD、WDT 的使用：尽量使用片内的 BOD、WDT 功能。

（3）启动延时：选择合适的启动延时参数。

（4）休眠方式的合理使用。

（5）不用 I/O 口设定输出低电平。

## 3．提高软件设计的能力和水平

尽量选择采用高级语言设计、编写系统程序。有许多人认为，使用汇编语言编写程序比较精简，而用高级语言开发会浪费很多程序空间，其实这是一种误解。对一个有经验的、非常熟悉某种单片机的汇编高手而言，他是能写出比高级语言更精简的代码。而对汇编语言不是很熟悉的开发者，或突然更换了一种新的单片机，通常不能保证一定可以写出比高级语言更简练的代码。高级语言的优越性是汇编语言不能比的，它具有程序移植方便，程序的坚固性好，数学运算的支持，条理清晰的结构化编程，程序的可维护性，可协同开发软件，开发周期短等优点。

现在的高级语言编译器（如 C 编译器）已可以产生代码效率很高的机器代码，因此建议能用高级语言实现的程序应尽可能使用高级语言编写，在对速度和时序要求特严的场合可以采用混合编程的方法来解决。

## 4．深入、全面地掌握各种串行通信协议的规范

在单片机嵌入式系统的开发设计中，目前已大量使用串行接口外围芯片和各种串行通信接口，如 RS－232、2 线($I^2$C)、3 线(SPI)、单总线、USB、CAN 等。开发人员和程序员应了解这些接口的底层协议，熟悉硬件，掌握如何实现底层协议，如何定义可靠的上层应用协议，以及底层的驱动与上层应用协议之间的接口设计（中间层软件的实现）等。

硬件工程师的软件编写能力要提高，应采用标准的程序编写方式、完善的软件整体框架设计、良好的数据结构和程序结构系统。计算机软件专业的程序设计员对硬件不熟悉，大部分是在操作系统支持下编写软件，对底层接口和协议的驱动层及接口也不了解，往往也编写不出好的单片机嵌入式系统程序。

通信接口程序的编写应尽量采用"中断＋缓冲区"、"分层＋结构化"的设计，而采用轮询方式会降低 AVR 的效率。

## 5．提高 C 语言的编程能力和软件应用水平

➤ 应熟练地掌握 C 语言中的数据结构体、指针、内存管理等较高级的应用。

➤ 应熟悉和了解所使用的高级语言开发平台的特点。这些平台通常是针对某一类处理器开发的，包含许多特殊的与标准 C 语言不兼容的语句和扩展的结构、语句、函数等。尽管使用方便，但由于其不透明性和时间的不确定性，因此要合理使用。例如 C 语言中的 getchar()、putchar() 等。

➢ AVR 有多个开发平台,每个都有其优点和不足。能够综合使用这些平台,相互互补,就能够提高开发效率。例如通过 ICCAVR、CVAVR 的程序生成器 CodeWizard 学习和了解 AVR 的硬件设置,简化计算,快速地生成程序基本模块。

**6. 尽量减少对硬件在线实时仿真的依赖**

在开发单片机嵌入式系统的过程中,有许多人过分地依赖硬件在线实时仿真对系统进行调试,一旦离开了硬件在线仿真器,程序调试时就感觉无从下手。其实,对内部有 Flash 存储器的单片机,不要硬件仿真器也能方便、快速地调试程序,具体可以从以下几方面入手:

**1) 尽量使用高级语言开发系统程序**

高级语言的结构性好,便于阅读理解,程序调试方便,比使用汇编语言有明显的优势。

**2) 更多的使用软件模拟仿真环境**

现在许多单片机都提供软件模拟仿真环境,例如 AVR 单片机就可以在 AT-MEL 公司提供的 AVR Studio 开发平台的模拟仿真环境中进行软件的模拟调试。ATMEL 的 AVR Studio 是一个开发 AVR 单片机的集成开发环境,其支持高级语言和汇编语言的源代码级软件模拟调试。在模拟仿真条件下调试算法、程序流程等可以说与硬件仿真机是没有区别的;而调试延时程序、计算一段程序运行所花的时间等方面,可以说比硬件仿真器更方便,这是因为许多硬件仿真机(如 JTAG ICE)是无法提供程序运行时间等调试参数的。另外,对 I/O 端口、定时器、UART、中断响应等,在 AVR Studio 中均可实现模拟仿真。用户也可以采用软件的单步运行、设置断点等手段,分析内存和查看 AVR 中所有的硬件资源的数据及使用情况。

另外,还可以使用专业的仿真软件,如 Proteus、Vmlab 等。Proteus 软件是来自英国 Labcenter Electronics 公司的 EDA 工具软件,已有十多年的历史。Proteus 使用 VSM(虚拟系统模型)技术,将微控制器或处理器模型、Prospice 混合电路仿真、虚拟仪器、高级图形仿真、动态器件库和外设模型、微控制器或处理器的软件模拟仿真、第三方的编译器和调试器等有机结合起来,第一次真正实现了在计算机上完成从原理图设计、电路分析与仿真、代码调试及模拟仿真、系统测试及功能验证,再到形成 PCB 板的整个开发过程。

Proteus 除了具有与其他 EDA 工具一样的原理布图、PCB 板自动或人工布线及电路仿真的功能外,其最显著的特点是,它的电路仿真是互动的。针对微处理器的应用,Proteus 可以直接在基于原理图的虚拟原型上编程,并实现程序源码级的调试,若有显示及输出,还能看到运行后输入、输出的效果,再配合系统配置的虚拟仪器,如示波器、逻辑分析仪等。Proteus 建立了一个完备的电子设计开发环境。

Proteus 支持 8051/52、AVR、PIC、ARM 等多种处理器,使用者可以根据自己的设计需求采用不同的 CPU 架构。在系统整体设计完成后,就可以开始进行软件的开发及调试,同时硬件 PCB 板的设计和制作也可同时进行。当硬件系统板设计制作完成后,软件总体的架构也已经调试完成,即可进行实际运行的调试。

学会以软件模拟仿真为主、以硬件仿真配合的系统开发调试手段,可以大大提高项目的开发效率,缩短开发周期,也是当前系统仿真调试技术的发展方向。

**3) 善用目标板上的硬件资源**

在许多目标板上设计有系统所需要使用的 LED、数码管、RS-232 等部件和接口,其实,利用系统本身的部件和接口,也能实现和完成程序的调试开发。使用硬件仿真器的目的是要观察单片机内部的状态和数据,那么充分地利用这些原有的部件和接口,配合 Flash 存储器多次可擦/写的特点,也可以实现观察单片机内部的数据和状态。

AVR 单片机是支持 ISP 的 Flash 单片机,开发时可通过下载电缆将其与 PC 机连成一个整体,在程序编译完后立刻下载到目标 MCU 中运行。在需要观察单片机内部状态时,可以在程序的适当位置加入少部分代码,把 MCU 的内部状态和数据通过 LED、数码管等显示出来。在有 RS-232 通信接口的系统中,可以直接将需要观察的 MCU 内部状态送到 PC 机,在 PC 机上用串口调试器等一些超级终端来显示数据,帮助调试。现在大部分的开发环境本身就提供了超级终端,如 ICCAVR、CVAVR、BASCOM-AVR 等。例如第 16 章中,就是利用USART串口作为调试手段,用于对 $I^2C$ 总线扩展的调试。

由于单片机采用了支持 ISP 的 Flash 技术,因此采用高级语言开发系统程序,更多地使用软件模拟仿真技术,加上使用串口 RS-232 输出调试数据,三者配合的开发调试手段和技术已成为开发单片机和嵌入式系统(如 32 位 ARM 的 COMMAND 调试手段等)的流行和高效的方法。

**本章参考文献:**

[1] ATMEL. ATmega16 数据手册(英文,共享资料). www. atmel. com.

[2] ATMEL. ATmega128 数据手册(英文,共享资料). www. atmel. com.

[3] HP Info Tech. CVAVR 库函数介绍. pdf(中文,共享资料).

[4] 周润景. 基于 Proteus 的 AVR 单片机设计与仿真[M]. 北京:北京航空航天大学出版社,2007.

[5] ATMEL. AVR 应用笔记 AVR100(avr_app_100. pdf)(英文,共享资料). www. atmel. com.

[6] ATMEL. AVR 应用笔记 AVR101(avr_app_101. pdf)(英文,共享资料). www. atmel. com.

[7] ATMEL. AVR 应用笔记 AVR104(avr_app_104. pdf)(英文,共享资料). www. atmel. com.

[8] ATMEL. AVR 应用笔记 AVR132(avr_app_132. pdf)(英文,共享资料). www. atmel. com.

[9] ATMEL. AVR 应用笔记 AVR180(avr_app_180. pdf)(英文,共享资料). www. atmel. com.

[10] CYPRESS. 62256. pdf(英文,共享资料).

[11] Philips. 74hc573. pdf(英文,共享资料).

[12] TEXAS. 74hc138. pdf(英文,共享资料).

AVR单片机嵌入式系统原理与应用实践(第3版)

# 第 *18* 章

## 迎奥运倒计时时钟设计实例

本章将给出一个完整的应用设计实例——迎奥运倒计时实时时钟。这个设计实例并没有非常复杂的功能,硬件系统也相当简单,但它不仅很好地涵盖、体现和灵活运用了本书前面章节的基本内容,并在此基础上有所加深。

## 18.1 系统功能分析

《迎奥运倒计时实时时钟》是在实时时钟基础上的衍生产品。它在实现显示当前日期和时间的基本功能之外,增加了自动计算和显示从当前日期到给定的未来一个日期(下称终点日期)之间的天数。因此,迎奥运倒计时实时时钟应具备以下功能:

(1) 能准确地显示当前的日期(年、月、日)和时间(时、分、秒)。

(2) 能根据设定的终点日期,自动计算当前日期到终点日期之间的天数,并显示。

(3) 当前日期、时间和终点日期的调整和设定功能。当系统第一次运行,或需要调整当前日期和时间,以及重新设定终点日期时,提供人工方式的设置手段。

(4) 当前日期、时间和终点日期的调整与设定过程应简单、可靠,方便用户操作,人性化。

(5) 终点日期的重置和保持功能。用户可以重置终点日期,这样系统就成为能适合更多场合使用的迎 XXX 倒计时实时时钟,例如,设置终点日期为 08 年 8 月 8 日,它就是迎奥运倒计时实时时钟;而设置终点日期为 08 年 1 月 1 日,它就变成迎新年倒计时实时时钟了。设置的终点日期应能长期保持,系统掉电不丢失,系统能够自动根据当前日期和终点日期计算出两者之间相差的天数。

(6) 实时时钟掉电运行。迎奥运倒计时实时时钟系统通常为广告牌的形式放置在走廊大厅或单位小区的大门处,因此显示器件应该采用大型的高亮度 LED 数码管,方便人们在白天和比较远的地方观看。大型的高亮度 LED 数码管需要 15 V 的电压,功耗比较大,不适合采用电池供电,通常是使用 220 V 市电供电。当发生停电等情况时,系统的显示功能可以停止工作,但必须保证系统的实时时钟部分还在正常的计时运行,即"电停表不停"。这样当再次上电后,用户无须重新设置日期和时间。

# 18.2　应用系统设计

## 18.2.1　系统方案设计

在这个系统中,如何设计和实现实时时钟是最关键的要点。

通常实时时钟的实现方案有两种途径:使用 AVR 本身的功能;采用专用的实时时钟芯片。表 18-1 是这些方案的特点比较和评估。

表 18-1　实时时钟实现方案及特点

| 方　案 | 实时时钟源 | 实现方法 | 特　点 |
|---|---|---|---|
| 1 | AVR 内部定时器 | 软件 | 成本低,精度差,程序设计复杂,不易实现掉电可靠运行 |
| 2 | 外接 32 768 Hz 晶体 | 软件 | 成本低,精度较高,程序设计复杂,不易实现掉电可靠运行 |
| 3 | 专用实时时钟芯片 | 硬件 | 成本稍高,精度高,程序设计简单,容易实现掉电可靠运行 |

表中的方案 1、2 都是利用 AVR 本身内部的功能来实现时钟的功能(方案 2 见本章参考资料 avr_app_134. pdf),前面章节中也有类似简单的时钟系统设计练习。这个方案的主要优点是成本低,但缺点也是非常明显的:首先是不容易实现实时时钟的掉电运行;其次是系统软件设计比较复杂,这是因为软件不仅要实现所有的实时时钟的功能,还要考虑系统其他功能的实现。

第 3 种方案的实现成本稍微高一点,但专用实时时钟芯片的集成度高,走时准确,具备自动日历和闰年自动调整等功能,特别是专用实时时钟芯片本身耗电非常小,非常容易实现实时时钟的掉电运行设计(具体见 18.2.4 小节介绍),因此在设计中选择第 3 种方案。

## 18.2.2　应用系统结构设计

根据系统的功能和实施方案的确定,倒计时实时时钟的结构由图 18-1 所示的几部分组成。

➢ ATmega16:系统核心控制芯片。

➢ DS1302:专用实时时钟芯片(见 18.2.4 小节介绍)。

➢ 显示单元:由高亮度 LED 数码管组成,显示日期、时间、剩余天数。

➢ 按键:设置日期、时间。

➢ 主电源:220 V 交流输入,输出直流 5 V,供系统控制使用;直流 15 V 供高

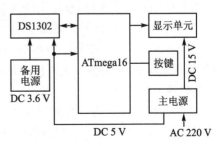

图 18-1　倒计时实时时钟的结构图

亮度 LED 数码管的驱动电路使用。

➢ 备用电源：当主电源停止工作时，DS1302 由备用电源供电，以保持运行。

### 18.2.3　系统面板设计

迎奥运倒计时实时时钟系统面板如图 18-2 所示（内含显示部分的电原理图）。

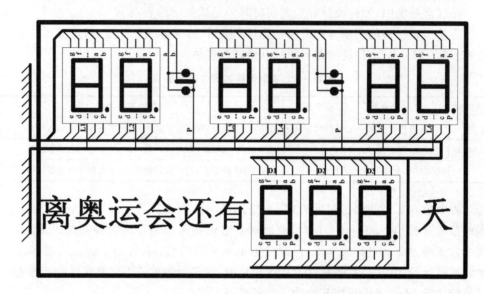

**图 18-2　迎奥运倒计时实时时钟系统面板设计图**

面板设计成大的广告板形式，上面的文字是贴上去的烫金字，可以根据不同的需要进行更换，如换成"距新年还有……天"。

面板上使用了 9 个 8 英寸的高亮度 LED 数码管，分别用于显示年、月、日、时、分、秒和剩余天数。

L1、L2　　　　　　2 位，显示年和时，交替。

L3、L4　　　　　　2 位，显示月和分，交替。

L5、L6　　　　　　2 位，显示日和秒，交替。

D1、D2、D3　　　　3 位，显示剩余天数，最多 999 天。

：、－　　　　　　　秒闪烁标志。

L1~L6 共 6 位 LED 用于时间和日期的显示，在系统正常显示状态下，时间和日期的显示每隔 15 s 交替一次。秒闪烁标志由 4 个园点状 LED 和 2 个条状 LED 组成，每秒钟闪烁一次。

正常的显示格式为：时间显示"23：45：50"，保持 15 s；日期显示"07－08－02"，保持 15 s。"："和"－"每秒钟闪烁一次，不仅表示系统处在正常的运行中，同时也作为区分时间和日期显示的标志。

对日期和时间的设置，是按位进行的，设置过程中，与正在设置位的对应 LED 数

AVR 单片机嵌入式系统原理与应用实践(第 3 版)

码管会闪烁,例如当设置分钟的 10 分位时,L3 闪烁;设置分钟的个位时,L4 闪烁,用于提示用户输入操作。

# 18.2.4　DS1302 介绍

DS1302 是美国 DALLAS 公司推出的一种高性能、低功耗、带 RAM 的实时时钟芯片,它可以对年、月、日、周、日、时、分、秒自动计时,且具有闰年补偿功能,工作电压宽达 $2.5\sim5.5$ V。它采用 3 线串行接口与 CPU 进行同步通信,并可采用突发方式一次传送多字节的时钟信号或 RAM 数据。DS1302 内部有一个 31 字节的用于临时存放数据的 RAM 寄存器。DS1302 还具备主电源/后备电源供电的双电源引脚,可以自动切换电源,同时提供了对后备电源进行涓细电流充电的能力。

## 1. 引脚功能和结构

图 18-3 为 DS1302 的引脚排列。其中 $V_{CC1}$ 为后备电源,$V_{CC2}$ 为主电源。DS1302 由 $V_{CC1}$ 或 $V_{CC2}$ 两者中的较大者供电。当 $V_{CC2}>(V_{CC1}+0.2$ V)时,$V_{CC2}$ 给 DS1302 供电,同时可以向 $V_{CC1}$ 充电;当 $V_{CC2}<V_{CC1}$ 时,DS1302 由 $V_{CC1}$ 供电。因此,在主电源关闭的情况下,也

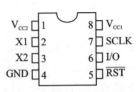

图 18-3　DS1302 引脚配置图

能保持时钟的连续运行。X1 和 X2 是接振荡源引脚,外接 32.768 kHz 晶体(钟表、电子表常用晶体)。$\overline{RST}$ 是复位/片选线;I/O 为串行数据输入/输出端(双向);SCLK 是串行通信的时钟输入脚,始终处于输入状态。这 3 个引脚用于数据通信,下面有详细说明。图 18-4 是 DS1302 内部功能结构图。

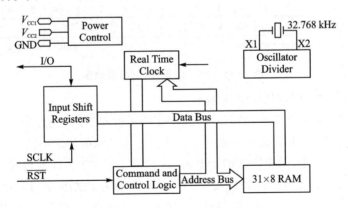

图 18-4　DS1302 内部结构图

## 2. DS1302 的控制字节

DS1302 的控制字节各位的定义如下:

➢ 控制字节的最高位(第 7 位)必须是逻辑"1"。如果它为"0",则不能把数据写入 DS1302 中。

➢ 第 6 位为 0 时，表示读/写日历时钟数据；为"1"时，表示读/写片内 RAM 中的数据。

➢ 第 5～1 位用于设置要读/写数据的单元地址。

➢ 最低位(位 0)为"0"时，表示要进行写操作；为"1"时，表示进行读操作。

➢ 控制字节总是从最低位开始输出(低位在前)。

| 1 | RAM/$\overline{\text{CK}}$ | A4 | A3 | A2 | A1 | A0 | R/$\overline{\text{W}}$ |
|---|---|---|---|---|---|---|---|

### 3. 数据输入/输出

DS1302 的数据接口是一种 3 线制的串行接口，控制器与 DS1302 进行数据交换时，首先要向 DS1302 发送一字节的控制指令字。对于写 DS1302 的操作，控制器首先发送写控制指令字，然后接着发送数据字节，在下一个 SCLK 时钟的上升沿时(图 18-5 中第 9 个)，数据被写入 DS1302，数据输出从低位开始，即低位在前。同样，如果要从 DS1302 中读数据，则控制器要先发出读控制指令字，当 DS1302 收到读控制指令字后，随后通过 I/O 口线输出数据，控制器在第 9 个 SCLK 的上升沿时将数据读入。

数据的读/写时序如图 18-5 所示。

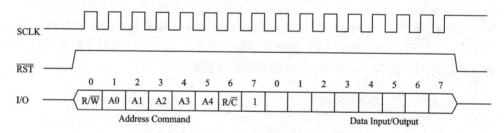

**图 18-5　DS1302 的读/写控制时序**

在图 18-5 中，$\overline{\text{RST}}$ 是复位/片选线。

$\overline{\text{RST}}$ 引脚的输入有 2 种功能：首先，$\overline{\text{RST}}$ 接通控制逻辑，允许地址/命令序列送入移位寄存器；其次，$\overline{\text{RST}}$ 提供终止单字节或多字节数据的传送手段。控制器通过把 $\overline{\text{RST}}$ 输入口置高电平(图中 $\overline{\text{RST}}$ 的上升沿)来启动 DS1302 的数据传送过程，且只有当 $\overline{\text{RST}}$ 为高电平时，才能对 DS1302 进行操作。如果在数据传送过程中将 $\overline{\text{RST}}$ 置为低电平，则会终止此次数据传送，DS1302 的 I/O 引脚变为高阻态。上电过程中，在 $V_{cc} \geqslant 2.5$ V 之前，$\overline{\text{RST}}$ 必须保持低电平。另外，只有在 SCLK 为低电平时，才能将 $\overline{\text{RST}}$ 置为高电平。

### 4. DS1302 的寄存器

DS1302 有 12 个寄存器，其中有 7 个寄存器与日历、时钟相关，用于存放日期和时钟值。数据的格式为压缩 BCD 码形式，其日历、时间寄存器及其控制字如表 18-2

所列。

　　使用中需要特别注意秒寄存器的最高位 CH,CH 位是停止/启动时钟的控制位,当该位为"1"时,时钟停止计时,保持现有数据不变,进入低功耗的待机状态;当 CH 为"0"时,时钟才启动计时,进入正常工作方式。因此当 DS1302 第一次上电时,应该将 CH 写"0",启动时钟工作。

表 18－2　DS1302 的日历、时钟寄存器及控制字

| 寄存器 | 控制字 | | 取值范围 | 各位内容 | | | | | | | |
|---|---|---|---|---|---|---|---|---|---|---|---|
| | 写操作 | 读操作 | | 7 | 6 | 5 | 4 | 3 | 2 | 1 | 0 |
| 秒寄存器 | 80H | 81H | 00～59 | CH | | 10 SEC | | | SEC | | |
| 分钟寄存器 | 82H | 83H | 00～59 | 0 | | 10 MIN | | | MIN | | |
| 小时寄存器 | 84H | 85H | 01～12/00～23 | 12/24 | 0 | 10/AP | HR | | HR | | |
| 日期寄存器 | 86H | 87H | 01～28,29,30,31 | 0 | 0 | | 10 DATE | | DATE | | |
| 月份寄存器 | 88H | 89H | 01～12 | 0 | 0 | 0 | 10M | | MONTH | | |
| 周日寄存器 | 8AH | 8BH | 01～07 | 0 | 0 | 0 | 0 | 0 | | DAY | |
| 年份寄存器 | 8CH | 8DH | 00～99 | | | 10 YEAR | | | YEAR | | |

　　此外,DS1302 还有控制寄存器、充电寄存器、时钟突发寄存器及与 RAM 相关的寄存器。时钟突发寄存器可一次性顺序读或写除充电寄存器外的所有寄存器内容。DS1302 与 RAM 相关的寄存器分为两类:

　　一类是单个的 RAM 单元,共 31 个,每个单元组态为一个 8 位字节,其命令控制字为 C0H～FDH,其中奇数为读操作,偶数为写操作。

　　另一类为突发方式下的 RAM 寄存器,此方式下可一次性读/写所有 RAM 的 31 字节,命令控制字为 FEH(写)、FFH(读)。

　　本例中没有使用 DS1302 中的 RAM 单元,有关这些寄存器的作用,请参考器件手册的介绍。

### 5．对后备电源进行涓细电流充电

　　DS1302 可以使用双电源供电,当 $V_{CC2}$(主电源)＞($V_{CC1}$＋0.2 V)时,DS1302 自动切换到由 $V_{CC2}$ 供电,同时还具有向 $V_{CC1}$ 充电(当 $V_{CC1}$ 接可充电电池时)的功能,充电电流的大小也可以通过设置相应的控制充电寄存器来改变。

　　图 18－6 是 DS1302 对后备电源 $V_{CC1}$ 进行涓细电流充电的示意图。充电过程由 DS1302 内部的 2 个寄存器控制。

　　DS1302 的这个功能,为实现实时时钟的掉电运行提供了方便、可靠的方案。

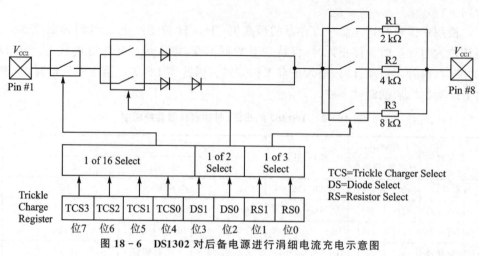

**图 18 - 6　DS1302 对后备电源进行涓细电流充电示意图**

# 18.3　控制系统的硬件设计

迎奥运倒计时实时时钟系统控制部分的硬件电路如图 18 - 7 所示。

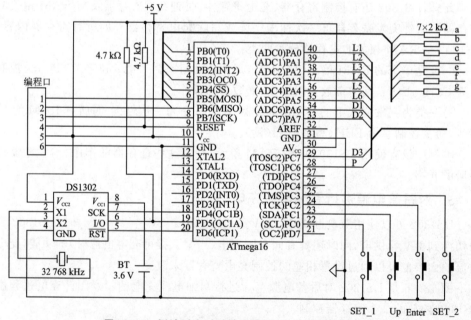

**图 18 - 7　倒计时实时时钟系统控制部分的硬件电路**

系统使用一片 ATmega16 作为核心控制器件。显示电路如图 18 - 2 所示,它采用动态扫描方式,PB0～PB6 为 7 段码输出口,PA0～PA7 和 PC7～PC6 是 10 个LED 位控制口,其中 9 个为 8 段 LED 数码管的位选线,另外一个是将 6 个秒闪烁用

LED 发光二极管的负级并在一起而组成的公共控制 P 口。

　　PC0～PC3 接 4 个按键：SET_1、Up、Enter 和 SET_2，作为时间、日期设置使用。

　　PD4～PD6 作为与 DS1302 通信的串行接口，由于 DS1302 的串行通信时序是非标自定义的（不是 SPI，也不是 I²C）模式，因此在软件中只能采用 I/O 模拟方式实现。DS1302 的数据 I/O 口是双向的 OC 开路引脚，为了保证通信可靠，外部加一个上拉电阻。

　　DS1302 的 $V_{CC1}$ 接一个可充电的 3.6 V 电池，当系统采用 5 V 供电时，DS1302 给电池充电。当系统掉电后，DS1302 由电池供电，可以长期保持时钟的正常运行。这个设计非常好地解决了实时时钟掉电运行的问题。

　　将图 18-7 和图 18-2 合在一起，就是完整的迎奥运倒计时实时时钟电路图，利用 AVR-51 实验板上资源，读者可以很快地将它搭建出来（备用电池可以临时使用 2200 μF 电解电容替代，足可以维持 DS1302 连续运行 24 h 以上），并进行实战练习了。在实际产品开发中，作者也是首先在 AVR-51 上进行模拟，调试好全部的系统软件后，再转到实际的广告板上。

　　由于实际产品使用的是 15 V 驱动的高亮度 LED 数码管，图 18-7 中的输出不能直接驱动，因此如果要做成实际的产品，还需要在图 18-7 与图 18-2 之间增加由三极管或达林顿管组成的硬件功率驱动电路。本书在这里将这部分的驱动电路省掉了，其目的是适合在 AVR-51 上进行实战的练习。省掉驱动电路并不影响系统的完整性。

　　硬件电路如此简单，除了 DS1302 的通信，其他部分在前面的章节里都遇到过了，相信读者应该有信心自己完成软件的设计吧。作为本章的第一个实战题目，建议读者现在就在 AVR-51 板上搭建硬件电路，然后开始尝试自己动手编写软件，实现整个系统的功能。

　　虽然作者提供的参考程序已经在产品上得到了验证，经过了长时间的实际运行考验，但还是希望读者不要简单地照搬、照抄程序。不经历风雨，哪能见彩虹，当最后把自己设计的程序与作者提供的程序进行比较时，才能得到更多的收获和真实的体验。

# 18.4　控制系统软件设计要点

　　迎奥运倒计时实时时钟的系统控制软件从功能上包括以下主要部分：系统初始化，DS1302 读/写，LED 动态扫描及按键识别与处理，剩余天数的计算等。

　　本书提供的系统程序是在 CVAVR 环境中开发编写的，全部程序有近 600 行，执行代码为 3.6 KB，占 ATmega16 的 Flash 容量的 22%。由于篇幅的限制，源程序就不罗列在书中了，读者可以在本书共享资料中得到全部的源代码。

　　共享资料中的系统程序已经做了一些必要的注释，有关 LED 动态扫描及读按键的部分已经不需要再做说明了。下面仅把一些重要部分的设计思路进行介绍，便于读者参考。

### 1. 对 DS1302 的操作

对 DS1302 的操作,本系统中没有从低层开始编写驱动程序,而是使用了最方便的方法:直接使用 CVAVR 中提供的对 DS1302 读/写的基本操作函数。由于 DS1302 是一片常用的典型芯片,所以在 CVAVR 中直接提供了对它操作的函数和操作实例。参考 CVAVR 的帮助,5 min 内就能读/写 DS1302 了。

可见,在系统方案设计过程中,芯片的选择和开发环境的选择是多么重要。

### 2. 系统主程序框架

系统主程序中采用了状态机的分析设计思想,将系统的工作状态分成:正常显示状态、当前日期设置状态、当前时间设置状态和终点日期设置状态。状态之间的转换通过按键实现,不同状态时的显示方式也不同,如表 18 - 3 所列。

表 18 - 3　不同工作状态时的显示内容和方式

| 状　态 | 显示内容和方式 |
| --- | --- |
| 正常显示状态 | 交替显示当前日期和时间,转换间隔时间为 15 s,秒闪烁标志每秒钟闪烁一次 |
| 当前时间设置状态 | 显示用户设置时间值,点状 LED 长亮,当前设置位闪烁 |
| 当前日期设置状态 | 显示用户设置日期值,条状 LED 长亮,当前设置位闪烁 |
| 终点日期设置状态 | 显示用户设置日期值,条状 LED 长亮,当前设置位闪烁 |

在主程序中采用了分时处理的思想,每隔大约 1 s 读取 DS1302 中的当前日期值,并进行天数计算;每隔 10 ms 扫描按键,进行按键处理。

### 3. 关于剩余天数的计算

在系统软件中需要计算当前日期与终点日期之间的天数。这个计算过程相对麻烦一些,因为除了需要考虑闰年、大月、小月的天数不同,还要考虑出一个比较快的计算方法。

在公历(格里历)纪年中,有闰日的年份叫闰年,一般年份为 365 天,闰年为 366 天。由于地球绕太阳运行周期为 365 天 5 小时 48 分 46 秒(合 365.242 19 天),即一回归年,公历把一年定为 365 天。所余下的时间约为 4 年累计一天,加在 2 月里,所以平常年份每年 365 天,2 月为 28 天,闰年为 366 天,2 月为 29 天。因此,每 400 年中有 97 个闰年,闰年在 2 月末增加一天,闰年为 366 天。

闰年的计算方法:公元纪年的年数可以被 4 整除,即为闰年;能被 100 整除,而不能被 400 整除为平年;能被 100 整除,也可被 400 整除的为闰年。例如 2000 年是闰年,而 1900 年不是。

下面是计算公历闰年的代码:

```
y_temp = 2000 + (int)i;                //y_temp 为年份数值,4 位,例如 2007
if((y_temp % 400 == 0)||((y_temp % 4 == 0) && (y_temp % 100 ! = 0)))
    tian += 366;                       //闰年
else
    tian += 365;                       //平年
```

关于大小月的天数计算,在代码中使用了判断语句,如果进行代码优化的话,那么采用查表法可能更为简洁。具体的计算方法请读者参考程序,也可以用更好、更简便的算法来替代。

### 4. 关于按键的处理

按键处理是系统当中最复杂的部分,具体的实现请参考源代码。下面仅将按键处理的状态转换及使用进行介绍。

系统共 4 个按键:SET_1、Up、Enter 和 SET_2。在正常显示工作状态下,Up 和 Enter 键无任何功能,这两个键仅在日期和时间设置状态时才起作用。图 18 - 8 是 SET_1 键的功能状态转换图。

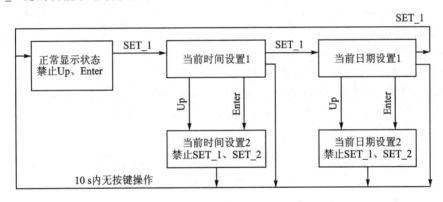

**图 18 - 8　按键 SET_1 功能状态转换图**

在正常显示状态时,按一下 SET_1 键,转入当前时间设置 1 状态,此时第 1 位数码管闪烁,提示用户现在是设置时的高位(见图 18 - 9);如果再继续按 SET_1 键,进入当前日期设置 1 状态,同样第 1 位数码管闪烁,提示用户现在是设置年的高位;如果再按 SET_1 键,则返回正常显示状态。在按键设置过程中,只要在 10 s 内没有按键操作,将放弃本次的设置,自动返回正常显示状态。

时间设置子状态转换过程(当前时间设置状态 2)如图 18 - 9 所示。

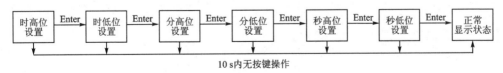

**图 18 - 9　时间设置子状态转换图**

设置过程按位进行,Up 键的作用是将当前设定位的数加 1;Enter 键确认当前设置,进入下一位的设置。处于当前设定位的数码管闪烁显示,以提示用户。只有第 6次按 Enter 键后,系统才正式确认用户的全部设置,并将其写入 DS1302。同样,只要在 10 s 内没有按键的操作,将放弃本次的设置,自动返回正常显示状态。

SET_2 键的功能与 SET_1 键类似,它转入的是终点日期的设置状态。当前日期和终点日期的设置操作与图 18-9 所示的转换过程类似。

另外,在用户设置过程中,系统对用户的设定进行了自动的限定处理,时、分、秒、月份、日期都要做限定。例如,月份最高不能出现大于 12 的数字,那么当设置月份的高位时,无论按多少次的 Up 键,该位数字只能限定在 0 和 1 之间转换;当月份低位数字大于 3 时,设定月份的高位为 1 后,低位数字会自动清为 0;转入设置月份的低位时,如果月高位已经为 1 了,那么低位数字只能在 0、1、2 这 3 个数字之间转换。

总之,按键的处理过程要精益求精,尽量做到人性化的设计。应该明白,产品的使用者并不是专业人员,绝对可能胡乱按键,在这种情况下,要依靠程序来确保正常运行。

---

**本章参考文献:**

[1] HP Info Tech. CVAVR 库函数介绍. pdf(中文,共享资料).

[2] DALLAS. DS1302. pdf(英文,共享资料).

[3] ATMEL. AVR 应用笔记 AVR134(avr_app_134. pdf)(英文,共享资料). www. atmel. com.

AVR 单片机嵌入式系统原理与应用实践(第 3 版)

# 第 19 章

## 实用公交车语音报站器——WAVE 播放器

在本章中将介绍另一个完整的应用设计实例——实用公交车语音报站器,它实质是一个专用 WAVE 播放器。尽管硬件系统相对比较简单,但它需要了解掌握更多、更广泛和高层次的相关基础知识、协议以及软件系统的设计能力。

本系统硬件上仅为一片 ATmega16,使用其内置 SPI 口与 SD/MMC 卡连接通信,同时通过 PWM 方式实现 DAC,用于产生和输出音频数据。软件主要包括:根据 SD/MMC 白皮书阐释的 SPI 模式实现对 SD/MMC 卡操作,移植支持 FAT12/16/32 格式的小型开源 Petit FatFs 文件系统、上层的按键选曲等部分。

该报站器能够根据用户的按键控制和选择,流畅地读取存储在 SD/MMC 卡上,采样率为 44.1 kHz、8 位 PCM 编码的 WAVE 格式音频文件,并以相同的速度和位率转换成模拟音频播放,具备比较好的音质。

## 19.1 用单片机实现 WAVE 数字音频播放

数字音频技术现在已经全面替代了模拟音频技术,常见的 mp3、wav 文件是大家熟知的数字化音频文件。本节先介绍与数字音频相关的基础知识,然后使用一片 ATmega16,利用 8 位 PWM 功能来实现数字音频播放。

### 19.1.1 数字音频基础知识介绍

数字音频技术的基本原理和处理方法就是采用 ADC 模/数转换器,对模拟的音频信号进行采样、量化、编码后转换成数字化的音频数据和文件进行保存。当然,在播放时还需要将数字化的音频数据经过 DAC 数/模转换器,恢复到模拟信号形式由发声器件播放出来。

根据音频信号应用范围的不同,模拟音频数字化 ADC 过程中采用的采样频率和量化精度也是不同的,通常的标准如表 19 - 1 所列。

从表 19 - 1 可以看到,根据采样定理,对于不同音质的音频信号,数字音频 ADC 的采样频率都是模拟信号最高频率的 2 倍。另外音质要求越高,ADC 量化位数也越高。实际上人的耳朵对 1/256 级(8 位)精度的变化基本上已经分辨不出了,但对于 CD

**表 19 - 1　不同音质的数字音频标准**

| 适用领域 | 模拟信号的频率范围 | ADC 采样频率/kHz | ADC 量化位数/位 |
|---|---|---|---|
| 电话音质 | 2～4 kHz | 8 | 8 |
| 广播音质 | 50 Hz～11 kHz | 22.05 | 8～12 |
| CD 音质 | 20 Hz～20 kHz | 44.1 | 16 |

音质,还是采用了 16 位的量化位数,精度达到 1/65 536。很明显,音质越高的数字音频,数据量也越大。对于 1 s 的音频信号,如果是电话质量的数字音频,其数据量是 8 KB,一字节存放一个采样点的电平值。而要获得 CD 音质,1 s 的采样数据就需要 88.2 KB;如果是双声道立体声,数据量就是 176.4 KB/s。

　　最典型的数字音频数据文件就是 wav 类型的文件,它通常采用最原始的 PCM 编码方式存放每个采样点的原始数据,没有经过任何的压缩处理。现在配有声卡(不管是集成或独立)的 PC 机都有麦克风插口,在 Windows 平台的支持下可以进行录音,把声音变成数字音频文件保存在 PC 机中。这个文件就是将一个个原始采样数据按顺序记录保存的 wav 格式文件。因此,只要按照采样频率的速度,把这些音频数据逐个读出后,通过 DAC 转换成模拟信号,就可以得到还原的声音了。

# 19.1.2　WAVE 数字音频文件格式

　　WAVE 格式的文件(扩展名为 wav)是多媒体数字音频中使用的基本音频文件格式之一,它以 RIFF 格式为标准。RIFF 是英文 Resource Interchange File Format 的缩写,每个 WAVE 文件的头 4 个字节便是"RIFF"。

　　WAVE 文件是由若干个 Chunk(块)组成的。按照在文件中通常出现的位置包括:RIFF WAVE Chunk、Format Chunk、Fact Chunk(可选)、Data Chunk、LIST Chunk(可选)等。其中除了 RIFF WAVE Chunk、Format Chunk、Data Chunk 是必须的以外,其他是可选的,具体如图 19 - 1 所示。

| RIFF WAVE Chunk |
|---|
| ID = 'RIFF' |
| RiffType = 'WAVE' |
| Format Chunk |
| ID = 'fmt ' |
| Fact Chunk(optional) |
| ID = 'fact' |
| Data Chunk |
| ID = 'data' |
| LIST Chunk(optional) |
| ID = 'LIST' |

**图 19 - 1　WAVE 文件包含 Chunk 示例**

　　每个 Chunk 都有各自的 ID,位于 Chunk 最开始位置,作为本 Chunk 开始的标识,而且均为 4 字节字符。紧跟在 ID 后面的是 Chunk 的大小 Size,也占用 4 字节,Size 中的数值是本 Chunk 所占字节总数减去 8 字节(ID 和 Size 所占用字节数)的数值,低字节表示数值的低 8 位,高字节表示数值的高 8 位。在 wav 文件格式中,凡超过 8 位表示的数字都采用低字节表示低位,高字节表示高位的表示方式。下面具体介绍各个 Chunk 内容。

### 1. RIFF WAVE Chunk

以'FIFF'作为标识,然后紧跟着为 Size 字段,该 Size 是整个 wav 文件大小减去 ID 和 Size 所占用的字节数,即 FileLen－8＝Size。接着是 Type 字段,为'WAVE',表示是 wav 文件,如表 19 - 2 所列。

表 19 - 2 　RIFF WAVE Chunk

| 项　　目 | 所占字节数 | 具体内容 |
|---|---|---|
| ID | 4 | 'RIFF' |
| Size | 4 | 文件大小 |
| Type | 4 | 'WAVE' |

### 2. Format Chunk

以'fmt'作为标识。一般情况下 Size 为 16,此时最后没有附加信息;如果为 18 则最后多了 2 字节的附加信息,这是因为由一些软件制成的 wav 格式中含有该 2 字节的附加信息,如表 19 - 3 所列。

表 19 - 3 　Format Chunk

| 项　　目 | 字节数 | 具体内容 |
|---|---|---|
| ID | 4 | 'fmt' |
| Size | 4 | 数值为 16 或 18,若为 18 则最后有附加信息 |
| FormatTag | 2 | 编码方式,一般为 0x0001 |
| Channels | 2 | 声道数目,1 为单声道;2 为双声道 |
| SamplesPerSec | 4 | 采样频率(每秒样本数) |
| AvgBytesPerSec | 4 | 每秒播放所需字节数,其值为通道数×每秒数据位数×每样本的数据位数/8 |
| BlockAlign | 2 | 数据块对齐单位,其值为通道数×每样本的数据位值/8(每个采样点需要的字节数) |
| BitsPerSample | 2 | 每个采样需要的位数 |
| 附加信息 | 2 | 附加信息(可选,通过 Size 来判断有无) |

### 3. Fact Chunk

Fact Chunk 是可选字段,一般当 wav 文件由某些软件转化而成时则包含该 Chunk,如表19 - 4 所列。

### 4. Data Chunk

Data Chunk 是真正保存 wav 音频数据的地方,以'data'作为该 Chunk 的标识,然后是数据的大小,紧接着就是具体的 wav 数据,如表 19 - 5 所列。

根据 Format Chunk 中的声道数以及采样位数,在 Data Chunk 中 wav 数据的排列位置可以分成如表 19 - 6 所列的几种形式。

表 19-4　Fact Chunk

| 项　目 | 所占字节数 | 具体内容 |
| --- | --- | --- |
| ID | 4 | 'fact' |
| Size | 4 | 数值为 4 |
| Data | 4 | |

表 19-5　Data Chunk

| 项　目 | 所占字节数 | 具体内容 |
| --- | --- | --- |
| ID | 4 | 'data' |
| Size | 4 | |
| Data | Size Bytes | |

表 19-6　Data Chunk

| 单声道 8 位量化 | 采样点 1 | 采样点 2 | 采样点 3 | 采样点 4 |
| --- | --- | --- | --- | --- |
| | 声道 0 | 声道 0 | 声道 0 | 声道 0 |
| 双声道 8 位量化 | 采样点 1 | | 采样点 2 | |
| | 声道 0(左) | 声道 1(右) | 声道 0(左) | 声道 1(右) |
| 单声道 16 位量化 | 采样点 1 | | 采样点 2 | |
| | 声道 0(低 8 位) | 声道 0(高 8 位) | 声道 0(低 8 位) | 声道 0(高 8 位) |
| 双声道 16 位量化 | 采样点 1 | | | |
| | 声道 0(左)(低 8 位) | 声道 0(左)(高 8 位) | 声道 1(右)(低 8 位) | 声道 1(右)(高 8 位) |

对于 8 位和 16 位的 PCM 波形样本的数据,其数据表示形式也不同,如表 19-7 所列。

表 19-7　PCM 音频数据表示格式

| 样本大小 | 数据格式 | 最大值 | 最小值 | 静音值 |
| --- | --- | --- | --- | --- |
| 8 位 PCM | unsigned char | 225(0xFF) | 0(0x0) | 128(0x80) |
| 16 位 PCM | int | 32 767(0x7FFF) | −32 768(0x8000) | 0(0x0000) |

### 5. LIST Chunk

LIST Chunk 也是可选字段,通常用于记录附加的信息,如作者、出版公司、歌曲名字等,如表 19-8 所列。

表 19-8　LIST Chunk

| 项　目 | 所占字节数 | 具体内容 |
| --- | --- | --- |
| ID | 4 | 'LIST' |
| Size | 4 | |
| Data | Size Bytes | |

## 19.1.3　从 wav 文件中获取 PCM 音频数据

PC 机中有许多 wav 文件,其实 Windows 的提示音都是采用 wav 格式的文件。我们也可以利用 PC 机和相关软件来制作自己需要的数字音频文件。在本书共享资料中有一个作者制作好的 wav 文件"会说话的单片机.wav",使用 WINHEX 软件可直接以二进制格式(显示为十六进制)查看文件具体内容。图 19－2 是使用 WIN-HEX 软件打开该文件的显示内容。

根据 19.1.2 小节介绍的 wav 文件格式,就可以找到音频数据的部分。在图 19－2 中已经用线标出了每个 Chunk 的部分,以及各个参数单元,读者可以根据 19.1.2 小节的介绍来分析这个 wav 文件的相关内容。

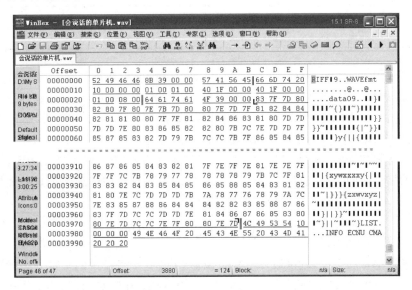

**图 19－2　在 WINHEX 中以二进制格式直接查看 WAV 文件**

"会说话的单片机.wav"文件由 4 个 Chunk 部分组成,在表 19－9 中给出了一些重要数据的位置和含义。

**表 19－9　一个具体 wav 文件的格式分析和相关的数据含义**

| 地址(十六进制) | 内容(十六进制) | 含　义 | 说　明 |
|---|---|---|---|
| 00000000 | 52 49 46 46 | RIFF Chunk ID | |
| 00000004 | 8B 39 00 00 | RIFF Chunk Size | 文件总长度为(14 731＋8)个字节(14 731＝0x0000398B) |
| 00000008 | 57 41 56 45 | WAVE 标识字 | |
| 0000000C | 66 6D 74 20 | fmt Chunk ID | ID 为 4 字节 fmt |
| 00000010 | 10 00 00 00 | fmt Chunk Size | 16 字节 |
| 00000014 | 01 00 | 编码方式 | 0001 为无压缩的 PCM 格式 |
| 00000016 | 01 00 | 声道数目 | 单声道 |
| 00000018 | 40 1F 00 00 | 采样频率 | 8 000 Hz(8000＝0x00001F40) |
| ... | ... | ... | |
| 00000032 | 64 61 74 61 | data Chunk ID | |
| 00000036 | 4F 39 00 00 | data Chunk Size | 数据长度为 14 671 字节 |

续表 19 - 9

| 地址(十六进制) | 内容(十六进制) | 含　义 | 说　明 |
|---|---|---|---|
| 0000003A<br>~<br>000039C9 | 83 7F 7D 80 …<br>…<br>…80 80 7F 7D | wav 音频数据 | 每个字节是一个采样点的数据,共 14 736 字节 |
| 000039CA | 4C 49 53 54 | LIST Chunk ID | |
| 000039CE | 10 00 00 00 | LIST Chunk Size | 16 字节长度的说明 |

　　通过在 WINHEX 中打开 wav 文件,就可以进行分析并找到 wav 音频数据的位置和长度,然后在 WINHEX 中选择地址 0x0000002C～0x0000397A 的内容,直接把这 14 671 个音频数据转换成 C 语言的数组形式保存(WINHEX 中有此功能)在一个 TXT 文件中(见共享资料中的"会说话的单片机_数据.txt")。

　　这段音频数据的长度是 14 671 字节,采样频率为 8 kHz,每个样点为 8 位,所以其正常的播音时间为 14 671/8 000=1.834 s。单片机以 8 kHz 速率把这些数据通过 DAC 输出,就可以得到还原的模拟音频信号了。

## 19.1.4　简易 WAVE 播放器的设计与实现

　　有了数字音频数据,就可以使 AVR"说话"了。这个例子中的实现方法同第 8 章中例 8.6 产生正弦波例子采用相同的原理,采用 AVR 的 T/C0 计数器工作在 8 位快速 PWM 模式构成 DAC,实现音频播放。

　　【例 19.1】　简易 WAVE 播放器。

　　**1) 硬件电路**

　　图 19 - 3 是简易 WAVE 播放器的电原理图。PB3 为 ATmega16 的 T/C0 匹配输出脚 OC0,该脚上输出的 PWM 波通过由电阻 R 和电容 C 构成的简单积分电路,滤掉高频进行平滑后,在音频输出口上就可以得到模拟音频输出。这里采用 PWM 方式实现 DAC 的转换,由于 PWM 的频率为 8 kHz,因此 PWM 的输出信号中包含许多大于 8 kHz 的高频信号成分(噪声),这样由电阻 R 和电容 C 构成的低通滤波器截止频率应该在 6 kHz 左右,才能够把 8 kHz 以上的高频信号过滤掉,保留 4 kHz 以下的模拟信号。

　　电阻电容构成的低通滤波器截止频率的计算公式为 $F=1/(2\pi RC)$,将数据代入计算得:

$$1/(2 \times 3.141\ 5 \times 2700 \times 0.000\ 000\ 01) = 5\ 897.6\ \text{Hz}$$

　　因此,图 19 - 2 中的 2.7 kΩ 电阻和 0.01 μF 电容构成的低通滤波器截止频率大约为 5.9 kHz。

　　图 19 - 3 中按键 Key 用于控制音频的播放。

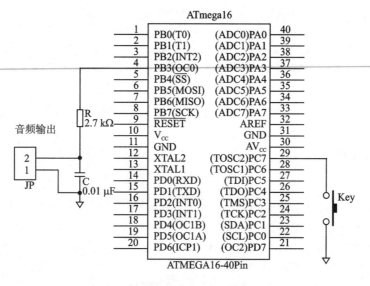

图 19 - 3　简易 WAVE 播放器电路图

## 2) 软件设计

简易 WAVE 播放器的软件设计也是非常简单的,下面是程序代码:

```
/* * * * * * * * * * * * * * * * * * * * * * * * * * * * * * * * *
File name              :demo_19_1.c
Chip type              : ATmega16
Program type           : Application
AVR Core Clock frequency: 8.000 000 MHz
Memory model           : Small
External RAM size       : 0
Data Stack size         : 256
 * * * * * * * * * * * * * * * * * * * * * * * * * * * * * * * * */
#include <mega16.h>
#define max_size    14671
// 采样频率 8 kHz,分辨率 8 位的"会说话的单片机(带背静音乐)"WAVE 数据
flash unsigned char data[max_size] = {
    0x83,0x7F,0x7D,0x80,0x82,0x80,0x7F,0x80,0x7E,0x7B,0x7D,0x80,0x80,0x7E,0x7D,0x7F,
    0x81,0x82,0x84,0x84,0x82,0x81,0x81,0x80,0x80,0x7F,0x7F,0x81,0x82,0x84,0x86,0x83,
    ...
    0x85,0x88,0x87,0x86,0x83,0x7F,0x7D,0x7C,0x7C,0x7D,0x7D,0x7E,0x81,0x84,0x86,0x87,
    0x86,0x85,0x83,0x80,0x80,0x7E,0x7D,0x7C,0x7C,0x7E,0x7F,0x80,0x80,0x7E,0x7D
};
#define true       1
#define false      !true

bit key_s_ok,play_on;
```

```
unsigned int index;
// Timer2 output compare interrupt service routine
// 8 kHz 中断,间隔 125 μs,为 1 000 个指令周期
interrupt [TIM2_COMP] void timer2_comp_isr(void)
{
    if(play_on)
    {
        OCR0 = data[index];
        if( + + index > max_size)
        {
            OCR0 = 0x7F;
            play_on = false;
        }
    }
    key_s_ok = true;
}
#define key_input        PINC.7              // 按键输入口
#define key_state_0        0
#define key_state_1        1
#define key_state_2        2
unsigned char read_key(void)
{
    static unsigned char key_state = 0;
    unsigned char key_press, key_return = 0;

    key_press = key_input;                   // 读按键 I/O 电平
    switch (key_state)
    {
        case key_state_0:                    // 按键初始态
            if (! key_press) key_state = key_state_1;
            break;
        case key_state_1:                    // 按键确认态
            if (! key_press)
            {
                key_return = 1;              // 按键仍按下,按键确认输出为"1"
                key_state = key_state_2;     // 状态转换到键释放态
            }
            else
                key_state = key_state_0;     // 按键已抬起,转换到按键初始态
            break;
        case key_state_2:
            if (key_press) key_state = key_state_0;
            break;
```

```
        }
        return key_return;
}

void main(void)
{
    unsigned char scan_key = 0;

    DDRB = 0x08;// PB3 输出方式,作为 OC0 输出 PWM 波
    PORTC.7 = 1;// 按键输入口,内部上拉电阻有效

    // T/C0 initialization
    // Clock source: System Clock,Clock value: 8 000.000 kHz
    // Mode: Fast PWM top = FFh,OC0 output: Non - Inverted PWM
    // PWM 频率 8 000 000/256 = 31.25 kHz
    TCCR0 = 0x69;
    TCNT0 = 0x00;
    OCR0 = 0x7F;
    // T/C2 initialization
    // Clock source: System Clock,Clock value: 1000.000 kHz
    // Mode: CTC top = OCR2,OC2 output: Disconnected
    ASSR = 0x00;
    TCCR2 = 0x0A;
    TCNT2 = 0x00;
    OCR2 = 0x7C;

    TIMSK = 0x80;                          // 允许 T/2 比较匹配中断
    play_on = true;                        // 启动 1 次播放音频
    #asm("sei")                            // 开放全局中断
    // 主循环
    while (1)
    {
        if(key_s_ok)
        {
            key_s_ok = false;
            if( + + scan_key >= 159)       //20 ms 扫描按键
            {
                scan_key = 0;
                if(read_key())
                {
                    if(! play_on)
                    {
                        index = 0;
                        play_on = true;    // 启动 1 次播放音频
```

在本例中,系统时钟为 8 MHz,设置 T0 工作模式为快速 PWM 方式,设置 T2 工作在 CTC 方式,T2 中断频率为 8 kHz。代码比较充分地发挥 AVR 的性能,尽量使 T0 产生更高频率的 PWM 波,达到 31.25 kHz(8 000 000/256＝31.25 kHz),采用将一个数字音频采样点重复 3～4 次(多次 PWM 产生同一个音频点)的方法,使 PWM 产生的高频噪声移到 30 kHz 以上,这样就更加容易被截止频率为 6 kHz 低通滤波器过滤掉,同时也使产生的模拟信号更加平滑,获得更好的模拟输出效果。而在频率为 8 kHz 的 T2 中断服务中,则按照原数字音频的采样频率,更换 T0 的比较寄存器 OCR0 的值,保证了播放频率与音频数据的采样频率等同。

　　代码中的按键扫描也采用前面章节中介绍的状态机方法来实现。整个代码比较简单,读者应该可以通过自己的阅读和分析掌握基本的方法。

### 3) 思考与实践

　　(1) 本例中是如何控制音频数据的开始播放和停止播放?

　　(2) 在停止播放音频数据期间,T/C0 是否还工作?

　　(3) 如果 T/C0 在停止播放期间继续工作,那么产生的是什么形式的 PWM 波? 这个 PWM 波起到什么作用?

　　(4) 分析 T/C2 中断服务中的 2 个标志变量 play_on、key_s_ok 的作用。

## 19.2　实用公交车语音报站器

　　公交车语音报站器是数字音频应用的一个典型例子。数字音频应用系统在我们现实生活中到处可见,如车站、机场、商店、电梯等。作为公交车的语音报站器,从其实际使用的角度分析,其基本功能有:

　　(1) 通过按键控制,能播报当前到站的站名,提醒乘客下车。

　　(2) 车辆在行驶过程中,播放歌曲、背静音乐、景点介绍等。

　　(3) 音质需要达到或高于广播级的质量。

### 19.2.1　系统方案设计

　　在 19.1 节中已经实现了 wav 音频的播放,那么公交车语音报站器系统的音频播放功能就可以采用 19.1 节的方法来实现。但对于这个实际应用,需要考虑如下 3 个主要问题:

（1）大量音频数据的来源和保存问题。

在 19.1 节中是把音频数据从 wav 文件中"挖"出来,借放在 ATmega16 的 Flash 中(由于执行代码本身非常小,空余空间比较大)。ATmega16 的程序空间最大为 16 KB,最多也只能存放 2 s 8 kHz、8 位精度的音频数据,所以根本不能作为实际系统音频数据的存放地点。

（2）8 kHz 采样频率的数字音频质量只是达到电话质量,需要提高音频播放质量。

播放音乐需要更高的音频质量,这就需要使用更高采样频率和采样精度的数字音频数据,这也意味着需要更大容量的存储器件。

（3）数字音频数据的制作和更换。

不同线路的公交车播出的站名是不一样的,站点的数量也不同,同时也要考虑背静音乐的更换、介绍内容的更换等。因此,如何能简单地实现制作和更换数字音频数据,如何当行车线路改变时不用更换语音报站器,方便用户的应用也是非常重要和实际的问题。

考虑到以上需求,本例的公交车语音报站器系统选择使用 SD/MMC 卡作为保存记录数字音频数据的载体。这样就可以利用 PC 机来准备所有需要的数字音频文件(数据),以 wav 文件方式记录在 SD/MMC 卡上。而公交车语音报站器的 ATmega16 只要能读取 SD/MMC 卡上的 wav 文件,就可以直接获得数字音频数据,并通过 PWM 实现 DAC 的播放。这样所有公交车上的语音报站器都是相同的系统,更换

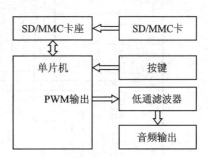

图 19 - 4　公交车语音报站器框图

行车线路时,只要更换一张相应的 SD/MMC 卡就可以了。系统框图如图 19 - 4 所示。

## 19.2.2　系统硬件电路

图 19 - 5 是公交车语音报站器的电路原理图,下面对图中各个部分的器件及作用做简单说明。

（1）由芯片 MAX232 构成的 RS - 232 接口部分是用于系统调试的。系统调试过程中,尤其是软件系统的调试,可以利用这个通信接口把相关的调试数据发到 PC 机上查看。当然使用 AVR 的 JTAG 口进行调试也是可以的。正式产品是不包括这个部分的。

AVR单片机嵌入式系统原理与应用实践(第 3 版)

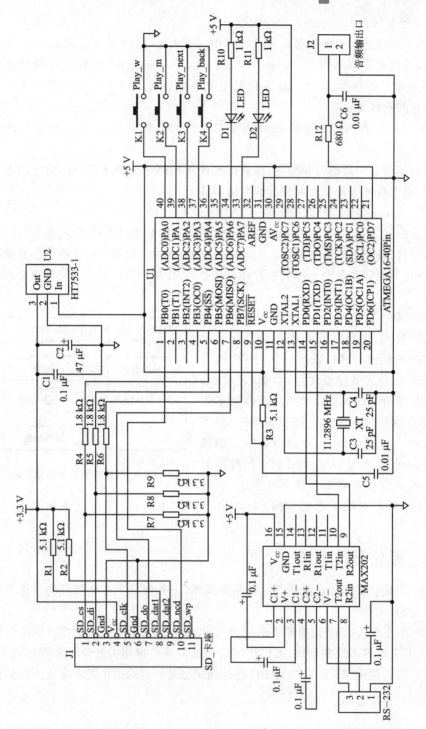

图 19-5　公交车语音报站器电路原理图

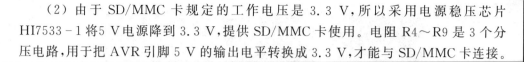

（2）由于 SD/MMC 卡规定的工作电压是 3.3 V，所以采用电源稳压芯片 HI7533-1 将 5 V 电源降到 3.3 V，提供 SD/MMC 卡使用。电阻 R4～R9 是 3 个分压电路，用于把 AVR 引脚 5 V 的输出电平转换成 3.3 V，才能与 SD/MMC 卡连接。

---

注意：之所以采用以上的电路设计，主要是利用 AVR-51 实验板进行前期的开发和调试。读者在实践中，千万注意 AVR 与 SD/MMC 卡座的连接一定要正确，错误的连接有可能会造成 SD/MMC 卡的损坏！

正式产品则最好统一使用 3.3 V 作为整个系统的工作电源（功放电路部分的电源另外考虑），这样可以省掉 R4～R9。

---

（3）AVR 与 SD/MMC 卡的通信采用 SPI 接口方式，AVR 为主机，SD/MMC 为从机。PB0 口是输入口，用于检测 SD/MMC 卡座中是否有卡插入。

（4）4 个按键用于控制和选择音频数据文件的播放。Play_m 选择播放音乐歌曲；Play_w 选择播放广告和风景介绍；Play_next 选择播放下一个到站的提示语音；Play_back 选择播放上一个到站提示语音。

（5）2 个发光二极管用于指示系统工作状态，卡座中是否有卡插入，以及操作读/写 SD/MMC 卡是否错误等。

（6）系统时钟选择 11.289 6 MHz，11.289 6/256＝44.1 kHz，是 T/C2 产生 PWM 的频率，与 44.1 kHz 的音频文件采样频率相同。T/C2 产生的 PWM 输出到由 R12 和 C6 构成的低通电路。

（7）电阻 R12 和电容 C6 构成低通滤波器，其截止频率的计算为 $F=1/(2\pi RC)$，将图 19-5 中数据代入计算得：$1/(2\times3.141\ 5\times680\times0.000\ 000\ 01)=23\ 417$ Hz，因此低通滤波器的截止频率大约为 23.4 kHz。

单纯从硬件角度来看图 19-5 的系统非常简单，使用 PWM 方式来实现数字音频数据的播放也不困难。现在如何能打通 SD/MMC 卡，读取上面保存的音频文件，并从文件中获取音频数据就成了实现的关键问题。另外，ATmega16 的 SRAM 只有 1 KB 的容量，如何充分利用这个有限的空间，使其不仅能简单地读到 SD/MMC 卡中的数字音频数据，而且要"足够快"地从 SD/MMC 卡上读取数据也是系统实现的关键问题。只有解决了这两个问题，才能保证系统能流畅（不卡）播放数字音频，成为真正能够进入实用的合格产品。

## 19.2.3　SD 卡和 SD 卡接口

SD 卡是英文 Secure Digital Card 的简称，多直译为"安全数字卡"，是由松下、东芝和 SANDISK 公司等共同开发研制的全新存储卡产品。从技术上讲，SD 存储卡是在 MMC 卡基础上（MultiMedia Card）进一步开发所得来的，因此可以很好地兼容 MMC 卡，可以通过统一的接口读/写（见图 19-6）。

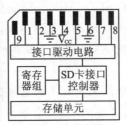

SD卡结构示意图

**图 19-6　SD 卡实物与结构示意图**

### 1. SD 卡简介

SD 卡采用 9 引脚设计,目的是通过把传输方式由串行变成并行,提高传输速度,所以它的读/写速度比 MMC 卡要快很多,最大的数据传输速率提升到 25 MB/s(SDHC),容量也到达了 4/8/16/32 GB,这在传输和保存一些较大文件时具备一定的优势。此外,SD 卡也推出更加小巧的 mini SD 卡,尺寸为 20 mm×21.5 mm×1.4 mm,重量仅为 1 g,目前大部分手机内使用的就是 mini SD 卡(TF 卡)。另外 mini SD 卡也可以通过插入形状大小和传统 SD 卡一样的专用适配器来实现兼容 SD 设备(见图 19-7)。

SD 卡在日常生活与工作中的使用已经非常广泛,时下已成为最为通用的数据存储卡,诸如 MP3、数码相机等设备上也都采用 SD 卡作为其存储设备。SD 卡之所以得到如此广泛的使用,是因为它价格低廉、存储容量大、使用方便、通用性与安全性强等优点。近几年来,随着闪存技术的发展,闪存卡价格还会不断下降且存储容量不断提高。

因此,当一个嵌入式系统需要长时间地采集或保存、记录海量数据,以及需要与 PC 机进行文件或数据交换,那么考虑采用 SD 卡作为存储介质、用 SD 卡做

**图 19-7　mini SD 卡与卡套**

中转、实现数据(间接)传输则是一种非常方便和实用的方案。随着 SD 卡在生活中的普及使用,在嵌入式应用中把读/写 SD 卡功能集成到系统中,已经成为一种趋势。

由于篇幅的关系,本节仅对所介绍实例中使用到的 SD 卡接口、操作命令以及相关时序做基本介绍。更多有关 SD 卡具体的介绍和详细的信息与技术资料,读者可访问国际联盟组织 SD 协会的官方网(SD Association,http://www.sdcard.org/ch/developers/tech/)。SD 协会是 Panasonic、SanDisk Corporation、Toshiba Corporation 三家公司在 2000 年 1 月成立的,它相当于一个行业组织,负责制定行业标准,推广和提升 SD 产品在各种应用的接受度。

## 2. SD 卡接口

从图 19-6 右面的 SD 卡结构图中可以看出，作为 SD 卡本身它自己就是一个小型的嵌入式系统，在卡的内部集成有对外的接口电路、SD 卡控制器、寄存器以及大容量的 Flash 存储器。因此要实现对 SD 卡的操作，必须详细了解 SD 卡的操作规范和相关命令，以及数据在 SD 卡内部的逻辑组织结构。对 SD 卡操作的接口分成 3 个层次：物理接口层、SD 卡操作命令层和文件系统层（见图 19-8）。

SD 卡的物理接口层包括最底层的物理对接方式以及实现字节数据的传输交换；而 SD 卡操作命令层实现的是外部控制器与 SD 卡内部控制器在命令层上的对接，它构成了对 SD 卡操作的核心；文件系统层是建立在 SD 卡命令操作层上的，它体现的是 SD 卡内部存储器的逻辑组织结构，通常需要通过文件系统来定义、保存和查找相关的数据，这样才能使 SD 卡与通用 PC 平台上 Windows 系统兼容，采用直接读取 FAT 文件的方式来操作 SD 卡。

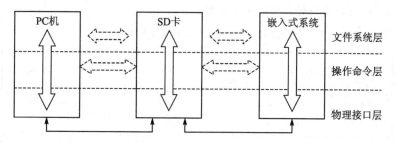

**图 19-8　SD 卡接口层次图**

SD 卡的物理接口层是数据交换的实际通道，图 19-8 中的实线表示真实数据的走向，虚线代表了上两层的逻辑位置和相互关系。实际上这是一个典型网络通信的层次结构，在物理接口层上规定硬件接口定义和数据通信交换方式，其余上层需要通过相应软件程序来实现。

## 19.2.4　SD 卡物理接口层

SD 卡对外有 9 个引脚（见图 19-6），通过这 9 个引脚 SD 卡可以工作在两种接口方式下：SDIO 方式和 SPI 方式。SDIO 方式是为高速设备设计的，在此方式下的数据通信线有 4 根（DAT0～DAT3），通信时钟频率最大可达 50 MHz，比 SPI 方式快。而 SPI 方式则与通用标准 SPI 总线兼容，使用全双工两线方式（DO、DI），通信时钟频率最大可达到 25 MHz。由于市场上大部分 8 位和 32 位单片机控制器都配备有 SPI 总线接口，所以更适合选择 SPI 方式操作 SD 卡。本小节介绍的实例系统也是采用 SPI 方式操作 SD 卡，所以这里主要介绍在 SPI 方式下的外部控制器（用 AVR 代表）如何操作 SD 卡。如果读者希望详细了解 SD 卡的 SDIO 通信方式，可以参考共享资料。

### 1. SD 卡引脚定义

表 19－10 是 SD 卡 9 个对外引脚的定义。在 SPI 方式下，SD 卡的 1（CS）、2（DI）、5（SCLK）、7（DO）4 个引脚组成标准的 SPI 总线接口。表中 10、11 号不是 SD 卡本身的引脚，这 2 个引脚是 SD 卡座上附加出来的，它们各自与卡座内的一个机械微动开关连接。当有卡插入卡座时，与 SD_ncd 连接的微动开关闭合，将 SD_ncd 与 VSS 连通。此外当插入的 SD 卡处于非写保护时（见图 19－6 左边，正面 SD 卡图左侧的小 Lock 机械拨动滑块），与 SD_wp 连接的微动开关闭合，将 SD_wp 与 Vss 连通。这样的设计，使 AVR 控制器可以通过这 2 个引脚检测到是否有卡插入卡座，以及插入的卡是否处于写保护状态。

由于 SD 卡规范规定了 SD 卡的工作电压为 3.3 V（2.7～3.6 V），所以当在 5 V 系统中使用时，要注意引脚的电平转换。SD 卡 SPI 方式的物理连接如图 19－5 所示，在这个应用例子中，由于只需要读取 SD 卡上的文件数据，不需要把文件数据写到 SD 卡上保存，所以没有使用 SD_wp 引脚。

表 19－10　SD 卡引脚定义与功能

| SD 卡引脚 | SDIO 方式 | SPI 方式 | | |
|---|---|---|---|---|
| | | 名称 | 功能 | 方向 |
| 1 | DAT3 | CS | 片选 | In |
| 2 | CMD | DI | 数据输入口 | In |
| 3 | $V_{SS}$ | $V_{SS1}$ | 地线 | |
| 4 | $V_{DD}$ | $V_{DD}$ | 电源 | 2.7～3.6 V |
| 5 | CLK | SCLK | 时钟线输入 | In |
| 6 | $V_{SS}$ | $V_{SS2}$ | 地线 | |
| 7 | DAT0 | DO | 数据输出口 | Out |
| 8 | DAT1 | 保留 | | |
| 9 | DAT2 | 保留 | | |
| 10 | | SD_ncd | 插卡检测 | 有卡插入与 $V_{SS}$ 连通 |
| 11 | | SD_wp | 写保护检测 | 无写保护与 $V_{SS}$ 连通 |

### 2. SD 卡的 SPI 通信规程

SPI 总线是一个面向字节的全双工 4 线串行通信接口，本书第 15 章已经详细讲解了 SPI 总线的通信规程和 AVR 内部集成 SPI 的使用。处在 SPI 总线上的 SD 卡总是作为从机，所有的命令总是从 SPI 总线上的主机——AVR 发起，SPI 总线的 SCLK 时钟当然也是由 SPI 主机 AVR 来提供。

SPI 总线接口可以实现 4 种不同的通信模式（见图 15－3），但是根据 SD 卡规范中制定的 SD 卡总线时序（见图 19－9）：SD 卡是在 SCLK 的下降沿处将数据串出到

SPI 总线上,在上升沿处将总线上的数据打入锁存,与 SPI 总线通信模式 1 和 3 兼容。在本例中采用的是模式 3,具体见图 19-10。

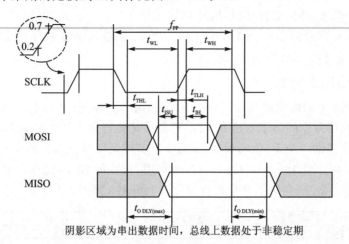

阴影区域为串出数据时间,总线上数据处于非稳定期

图 19-9　SD 卡接口的总线时序

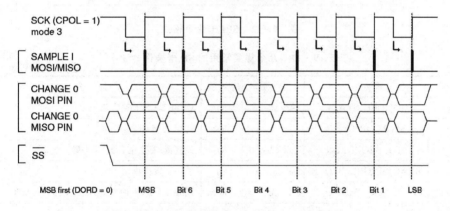

图 19-10　SPI 总线通信模式 3 时序

　　通过上面的分析可以看到,只要正确地将 AVR 的 SPI 口和 SD 卡相应的引脚连接,设置 AVR 的 SPI 接口工作在主机方式,总线通信采用模式 3,高位字节优先串出,就建立了与 SD 卡通信的物理通道,实现面向字节的数据交换,体现了 SD 卡 SPI 方式的方便、简单特性。

　　SD 卡的物理接口层只是实现了数据交换通道的建立,在此基础上还必须建立 SD 卡的操作命令层,才能真正实现对 SD 卡的操作。

## 19.2.5　SD 卡操作命令层

　　在建立了 SD 卡物理接口层 SPI 接口的基础上,控制器就可以通过 SPI 总线与 SD 卡交换数据了。但处在物理层的 SPI 总线只是一个简单的面向字节的数据通道,所以在此基础上 SD 卡规范制定了一组建立在 SPI 总线上的 SD 卡操作命令。AVR

通过 SPI 总线发送不同的操作命令给 SD 卡,在 SD 卡内部的控制器接收到这些命令后,则根据命令要求在内部做相应的处理,并通过 SPI 总线返回必要的数据或应答。所以 SD 卡的操作命令层,相当与 PC 机的 DOS 系统。

所有 AVR 下发的命令、SD 卡回送的数据等,都是与 SPI 总线传输的 8 位边界对齐,完全符合 SPI 总线面向字节传送的特性。

### 1. SD 卡命令格式

发送给 SD 卡的命令都是采用 6 字节的定长格式(见图 19-11)。命令的第 1 字节可通过将 6 位命令码与十六进数 0x40 进行或运算得到。如果命令需要,则在接下来的 4 字节中提供一个 32 位的参数,最后 1 字节的高 7 位包含了第 1～第 5 字节的 CRC-7 效验和。表 19-11 列出的是几个常用、重要的 SD 卡命令。对于那些无参数的 SD 卡操作命令,只需要在参数相应位置上填充 0 即可。

| 字节1 | | | | | | | | 字节2～字节5 | | | | | | 字节6 | | | | | | | |
|---|---|---|---|---|---|---|---|---|---|---|---|---|---|---|---|---|---|---|---|---|---|
| 7 | 6 | 5 | 4 | 3 | 2 | 1 | 0 | 31 | 30 | ⋯ | 1 | 0 | 7 | 6 | 5 | 4 | 3 | 2 | 1 | 0 | |
| 0 | 1 | COMMAND | | | | | | MSB–ARGUMENT–LSB | | | | | CRC | | | | | | | | 1 |

图 19-11　SPI 卡命令格式

表 19-11　几个重要常用的 SD 卡操作命令

| 命令码 | 命令字 | 参　数 | 应　答 | 描　　　述 |
|---|---|---|---|---|
| 0(0x00) | GO_IDLE_STATE | 无 | R1 | RESET DS/MMC 卡 |
| 1(0x01) | SEND_OP_COND | 无 | R1 | 初始化 MMC 卡 |
| 16(0x10) | SET_BLOCKLEN | Block length | R1 | 设置读/写块的长度(字节数) |
| 17(0x11) | READ_SINGLE_BLOCK | Data address | R1 | 读一个数据块 |
| 55(0x37) | APP_CMD | 无 | R1 | 通知 SD 卡,后面发送的是扩展的 ACMD 命令 |
| 41(0x29) | SD_SEND_OP_COND | 无 | R1 | 初始化 SD 卡(扩展的 ACMD 命令) |

**注意**:表 19-11 中的最后一个命令,它是一个 ACMD 命令。ACMD 命令是在标准 CMD 命令基础上扩展的命令,发送 ACMD 命令必须先发送标准的 CMD55 命令,用于通知 SD 卡下面将要发送的是 ACMD 命令。因此通常表示成 CMD55＋AC-MDxx,表示两个命令需要按前后顺序组合下发,具体见下面的读取数据块操作时序部分。

CMD1 和 ACMD41 都是初始化的操作命令,前者针对 MMC 卡,而后者针对 SD 卡。

### 2. SD 卡命令的应答字格式

SD 卡内部的控制器在收到每个命令后,都要返回一个应答字。SD 卡的应答字有 R1、R1b、R2、R3、R7 等几种格式,R1 是最常用的格式。R1 为 1 字节长度的应答字,格式见图 19-12。R1 应答字的最高位永远为 0,其他 7 位分别表示 SD 卡的状态和接收命令中是否出现错误,如果有 1 出现,则表示检测到相应的错误。

AVR 主机通过收到的 R1 应答,可以判断 SD 卡是否正确收到刚才下发的命令和执行的情况,以便确定下一步对 SD 卡操作的步骤。

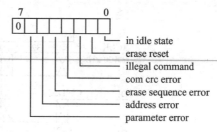

图 19-12　SD 卡应答字 R1 的格式

## 3. SD 卡操作命令时序

(1) 图 19-13 为复位 SD/MMC 卡的操作命令时序。

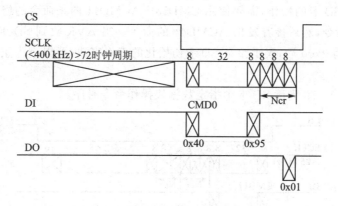

图 19-13　SD 卡复位操作时序图

当 AVR 检测到有 SD 卡插入卡座后,首先要对 SD 卡实施上电复位操作,复位操作时 SLCK 的时钟频率应该在 400 kHz 以下。在 CS 高电平的情况下,先通过 SCLK 送72 个以上的时钟信号到 SD 卡,它的作用是等待 SD 卡内部工作电源的稳定,以及使 SD卡的时钟与 SCLK 保持同步。然后拉低片选 CS,发送复位命令 CMD0。CMD0 后面的Ncr 为填充码,每个填充码为 1 字节 8 位长度全 1 的 0xFF,Ncr 的总个数为 1~8,最少为 1 个,主要是留给 SD 卡执行命令的操作时间。从第 2 个 Ncr 开始,AVR 开始接收SD 卡的应答字 R1。如果收到 0x01,表示 SD 卡上电复位成功(DS 卡处在 idle 状态),此时可以进行 SD 卡的初始化操作。如果没有收到正确的 R1(0x01),则需要再次实施上电操作。如果 AVR 接收不到正确的 R1 的应答字节,或长时间在 DO 线上为高电平(0xFF),则要检查硬件电路或 SD 卡不正常已经损坏。

实际上,这个 SD 卡的上电复位时序对于 SD 的 SDIO 接口方式和 SPI 接口方式都是相同的。SD 卡上电后默认采用 SDIO 接口方式,在接收 COM0 命令的过程中,如果SD 卡控制器检测 CS(SD 方式下为 DAT3)为低电平,将自动转换成 SPI 接口方式工作。

(2) 图 19-14 为初始化 SD 卡操作命令时序。

上电复位成功后,就需要对 SD 卡进行初始化。

第 19 章　实用公交车语音报站器——WAVE 播放器

AVR单片机嵌入式系统原理与应用实践(第3版)

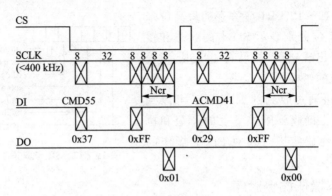

**图 19 - 14　SD 卡初始化操作时序图**

初始化 SD 卡的操作,需要使用 CMD55＋ACMD41 两条命令的组合,也就是先发 CMD55 命令,然后接着发出 ACMD41 的命令。当 AVR 收到 SD 卡对 ACMD41 命令的应答为 0x00 后,表示整个 SD 卡初始化的工作完成,可以进入正常的读/写数据操作了。

(3) 图 19 - 15 为读 SD 卡中指定数据块操作命令时序。

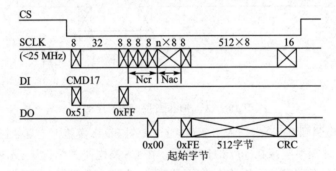

**图 19 - 15　读 SD 卡数据块操作时序图**

完成对 SD 卡初始化后,就可以通过 CMD 指令对 SD 卡进行正常操作了。

图 19 - 15 是读 SD 卡中指定数据块的操作时序,使用的命令为 CMD17。该命令含有 4 字节的参数,用于指定所要读取的数据块首地址。下面对该命令中的 4 字节参数使用做说明。

➤ 通常 SD 卡中 Flash 大容量存储器在物理上是按扇区为单位组织的,一个扇区的大小为 512 字节,与 FAT 文件系统中使用的扇区大小相同。读取数据可以按字节读取,但擦除和写入都是以扇区为单位的。也就是说,哪怕就是写一个字节数据到某个扇区,也要先读取整个扇区数据到内存,在内存中修改该字节内容,然后将整个扇区擦除后再把内存中数据写入。所以写数据到 SD 卡要比读数据花费更多的时间。

➤ 对于符合 V1.0 标准老型号的 SD 卡(通常容量在 4 GB 以下),在 CMD17 命令中的 32 位参数是以字节为单位的。由于 SD 卡读取数据块的操作不能跨扇区操作,因此作为具体的读取块字节的首地址,这个地址通常是某个扇区的首地址。而一个扇区的首地址,其后 9 位都是 0(512 字节),因此在 CMD17 中的参数通常后 9 位是 0,前 23 位是扇区地址。此时 32 位地址寻址的能力为 4 GB,符合 V1.0 标准的 SD 卡容量不超过 4 GB。

➤ 符合 V2.0 规范的 SD 卡,也称为 SDHC 卡。它不仅提高了通信速率,同时也支持大于 4 GB 容量的 SD 卡。对符合 V2.0 标准的 SD 卡操作,V2.0 定义了 CMD17 命令中 32 位参数是以扇区为单位的,是扇区地址。由于每个扇区是 512 字节,这样就将 SD 卡的上限容量扩大到 2 048 GB。

➤ 所以在 SD 卡初始化过程中,通常还需要先读取 SD 卡的类型,区分出该 SD 卡符合的标准,以便在后面的操作中选择符合该卡标准的参数形式。

#### 4. SD 卡命令层操作总结

(1) SD 卡上电初始化过程:

➤ 初始化 AVR 读/写 SD 卡的硬件(SPI 接口定义、引脚定义);

➤ 设置 SPI 时钟<400 kHz;

➤ 上电延时,使用 CMD0 命令复位 SD 卡;

➤ 使用 CMD1(针对 MMC)或 CMD55＋ACMD41(针对 SD)激活卡,同时获取卡的类型等参数,重要的是获取所插入 SD 卡的标准(SDv1 或 SDv2);

➤ 使用 CMD16 设置读/写数据块的长度(可选,默认为 512 字节)。

(2) 读取单块(扇区)数据:

➤ 调整提高 SPI 时钟(<25 MHz);

➤ AVR 发送 CMD17 命令(注意地址参数需要符合卡的标准);

➤ SD 卡回应 R1(0x00);

➤ AVR 接收读数据起始令牌(0xFE);

➤ AVR 接收 512 个数据;

➤ AVR 接收 2 字节 CRC 效验字。

## 19.2.6　文件系统层

在 SD 卡操作命令层上,就已经实现将数据从 SD 卡读出,或将数据写入 SD 保存的功能了。但此时用户需要自己组织和定义数据在 SD 卡 Flash 中的存放位置,如果这个 SD 卡是为一个专用系统设计的,选择采用这种设计和使用也是可行的。但通常 SD 卡需要与 PC 机兼容,这就需要建立更上一层的文件系统层了。例如在 PC 机上直接写入数据文件到 SD 卡,然后在用户的嵌入式系统中直接读取该 SD 卡上的文件数据。

#### 1. FAT 文件系统简介

由于 PC 机的 Windows 平台对存储设备的数据组织结构采用的是统一组织方

式:FAT 文件系统来管理,所以通常在配备使用 SD 卡的嵌入式系统中,需要建立一个兼容 FAT 的文件系统层。随着技术的发展和存储设备容量的不断扩大,FAT 文件系统的结构经过了两次扩充,发展到今天成为有 FAT12、FAT16 和 FAT32 三种不同格式、向下兼容的文件系统。一个完整的 FAT 文件系统层应该对 FAT12、FAT16、FAT32 都能支持,这样才能在实际中使用。

　　FAT 文件系统是一种逻辑上的文件数据组织结构,它将存储设备中的存储单元(空间)从逻辑上划分成 4 个部分:

> 引导记录(DBR):通常位于 SD 卡第 1 扇区,说明 SD 卡的结构信息、容量大小、FAT 格式类型等。
> 文件分配表(FAT1、FAT2):用于记录磁盘空间的分配情况,指示硬盘数据信息存放的扇区的信息指针。
> 文件根目录表文件目录区(FDT):一个指示已存入数据信息的索引表。记录磁盘上存储文件的大小、起始位置、建立日期和时间等数据。
> 数据区(DATA):具体存放数据信息的区域。

　　FAT 文件系统是一个比较复杂的软件系统层,在设计开发与 SD 卡、USB 存储器相关的系统时,掌握 FAT 文件系统的知识是绝对必须的。由于篇幅的关系,本书只能对 FAT 文件系统做最简单的入门提示。读者可以深入学习和参考微软的 FAT 白皮书等多篇关于 FAT 文件系统的详细介绍和资料。

## 2. 文件系统层的建立——Petit FatFs 简介

　　文件系统层的建立完全是软件层面上的工作。一个实际的文件系统层软件编写和建立是非常复杂的。互联网上有许多免费的文件系统层软件包,提供人们下载学习和评估使用,并在此基础上做修改,建立自己的文件系统。

　　本实例中的文件系统层,使用了一个免费文件系统 FatFs Generic File System Module 的子集:Petit FatFs(Petit FAT File System Module)。

　　FatFs 为一位日本嵌入式工程师编写的与 FTA 文件系统兼容的通用软件模块,在他的个人网站上提供了全部用 C 语言编写的源程序代码、性能测试以及在许多不同硬件平台上移植与使用的实例(http://elm-chan.org/fsw/ff/00index_e.html)。FatFs 非常适合在小型的嵌入式系统平台上移植使用,许多国际上的半导体器件公司,在它们 32 位嵌入式平台上推荐使用的免费文件系统中都含有 FatFs 系统。

　　Petit FatFs 则是 FatFs 的缩减版,主要是针对一些片内 RAM 比较少的 8 位系统编写的。对于其他系列的控制器,从节省片内 RAM 的角度考虑,Petit FatFs 也是非常适用的。Petit FatFs 的主要特性有:

> 占用极小内存空间(46 字节的工作空间＋堆栈);
> 生成代码小(2～4 KB);
> 支持 FAT12、FAT16 和 FAT32;
> 单核心文件(仅有一个包含所有功能的源文件);

➢ 主要实现读文件的功能,附带有限制的写文件功能。

Petit FatFs 的典型应用架构如图 19 - 16 所示,它处于底层磁盘 I/O 的上层,并为最上面应用层提供了直接文件操作的接口函数。

**1) Petit FatFs 底层接口函数**

由于 Petit FatFs 文件系统模块是一个通用的文件系统,所以它与底层是完全脱离的。底层 I/O 模块不是 Petit FatFs 文件系统的一部分,因此底层读取物理存储介质的函数必须由用户编写提供,主要的函数有 2 个。

(1) disk_intialize。

disk_intialize 函数很重要,存储介质的初始化依赖于该底层函数,只有该函数能够成功执行初始化进程,文件层才可以进行后续操作。为了配合 Petit FatFs 文件系统,要求该函数必须具备规定的返回值,如表 19 - 12 所列。

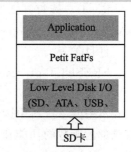

图 19 - 16　Petit FatFs 典型
应用结构图

表 19 - 12　disk_initialize 函数定义

| 函数原型 | 返回值 | |
|---|---|---|
| DSTATUS disk_initialize（void） | STA_NOINIT | 该返回值表示磁盘驱动还没有被初始化。系统复位,移除磁盘、disk_initialize 函数出错均会将该变量置位。只有 disk_initialize 函数成功执行,该变量才会被清 0 |
| | STA_NODISK | 表示驱动器中没有存储单元,对于固定的磁盘驱动来说,这个变量始终是 0 |

(2) disk_rcadp。

disk_readp 函数是磁盘操作的核心函数,Petit FatFs 文件系统的主要底层函数接口,用于读取 SD 卡的一个扇区(若 MCU 的内部 RAM 较小,只能读取部分扇区),如表 19 - 13 所列。

表 19 - 13　disk_readp 函数定义

| 函数原型 | 返回值 | |
|---|---|---|
| DRESULT disk_readp ( | RES_OK (0) | 该函数被成功执行 |
| 　BYTE * Buffer, | RES_ERROR | 在磁盘读操作过程中硬件出错且无法恢复 |
| 　DWORD SectorNumber, | RES_PARERR | 参数无效 |
| 　WORD Offset, | RES_NOTRDY | 磁盘驱动器未被初始化 |
| 　WORD Count）; | | |

**2) Petit FatFs 的上层应用接口函数**

Petit FatFs 文件系统模块为上面的应用层提供了一组直接文件操作的接口函数,用户在应用层面上可以直接使用这些函数对存储介质实施文件级的操作,重要的函数有:

➤ FRESULT pf_mount（FATFS＊） 加载文件系统。

➤ FRESULT pf_open（const char＊ FileName） 打开指定文件。

➤ FRESULT pf_read（void＊ Buffer，WORD ByteToRead，WORD ＊ Bytes-Read） 读打开文件中内容。

➤ FRESULT pf_opendir（DIR＊ DirObject，const char＊ DirName） 打开文件目录表。

➤ FRESULT pf_readdir（DIR＊ DirObject，FILINFO＊ FileInfo） 读取文件目录表。

在本书共享资料中读者可以找到整个 Petit FatFs 文件系统模块的软件包，在里面有全部的函数的功能和使用介绍，读者在移植和使用中应该仔细阅读参考。

## 19.2.7 实用公交车语音报站器系统实现

在前面的章节中，已经给出了实用公交车语音报站器系统的硬件电路图，同时也对实现本系统所需要的相关技术，如 SD 卡的操作、FAT 文件系统做了一些介绍。读者可以体会到，要完成实现这个系统，需要具备相当能力的软件设计和编写调试的功底。

本书提供的实用公交车语音报站器系统的程序代码是在 CVAVR 环境中开发编写的，全部代码采用 C 语言完成，包括 12 个文件、约 1 700 条语句，产生 1.3 万条汇编代码指令，生成的执行代码为 9.8 KB，占 ATmega16 的 Flash 容量的 59.8％，读者可以在本书共享资料中得到全部的源代码，以及进行测试用的语音文件（可以在 PC 机上直接播放的标准 wav 文件）。

### 1. 系统使用介绍

#### 1）播放音频文件的准备

在共享资料 demo\19‐2\sd 卡文件\目录中是本系统需要播放的全部语音文件。把它们复制到一张 SD 卡的根目录中（本系统设计只搜索和读取 SD 卡根目录中的文件），插到实用公交车语音报站器系统的 SD 卡座中，然后用户可以通过按键操作实现播放不同的语音文件。

如果读者希望实用公交车语音报站器系统播放自己音频文件，请先在 PC 机上把自己喜欢的歌曲音乐或语音文件，通过一些音频处理播放软件（如"天天静听"一个免费的集播放、音效、转换、歌词等多种功能于一身的专业音频播放软件）转换成 44.1 kHz、16 位或 8 位、单声道、PCM 编码的 wav 文件，然后复制到 SD 卡上就可以了。

---

由于 PC 机上通常都是使用 16 位精度的文件，所以许多音频处理软件将 16 位精度的 wav 文件转换成 8 位精度时算法不够合理，产生比较大的静噪声。为此，作者专门编写了一个将单声道 16 位精度 wav 文件转换成 8 位 wav 文件的小工具 wave_to_8.exe，使用该工具转换的 8 位文件比一般的软件静噪声减少了 3dB。共享

资料中有该工具的安装包。

　　为了简化系统代码的编写,本系统采用统一的文件名格式,规定文件名以数字开头,后面用 m 代表音乐文件,z 代表报站文件,具体格式如下:

> xxM. wav,M 类文件,为背景音乐或歌曲。测试文件 1m. wav～10m. wav 为 10 首不同风格的音乐歌曲。

> xxZ. wav,Z 类文件,为播报站的语音文件。最小数字 0z. wav 文件总是代表起点站,最大数字的 xxz. wav 文件总是代表终点站。Z 文件前的数字序列按行程路线各个到站的顺序编排。播报站数不限。当 SD 卡插入时,系统会自动搜索 Z 类文件的个数,并按顺序进行播报。测试文件模拟的是从上海(0z. wav)到北京(5z. wav)的行程,途中经过南京(1z. wav)、徐州(2z. wav)、济南(3z. wav)、天津(4z. wav)。

> w. wav,W 类文件,专用的广告、欢迎或介绍类文件。本例程中只读取 w. wav 文件,读者可以在学习的基础上,扩充修改系统代码,扩展到可以读取播放更多 W 类文件。

**2) 操作使用**

　　本实例系统实现了 SD 卡的热插拔功能,用户可以在任何时间将 SD 卡插入卡座,或从卡座中将 SD 卡取出,通过方便地更换 SD 卡,可以随时更换播放音频的内容。这个功能相当实际应用中行车路线的更换,此时只要更换一张准备好的 SD 卡就可以了。

　　系统有 LED_1 和 LED_2 指示灯 2 个。上电后 LED_1 闪烁,表示系统正常工作,但 SD 卡座中无 SD 卡。LED_1 灯常亮,表示 SD 卡插入。LED_2 表示读卡是否正常:LED_2 闪烁表示读 SD 卡错误,LED_2 常亮表示读 SD 卡正常。

　　系统中 4 个按键用于控制和选择播放的语音内容:

> 按键 1,按一下播放一遍欢迎词(w. wav)。

> 按键 2,循环播放 M 类音乐歌曲文件,每按一次,选择下一首歌曲播放。本系统带记忆功能,当某正在播放的歌曲被打断后(如需要播放到站语音),再次按下按键 2,则重新开始播放被打断的歌曲(从被打断歌曲的开始播放)。

> 按键 3,按一下自动播放一次下一个(去往)到站语音,直到终点车站(测试中的北京站)。

> 按键 4,按一下自动播放一次上一个(返回)到站语音,直到终点车站(测试中的上海站)。

本实例系统实际可以读取以下参数标准 WAVE 格式的文件:

> 采样频率 8 kHz、16 位/8 位、单/双声道;

> 采样频率 22.05 kHz、16 位/8 位、单/双声道;

> 采样频率 44.1 kHz、16 位/8 位、单声道。

系统会自动识别所读取不同格式 WAVE 文件的相关参数,然后对音频数据做相应的处理,统一转换成相同采样率的 8 位、单声道数据,通过 8 位 T/C2 的 PWM 输出播放。

**2. 控制系统软件设计简介**

实用公交车语音报站器系统的控制软件包括 3 个主要部分:实现对 SD 卡的操作、FAT 文件系统的移植以及最上层的应用程序。整个系统文件由 io. c、main. c、mmc. c、music. c、pff. c 和相关的定义文件组成,其中:

pff. c,文件系统层的核心文件,从 Petit FatFs 移植过来。作者基本没有做改动,只是禁止了写操作的功能。因为本系统不需要对 SD 卡进行文件写入的操作,这样可以减少代码量。

➤ io. c,扫描按键的底层 I/O 接口。采用本书介绍的状态机思想实现。

➤ main. c,主函数部分。包括 ATmega16 初始化、系统工作状态的转换、按键控制等。

➤ music. c,主要处理音频 wav 的解析,音频数据的读取和播放。

➤ mmc. c,实现 SPI 物理接口层和 SD 卡操作命令层的核心文件。其中包括了 Petit FatFs 文件系统层所需要的 disk_initialize()和 disk_readp()两个重要的底层函数。这两个函数在 Petit FatFs 中只定义了函数的框架,具体实现需要根据实际系统自己完成。

本系统中使用了 ATmega16 的 3 个定时/计数器。T/C2 一直工作在快速 PWM 模式,输出恒定频率 44.1 kHz 的 PWM 波。T/C0 工作在 CTC 模式,每隔 15 ms 产生一次中断,主要用于扫描按键和检测 SD 卡的状况。16 位 T/C1 工作在 CTC 模式,其中断间隔频率是可调整的,在开始读取准备播放的 WAVE 文件时,程序将读取该文件的采样频率参数,并自动调整 T/C1 的中断频率与其相同,并在中断服务中将下一个音频数据更换到 OCR2 寄存器中,这样就保证了音频数据的同步播放。

由于 T/C2 产生的 PWM 频率是恒定的 44.1 kHz,因此播放 44.1 kHz 的音频时,每个采样点播放一次。当播放 22.05 kHz 的音频时,每个样点则以 44.1 kHz 的频率播放了 2 次;而播放 8 kHz 的音频时,每个样点则以 44.1 kHz 的频率平均播放了 5.5 次。这里同样采用的是多次 PWM 产生同一个音频点的方法,保证了 PWM 产生的高频噪声总在 44 kHz 以上,也使产生的模拟信号更加平滑,以获得更好的音频输出效果。

本实例系统受到了 AVR 的系统时钟限制,加上全部采用 C 语言编写,尚不能流畅地播放 44.1 kHz 双声道格式的 WAVE 文件。这是因为双声道的音频数据处理相对复杂些,需要 MCU 具备更高的数据处理速度,或关键代码采用嵌入汇编方式编写。如果使用工作在更高频率的 MCU 单片机(22.597 2 MHz 以上),就基本保证了 44.1 kHz 双声道格式的 WAVE 文件的正常播放。

**本章参考文献:**

详见共享资料 demo\19 - 2\下的本章参考文件目录。

# ATmega16 熔丝位汇总

## 1. 编程与状态说明

➢ 在 AVR 的器件手册中,使用已编程(Programmed)和未编程(Unpro-grammed)定义熔丝位的状态。Unprogrammed 表示熔丝状态为"1"(禁止);Programmed 表示熔丝状态为"0"(允许)。

1:未编程,禁止,Unprogrammed,检查框不打钩。

0:编程,允许,Programmed,检查框打钩。

➢ AVR 的熔丝位可多次编程,不是一次性的 OPT 熔丝。

➢ 熔丝位的配置(编程)可以通过并行方式、ISP 串行方式和 JTAG 串行方式实现。

➢ AVR 芯片加密锁定后(LB2/LB1 = 1/0,0/0)不能通过任何方式读取芯片内部 Flash 和 EEPROM 中的数据,但熔丝位的状态仍然可以读取,只是不能修改配置。

➢ 芯片擦除命令是将 Flash 和 EEPROM 中的数据清除,并同时将两位锁定位状态配置成无锁定状态(LB2/LB1 = 1/1),但芯片擦除命令并不改变其他熔丝位的状态。

➢ 下载编程的正确操作程序是:对芯片无锁定状态下,下载运行代码和数据,配置相关的熔丝位,最后配置芯片的加密锁定位。

➢ 芯片被加密锁定后,如果发现熔丝位配置不对,则必须使用芯片擦除命令,清除芯片中的数据,解除加密锁定,然后重新下载运行代码和数据,修改配置相关的熔丝位,最后再次配置芯片的加密锁定位。

## 2. 芯片加密锁定熔丝(见表 A-1)

表 A-1  芯片加密锁定熔丝

| 加密锁定位 | | | 保护类型(用于芯片加密) |
|---|---|---|---|
| 加密锁定方式 | LB2 | LB1 | |
| 1(出厂设置) | 1 | 1 | 无任何编程加密锁定保护 |

续表 A-1

| 加密锁定位 | | | 保护类型（用于芯片加密） |
|---|---|---|---|
| 加密锁定方式 | LB2 | LB1 | |
| 2 | 1 | 0 | 禁止串/并行方式对 Flash 和 EEPROM 的再编程,禁止串/并行方式对熔丝位的编程 |
| 3 | 0 | 0 | 禁止串/并行方式对 Flash 和 EEPROM 的再编程和校验,禁止串/并行方式对熔丝位的编程 |

注：加密锁定熔丝只能使用芯片擦除命令还原为默认的无任何加密锁定保护状态。

## 3. 功能熔丝（见表 A-2）

表 A-2　功能熔丝

| 熔丝名称 | 说　明 | | 出厂设置 |
|---|---|---|---|
| | 1 | 0 | |
| WDTON | 看门狗由软件控制 | 看门狗始终工作,软件只能调节溢出时间 | 1 |
| SPIEN | 禁止 ISP 串行编程 | 允许 ISP 串行编程 | 0 |
| JTAGEN | 禁止 JTAG 口 | 使能 JTAG 口 | 0 |
| EESAVE | 芯片擦除时同时擦除 EEPROM 数据 | 芯片擦除时不擦除 EEPROM 数据 | 1 |
| BODEN | 禁止低电压检测功能 | 允许低电压检测功能 | 1 |
| BODLEVEL | 低电压检测门槛电平为 2.7 V | 低电压检测门槛电平为 4.0 V | 1 |
| OCDEN | 禁止 JTAG 口的在线调试功能 | 允许 JTAG 口的在线调试功能 | 1 |

## 4. 有关 Bootloader 的熔丝

### 1）上电启动地址选择（见表 A-3）

表 A-3　上电启动地址选择

| 熔丝名称 | 说　明 | | 出厂设置 |
|---|---|---|---|
| | 1 | 0 | |
| BOOTRST | 芯片上电后从地址 0x0000 开始执行 | 上电后从 BOOT 区开始执行（参见 BOOTSZ0/1） | 1 |

### 2）Bootloader 区大小设置（见表 A-4）

表 A-4　Bootloader 区大小设置

| BOOTSZ1 | BOOTSZ0 | BOOT 区大小/字 | BOOT 区起始地址 | 出厂设置 |
|---------|---------|----------------|------------------|----------|
| 0 | 0 | 1024 | 0x1C00 | |
| 0 | 1 | 512 | 0x1E00 | 00 |
| 1 | 0 | 256 | 0x1F00 | |
| 1 | 1 | 128 | 0x1F80 | |

## 3）对应用程序区的保护模式设置（见表 A-5）

表 A-5　对应用程序区的保护模式设置

| BLB0 模式 | BLB02 | BLB01 | 对应用程序区的保护 |
|-----------|-------|-------|---------------------|
| Mode1 | 1 | 1 | 不限制 SPM 和 LPM 指令对应用程序区的操作（出厂设置） |
| Mode2 | 1 | 0 | 禁止 SPM 指令对应用程序区的写操作 |
| Mode3 | 0 | 0 | 禁止 SPM 指令对应用程序区的写操作<br>在执行驻留在引导加载区的引导加载程序过程中,禁止其中的 LPM 指令对应用程序区的读操作<br>如果中断向量驻留在引导加载区,则在 MCU 执行驻留在应用程序区的程序过程中禁止中断响应 |
| Mode4 | 0 | 1 | 在执行驻留在引导加载区的引导加载程序过程中,禁止其中的 LPM 指令对应用程序区的读操作。如果中断向量驻留在引导加载区,则在 MCU 执行驻留在应用程序区的程序过程中禁止中断响应 |

## 4）对 Bootloader 区的保护模式设置（见表 A-6）

表 A-6　对 Bootloader 区的保护模式设置

| BLB1 模式 | BLB12 | BLB11 | 对引导加载区的保护 |
|-----------|-------|-------|---------------------|
| Mode1 | 1 | 1 | 不限制 SPM 和 LPM 指令对引导加载区的操作（出厂设置） |
| Mode2 | 1 | 0 | 禁止 SPM 指令对引导加载区的写操作 |
| Mode3 | 0 | 0 | 禁止 SPM 指令对引导加载区的写操作<br>在执行驻留在应用程序区的应用程序过程中,禁止其中的 LPM 指令对引导加载区的读操作<br>如果中断向量驻留在应用程序区,则在 MCU 执行驻留在引导加载区的加载程序过程中禁止中断响应 |
| Mode4 | 0 | 1 | 在执行驻留在应用程序区的应用程序过程中,禁止其中的 LPM 指令对引导加载区的读操作<br>如果中断向量驻留在应用程序区,则在 MCU 执行驻留在引导加载区的加载程序过程中禁止中断响应 |

## 5. 有关系统时钟源的选择和上电启动延时时间的配置熔丝

### 1) 系统时钟选择(见表 A−7)

表 A−7  系统时钟选择

| 系统时钟源 | CKSEL[3：0] |
|---|---|
| 外接石英/陶瓷晶体 | 1111～1010 |
| 外接低频晶体(32.768 kHz) | 1001(RTC) |
| 外接 RC 振荡器 | 1000～0101 |
| 使用可校准的内部 RC 振荡器 | 0100～0001(出厂设置 0001,1 MHz) |
| 外部时钟源 | 0000 |

### 2) 使用外部晶体时的工作模式配置(见表 A−8)

表 A−8  使用外部晶体时的工作模式配置

| 熔丝位 | | 工作频率范围/MHz | C1,C2 容量/pF | 适用晶体 |
|---|---|---|---|---|
| CKOPT[2]、[3] | CKSEL[3：1] | | | |
| 1 | 101 | 0.4～0.9 | 见注① | 陶瓷晶体 |
| 1 | 110 | 0.9～3.0 | 12～22 | 石英晶体 |
| 1 | 111 | 3.0～8.0 | 12～22 | |
| 0 | 101～111 | ≥1.0 | 12～22 | |

注：① 对陶瓷振荡器所配的电容,按生产厂家说明配用。
　　② 当 CKOPT＝0(编程)时,振荡器的输出振幅较大,适用于干扰大的场合;反之,振荡
　　　器的输出振幅较小,可以降低功耗,对外电磁幅射也较小。
　　③ CKOPT 默认状态为"1"。

### 3) 使用外部晶体时的启动时间选择(见表 A−9)

表 A−9  使用外部晶体时的启动时间选择

| 熔丝位 | | 从掉电模式开始的启动时间 | 从复位开始的附加延时/ms ($V_{CC}＝5.0$ V) | 推荐使用场合 |
|---|---|---|---|---|
| CKSEL0 | SUT[1：0] | | | |
| 0 | 00 | 258 CK | 4.1 | 陶瓷晶体,快速上升电源 |
| 0 | 01 | 258 CK | 65 | 陶瓷晶体,慢速上升电源 |
| 0 | 10 | 1K CK | — | 陶瓷晶体,BOD 方式 |
| 0 | 11 | 1K CK | 4.1 | 陶瓷晶体,快速上升电源 |
| 1 | 00 | 1K CK | 65 | 陶瓷晶体,慢速上升电源 |
| 1 | 01 | 16K CK | — | 石英晶体,BOD 方式 |
| 1 | 10 | 16K CK | 4.1 | 石英晶体,快速上升电源 |
| 1 | 11 | 16K CK | 65 | 石英晶体,慢速上升电源 |

**4) 使用外部低频晶体时的启动时间选择(见表 A - 10)**

表 A - 10　使用外部低频晶体时的启动时间选择

| 熔丝位 | | 从掉电模式开始 | 从复位开始的附加延时/ms | 推荐使用场合 |
|---|---|---|---|---|
| CKSEL[3:0] | SUT[1:0] | 的启动时间 | ($V_{CC}=5.0$ V) | |
| 1001 | 00 | 1K CK | 4.1 | 快速上升电源或 BOD 方式* |
| 1001 | 01 | 1K CK | 65 | 慢速上升电源 |
| 1001 | 10 | 32K CK | 65 | 要求振荡频率稳定的场合 |
| 1001 | 11 | 保留 | | |

注:* 这个选项只能用于启动时晶振频率稳定、不是很重要的应用场合。

(1) 使用 32.768 kHz 手表晶体作为 MCU 的时钟源。此时 CKSEL 应当编程为 1001。

(2) 当 CKOPT=0 时,选择使用内部与 XTAL1/XTAL2 相连的电容,没有必要再外接电容;内部电容为 36 pF。

**5) 使用外部 RC 振荡器时的模式配置(见表 A - 11)**

表 A - 11　使用外部 RC 振荡器时的模式配置

| 熔丝位(CKSEL[3:0]) | 工作频率范围/MHz | 熔丝位(CKSEL[3:0]) | 工作频率范围/MHz |
|---|---|---|---|
| 0101 | ≤0.9 | 0111 | 3.0~8.0 |
| 0110 | 0.9~3.0 | 1000 | 8.0~12.0 |

注:(1) 频率的估算公式是:$f=1/(3RC)$。

(2) 电容 C 的容量至少为 22 pF。

(3) 当 CKOPT=0(编程)时,可以使用片内 XTAL1 与 GND 之间的 36 pF 电容,此时不需要外接电容 C。

**6) 使用外部 RC 振荡器时的启动时间选择(见表 A - 12)**

表 A - 12　使用外部 RC 振荡器时的启动时间选择

| 熔丝位(SUT[1:0]) | 从掉电模式开始的启动时间 | 从复位开始的附加延时/ms ($V_{CC}=5.0$ V) | 推荐使用场合 |
|---|---|---|---|
| 00 | 18 CK | — | BOD 方式 |
| 01 | 18 CK | 4.1 | 快速上升电源 |
| 10 | 18 CK | 65 | 慢速上升电源 |
| 11 | 6 CK | 4.1 | 快速上升电源或 BOD 方式 |

**7) 使用内部 RC 振荡器的不同工作模式(见表 A - 13)**

表 A - 13　使用内部 RC 振荡器的不同工作模式

| 熔丝位（CKSEL[3：1]） | 工作频率范围/MHz |
| --- | --- |
| 0001 | 1.0（出厂设置） |
| 0010 | 2.0 |
| 0011 | 4.0 |
| 0100 | 8.0 |

　　可被校准的内部 RC 振荡器提供固定的 1/2/4/8 MHz 的时钟,这些工作频率是在 5 V、25 ℃下校准的。如果 CKSEL 熔丝位按表 A - 13 配置,则可以选择使用内部 RC 时钟,此时将不需要外部元件,而使用这些时钟源选项时,CKOPT 应当是未编程的,即 CKOPT＝1。

　　当 MCU 完成复位后,硬件将自动地装载校准值到 OSCCAL 寄存器中,从而完成对内部 RC 振荡器的频率校准。

### 8) 使用内部 RC 振荡器时的启动时间选择(见表 A - 14)

表 A - 14　使用内部 RC 振荡器时的启动时间选择

| 熔丝位(SUT[1：0]) | 从掉电模式开始的启动时间 | 从复位开始的附加延时/ms（$V_{CC}＝5.0$ V） | 推荐使用场合 |
| --- | --- | --- | --- |
| 00 | 6 CK | — | BOD 方式 |
| 01 | 6 CK | 4.1 | 快速上升电源 |
| 10(出厂设置) | 6 CK | 65 | 慢速上升电源 |
| 11 | 保留 | | |

### 9) 外部时钟源

　　当 CKSEL 编程为 0000 时,使用外部时钟源作为系统时钟,外部时钟信号从 XTAL1 输入。如果 CKOPT＝0,则 XTAL1 与 GND 之间的片内 36 pF 电容被使用。

### 10) 使用外部时钟源时的启动时间选择(见表 A - 15)

表 A - 15　使用外部时钟源时的启动时间选择

| 熔丝位(SUT[1：0]) | 从掉电模式开始的启动时间 | 从复位开始的附加延时/ms（$V_{CC}＝5.0$ V） | 推荐使用场合 |
| --- | --- | --- | --- |
| 00 | 6 CK | — | BOD 方式 |
| 01 | 6 CK | 4.1 | 快速上升电源 |
| 10 | 6 CK | 65 | 慢速上升电源 |
| 11 | 保留 | | |

**注意**：为保证 MCU 稳定工作,不能突然改变外部时钟的频率,当频率突然变化超过 2% 时,将导致 MCU 工作异常。建议在 MCU 处于复位状态时,改变外部时钟的频率。

## 6. 系统时钟选择与启动延时配置一览表(见表 A-16)

表 A-16 系统时钟选择与启动延时配置一览表

| 系统时钟源 | 休眠模式下唤醒启动延时时间 | RESET 复位启动延时时间/ms | 熔丝状态配置 |
|---|---|---|---|
| 外部时钟 | 6 CK | 0 | CKSEL=0000,SUT=00 |
| 外部时钟 | 6 CK | 4.1 | CKSEL=0000,SUT=01 |
| 外部时钟 | 6 CK | 65 | CKSEL=0000,SUT=10 |
| 内部 RC 振荡(1 MHz) | 6 CK | 0 | CKSEL=0001,SUT=00 |
| 内部 RC 振荡(1 MHz) | 6 CK | 4.1 | CKSEL=0001,SUT=01 |
| 内部 RC 振荡(1 MHz)(出厂设置) | 6 CK | 65 | CKSEL=0001,SUT=10 |
| 内部 RC 振荡(2 MHz) | 6 CK | 0 | CKSEL=0010,SUT=00 |
| 内部 RC 振荡(2 MHz) | 6 CK | 4.1 | CKSEL=0010,SUT=01 |
| 内部 RC 振荡(2 MHz) | 6 CK | 65 | CKSEL=0010,SUT=10 |
| 内部 RC 振荡(4 MHz) | 6 CK | 0 | CKSEL=0011,SUT=00 |
| 内部 RC 振荡(4 MHz) | 6 CK | 4.1 | CKSEL=0011,SUT=01 |
| 内部 RC 振荡(4 MHz) | 6 CK | 65 | CKSEL=0011,SUT=10 |
| 内部 RC 振荡(8 MHz) | 6 CK | 0 | CKSEL=0100,SUT=00 |
| 内部 RC 振荡(8 MHz) | 6 CK | 4.1 | CKSEL=0100,SUT=01 |
| 内部 RC 振荡(8 MHz) | 6 CK | 65 | CKSEL=0100,SUT=10 |
| 外部 RC 振荡(≤0.9 MHz) | 18 CK | 0 | CKSEL=0101,SUT=00 |
| 外部 RC 振荡(≤0.9 MHz) | 18 CK | 4.1 | CKSEL=0101,SUT=01 |
| 外部 RC 振荡(≤0.9 MHz) | 18 CK | 65 | CKSEL=0101,SUT=10 |
| 外部 RC 振荡(≤0.9 MHz) | 6 CK | 4.1 | CKSEL=0101,SUT=11 |
| 外部 RC 振荡(0.9～3.0 MHz) | 18 CK | 0 | CKSEL=0110,SUT=00 |
| 外部 RC 振荡(0.9～3.0 MHz) | 18 CK | 4.1 | CKSEL=0110,SUT=01 |
| 外部 RC 振荡(0.9～3.0 MHz) | 18 CK | 65 | CKSEL=0110,SUT=10 |
| 外部 RC 振荡(0.9～3.0 MHz) | 6 CK | 4.1 | CKSEL=0110,SUT=11 |
| 外部 RC 振荡(3.0～8.0 MHz) | 18 CK | 0 | CKSEL=0111,SUT=00 |
| 外部 RC 振荡(3.0～8.0 MHz) | 18 CK | 4.1 | CKSEL=0111,SUT=01 |
| 外部 RC 振荡(3.0～8.0 MHz) | 18 CK | 65 | CKSEL=0111,SUT=10 |
| 外部 RC 振荡(3.0～8.0 MHz) | 6 CK | 4.1 | CKSEL=0111,SUT=11 |

AVR 单片机嵌入式系统原理与应用实践(第 3 版)

| 系统时钟源 | 休眠模式下唤醒启动延时时间 | RESET 复位启动延时时间/ms | 熔丝状态配置 |
|---|---|---|---|
| 外部 RC 振荡(8.0～12.0 MHz) | 18 CK | 0 | CKSEL＝1000,SUT＝00 |
| 外部 RC 振荡(8.0～12.0 MHz) | 18 CK | 4.1 | CKSEL＝1000,SUT＝01 |
| 外部 RC 振荡(8.0～12.0 MHz) | 18 CK | 65 | CKSEL＝1000,SUT＝10 |
| 外部 RC 振荡(8.0～12.0 MHz) | 6 CK | 4.1 | CKSEL＝1000,SUT＝11 |
| 低频晶体(32.768 kHz) | 1K CK | 4.1 | CKSEL＝1001,SUT＝00 |
| 低频晶体(32.768 kHz) | 1K CK | 65 | CKSEL＝1001,SUT＝01 |
| 低频晶体(32.768 kHz) | 32K CK | 65 | CKSEL＝1001,SUT＝10 |
| 低频石英/陶瓷晶体(0.4～0.9 MHz) | 258 CK | 4.1 | CKSEL＝1010,SUT＝00 |
| 低频石英/陶瓷晶体(0.4～0.9 MHz) | 258 CK | 65 | CKSEL＝1010,SUT＝01 |
| 低频石英/陶瓷晶体(0.4～0.9 MHz) | 1K CK | 0 | CKSEL＝1010,SUT＝10 |
| 低频石英/陶瓷晶体(0.4～0.9 MHz) | 1K CK | 4.1 | CKSEL＝1010,SUT＝11 |
| 低频石英/陶瓷晶体(0.4～0.9 MHz) | 1K CK | 65 | CKSEL＝1011,SUT＝00 |
| 低频石英/陶瓷晶体(0.4～0.9 MHz) | 16K CK | 0 | CKSEL＝1011,SUT＝01 |
| 低频石英/陶瓷晶体(0.4～0.9 MHz) | 16K CK | 4.1 | CKSEL＝1011,SUT＝10 |
| 低频石英/陶瓷晶体(0.4～0.9 MHz) | 16K CK | 65 | CKSEL＝1011,SUT＝11 |
| 中频石英/陶瓷晶体(0.9～3.0 MHz) | 258 CK | 4.1 | CKSEL＝1100,SUT＝00 |
| 中频石英/陶瓷晶体(0.9～3.0 MHz) | 258 CK | 65 | CKSEL＝1100,SUT＝01 |
| 中频石英/陶瓷晶体(0.9～3.0 MHz) | 1K CK | 0 | CKSEL＝1100,SUT＝10 |
| 中频石英/陶瓷晶体(0.9～3.0 MHz) | 1K CK | 4.1 | CKSEL＝1100,SUT＝11 |
| 中频石英/陶瓷晶体(0.9～3.0 MHz) | 1K CK | 65 | CKSEL＝1101,SUT＝00 |
| 中频石英/陶瓷晶体(0.9～3.0 MHz) | 16K CK | 0 | CKSEL＝1101,SUT＝01 |
| 中频石英/陶瓷晶体(0.9～3.0 MHz) | 16K CK | 4.1 | CKSEL＝1101,SUT＝10 |
| 中频石英/陶瓷晶体(0.9～3.0 MHz) | 16K CK | 65 | CKSEL＝1101,SUT＝11 |
| 高频石英/陶瓷晶体(3.0～8.0 MHz) | 258 CK | 4.1 | CKSEL＝1110,SUT＝00 |
| 高频石英/陶瓷晶体(3.0～8.0 MHz) | 258 CK | 65 | CKSEL＝1110,SUT＝01 |
| 高频石英/陶瓷晶体(3.0～8.0 MHz) | 1K CK | 0 | CKSEL＝1110,SUT＝10 |
| 高频石英/陶瓷晶体(3.0～8.0 MHz) | 1K CK | 4.1 | CKSEL＝1110,SUT＝11 |
| 高频石英/陶瓷晶体(3.0～8.0 MHz) | 1K CK | 65 | CKSEL＝1111,SUT＝00 |
| 高频石英/陶瓷晶体(3.0～8.0 MHz) | 16K CK | 0 | CKSEL＝1111,SUT＝01 |
| 高频石英/陶瓷晶体(3.0～8.0 MHz) | 16K CK | 4.1 | CKSEL＝1111,SUT＝10 |
| 高频石英/陶瓷晶体(3.0～8.0 MHz) | 16K CK | 65 | CKSEL＝1111,SUT＝11 |

注:(1)本表是表 A－7～表 A－15 的汇总。

(2)表中第 3 列的"RESET 复位启动延时时间",是当芯片 RESET 复位后附加的延时启动时间,这段时间是图 2-15～图 2-19 中的 $t_{TOUT}$(参见 2.6.2 小节)。通过配置熔丝位,可以选择不同的延时启动时间。

(3)表中第 2 列的"休眠模式下唤醒启动延时时间",是当芯片处在休眠模式中的 Power-Down 和 Power-Save 两种模式下被唤醒后附加的启动延时时间。CK 表示 1 个系统时钟脉冲,18 CK 则表示芯片被唤醒后,还需要经过 18 个系统时钟脉冲后才正式开始启动运行。唤醒启动延时时间也可以通过溶丝位的配置进行选择。

(4)AVR 芯片的休眠模式有 6 种,Power-Down 和 Power-Save 属于深度休眠模式,在这两种休眠模式下,芯片中大部分时钟都停止工作,可以使耗电降到最小。然而一旦从这两种深度休眠模式中唤醒,CPU 不能马上开始工作。这是因为芯片内部的各个时钟系统还需要一定的时间才能进入到稳定的工作状态,因此需要延时启动。具体请参考 AVR 的器件手册介绍。

(5)熔丝位 CKOPT 的出厂设置为 1。在使用不同的系统时钟源时,CKOPT 的状态有不同的意义,请查看每一种时钟源配置时对 CKOPT 的定义。

AVR 单片机嵌入式系统原理与应用实践(第 3 版)

附录 **B** AVR－51 多功能实验开发板电原理图

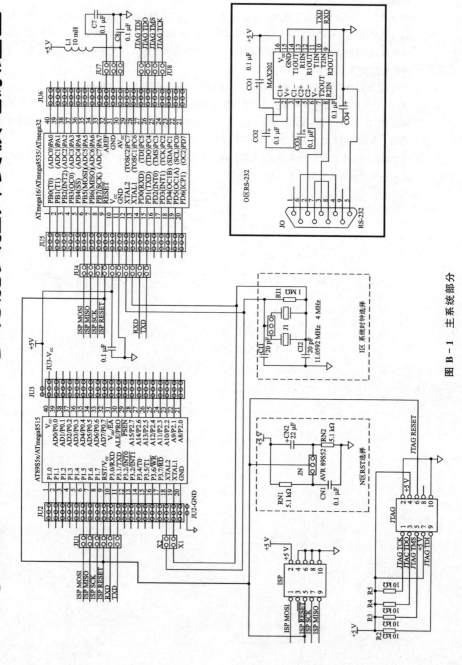

图 B－1 主系统部分

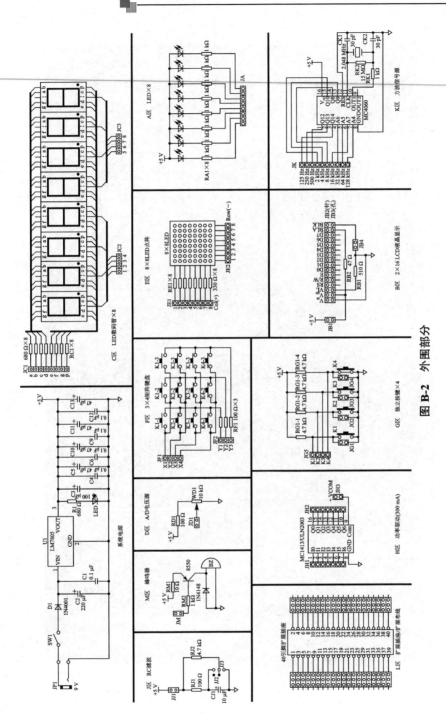

图 B-2　外围部分

AVR 单片机嵌入式系统原理与应用实践（第 3 版）

AVR 单片机嵌入式系统原理与应用实践（第 3 版）

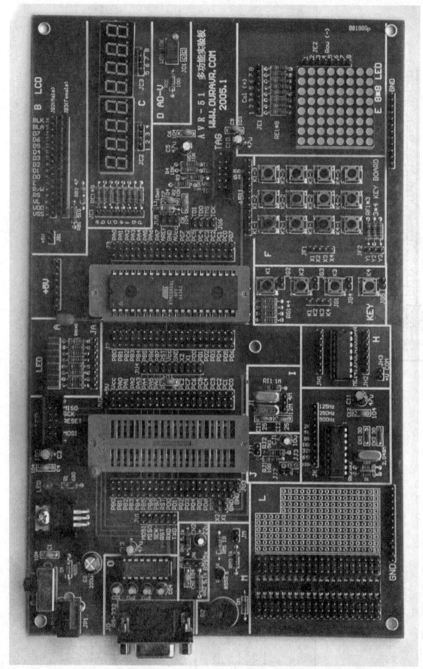

图 B-3 实物正面照片

# 本书共享资料内容简介

　　本书共享相关资料,其中涉及的开发环境和部分工具软件全部为公开免费版(AVR Studio)或免费试用版(CVAVR、BASCOM‐AVR、串口助手等);参考资料来自 ATMEL 公司网站和其他相关公司网站上公开提供的器件手册和应用参考设计等;对于一些国内公司和个人翻译整理的整料(包括作者的),也都是该公司或个人在网上免费公开的资料,而且共享资料也全部保留了翻译整理的公司或个人的标记。

　　本书共享资料来源众多,作者严格按版权法的规定,经过认真整理和挑选,提供的是全部免费公开,或最大程度无版权问题的资料。

　　共享资料分 5 部分(5 个文件夹):

> 系统平台和工具。包括有:AVR Studio、CVAVR_DEMO 版、BASCOM‐AVR_DEMO 版、串口助手、支持 STK200/STK300 的编程下载软件等。
> 本书例程。本书所有例子的源代码。
> 参考文献。本书各章的参考文献、器件手册、相关应用设计参考和参考例程。
> 收藏夹。网上主要 AVR 网站的快捷链接。
> 自制 USBISP 下载线。自制 USBISP 的相关资料。

共享资料下载地址:http://www.ourdev.cn/bbs/bbs_list.jsp?bbs_id=1003。

# 附录 **D**

## 自制 USBISP 下载线

## D.1 问题的提出

作者在多年的 AVR 教学和开发应用实践过程中,一直使用本书推荐(见 4.3 节)的兼容 STK200/STK300 的 ISP 下载电缆。该下载电缆支持所有使用 ISP 技术的 AVR 芯片,同时也支持 ATMEL 公司 51 系列兼容芯片 AT89S51、AT89S52、AT89S53 和 AT89S8252。

这条 ISP 下载电缆实现下载编程的方法为:由 PC 机的并行口驱动 ISP 编程所需的信号波形,实现对 AVR 的程序下载和熔丝位的配置编程。出于安全的考虑,为了防止使用中误操作而损坏 PC 机的并行口,使用了一片 74HC244 作为缓冲,以保护计算机的并行口。

这个并口的 AVR ISP 的成本非常低,而且多数的开发平台支持该下载的使用,操作简单、方便,经过多年实际应用的检验,性能非常可靠。

最近几年,随着笔记本计算机价格的下降,使用的人越来越多(包括我自己),这使得很多人碰到一个尴尬的问题:现在的笔记本计算机一般不配备打印机并行接口,替代的是 USB 口(从另外一个方面证明串行接口通信是发展趋势)。这样就不能使用原来需要并口连接的 ISP 下载线了。

解决这个问题的方法有以下 3 种:

(1) 购买成品工具。例如 JTAGICE mkII、AVR Dragon 等。这是 AVR 的标准开发工具,优点是具有在片(通过 JTAG、debugWIRE)实时仿真和程序下载的功能,使用 USB 和RS-232接口;缺点是,通常只能在 AVR Studio 环境下使用,价格比较高(AVR Dragon 约 500 元人民币)。

(2) 购买一块笔记本计算机并口卡(PCMCIA To Parallel)。笔记本计算机上有一个 PCMCIA(Personal Computer MemoryCard International Association)接口,可以插入一块 PCMCIA 卡实现各种扩展。PCMCIA 卡是一种信用卡一样大小的可拆装的模块,用于便携式计算机与调制/解调器、网络适配器或硬盘等多种设备的连接。

有了笔记本计算机并口卡,相当笔记本计算机上配有了并口(与台式 PC 机的并口全兼容),可以直接使用原来的并口 ISP 下载线,这是作者推荐的比较好的办法(作者目前就是使用此方案)。

这个方法也有着明显的缺点:首先笔记本计算机并口卡实在不流行,用的人少,所以不太好买,价格也高(500 元左右);其次,目前笔记本计算机上的 PCMCIA 接口正逐渐被一种新的 ExpressCard 接口替代,这两个接口是完全不同的。因此这个办法也只能作为过渡方案。

需要提醒读者的是,商场上有一种 USB to PRINT 的接口转换线,价格仅几十元。但这个转换接口仅通过 USB 口实现连接并口打印机的功能,并没有实现并口的全面转换(在 Windows 的硬件设备中,看到的是 USB 口设备,不是并行口设备),所以根本不能使用并口 ISP 下载线。

(3) 自制 USB 下载线。在现在的 PC 机上,USB 已经是一个通用标准的接口了,因此国外有一些 AVR 的爱好者在不断尝试设计制作简单的 USB 下载线。目前在网上能够发现的有 2 类做法:一种是设计制作 USB To Parallel 的 USB 口转全功能的并口转换器,这就相当于笔记本计算机上配有了与台式 PC 机的并口全兼容的接口,那么直接使用并口 ISP 下载线就成为可能。这应该是一种完善的、比较好的想法,但这种转换器比较复杂,实现起来比较困难,虽然目前已经可以实现大部分功能,但还存在着不稳定和兼容的问题。另一种是直接设计通过 USB 接口支持的简单的下载线。它的优点是成本低,便于自己动手制作。这个办法也是比较可行的。

经过作者对以上 3 种方法的多次尝试,认为到目前为止以上 3 种方法都存在这样或那样的不足,都没有使用并口 ISP 下载线方便。这也证明技术在不断的发展和进步,需要大家不断努力,才能设计出更方便、更实用的工具。

# D. 2　自制 USB 下载线

为了解决教学中的困难,作者根据网上的资料,进行了仔细地分析和整理,并在此基础上制作了基于一片 ATmega8 模拟 USB 接口的 ASPISP 下载线。一共做了 30 多块供学生使用,经过半年时间的实际使用检验,没有发现大的问题。现提供全部资料。

首先需要声明的,作者没有编写一句代码,仅对硬件做了调整,所有资料和代码都是开源的。

(1) AVRISP 的固件采用网上一德国 AVR 爱好者编写的 07.3.28 的最新版固件,有兴趣的读者可以跟踪该网站(http://www. ullihome. de/index. php/USBAVR - ISP)获得最新的信息。该版本提供 2 种模式的固件,作者使用的是兼容 AVRASP 的。该网站还提供了固件的源代码。

(2) Windows 下的驱动也是使用该网站上提供的驱动软件,作者仅改了一个地方,将"Modem3＝"Communications Port""改为"Modem3＝"USBASP - ISP"",这样

在 Windows 的设备管理器中看到的设备为 USBASP‑ISP。

（3）编程下载软件采用最新版的 AVR Studio。AVRISP 的固件(07.3.28)就是配合最新版的 AVR Studio 使用的。旧版本的 AVR Studio 也能用,但要跳出更新固件代码的窗口(直接关闭即可)。在 AVR Studio 外的其他开发环境中,通常使用不正常,或不支持,或支持得不好。

（4）如果读者的笔记本计算机中有很多的串口设备,则需要进行一定的调整,将 USBASP‑ISP 对应的 COM 口号降到 9 以下,即对应在 COM0～COM9 之间。其原因是 AVR Studio 中的串口仅能连接逻辑号为 COM9 以下的串口设备(这个对计算机不熟悉的用户就不方便了)。

所有的资料全部在本书共享资料中提供,具体的一些制作方法可以参考该德国 AVR 爱好者的网站,或到 http://www.ourdev.com 中查找相关的信息。作者已经将制作过程及如何使用完整地发布在网站上了。

作者之所以提供这种 USBISP 的制作方案,出于以下原因:

➢ 有相当的实际使用价值,解决实际中的困难。

➢ 硬件相当简单,成本低廉,制作方便。

➢ 本身就是 AVR 的应用,有全部的开源代码和参考资料,作为实战训练及想在技术上更深入地学习和提高,它都是一个非常好的项目。

➢ USBISP 东西虽小,但在技术上要求高,涉及很多的层面,包括 USB 协议、AVR 的应用、AVR 的编程下载、Windows 的低层硬件接口和驱动程序等。如果能在仿制的基础上深入了解和掌握这些知识,并能进行改进,那么在技术上的收获将远远超过USBISP下载线本身的价值。

# 参考文献

[1]  ATMEL. ATmega16 Data Book. http://www.atmel.com.

[2]  ATMEL. AVR Applaction Notes. http://www.atmel.com.

[3]  ATMEL. AVR Studio USER MANUAL. http://www.atmel.com.

[4]  HP InfoTech S. R. L. CVAVR USER MANUAL. http://www.hpinfo-tech.ro.

[5]  周俊杰. 嵌入式 C 编程与 Atmel AVR[M]. 北京:清华大学出版社,2003.

[6]  沈文,Eagle Lee. AVR 单片机 C 语言开发入门指导[M]. 北京:清华大学出版社,2003.

[7]  张克彦. AVR 单片机实用程序设计[M]. 北京:北京航空航天大学出版社,2004.

[8]  周润景,张丽娜. 基于 PROTEUS 的 AVR 单片机设计与仿真[M]. 北京:北京航空航天大学出版社,2007.

[9]  AVR 论坛(国外). http://www.avrfreaks.net.

[10]  我们的 AVR(国内). http://www.ourdev.com.